生物分子分离与表征

主　　编　汪少芸　欧阳松应

副 主 编　韩金志

参　　编（按姓氏汉语拼音排序）

蔡茜茜　陈　旭　陈　选　陈惠敏

何庆燕　茅宇虹　聂小宝　施晓丹

苏经迁　田永奇　王朝溪　王建华

王旭峰　吴金鸿　吴晓平　伍久林

武红伟　项雷文　杨　倩　杨傅佳

游力军　张　芳　赵立娜　朱秋享

科 学 出 版 社

北　京

内 容 简 介

生物分子分离与表征是研究生物分子结构与功能之间构效关系的基础。本书着重介绍了当前生物分子分离纯化与表征通常使用的传统经典技术与新兴技术的原理及操作步骤，并在此基础上，分别介绍了核酸、蛋白质、脂质、多糖、多酚等与生命活动关系最为密切的典型生物分子的结构特点、分离提取技术、表征技术、前沿研究热点与实践应用等内容。

本书结构合理、全面细致、逻辑清晰，文字表达由浅入深、流利通畅、图文并茂，具有较好的教学与科研参考价值。本书适合从事生物化学、生物工程、食品科学、农业科学、食品生物技术的科研工作者与教学人员阅读，可作为高等院校生物科学、生物技术、生物工程、食品科学与工程、农学等相关专业本科生及研究生的教材和教学参考书。

图书在版编目（CIP）数据

生物分子分离与表征 / 汪少芸，欧阳松应主编．—北京：科学出版社，2021.11

ISBN 978-7-03-070082-7

Ⅰ．①生…　Ⅱ．①汪…　②欧…　Ⅲ．①分子生物学－研究　Ⅳ．① Q7

中国版本图书馆CIP数据核字（2021）第212978号

责任编辑：刘　畅 / 责任校对：宁辉彩
责任印制：张　伟 / 封面设计：迷底书装

科 学 出 版 社 出版
北京东黄城根北街16号
邮政编码：100717
http://www.sciencep.com
北京凌奇印刷有限责任公司 印刷
科学出版社发行　各地新华书店经销
*
2021年11月第　一　版　开本：787×1092　1/16
2022年 1月第二次印刷　印张：20 1/4
字数：520 000

定价：88.00 元

（如有印装质量问题，我社负责调换）

前　言

当前，天然活性生物分子的分离纯化、结构鉴定及功能分析已成为生物、食品、医药、农业等研究领域的重要组成部分。其中，如何能够从成分复杂的发酵液或动植物组织细胞中提取、分离、纯化出单一或同类目标生物分子，并对其进行结构或生物功能表征，从而明确生物分子结构与功能之间的构效关系是推进生物分子相关领域科研进展的关键。而如何从不同的原材料中有效选择合适的技术手段分离纯化出目标分子，并对其进行表征则是首先要解决的问题。本教材以开展相关课题研究的在读研究生和科研人员的实际需求为导向，在内容上主要围绕动物、植物及微生物源核酸、蛋白质、脂质、多糖、多酚等天然生物分子的研究前沿与动向、分离纯化技术原理、分析技术及实践案例等逐步展开。重点突出每一类生物活性分子的理化性质、相匹配的分离纯化技术原理、分析技术等，并且根据实践经验列举实例进行阐述。确保在内容上更加细致翔实，对于在读研究生和科研工作者来说具有较强的参考与借鉴价值。

本教材基于编写团队教师的教学积累，并结合国内外最新相关研究成果，围绕生物分子的分离纯化、结构与功能表征技术进行阐述。第1章总体概述了生物分子分离与表征技术的发展；第2章至第4章分别论述了生物分子的提取、分离纯化及表征技术；第5章至第9章分别论述了核酸、蛋白质、脂质、多糖及多酚类等生物分子的性质及相关提取、分离与结构和功能表征技术。

本教材由福州大学汪少芸教授、福建师范大学欧阳松应教授主编。编写成员包括福州大学韩金志、王旭峰、田永奇、茅宇虹、施晓丹、蔡茜茜、朱秋享、陈选、杨傅佳、陈旭、杨倩、何庆燕、陈惠敏、王建华、张芳、伍久林、游力军、吴晓平，福建师范大学项雷文、苏经迁、王朝溪，福建农林大学赵立娜、武红伟，上海交通大学吴金鸿，淮阴工学院聂小宝。华南理工大学张睿林，福州大学王芳芳、王奇升、骆韦博、刘翠翠等帮忙搜集了相关资料，在此一并表示衷心感谢！

由于编者水平有限，书中难免存在不妥或疏漏之处，恳请广大读者和同行提出宝贵意见。

编　者

2021年6月

目　　录

第1章 绪 论

在自然界，各类生物分子广泛存在于细胞内，发挥着十分重要的生理生化功能，与各种生命活动息息相关。此外，一些功能活性生物分子在人们日常生活中具有广泛的应用价值。研究生物分子的结构、功能及应用已成为生命科学领域探索中的一个关键组成部分。重组蛋白质药物、基因药物、功能性脂质、植物多酚、甾醇、生物碱等生物制品在医药、农业、食品、化妆品等诸多领域均具有十分广阔的应用前景。不论是从动物、植物组织或微生物细胞内获得的提取物，还是用生物工程技术制备的生物产品，都是组成十分复杂的混合物，在投入应用之前，需要对其进行分离、纯化和结构功能表征。因此，天然活性生物分子的提取、分离纯化、表征及生物功能活性的分析成为了现代生物工程学研究的热点。生物分子分离与表征是利用现代分离、分析和鉴别技术获取生物体系中的有关物质的物理、化学信息及各种组分间相互作用的技术。近些年随着基因组学、蛋白质组学、生物信息学、结构生物学和合成生物学等前沿生物技术的快速发展，现代生物技术体系逐步形成。尤其是与人们日常生活息息相关的工业生物技术体系趋于完善。经济合作与发展组织（OECD）发布了《面向2030生物经济施政纲领》的战略报告，预计到2030年，约有35%的化学品和其他工业产品将来自生物制造。现代绿色生物制造已经成为全球性的战略新兴产业，是世界各经济强国的发展战略重点方向之一。绿色生物制造离不开生物工程技术的支撑，尤其是下游分离纯化与理化性质表征的集成化技术，是上游生物工程技术转为实际生产力所不可或缺的重要环节。同时，21世纪生命科学领域关于生物分子的研究特点是将结构生物学分析与生理活性研究密切结合，着重从分子水平上揭示生物分子的构效关系与规律，而这些也主要是在对生物分子的分离纯化与结构功能表征的基础之上展开的。

1.1 生物分子概述

在自然界中广泛分布着纷繁多样的生物分子，其中与生命活动关系最为密切的主要包括蛋白质、核酸、多糖、脂质及多酚类物质等。

1.1.1 蛋白质

蛋白质具有广泛的生物学功能，是生命活动得以进行的主要载体和重要体现者。同时，一些具有生理活性的蛋白质及活性多肽具有调节人体免疫机能、维持血压稳定、调节内分泌平衡、抗菌、抗氧化等生理功能。目前在生物医药和功能性食品领域已逐渐得到应用。由于蛋白质与人类生活密切相关，因此对其质量、纯度、理化性质和生理活性等相关要求也越来越高。近年来，天然植物蛋白的生物活性（Fan et al.，2018；Zhang et al.，2018）、特定人源重组蛋白的人体生理功能（Wiseman et al.，2020）以及靶蛋白表达并应用于基因缺陷性疾病、癌症早期筛查等检测技术（Wen et al.，2019）成为了研究热点。与此同时，蛋白质组学以及蛋白质结构生物学的研究接连取得重大突破，研究报道屡屡见诸*Cell*、*Nature*、*Science*等顶级期刊。诸多迹象表明，随着科学技术的发展与应用的延伸，蛋白质组学技术与蛋白质结构生物学技术已逐步广泛应用于基础研究与临床应用等方面，进入了蓬勃发展的新阶段（Xu et al.，2012）。

1.1.2 核酸

1869年，F. Miescher从脓细胞中提取到一种富含磷元素的酸性化合物，因存在于细胞核中而将它命名为“核质”（nuclein）。但核酸（nucleic acid）这一名词在Miescher发现“核质”20年后才被正式启用，当时已能提取不含蛋白质的核酸制品。后由瑞典著名生化学家阿尔特曼建议将“核质”定名为“核酸”。早期的研究仅将核酸看成是细胞中的一般化学成分，没有人注意到它在生物体内有什么功能。1944年，Avery等发现从S型肺炎球菌中提取的DNA与R型肺炎球菌混合后，能使某些R型菌转化为S型菌，且转化率与DNA纯度呈正相关，若将DNA预先用DNA酶降解，转化就不发生，从而确定了DNA是生物体的遗传物质。此后，人们将对遗传物质的研究重心由蛋白质转向核酸。1953年，J. Watson和F. Crick依据DNA结晶的X射线衍射图谱和分子模型，提出了著名的DNA双螺旋结构模型，并对模型的生物学意义做出了科学的阐释和预测。核酸作为一类重要的生物分子，担负着生命信息储存与传递的任务，是现代生物化学、分子生物学的重要研究载体，也是基因工程操作的核心分子（Abdulrahman and Ghanem，2018）。

1.1.3 多糖

1913年，瑞典乌普萨拉大学的柯林博士在对海藻润滑成分的研究过程中，发现了具有独特分子结构的多糖类成分。柯林博士关注于它含有的硫酸基并对此进行了持续的研究，结果发现了一种全新的物质。柯林博士把它作为一种新的多糖类发表并将其命名为“岩藻多糖”，从而开启了多糖的研究之门。多糖（polysaccharide）又称多聚糖，是由10个以上的单糖通过糖苷键连接而成的，是具有广泛生物活性的天然大分子化合物。它广泛分布于自然界高等植物、藻类、微生物（细菌和真菌）与动物体内。20世纪60年代以来，人们逐渐发现多糖具有复杂的、多方面的生物活性和功能（Xie et al.，2016）：①多糖可作为广谱的免疫促进剂，具有免疫调节功能，能治疗风湿病、慢性病毒性肝炎等免疫系统疾病，甚至能抗艾滋病病毒（Luo et al.，2017）。②多糖具有抗感染、抗辐射、抗凝血、降血糖、降血脂、促进核酸与蛋白质生物合成的作用。③多糖能控制细胞分裂和分化，调节细胞的生长与衰老（Neyrinck et al.，2012）。多糖具有的生物活性与其结构紧密相关，而多糖的结构又是相当复杂的，导致该领域研究相对缓慢。多糖因其在免疫调节和抑制肿瘤等方面呈现出生物活性而备受关注。经过半个多世纪的发展，随着对多糖研究的不断深入，已建立了一系列多糖分离纯化、分子结构鉴定、生物活性检测等方法，发现了许多具有重要生理活性的多糖，多糖研究也逐渐成为当今新药、功能食品开发的重要方向之一。

1.1.4 脂质

脂质是一类难溶于水，易溶于乙醚、氯仿、丙酮等非极性有机溶剂的生物有机分子。细胞和血浆中存在着大量的脂质，“脂质代谢途径研究计划”（lipid metabolites and pathways strategy，LIPID MAPS）项目所提出的分类系统将脂质分为8类，分别是脂肪酸类（fatty acids）、甘油脂质（glycerolipid）、甘油磷脂类（glycerophospholipid）、鞘脂类（sphingolipid）、固醇脂类（sterol lipid）、孕烯醇酮脂类（prenolipid）、糖脂类（saccharolipid）、多聚乙烯类（polyethylene）。脂质的结构复杂多样，化学性质独特，参与了大量的生命活动。脂质的主要生物功能有：①提供能量；②保护和御寒；③为脂溶性物质提供溶剂，促进机体吸收脂溶性物质；④提供必需脂肪酸；⑤磷脂和糖脂是构成生物膜脂质双层结构的基本物质，也是某些生物分子化合物（如脂蛋白和脂多糖）的组分；⑥脂质作为细胞表面的物质，与物质运输、细胞发育分化和凋亡、信息识别与传递、免疫等生命过程密切相关；⑦有些脂质还具有维生素和激素的功能。此外，脂质还是食物中5大营养成分之一。食物中的脂肪除了为人体提供能量以及作为人体脂肪的合成材料以外，还有增加饱腹感、改善食物的感官性状、提供脂溶性维生素等特殊的营养学功能（崔益玮等，2019）。

2003年，Han和Gross等首次提出脂质组学的概念，之后其迅速发展成一个独立的研究领域。脂质组学作为代谢组学的一个分支，也是全代谢组研究的延伸与拓展。脂质组学分为两种研究策略，即靶标和非靶标分析。靶标脂质组学对有限数量的已知脂质进行针对性的定性定量分析，非靶标脂质组学对样品中脂质进行全面分析。脂质组学在食品质量与安全领域的应用逐渐受到国内外科研工作者的重视，已有多个组织或研究机构在开展相关的研究工作，表1-1列出了目前常用的脂质数据库信息。脂质组学已经广泛应用于发现食品中脂质氧化规律、指导婴幼儿饮食、改进饲养条件和耕种方式、真伪鉴别和产地溯源的研究。研究脂质组学，不仅要研究不同种类的脂质及其化学结构，还要深入研究脂质的生物功能、脂质在代谢调控中的动态变化、脂质与蛋白质等生物分子的相互作用，以及脂质在细胞膜结构组成、基因调控、细胞信号转导中的作用，揭示细胞乃至生命体中脂质代谢调控机制，从而能够更加清晰地得出脂质代谢调控异常与心脑血管疾病、糖尿病、肥胖、肿瘤等重要疾病之间的联系。

表1-1 常见的脂质数据库（胡谦等，2019）

数据库	国家	网址	简介
LIPID MAPS®	美国	https://www.lipidmaps.org	生物相关脂质的结构和注释，脂质相关基因和蛋白质的数据库，脂质分析工具
LipidBank	日本	http://lipidbank.jp	包含6000多种脂质的分子结构、脂类名称、谱图信息和文献信息
Lipid Library	英国	https://lipidlibrary.aocs.org	脂类化学、生物学及分析等
LIPIDAT	美国	http://www.lmsd.tcd.ie/new_lipidat/search.stm	脂质中间相和异构体晶型转变的热力学和相关信息
CYBERLIPID CENTER	法国	http://www.cyberlipid.org	收集、研究和传播有关脂质各方面的信息
SphinGOMAP	美国	https://sphingolab.biology.gatech.edu	鞘脂类生物合成的路径图
LipidHome	英国	https://www.ebi.ac.uk/metabolights/lipidhome	理论脂质结构数据库和质谱信息

1.1.5 多酚

多酚类化合物是植物经次级代谢产生、具有苯环上连接多羟基基团结构的一类化学物质的统称，主要分布于植物的根、茎、叶中，对植物的生长代谢起着重要作用。狭义上认为植物多酚是单宁或者鞣质，广义上植物多酚还包括小分子酚类化合物，如花青素、儿茶素、没食子酸等天然酚类。多酚的类别多种多样，现已发现在植物界中有8000余种多酚类化合物及其衍生物，可根据不同的结构将多酚分为不同的类别。植物多酚除了抗氧化作用之外，其本身多样的结构也使其具有其他的生物学活性，如有预防阿尔茨海默病、抗炎、抑菌、调节肠道菌群及缓解心血管疾病等功效，且已被广泛应用于药品及保健品等领域。

植物多酶类物质根据化学结构不同，按照传统的分类方式可分为水解单宁和缩合单宁；按结构可分为黄酮类化合物和非黄酮类化合物等。其中，黄酮类化合物最具代表性，主要有黄酮类、黄酮醇类、异黄酮类、查尔酮类、花色苷类等及其衍生物（表1-2）。其中，黄酮类化合物主要是母核为2-苯基色原酮的一类化合物，现在则泛指具有C_6—C_3—C_6基本结构骨架的一大类天然化合物。天然黄酮类化合物母核上常含助色团，使该类化合物多显黄色，又因分子中γ-吡酮环上的氧原子能与强酸成盐而表现弱碱性，因此也称为黄碱素类化合物。此外，植物多酚还可按照其化学结构中碳原子的骨架结构进行分类。该分类方法可更加全面地展示了植物多酚的分子结构域组成。

表1-2　多酚类化合物分类（董科等，2019）

种类	化学结构	举例
黄酮类化合物		
黄酮类（flavone）	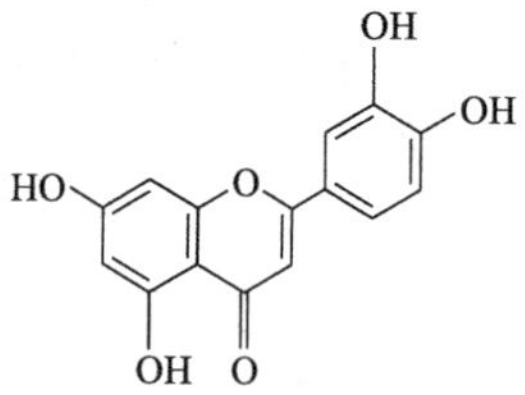	木犀草素、芹黄素
黄酮醇类（flavonol）	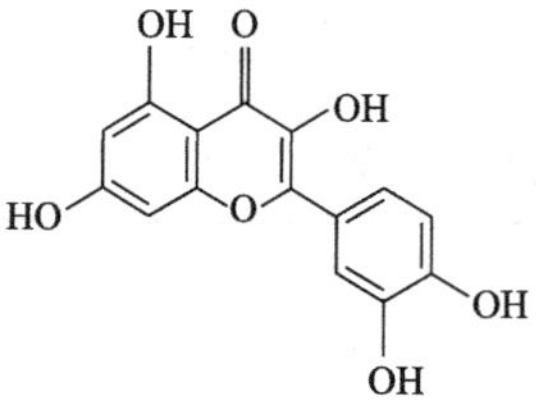	槲皮素、山柰酚、杨梅素
查耳酮（chalcone）	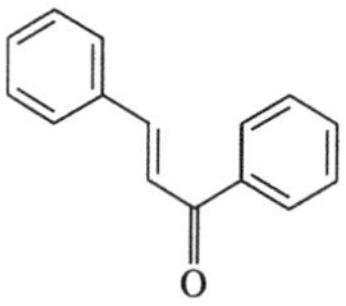	柚皮苷二氢查尔酮、柚皮素查尔酮、补骨脂查尔酮
异黄酮类（isoflavone）	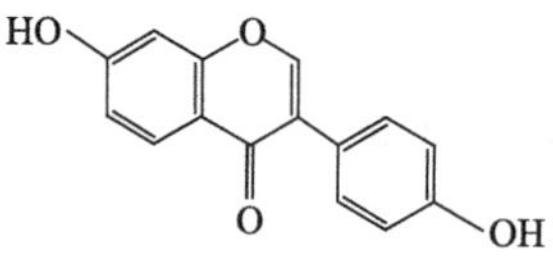	大豆苷元、染料木素
黄烷酮类（flavanone）	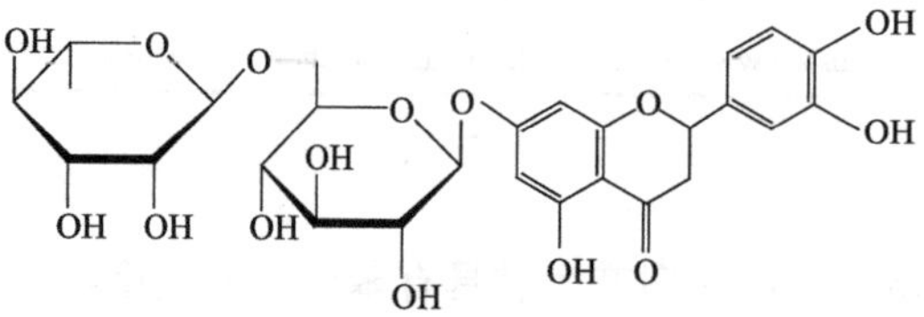	柚皮素、橙皮素

续表

种类	化学结构	举例
花色苷类（anthocyanidin）	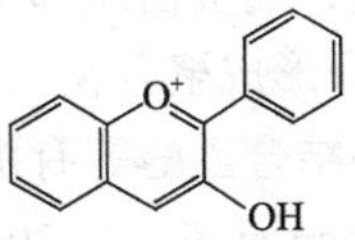	天竺葵素、锦葵素、飞燕草素
黄烷三醇类（flavan-3-ols）	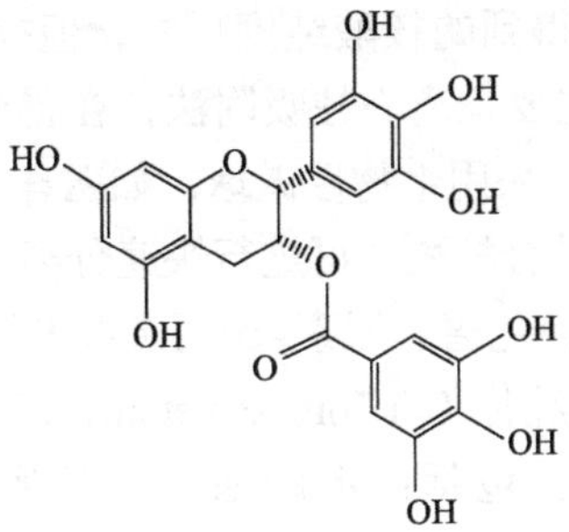	儿茶素、表儿茶素、表没食子儿茶素没食子酸酯（EGCG）
非黄酮类化合物		
酚酸类（phenolic acid）	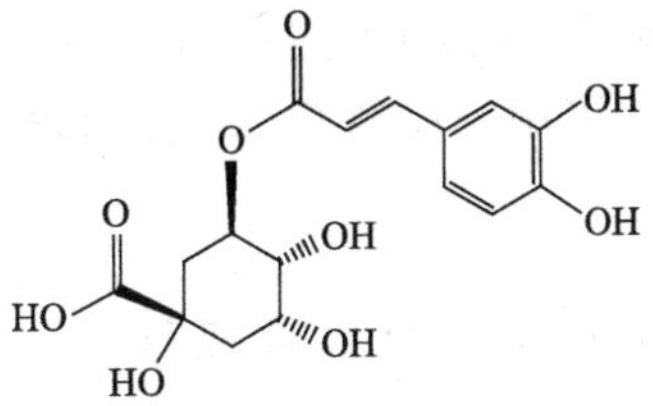	绿原酸、单宁酸
芪类（stilbene）	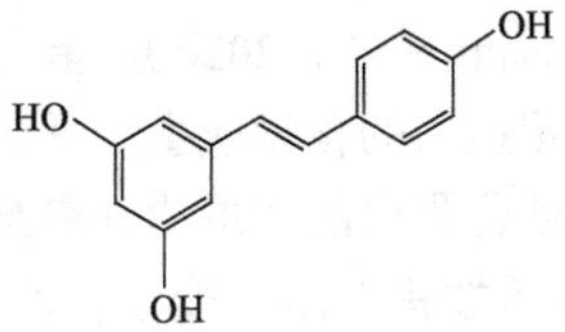	白藜芦醇

1.2 不同生物分子的分离提取与表征的过程和方法

生物样品的组成极其复杂，许多生物分子在生物样品中的含量极微，分离纯化的步骤繁多，耗时长，且很多生物分子在分离过程中非常容易失活，因此分离过程中如何保证生物分子的活性，也是提取制备的困难之处。生物分子的制备几乎都是在溶液中进行的，温度、pH、离子强度等各种参数对溶液中各种组分的综合影响很难准确估计和判断（李洁和何德，2006）。这些都要求结合不同生物分子的理化性质、存在的体系、干扰因子等因素对目标生物分子的分离与表征进行集成化选择和方案优化。

1.2.1 核酸的分离提取与表征方法

核酸的提取方法，已经从液相法、非磁性法、手工提取发展到了固相法、磁性法和自动化提取（Veselinovic et al.，2019）。常用液相法有十六烷基三甲基溴化铵（CTAB）提取法、十二烷基硫酸钠（SDS）提取法。其中CTAB应用较为普遍，它是一种非离子去污剂，可从低离子强度溶液中沉淀核酸和酸性多糖，而蛋白质和中性多糖仍留在溶液中。在高离子强度溶液中，CTAB可与蛋白质和多糖等结合形成聚合物，但不会沉淀核酸。因此，可采用CTAB法从富含多糖的有机体中提取核酸，并结合乙醇等有机溶液沉淀去除蛋白质、多糖、酚类等其他杂质即可获得高纯度核酸（Pearlman et al.，2020）；而SDS提取法是在CTAB法基础上开发出的一种提取方法。液相法得到的核酸纯度更高，但操作复杂，耗时长（Urdaneta and Beckmann，2019）。固相提取法主要是离心柱吸附法，在得到高纯度的核酸样本的同时，还能避免有机溶剂的污染。近年来，采用生物性微球，如磁珠（直径为0.5～10 μm）进行核酸提取，在外磁场作用下选择性地结合核酸，可进行快速分离（Deraney et al.，2020）。核酸的纯化方法包括亲和色谱、离子交换色谱、尿素-聚丙烯酰胺凝胶电泳。核糖核酸（RNA）通常通过尿素-聚丙烯酰胺凝胶电泳纯化（di Tomasso et al.，2011）。

当前，核酸的表征方法主要包括：定磷法、紫外吸收法、荧光光度法（Choi and Majima，2013）、高效液相色谱法（HPLC）、毛细管电泳法等。定磷法准确性好，灵敏度高，最低可以检测10 μg/ml的核酸。此外，聚合酶链反应和定量聚合酶链反应（qPCR）因其检测时间更短，灵敏度和特异性更高，可用于检测不易培养的病毒，已经成为核酸快速定性定量检测的常用技术。

1.2.2 蛋白质和多肽的分离提取与表征过程

蛋白质的分离与表征技术是研究蛋白质化学组成、分子晶体结构、生物学功能以及疾病诊断靶蛋白的基础（Seyedinkhorasani et al.，2020）。蛋白质分离纯化的总目标是提高制品的纯度，以增加单位蛋白质质量中靶蛋白的含量或生物学活性，即从蛋白质混合物中设法去除不要的杂蛋白和变性的靶蛋白，使靶蛋白的产量达到最高值。分离纯化的总体原则：①保证靶蛋白结构的完整，防止降解和活性蛋白质的变性；②尽量满足研究与诊断对靶蛋白纯度的要求，纯化蛋白质总是希望纯度和产率均高。蛋白质提取的一般方法包括碱溶解提取、酸沉淀提取、有机溶剂提取和超声辅助提取等，这些提取方法各有优缺点（Zhang et al.，2019）。此外，超声辅助提取耗能低，并且作为一种理想的非热物理处理技术，可以显著提高蛋白质的产量和质量（Pan et al.，2020）。图1-1为蛋白质或多肽的分离提取及纯化过程。

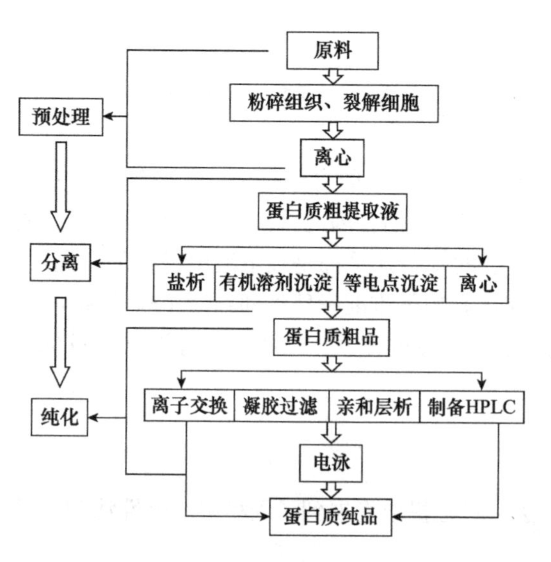

图1-1 蛋白质或多肽的分离提取及纯化过程

当前，蛋白质及活性多肽的表征技术主要包括：聚丙烯酰胺凝胶电泳（PAGE）、双向电泳（2-DE）、蛋白质印迹法（Western blotting）、圆二色谱分析、傅里叶红外光谱、核磁共振、高分辨质谱分析、X射线衍射技术（X-ray diffraction technique）、冷冻电镜技术等。其中，X射线衍射技术和冷冻电镜技术等方法是解析蛋白质结构与功能最有效、最重要的方法和手段。

1.2.3　脂质的分离提取与表征过程

脂质存在于细胞质、细胞器和细胞外的体液如血浆、胆汁、乳汁、肠液、尿液中。若要研究某一特定部位的脂质，首先要将这部分组织或细胞分离出来。由于脂质不溶于水，通常采用有机溶剂进行提取，传统的提取剂是氯仿、甲醇和水（1：2：0.8）的混合液。在这种混合液中提取所有脂质，向提取液中加入过量的水使之分成两相，上层为甲醇水溶液，下层为氯仿。脂质保留在下层氯仿中，经蒸发、浓缩后，干燥即可得到总脂质。被提取的脂质混合物可以采用吸附色谱法进行分级分离。利用待分离组分在固定相间的吸附能力、分配系数、离子交换平衡值的不同来进行分离纯化。常用的是硅胶柱吸附层析，硅胶价格低廉，分离重复性好，可以再生。可根据极性、非极性以及电荷数等分子特性，对脂质提取物进行分离纯化，分别收集各个组分，然后在不同的系统中层析，从而分离单个脂质组分。近年来，大量先进技术的发展以及研究方法的改进，推动了脂质代谢组学的快速发展。脂质代谢组学的研究主要包括脂质的提取、分离、分析检测和相关的生物信息学技术［如图1-2所示，其中核心技术就是电喷雾电离质谱（ESI-MS），联合其他色谱等技术使脂质的分析实现了高通量、高效率、高灵敏度］。

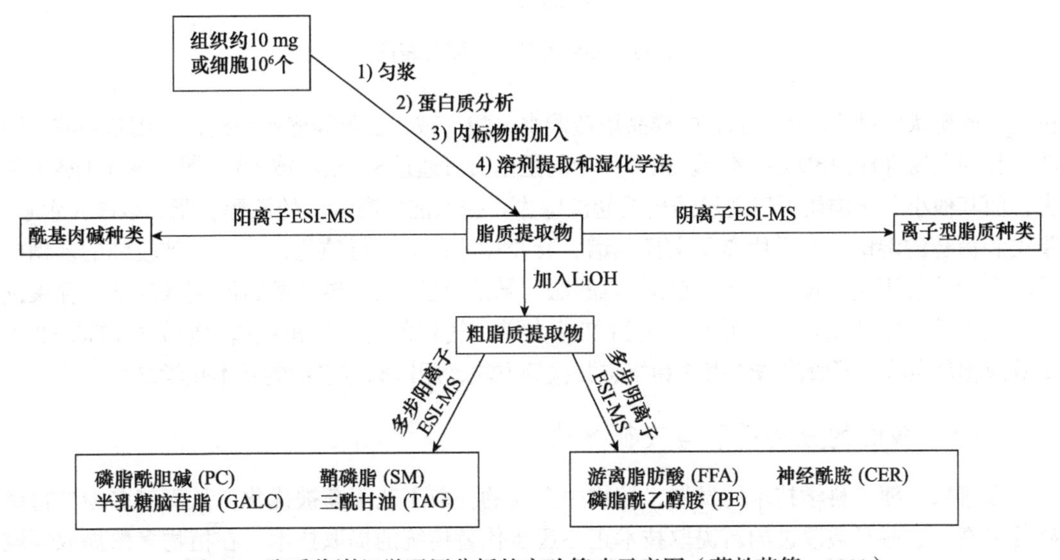

图1-2　脂质代谢组学通用分析的实验策略示意图（蔡教英等，2011）

1.2.4　多糖的分离提取与表征过程

多糖的提取方法主要包括水提法、醇提法、稀酸或稀碱溶液提取，以及加热、超声波、微波和酶解辅助提取等（Zhang et al.,2020）。其中，水提法是最常用的方法，但提取时间长，且效率较低；稀酸或稀碱提取法虽然提高了效率，但会对多糖的结构造成破坏；超声波提取法相比水提取法更为高效；微波提取破坏细胞壁并促进胞内多糖的溶出，是一种节约能效的方式。

多糖分离提取与表征的一般流程如图1-3所示，先将新鲜原料进行干燥处理，之后用破碎

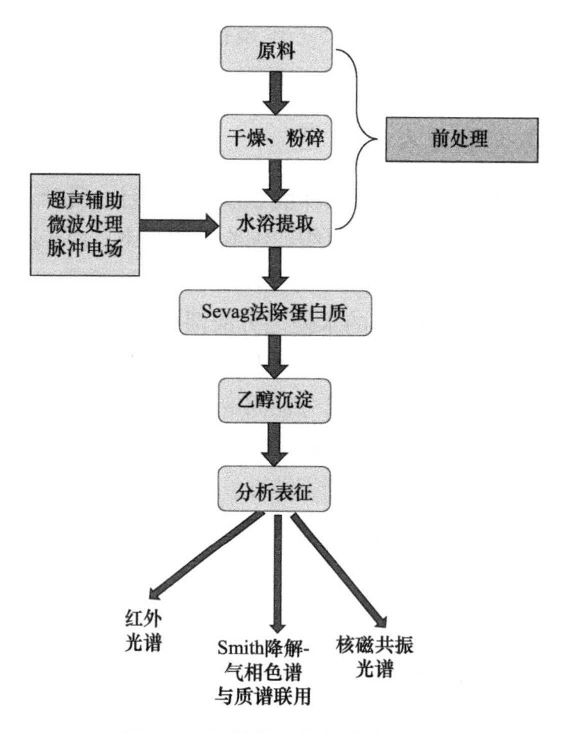

图1-3　多糖的分离提取与表征

机研磨成粉状后过滤。将过滤后的样品用蒸馏水、酸、碱、乙醇等溶液浸提，并用超声波、微波、脉冲电场等辅助提取粗多糖。粗多糖中的蛋白质可通过Sevag法或3%三氟乙酸（TFA）除去，而其他小分子物质可以通过透析或超滤除去，提取前用高浓度的乙醇脱脂，以减少色素、脂类和甾醇的溶解。之后用离子交换色谱、凝胶过滤色谱进行纯化，最后得到较纯的多糖样品。多糖的常用表征技术包括：蒽酮-硫酸法、苯酚-硫酸法、碱性酒石酸铜滴定法、葡聚糖分光光度法、纸色谱法等，并且可通过红外光谱、气相色谱、气相色谱-质谱法（GC-MS）、高效液相色谱法、凝胶渗透色谱法和核磁共振等方法，用以确定多糖的基本化学结构。

1.2.5　多酚的分离提取与表征方法

近年来，随着科学技术的发展，植物中多酚的提取工艺不断被优化，从而使多酚的得率显著提高。这些日益改进的新提取技术正在逐步代替传统的提取技术，在植物多酚提取领域正得到不断应用和发展。传统的提取方法中最为经典的是溶剂萃取法，新提取方法主要包括超声波提取法、微波提取法、闪式提取法、生物酶降解法和树脂吸附提取法、超临界流体萃取法、高压脉冲电场法、联用法等。此外，黄酮类化合物的提取方法还有酶辅助提取法，利用酶技术处理细胞壁，破坏其纤维组织来提高黄酮的提取率。植物多酚的提取是从原料中得到相应多酚粗品，需要进一步对多酚粗品进行提纯，从而得到高纯度的多酚产品或者单体组分。目前，植物多酚的纯化方法主要有溶剂萃取、离子沉淀、凝胶柱层析、大孔树脂吸附、膜分离技术以及色谱法等（Khan et al.，2009）。植物多酚的表征技术可根据定性、定量分析所用到的分析仪器进行分类，主要可以分为紫外-可见分光光度法、近红外光谱法、原子吸收法、色谱法及质谱分析与核磁分析等。

1.3 生物分子分离提取与表征技术发展概况

生物分子分离提取技术是指从动物、植物、微生物、生物工程产物（发酵液、培养液）或其生物化学产品中提取、分离和纯化出有用物质的技术过程（图1-4），是研究如何从混合物中把一种或几种物质分离出来的科学技术。常见的生物分子提取分离技术主要包括：离心分离、过滤分离、萃取分离、沉淀分离、膜分离、层析（色谱）分离、电泳分离以及产品的浓缩、结晶、干燥等技术。

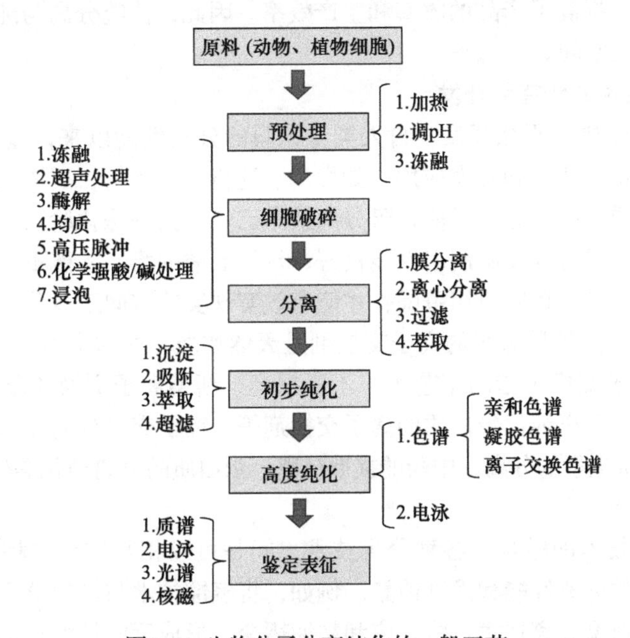

图1-4 生物分子分离纯化的一般工艺

当前，生物分子的一般表征技术包括：X射线衍射、拉曼光谱、扫描电镜、傅里叶红外光谱、核磁共振等。X射线衍射是对样品表面元素组成及化学态分析的重要实验技术之一，探测深度在10 nm以内，可检测元素周期表中除H、He以外的几乎所有元素；扫描电镜主要用来观察生物体的微观结构等；傅里叶红外光谱可以根据未知物红外光谱中吸收峰的强度、位置和形状确定分子组成和结构，广泛用于有机物、无机物、聚合物、配位化合物的定性和定量分析；核磁共振是天然产物尤其是复杂化合物结构鉴定与分析研究不可缺少的技术，通过对谱图进行分析，可对在分子结构上存在细微差异的同分异构和立体异构的化合物进行鉴定（Willets and van Duyne，2007）。蛋白质、核酸、磷脂等是重要的生命基础物质，多糖、多肽、多酚等生物分子对调节生命活动有重要作用，研究它们的结构组成、空间构象、生物活性等问题对阐明生命的奥秘以及工业化应用等具有重要意义。

1.3.1 生物分子分离技术

随着生产过程中反应技术的不断创新和发展，反应生成的混合物成分越来越复杂，功能食品、化妆品和药品等质量要求不断提高，人们的环保和节能意识进一步增强等，这些都对生物分子分离与纯化技术提出越来越高的要求，从而促进了传统分离技术的提高和完善，使其能从复杂的混合体系中分离目标分子（Gomes et al.，2016），并且不断开发多种新型分离技术，研究各种分离与纯化技术的相互交叉和集成。未来的行业发展也对生物分子的特殊分离纯化有了新的要求。

1. 分离技术的提高和完善 蒸馏、吸收、萃取、干燥等传统分离技术的理论研究比较透彻，但随着新材料的开发、加工制造手段的提高、各种分离技术的融合，传统分离技术得到不断的提高和完善，并被赋予新的内涵。例如，精馏、吸收中采用新型材料制造填料，填料形状的改进，都使精馏、吸收的效率有较大的提高；又如，各种新型高效过滤机械和萃取机械的成功研制，提高了产品的收率和生产效率。因此，传统分离与纯化技术随着科技的进步将有更大的发展空间。

2. 新型分离技术的研究和开发

（1）新型分离介质的研究开发。自人类认识膜的分离性能以来，差不多每10年就有一项新的膜分离过程得到研究和开发应用，如微滤、透析、电渗析、反渗透、超滤、气体分离膜、渗透蒸发（渗透气化）等。目前，膜分离技术已步入拓展深化阶段，其中膜材料和膜制造工艺是技术关键，只有开发研制出性能良好、价格低廉的膜，才能不断提高已经工业化的膜分离技术的应用水平，拓展应用范围，才能有效实现实验室向工业化的转化，才能开拓一些新型的膜分离技术。最早选用的离子交换剂是天然物质（如泡沸石），随着化学工业的发展，合成高分子离子交换树脂的工艺水平不断提高，新型离子交换树脂材料不断被开发应用，如大网格树脂、分离纯化蛋白质的离子交换剂等，离子交换分离技术在制药工业中已广泛应用于水处理、抗生素的分离、中药的提取分离、蛋白质的分离纯化等生产中（Chen et al.，2020；Levis，1994）。

（2）各种分离技术的融合。各种分离技术之间是可以相互结合、相互交叉、相互渗透的，并显示出良好的分离性能和发展前景。例如，将蒸馏技术与其他分离技术结合，形成膜蒸馏、萃取蒸馏等新型分离技术；将反应和精馏耦合，形成反应精馏技术；将亲和技术与其他分离技术结合，形成亲和色谱、亲和过滤、亲和膜分离等新型分离技术；这些融合了的分离技术具有较高的选择性和分离效率。

（3）其他新型分离技术。依据溶剂萃取技术的分离原理，从萃取剂选择和如何形成两相角度考虑，开发出多种萃取分离技术，如双水相萃取、超临界流体萃取、反胶团萃取等新型分离技术。它们在制药工业中应用较广泛，双水相萃取用于生物物质如酶、蛋白质、细胞器和菌体碎片（Haramoto et al.，2018）的分离；超临界流体萃取在天然物质有效成分的提取方面应用较多，反胶团萃取分离技术已在溶菌酶等药物的生产中应用。

1.3.2 生物分子表征技术

随着当今生物学向微观方向深入——以生物分子为对象来研究和认识其生物功能和作用机理，生物分子表征技术得到前所未有的发展和运用。生物活性分子结构复杂，不但具有种类繁多、排列井然的化学结构（一级结构），而且具有特定的、配合精巧的空间结构（高级结构）（Gomes et al.，2016）。生物分子的空间结构对维持其生物功能有着特殊的作用，随着生物科学的深入发展，测定分析生物分子结构（特别是空间结构）的重要性和迫切性就显得更加突出。现代生物分子表征技术需要快速发展与成熟，其中生物质谱技术、X射线衍射技术（X-ray diffraction technique）和冷冻电镜等技术方法是承担这一使命的最有效、最重要的方法和手段。

生物质谱技术作为一种鉴定分析技术，能快速而准确地测定生物分子的分子量，使蛋白质组学研究从蛋白质鉴定深入高级结构研究以及各种蛋白质之间的相互作用研究中。20世纪80年代末发展起来的各种软电离（即电离过程不伴随改变分子组成）技术，包括电喷雾（ESI）、基质辅助激光解吸电离（MALDI）等技术极大地推动了生物分子表征研究的发展。2002年诺贝尔化学奖授予了让人类“看清”生物分子真实面目的科技成果。其中，美国科学家约翰·芬恩（John B. Fenn）与日本科学家田中耕一（Koichi Tanaka）发明了对生物分子的质谱分析法；瑞士科学家库尔特·维特里希（Kurt Wüthrich）发明了利用核磁共振技术测定溶液中生物分子三维结构的方法（图1-5）。这三位科学家的主要贡献是“发明了对生物分子进行确认和结构分析的方法”及“发明了对生物分子的质谱分析法”。

图1-5 2002年诺贝尔化学奖获得者

为了解决生命科学过程中的有关生物活性物质的分析问题，发展并推动了生物质谱。生物质谱目前已成为有机质谱中最活跃、最富生命力的前沿研究领域之一。生物质谱主要用于解决两个分析问题：①精确测量生物分子，如蛋白质、核苷酸和糖类等的分子量，并提供分子结构信息；②对存在于生命复杂体系中的微量或痕量小分子生物活性物质进行定性或定量分析。生物质谱也已发展了各种新软电离技术及联用技术，扩展了质谱可测质量范围，特别是色谱-质谱联用技术和质谱串联技术。近年来涌现出较成功地用于生物分子质谱分析的软电离技术主要有下列几种：①电喷雾电离质谱；②基质辅助激光解吸电离质谱；③快原子轰击质谱；④离子喷雾电离质谱；⑤大气压电离质谱（吴世容等，2004）。近些年，阐明中药活性成分的药效物质基础和分子作用机制是中药现代化研究中亟待解决的关键科学问题。基于软电离技术的生物质谱具有高灵敏度、高特异性、高通量、低样品消耗等优势，已成为现代药物发现领域药物靶标鉴定的有力工具，在中药活性成分靶标鉴定中也得到越来越多的应用，图1-6为基于功能化亲和探针捕获与质谱分析联合鉴定中药活性成分靶标蛋白质的流程示意图。

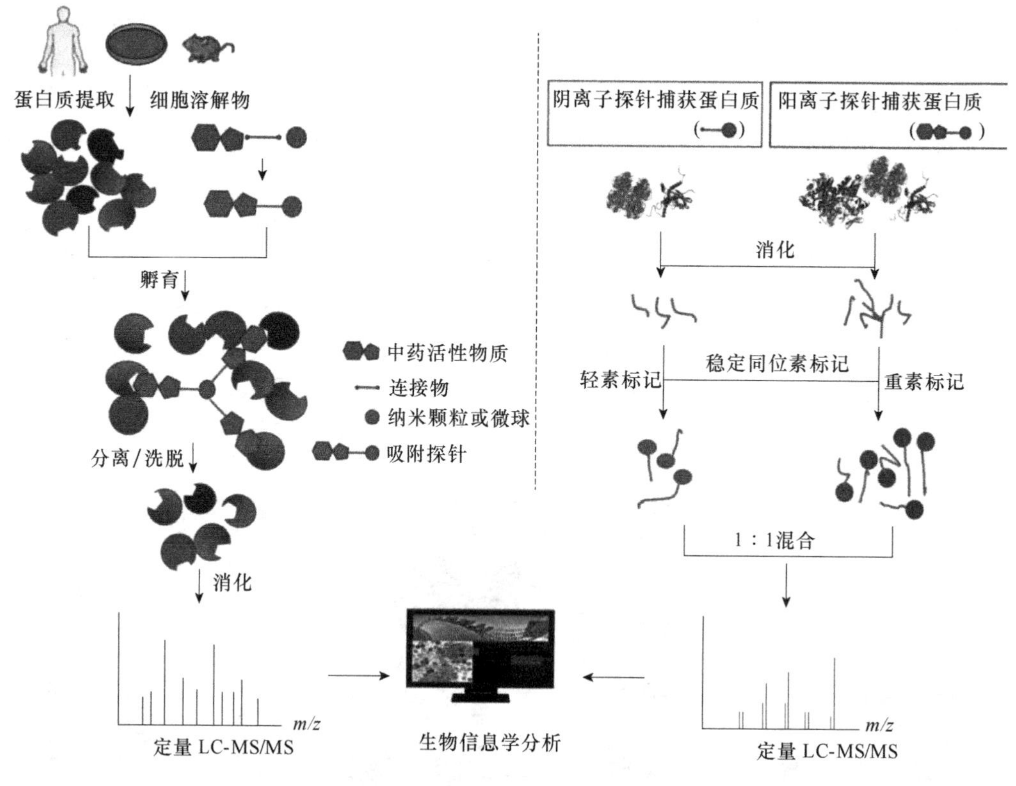

图1-6 功能化亲和探针捕获与质谱分析联合鉴定中药活性成分靶标蛋白质的流程示意图（梁祖青等，2018）

近年来，在物理学家、计算机科学家和结构生物学家的多年协同攻关、共同努力下，冷冻电镜（cryo-electron microscopy，cryo-EM）在技术上取得了关键性突破，在解析以蛋白质"分子机器"为代表的生物分子复杂体系的结构，进而阐明这些"分子机器"的功能和破解它们的工作机制方面取得了突破性进展。2017年，诺贝尔化学奖授予为冷冻电镜发展做出开创性贡献的3位科学家Jacques Dubochet、Joachim Frank和Richard Henderson，标志着结构生物学进入了新时代。冷冻电镜是一种结构生物学分析技术，其解析结构的方法是通过用电子显微镜对冷冻固定在玻璃态的冰中的纯化生物分子进行成像，然后应用计算机对所摄取的生物分子图像进行图像处理和计算，进而重构出生物分子的三维结构（图1-7）。

1.4 生物分子分离与表征技术的展望

当今生命科学的快速发展决定了追求高效、快速、高通量、集成化的生物分子分离与表征技术，也给生物分子分离与表征技术提出了新的要求。除应用一定科学技术手段或仪器获得有关组分的信息外，反映与正常生理条件（如水溶液、温度、酸碱度等）相似的情况下的生物分子结构和生理功能信息，同时比较在其中结构差异引起的功能变化，将是当前科学研究的重点内容。各种生化、分子研究都要求得到高纯度以及结构和功能活性完整的生物分子样品，这使得分离纯化技术在各项研究中起着举足轻重的作用；对新型生物分子分离与表

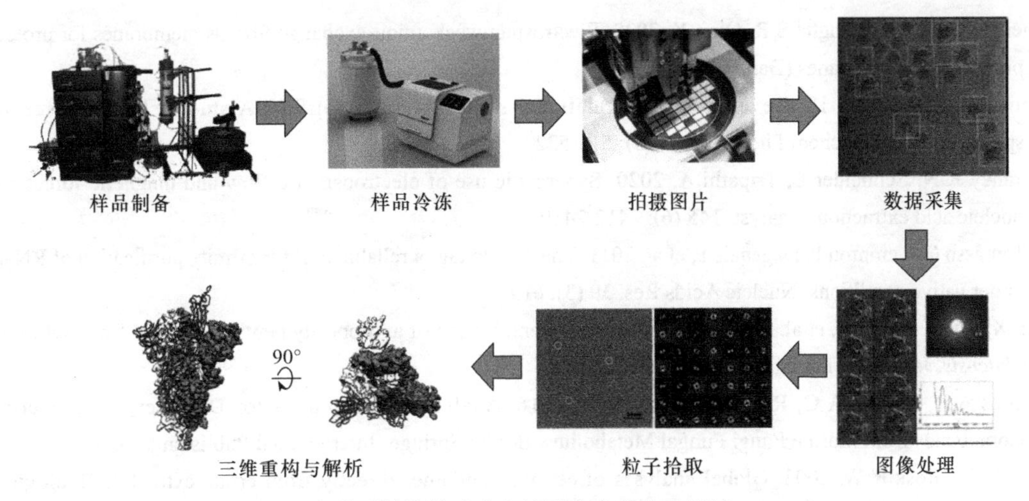

图1-7 高分子结构的冷冻电镜测定流程（尹长城，2018）

征技术集成化的研究和开发也就应运而生。随着各学科之间的交叉渗透与融合，如光学、材料化学、精密仪器、智能化技术等学科的发展也为生物分子分离与表征技术的发展提供了更多的契机。在未来，各种分离与表征技术相结合构成的多维技术体系也将得到进一步的研究开发。分离设备将与光谱、波谱这类提供结构信息的仪器进行在线连接，建立起更多的联用方式，以实现分离、纯化、定性、定量分析一体化。随着生物技术成果的不断积累和生物技术产业化进程的不断推进，生物制品的分离与纯化技术已成为实现生物高新技术产业化的关键，在理论和技术研究上都得到了长足的发展。在这个各学科快速发展并相互影响的时代，生物分子分离与表征技术必将不断推陈出新，以更加方便、高效、快捷的方式应用于科研和工业绿色制造领域。

参考文献

蔡教英，欧阳克蕙，上官新晨，等．2011．脂质代谢组学的研究进展．动物营养学报，23（11）：1870-1876．

崔益玮，王利敏，戴志远，等．2019．脂质组学在食品科学领域的研究现状与展望．中国食品学报，19（1）：262-270．

董科，冷云，何方婷，等．2019．植物多酚及其提取方法的研究进展．食品工业科技，40（2）：326-330．

胡谦，张九凯，韩建勋，等．2019．脂质组学在食品质量安全领域的应用进展．食品科学，40（21）：324-333．

李洁，何德．2006．生物分子分离技术：过去、现状和未来．生物技术通报，（3）：49-53．

梁祖青，罗群，郑伟，等．2018．生物质谱鉴定中药活性成分靶标蛋白质的研究进展．中国科学（生命科学），48（2）：140-150．

吴世容，李志良，李根容，等．2004．生物质谱的研究及其应用．重庆大学学报，27（1）：123-127．

尹长城．2018．冷冻电镜技术的突破导致结构生物学发生革命性变化．中国生物化学与分子生物学报，34（1）：1-12．

Abdulrahman A, Ghanem A. 2018. Recent advances in chromatographic purification of plasmid DNA for gene therapy and DNA vaccines: a review. Anal Chim Acta, 1025: 41-57.

Chen S T, Wickramasinghe S R, Qian X. 2020. Electrospun weak anion-exchange fibrous membranes for protein purification. Membranes (Basel), 10 (3): 39.

Choi J, Majima T. 2013. Reversible conformational switching of i-motif DNA studied by fluorescence spectroscopy. Photochem Photobiol, 89 (3): 513-522.

Deraney R N, Schneider L, Tripathi A. 2020. Synergistic use of electroosmotic flow and magnetic forces for nucleic acid extraction. Analyst, 145 (6): 2412-2419.

di Tomasso G, Lampron P, Dagenais P, et al. 2011. The ARiBo tag: a reliable tool for affinity purification of RNAs under native conditions. Nucleic Acids Res, 39 (3): e18.

Fan X, Cui Y, Zhang R, et al. 2018. Purification and identification of anti-obesity peptides derived from *Spirulina platensis*. Journal of Functional Foods, 47: 350-360.

Gomes A R, Duarte A C, Rocha-Santos T A P. 2016. Analytical Techniques for Discovery of Bioactive Compounds from Marine Fungi Fungal Metabolites. Berlin: Springer International Publishing: 1-20.

Han X L, Gross R W. 2003. Global analyses of cellular lipidomes directly from crude extracts of biological samples by ESI mass spectrometry a bridge to lipidomics. J Lipid Res, 44 (6): 1071-1079.

Haramoto E, Kitajima M, Hata A, et al. 2018. A review on recent progress in the detection methods and prevalence of human enteric viruses in water. Water Res, 135: 168-186.

Khan R, Malik A, Adhikari A, et al. 2009. Conferols A and B, new anti-inflammatory 4-hydroxyisoflavones from caragana conferta. Chemical and Pharmaceutical Bulletin, 57 (4): 415-417.

Levis R J. 1994. Laser desorption and ejection of biomolecules from the condensed phase into the gas phase. Annu Rev Phys Chemi, 45 (1): 483-518.

Luo D, Qu C, Lin G, et al. 2017. Character and laxative activity of polysaccharides isolated from *Dendrobium officinale*. Journal of Functional Foods, 34: 106-117.

Neyrinck A M, van Hee V F, Piront N, et al. 2012. Wheat-derived arabinoxylan oligosaccharides with prebiotic effect increase satietogenic gut peptides and reduce metabolic endotoxemia in diet-induced obese mice. Nutr Diabetes, 2: e28.

Pan C, Ishizaki S, Chen S, et al. 2020. Purification, characterization and antibacterial activities of red color-related protein found in the shell of kuruma shrimp, *Marsupenaeus japonicus*. Food Chem, 310: 125819.

Pearlman S I, Leelawong M, Richardson K A, et al. 2020. Low-resource nucleic acid extraction method enabled by high-gradient magnetic separation. ACS Appl Mater Interfaces, 12 (11): 12457-12467.

Seyedinkhorasani M, Cohan R A, Fardood S T, et al. 2020. Affinity based nano-magnetic particles for purification of recombinant proteins in form of inclusion body. Iranian Biomedical Journal, 24 (3): 192-200.

Urdaneta E C, Beckmann B M. 2019. Fast and unbiased purification of RNA-protein complexes after UV cross-linking. Methods, 178: 234-239.

Veselinovic J, Alangari M, Li Y, et al. 2019. Two-tiered electrical detection, purification, and identification of nucleic acids in complex media. Electrochimica Acta, 313: 116-121.

Wen C, Zhang J, Duan Y, et al. 2019. A mini-review on brewer's spent grain protein: isolation, physicochemical properties, application of protein, and functional properties of hydrolysates. J Food Sci, 84 (12): 3330-3340.

Willets K A, van Duyne R P. 2007. Localized surface plasmon resonance spectroscopy and sensing. Annu Rev Phys Chem, 58: 267-297.

Wiseman D N, Otchere A, Patel J H, et al. 2020. Expression and purification of recombinant G protein-coupled receptors: a review. Protein Expr Purif, 167: 105524.

Xiao K, Zhou Y. 2020. Protein recovery from sludge: a review. Journal of Cleaner Production, 249: 119373.

Xie S Z, Liu B, Zhang D D, et al. 2016. Intestinal immunomodulating activity and structural characterization of a new polysaccharide from stems of *Dendrobium officinale*. Food Function, 7 (6): 2789-2799.

Xu H B, Zhang R F, Luo D, et al. 2012. Comparative proteomic analysis of plasma from major depressive patients: identification of proteins associated with lipid metabolism and immunoregulation. Int J Neuropsychopharmacol, 15 (10): 1413-1425.

Zhang R, Chen J, Mao X, et al. 2019. Separation and lipid inhibition effects of a novel decapeptide from *Chlorella pyenoidose*. Molecules, 24 (19): 12-18.

Zhang R, Chen J, Zhang X. 2018. Extraction of intracellular protein from *Chlorella pyrenoidosa* using a combination of ethanol soaking, enzyme digest, ultrasonication and homogenization techniques. Bioresource Technology, 247: 267-272.

Zhang R, Zhang X, Tang Y, et al. 2020. Composition, isolation, purification and biological activities of *Sargassum fusiforme* polysaccharides: a review. Carbohydr Polym, 228: 115381.

第2章 生物分子提取技术

2.1 预 处 理

为确保分析结果的准确性，分析样品须适当制备。生物目标产物分离纯化的首要步骤就是从生物材料出发，设法使所制备的目标产物转移到溶液中，保证样品均匀，同时设法去除其他悬浮颗粒（如菌体、细胞、培养基残渣等）以及改善溶液的性状，以利于后续各步操作。

2.1.1 固态物料预处理

生物活性物质大多存在于组织细胞中，必须将组织细胞结构破坏才能使目标产物得到有效的分离提取。常用的组织细胞破碎方法有物理法、化学法、生物法。其中，物理法通常采用：①磨切法；②压力法，如高压法、减压法和渗透压法；③高频超声振荡法（10～200 kHz）；④冻融法，将生物材料反复冻融，使细胞与菌体破碎。而化学法通常采用稀酸、稀碱、浓盐溶液、有机溶剂或表面活性剂（如胆酸盐、氧化十二烷基吡啶）使细胞结构破坏，释放出内容物。此外，生物法利用酶处理生物材料，较为常用，如用溶菌酶处理某些细菌等。

在提取生物物质前，有时还用丙酮处理原材料，制成丙酮粉，其作用是使材料脱水、脱脂，使细胞结构松散，增加了某些物质的稳定性，有利于提取，同时又减少了体积，便于贮存和运输。而且用丙酮提取可以降低提取液的乳化程度和黏度，有利于离心与过滤操作。同时有机溶剂既能抑制微生物的生长和某些酶的作用，防止目标产物降解失活，又能阻止大量无关蛋白质的溶出，有利于进一步纯化。

2.1.2 液态物料预处理

1. 处理性能的改善 生物工业生产中的培养基和发酵液高黏度、非牛顿性、菌体细小且可压缩，若不经过适当的预处理，很难实现工业规模的过滤。菌体自溶释放出的核酸及其他有机物质的存在会造成液体混浊，即使采用高速离心机也难以分离。还有一些发酵液中，高价无机离子（Ca^{2+}、Mg^{2+}、Fe^{2+}）和杂蛋白质较多，高价无机离子的存在，在采用离子交换法提炼时，会影响树脂的交换容量；杂蛋白质的存在，在采用大网格树脂吸附法提炼时会降低其吸附能力；采用萃取法时容易产生乳化，使两相分离不清；采用过滤法时会使过滤速度下降，过滤膜受到污染。发酵液预处理的目的在于增大悬浮液中固体颗粒的尺寸，除去高价无机离子和杂蛋白质，降低液体黏度，实现目标产物的有效分离。

1）*加热* 加热是发酵液预处理最简单且最常用的方法，如柠檬酸发酵液加热至80℃以上，可使蛋白质变性凝固、过滤速度加快，此外加热能使发酵液黏度明显降低。液体黏度是温度的指数函数，升高温度是降低黏度的有效措施。

2）*凝聚和絮凝*

（1）凝聚。凝聚作用是指在某些电解质作用下，使扩散双电层的排斥电位（即ε电位）降低，破坏胶体系统的分散状态而使胶体粒子聚集的过程。通常发酵液中细胞或菌体带负电荷，由于静电引力的作用将溶液中电性相反的粒子（即正离子）吸附在周围，在界面上形成了双电层。反离子化合价越高，凝聚能力越强。阳离子对带负电荷的胶粒凝聚能力的大小为：$Al^{3+}>Fe^{3+}>Ca^{2+}>Mg^{2+}>K^{+}>Na^{+}>Li^{+}$。常用的凝聚剂有$Al_2(SO_4)_3 \cdot 18H_2O$（明矾）、$AlCl_3 \cdot 6H_2O$、$FeCl_3$、$ZnSO_4$、$MgCO_3$等。

（2）絮凝。絮凝作用是指在某些高分子絮凝剂的存在下，在悬浮粒子之间产生架桥作用而使胶粒形成粗大的絮凝团的过程。絮凝剂具有长链线状的结构，易溶于水，在长的链节上含有相当多的活性功能团。絮凝剂的功能团强烈地吸附在胶粒的表面上，一个高分子聚合物的许多功能团分别吸附在不同颗粒的表面上，因而产生架桥连接。絮凝剂包括各种天然聚合物和人工合成聚合物。天然聚合物有多糖、海藻酸钠、明胶和骨胶等。影响絮凝的因素很多，絮凝效果与发酵液的性状有关，如细胞浓度、表面电荷的种类和大小等，故对于不同特性的发酵液应选择不同种类的絮凝剂。对于一定的发酵液，絮凝效果还与絮凝剂的用量、分子量和类型、溶液的pH、搅拌速度和时间等因素有关。同时在絮凝过程中常需加入助凝剂以提高絮凝效果。

3）*加入盐类* 发酵液中加入某些盐类，可除去高价无机离子。例如，除去钙离子，可加入草酸钠，反应生成的草酸钙能促进蛋白质凝固，提高溶液质量；除去镁离子，可加入三聚磷酸钠，它与镁离子形成不溶性络合物，用磷酸盐处理，也能大大降低钙离子和镁离子的浓度；除去铁离子，可加亚铁氰化钾使其形成普鲁士蓝沉淀。

4）*调节pH* 调节发酵液的pH到蛋白质的等电点是除去蛋白质的有效方法。大幅度改变pH，可使蛋白质变性凝固。对于加入离子型絮凝剂的发酵液，调节pH可改变絮凝剂的电离度，从而改变分子链的伸展状态。电离度大，链上相邻离子基团间的电排斥作用强，可使分子链从卷曲状态变为伸展状态，提高架桥能力。

5）*加入助滤剂* 在含有大量细小胶体粒子的发酵液中加入助滤剂，使这些胶体粒子吸附于助滤剂微粒上，助滤剂就作为胶体粒子的载体，均匀地分布于滤饼层中，相应地改变了滤饼结构，降低了滤饼的可压缩性，也就减小了过滤阻力。目前生物工业中常用的助滤剂是硅藻土，其次是珍珠岩酚、活性炭、石英砂、石棉粉、纤维素、白土等。

2. 部分杂质的去除

1）*可溶性杂蛋白质的去除* 在发酵液中除了含有高价离子之外，还存在一些其他杂质，最常见的是可溶性蛋白质。发酵液的预处理，从根本上说是如何使可溶性蛋白质充分变性沉淀，以便随固体物一同除去。改善发酵液过滤特性的方法中，有很多可在改善过滤特性的同时除去杂蛋白质。下面介绍几种方法。

（1）变性法。变性蛋白质的溶解度较小。使蛋白质变性的方法很多，其中最常见的是加热法。加热能使蛋白质变性，同时降低液体黏度，提高过滤速率。例如，在链霉素生产中就可以加入草酸或磷酸将发酵液pH调至3.0左右，加热至70℃，维持约半小时，用此方法来去除蛋白质，过滤速度可提高10～100倍，滤液黏度可降低至1/6。但变性法存在一定的局限性，如热处理通常对原液质量有影响，特别是会使色素增多，故该法只适用于热稳定的生化物质；极端pH会导致某些目标产物失活，并且消耗大量酸碱。

（2）沉淀法。蛋白质是两性物质，在酸性溶液中，能与一些阴离子如三氯乙酸盐、水杨酸盐、钨酸盐、苦味酸盐、过氯酸盐等酸根离子形成沉淀；在碱性溶液中，能与一些阳离子如Ag^{+}、Cu^{2+}、Zn^{2+}、Fe^{3+}和Pb^{2+}等形成沉淀。

（3）吸附法。可加入某些吸附剂或沉淀剂吸附杂蛋白质而将其除去。例如，在四环素生产中，采用亚铁氰化钾和硫酸锌协同作用生成的亚铁氰化锌钾的胶状沉淀来吸附蛋白质，利用此法除去蛋白质已取得很好的效果。在枯草芽孢杆菌发酵液中加入氯化钙和磷酸氢二钠，两者生成庞大的凝胶，把蛋白质、菌体及其他不溶性粒子吸附并包裹在其中而除去，从而可加快过滤速率。

2）不溶性多糖的去除　当发酵液中含有较多不溶性多糖时，黏度增大，固液分离困难，可用酶将多糖转化为单糖以提高过滤速率。例如，在蛋白酶发酵液中用α-淀粉酶将培养基中多余的淀粉水解成单糖，就能降低发酵液黏度，提高滤速。

3）有色物质的去除　发酵液中有色物质的去除通常用吸附法。工业生产中常用的是离子交换剂、离子交换纤维、活性炭等材料。例如，在氨基酸生产中，运用活性炭脱色除去发酵液中的有色物质，使其最终透光率达95%以上。

2.2 沉　淀　法

沉淀是溶液中的溶质由液相变成固相析出的过程。沉淀法是分离纯化生物分子，特别是制备蛋白质和酶时最常用的方法。通过沉淀，将目的生物分子转入固相沉淀，从而与杂质得到初步的分离。

2.2.1　基本原理

此方法的基本原理是根据不同物质在溶剂中的溶解度不同而达到分离的目的，不同溶解度的产生是由于溶质分子之间及溶质与溶剂分子之间亲和力的差异，溶解度的大小与溶质和溶剂的化学性质及结构有关，溶剂组分的改变或加入某些沉淀剂以及改变溶液的pH、离子强度和极性都会使溶质的溶解度产生明显的改变。沉淀法具有简单、经济和浓缩倍数高的优点，广泛用于生化物质的提取。它不仅适用于抗生素、有机酸等小分子物质，在蛋白质、多肽、核酸和其他细胞组分的回收和分离中应用也很多。常用的沉淀方法有盐析法、有机溶剂沉淀法、等电点沉淀法、亲和沉淀法等。

2.2.2　盐析法

蛋白质等生物分子物质在水溶液中以一种亲水胶体形式存在，无外界影响时，呈稳定的分散状态。其主要原因有两个：①蛋白质为两性物质，在一定pH条件下呈现一定的带电性，因而在水溶液中会因静电作用而相互排斥，从而保证其分散状态；②蛋白质分子周围水分子呈有序排列，在其表面上形成了水化膜，水化膜能保护蛋白质粒子，避免其因碰撞而聚沉。中性盐对蛋白质的溶解度有显著影响，产生盐析作用的一个原因是盐离子与蛋白质表面具有相反电性的离子基团结合，形成离子对，因此盐离子部分中和了蛋白质的电性，使蛋白质分子之间电排斥作用减弱而相互靠拢，聚集起来；另一个原因是中性盐的亲水性比蛋白质强，盐离子在水中发生水化而使蛋白质脱去了水化膜，暴露出疏水区域，疏水区域的相互作用，使其沉淀。蛋白质在用盐析沉淀分离后，需要将蛋白质中的盐除去，常用的办法是透析，即把蛋白质溶液装入透析袋内（常用的是玻璃纸），用缓冲液进行透析，并不断地更换缓冲液，因透析所需时间较长，最好在低温中进行。此外，也可用葡萄糖凝胶G-25或G-50过柱的办法除盐，所用的时间就比较短。

2.2.3 有机溶剂沉淀法

向水溶液中加入一定量亲水性的有机溶剂，降低溶质的溶解度，使其沉淀析出的分离纯化方法，称为有机溶剂沉淀法。其机理主要有以下几点。

（1）亲水性有机溶剂加入溶液后降低了介质的介电常数，使溶质分子之间的静电引力增加，聚集形成沉淀。

（2）水溶性有机溶剂本身的水合作用降低了自由水的浓度，压缩了亲水溶质分子表面原有水化层的厚度，降低了它的亲水性，导致脱水聚集。该法优点在于：①分辨能力比盐析法强，即蛋白质或其他溶剂只在一个比较窄的有机溶剂浓度下沉淀；②沉淀不用脱盐，过滤较为容易；③在生化制备中应用比盐析法广泛。其缺点是容易引起具有生物活性的大分子变性失活，操作要求在低温下进行。

有多种因素影响有机溶剂的沉淀效果。①温度。有机溶剂沉淀时，温度是重要的因素。在沉淀过程中，有机溶剂引起蛋白质变性的可能性会随着温度的升高而增加。为了防止蛋白质变性，应在低温下沉淀。因为低温可保持生物分子活性，同时降低其溶解度，提高提取效率。②样品浓度和pH与盐析法中的作用基本相同。③金属离子。一些多价阳离子如Zn^{2+}和Ca^{2+}在一定pH下能与呈阴离子状态的蛋白质形成复合物，这种复合物在水中或有机溶剂中的溶解度都大大下降，而且不影响蛋白质的生物活性。④离子强度。盐浓度太高或太低都对分离有不利影响，对蛋白质和多糖而言，盐浓度不超过5%比较合适，使用的乙醇量不超过2倍体积为宜。⑤蛋白质浓度。蛋白质浓度越高，加入了定量的有机溶剂后，析出的蛋白质就越多。另外，溶液的介电常数会随着蛋白质浓度的升高而相应提高，这会减少蛋白质的变性。如果蛋白质的浓度过高，蛋白质间的共沉淀现象也显著增强，导致分离效果变差，不利于分级沉淀。因此，只有选择合适的蛋白质浓度才可能获得良好的分离效果。

2.2.4 等电点沉淀法

等电点沉淀法的原理是：两性电解质在溶液pH处于等电点（pI）时，分子表面净电荷为零，导致赖以维持稳定的双电层及水化膜的削弱或破坏，分子间引力增加，溶解度降低，从而相互聚集，沉淀析出。等电点沉淀法除可用于所需物质的提取外，也可用于沉淀除去杂蛋白质及其他杂质，表2-1列举了几种酶和蛋白质的pI。例如，胰岛素纯化时，调节pH为8.0除去碱性杂蛋白质，调节pH为3.0除去酸性杂蛋白质，粗提液经过处理后纯度大大提高，有利于后续提取操作，等电点沉淀法常与盐析法、有机溶剂沉淀法或其他沉淀方法联合使用，以提高其沉淀能力。

表2-1 几种酶和蛋白质的pI

蛋白质	pI	蛋白质	pI	蛋白质	pI
卵清蛋白	4.6	γ-球蛋白	6.6	细胞色素	10.65
胃蛋白酶	1.0	β-乳球蛋白	5.2	胰凝乳蛋白酶	9.5
血清蛋白	4.9	血红蛋白	6.3	溶菌酶	11.0
尿素酶	5.0	肌红蛋白	7.0		

2.2.5 亲和沉淀法

将亲和试剂加入含有靶蛋白的混合溶液中，就可以形成亲和配体-靶蛋白的共聚物。这种共聚物可以在一定条件下形成沉淀，通过过滤或离心的方式进行分离，然后将酶或蛋白质从亲和配体-聚合物上解离下来。这一过程类似于蛋白质的亲和层析，因此将这种分离提纯蛋白质的技术称为亲和沉淀法。图2-1为基于纯化标签弹性蛋白样多肽（ELP）的亲和沉淀法分离蛋白质的基本原理与过程示意图。

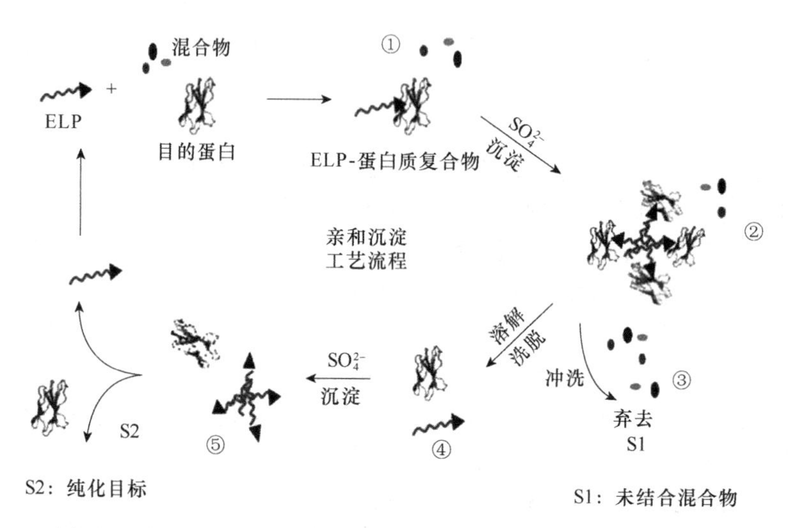

图2-1 基于ELP的亲和沉淀法分离蛋白质的基本原理与过程示意图

此过程涉及5个步骤：①肽ELP与目的蛋白质的结合；②沉淀结合复合物；③洗去杂质；④从肽ELP上洗脱/解离蛋白质；⑤肽ELP构建体的再沉淀。S1是含杂质的未结合上清液，将其丢弃。S2是第二个上清液，其中包含纯化的产物。

2.2.6 其他沉淀法

1. 生成盐类复合物沉淀法 生物分子和小分子都可以生成盐类复合物沉淀，此法一般可分为3种：与生物分子的酸性功能基团作用（如铜盐、银盐、锌盐、钙盐等），即金属复合盐法；与生物分子的碱性功能基团作用（如苦味酸盐、苦酮酸盐、丹宁酸盐等），即有机酸法；无机复合盐法。以上盐类复合物具有很低的溶解度，极易沉淀析出。

1）金属复合盐法 许多有机物质包括蛋白质在内，在碱性溶液中带负电荷，能与金属离子形成沉淀。根据有机物与它们之间的作用机制，可分为羧酸、胺及杂环等含氮化合物类，如铜、锌、镉；亲羧酸而对含氮配基没有亲和力类，如钙、镁、铅；亲硫氢基化合物类，如汞、银、铅。蛋白质-金属离子复合物的重要性质是它们的溶解度对溶液的介电常数非常敏感，调整水溶液的介电常数（如加入有机溶剂），即可沉淀多种蛋白质。所用金属离子浓度为0.02 mol/L左右即可。

2）*有机酸法*　含氮有机酸如苦味酸、苦酮酸等能与有机分子的碱性功能基团形成复合物而沉淀析出。但此法常发生不可逆的沉淀反应，故用于制备蛋白质时，需采用较温和的条件，有时还需加入一定的稳定剂。

3）*无机复合盐法*　无机复合盐如磷钨酸盐、磷钼酸盐等。磷钼酸盐可同时沉淀高、中分子量的蛋白质。以上盐类复合物都具有很低的溶解度，极易沉淀析出。若沉淀为金属复合盐，可通以H_2S使金属变成硫化物而除去，若为有机酸盐或磷钨酸盐，则加入无机酸并用乙醚萃取，把有机酸和磷钨酸等移入乙醚中除去，或用离子交换法除去。值得注意的是此类方法常使蛋白质发生不可逆沉淀，应用时必须谨慎。

2. 蛋白质变性剂沉淀法

1）*碱性蛋白质*　碱性蛋白质属于离子型多聚物沉淀剂，它能与蛋白质结合聚集，是一类温和的沉淀剂。多价阳离子的碱性蛋白质，如鱼精蛋白，除能有效地沉淀核酸物质外，还能沉淀某些蛋白质（主要为酸性蛋白质）。当把90 mg鱼精蛋白加入部分纯化的酵母磷酸果糖激酶溶液（含1 g蛋白质）时，溶液中的酶蛋白便吸附到鱼精蛋白-核酸沉淀物上。沉淀物用0.1 mol/L磷酸缓冲液洗脱后，收得的磷酸果糖激酶的纯度比原来提高了9倍。但是，多价阳离子碱性蛋白质移去阴离子物质的反应多半是不可逆的，故其应用受到了限制。另外在应用多价阳离子物质时，因其水溶液pH为2～3，所以要小心地中和后，再加到蛋白质溶液中。

2）*凝集素*　凝集素是自然界中广泛存在的一类能与糖类专一、可逆结合的非免疫来源的蛋白质或糖蛋白。凝集素沉淀蛋白质的原理为：它与样品中糖蛋白的糖链特异结合并沉淀下来，通过离心即可将糖蛋白与其他蛋白质分开，获得的凝集素-糖蛋白复合物可用单糖作为抑制剂而使糖蛋白解离出来。例如，伴刀豆球蛋白可与含有葡萄糖、甘露糖等分子的糖蛋白发生特异性凝集沉淀。该方法具有反应条件较温和、转移性强的优点。

3. 选择性变性沉淀法　选择性变性沉淀法的原理是利用各种蛋白质、酶等生物分子对某些物理或化学因素如温度、酸碱度、有机溶剂等敏感性的不同，用适当的选择性沉淀法有选择地使之变性沉淀，而欲分离的有效成分则存在于溶液中（或者发生可逆性沉淀），以达到分离纯化的目的。

4. 非离子多聚物沉淀法　非离子多聚物是20世纪60年代发展起来的一类重要沉淀剂，最早用于提纯免疫球蛋白、沉淀一些细菌和病毒，近年来逐渐广泛应用于蛋白质和酶的分离纯化。这类非离子多聚物包括不同分子量的聚乙二醇（PEG）、壬基酚聚氧乙烯醚（NPEO）、葡聚糖、右旋糖酐硫酸钠等，其中应用最多的是聚乙二醇。这种沉淀的条件温和，不易引起蛋白质变性，而且沉淀比较完全，因此应用范围较广。但是，它也受各种因子如pH、离子强度、蛋白质浓度以及聚合物分子量的影响。如聚乙二醇用于蛋白质纯化，其分子量为2000～6000，多数研究者认为PEG6000沉淀蛋白质较好。

5. 结晶沉淀法　蛋白质沉淀可分为晶体沉淀和无定形（非晶体）沉淀两大类，前者分子排列有规则，后者分子排列无规则。蛋白质结晶也是一种蛋白质纯化过程。在提纯阶段，当某一纯蛋白质溶液的浓度达到较高（5%～30%）水平时，只要条件适合，就能产生一定形状的结晶。但当蛋白质溶液中混有杂质时，即使条件适合，也得不到结晶。因此，可用结晶来判断蛋白质的纯化程度。

结晶实质上是在特定条件下，改变溶解度产生沉淀的一种方法。其具体操作是，将欲结晶的物质溶解于适当溶剂中，然后在此溶液中加入适量的盐或有机溶剂，使欲结晶物质的溶解度降低至接近饱和的临界浓度或刚刚开始出现微弱的混浊，同时调节pH至等电点附近，控制温度在4℃左右，使溶解度进一步降低，经过一定时间的陈化，即可得到结晶沉淀。另外，对于难结晶的物质，有时加入少量“晶种”引子，或进行适当搅拌，或在容器壁上用玻璃棒轻轻摩擦等办法，对结晶形成有加速作用。

2.3 萃取技术

萃取是有机化学实验室中用来提取和纯化化合物的手段之一，近年来在工业领域的应用范围越来越广。萃取利用化合物在两种互不相溶的溶剂中溶解度或分配系数的不同，使化合物从一种溶剂中转移到另外一种溶剂中，经过反复多次萃取，将绝大部分的化合物提取出来。表2-2和表2-3分别为固体和液体样品常用的萃取方法。

表2-2 固体样品常用的萃取方法

方法	原理	优点	缺点
索氏萃取法	溶剂不断回流，萃取固体样品	设备便宜，操作简单	萃取时间长，所需溶剂多，不能萃取在长期加热下不稳定的物质
加速溶剂萃取法	高温高压下萃取	过程快速，操作简单，溶剂用量少	设备贵，不能萃取高温下不稳定的物质，有封锁现象
微波辅助萃取法	用微波提高萃取效率	过程快速，操作简单，溶剂用量少	必须用极性溶剂
超声辅助萃取法	用超声波的空化作用提高萃取效率	过程快速，操作简单，温度低，成本低，可处理大量样品	样品和溶剂的性质对萃取效率影响较大，需要手动操作并过滤
超临界流体萃取法	用超临界流体作萃取剂	溶剂用量少，最常用的萃取剂是液态CO_2，对环境友好	设备贵，高压，样品可能有流失，不宜测水含量高的物质

表2-3 液体样品常用的萃取方法

方法	原理	优点	缺点
液液萃取法	待测物从样品中转移到萃取液的完全萃取	方法成熟，处理样品量大，萃取完全	溶剂用量大，溶剂有一定的毒性和安全隐患；处理某些样品时会乳化
固相萃取法	待测物从样品中转移到固相吸附剂的完全萃取	安全，不会乳化，回收率高	含固体或胶体小颗粒的样品会堵塞固相装置的微孔
固相微萃取法	待测物在样品的液相和加入的固相微萃取装置（涂层纤维、搅拌棒等）之间达到分配平衡的平衡萃取	操作简单，溶剂用量少或无溶剂，集采样、萃取于一体，可与分析仪器联用	待测物回收率低于完全萃取的固相萃取法

续表

方法	原理	优点	缺点
浊点萃取法	基于表面活性剂的浊点现象，通过改变外部条件使溶液相分离	不使用溶剂，在分离纯化蛋白质方面已经实现大量操作	表面活性剂在紫外区有背景吸收，洗脱表面活性剂的过程时间长且影响待测物含量
液膜萃取法	以液膜为分离介质、以浓度差为推动力的膜分离纯化富集方法。液膜萃取中的外相、膜相和内相分别对应萃取体系的料液（待分离的连续相）、萃取剂和反萃剂（用以接受萃取物）。液膜萃取时三相共存，萃取和反萃取的操作在同一装置中进行	溶剂用量少，选择性高，干扰物质少，可自动化并与其他分析仪器联用	实验条件需要多种优化，液膜稳定性不好，痕量物质富集时间长

2.3.1 液液萃取的基本理论与过程

液液萃取技术是将选定的某种溶剂加入待分离的原料液（液体混合物）中充分混合，由于原料液中不同组分在该溶剂中的溶解度不同，待分离的组分能够较多地溶解在溶剂中，并与剩余的料液分层，从而使料液得以分离的方法。不合格的产品也可以采用液液萃取法精制以提高纯度。影响液液萃取的因素主要包括以下几方面。

1. pH 在液液萃取中，pH的选择具有重要意义。因为pH直接影响分配系数K值的大小，同时也影响选择性（图2-2）。一般情况下，酸性产物在酸性条件下萃取到萃取剂中，碱性杂质则成盐留在萃余液中；碱性产物在碱性条件下萃取到萃取剂中，酸性杂质则成盐留在萃余液中。

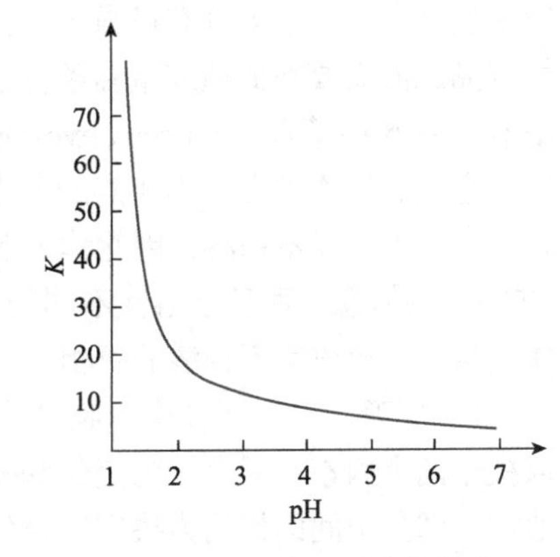

图2-2 pH对分配系数的影响

另外，选择pH时也要注意应在产物稳定的范围内。例如，青霉素在pH 2.0～2.2时易以游离酸的状态转入有机溶剂中，而在pH 6.8～7.2时会以成盐状态转入相应的缓冲液中，当pH<2时青霉素在有机相中分配系数显著增大，但此条件下青霉素极易被破坏生成青霉酸。为了保证有足够大的K值且青霉素不被破坏，获得较高收率，工业上提取青霉素一般选用pH为2.0～2.2。

2. 温度 温度对产物的萃取也有很大的影响，由于生物产品在较高的温度下不稳定，故萃取应在室温或较低温度下进行。但有些情况下，温度过低会使料液黏度增大，传质速率慢，导致萃取速率低。如果工艺条件允许，可适当提高萃取温度，有利于提高萃取效率。

3. 时间 为了减少生物产品在萃取过程中的破坏损失，萃取时间应尽可能缩短，需要配备混合效率高的混合器及效率高的分离设备，保持设备处于良好工作状态，避免萃取过程中出现故障，延误操作时间。

4. 盐浓度 加入盐析剂如硫酸铵、氯化钠等可使产物在水中溶解度降低，从而使产物更多地转入有机溶剂中。另外，盐析剂也能减少萃取剂在水中的溶解度，如提取维生素B_{12}时，加入硫酸铵能促使维生素B_{12}由水相转移至有机相中。要注意的是盐析剂的使用要适当，用量过多会使杂质一起转入萃余相中。

5. 萃取剂及其选择 液液萃取中一般选用有机溶剂作为萃取剂，萃取剂应对目标产物有较大的溶解度和较高的选择性，其选择是否恰当对分离效果有直接的影响。根据相似相溶原理，分子极性比较接近的溶质和溶剂，其溶解性较好。因而选择与目标产物极性相近的有机溶剂作为萃取剂，会有较高的分配系数和较好的萃取效果。萃取剂的选择除要求萃取能力强、分离程度高之外，在操作方面还有如下要求：①萃取剂与萃余液的相互溶解度越小越好；②黏度低，便于两相分离；③化学稳定性好，不与目标产物反应；④挥发性小，腐蚀性低，安全低毒；⑤萃取剂回收利用方便且廉价易得。制药工业中常用的萃取剂有丁醇、乙酸乙酯、乙酸丁酯、乙酸戊酯、甲基异丁酮等。

6. 乳化作用 萃取过程中有时发生乳化作用，即一种液体分散在另一种不相混合的液体中形成分散体系，使萃取相与萃余相分层困难，因此必须破坏乳化以达到较好的分离效果。常用的去乳化的方法有吸附、过滤、离心、加热（适用于非热敏性产物）、加电解质（如氯化钠、硫酸铵等）、加去乳化剂。常用的去乳化剂有十二烷基乙酸钠（SDS）、溴代十五烷基吡啶（PPB）、十二烷基三甲基溴化铵等。

2.3.2 双水相萃取

大部分的萃取在两个液相中进行，一个是水相，一个是有机相。然而蛋白质在有机溶剂中易变性失活，许多具有极强亲水性的蛋白质不溶于有机溶剂；低浓度和具有生物活性的生物制品原液需要在低温或室温条件下进行富集分离，所以常规的萃取技术在应用时往往受到限制。双水相萃取（aqueous two-phase extraction，ATPE）能够克服这些困难，保持生物活性，它是利用物质在互不相溶的两水相间分配系数的差异来进行萃取的方法。由于上下相均含有大量水且互不相溶，因此称为双水相，继而提出双水相系统（aqueous two-phase system，ATPS）的概念：两种水溶性不同的聚合物或是聚合物与无机盐在水中以一定的浓度溶解后，体系会自动形成互不相溶的两相。

1. 原理 当两种聚合物的水溶液相互混合时，究竟是分层成两相还是混合成一相，取决于两个因素：混合熵的变化和分子间的作用力。对大分子而言，分子间的作用力占主导地位，即分子间的作用力决定混合的结果。若两种聚合物分子间存在斥力，那么在某一种分子的周围就聚集同种分子而排斥异种分子，当达到平衡后则分成两相，两种聚合物分别进入每一相中，达到分离的目的。反之，如果两相间存在引力，如带相反电荷的两种聚合物电解质，它们会相互结合而存在于同一相中。若两种聚合物间不存在分子间的作用力，则它们相互混合。由上可知，形成双水相系统的必要条件是两种聚合物分子间存在斥力。

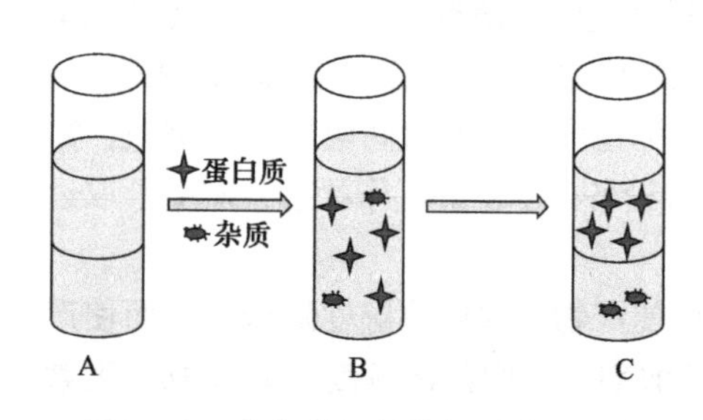

图2-3 双水相体系的萃取过程示意图

与传统的液液萃取类似，双水相系统的萃取也是利用物质在两相间分配系数的差异来实现分离的。当物质加入双水相系统中，会在上相和下相间进行选择性分配，由于物质在上相和下相中的分配系数不同而使上、下相中物质的浓度分布不同，继而达到分离的目的。与传统萃取系统相比，双水相萃取系统所表现出的分配系数往往更大或者更小。以离子液体-盐双水相系统萃取蛋白质为例，图2-3为双水相体系的萃取过程示意图：A. 双水相系统的形成，上相为离子液体，下相为无机盐；B. 向系统中加入蛋白质，振荡、摇匀，蛋白质在两相的液滴中进行重新分配；C. 静置，待双水相系统重新形成，蛋白质主要富集在上相，实现了蛋白质的分离富集。

2. 特点 双水相萃取对生物物质的分离纯化表现出特有的优点和技术优势，具体表现在如下几方面。

（1）物质在两相中的分配受多种因素影响，可以通过控制不同因素来提高双水相系统的选择性或萃取效率。如选择适当体系，收率可达80%以上，提纯倍数可达2～20倍。

（2）可操作性强，易于连续操作，设备简单，可直接与后续提纯工艺相连接，不需要进行特殊处理，大量杂质能与所有固体物质一起除去。与其他常用固液分离方法相比，双水相萃取技术可省去1～2个分离步骤，使整个分离过程更经济。

（3）体系含水量高（75%～90%），在接近生理环境的温度和体系中进行萃取，避免了生物活性物质变性失活。

（4）传质和平衡过程速度较快，分相时间短，自然分相时间一般在5～15 min，相对于某些分离过程来说，能耗较小，速度快。

（5）不存在有机残留问题，高聚物一般是不挥发性物质，操作环境对人无害。

（6）操作条件温和，整个操作过程在常温常压下进行，系统上下相的含水量高，接近于生理环境，避免了生物活性物质的变性失活。

2.3.3 微波辅助萃取

微波是波长为0.1 mm～100 cm（即频率为10^8～10^{11} Hz）的一种电磁波，具有波粒二象性。微波辅助萃取是在传统的有机溶剂萃取基础上发展起来的一种新型萃取技术。它可避免样品的许多成分被分解，具有萃取选择性；操作方便、快速，只需几分钟；具有节省能源，降低环境污染、提取回收率高等优点。

1. 原理 微波以直线方式传播，遇金属会被反射，遇非金属物质能穿透或被吸收。微波辅助萃取主要是利用其强烈的热效应，被加热物质的极性分子在微波场中快速转向及定向排列、撕裂和相互摩擦而产生强烈的热效应。微波加热是内部加热过程，直接作用于内部和外部的介质分子，使整个物料同时被加热，不同于普通外加热方式的热传递，克服了温度上升慢的缺点，保证了能量的快速传导和充分利用。

2. 特点

（1）使极性分子发生强烈的极性振荡，导致分子间氢键松弛，细胞膜破裂加速溶剂分子对基体的渗透和待提取成分的溶剂化，提高萃取率。

（2）对萃取体系中不同的组分选择性加热。

（3）快速高效，加热均匀。

2.3.4 反胶团萃取

反胶团萃取类似于水-有机溶剂的液液萃取，但它利用了表面活性剂在有机相中形成的反胶团“水池”（water pool）的双电层与蛋白质的静电吸引作用，使不同极性（等电点）、不同分子量的蛋白质选择性地萃取到有机相中，以实现分离目的。表面活性剂由亲水疏油的极性基团和亲油疏水的非极性基团两部分组成，可分为阴离子表面活性剂、阳离子表面活

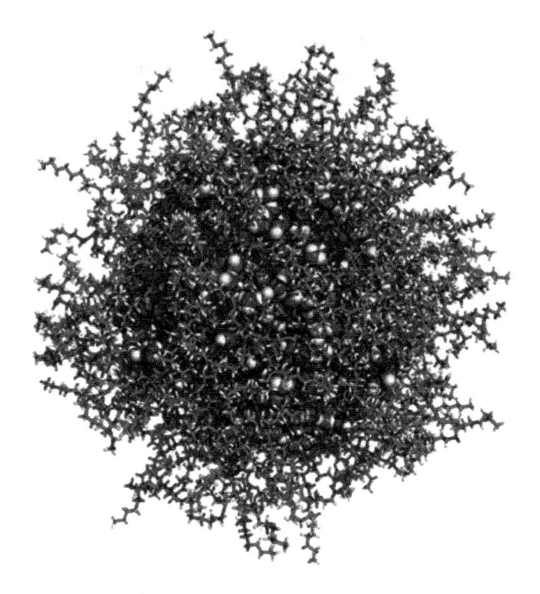
图2-4　反胶团结构示意图

性剂、非离子表面活性剂3类，均可用于形成反胶团。将表面活性剂溶于水中，当浓度达到一定值后，表面活性剂就会在水溶液中形成聚集体，称为胶团。表面活性剂形成胶团的最低浓度即为临界胶束浓度。在水溶液中形成的胶团，亲水疏油的极性基团向外与水接触，亲油疏水的非极性基团向内形成非极性核，即为正相胶束。而在非极性有机溶剂中形成的胶团恰好相反，非极性基团向外与非极性的有机溶剂接触。极性基团则在内，形成极性核（polar core），称为反相胶束即反胶团（图2-4）。反胶团的极性核溶解极性物质之后，形成了"水池"。蛋白质可通过整合作用进入"水池"。"水池"中的水层和极性基团为生物分子提供了适宜的亲水微环境，保持了蛋白质的天然构型，使之不会失活。反胶团"水池"的直径大小直接影响蛋白质的萃取率。通过改变有机相与水相的物质的量之比，调节反胶团"水池"的大小与形状，就可以对不同分子量的蛋白质进行选择性分离。

反胶团萃取蛋白质主要发生在有机相和水相界面间的表面活性剂层，当含有反胶团的有机溶剂与蛋白质的水溶液接触后，表面活性剂层在邻近蛋白质作用下变形，在两相界面形成包含蛋白质的反胶团，然后反胶团扩散进入有机相中，实现蛋白质的萃取。改变水相的pH、离子种类或强度等条件，又可使蛋白质由有机相重新返回水相，实现反萃取过程。根据异性相吸的静电学原理，反胶团可以对蛋白质进行选择性萃取，改变条件可以改变选择性和萃取效率。在实际操作中优化条件，就能使反胶团有效地提取、分离蛋白质。

2.3.5　固相微萃取

固相微萃取（SPME）是在固相萃取（SPE）基础上发展而来的一种灵敏、方便、快速、无溶剂、适用于液体和气体样品的新的样品前处理技术。固相微萃取保留了固相萃取的优点，摒弃了其需要柱填充物和使用溶剂进行解吸的弊病，只要一个类似进样器的固相微萃取装置即可完成全部前处理和进样工作。该装置针头内有一伸缩杆，上连有一根熔融石英纤维，其表面涂有色谱固定相，一般情况下熔融石英纤维隐藏于针头内，需要时可推动进样器推杆使石英纤维从针头内伸出。

1. 原理和特点　固相微萃取主要用于对有机物进行分析，根据有机物与溶剂之间相似相溶的原则，利用石英纤维表面的色谱固定相对分析组分的吸附作用，将组分从试样基质中萃取出来，并逐渐富集，完成试样前处理过程。在进样过程中，利用气相色谱进样器的高温，液相色谱、毛细管电泳的流动相将吸附的组分从固定相中解吸下来，用色谱仪进行分析。SPME有3种基本的萃取模式：直接浸入式萃取、顶空萃取和膜保护萃取。

1）直接浸入式萃取　把SPME的纤维头直接插入水相或气体中进行萃取，适用于气态样品或较为洁净的液体样品中某种物质的分析。

2）顶空萃取　把SPME的萃取纤维置于待测样品上部空间进行萃取，适用于分析易从样品中逸出进入液上空间的挥发性组分和部分半挥发性组分。

3）膜保护萃取　主要目的是在分析较脏的样品时保护萃取固定相避免其受到损伤。与顶空萃取相比，该方法对难挥发性物质组分的萃取富集更为有利。另外，由特殊材料制成的保护膜为萃取过程提供了一定的选择性。

2. 应用　固相微萃取中萃取纤维的选择至关重要，它直接关系到分析物能否被有效地吸附并定量地从试样中萃取出来。随着萃取纤维材质的改进、新型纤维涂层的研制及涂层技术的发展，SPME技术正越来越广泛地应用于环境、医药、化工等多个领域。目前SPME与气相色谱（GC）联用，用于分析挥发性、半挥发性物质，已是较成熟的技术之一。随着SPME应用领域的不断拓展，新的问题、新的要求也会不断出现，与其他一些分析仪器的联用还有待进一步发展，选择性强、灵敏度高的涂层及新型萃取纤维有待进一步研制开发。在新技术、新理论和新产品的不断发展下，SPME技术将成为一种高效的常规分析手段。

2.3.6 超临界流体萃取

超临界流体萃取是利用超临界流体（SCF）具有特异的溶解能力而发展出来的生物物质分离新方法，现已广泛应用于食品、医药、化工和环境等多种领域中。

1. 流体临界特征　任何一种物质都存在3种相态，即气相、液相和固相。如图2-5所示，三相成平衡态共存的点为三相点，气液两相成平衡状态共存的点叫临界点。物质在临界点（T_c，P_c）时，气体和液体的界面消失，体系性质均一，不再分为气体和液体。高于临界温度T_c时，无论施加多大压力也不能使气体液化。在临界温度T_c下，液体气化所需要的压力为临界压力P_c。不同物质具有不同的临界温度和临界压力。

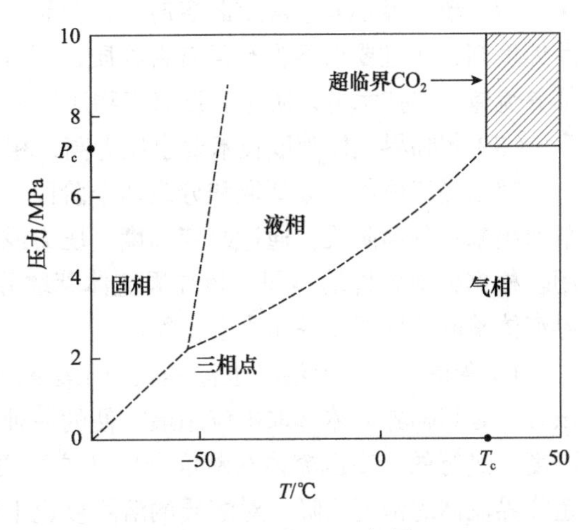

图2-5　CO_2 P-T相图

2. 超临界流体特征　当温度超过临界点时，物质处于既不是气体也不是固体的超临界状态，气液两相性质非常相近，以致无法分别，成为非凝缩性的高密度流体即超临界流体。超临界流体兼有气体和液体的双重特性：密度比气体大数百倍，与液体相当；溶解能力较强，接近液体；黏度小，接近气体而比液体小两个数量级，扩散性和渗透性强；有很强的压缩性，压力和温度的微小变化都可以引起密度较大的变化，密度随着温度的降低（不能低于临界温度）或压力的升高而增大。

超临界流体萃取技术与一般的萃取分离相比具有如下特点。

（1）萃取条件温和，萃取率高，产品质量好。在一些天然物质的萃取中，超临界流体萃取技术比传统的萃取方法更能有效地保留易挥发的成分，保持其原有的品质。采用超临界流体萃取技术分离，通常在较低温度下进行，特别适用于热敏性物质的分离，而用一般的蒸馏方法分离含热敏性组分的原料，容易引起热敏性组分的分解、聚合。虽然可以用真空蒸馏，但降压对温度的降低有限，分离热敏性物料仍受限制。

（2）超临界流体萃取技术可同时完成蒸馏和萃取两个过程。萃取过程由两个因素（被分离物质之间的挥发度和分子间的亲和力）同时作用而产生相际分离效果，可分离较难分离的有机混合物，对同系物的分离精制更具优势。例如，酒花的萃取，可控制在不同的柱高排放出不同挥发度的产物。

（3）具有良好的选择性。超临界流体的萃取能力取决于流体密度，而密度容易通过调节温度和压力来控制。

（4）传质速度快。超临界流体具有优良的传递性能和较强的渗透力，便于快速萃取和分离。超临界流体的密度接近于液体，黏度又近似于气体且远小于液体，其扩散系数比液体大100倍左右，与液体相比，超临界流体的传质性能更优异。因此它的萃取比液液萃取达到相平衡的时间短，萃取率高，同时还可提高产品的质量。

（5）节省能源。超临界流体萃取往往没有相变过程，只涉及显热部分，且得到有效利用，若采用液液萃取，溶质和溶剂的分离与浓缩往往采用蒸馏和蒸发的方式，要消耗大量能量。而通常的蒸馏操作必须给蒸馏塔提供大量的热能，所提供的热能大部分被冷凝器中的介质带走，会消耗大量的热能。相比之下，超临界流体萃取节能效果相当显著。

（6）超临界流体萃取剂回收利用简便，可通过等温减压或等压升温的办法分离萃取剂，重新压缩后循环使用。

（7）超临界CO_2等是无毒溶剂。在食品、医药和日用化工品等领域，不仅要求分离的产品纯度高，而且要求不含有毒有害物质，用有机溶剂萃取法往往不能满足这一要求，采用超临界流体萃取技术可以防止有毒有害物质进入产品。

（8）超临界流体萃取技术要求压力高，相应对设备的要求也高。

超临界流体萃取分萃取和分离两个阶段。萃取阶段，超临界流体将待分离组分从原料中萃取出来；分离阶段，通过改变温度、压力或运用其他方法将超临界流体分离出来并循环利用。根据分离条件的不同，超临界流体萃取分为等温法、等压法和吸附法等。图2-6是超临界流体萃取的仪器设备和典型流程。

1）等温法　等温法也称等温变压法或绝热法，是通过压力的变化来萃取的分离方法。该方法是超临界流体萃取中应用最方便的一种。其特点是超临界流体的萃取和分离是在同一温度下进行的。高压流体在萃取器中萃取溶质后，经膨胀阀进入分离系统，此时压力下降，超临界流体的密度下降，对溶质的溶解度也下降，溶质在分离器中析出，释放了溶质的萃取剂经压缩机压缩后返回萃取器循环利用。等温法萃取过程中需要补充适量的萃取剂，温度不高，适用于热敏性物质、易氧化物质的萃取。

2）等压法　等压法又称等压变温法，是通过温度的变化来萃取的分离方法。该方法温度的变化对溶解度的影响远小于压力变化的影响，很多因素限制了其分离性能，所以应用不是很多。其特点是超临界流体的萃取和分离在同一压力下进行。在萃取器中完成萃取后，带有溶质的超临界流体经加热器适当加温后进入分离系统，温度升高，流体密度降低，溶解溶质的能力也随之降低，从而使溶质析出，实现分离。萃取剂再经冷凝器降温升压后循环利用。等压法萃取采用同一特定的高压，压缩能耗较少，但分离系统的投资比较高，又由于分离中要提高温度，对热敏性物质有一定的影响。

3）吸附法　吸附法又叫恒温恒压法，是利用选择性吸附剂分离目标组分的方法。该法的特点是超临界流体的萃取和分离在同样的温度和压力下进行。将萃取了溶质的超临界流体通过一种吸附分离器（装有吸附溶质而不吸附萃取剂的吸附剂，如离子交换树脂、活性炭等）使溶质与萃取剂分离。该过程中萃取剂始终处于恒定的超临界状态，十分节能。

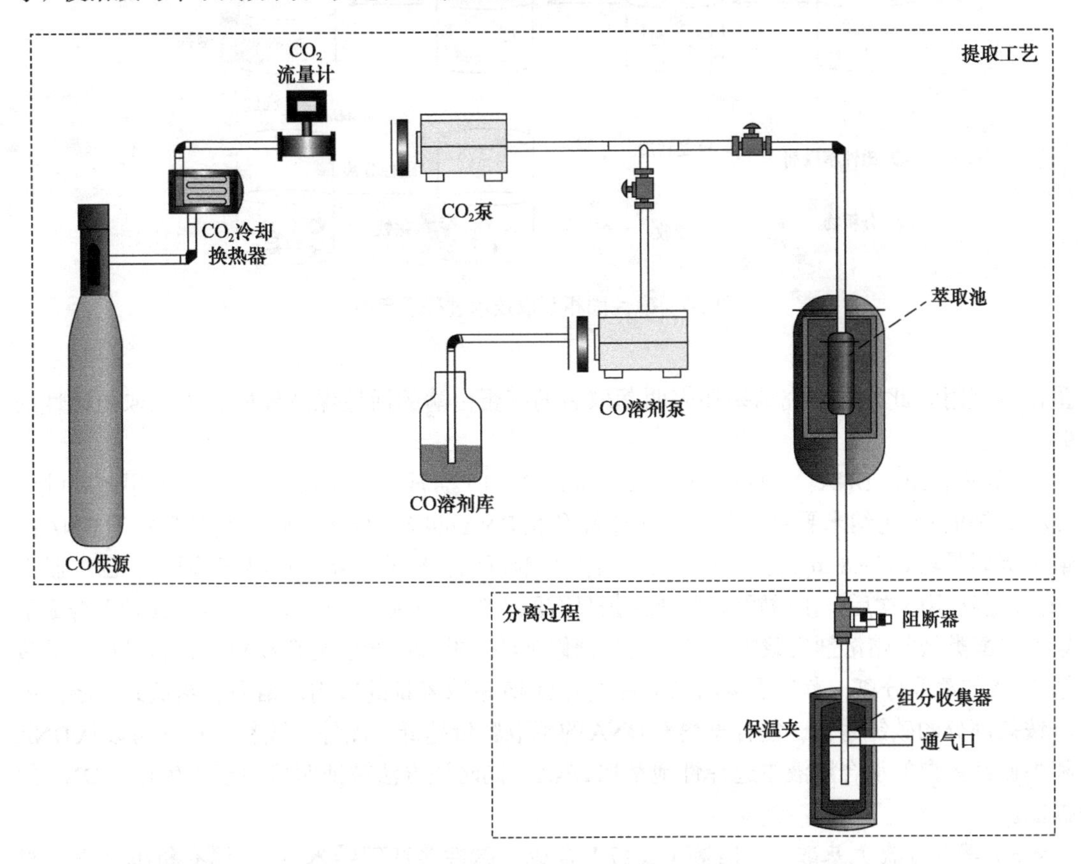

图2-6　超临界流体萃取的仪器设备和典型流程

2.3.7　磁性固相萃取技术

1. 概述　磁性固相萃取技术是一种基于磁性材料的固相萃取技术。磁性固相萃取过程为：向样品溶液中加入一定量的磁性萃取剂，并通过搅拌或振荡使磁性萃取剂充分分散在溶液中，然后目标分析物被吸附到磁性萃取剂表面；在外加磁场的辅助下使吸附有目标分析物的磁性萃取剂与样品基质分离开；用洗脱剂对吸附有目标分析物的磁性萃取剂进行洗脱，实现样品和磁性萃取剂的回收及重复利用。其具体操作过程如图2-7所示。

2. 应用

1）萃取分离蛋白质　Yan等（2017）合成了一种氨基酸修饰的磁性氧化石墨烯复合材料，并将其用于蛋白质的吸附分离，探究了氨基酸种类、溶液pH、电解液加入量、萃取时间以及蛋白质浓度对吸附过程的影响。结果表明该纳米材料对牛血清白蛋白的吸附量可达868.3 mg/g，粒子重复利用3次仍具有较高吸附量，且能从蛋白质混合溶液和实际样品中选择性吸附牛血清白蛋白。Wei等（2018）合成了离子液体包覆的磁性多壁碳纳米管——金属有机框架复合物，并将其用于糜蛋白酶的萃取分离。经过单因素实验优化后，该材料对糜蛋白酶的吸附容量可达到635 mg/g，远远高于其对卵清蛋白、牛血清白蛋白和牛血红

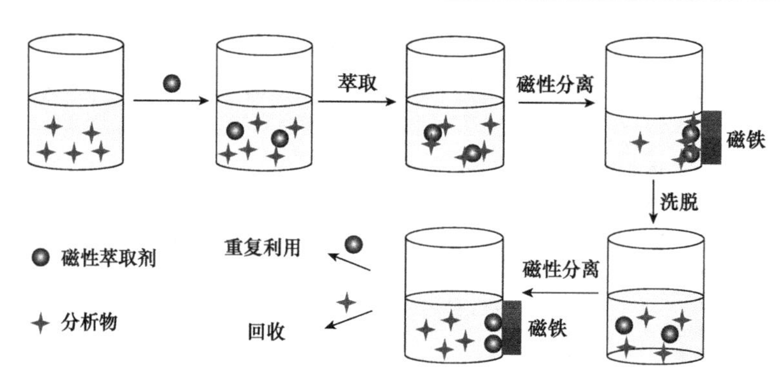

图2-7 磁性固相萃取技术过程示意图

蛋白的吸附。此外，研究结果还表明萃取后的糜蛋白酶的活性保持较好，为萃取前活性的93%。

2）萃取分离DNA　Ghaemi和Absalan（2014）合成了离子液体1-己基-3-甲基咪唑溴化铵修饰的Fe_3O_4纳米颗粒，并将其用于鲱鱼精DNA的吸附分离。磁性纳米颗粒对DNA的最大吸附量可达19.8 mg/g。用EDTA作为洗脱剂可以很容易地将DNA从磁颗粒表面洗脱下来。重复利用3次后，该磁颗粒对DNA仍具有原吸附量的90%±1.5%。Xu等（2017）合成了聚乙二醇类低共熔溶剂负载的、磁性壳聚糖修饰的多壁碳纳米管复合材料，并将其用于鲑鱼精DNA的萃取分离，考察了聚乙二醇种类对DNA萃取容量的影响，结果表明低共熔溶剂中季铵盐部分的碳链越长，复合材料对DNA的萃取容量越低。此外，该复合材料可以从DNA和牛血红蛋白的混合溶液中选择性地萃取DNA，同时该方法被证明可用于小牛血中DNA的提取。

3）萃取分离氨基酸　Li等（2017）合成了磁性多壁碳纳米管/金属有机框架复合材料，并将其用于芳香族氨基酸的选择性吸附中，采用高效液相色谱对氨基酸进行定量。实验考察了溶液pH、时间、温度和盐加入量对吸附过程的影响，结果表明该方法可以从复杂样品中选择性吸附芳香族氨基酸，不受基质成分的干扰。此外，该方法的回收率为88.0%～96.8%，用于酪氨酸、苯丙氨酸和色氨酸的最低检测限分别为0.04 ng/g、0.11 ng/g和0.87 ng/g。Ghosh等（2011）合成了羧甲基-β-环糊精修饰的磁性二氧化硅纳米颗粒，并用于氨基酸对映体的吸附分离，结果表明磁性颗粒对L-对映体的吸附量普遍高于D-对映体，且L-对映体吸附顺序为L-色氨酸＞L-苯丙氨酸＞L-酪氨酸。

4）萃取分离抗生素　Deng等（2013）合成了苯磺酸修饰的磁性二氧化硅纳米颗粒，并将其用于水中糖肽类抗生素（万古霉素和去甲万古霉素）的吸附，采用高效液相色谱进行定量。结果表明磁颗粒表面的负电荷与阳离子化合物之间的静电相互作用促成了磁颗粒高效率的选择性吸附。此外，实验优化了吸附剂用量、萃取条件以及吸附条件。研究证明，该方法实现了水样品中糖肽类抗生素的快速、高效及有选择性的萃取。Lian等（2017）合成了二氧化硅包覆的磁性纳米颗粒，并将其用于自来水和河水中11种四环素的吸附。实验考察了吸附剂用量、pH、吸附时间、吸附溶剂以及样品体积对萃取过程的影响。结果表明该方法线性关系良好，土霉素、四环素和金霉素的最低检测限均在0.027～0.107 μg/L，加标回收率实验表明所建立方法的重复性良好。

参考文献

陈丽惠，贾玉珠，张斌，等．2019．分散固相萃取-液相色谱-串联质谱法测定淡水鱼中柱孢藻毒素、节球藻毒素和微囊藻毒素．色谱，37（7）：723-728.
陈毓荃．2002．生物化学实验方法和技术．北京：科学出版社．
邓松之．2007．海洋天然产物的分离纯化与结构鉴定．北京：化学工业出版社．
葛平珍，周才琼．2014．食源性活性肽制备与分离纯化的研究进展．食品工业科技，35（4）：363-368.
顾觉奋．2008．分离纯化工艺原理．北京：中国医药科技出版社．
郭立安．1993．高效液相色谱法纯化蛋白质理论与技术．西安：陕西科学技术出版社．
郭振宇，吴贤汉．1999．肽类常用的分析技术．海洋科学，（2）：28-31.
金利泰，李校堃，华会明，等．2011．天然药物提取分离工艺学．杭州：浙江大学出版社．
廖云莉．2014．海洋微生物小分子代谢产物提取制备工艺研究．厦门：厦门大学硕士学位论文．
林洋．2016．黑木耳蛋白质的提取、分离纯化及特性研究．哈尔滨：东北林业大学硕士学位论文．
陆健．2005．蛋白质纯化技术及应用．北京：化学工业出版社．
莫文敏，曾庆孝．2000．蛋白质改性研究进展．食品科学，21（6）：6-10.
欧阳平凯，胡永红，姚忠．2010．生物分离原理及技术．2版．北京：化学工业出版社．
徐怀德．2009．天然产物提取工艺学．北京：中国轻工业出版社．
严希康．2001．生化分离工程．北京：化学工业出版社．
张少斌，张力，梁玉金，等．2011．生物活性肽制备方法的研究进展．黑龙江畜牧兽医，（11）：39-41.
赵永芳．2002．生物化学技术原理及应用．北京：科学出版社．
Deng X, Yao P, Ding G, et al. 2013. Preparation of benzenesulfonic acid functionalized magnetic silica nanoparticles for extraction of glycopeptide antibiotics from water. Science of Advanced Materials, 5 (8): 1032-1040.
Du Z, Yu Y L, Wang J H. 2007. Extraction of proteins from biological fluids by use of an ionic liquid/aqueous two-phase system. Chemistry-A European Journal, 13 (7): 2130-2137.
Garcia A A, Bonen J, Ramirez-Vick J, et al. 2004. 生物分离过程科学. 刘铮, 译. 北京: 清华大学出版社.
Ghaemi M, Absalan G. 2014. Study on the adsorption of DNA on Fe_3O_4 nanoparticles and on ionic liquid-modified Fe_3O_4 nanoparticles. Microchimica Acta, 181 (1-2): 45-53.
Ghosh S, Badruddoza A Z, Uddin M S, et al. 2011. Adsorption of chiral aromatic amino acids onto carboxymethyl-β-cyclodextrin bonded Fe_3O_4/SiO_2 core-shell nanoparticles. Journal of Colloid Interface Science, 354 (2): 483-492.
Li N, Wang Y, Xu K, et al. 2016a. Development of green betaine-based deep eutectic solvent aqueous two-phase system for the extraction of protein. Talanta, 152 (15): 23-32.
Li N, Wang Y, Xu K, et al. 2016b. High-performance of deep eutectic solvent based aqueous bi-phasic systems for the extraction of DNA. RSC Advances, 6 (87): 84406-84414.
Li W K, Chen J, Zhang H X, et al. 2017. Selective determination of aromatic acids by new magnetic hydroxylated MWCNTs and MOFs based composite. Talanta, 168 (1): 136-145.
Lian L, Lv J, Wang X, et al. 2017. Magnetic solid-phase extraction of tetracyclines using ferrous oxide coated magnetic silica microspheres from water samples. Journal of Chromatography A, 1534 (26): 1-9.
Liu Q, Xuesheng H U, Wang Y, et al. 2005. Extraction of penicil lin G by aqueous two-phase system of [Bmim] BF_4/NaH_2PO_4. Chinese Science Bulletin, 50 (15): 1582-1585.
Marion M B. 1976. A rapid and sensitive method for the quantitation of microgram quantities of protein utilizing

the principle of protein-dye binding. Analytical Biochemistry, 72 (1-2): 248-254.

Matos T, Johansson H O, Queiroz J A, et al. 2014. Isolation of PCR DNA fragments using aqueous two-phase systems. Separation Purification Technology, 122 (122): 144-148.

Mullerpatan A, Chandra D, Kane E, et al. 2020. Purification of proteins using peptide-ELP based affinity precipitation. Journal of Biotechnology, 309: 59-67.

Neves C M, Ventura S P, Freire M G, et al. 2009. Evaluation of cation influence on the formation and extraction capability of ionic-liquid-based aqueous biphasic systems. Journal of Physical Chemistry B, 113 (15): 5194-5199.

Pei Y, Wang J, Wu K, et al. 2009. Ionic liquid-based aqueous two-phase extraction of selected proteins. Separation and Purification Technology, 64 (3): 288-295.

Tan Z, Song S, Han J, et al. 2013. Optimization of partitioning process parameters of chloramphenicol in ionic liquid aqueous two-phase flotation using response surface methodology. Journal of the Iranian Chemical Society, 10 (3): 505-512.

Wei X, Wang Y, Chen J, et al. 2018. Preparation of ionic liquid modified magnetic metal-organic frameworks composites for the solid-phase extraction of α -chymotrypsin. Talanta, 182 (15): 484-491.

Wu D, Zhou Y, Cai P, et al. 2015. Specific cooperative effect for the enantiomeric separation of amino acids using aqueous two-phase systems with task-specific ionic liquids. Journal of Chromatography A, 1395 (22): 65-72.

Xie D, Gong M Y, Wei W, et al. 2019. Antarctic krill (*Euphausia superba*) oil: a comprehensive review of chemical composition, extraction technologies, health benefits, and current applications. Comprehensive Reviews in Food Science and Food Safety, 18 (2): 514-534.

Xu K, Wang Y, Zhang H, et al. 2017. Solid-phase extraction of DNA by using a composite prepared from multiwalled carbon nanotubes, chitosan, Fe_3O_4 and a poly (ethylene glycol)-based deep eutectic solvent. Microchimica Acta, 184 (10): 1-8.

Yan M, Liang Q, Wan W, et al. 2017. Amino acid-modified graphene oxide magnetic nanocomposite for the magnetic separation of proteins. RSC Advances, 7 (48): 30109-30117.

Zhao S Q, Zhang L Z, Chen Z T, et al. 2018. The chemical fundamentals for heavy oil supercritical fluid extraction and multi-stage separation technology. Scientia Sinica, 48 (4): 369-386.

第3章
生物分子分离纯化技术

3.1 透析、超滤和结晶

3.1.1 透析

透析的速度与膜的厚度成反比，与欲透析的小分子溶质在膜内外两侧的浓度梯度，以及膜的面积和温度成正比，通常是4℃透析，升高温度可加快透析速度。透析只需要使用专用的半透膜即可完成。通常是将半透膜制成袋状，将生物分子样品溶液置入袋内，将此透析袋浸入水中或缓冲液中，样品溶液中大分子质量的生物分子被截留在袋内，而盐和小分子物质不断扩散透析到袋外，直到袋内外的浓度达到平衡为止。保留在透析袋内的样品溶液称为“保留液”，袋（膜）外的溶液称为“渗出液”或“透析液”。在蛋白质的制备过程中，透析主要用于除盐、除少量有机溶剂、除去生物小分子杂质和浓缩样品等。

1. 透析袋的处理 商品透析袋制成管状，出厂时都用10%的甘油处理过，并含有极微量的硫化物、重金属和一些具有紫外吸收的杂质。它们对蛋白质和其他生物活性物质有害，用前必须除去，可先用50%乙醇煮沸1 h，再依次用50%乙醇、0.01 mol/L碳酸氢钠和0.001 mol/L EDTA溶液洗涤，最后用蒸馏水冲洗即可使用。使用后的透析袋洗净后可存于4℃蒸馏水中，若长时间不用，可加少量叠氮化钠（NaN_3），以防长菌。根据截留蛋白质分子质量的不同，透析袋具有不同的规格、型号。表3-1列出了Union Carbide各种型号透析袋的规格。

表3-1 Union Carbide各种型号透析袋的规格

型号	近似膨胀直径/cm	可透过分子质量/Da	不可透过分子质量/Da
8	0.62	5 732	20 000
18	1.40	3 500	5 732
20	1.55	30 000	45 000
27	2.10	5 732	20 000
36	2.80	20 000	—

新透析袋也可用沸水煮5～10 min，再用蒸馏水洗净，即可使用。使用时，一端用橡皮筋或线绳扎紧，也可以使用特制的透析袋夹夹紧，由另一端灌满水，用手指稍加压，检查不漏，方可装入待透析液，通常要留1/3的空间，以防透析过程中，透析的小分子量较大时，袋外的水和缓冲液过量进入袋内将袋胀破。

2. 选择适当的透析液　透析的目的主要为脱盐、更改样品的缓冲体系。用于脱盐的透析液可选用蒸馏水或者低浓度的缓冲液，如用于冻干的样品液可用蒸馏水作为透析液脱盐。用于更改样品的缓冲体系的透析液可选用下一程序所需的缓冲液，如常压柱洗脱所得样品（0.1 mol/L pH 5.0乙酸钠缓冲体系）在进行下一步实验（0.02 mol/L pH 7.0磷酸盐缓冲体系）之前就应选用0.02 mol/L pH 7.0磷酸盐缓冲液作为透析液。一般情况下，透析液均选用低离子强度的中性缓冲液。对含有辅基的酶进行透析时，在透析液中宜加入适量的辅基或保护辅基的试剂。

3. 把握透析时间　透析操作在搅拌下进行时，样品液与透析液体积之比以1∶10较好，一般3 h可以达到平衡。如透析在静止状态下进行时，则比例应该扩大到1∶20以上。为了透析完全，一般需要在溶液达到平衡后更换透析液2～3次。检查透析效果的方法有：用1%氯化钡检查硫酸铵；用1%硝酸银检查氯化钠、氯化钾等。

3.1.2　超滤

膜分离操作属于速率控制的传质过程，具有设备简单、可在室温或低温下操作、无相变、处理效率高、节能等优点，适用于热敏性的生物工程产物的分离纯化。常用过滤技术对比和几种膜分离原理如图3-1及表3-2所示。超滤即超过滤，是膜分离技术中一种常用的分离手段，已经发展成重要的工业单元操作技术，广泛用于含有各种小分子溶质的生物分子如蛋白质和酶等的浓缩、分离和纯化。超滤可分离分子质量3000～1 000 000 Da的可溶性大分子物质，直径大于0.1 μm的溶质如蛋白质、果胶、脂肪和微生物，尤其是酵母菌、霉菌不能通过超滤膜。采用压力为0.1～1 MPa。

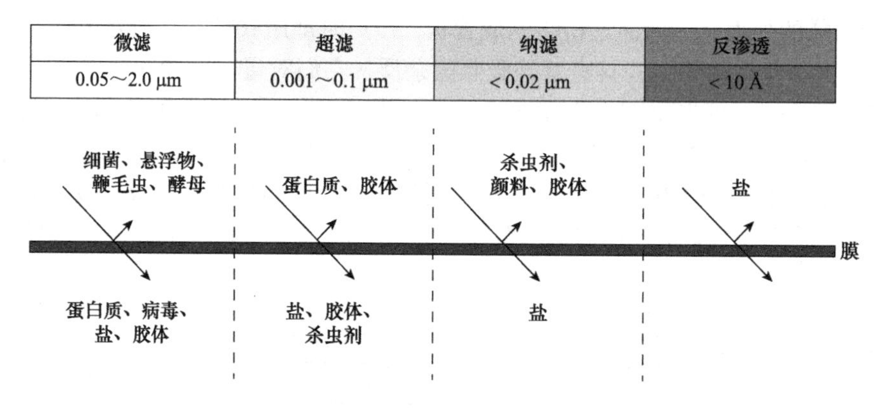

图3-1　常用过滤技术对比（陈莹等，2005）

表3-2　几种主要的膜分离原理

膜过程	推动力	传递机理	透过物	截留物	膜类型
微滤	压力差	颗粒大小、形状	水、溶剂、溶解物	悬浮物、颗粒纤维	多孔膜
超滤	压力差	分子特性、大小、形状	水、溶剂、小分子	胶体和超过截留分子质量的分子	非对称性膜
纳滤	压力差	分子大小及电荷	水、一价离子	多价离子、有机物	复合膜
反渗透	压力差	溶剂的扩散传递	水、溶剂	溶质、盐	非对称性膜、复合膜
电渗析	电位差	电解质离子的选择传递	电解质离子	非电解质、大分子物质	离子交换膜

膜有各种不同的类型和规格，可根据工作的需要来选用。早期的膜是各向同性的均匀膜，即现在常用的微孔薄膜，其孔径通常是0.05～1.0 mm。膜的厚度较大，孔隙为一定直径的圆柱形，这种膜流速低，易堵塞。近几年来生产了一些各向异性的不对称超滤膜，其中一种各向异性扩散膜是由一层非常薄、具有一定孔径的多孔“皮肤层”（厚约0.1 mm或0.25 μm）和一层相对厚得多的（约1 mm）更易通渗的、作为支撑用的“海绵层”组成。皮肤层决定了膜的选择性，而海绵层增加了机械强度。由于皮肤层非常薄，因此高效、通透性好、流量大，不易被溶质阻塞而导致流速下降。常用的膜一般是由乙酸纤维素、硝酸纤维素或二者的混合物制成。近年来为适应制药和食品工业上灭菌的需要，发展了非纤维型的各向异性膜，如聚砜膜、聚砜酰胺膜和聚丙烯腈膜等。这种膜在pH 1～14都是稳定的，且能在90℃下正常工作。超滤膜通常是比较稳定的，若使用恰当，能连续用1～2年。暂时不用，可浸在1%甲醛溶液或0.2%叠氮化钠中保存。根据使用要求，超滤膜可制成不同的形状和组合件，如平面膜、中空纤维膜、管状膜等。

1. 超滤膜的选择　超滤膜的膜结构及其材质极大程度上决定了膜的功能。最初工业化的膜是乙酸纤维素膜，它的价格便宜，成膜性好，但适用范围很窄，pH限于3.5～9.5，使用温度低于40℃，现在膜材料大都采用高性能的合成材料，如聚丙烯腈、聚酰胺、聚酯和改性纤维等，可承受强酸强碱，在各种溶剂及较高温度下能正常操作。近年来，随着聚合物膜的快速发展，无机膜的开发与应用日益受到关注，多孔性陶瓷、多孔性玻璃以及多孔性金属等无机材料制成的膜已经被大量生产，这可提高膜的耐热性和抗化学腐蚀性。

超滤膜的基本性能指标主要有：水通量［$cm^3/(cm^2 \cdot h)$］、截留率（%）、化学物理稳定性（包括机械强度）等。水通量是指一定压力下单位时间内通过单位膜面积的水量。商品膜的规格型号甚多，在选择时必须注意以下几点。

1）*截留相对分子质量*　超滤膜通常以截留相对分子质量作为指标，所谓“相对分子质量截流值”是指截留率达90%以上的最小被截留物质的相对分子质量。它表示了每种超滤膜所额定的截留相对分子质量的最大值。由于额定截留相对分子质量的水平多以球形溶质分子的测定结果表示，而受试溶质分子能否被截留及截留率的大小还与其分子形状、化学结合力、溶液条件及膜孔径差异有关，因此相同相对分子质量的溶质截留率不尽相同。用具有相同相对分子质量及截留值的不同膜材料制备的超滤膜对同一物质的截留率也不完全一致。故相对分子质量截留值仅作选膜的参考。一般选用的膜的额定截留值应稍低于所分离或浓缩的溶质的相对分子质量。部分超滤膜对溶质分子的截留率及中空纤维膜的溶质分子截留率如表3-3及表3-4所示。

表3-3　部分超滤膜对溶质分子的截留率

溶质分子	相对分子质量	截留率/%							
		$UM_{0.5}$（55）	UM_2（55）	UM_{10}（55）	PM_{10}（55）	UM_{20}（55）	PM_{30}（55）	XM_{50}（55）	$XM_{100}A$（10）
D-丙氨酸	89	80	0	0	0	0	0	0	0
DL-苯丙氨酸	165	90	0	0	0	0	0	0	0
色氨酸	204	80	0	0	0	0	0	0	0
蔗糖	342	80	50	25	0	—	0	0	0

续表

溶质分子	相对分子质量	截留率/%							
		$UM_{0.5}$ (55)	UM_2 (55)	UM_{10} (55)	PM_{10} (55)	UM_{20} (55)	PM_{30} (55)	XM_{50} (55)	$XM_{100}A$ (10)
棉子糖	594	90	—	50	0	—	0	0	0
杆菌肽	1 400	75	60	50	35	—	—	—	—
菊粉	5 000	—	80	60	—	5	—	—	—
葡聚糖T_{10}	10 000	—	90	90	—	—	—	—	—
细胞色素c	12 400	>95	>95	90	90	—	45	30	35
聚乙二醇	16 000	>95	>95	80	—	—	—	—	—
肌红蛋白	18 000	>95	>95	95	<85	60	35	20	—
红细胞	64 000	>99	>99	>99	>99	>95	95	95	45
免疫球蛋白（19S）	960 000	>98	>98	>98	>98	>98	>98	>98	>98

注：膜的型号下面括号内为操作压力（磅力/英寸^2，lb/in^2，1 lb/in^2=6.89476×10^3Pa）

表3-4　部分中空纤维膜的溶质分子截留率

溶质分子	相对分子质量	截留率/%				
		H_1P_2 H_5P_2	H_1P_5 $H_{10}P_5$	H_1P_{10} H_5P_{10} $H_{10}P_{10}$	$H_{1\times50}$ $H_{10\times50}$	H_1P_{100} $H_{10\times100}$
棉子糖	594	0	5	—	—	—
聚-DL-丙氨酸	1 000～5 000	65	—	—	—	—
胰岛素	5 000	—	15	0	0	0
PVP K_{15}	10 000	80	70	50	0	0
肌红蛋白	17 000	>98	95	90	30	0
PVP K_{30}	40 000	>98	85	70	50	15
白蛋白	67 000	>98	>98	>98	90	20
PVP K_{60}	160 000	>98	>98	>98	—	70

注：测定条件（操作压力）为0.7 kg/cm^2（68 646 Pa）。PVP为polyvinylpyrrolidone，聚乙烯吡咯烷酮

2）超滤膜性质和使用条件

（1）操作温度：膜基材料对温度的耐受能力差异很大，如XM膜使用温度不超过50℃，而PM膜却能耐受120℃高温。

（2）化学耐受性：膜在使用之前必须查明膜的化学组成，了解其化学耐受性。如PP膜为有机膜，可用于有机溶剂的超滤，而乙酸纤维素膜为无机膜，它可用于无机溶剂的过滤，但不可用于有机溶剂的过滤。

（3）膜的吸附性质：由于各种膜的化学组成不同，对各种溶质分子的吸附情况也不相同。使用超滤膜时，希望它对溶质的吸附尽可能少些。此外，某些介质也会影响膜的吸附能力，如磷酸缓冲液常会增加膜的吸附作用。

（4）膜的无菌处理：许多生化物质必须在无菌条件下进行处理，所以超滤膜必须无菌

化。除有的膜可以进行高温灭菌外，很多膜不耐受高温，因此常采用化学灭菌法。常用的灭菌试剂有70%乙醇、5%甲醛、20%环氧乙烷等。

2. 超滤装置的设计 超滤装置一般由若干超滤组件构成，有平板式、管式、螺旋卷式和中空纤维式4种主要类型。各种膜组件的优缺点比较列于表3-5中。

表3-5 各种膜组件的优缺点

组件	优点	缺点
平板式	保留体积小，操作简单，能承受高压，液流稳定，比较成熟	投资费用高，大的固体物会堵塞进料液通道，拆卸比清洁管道更费时间
螺旋卷式	设备投资很低，操作费用也低，单位体积中所含过滤面积大，换新膜容易	料液筒需要预处理，压力降大，易污染，难清洗，液流不易控制
管式	易清洗，单根管子容易调换，对流容易控制，无机组件可在高温下用有机溶剂进行操作并可用化学试剂来消毒	高的设备投资和操作费用，体积大，单位体积过滤面积小，压力降大
中空纤维式	保留体积小，单位体积中所含过滤面积大，可以逆流操作，压力较低，设备投资低	料液需要预处理，不够成熟
毛细管式	设备投资和操作费用低，单位体积中所含过滤面积大，易清洗，能很好控制液流	操作压力有限，薄膜很容易被堵塞
动态膜	局部混合好，渗透率高，膜传递性高	单位体积过滤面积小

3. 防止浓差极化与膜污染 在膜分离过程中，浓差极化与膜污染是经常发生的两种现象。浓差极化是指在分离过程中，料液中的溶剂在压力驱动下透过膜，溶质被截留，于是在膜表面与邻近膜表面区域浓度越来越高，在浓度梯度作用下，溶质由膜表面向本体溶液扩散，形成边界层，使流体阻力与局部渗透压增加，从而导致溶剂透过流量下降。溶剂向膜表面流动（对流）引起溶质向膜表面流动，当溶质向膜表面流动速度与浓度梯度使溶质向本体溶液扩散速度达到平衡时，在膜附近存在一个稳定的浓度梯度区，这一区域称为浓度极化边界层，这一现象称为浓差极化。当降低膜两侧压差到零，无溶剂透过膜时，膜表面溶质向本体溶液扩散，一段时间后，膜表面溶质浓度与本体溶液溶质浓度相等，浓差极化现象消失，因此浓差极化现象是一个可逆过程。

膜污染是指处理物料中的微粒、胶体粒子或溶质大分子由于与膜存在物理化学相互作用或机械作用而引起的在膜表面或膜孔内吸附、沉积造成膜孔径变小或堵塞，使膜产生透过流量与分离特性的不可逆变化的现象。它与浓差极化有内在联系。浓差极化可通过减小料液中溶质浓度、改善膜表面流体力学条件及提高主体溶液流速或增加湍流程度来减轻浓差极化程度。膜污染解决的办法：一是进行预处理，除去悬浮物和加入螯合剂防止离子和低溶解度盐的沉淀；二是及时更换和清洗已出现堆积物的膜片，可用水、脉冲冲洗，还可用酶制剂及其他洗涤剂（如2%～3%稀盐酸）清洗。

3.1.3 结晶

一般来说，生物活性物质在常温下多半是固体物质，常具有结晶的通性，因此，可以根据溶解度的不同，用结晶来达到分离、纯化、精制的目的。以前沿的蛋白质结晶为例，蛋白质晶体内部结构为三维周期有序重复排列，要求每个结晶重复单位（分子或其复合体）的化学组成与分子构象是均一的。

1. 去除干扰结晶的杂质 由于过多杂质的存在会干扰结晶的形成，有时少量的杂质也会阻碍晶体的析出，因此结晶前应该先尽可能地除去杂质。原料经过溶剂提取和初步分离后所得到的成分，大多仍是混合的组分。除去杂质的方法很多，可采用溶剂法，选用溶剂溶出杂质，或只溶出所需要的成分；有时可用少量活性炭等进行脱色处理，以除去有色杂质；沉淀法、透析法、超滤法等也是常用的去除杂质的方法。还可采用层析法，层析法是分离制备单体纯品常用的有效方法，可将粗提物通过装有氧化铝、硅胶、大孔吸附树脂等的柱子层析后，再进行结晶。

2. 结晶溶剂的选择 合适的溶剂是结晶的关键，所谓适宜的结晶溶剂，最好是在低温时对所需的成分溶解度较小，而高温时溶解度又较大的溶剂。溶剂的沸点亦不宜太高。一般常用甲醇、丙酮、氯仿、乙醇、乙酸乙酯等。制备结晶溶液也常采用混合溶剂。一般是先将化合物溶于易溶的溶剂中，再在室温下滴加适量难溶的溶剂，直至溶液呈微浑浊，并将此溶液微微加热，使溶液完全澄清后放置。例如，虎杖苷重结晶时，可先溶于水，制成饱和水溶液，再加一层乙醚放置，即可促使虎杖苷的结晶。但也有些化合物的结晶需要特殊的溶剂，在一般溶剂中却不易形成结晶。例如，葛根素在冰醋酸中易形成结晶，大黄素在吡啶中易于结晶。

3. 结晶溶剂的操作 结晶是把含有固体溶质的饱和溶液加热蒸发溶剂，或降低温度后使原来溶解的溶质成为有一定几何形状的固体（晶体）析出的过程，析出晶体后的溶液仍是饱和溶液，又称母液，因此，结晶的方法通常有以下两种。

（1）蒸发溶剂法也叫浓缩结晶法，对于溶解度受温度变化影响不大的固体溶质适用。将溶液加热蒸发（或慢慢挥发），过饱和的溶质就能呈固体析出。

（2）冷却热的饱和溶液法也叫降温结晶法，适用于溶解度受温度变化影响较大的固体溶质的结晶。先用适量的溶剂在加热的情况下，将化合物溶解制成过饱和的溶液，然后再放置于低温，通常放于冰箱中让溶质从溶液中析出。

结晶过程中，一般是溶液的浓度越高，降温越快，析出结晶的速度也就越快。但是得到的结晶质量也就差些，颗粒往往较小，杂质也可能多些。有时结晶从溶液中析出的速度太快，超过溶质结晶核的形成和分子定向排列的速度，往往只能得到无定形粉末。结晶溶液的浓度也要适中，溶液太浓，黏度太大，反而不易结晶。如果溶液浓度适当，温度慢慢降低，则有可能析出晶形较大、纯度较高的结晶。

4. 重结晶及分步结晶 第一次结晶得到的晶态物质往往不是很纯，可以用溶剂溶解再次结晶精制，这个过程叫重结晶，这种方法称为重结晶法。在制备结晶时，通常在形成一批结晶后，立即吸出上层的母液于干净的容器中，母液放置后可以得到第二批结晶，如此下去可以得到各级的结晶。即结晶经重结晶后所得的母液，也通常再经上述处理又可分别得到第三批、第四批结晶，这种方法则称为分步结晶法或分级结晶法。在分步结晶过程中，结晶的析出速度总是越来越快，纯度也是越来越高。所以分步结晶法各步所得结晶，其纯度往往有较大的差异，在检查前最好不要贸然混在一起，以免降低纯度。重结晶和分步结晶不仅可以纯化同一成分，还可分离得到不同的成分，如从蛇床子中提取蛇床子素和欧前胡素。

5. 结晶纯度的判定

1）根据物理性质判断 结晶纯度往往根据化合物的物理性质初步鉴定。结晶都有一定的结晶形状、色泽、熔点和熔距，这是非结晶物质所没有的物理性质。实验室最常用的依据是熔距，一般纯单体化合物结晶的熔距较窄，要求在0.5℃左右，如果熔距较长则表示化合物不纯。另外，在判断的过程中不能仅依据结晶的形状、熔点判断，因为化合物结晶的形状和熔点往往因所用溶剂的不同而有差异。例如，延胡索丙素在氯仿中形成棱柱状结晶，熔点为207℃；在丙酮中则形成半球状结晶，熔点为203℃；在氯仿和丙酮混合溶剂中则形成以上两种晶形的结晶。这样的情况普遍存在，因此文献中常在化合物的晶形、熔点之后注明所用溶剂。

2）*薄层鉴定法*　薄层鉴定法也是实验室常用的鉴定纯度的简易方法。通常是在薄层层析或纸层析上采用两种以上的不同展开剂系统和不同的显色剂来鉴定，总体为一个斑点者，一般可以认为是一个单体化合物。但应注意，有的化合物在一般层析条件下，虽然只呈现一个斑点，但并不一定是单体成分。因此，应该同时结合熔距等其他依据一起判断。除此之外，高压液相色谱、气相色谱、紫外光谱等方法，均有助于检识结晶样品的纯度。

3.2　吸附与离子交换

3.2.1　吸附与离子交换的基本理论

吸附属于一种传质过程，物质内部的分子和周围分子有引力，但物质表面的作用力没有充分发挥，所以液体或固体物质的表面可以吸附其他液体或气体，尤其是表面积很大的情况下，这种吸附力能产生很大的作用，所以工业上经常利用大面积的物质进行吸附，如活性炭、水膜等。

1. 吸附过程的类型

1）*物理吸附*　物理吸附是指吸附剂与吸附物之间是通过分子间引力（即范德瓦耳斯力）而产生的吸附。这是一种最常见的吸附现象，在吸附过程中物质不改变原来的性质。因此吸附时需要的活化能很小，被吸附的物质很容易再脱离。如用活性炭吸附气体，只要升高温度，就可以使被吸附的气体脱离活性炭表面。

2）*化学吸附*　化学吸附是指吸附剂与吸附物之间发生化学作用，生成化学键引起的吸附。在吸附过程中不仅有引力，还有化学键的力，因此吸附时需要的活化能较大，要逐出被吸附的物质需要较高的温度，而且被吸附的物质即使被逐出，也已经产生了化学变化，不再是原来的物质了。

3）*交换吸附*　交换吸附是指吸附剂表面如果由极性分子或离子组成，则会吸引溶液中带相反电荷的离子形成双电层，同时放出等物质的量的离子于溶液中，发生离子交换。离子的电荷是交换吸附的决定因素，离子所带电荷越多，其在吸附剂表面对相反电荷的离子吸附力就越强；电荷相同的离子其水化半径越小，越容易被吸附。

各种吸附类型并不是孤立的，往往相伴发生。在污水处理技术中，大部分的吸附是几种吸附综合作用的结果。由于吸附剂、吸附物及其他因素的影响，某种吸附可能是起主导作用的。吸附作用是催化、脱色、脱臭、防毒等工业应用中必不可少的单元操作。

2. 影响吸附分离效果的因素　影响吸附的因素较多，主要有吸附剂的性质、吸附物的性质、温度、溶液的pH、盐浓度等。

1）*吸附剂的性质*　吸附现象发生在两相界面上，因此，吸附剂的表面积越大，吸附物质的量越多，常用比表面积表示每克吸附剂所具有的表面积，如活性炭的比表面积一般为300～500 m^2/g，有的甚至达到1000 m^2/g。

吸附剂的粒度能够影响吸附容量，但对吸附性质没有影响。吸附剂颗粒的大小对溶液经过吸附柱的渗滤速率和渗滤的均匀与否影响极大。颗粒越小，吸附柱流速越低，也越均匀。将粉末吸附剂人工集合成疏松的聚集体可兼得吸附均匀和高流速的效果。有机吸附剂的化学结构与吸附容量间的关系更为复杂。即使吸附剂中存在着很多极性基团，如糖类和尿素等，也并不阻碍叶绿素的吸附，它能正常地被极性溶剂洗出。

2）吸附物的性质　吸附物的性质会影响吸附量的大小，下列一些规则可用来预测吸附物的相对量。

（1）吸附物从较容易溶解的溶剂中被吸附时，吸附量较小。所以极性物质适宜在非极性溶剂中被吸附，非极性物质适宜在极性溶剂中被吸附。

（2）极性物质容易被极性吸附剂吸附，非极性物质容易被非极性吸附剂吸附。所以极性吸附剂适宜从非极性溶剂中吸附极性物质，而非极性吸附剂适宜从极性溶剂中吸附非极性物质。例如，硅胶是极性的，它适宜在非极性有机溶剂中吸附极性物质；而活性炭是非极性的，它适宜在水溶液中吸附非极性物质。

（3）在其他条件相同的情况下，结构相似的化合物，具有高熔点的容易被吸附。一般来说，具有高熔点的化合物，其溶解度较低。

（4）能使表面张力降低的物质，易为表面所吸附。被固体吸附较多的液体，对固体的表面张力较小。

在实际生产中，脱色和除热原一般用活性炭，去过敏物质常用白陶土。在制备酶类等药物时，要求采用的吸附剂选择性较强，须选择多种吸附剂进行实验才能确定。

3）温度　吸附一般是放热的，所以只要达到了吸附平衡，升高温度会使吸附量降低。但在低温时，有些吸附过程往往在短时间内达不到平衡，而升高温度会使吸附速度加快，所以会出现温度高时吸附量增加的情况。

对蛋白质或酶类的分子进行吸附时，情况有所不同。有人认为，被吸附的高分子是处于伸展状态的，因此这类吸附是一个吸热过程。在这种情况，温度升高，会增加吸附量。对高分子物质的吸附，情况很复杂，目前对其基本规律知道的还不多，在生产中主要靠实践找出适当的条件。生化物质吸附温度的选择，还要考虑它的热稳定性。对酶来讲，如果对热不稳定，一般在0℃左右进行吸附；如果对热比较稳定，则可在室温下操作。

4）溶液的pH　溶液的pH往往会影响吸附剂或吸附物解离的情况，进而影响吸附量。对蛋白质或酶类等两性物质，一般在等电点附近吸附量最大。各种溶质吸附的最佳pH需要通过实验来确定。

5）盐浓度　盐类对吸附作用的影响比较复杂，有些情况下盐能阻止吸附，在低浓度盐溶液中吸附的蛋白质或酶常用高浓度盐溶液进行洗脱。但在另一些情况下盐能促进吸附，甚至有的吸附剂一定要在盐的存在下才能对某种吸附物进行吸附。盐对不同物质的吸附有不同的影响，因此盐的浓度对于选择性吸附很重要，在生产工艺中也要靠实验来确定合适的盐浓度。

3.2.2 固定床吸附操作

固定床吸附操作是把吸附剂均匀堆放在吸附塔中的多孔支承板上，含吸附物的流体可以自上而下流动，也可以自下而上流过吸附剂。在吸附过程中，吸附剂不动。通常固定床的吸附过程与再生过程在两个塔式设备中交替进行，如图3-2所示。吸附在吸附塔1中进行，当出塔流体中吸附物的浓度高于规定值时，物料切换到吸附塔2，与此同时吸附塔1采用变温或减压等方法进行吸附剂再生，然后再在塔1中进行吸附，塔2中进行再生，如此循环操作。

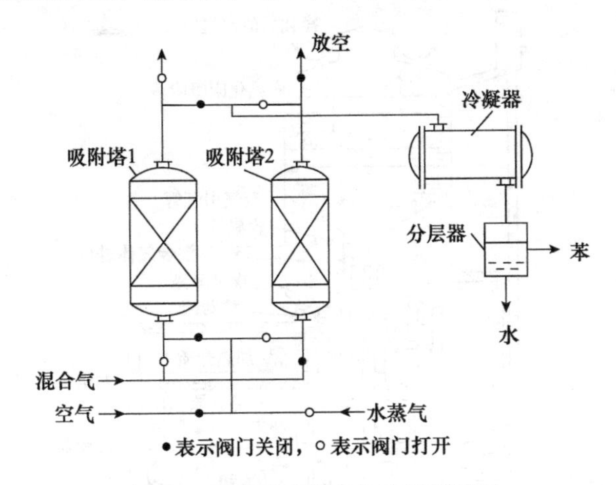

图3-2　固定床吸附操作流程示意图

3.2.3　移动床吸附操作

移动床吸附操作是指待处理的流体在塔内自上而下流动，在与吸附剂接触时，吸附物被吸附，已达饱和的吸附剂从塔下连续或间歇排出，同时在塔的上部补充新鲜的或再生后的吸附剂。与固定床相比，移动床吸附操作因吸附和再生过程在同一个塔中进行，所以设备投资费用少。

3.2.4　接触过滤式吸附操作

该操作是把要处理的液体和吸附剂一起加入带有搅拌器的吸附槽中，使吸附剂与溶液充分接触，溶液中的吸附物被吸附剂吸附，经过一段时间，吸附剂达到饱和，将料浆送到过滤机中，吸附剂从液相中滤出，若吸附剂可回收，经适当的解吸后回收利用。

因在接触过滤式吸附操作时，使用搅拌使溶液呈湍流状态，颗粒外表面的膜阻力减小，故该操作适用于外扩散控制的传质过程。接触过滤式吸附操作所用设备主要有釜式或槽式，设备结构简单，操作容易，广泛用于活性炭脱除糖液中的颜色等方面。

3.2.5　流化床吸附操作和流化床-移动床联合吸附操作

流化床吸附操作是使流体自下而上流动，流体的流速控制在一定的范围，保证吸附剂颗粒被托起，但不被带出，处于流态化状态进行的吸附操作。该操作的生产能力大，但吸附剂颗粒磨损程度严重，且由于流态化的限制，操作范围变窄。

流化床-移动床联合吸附操作将吸附和再生集于一塔，如图3-3所示。塔的上部为多层流化床，在此原料与流态化的吸附剂充分接触，吸附后的吸附剂进入塔中部带有加热装置的移动床层，升温后进入塔下部的再生段。在再生段中吸附剂与通入的惰性气体逆流接触得以再生，最后靠气力输送至塔顶重新进入吸附段，再生后的流体可通过冷凝器回收吸附物。流化床-移动床联合吸附操作常用于混合气中溶剂的回收、脱除CO_2和水蒸气等。该操作具有连续、吸附效果好的特点。因吸附在流化床中进行，再生前需加热，所以此操作存在吸附剂磨损严重、吸附剂易老化变性等问题。

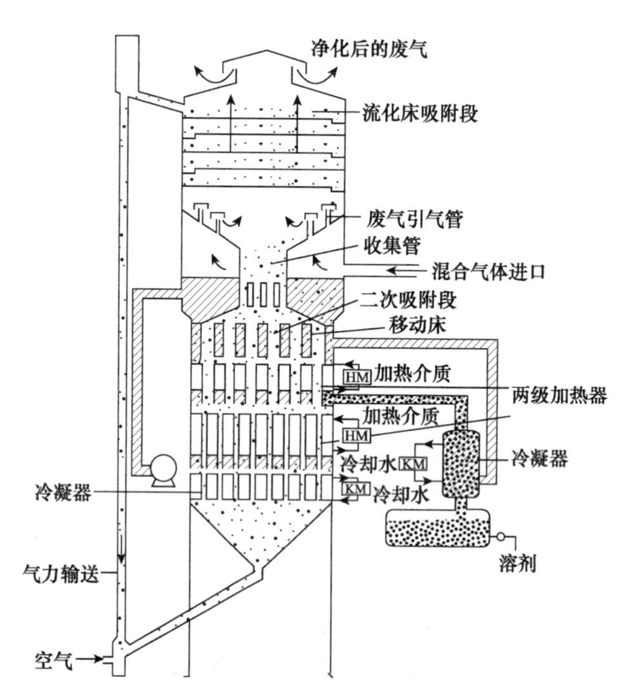

图3-3 流化床-移动床联合吸附操作示意图
HM. 加热段的加热仪表；KM. 冷却段的冷却仪表

3.3 色谱分离技术

3.3.1 色谱分离技术概述

在色谱法中，静止不动的一相（固体或液体）称为固定相（stationary phase），运动的一相（主要为液体或气体）称为流动相（mobile phase）（李博岩等，2003）。按照流动相中待分离组分在固定相中分离原理的不同，色谱法主要可分为亲和色谱法、吸附色谱法、分配色谱法、凝胶色谱法和离子交换色谱法。

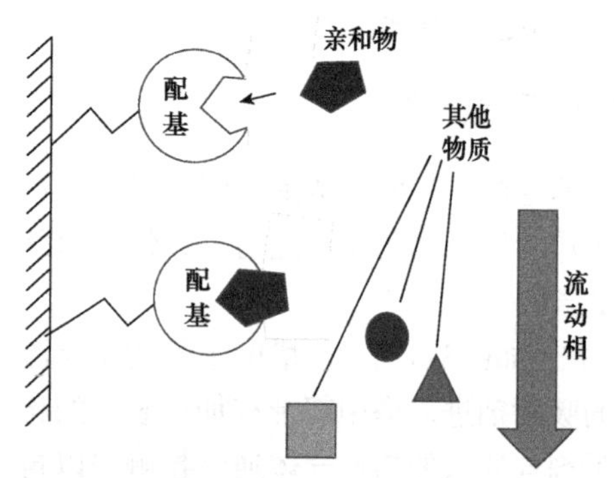

图3-4 亲和色谱分离原理（王祥宇，2018）

3.3.2 亲和色谱法

亲和色谱是利用生物分子所具有的特异的生物学性质——亲和力来进行分离纯化的。由于亲和力具有高度的专一性，亲和层析的分辨率很高，是分离生物分子的一种理想的层析方法。生物分子间存在很多特异性的相互作用，如抗原-抗体、酶-底物或抑制剂、激素-受体等，它们之间都能够专一可逆地结合（图3-4），这种结合力就称为亲和力。亲和色谱是利用待分离物质和它的配基间具有特异的亲和力，从而达到分离目的的一类特殊分离技术。

被固定在基质上的分子称为配基，配基和基质是共价结合的，构成亲和层析的固定相，称为亲和吸附剂。在亲和层析中，特异的配基才能和一定的生物分子之间具有亲和力，并产生复合物。实质上是把具有识别能力的配基分子以共价键的方式固化到含有活化基团的载体基质（如活化琼脂糖等）上，制成亲和吸附剂，或者叫固相载体。而固化后的配基仍保持束缚特异物质的能力。因此，当把固相载体装入小层析柱（几毫升到几十毫升床体积）后，把欲分离的样品液通过该柱，这时样品中对配基有亲和力的物质就可借助静电引力、范德瓦耳斯力，以及结构互补效应等作用力吸附到固相载体上，而无亲和力或非特异吸附的物质则被起始缓冲液洗涤出来，并形成了第一个层析峰。然后，恰当地改变起始缓冲液的pH、增加离子强度或加入抑制剂等因子，即可把待分离物质从固相载体上解离下来（图3-5）。如果样品液中存在两个以上的物质与固相载体具有亲和力（其大小有差异）时，采用选择性缓冲液进行洗脱，也可以将它们分离开。亲和吸附剂经盐溶液冲洗和缓冲液重新平衡后可再次利用。

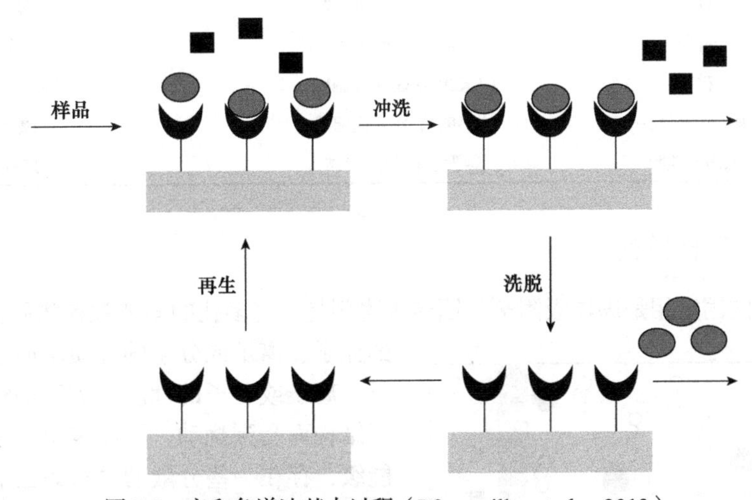

图3-5　亲和色谱法基本过程（Pfaunmiller et al.，2013）

亲和色谱法利用配基和受体蛋白间的亲和作用，当目标化合物流经色谱柱时与固定相产生特异性结合，从而实现以亲和性为基础的分离。其具有色谱分离和活性筛选可同时进行的特点，特别适用于研究复杂体系中的活性物质。王雄飞等（2013）对凝血酶-琼脂糖亲和色谱介质的制备方法进行了优化，使亲和介质上的凝血酶活性仍有70.6%保留，从而使该亲和色谱介质可广泛用于含凝血酶抑制剂的天然药物的筛选和分离纯化。赵金龙等（2018）采用反相悬浮再生法制备6 g/100 ml的琼脂糖微球，采用环氧氯丙烷对琼脂糖微球进行二次交联，并进行染料配基汽巴蓝F3GA的偶联，最终得到一种新型活性Blue Beads 6FF微球。以黑芸豆凝集素为目的蛋白，通过Langmuir吸附等温式拟合，结果表明该填料对黑芸豆凝集素有较高的吸附量，微球吸附性能良好，可实现对凝集素的快速分离和纯化。申惠莲和卡哈尔·阿里木（2018）采用点击化学的方法将天冬氨酸键合到硅球上，并以Fe^{3+}作为配基，制备了固定金属离子亲和色谱材料，实现了对蛋白质酶解液和牛奶中的磷酸化肽的高选择性富集，为磷酸化蛋白质组学提供了新材料和新方法。李宁娟等（2019）从骆驼血清中纯化出总IgG，再利用偶联上CD47的溴化氰（CNBr）琼脂糖树脂免疫亲和纯化出了抗CD47特异性抗体。结果表明该抗体与重组蛋白CD47有强的结合活性和特异性，同时当该抗体浓度在20 μg/ml时与食管癌细胞EC9706表面CD47有较好的结合活性。表3-6为亲和色谱法在天然产物活性成分分离与分析中的应用（王嗣岑和贺晓双，2017）。

表3-6 亲和色谱法在天然产物活性成分分离与分析中的应用

样品	基质	配基	目标活性成分
厚朴	高岭土纳米管	脂肪酶	厚朴醛B
乌头	硅胶	大鼠心肌细胞膜	塔拉乌头胺等
荷叶	中空纤维	脂酶	槲皮素-3-*O*-β-D-吡喃葡糖苷酸等
毛脉蓼	3D细胞反应器	结肠癌细胞	马兜铃酸A等
桐油树	硅胶	大鼠心房细胞膜	JCpep7（KVFLGLK）
烟草	人工膜	HEK293KX$\alpha_3\beta_4$R2细胞膜	烟碱等
白芥子	硅胶	HEK293-FGFR4细胞膜	芥子酸胆碱
黄连	硅胶	CHO-S/β_1AR细胞膜	小檗碱
青黛	硅胶	K562细胞膜	异鼠李素
马钱子	硅胶	HEK293-EGFR细胞膜	马钱子碱等
鸡蛋清	聚乙烯整体柱	抗溶菌酶DNA适配子	赖氨酸
活血胶囊	氨丙基硅胶	β_2-肾上腺素能受体	阿魏酸等

3.3.3 吸附色谱法

吸附色谱的固定相是固体吸附剂，固体吸附剂是一些多孔的固体颗粒物质，位于其表面的原子、离子或分子的性质不同于其内部的原子、离子或分子的性质。表层的键因缺乏覆盖层结构而受到扰动，因此表层一般处于较高的能级，存在一些分散的具有表面活性的吸附中心。在流动相中的待分离组分和流动相分子竞争与吸附剂表面活性中心吸附，各组分由于在固定相上的吸附能力有所差异而达到分离目的（图3-6）。

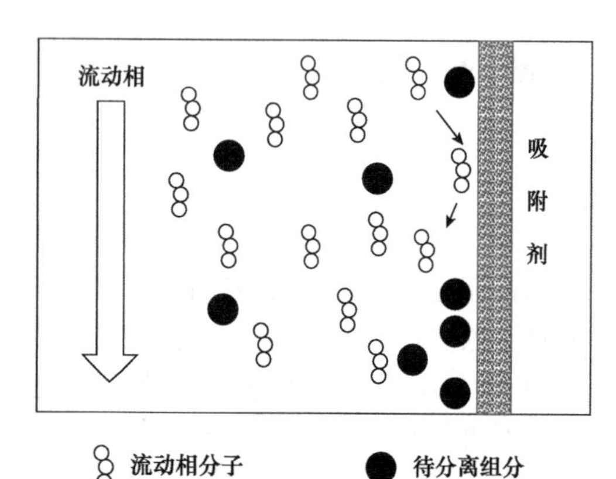

图3-6 吸附色谱示意图

吸附色谱法可以将吸附剂装填于柱中、覆盖于板上或浸渍于多孔滤纸中。吸附剂是具有大表面积的活性多孔固体，如硅胶、氧化铝和活性炭等。活性点位如硅胶的表面硅烷醇，一般与待分离化合物的极性官能团相互作用。分子的非极性部分对分离只有较小影响，所以吸附色谱法适用于分离不同种类的化合物（如分离醇类与芳香烃）（孙毓庆，2016）。李伟和丁霄霖（2003）应用液固色谱法成功地对5个样品中番茄红素的异构体实现了分离，为进一步研究番茄红素异构体的物化性质和生理活性打下了基础。吕振波等（2000）利用100～200目的硅胶，选择正戊烷和二氯甲烷作为洗脱剂，采用吸附色谱法将烷基苯生产中的循环烷烃分离为饱和烃（烷烃＋环烷烃）及芳烃两部分，提高了分析的准确度和灵敏度。鲁蕾（2012）将吸附色谱法应用到蒜氨酸的分离纯化工艺中，为蒜氨酸的深入研究和加工利用提供前期技术准备。贾薇等（2014）采用硅胶吸附色谱法对樟芝发酵液的氯仿相和乙酸乙酯相萃取液进行分离，得到了两个具有体外抗肿瘤活性的化合物。

3.3.4　分配色谱法

分配色谱法（partition chromatography）利用分离组分在固定相与流动相之间溶解度的差异来实现分离，广泛应用于各种有机物的分离。分配色谱的固定相一般为液相的溶剂，依靠涂布、键合、吸附等手段分布于色谱柱或者担体表面。在分配色谱中，利用液体固定相对试样中待分离组分的溶解能力不同，即试样中各组分在流动相与固定相中分配系数的差异，从而实现试样中诸组分的分离。因此，分配色谱分离过程本质上是固定相和流动相之间不断达到溶解平衡的过程。分配色谱的狭义分配系数表达式如下：

$$K=C_s/C_m=(X_s/V_s)/(X_m/V_m)$$

式中，C_s表示组分分子在固定相液体中的溶解度；C_m表示组分分子在流动相中的溶解度；X_s表示固定相质量；V_s表示气液色谱中固定液的体积；X_m表示气固色谱中吸附剂的表面容量；V_m表示吸附剂的体积。

离心分配色谱中的“色谱柱”是由若干分配槽和导管依次连接而构成的，在工作时整个“色谱柱”绕中心轴做旋转运动。在离心力的作用下固定相得以保留在分配槽中，而流动相在泵的作用下流过导管并以液滴等形态通过分配槽中的固定相，从而进行两相之间的传质分配（陈朝晖，2006）。图3-7所示的是一种离心分配色谱柱（Bojczuk et al.，2017），也称为“转子”。当液体固定相被置于“转子”内部分配槽时，在离心力的作用下，转子的通道和管道中形成了固定相“色谱柱”，其体积等于转子的内部体积。

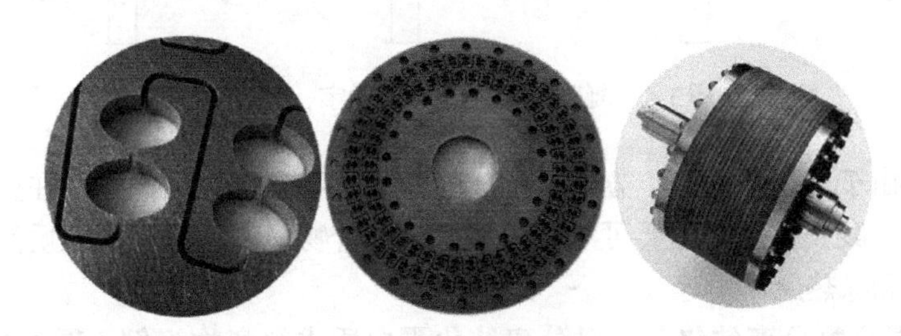

图3-7　离心分配色谱柱

离心分配色谱以其高效率和无固相吸附剂污染等优点，在生物碱类、多酚类物质、植物酸类及细胞色素等生物分子的分离纯化中应用广泛。Lee等（2001）采用离心分配色谱法，以氯仿-甲醇-6%乙酸溶液（5∶5∶3）为洗脱剂，从鼠李科铜钱树属植物马甲子（*Paliurus ramosissimus*）的茎中分离出了环肽生物碱。Delaunay等（2002）用离心分配色谱法实现了从葡萄籽和葡萄藤中提取多酚类物质。在葡萄籽乙酸乙酯粗提取物的分离中，洗脱剂为己烷-乙酸乙酯-乙醇-水（1∶8∶2∶7），得到了黄酮醇单体和B型二聚体；而在葡萄藤的粗提物中，洗脱分离得到了白藜芦醇（resveratrol）及其寡聚物。Hermans-Lokkerbol等（1997）利用离心分配色谱法进行了从啤酒花中分离制备苦味酸的研究。他们首先通过超临界二氧化碳萃取从啤酒花球果中提取含有α-苦味酸和β-苦味酸的粗提物，然后通过离心分配色谱法进行分离提纯。Santos等（2019）介绍了双水相系统在高速离心分离色谱法纯化聚乙二醇化细胞色素C偶联物中的有效应用。

3.3.5 凝胶色谱法

凝胶色谱柱所用的填料基质通常为凝胶，它是具有立体网状结构且成珠状的颗粒物质，每个颗粒犹如一个筛子，各组分的分离利用了这些颗粒的分子筛作用。当将混合物样品加入色谱柱进行洗脱时，大分子物质不能进入颗粒内部而沿颗粒间的空隙随着溶剂流动，由于其流程较短，移动速度快而最先流出柱外；小分子物质则可以进入颗粒内部，不断地在不同的凝胶颗粒间进入与逸出，速度较慢，最后流出柱外；对于中等大小的分子来说，它们既能在凝胶颗粒外分布，也能部分进入颗粒，从而在大分子物质与小分子物质之间被洗脱。因此，利用凝胶色谱能使混合样品中大小不同的物质得到分离（图3-8）。

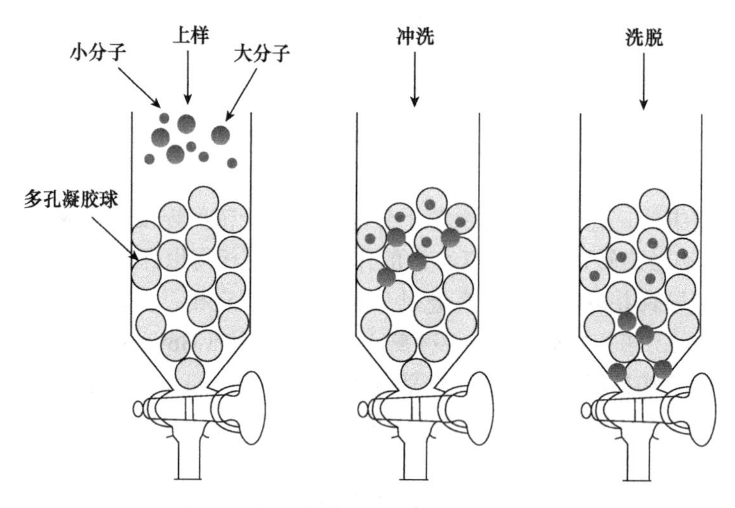

图3-8　凝胶色谱原理（王祥宇，2018）

凝胶色谱法由于其操作简单、方便、不改变样品生物学活性等优点，在生物分子分离领域占有重要地位。凝胶色谱法主要可应用于多组分混合物分离纯化、分子质量测定、蛋白质复性、脱盐作用和除热原作用等。

1. 多组分混合物分离纯化　以分离纯化蛋白质水解产物为例。图3-9为从榛仁蛋白水解产物中分离出具有抗氧化活性的组分，先用去离子水配制30 mg/ml的榛仁蛋白水解产物溶液，过0.22 μm滤膜。凝胶过滤色谱柱Sephadex G-25（100 cm×1.6 cm）用去离子水平衡好后，取2 ml样品溶液上样，以0.5 ml/min的流速进行洗脱，在280 nm波长处检测并收集不同的组分。对不同组分进行冷冻干燥后测定各组分对DPPH和ABTS自由基的清除活性。然后将抗氧化活性最强的组分A_3再次用Sephadex G-15（100 cm×1.6 cm）进一步分离纯化（图3-10），并将抗氧化活性最强的组分继续收集冻干，以备后续实验研究（Liu et al.，2018）。

2. 分子质量测定　根据凝胶色谱的分离原理，待分离组分在凝胶色谱柱中的洗脱性质与该组分的分子大小有关。因此选用规格不同的凝胶色谱柱后，能方便地测定该组分的分子质量。所测定的组分可以是天然状态，也可以是变性后的状态。用此法测定分子质量时，可以在各种pH、离子强度和温度条件下进行。

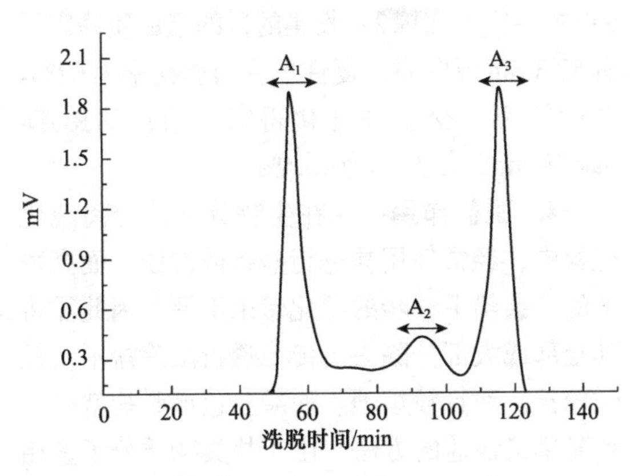

图3-9 榛仁蛋白水解产物经Sephadex G-25分离

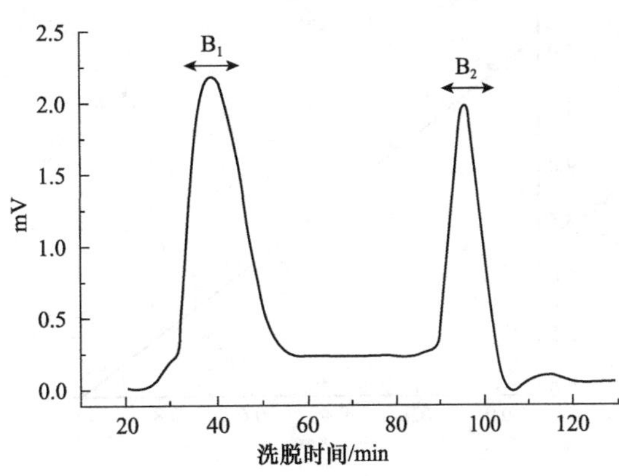

图3-10 A_3组分经Sephadex G-15分离

以胰蛋白酶水解酪蛋白制备生物活性肽为例，利用凝胶层析法粗分离生物活性肽及测定其分子量。将标准品蓝色葡聚糖凝胶2000、L-酪氨酸、维生素B_{12}、溶菌酶、牛血清白蛋白配成5 mg/ml的溶液，取样2 ml上Sephadex G-15交联葡聚糖凝胶柱（1.7 cm×57.5 cm）。用缓冲液（浓度为0.05 mol/L Tris-HCl，pH 7.1）以1.7 ml/min的速度进行洗脱，根据适当的洗脱体积测出其吸光度，绘制标准曲线。根据表3-7的计算结果，以有效分配系数Kav为横坐标，以分子量的对数值lg$M$为纵坐标，绘制标准曲线如图3-11所示。因此，可得回归方程：lg$M$=4.82216−2.81531Kav，回归方程的相关系数R=−0.99066，SD=0.18966，P=0.00934，说明Kav与lg$M$线性相关。因此，可以通过下列标准洗脱曲线回归方程来计算所分离肽的分子质量：

$$M=10^{4.82216-2.81531\,Kav}$$

表3-7 几种标准品在Sephadex G-15上的Kav（李培骏等，2006）

名称	V_o/ml	V_e-V_o/ml	V_t-V_o/ml	Kav	M/Da	lg$M$
L-酪氨酸	42	83	87.5	0.95	181.19	2.26
维生素B_{12}	42	45.5	87.5	0.52	1 350	3.13
溶菌酶	42	22	87.5	0.25	14 300	4.16
牛血清白蛋白	42	2	87.5	0.02	67 000	4.84

注：V_e表示某一成分的洗脱体积，即从加入样品算起，到组分最大浓度（峰）出现时所流出的体积；V_o表示层析柱内凝胶颗粒之间空隙的总体积，又称凝胶外水体积；V_t表示某一成分的洗脱体积，即从加入样品算起，到组分最大浓度（峰）出现时所流出的体积

3. 蛋白质复性 将一些对人类有用的蛋白质的基因利用基因工程方法在宿主菌中表达，但往往其表达活性太强且蛋白质不能及时排出细胞，导致多余的蛋白质以包涵体的形式存在于细胞中。因此，为了获得有活性的蛋白质，必须先对包涵体进行变性和复性。对包涵体进行复性，凝胶色谱法与稀释复性相比有成本低、效率高、对目的蛋白质有初步纯化的效果等优点。例如，程鏖等利用凝胶过滤层析法对RGD-葡激酶（RGD-Sak）进行复性，具体步骤如下：取15 ml变性蛋白质，浓度为5.6 mol/ml，上样于经复性缓冲液平衡好的SephacrylS-100柱（3 cm×100 cm）中，洗脱复性液0.05 mol/L PB（pH 7.4）以1 ml/min流速洗脱复性，图3-12为RGD-Sak过SephacrylS-100柱复性的紫外检测图，峰1经测$A_{260\ nm}$和$A_{280\ nm}$比值被认为是核酸峰，峰2为RGD-Sak目的蛋白质峰，峰3为盐峰。取3个峰尖样品进行SDS-PAGE电泳，结果RGD-

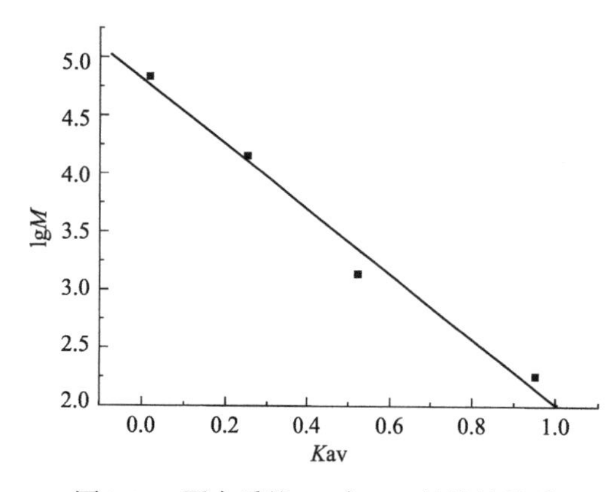

图3-11　蛋白质的lg$M$与Kav的线性关系（李培骏等，2006）

图中各点由左向右依次是牛血清白蛋白、溶菌酶、维生素B_{12}、L-酪氨酸

Sak主要集中在峰2。收集的目的蛋白质峰定量有52.3 mg蛋白质，复性后蛋白质得率为62%。经后续离子交换柱纯化得完全活性的RGD-Sak 39 mg，复性率为46.4%。

4. 脱盐作用　在生物分子的分离纯化过程中，经常使用盐进行盐析或洗脱，而高浓度的盐会给下一步的纯化带来不便，因此需将其全部或大部分除去。传统透析法除盐不仅耗时较长，而且较烦琐。而凝胶色谱脱盐就是一种简单又快速的方法。由于盐类物质分子量相对于蛋白质等生物分子较小，通过分子筛色谱柱时需要更长的时间，从而使它们彼此分开。

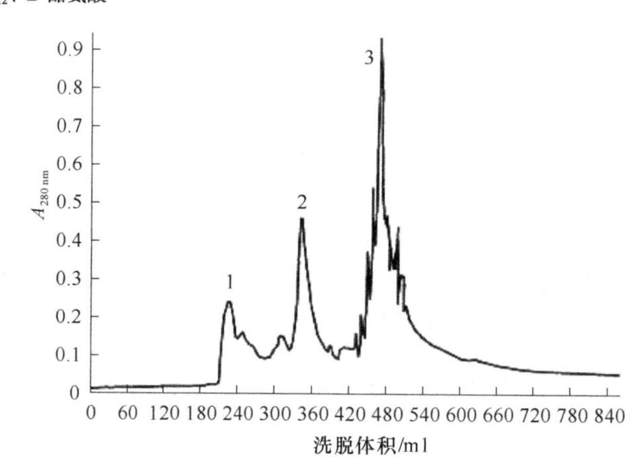

图3-12　RGD-葡激酶经凝胶过滤层析柱复性的洗脱图谱（程鏖等，2002）

凝胶色谱脱盐不仅比透析快，而且大分子物质不会变性。由于脱盐是将分子量相距很大的两类物质分开，因此一般用于脱盐的凝胶多为大颗粒、高交联度的凝胶。此时，溶液中大分子（如蛋白质）的分配系数$K_d=0$，盐类的$K_d=1$，易于分离脱盐。实际操作中常用细颗粒葡聚糖凝胶G-25进行脱盐，其效果不仅比透析法快得多，而且比较完全，回收率高。

5. 除热原作用　热原是指某些微生物的代谢产物、细菌细胞内毒素等微生物产生的可以使人发热的物质，其中较为常见的是内毒素，是制药中必须去除的物质。内毒素是革兰氏阴性菌细胞壁上的特有结构，主要化学成分为脂多糖，是带负电的复合大分子。内毒素一般为多聚体，凝胶过滤层析可有效地将其去除，特别是在小分子药物中。选用的凝胶可以与脱盐类似，只是此时热原等大分子物质的$K_d=0$，而小分子药物的$K_d=1$，同样可以很好而且很方便地去除热原类物质。

3.3.6　离子交换色谱法

离子交换色谱法是以物质所带电荷的差异为基础进行分离纯化的一种方法。所用的色谱填料离子交换剂是人工合成的多聚物，由基质、电荷基团和反离子三部分构成（图3-13）。基质是一种采用纤维素或葡聚糖凝胶等物质，通过酯化、醚化或氧化等化学反应，引入阳性或阴性离子基团的特殊制剂。因此，其可与带相反电荷的化学物质进行交换吸附。离子交换剂在水中呈不溶解状态，能释放出反离子，同时与溶液中的其他离子或离子化合物相互结合吸附，结合后不会改变离子交换剂本身和被结合离子或离子化合物的理化性质。

纤维素 — O — CH_2 — CH_2 — SO_3^-—Na^+

基质　电荷基团　反离子

图3-13　磺酸基纤维素离子交换剂组成示意图

根据离子交换剂上可电离基团（即反离子）所带电荷的不同，可将离子交换剂分为阴离子交换剂和阳离子交换剂（表3-8），反离子带正电荷的如Na^+、H^+是阳离子交换剂，反离子带负电荷的如Cl^-是阴离子交换剂。含有欲分离的离子的溶液通过离子交换柱时，各种离子即与离子交换剂上的电荷部位竞争性结合。任何离子通过离子交换柱时的移动速率取决于其与离子交换剂的亲和力、电离程度和溶液中各种竞争性离子的性质和浓度。离子交换色谱是运用指定待分离组分所带的电荷与固定相上离子交换剂的电荷反相结合来完成待分离组分的纯化与分离。当待分离组分进入离子交换柱后，由于流动相的连续冲洗，交换反应不断按照正反应方向进行，待分离组分逐渐被吸附于固定相上，换用洗脱液冲洗时，待分离组分又被冲出色谱柱。

表3-8　常见离子交换剂类型

类型	名称	英文符号
阴离子交换剂	二乙氨乙基	DEAE
	季氨基乙基	QAE
	季氨基	Q
	三乙基氨乙基	TEAE
	氨乙基	AE
阳离子交换剂	羧甲基	CM
	磺丙基	SP
	磺甲基	S
	磷酸基	P

两性物质如蛋白质、核苷酸、氨基酸等的等电点是离子交换色谱进行程度的重要依据。在等电点处，分子的净电荷为零，与交换剂之间没有静电作用；当pH在其等电点以上时，分子带负电荷，可结合阴离子交换剂；当pH低于等电点时，分子带正电，可结合阳离子交换剂。此外，在相同pH条件下，且pI大于pH时，pI越高，碱性越强，就越容易被阳离子交换剂吸附。因此通过溶液的pH对蛋白质净电荷的影响可以达到分离纯化蛋白质的目的。离子交换色谱就是利用离子交换剂的荷电基团，吸附溶液中相反电荷的离子或离子化合物，被吸附的物质随后为带同类型电荷的其他离子所置换而被洗脱。由于各种离子或离子化合物对交换剂的结合力不同，因此洗脱的速率有快有慢，形成了层析层。待分离分子与交换剂的结合物是可逆的，用盐梯度或pH梯度可把吸附的蛋白质从柱上洗脱下来。其洗脱过程用图3-14简单表示。①平衡阶段：离子交换剂与反离子结合。②吸附阶段：样品与反离子进行交换。③用梯度缓冲液洗脱，先洗下弱吸附物质，而后洗下强吸附物质。④再生阶段：用原始平衡缓冲液进行充分洗涤，即可重复使用（汪家政和范明，2000）。

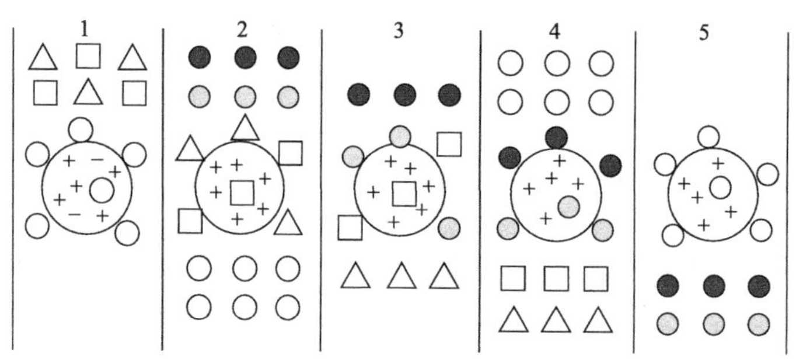

图3-14 离子交换色谱原理示意图（王祥宇，2018）
+、−表示带正电或负电

离子交换色谱法主要用于分离离子或可离解的化合物，包括无机离子和氨基酸、蛋白质、糖类、有机酸等有机分子的分离测定，在生物化学领域得到了广泛的应用。

1. 无机离子的分离测定 刘桂霞等（2017）采用高效阳离子交换谱Zorbax 300 SCX，以乙腈-0.1%磷酸溶液（20：80）为流动相，用高效阳离子交换色谱法测定尿素［^{13}C］胶囊中尿素的含量。结果表明尿素检测质量浓度线性范围为0.0039～1.0030 mg/ml（r=0.9997）；定量限为3.918 μg/ml，检测限为0.975 μg/ml；精密度、稳定性、重复性试验的RSD<2.0%，加样回收率为99.3%～101.0%（RSD=0.67%，n=9）。证明该方法简便、快速、灵敏，适用于尿素［^{13}C］胶囊中尿素的含量测定。韩强等（2012）建立了阴离子交换色谱分离、抑制型电导检测分析硫磺熏制生姜中亚硫酸盐的方法（图3-15）。使用NJ-SA-4A阴离子交换分析柱，淋洗液为1.92 mmol/L Na_2CO_3-1.80 mmol/L $NaHCO_3$-2%丙酮。分离检测结果表明，SO_3^{2-}在0.02～2.00 mg/L范围内线性良好，相关系数为0.9998，峰面积的相对标准偏差为1.9%；该方法的检出限为0.015 mg/L，加标回收率为84.0%～93.5%。该方法为生姜的市场监测提供了有效的方法。

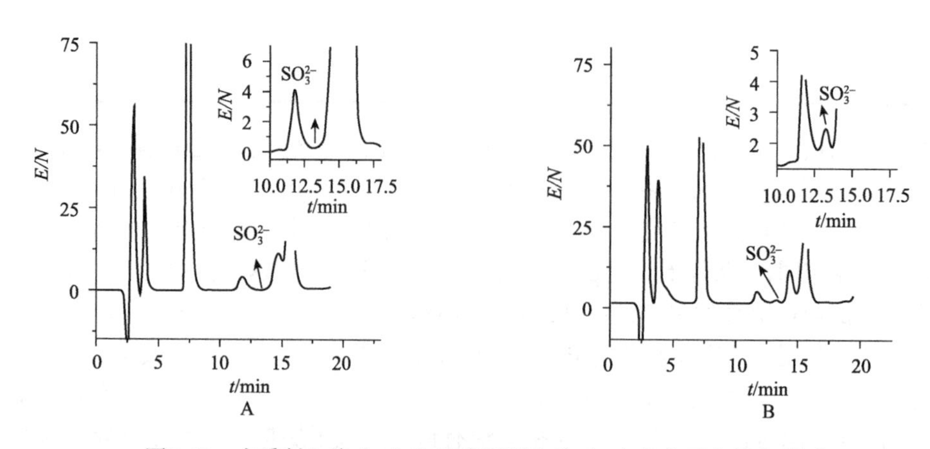

图3-15 未熏制生姜（A）和硫磺熏制生姜（B）的离子交换色谱图

2. 氨基酸、蛋白质的分离测定 离子交换色谱法在生化领域主要用于各种生物分子尤其是蛋白质的分离纯化。在对氨基酸的分离中，杨亮等（2019）建立了一种用柱后衍生阳离子交换色谱法同时测定大蒜中18种氨基酸含量的方法。分离时采用线性梯度洗脱，于

440 nm（脯氨酸）和570 nm（其余氨基酸）波长下进行柱后衍生化检测分析，根据色谱分离效果选定最佳检测方法，对比并计算大蒜中18种水解氨基酸与游离氨基酸的含量（图3-16）。结果表明在一定的浓度范围内，各种氨基酸的线性关系良好，相关系数r均大于0.9977，其中谷氨酸的含量最高，胱氨酸的含量最低。该方法准确度和灵敏度高，具有良好的重复性和回收率。

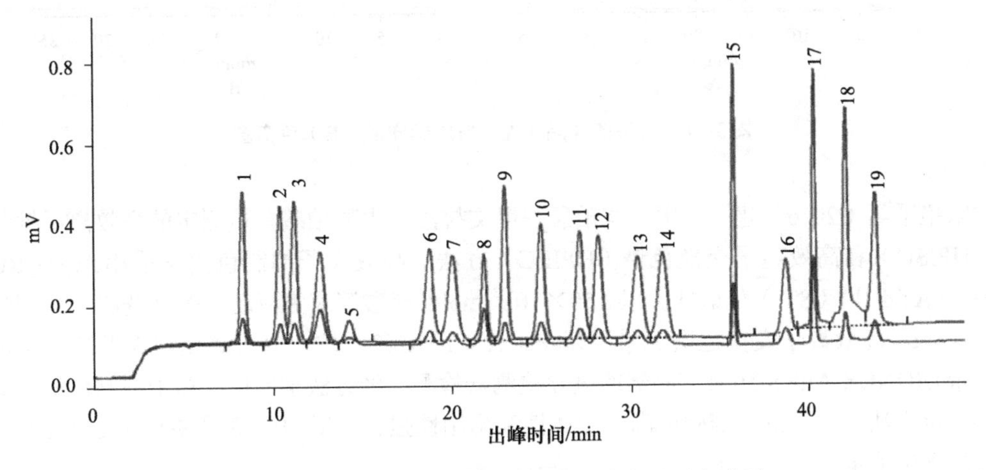

图3-16 大蒜中18种水解氨基酸与游离氨基酸色谱图

3. 糖类的分离测定 徐艳冰等（2016）采用阴离子交换柱CarboPac PA10（250 mm×2 mm）脉冲安培法进行检测，以氢氧化钠和乙酸钠为淋洗液进行梯度洗脱，建立了低聚果糖样品中的葡萄糖、果糖、蔗糖、蔗果三糖、蔗果四糖和蔗果五糖的高效阴离子交换色谱-脉冲安培法的定量分析方法。于璐等（2016）通过高效阴离子交换-脉冲安培检测（high performance anion exchange-pulsed amperometric detection，HPAE-PAD）测定火龙果、莲雾、牛油果等10种热带水果中葡萄糖、蔗糖和果糖含量。热带水果中的多糖经超声萃取后，用METROSEP CARB 1（150 mm×4.0 mm）色谱柱进行分离，以30.0 mmol/L NaOH为流动相等度洗脱，用安培检测器检测，18 min可完成对样品多糖的分离和定量分析。该方法前处理简单、选择性好、灵敏度高，可用于热带水果中可溶性糖的测定。吴寒秋等（2018）建立了山银花药材中鼠李糖、阿拉伯糖、半乳糖、葡萄糖、甘露糖、木糖、核糖、甘露醇和果糖等9种单糖的高效阴离子交换色谱方法。经超声提取，Sevag试剂除蛋白质，三氟乙酸水解，以CarboPac PA20（150 mm×3 mm）色谱柱分离，400 mmol/L乙酸钠-20 mmol/L氢氧化钠-去离子水梯度，对山银花多糖进行分离。该方法简便、快速、准确、灵敏度高，可用于山银花多糖中的单糖组成分析。

4. 有机酸的分离测定 蒋越华等（2018）建立了同时测定西番莲中苹果酸、琥珀酸和柠檬酸的离子交换色谱分析方法。西番莲提取液经涡旋和离心后通过滤膜和On Guard Ⅱ RP固相萃取小柱去除杂质，采用AS19阴离子交换柱分离、在线产生的KOH淋洗液梯度洗脱、电导检测器测定（图3-17）。在优化的色谱条件下检测，苹果酸、琥珀酸、柠檬酸的线性相关系数均在0.999以上，检出限分别为0.005 mg/L、0.005 mg/L、0.010 mg/L。样品加标回收率为82%～96%，测定结果的相对标准偏差为2.62%～3.66%（n=6）。该方法样品前处理简单，重复性好，可用于西番莲样品中有机酸的测定。

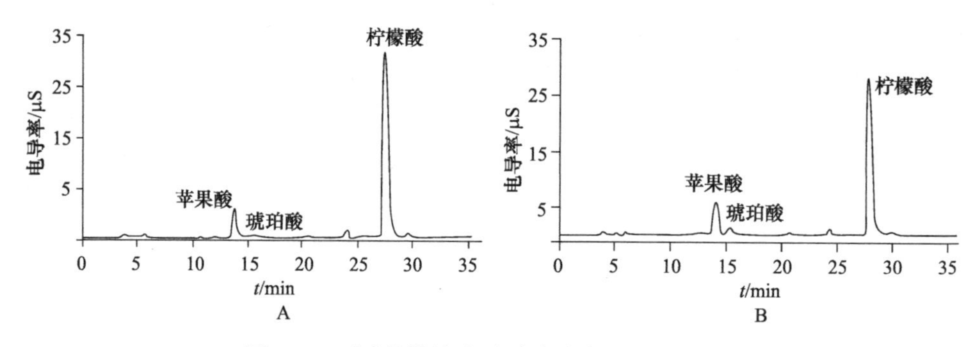

图3-17 西番莲样品（A）与加标样品（B）色谱图

宗艳平等（2016）建立了用于琥珀酸去甲文拉法辛中琥珀酸含量测定的高效离子抑制色谱（HPISC）和高效离子交换色谱（HPIEC）方法。高效离子抑制色谱法采用Rezex ROA-Organic Acid H^+（8%）色谱柱，以2.50×10^{-3} mol/L硫酸溶液为流动相等度洗脱，检测波长为210 nm；高效离子交换色谱法采用IonPac AS11-HC色谱柱，以氢氧化钾为淋洗液等度洗脱，带DIONEX AERS 5004抑制器的电导检测器检测。经方法学验证，离子抑制色谱和离子交换色谱方法重复性好、准确度高、专属性和耐用性强，都适用于琥珀酸去甲文拉法辛中琥珀酸的含量测定。

3.4 电 泳 法

近几十年以来，电泳技术发展很快，各种类型的电泳技术相继诞生，在生物化学、医学、免疫学等领域得到了广泛应用。

3.4.1 聚丙烯酰胺凝胶电泳

聚丙烯酰胺凝胶电泳（PAGE）是以聚丙烯酰胺（polyacrylamide，PAM）凝胶作为支持物的一种电泳方法，人为控制聚丙烯酰胺凝胶聚合孔径的大小，通过类似分子筛的作用把蛋白质分开。可用于蛋白质、酶、核酸等生物分子的分离、定性、定量及制备，并可测定分子量和等电点、研究蛋白质的构象变化等。聚丙烯酰胺凝胶可用于SDS-聚丙烯酰胺凝胶电泳、等电聚焦电泳、双向电泳、聚丙烯酰胺梯度凝胶电泳及蛋白质印迹等。聚丙烯酰胺凝胶用作电泳的支持介质，与其他凝胶相比，聚丙烯酰胺凝胶具有以下优点。

（1）孔径大小与生物分子具有相似的数量级，具有良好的分子筛效应。根据待分离大分子的分子量，通过改变凝胶浓度及交联度来调节凝胶的孔径，使大分子得到较好的分离。

（2）在一定浓度范围内，凝胶透明、有弹性、机械性能好。

（3）凝胶是由—C—C—C—C—结合的酰胺类多聚物，侧链上具有不活泼的酰胺基，没有其他带电基团，所以凝胶性能稳定、电渗作用小、无吸附、化学惰性强。与生物分子不发生化学反应，电泳过程中不受温度、pH变化的影响。

（4）具有高分辨率和灵敏度，尤其是在不连续电泳系统中，集浓缩、分子筛和电荷效应为一体，样品不易扩散，并有多种染色方法提高电泳条带显色的灵敏度，分离蛋白质的灵敏度可达10^{-6} g。

（5）单体纯度高，在相同的实验条件下，电泳结果具有很好的重复性。

（6）凝胶杂质少，在很多溶剂中不溶，适用于少量样品的制备，不致污染样品。

1. 凝胶孔径大小与浓度和交联度的关系 聚丙烯酰胺凝胶的有效孔径取决于凝胶的总浓度T和交联度C。有效孔径随着T的增加而减小，电泳中带电颗粒移动时受到网孔的阻力大，反之带电颗粒受到的阻力小。当凝胶总浓度小于2.5%时，可以筛分分子量为10^6以上的大分子，但此时凝胶几乎是液体，通常要加0.5%的琼脂糖来增加凝胶的硬度而不影响凝胶的孔径大小；当凝胶浓度大于30%时，则可以筛分分子质量小于2 kDa的多肽，在凝胶总浓度一定时，交联剂（Bis）的含量影响凝胶的孔径，其与不同总凝胶浓度下的平均孔径见表3-9。

从表3-9中可以看出，当Bis占总凝胶浓度的5%时，凝胶的平均孔径在各凝胶浓度时均最小，高于或低于5%时孔径相应变大。

表3-9 Bis的含量与不同总凝胶浓度下的平均孔径 （单位：Å）

总凝胶浓度/%	Bis占总凝胶的百分数/%			
	1	5	15	25
6.5	24	19	28	—
8.0	23	16	24	36
10.0	19	14	20	30
12.0	17	9	—	—
15.0	14	7	—	—

凝胶孔径大小也受凝胶总浓度的影响，一般凝胶总浓度越高，凝胶孔径越小。凝胶孔径大小有一定范围，每次制备凝胶所得到的有效孔径不完全相同。

2. 凝胶总浓度与凝胶的分子筛效应 凝胶的三维网状结构具有分子筛效应，在凝胶中生物分子的分离取决于它的净电荷和分子大小。分子筛效应的大小取决于凝胶孔径大小与生物分子大小相接近的程度。凝胶浓度不同，平均孔径也不同，不同大小和形状的大分子通过孔径时所受的阻滞力也不同，加上大分子的电荷效应，使各种大分子迁移率不同而得以分离。在实际工作中，常依据待分离蛋白质已知分子量的大小来选择合适的凝胶浓度，使蛋白质混合物得到最大限度的分离，表3-10列出了蛋白质和核酸分子量与凝胶浓度的关系。大多数蛋白质在7.5%凝胶中能得到满意的结果，所以这个浓度的凝胶称为标准胶。当分析一个未知样品时，常用标准胶或梯度凝胶来测试，而后确定适宜的凝胶浓度。

表3-10 蛋白质和核酸分子量与凝胶浓度的关系

物质	分子量（$\times10^4$）	凝胶浓度（T）/%
蛋白质	<1	20～30
	1～4	15～20
	4～10	10～15
	10～50	5～10
	>50	5
核酸	<1	15～20
	1～10	5～10
	10～100	2～2.6

3. 聚丙烯酰胺凝胶的聚合方式 聚丙烯酰胺凝胶的聚合是通过提供氧自由基（free radical）的催化，使体系发生催化-氧化还原系统作用来完成的。催化体系主要有化学催化和光化学催化体系。

一般单向PAGE多用于分离具有活性的生物物质，而双向或梯度PAGE则宜用于较难分离鉴定的生物分子物质。如结合SDS以测定蛋白质亚基的分子量；结合孔梯度（PG）进行自然蛋白质分子量的测定；加入两性载体电解质，可分析蛋白质的等电点；还可进行印迹转移分析。但是它也存在不足，如应用于凝胶电泳的化学物质具有毒性；分离活性物质时易使其丧失活性；不能大量制备生物分子等。

根据染色方法的不同，各种蛋白质显示不同的谱型，且各自泳动率及百分含量存在差异。结果表明：脂蛋白呈现3条区带、白蛋白呈现2条区带、铜蓝蛋白呈现1条区带、血红蛋白呈现1条区带、结合珠蛋白呈现3条区带、糖蛋白呈现5条区带，并以已知蛋白质相对迁移率（R_m）求出每条区带的泳动率（表3-11）。蛋白质定位分析后，将血清蛋白电泳胶在560 nm处进行了光密度扫描，确定了血清中各种蛋白质的含量（表3-12）。用高pH不连续性聚丙烯酰胺凝胶电泳进行蛋白定位分析是一种分辨率高、简单易行的方法，可使蛋白质准确定位。

表3-11 蛋白质区带及泳动率（$\bar{\chi}\pm s$）

蛋白质区带	蛋白质区带泳动率				
	1	2	3	4	5
Hp	0.24±0.05	0.39±0.03	0.45±0.04		
Hb	0.28±0.02				
Lp	0.25±0.02	0.28±0.01	0.60±0.02		
Cp	0.36±0.01				
A	0.44±0.05	0.62±0.06			
Gp	0.03±0.02	0.23±0.06	0.28±0.09	0.60±0.02	0.64±0.13

表3-12 血清中各种蛋白质的含量百分比

含量/%	血清蛋白				
	A	α_1	α_2	β	γ
	48.4	6.9	23.8	5.0	13.8

3.4.2 十二烷基硫酸钠-丙烯酰胺凝胶电泳

在聚丙烯酰胺凝胶中加入适量的十二烷基硫酸钠（sodium dodecylsulfate，SDS）、尿素或SDS-尿素后，用其作支持物进行的凝胶电泳称为SDS-聚丙烯酰胺凝胶电泳。此电泳可用于单链DNA、寡核苷酸片段以及蛋白质亚基、膜蛋白、肽类等物质的分析，还可用于研究大分子物质的折叠结构等方面。实验中一般取已知分子质量的蛋白质作“标准蛋白”（marker）与被测样品在同一条件下进行电泳，就可测出被测样品的分子质量。若同时加入还原剂如巯基乙醇，可使蛋白质分子内的二硫键被打开，这样分离出的谱带即为蛋白质亚基，从而可以分析蛋白质的二硫键情况。

SDS是阴离子表面活性剂，可以和蛋白质的疏水基团结合，破坏蛋白质分子中的非共价键，引起蛋白质构象的变化，从而形成SDS-蛋白质复合物。由于SDS带有大量的负电荷，可消除蛋白质分子之间原有电荷的差异。因此，蛋白质的迁移率仅取决于蛋白质的分子质量的大小。与已知分子质量的标准品比较，可以测定蛋白质的分子质量。

SDS-聚丙烯酰胺凝胶的有效分离范围，取决于用于灌胶的聚丙烯酰胺的浓度和交联度。在没有交联剂的情况下聚合的丙烯酰胺形成毫无价值的黏稠溶液，而经双丙烯酰胺交联后凝胶的刚性和抗张强度都有所增加，并形成SDS-蛋白质复合物必须通过的小孔。这些小孔的孔径随双丙烯酰胺与丙烯酰胺比例的增加而变小，比例接近1∶20时孔径达到最小值。SDS-聚丙烯酰胺凝胶大多按双丙烯酰胺∶丙烯酰胺为1∶29配制，试验表明它能分离大小相差只有3%的蛋白质。凝胶的筛分特性取决于它的孔径，而孔径又是灌胶时所用丙烯酰胺和双丙烯酰胺绝对浓度的函数。用5%～15%的丙烯酰胺所灌制凝胶的线性分离范围如表3-13所示。

表3-13　SDS-聚丙烯酰胺凝胶的线性分离范围

丙烯酰胺浓度/%	线性分离范围/kDa	丙烯酰胺浓度/%	线性分离范围/kDa
15	12～43	7.5	36～94
10	16～68	5.0	57～212

注：双丙烯酰胺与丙烯酰胺物质的量比为1∶29

本法可测定蛋白质的分子质量，对蛋白质组分进行分离、分析、纯化、定性、定量以及少量的制备。相对于超离心、色谱、渗透法等，SDS-聚丙烯酰胺凝胶电泳是测定蛋白质亚基分子质量的一种简单、经济、快捷的方法。

1. 蛋白质组分的分离　戴红等采用SDS-聚丙烯酰胺凝胶电泳对猪皮酶水解胶原蛋白产物进行分离，可以得到较清晰的分离图谱。其实验条件为：采用Tris-甘氨酸电极缓冲液体系，考马斯亮蓝加甲醇-冰醋酸的染色液和甲醇-冰醋酸脱色液体系，分离胶浓度为10%、浓缩胶浓度为3%的不连续凝胶系统，样品浓度为0.1 g/ml，上样量为4～10 μl。

2. 分析　唐晓琳等通过SDS-聚丙烯酰胺凝胶电泳分析成人牙周炎患者唾液蛋白的成分，并对牙周基础治疗前后唾液蛋白成分的改变进行观察，以期初步筛选与牙周炎相关的蛋白质因子。对牙周炎与正常对照组全唾液电泳进行分析（图3-18），其中G1为大的糖性碱性富脯蛋白；Amy为α-淀粉酶；B为糖性富脯蛋白；Ps2和Ps1为碱性分子质量多态性富脯蛋

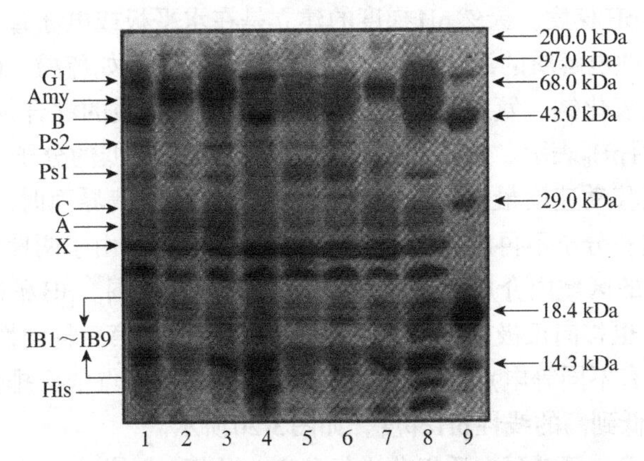

图3-18　全唾液SDS-PAGE分析，银染色（唐晓琳等，2003）

1～3与4～6分别为两位牙周炎患者治疗前、治疗后2周、治疗后4周蛋白质图谱；7、8为正常对照；9为蛋白质分子质量标准

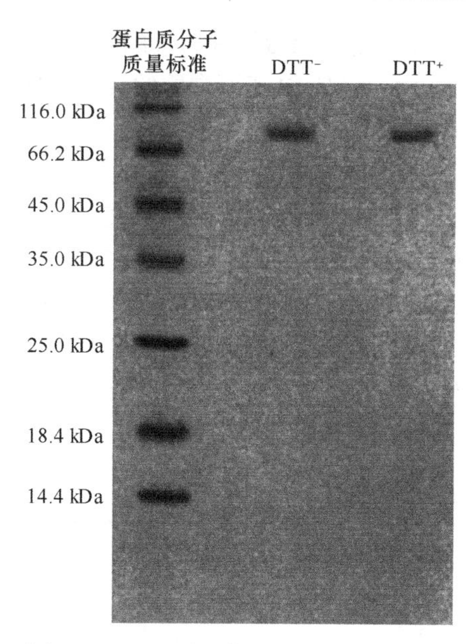

图3-19 SDS-聚丙烯酰胺凝胶电泳鉴定黑豆中抗真菌蛋白纯度（邵彪等，2007）

白；C和A为酸性富脯蛋白；IB1～IB9为碱性富脯蛋白；His为富组蛋白样碱性多肽；X为性质不明富脯蛋白。

3. 鉴定纯度 邵彪等从黑豆中分离纯化出抗真菌蛋白，经SDS-PAGE鉴定已达到电泳纯度，如图3-19所示。图中DTT为二硫苏糖醇，是SDS-PAGE电泳样品的还原处理液。DTT^-和DTT^+均表现为单一条带，可以判断这个抗菌蛋白为单链蛋白，并且在其分子内不存在由2个半胱氨酸形成二硫键的结构。

3.4.3 等电聚焦电泳

在等电聚焦（IEF）电泳中，蛋白质分子在含有载体两性电解质形成的一个连续而稳定的线性pH梯度中电泳。根据建立pH梯度原理的不同，IEF可分为载体两性电解质pH梯度的IEF和固相pH梯度的IEF。前者是将载体两性电解质溶解在电泳介质溶液中制胶，形成聚丙烯酰胺或琼脂糖凝胶，然后将凝胶引入电场中等电聚焦。后者是将弱酸、弱碱两性基团直接引入丙烯酰胺中，在凝胶聚合时形成pH梯度，因此其pH梯度固定，不随环境电场等条件变化。以载体两性电解质pH梯度的IEF为例，在IEF的电泳中，具有pH梯度的介质其分布是从阳极到阴极，pH逐渐增大。蛋白质分子具有两性解离及等电点的特征，这样在碱性区域蛋白质分子带负电荷向阳极移动，直至某一pH位点时失去电荷而停止移动，此处介质的pH恰好等于聚焦蛋白质分子的等电点（pI）。同理，位于酸性区域的蛋白质分子带正电荷向阴极移动，直到它们在等电点处聚焦为止。可见在该方法中，等电点是蛋白质组分的特性量度，将等电点不同的蛋白质混合物加入有pH梯度的凝胶介质中，在电场内经过一定时间后，各组分将分别聚焦在各自等电点相应的pH位置上，形成分离的蛋白质区带。

pH梯度的组成方式有两种，一种是人工pH梯度，由于其不稳定，重复性差，现已不再使用。另一种是天然pH梯度。天然pH梯度的建立是在水平板或电泳管正负极间引入等电点彼此接近的一系列两性电解质的混合物，在正极端引入酸液，如硫酸、磷酸或乙酸等，在负极端引入碱液，如氢氧化钠、氨水等。电泳开始前两性电解质的混合物pH为均值，即各段介质中的pH相等，用pH_0表示。电泳开始后，混合物中pH最低的分子，带负电荷最多，pI_1为其等电点，向正极移动速度最快，当移动到正极附近的酸液界面时，pH突然下降，甚至接近或稍低于pI_1，这一分子不再向前移动而停留在此区域内。由于两性电解质具有一定的缓冲能力，其周围一定的区域内介质的pH保持在它的等电点范围。pH稍高的第二种两性电解质，其等电点为pI_2，也移向正极，由于$pI_2 > pI_1$，因此定位于第一种两性电解质之后，这样，经过一定时间后，具有不同等电点的两性电解质按各自的等电点依次排列，形成了从正极到负极等电点递增，由低到高的线性pH梯度，如图3-20所示。

利用等电聚焦技术，可对蛋白质组分进行分离、分析、纯化，定性、定量以及制备，最广泛应用于测定蛋白质的等电点。如图3-21所示，用标准蛋白质的等电点（作为纵坐标）与

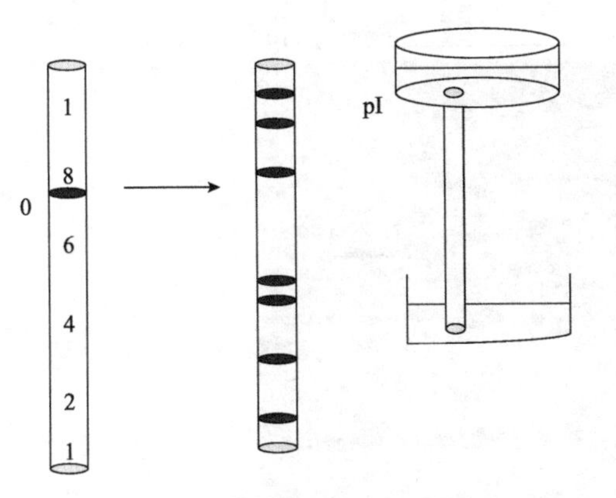

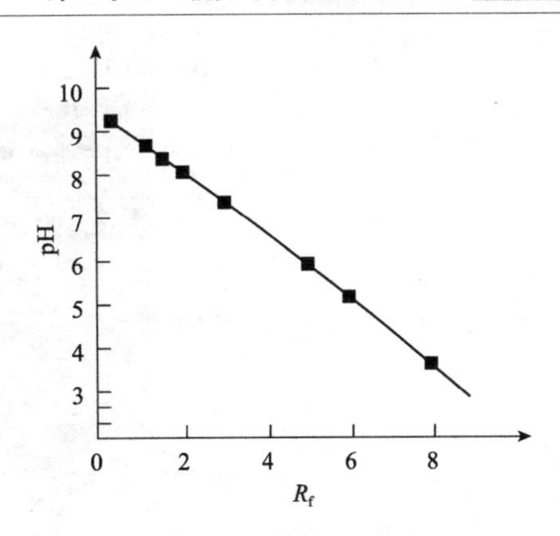

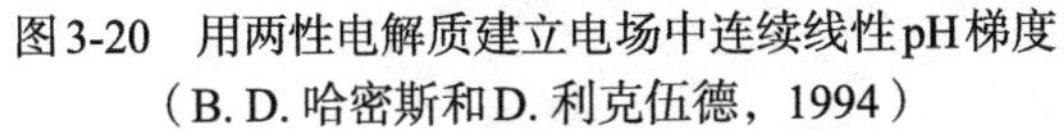
图3-20 用两性电解质建立电场中连续线性pH梯度（B. D. 哈密斯和D. 利克伍德，1994）

图3-21 等电点标准曲线图（B. D. 哈密斯和D. 利克伍德，1994）

其在等电聚焦中移动的距离（作为横坐标）作图，即可得到等电点标准曲线图。当测定未知蛋白质的等电点时，只要在同样的等电聚焦条件下求出其移动距离，就可以从等电点标准曲线图中查出相应的等电点。

3.4.4 双向电泳

双向电泳全称为聚丙烯酰胺凝胶双向电泳，是一种由任意两个单向聚丙烯酰胺凝胶电泳组合而成的、在第一向电泳后继而在第一向垂直方向进行第二向电泳的分离方法。蛋白质组即某一生物系统中的所有蛋白质组分。通过蛋白质组学分析，可以在蛋白质水平上对不同蛋白质进行定性和定量分析，从而比较不同的蛋白质组。细胞提取液的双向电泳可以分辨出1000～2000个蛋白质，有些报道指可以分辨出5000～10 000个斑点，这与细胞中可能存在的蛋白质数量接近。由于双向电泳具有很高的分辨率，它可以直接从细胞提取液中检测某种蛋白质。样品制备是双向电泳过程中的第一步，也是重要的一步。理想情况下，要进行研究的生物样品中的所有蛋白质都应是已溶解的，否则由于样品在缓冲液中缓慢溶解而可能出现明显的条纹。

双向电泳不仅能同时测定蛋白质的等电点、分子质量，更重要的是它还可用于了解蛋白质混合物的组成及变化，如不同细胞、亚细胞中的蛋白质组成及含量差异，从而在临床诊断、病理研究、药物筛选、新药开发、食品检测，甚至物种鉴定等研究中做出重大贡献。例如，张磊等利用双向电泳图谱研究PC12细胞蛋白质组学，用Image Master 2D Evolution软件对所获的图谱进行分析，共得蛋白质点（879±24）个。在等电点4～7、分子量20 000～66 000的区域，蛋白质点丰富；而在酸性端和碱性端，蛋白质点少。PC12细胞蛋白质的双向电泳图谱见图3-22。

从电泳胶上切取配对良好、散在分布的蛋白质点45个，进行质谱鉴定，得到可信鉴定结果19个。蛋白质的具体鉴定结果见表3-14，包括蛋白的NCBI检索号码、等电点及分子质量，其中等电点及分子质量是根据肽质量得到的蛋白质的理论值。另外，在胶上可见到两个蛋白质点均鉴定为19号蛋白质，即热休克蛋白27，这可能是由于翻译后修饰所致。图3-23为19号蛋白质点（热休克蛋白27）的肽质量指纹质谱图，x轴为质核比（m/z），y轴为相对丰度，期望值为0.1000（错误鉴定的概率为0.10%）。

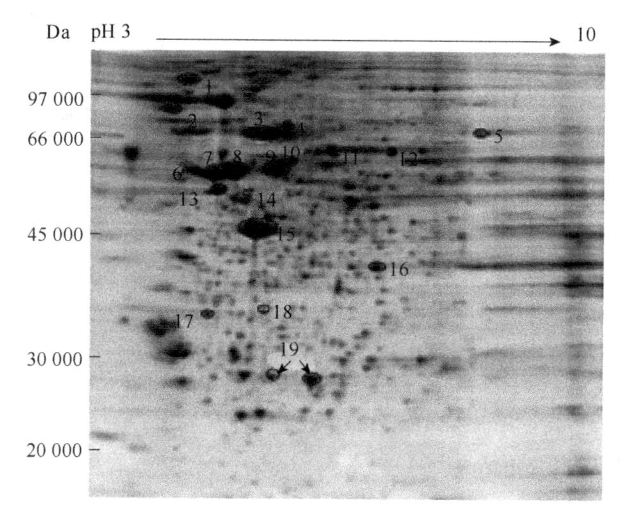

图3-22 PC12细胞蛋白质的双向电泳图谱（张磊等，2006）

表3-14 PC12细胞经MALDI-TOF MS的鉴定结果

编号	检索号码	蛋白质名称	等电点（pI）	分子质量/kDa
1	Gi 62651904	肿瘤拒绝抗原Gp96	4.7	93.04
2	Gi 38181552	Scg2蛋白	4.7	66.65
3	Gi 56385	Hsc70-Ps1	5.4	71.14
4	Gi 55584140	75kDa葡萄糖调解蛋白	6.0	74.11
5	Gi 1729977	转酮醇酶	7.3	68.37
6	Gi 6981324	脯氨酰4-羟化酶，β多肽	4.8	57.25
7	Gi 38014578	微管蛋白β_2链	4.8	50.24
8	Gi 223556	α-微管蛋白	4.9	50.91
9	Gi 6981416	外周蛋白	5.4	53.65
10	Gi 51260037	伴侣蛋白含TCP1，亚基5	5.5	59.98
11	Gi 3319077	酪氨酸羟化酶催化和四聚物聚合	5.5	39.60
12	Gi 38181876	磷酸化应激诱导蛋白	6.4	63.18
13	Gi 1374715	ATP合酶β亚基	4.9	51.18
14	Gi 60688216	Krt1-18	5.2	47.74
15	Gi 62657474	γ-肌动蛋白	7.0	62.59
16	Gi 6978491	1-醛基还原酶	6.3	36.24
17	Gi 2981437	脂皮质蛋白Ⅴ	5.0	33.95
18	Gi 37999910	膜联蛋白Ⅳ	5.3	36.17
19	Gi 204665	热休克蛋白27	6.1	22.93

所鉴定出的19个蛋白质功能多样，这些蛋白质从功能上分成以下几类：分子伴侣及相关功能蛋白、细胞结构/骨架蛋白、代谢相关蛋白、凋亡相关蛋白、激素结合相关蛋白、神经内分泌相关蛋白，这些蛋白质建立了PC12细胞的部分蛋白质数据库。从胶图上可以看出，

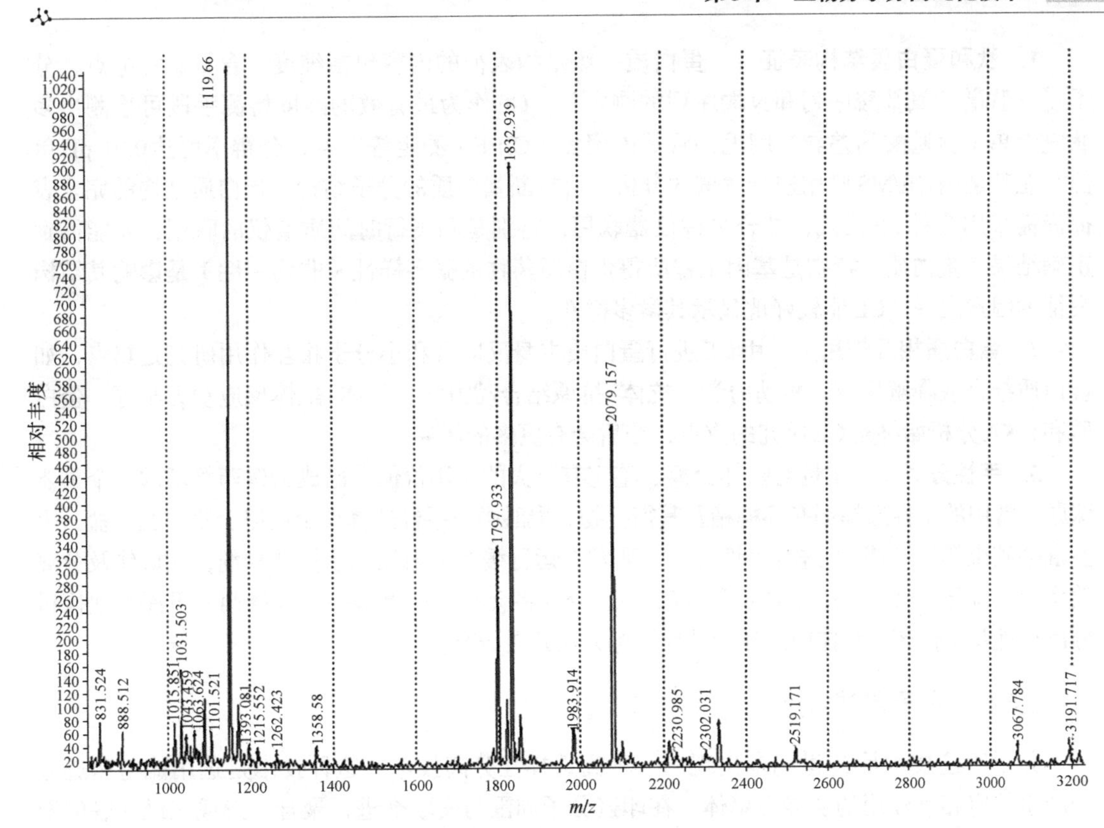

图3-23　19号蛋白质点（热休克蛋白27）的肽质量指纹质谱图（张磊等，2006）

丰度最大的点主要集中在分子伴侣及相关功能蛋白和细胞结构/骨架蛋白上，体现了这两类蛋白在细胞内的功能重要性。同时这些蛋白质在胶上散在分布，为以PC12细胞为对象的蛋白质组学研究确立了标志蛋白。

3.4.5　毛细管电泳

毛细管电泳（capillary electrophoresis，CE）是以高压电场为驱动力，以毛细管为分离通道，依据样品中各组成之间淌度和分配行为上的差异，从而实现分离的一类液相分离技术。仪器装置包括高压电源、毛细管、柱上检测器和供毛细管两端插入又和电源相连的两个缓冲液贮瓶，在电解质溶液中，带电粒子在电场作用下，以不同的速度向与其所带电荷相反方向迁移的现象称为电泳。CE所用的石英毛细管在pH＞3时，其内液面带负电，和溶液接触形成一双电层。在高电压作用下，双电层中的水合阳离子层引起溶液在毛细管内整体向负极流动，形成电渗液。带电粒子在毛细管内电解质溶液中的迁移速度等于电泳和电渗流（EOF）二者的矢量和。带正电荷粒子最先流出；中性粒子的电泳速度为零，故其迁移速度相当于EOF速度；带负电荷粒子运动方向与EOF方向相反，因EOF速度一般大于电泳速度，故其将在中性粒子之后流出。各种粒子因迁移速度不同而实现分离，这就是毛细管区带电泳（capillary zone electrophoresis，CZE）的分离原理。

毛细管电泳的应用十分广泛，在生物分子蛋白质和肽方面的应用可概括为两大方面：一是其结构的表征，二是研究相互作用。

1. 肽和蛋白质结构表征 蛋白质一级结构表征的内容包括纯度、含量、等电点、分子量、肽谱、氨基酸序列和N端序列的测定等，CE作为最有效的纯度检测手段可检测出多肽链上单个氨基酸的差异。用毛细管等电聚焦（CIEF）测定等电点，分辨率可达0.01 pH单位。尤其是用CE/MS联用进行肽谱的分析，可推断蛋白质的分子结构。蛋白质结构的完全表征尚需采用多种CE模式，结合多种仪器联用，特别是和飞行时间质谱仪的联用，才能得到正确结果。蛋白质，特别是基因工程所得蛋白质药物的微多样性（非均一性）是影响其结构表征的因素之一。CE能较好地显示其微多样性。

2. 蛋白质相互作用 用CE进行蛋白质本身反应及和小分子相互作用研究是热点，如蛋白质结合或降解反应、酶动力学、抗体-抗原结合动力学、受体-配体反应动力学等，蛋白质和DNA分析始终是CE研究的重点，今后会有更多的研究。

3. 手性分离 手性对映体分离、鉴定有巨大的应用价值，已成为医药领域的一个重要课题。常用的手性选择剂有环糊精及其衍生物、冠醚类、手性选择性金属络合物、胆酸盐、手性混合胶束等。利用CE进行手性分离，通常在运行缓冲液内加入手性选择剂，在操作及分离效率上均优于HPLC手性分离。今后CF手性分离将会在发展更多手性选择剂、更深入地探讨分离机理及手性药物在体内的作用及代谢等方面开展研究。

3.4.6 分子印迹技术

分子印迹技术是20世纪末出现的一种高选择性分离技术。这种技术是选用能与印迹分子产生特定相互作用的功能性单体，在印迹分子周围与交联剂进行聚合，形成三维交联的聚合物网络，然后通过合适的溶剂除去印迹分子，在聚合物网络中形成空间和化学功能与印迹分子互补的空穴。整个聚合过程可分为三步：印迹、聚合、去除印迹分子。分子印迹技术的基本思想源于人们对抗体-抗原专一性的认识，即一种抗体只能针对一种抗原，而分子印迹技术则通过人工方法合成与目标分子耦合的大分子化合物，分子印迹技术模仿了生物界的抗原-抗体作用原理，使制备的材料有着极高的选择性，因而受到全球众多研究人员的重视，很快在许多相关领域如手性拆分、固相萃取、人工酶学、化学或生物传感器、不对称催化等方面得到了广泛的应用。

1. 分子印迹技术的制备方法 分子印迹聚合物的制备过程大致如下。①将印迹分子和功能性单体按照一定比例混合后在一定条件下反应，印迹分子和功能性单体之间存在一定的分子间作用力（如氢键、范德瓦耳斯力或共价键）。②加入交联剂，使之与前面的印迹分子-功能性单体复合物通过聚合反应形成聚合物。③将印迹分子从聚合物中抽提出来形成具有一定空穴的分子印迹聚合物。分子印迹聚合物中的空腔和印迹分子形状、大小完全一样，可以对印迹分子实现特异性识别。

按照功能性单体和印迹分子间作用力的差异，分子印迹技术的合成方法主要有两类：共价法和非共价法。

1）*共价法* 共价法，也称预先组织法，印迹分子与功能性单体通过共价键结合，当加入交联剂共聚后，印迹分子通过化学过程从聚合物网络上断开，然后再用某种溶液将印迹分子洗脱下来形成具有空腔的分子印迹聚合物。这类聚合物曾用于多种化合物的特定性识别，如糖类及其衍生物和氨基酸及其衍生物等。

2）*非共价法* 非共价法，也称自组装法，印迹分子与功能性单体通过非共价键结合，包括氢键、偶极作用、离子化作用、疏水作用等。该过程模拟生物中的分子间作用力，故这种分子识别作用是通过多重分子间作用实现的，具有立体效应。这些分子在交联剂参与下引发聚合作用，因高度交联聚合作用而在空间上被固定形成三维交联的聚合物网络，然后用溶剂将印迹分子去除，得到中间具有空穴的分子，用这种合成方法的分子印迹技术检验印迹分子时，分子之间又能重新成键，印迹分子扩散进入分子印迹的互补位置，因而具有高度的记忆性。

3）*其他方法*　除了共价法和非共价法两种基本模式外，还有一种技术是两者的结合，即聚合时功能性单体与印迹分子间的作用力是共价键，而在对印迹分子的识别过程中，两者的作用是非共价键。例如，可以将印迹分子胆固醇与单体4-乙烯基苯碳酸酯共价结合后，通过水解使共价接合部位断裂形成酚羟基，在分子识别过程中通过氢键结合胆固醇。

2. 分子印迹技术的应用

1）*在色谱技术中的应用*　印迹分子通常带有多种官能团，如羟基、氨基、羧基、酰基等，选择合适的功能性单体是印迹技术的关键。目前最常用的单体是甲基丙烯酸，通常认为它与氨基之间存在离子化作用，同酰基、羧基、氨基甲酸酯之间存在氢键。乙二醇二异丁烯酸酯是最常用的交联剂。其他一些单体如乙烯基吡啶、乙烯基咪唑等也被采用。

2）*在生物检测和生物传感器中的应用*　分子印迹技术作为一种高选择性材料还可用作传感器的制备。用分子印迹技术代替生物传感器的生物元件可得到刚性更好的传感器系统。如采用溶剂辅助软光刻和紫外光引发聚合法，制备了聚甲基丙烯酸-乙二醇二甲基丙烯酸酯条带，以检测痕量的莠去津（图3-24）。

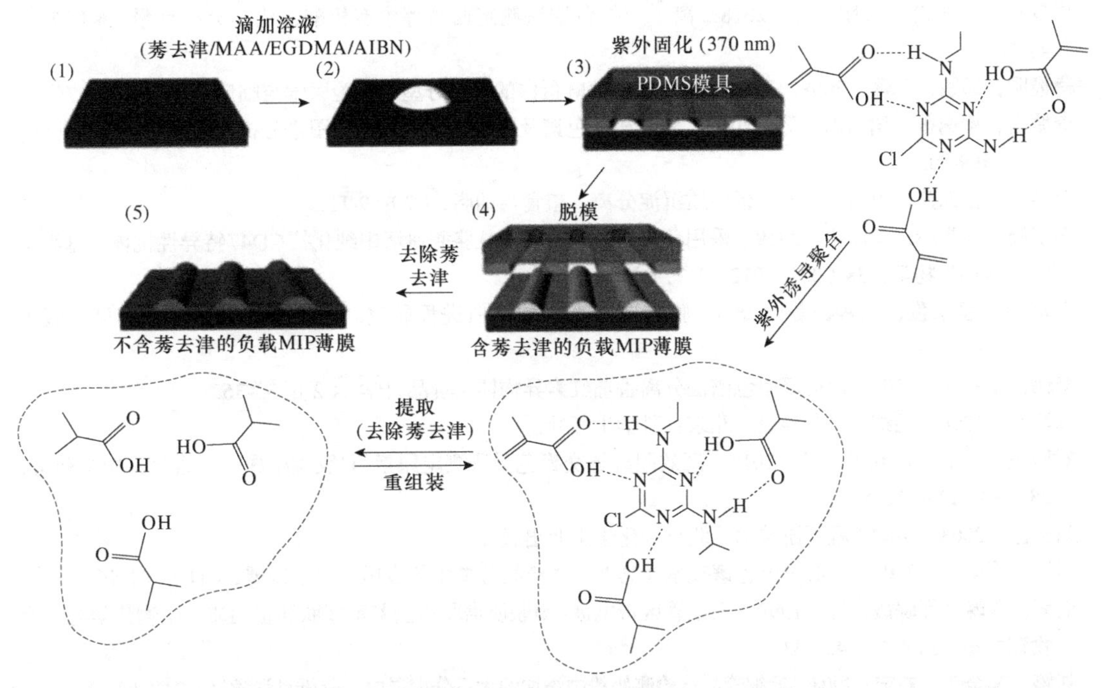

图3-24　溶剂辅助软光刻和紫外光引发聚合法检测痕量的莠去津

分子印迹技术的高选择性使其在生物检测中应用广泛，可代替传统的生物抗体检测技术，从而避免了从动物体分离抗体或用微生物培养获得抗体的繁杂工作。分子印迹技术用作模拟抗体时，其突出的优点是对于难以产生天然抗体的化合物，如免疫抑制剂、非免疫抗原性物质和小分子化合物都可以制备模拟抗体。

参考文献

安东尼奥A. 加西亚，马太R. 博能，杰米・埃米尔・威克，等. 2004. 生物分离过程科学. 刘铮，译. 北京：清华大学出版社.

陈莹，徐波，王丽萍，等. 2005. 膜分离技术在现代中药制药行业中的应用. 亚太传统医药，(1)：74-78.

陈毓荃. 2002. 生物化学实验方法和技术. 北京：科学出版社.

陈朝晖. 2006. 多相反应色谱过程的数学模拟. 杭州：浙江大学硕士学位论文.

程鏖，宋刚，苏华波，等. 2002. RGD-葡激酶的凝胶过滤层析法复性及其纯化. 生物工程学报，(6)：693-697.

哈密斯BD，利克伍德D. 1994. 蛋白质的凝胶电泳实践方法. 北京：科学出版社.

韩强，王宗花，郭新美，等. 2012. 阴离子交换色谱法测定硫磺熏制姜中亚硫酸盐. 分析试验室，31（3）：29-32.

何忠效. 2004. 生物化学实验技术. 北京：化学工业出版社.

贾薇，白岩岩，张劲松. 2014. 樟芝发酵液中抗肿瘤活性物质的研究. 中国菌物学会第六届会员代表大会（2014年学术年会）暨贵州省食用菌产业发展高峰论坛.

蒋越华，陈永森，金刚，等. 2018. 离子交换色谱法测定西番莲中有机酸. 化学分析计量，6（27）：47-50.

蒋最明，顾敏，苏薇. 2008. 毛细管区带电泳对M蛋白的免疫分型. 检验医学与临床，5（2）：72-74.

李博岩，梁逸曾，谢培山，等. 2003. 光谱相关色谱及其在中药色谱指纹图谱分析中的应用. 分析化学，（7）：799-803.

李冬梅，张锦茹，田园. 2007. 蛋白质沉淀分离. 粮食与油脂，(7)：9-11.

李宁娟，马晓玲，李江伟. 2019. 采用免疫亲和色谱方法从骆驼血清中纯化抗CD47特异性抗体. 基因组学与应用生物学，38（3）：1012-1017.

李培骏，袁永俊，胡婷，等. 2006. 胰蛋白酶水解酪蛋白进程研究. 西华大学学报（自然科学版），21（3）：55-57.

李伟，丁霄霖. 2003. 液固吸附色谱法分离番茄红素异构体. 食品科学，(2)：33-36.

林炳承. 1996. 毛细管电泳导论. 北京：科学出版社.

刘桂霞，姚静，左利民，等. 2017. 高效阳离子交换色谱法测定尿素^{13}C胶囊中尿素的含量. 中国药房，28（9）：1236-1238.

刘国诠. 2003. 生物工程下游技术. 北京：化学工业出版社.

刘江，周荣琪. 2003. 离心分配色谱技术及其在天然产物分离中的应用. 化工进展，(11)：41-46.

刘韬，曾嵘，邵晓霞，等. 1999. 毛细管区带电泳-串联质谱联用法鉴定多肽和蛋白质. 生物化学与生物物理学报，31（4）：425-432.

刘婷，姜金斗，刘宁. 2008. 毛细管电泳检测奶粉中添加的大豆分离蛋白. 分析科学学报，24（1）：37-41.

鲁蕾. 2012. 蒜氨酸分离纯化工艺及抗氧化活性研究. 天津：天津科技大学硕士学位论文.

陆健. 2005. 蛋白质纯化技术及应用. 北京：化学工业出版社.

吕振波，翟秀丽，庄丽宏．2000．烷基苯生产中循环烷烃的液-固吸附色谱预分离和气相色谱/质谱分析．色谱，18（6）：559-562．
牛屹东，冯婕，崔恒，等．2006．蛋白质双向电泳实验手册．北京：北京大学医学出版社．
欧阳平凯，胡永红，姚忠．2010．生物分离原理及技术．2版．北京：化学工业出版社．
齐小花，丁里．2005．毛细管电泳研究HIV抑制剂、Tat蛋白与RNA的相互作用．分析化学，33（2）：214-216．
邵彪，汪少芸，叶秀云，等．2007．黑豆中抗真菌蛋白的纯化及活性鉴定．福州大学学报（自然科学版），35（6）：945-948．
申惠莲，卡哈尔·阿里木．2018．基于天冬氨酸的固定化金属离子亲和色谱材料用于磷酸化肽选择性富集．色谱，36（4）：334-338．
孙毓庆．2016．现代色谱法．2版．北京：科学出版社．
唐晓琳，潘亚萍，王兆元．2003．成人牙周炎患者全唾液蛋白质凝胶电泳分析．华西口腔医学杂志，21（2）：98-100．
万印华．2003．膜技术在医药工业中的应用（英文）．中国抗生素杂志，（10）：597-604．
汪家政，范明．2000．蛋白质技术手册．北京：科学出版社．
汪少芸，叶秀云，饶平凡．2004．植物非特异脂转移蛋白的研究．生物学通报，39（9）：11-12．
王嗣岑，贺晓双．2017．亲和色谱技术在药物分析中的应用进展．西安交通大学学报（医学版），（38）：784．
王祥宇．2018．特异性小肽亲和整体柱对单抗药的富集纯化策略研究．广州：暨南大学硕士学位论文．
王雄飞，张玉杰，叶静，等．2013．一种凝血酶亲和色谱介质的斜备方法．色谱，31（8）：813-816．
韦寿莲，莫金垣，李凤屏．2003．牛血清蛋白对手性物质的毛细管电泳拆分．分析化学研究简报，31（8）：972-976．
吴寒秋，赵丹，戚华文，等．2018．高效阴离子交换色谱法检测山银花多糖的单糖组成．食品工业，39（1）：270-273．
夏其昌，曾嵘．2004．蛋白质化学与蛋白质组学．北京：科学出版社．
徐艳冰，郑兆娟，徐颖，等．2016．高效阴离子交换色谱法同时测定菊粉酶解产物中的单糖、双糖和低聚果糖．食品科学，519（2）：95-99．
闫美荣，刘庆平，苏秀兰．1999．聚丙烯酰胺凝胶电泳分析615纯系小鼠血清蛋白．内蒙古医学院学报，21（4）：226-228．
严希康．2001．生化分离工程．北京：化学工业出版社．
杨亮，杨小莉，朱丽，等．2019．柱后衍生阳离子交换色谱法同时测定大蒜中18种水解氨基酸．生命科学仪器，17（1）：47-51．
于璐，周光明，沈洁，等．2016．离子交换色谱法测定10种热带水果中的葡萄糖、蔗糖和果糖．食品工业科技，（37）：98．
张磊，常明，徐卉，等．2006．PC12细胞蛋白质组学研究技术及二维电泳图谱的建立．吉林大学学报（医学版），32（6）：1112-1115．
赵金龙，李延红，孙汉巨，等．2018．汽巴蓝F3GA染料亲和色谱介质的制备及其对黑芸豆凝集素的特异性吸附．食品科学，39（23）：56-62．
赵永芳．2015．生物化学技术原理及应用．5版．北京：科学出版社．
庄蕾，陈冠军．1998．SIS聚合物在生物技术中的应用．生物工程进展，18（6）：59-63．
宗艳平，李婧华，孙伟，等．2016．高效离子抑制色谱法和高效离子交换色谱法检测琥珀酸去甲文拉法辛中琥珀酸的含量．色谱，34（2）：189-193．
Bojczuk M, Żyżelewicz D, Hodurek P. 2017. Centrifugal partition chromatography—a review of recent

applications and some classic references. Journal of Separation Science, 40 (7): 1597-1609.

Delaunay J C, Castagnino C, Chèze C, et al. 2002. Preparative isolation of polyphenolic compounds from *Vitis vinifera* by centrifugal partition chromatography. Journal of Chromatography A, 964 (1-2): 123-128.

Hermans-Lokkerbol A C J, Hoek A C, Verpoorte R. 1997. Preparative separation of bitter acids from hop extracts by centrifugal partition chromatography. Journal of Chromatography A, 771 (1-2): 71-79.

Lee S S, Su W C, Liu K C. 2001. Cyclopeptide alkaloids from stems of *Paliurus ramossisimus*. Phytochemistry, 58 (8): 1271-1276.

Liu C, Ren D, Li J, et al. 2018. Cytoprotective effect and purification of novel antioxidant peptides from hazelnut (*C. heterophylla,* Fisch) protein hydrolysates. Journal of Functional Foods, 42: 203215.

Pfaunmiller E L, Paulemond M L, Dupper C M, et al. 2013. Affinity monolith chromatography: a review of principles and recent analytical applications. Analytical and Bioanalytical Chemistry, 405 (7): 2133-2145.

Santos J H P M, Ferreira A M, Almeida M R, et al. 2019. Continuous separation of cytochrome-c PEGylated conjugates by fast centrifugal partition chromatography. Green Chemistry, 21 (20): 5501-5506.

第4章
生物分子表征技术

4.1　紫外-可见吸收光谱法

4.1.1　紫外-可见吸收光谱概述

自然界中的物质具有能量，是诱电体。物质与光的作用可看成是光子对能量的授受，该原理被广泛应用于光谱解析。不同波长的光，能量不同，跃迁形式也不同，因此产生了不同的光谱分析法，如表4-1所示。电磁波可分为高频区、中频区及低频区。高频区对应放射线（γ射线、X射线），涉及原子核、内层电子；而中频区指紫外-可见光、近红外、中红外和远红外，涉及价电子的跃迁、振动及转动；低频区指电波（微波、无线电波），涉及转动、电子自旋、核自旋等。

表4-1　常用光谱分析法

光谱分析法	波长区域	波数区域/cm	跃迁类型
γ射线发射	0.0005～0.14 nm	—	核
X射线吸收、发射、荧光、衍射	0.01～10 nm	—	内层电子
真空紫外线吸收	10～180 nm	5×10^4～1×10^6	价电子
紫外-可见光吸收、发射、荧光	180～780 nm	1.3×10^4～5×10^4	价电子
红外吸收，拉曼散射	0.78～300 μm	3.3×10～1.3×10^4	分子振动/转动
微波吸收	0.75～3.75 μm	13～27	分子转动
电子自旋共振	3 cm	0.33	电子在磁场中的自旋
核磁共振	0.6～10 m	1×10^{-3}～1.7×10^{-2}	核在磁场中的自旋

紫外-可见吸收光谱法（ultraviolet-visible absorption spectrometry，UV-Vis）是基于分子内电子跃迁产生的吸收光谱进行分析测定的一种仪器分析方法，其中紫外-可见光以及近红外光谱区域的详细划分如图4-1所示。紫外-可见光区一般以波长（nm）表示，其研究对象大多在200～380 nm的近紫外光区或380～780 nm的可见光区有吸收。紫外-可见吸收光谱被广泛应用于化合物的定性定量分析中，具有仪器普及、操作简便且灵敏度高等特点。

紫外-可见光谱又可以分为紫外光区（200～380 nm）和可见光区（380～780 nm）两部分，主要是利用紫外光区对生物分子有机物结构进行研究。

4.1.2　有机化合物紫外-可见吸收光谱的基本原理

有机化合物的紫外-可见吸收光谱取决于化合物的分子结构，它主要是由分子中价电子

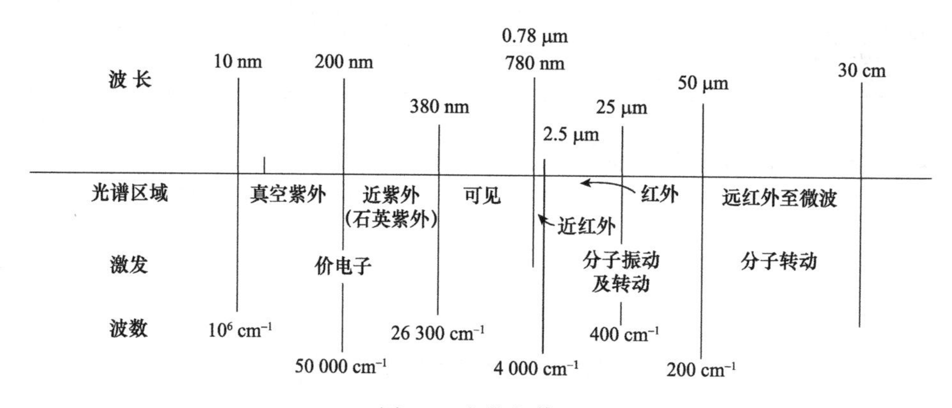

图4-1　光学光谱区

的能级跃迁和电荷迁移跃迁产生的。按分子轨道理论，有机化合物分子中的价电子包括形成单键的σ电子、形成双键的π电子以及非成键的n电子（即孤对电子，或称p电子）。当分子吸收一定能量后，其价电子从能量较低的成键轨道跃迁至能量较高的反键轨道，可能产生图4-2所示的4种形式跃迁。与近紫外区有关的电子跃迁是σ→σ*、n→σ*、n→π*、π→π*。图4-2展现了各种类型的电子跃迁所需能量与所吸收光波长间的关系。值得注意的是，由于电荷转移跃迁和配位场跃迁的存在，无机化合物也会产生紫外-可见吸收光谱。

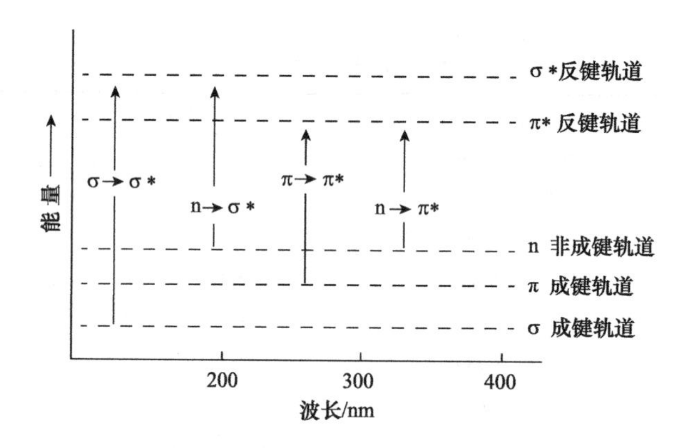

图4-2　电子能级及电子跃迁

4.1.3　紫外-可见吸收光谱的应用

1. 定性分析

（1）判断异构体：紫外-可见吸收光谱的重要应用在于测定共轭分子。共轭体系越大，吸收强度越大，波长红移，如以下两个化合物。

CH_3　　　　　　CH_2

前者有紫外线吸收，后者的λ_{max}<200 nm。同样，$CH_3COCH_2CH_2COCH_3$的最大吸收波长要短于$CH_3CH_2COCOCH_2CH_3$。

（2）判断共轭状态：可以判断共轭生色团的所有原子是否共平面等。例如，二苯乙烯

（Ph—CH═CH—Ph）顺式比反式不易共平面，因此反式结构的最大吸收波长及摩尔吸光系数要大于顺式，即顺式的λ_{max}=280 nm，ε=13 500；反式的λ_{max}=295 nm，ε=27 000。

（3）已知化合物的验证：通过标准谱图的比对，紫外-可见吸收光谱可作为有机化合物结构测定的一种辅助手段。

2. 定量分析

（1）单组分定量分析：单组分定量测定可使用吸光系数法，这是一种绝对法。从相关手册查得待测物质的摩尔吸光系数，根据朗伯-比尔定律，由测得的吸光度直接计算，得到吸光物质的浓度。在实际应用时，更多的是采用标准曲线法，或称校正曲线法。配制一系列不同浓度的标准溶液，在选定的波长和最佳实验条件下，分别测量它们的吸光度值A，然后以吸光度对吸光物质浓度作图，得到标准曲线。在同样条件下，再测量样品溶液的吸光度，从标准曲线上查得样品溶液的浓度。制作标准曲线时，实验点浓度范围要尽可能宽，样品溶液的浓度最好位于标准曲线的中间部分，曲线两端的实验点应比其他实验点重复测定次数多一些。理想的标准曲线应为通过坐标原点的一条直线，实际上，各测量点与以朗伯-比尔定律为基础所建立的直线往往会有一定的偏离。

（2）多组分定量分析：含有两种吸光组分的混合物，其吸收峰互相干扰的情况有3种：不重叠、部分重叠及完全重叠。对第一种情况，可以不经分离，通过选择适当的入射波长，按单一组分的测定方法进行测定即可。即在λ_1处测组分A，在λ_2处测组分B。对第二种情况，可在λ_1处测组分A，在λ_2处测量两组分的总吸收，减去组分A的吸收，即可求B组分。对最后一种情况，用单纯的单波长分光光度法已不可能，若各组分间满足吸光度的加和原则，则可不经分离，在多个指定的波长处测量样品混合组分的吸光度，通过化学计量学方法或解方程组，求出各组分的浓度。

4.2 红外光谱法

4.2.1 红外光谱概述

红外光谱（infrared spectroscopy，IR）属于振动光谱，其光谱区域按波长可进一步细分为近红外（0.78～2.5 μm）、中红外（2.5～50 μm）及远红外（50～1000 μm），其中红外光谱最重要的应用是在中红外区进行有机化合物的结构鉴定。由于每种化合物均有红外吸收，尤其是有机化合物的红外光谱能提供丰富的结构信息，因此红外光谱是有机化合物结构解析的重要手段之一。对于已知样品，通过与标准谱图比较，可以确定该化合物的结构；对于未知样品，通过官能团、顺反异构、取代基位置、氢键结合以及络合物的形成等红外光谱信息可以推测出结构。红外光谱的定量分析应用也较为广泛，尤其是在近红外及远红外区。如近红外区可应用于含有与C、N、O等原子相连基团化合物的定量；远红外区可应用于无机化合物的研究等。同时，任何气态、液态及固态样品均可进行红外光谱测定，这是其他仪器分析方法难以做到的。近几年，随着全反射红外、显微红外、光声光谱以及色谱-红外联用等测定技术的不断发展和完善，红外光谱法得到了更为广泛的应用。

4.2.2 红外光谱与物质结构的关系

红外光谱源于分子振动，其吸收频率对应分子的振动频率。大量的研究结果表明，一定的官能团总是对应于一定的特征吸收频率，即有机分子的官能团具有特征红外吸收频率。这对于利用红外谱图进行分子结构鉴定具有重要意义（图4-3）。但是，相关官能团的红外吸收频率在受到诱导效应、共轭效应、共振效应、空间效应、氢键等因素的影响时也会发生改变。

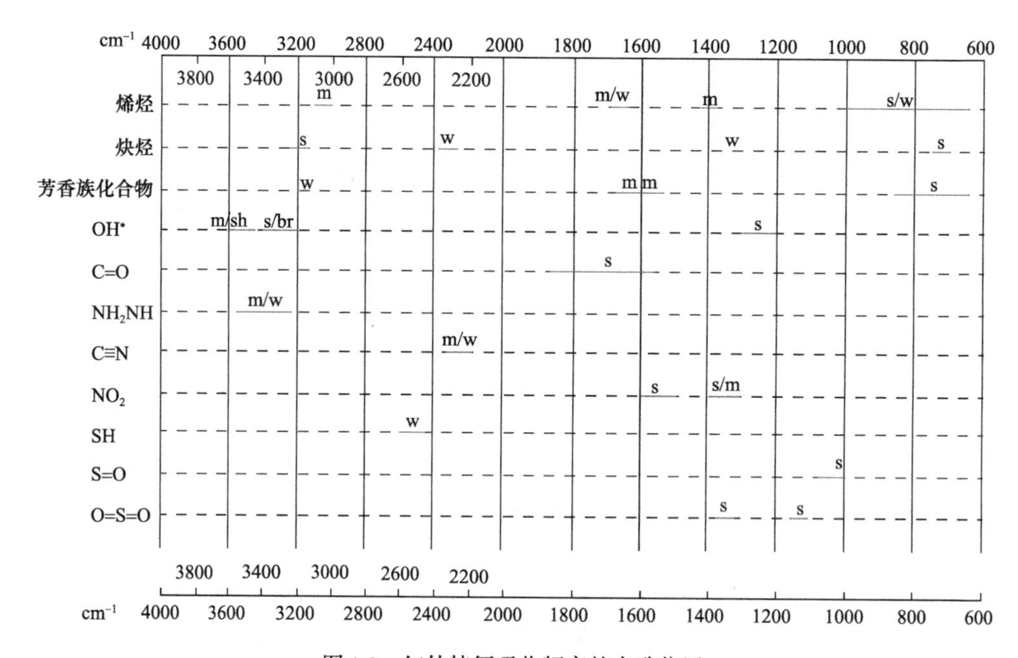

图4-3　红外特征吸收频率的大致位置

s表示强；m表示中强；w表示弱；sh表示尖峰；br表示宽峰

红外谱图有两个重要区域。1300～4000 cm^{-1}的高波数区和1300 cm^{-1}以下的低波数区。前者称为官能团区，后者称为指纹区。含氢官能团（折合质量小）、含双键或三键的官能团（键力常数大）在官能团区有吸收，如—OH、—NH以及 >C=O 等重要官能团在该区域有吸收，它们的振动受分子中剩余部分的影响小。如果待测化合物在某些官能团应该出峰的位置无吸收，则说明该化合物不含有这些官能团。不含氢的单键（折合质量大）、弯曲振动（键力常数小）出现在1300 cm^{-1}以下的低波数区。该区域的吸收特点是振动频率相差不大，振动的耦合作用较强，因此易受邻近基团的影响。同时吸收峰数目较多，表示有机分子的具体特征。大部分吸收峰都不能找到归属，犹如人的指纹。因此，指纹区的谱图解析不易，但与标准谱图对照可以进行最终确认，指纹区还包含了分子的骨架振动。

1. 2500～4000 cm^{-1}是XH（X为C、N、O、S等）的伸缩振动区　—OH的吸收出现在2500～3600 cm^{-1}。游离氢键的羟基在3600 cm^{-1}附近，为中等强度的尖峰。形成氢键后键力常数减小，移向低波数，因此产生宽而强的吸收。一般羧酸羟基的吸收频率低于醇和酚，可从3600 cm^{-1}移至2500 cm^{-1}，并为宽而强的吸收。需要注意的是，水分子在3300 cm^{-1}附近有吸收，样品或用于压片的溴化钾晶体含有微量水分时会在该处出峰。

CH吸收出现在3000 cm^{-1}附近。不饱和CH在>3000 cm^{-1}处出峰，饱和CH（三元环除外）出现在<3000 cm^{-1}处。—CH_3有两个明显的吸收带，出现在2962 cm^{-1}和2872 cm^{-1}处。前者对应于反对称伸缩振动，后者对应于对称伸缩振动。分子中甲基数目多时，上述位置呈

现强吸收峰。—CH_2—的反对称伸缩和对称伸缩振动分别出现在2926 cm^{-1}和2853 cm^{-1}处。脂肪族以及无扭曲的脂环族化合物的这两个吸收带的位置变化在10 cm^{-1}以内，一部分扭曲的脂环族化合物其—CH_2—吸收频率增大。NH吸收出现在3300～3500 cm^{-1}，为中等强度的尖峰。伯氨基有两个N—H键，具有对称和反对称伸缩振动，因此有两个吸收峰。仲氨基有一个吸收峰，叔氨基无吸收峰。

2. 2000～2500 cm^{-1}是三键和累积双键的伸缩振动区　此区间包含C≡C、C≡N以及C═C═C等的吸收。CO_2的吸收在2300 cm^{-1}左右。除此之外，此区间的任何小的吸收峰都提供了结构信息。

3. 1500～2000 cm^{-1}是双键伸缩振动区，是红外光谱中很重要的区域　羰基的吸收一般为最强峰或次强峰，出现在1690～1760 cm^{-1}内，受与羰基相连基团的影响，会移向高波数或低波数。芳香族化合物环内碳原子间伸缩振动引起的环的骨架振动有特征吸收峰，分别出现在1585～1600 cm^{-1}及1400～1500 cm^{-1}。因环上取代基的不同吸收峰有所差异，一般出现两个吸收峰。杂芳环和芳香单环、多环化合物的骨架振动相似。烯烃类化合物的C═C振动出现在1640～1667 cm^{-1}，为中等强度或弱的吸收峰。

4. 1300～1500 cm^{-1}主要提供了C—H弯曲振动的信息　—CH_3在1375 cm^{-1}和1450 cm^{-1}附近同时有吸收，分别对应于—CH_3的对称弯曲振动和反对称弯曲振动。前者当甲基与其他碳原子相连时吸收峰位几乎不变，吸收强度大于1450 cm^{-1}的反对称弯曲振动和—CH_2—的剪式弯曲振动。1450 cm^{-1}的吸收峰一般与—CH_2—的剪式弯曲振动峰重合。但戊酮-3的两组峰区分得很好，这是由于—CH_2—与羰基相连，其剪式弯曲吸收带移向1439～1399 cm^{-1}的低波数并且强度增大。—CH_2—的剪式弯曲振动出现在1465 cm^{-1}，吸收峰位几乎不变。

两个甲基连在同一碳原子上的偕二甲基有特征吸收峰。如异丙基（CH_3）$_2$CH—在1380～1385 cm^{-1}和1365～1370 cm^{-1}有两个同样强度的吸收峰（即原1375 cm^{-1}的吸收峰分叉）。分叉的原因在于两个甲基同时连在同一碳原子上，因此有同位相和反位相对称弯曲振动的相互耦合。

5. 910～1300 cm^{-1}是单键伸缩振动区　C—O单键振动在1050～1300 cm^{-1}为强吸收峰，如醇、酚、醚、羧酸、酯等。醇在1050～1100 cm^{-1}有强吸收；酚在1100～1250 cm^{-1}有强吸收；酯在此区间有两组吸收峰，为1160～1240 cm^{-1}（反对称）和1050～1160 cm^{-1}（对称）。C—C、C—X（卤素）等也在此区间出峰。将此区域的吸收峰与其他区间的吸收峰一起对照，在谱图解析时很有用。

6. 910 cm^{-1}以下是苯环面外弯曲振动、环弯曲振动　如果在此区间内无强吸收峰，一般表示无芳香族化合物。此区域的吸收峰常常与环的取代位置有关。

4.2.3　红外光谱的应用

红外光谱主要用于有机化合物的结构鉴定。在解析红外光谱时，要同时注意吸收峰的位置、强度和峰形。以羰基为例，羰基的吸收一般为最强峰或次强峰。如果在1680～1780 cm^{-1}有吸收峰，但其强度低，则表明该化合物并不存在羰基，而是该样品中存在少量的羰基化合物，它以杂质形式存在。吸收峰的形状也取决于官能团的种类，从峰形可以辅助判断官能团。以缔合羟基、缔合伯胺基及炔氢为例，它们的吸收峰位略有差别，但主要差别在于峰形：缔合羟基峰宽、圆滑而钝；缔合伯胺基吸收峰有一个小小的分叉；炔氢则显示尖锐的峰形。

任一官能团因为存在伸缩振动（某些官能团同时存在对称和反对称伸缩振动）和多种弯曲振动，会在红外谱图的不同区域显示出几个相关吸收峰。所以，只有当几处应该出现吸收峰的地方都显示吸收峰时，方能得出该官能团存在的结论。以甲基为例，在2960 cm^{-1}、2870 cm^{-1}、1460 cm^{-1}、1380 cm^{-1}处都应有C—H的吸收峰出现。

谱图解析顺序主要包括了以下几点。

（1）根据质谱、元素分析结果得到分子式，由分子式计算不饱和度U。

U=四价元素数－（一价元素数/2）＋（三价元素数/2）＋1，如苯的不饱和度$U=6-6/2+1=4$。

（2）可以先观察官能团区，找出存在的官能团，再看指纹区。如果是芳香族化合物，应定出苯环取代位置。根据官能团及化学合理性，拼凑可能的结构。

（3）需与标样、标准谱图对照及结合其他仪器分析手段得出结论。

但需要注意的是：①即使同一物质，若其红外谱图的测定条件如测定方法、样品（状态、浓度）及仪器操作条件等不同，谱图也有所差别；②特征吸收受分子整体的影响会略有偏移。这种偏移在得出结论时要考虑，如相邻基团的状态、与溶剂的作用等；③如果有部分不一致，还应考虑杂质的存在。同时，对于完全未知的样品，则需进行谱图解析。但完全依靠红外光谱来进行化合物的最后确认相当困难，需要结合其他谱图信息（核磁共振、质谱、紫外光谱等）。

例如，某未知物的分子式为$C_8H_8O_2$，试从其红外谱图推测它的结构。

$C_6H_5-C(=O)-OCH_3$ 或 $C_6H_5-O-C(=O)-CH_3$

由其分子式可计算出该化合物的不饱和度为5，不饱和度大于4，分子中可能含有一个苯环。1675 cm^{-1}处的强吸收峰说明分子中含有羰基；1600 cm^{-1}、1500 cm^{-1}处的吸收峰证实了苯环的存在。上述结构正好满足5个不饱和度。1371 cm^{-1}、1460 cm^{-1}处的吸收峰证明分子中含有$—CH_3$。1215 cm^{-1}、1193 cm^{-1}两个强吸收峰的存在表明该分子应为酯，因此只能是单取代。750 cm^{-1}、696 cm^{-1}的吸收峰也与苯环的单取代对应。与标准谱图对照后，确认该化合物为第二种。

4.3 核磁共振波谱法

4.3.1 核磁共振波谱概述

自1953年出现第一台核磁共振商品仪器以来，核磁共振在仪器、实验方法、理论和应用等方面有着飞快的进步。谱仪频率已从30 MHz发展到900 MHz甚至1000 MHz。仪器从连续波谱仪发展到脉冲-傅里叶变换谱仪。随着多种脉冲序列的采用，所得谱图已从一维谱到二维谱、三维谱甚至更高维谱。所应用的学科已从化学、物理扩展到生物、医学等多个学科。总而言之，核磁共振已成为最重要的仪器分析手段之一。

4.3.2 核磁共振的基本概念

1. 化学位移δ　设想在某静磁场B_0中，不同种的原子核因为有不同的磁旋比γ，所以也就有不同的共振频率。从这个角度来看，用核磁共振波谱法可以检测出不同种的同位素（也就能检测不同种的元素）。但是，核磁共振波谱法的最主要功效在于：对某一选定的磁性核（某一同位素）来说，不同官能团中的核，其共振频率会稍有变化，即在谱图中的位置有所不同，因此不同谱峰的位置可以确定样品分子中存在着哪些官能团。这是因为核外电子对原子核有一定的屏蔽作用，实际作用于原子核的静磁感强度不是B_0而是B_0（$1-\sigma$）。σ称为屏蔽常数。它反映核外电子对核的屏蔽作用的大小，也就是反映了核所处的化学环境，则：

$$\nu=\frac{\gamma}{2\pi}B_0(1-\sigma) \tag{4.1}$$

不同同位素的γ相差很大，但任何同位素的σ均远远小于1。σ和原子核所处化学环境有关，可用式（4.2）表示：

$$\sigma=\sigma_d+\sigma_p+\sigma_a+\sigma_s \tag{4.2}$$

σ_d反映抗磁屏蔽的大小。以氢原子为例，氢核外的s电子在外加磁场的感应下产生对抗磁场，使原子核实际所受磁场的作用稍有降低，故此屏蔽称为抗磁屏蔽。

σ_p反映顺磁屏蔽的大小。原子周围化学键的存在，使其原子核的核外电子运动受阻，即电子云呈现非球形。这种非球形对称的电子云所产生的磁场和抗磁效应的相反，故称为顺磁屏蔽。因s电子是球形对称的，所以它对顺磁屏蔽项无贡献，而p、d电子则对顺磁屏蔽有贡献。

σ_a表示相邻基团磁各向异性的影响。σ_s表示溶剂、介质的影响。

对于所有的同位素，σ_d、σ_p的作用大于σ_a、σ_s。对于^{1}H，σ_d起主要作用，但对所有其他的同位素，σ_p起主要作用。

$$\delta=\frac{B_{标准}-B_{样品}}{B_{标准}}\times10^6 \tag{4.3}$$

按式（4.3），各种官能团的原子核因有不同的σ，故其共振频率ν不同。核磁谱图的横坐标从左到右表示磁感强度增强的方向。σ大的原子核，$1-\sigma$小，B_0需有相当增加方能满足共振条件，即这样的原子核将在右方出峰。因σ总是远远小于1，峰的位置不便精确测定，故在实验中采用某一标准物质作为基准，以其峰位作为核磁谱图的坐标原点。不同官能团的原子核谱峰位置相对于原点的距离，反映了它们所处的化学环境，故称为化学位移δ，式中$B_{样品}$、$B_{标准}$分别为在固定电磁波频率时，样品和标准物质满足共振条件时的磁感强度。δ的单位是ppm①，是无量纲的。

如作图时B_0保持不变，扫描电磁波频率，按传统的说法，谱图左方为高频方向，于是式（4.3）成为：

$$\delta=\frac{\nu_{样品}-\nu_{标准}}{\nu_{标准}}\times10^6=\frac{\nu_{样品}-\nu_{标准}}{\nu_0}\times10^6 \tag{4.4}$$

式（4.4）中分子比分母小几个数量级，因而基准物质的共振频率可用仪器的共振频率ν_0代替。

在测定^{1}H及^{13}C的核磁共振谱时，最常采用四甲基硅烷（TMS）作为测量化学位移的基准，因TMS只有一个峰（4个甲基对称分布），一般基团的峰均处于其左侧，且TMS又易除去（沸点27℃）。在氢谱及碳谱中都规定$\delta_{TMS}=0$。按“左正右负”的规定，一般化合物各基团的δ值均为正值。

① $1\text{ppm}=10^{-6}$

需强调的是，δ为一个相对值，它与仪器所用的磁感强度无关。用不同磁感强度（也就是用不同电磁波频率）的仪器所测定的δ数值均相同。

不同的同位素σ变化幅度不等，δ变化的幅度也不同，如^{1}H的δ小于20 ppm，^{13}C的δ可达600 ppm，^{195}Pt的δ可达13 000 ppm。

2. 耦合常数

1）自旋-自旋耦合引起峰的裂分（分裂）　一般情况下，核磁共振波谱都呈现谱峰的分裂，称为峰的裂分。产生峰的裂分的原因在于核磁矩之间的相互作用，这种作用称为自旋-自旋耦合作用。

2）耦合常数　谱线裂分所产生的裂距是相等的，它反映了核之间耦合作用的强弱，称为耦合常数J，以Hz为单位。

耦合常数J反映的是两个核之间作用的强弱，故其数值与仪器的工作频率无关。耦合常数的大小和两个核在分子中相隔化学键的数目密切相关，故在J的左上方标以两核相距的化学键数目。如$^{13}C—^{1}H$之间的耦合常数标为^{1}J，而$^{1}H—^{12}C—^{12}C—^{1}H$中两个$^{1}H$之间的耦合常数标为$^{3}J$。耦合常数随化学键数目的增加而迅速下降，因自旋耦合是通过成键电子传递的。两个氢核相距4个键以上即难以存在耦合作用，若此时$J\neq0$，则称为远程耦合或长程耦合。碳谱中^{2}J以上即称为长程耦合。

谱线分裂的裂距反映耦合常数J的大小，确切地说，反映了J的绝对值。J是有正负号的，但在常见的谱图中往往不能确定它的符号。

3）峰面积　峰面积反映了某种（官能团）原子核的定量信息。这对推测未知物结构或对混合物体系进行定量分析均是重要的。核磁谱仪在画完样品的谱图之后，可以再画出相应的积分曲线。

4）纵向弛豫时间T_1和横向弛豫时间T_2　弛豫时间与所讨论的核在分子中的环境有关。弛豫时间的测定有助于谱线归属的标识，也可用来研究分子的大小、分子（或离子）与溶剂的缔合、分子内的旋转、链节运动、分子运动的各向异性等，需补充的是，T_1较T_2更能提供信息。

4.4 氢　谱

4.4.1 氢谱化学位移δ的影响因素

化学位移的大小取决于屏蔽常数σ的大小。氢的原子核外只有s电子，故抗磁屏蔽σ_d起主要作用，σ_p不用考虑。σ_s对σ有一定的影响。

由于抗磁屏蔽起主导作用，可以预言，若结构上的变化或介质的影响使氢核外电子云密度降低，将使谱峰的位置移向低场，称作去屏蔽作用；反之，屏蔽作用则使峰的位置移向高场。

关于氢谱化学位移的影响因素已有较好的归纳，主要有下列几点。

1. 取代基电负性　由于诱导效应，取代基电负性越强，与取代基连于同一碳原子上的氢的共振峰越移向低场，反之亦然。

2. 相连碳原子的sp杂化　与氢相连的碳原子从sp^3（碳碳单链）到sp^2（碳碳双键），s电子的成分从25%增加至33%，键电子更靠近碳原子，因而对相连的氢原子有去屏蔽作用，即共振位置移向低场。至于炔氢谱峰相对烯氢处于较高场，芳环氢谱峰相对于烯氢处于较低场，则是另外较重要的影响因素所致。

3. 环状共轭体系的环电流效应 乙烯的δ值为5.23 ppm，苯的δ值为7.3 ppm，而它们的碳原子都是sp^2杂化。有人曾计算过，若无别的影响，仅从sp^2杂化考虑，苯的δ值应该大约为5.7 ppm。实际上，苯环上氢的δ值明显地移向了低场，这是因为存在着环电流效应。

设想苯环分子与外磁场方向垂直，其离域π电子将产生环电流。环电流产生的磁力线方向在苯环上、下方与外磁场磁力线方向相反，但在苯环侧面（苯环的氢正处于苯环侧面），二者的方向则是相同的。即环电流磁场增强了外磁场，氢核被去屏蔽，共振谱峰位置移向低场，如图4-4所示。

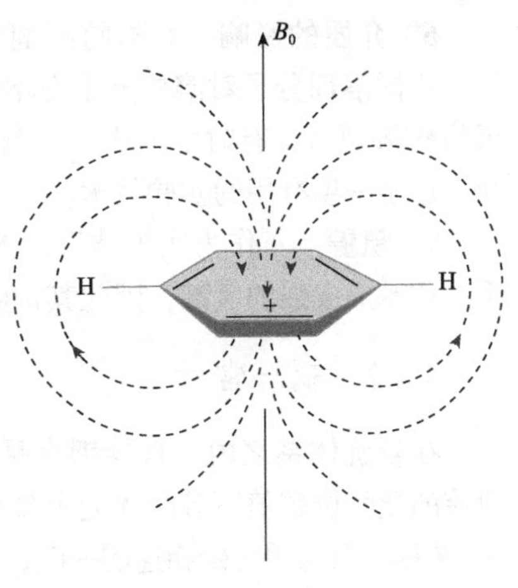

图4-4 苯环的环电流效应

高分辨核磁共振所测定的样品是溶液，样品分子在溶液中处于不断翻滚的状态。因此，在考虑氢核受苯环π电子环电流的作用时，应以苯环平面相对磁场的各种取向进行平均。苯环平面垂直于外磁场方向时，前已论及。若苯环平面与外磁场方向一致时，则外磁场不产生诱导磁场，氢不受去屏蔽作用。对苯环平面的各种取向进行平均的结果是氢受到的是去屏蔽作用。不仅是苯，所有具有$4n+2$个离域π电子的环状共轭体系都有强烈的环电流效应。如果氢核在该环的上、下方则受到强烈的屏蔽作用，这样的氢在高场方向出峰，甚至其δ值可小于零。在该环侧面的氢核则受到强烈的去屏蔽作用，这样的氢在低场方向出峰，其δ值较大。

4. 相邻键的磁各向异性 首先考虑试样为双原子分子AB。外磁场B_0作用于A原子，在该处诱导出一个磁矩μ_A。

$$\mu_A = \chi_A B_0 \tag{4.5}$$

式（4.5）中χ_A为A原子的磁化率。以A—B键为x轴方向，并由此定出y轴、z轴方向。μ_A可分解为3个分量：$\mu_A(x)$、$\mu_A(y)$、$\mu_A(z)$。虽然处于液态试样中的AB分子在不断地翻滚，但理论计算指出，若μ_A的3个分量数值不等，A会对B的屏蔽常数产生影响。这种讨论可以推广到多原分子。对于任一指定的原子，连接该原子的化学键因具有磁各向异性，会对该原子的屏蔽常数产生影响（也就是影响了该原子的化学位移）。

化学键的磁各向异性是普遍存在的。图4-4表示了几种化学键的磁各向异性作用。从图4-4可以看到，在键轴方向或在其垂线方向形成了一对圆锥面。若圆锥面内为屏蔽作用（以“+”表示），则圆锥面外为去屏蔽作用。值得注意的是，C—C单键也具有磁各向异性，因此环上—CH_2—的两个氢的化学位移值略有差别。

炔氢处于C≡C键轴方向，受到强烈的屏蔽作用，因此相对烯氢在高场出峰，这种强烈的屏蔽作用与C≡C键π电子只能绕键轴转动密切相关。

前述的环电流效应也可以认为是磁各向异性作用，但环电流效应更以存在较多的离域π电子为特征，它产生的磁各向异性作用也较强，故单独列为一项讨论。

5. 相邻基团电偶极和范德瓦耳斯力的影响 当分子内有强极性基团时，它在分子内产生电场，这将影响分子内其余部分的电子云密度，从而影响其他核的屏蔽常数。当所讨论的氢核和邻近的原子间距小于范德瓦耳斯半径之和时，氢核外电子被排斥，σ_d减小，共振移向低场。

6. 介质的影响 不同溶剂有不同的容积导磁率，这使样品分子所受的磁感强度不同；不同溶剂分子对溶质分子有不同的作用，因此介质影响δ值。值得指出的是，当用氘代氯仿作溶剂时，有时加入少量氘代苯，利用苯的磁各向异性，可使原来相互重叠的峰组分开，这是一项有用的实验技术。

7. 氢键 作为实验结果，无论是分子内还是分子间氢键的形成都使氢受到去屏蔽作用，羧基形成强的氢键，因此其δ值一般都超过10 ppm。

4.4.2 耦合常数

在自旋体系之内，自旋耦合是始终存在的，但由它引起的峰的分裂则只有当相互耦合的核的化学位移值不等时才能表现出来。由于上述原因，氢谱中^2J常未反映出来。固定环上的—CH_2—及与手性碳相连的—CH_2—，两个氢的δ值常不相等，一般可显示耦合裂分，耦合常数J为几到十几赫兹。$>C{=}CH_2$（端烯）也常能反映出^2J引起的耦合裂分，其数值约为2 Hz。

因^2J常未反映出来，跨距大于三根键的耦合常数又较小，因此氢谱中^3J占有突出的位置。影响^3J数值的因素有下列几点。

（1）二面角j。

（2）取代基团的电负性：随着取代基电负性的增加，^3J的数值下降，烯氢的^3J数值下降较快。

（3）键长：^3J随键长减小而增大。

（4）键角：^3J随键角减小而增大，跨距大于三根键的耦合都称为长程耦合。长程耦合常数较^3J小很多，当跨越的键包括π键时，一般存在长程耦合。在饱和碳氢键上一般不存在长程耦合。

4.4.3 氢谱与结构的关系

设有相互耦合的两个核组，每个核组的核都有相同的δ值。现两个核组的δ值分别为δ_1和δ_2。再设任一核组的所有核对另一核组中的任一核都具有相同的耦合常数J。我们可以计算$|\delta_1-\delta_2|/J$的数值（分子、分母用同一单位：Hz或ppm）。这个比值对核磁谱图的复杂程度起着重要作用。当该比值大时（至少大于3），核磁谱图较简单；当该比值小时，谱图复杂。

这个比值和使用的仪器有关。设$|\delta_1-\delta_2|=0.1$ ppm，$J=6$ Hz，当使用60 MHz仪器时，0.1 ppm对应$60\times10^6\times0.1\times10^{-6}=6$ Hz，故$|\delta_1-\delta_2|/J=1$；当使用300 Hz仪器时，0.1 ppm对应$300\times10^6\times0.1\times10^{-6}=30$ Hz，则$|\delta_1-\delta_2|/J=5$。这两个数值分别对应上一段所述的两种情况，由此可见使用高频仪器可简化谱图。

两个核组之间的耦合关系对谱图的复杂程度十分重要。如果它们之间只有一个耦合常数，则谱图较简单；如果不止一个耦合常数，则谱图较复杂。由于上述原因，核磁谱图分为一级谱和二级谱。

一级谱图可用$n+1$规律来分析（或用其近似分析；对于原子核自旋量子数$I\neq1/2$的原子核则应采用更普遍的$2nI+1$规律分析）。二级谱则不能用$n+1$规律分析。产生一级谱的条件为：$|\delta_1-\delta_2|/J$的数值大于3；相同δ值的几个核对另外的核有相同的耦合常数。

一级谱具有下列特点。

（1）峰的数目可用$n+1$规律描述。需要注意的是，$n+1$规律是对应一个固定的J而言的。

若所讨论的核组相邻n个氢，但与其中n_1个氢有耦合常数J_1，与其余的n_2个氢有耦合常数J_2（$n_1+n_2=n$），则所讨论的核组具有（n_1+1）（n_2+1）个峰，依此类推。

（2）峰组内各峰的相对强度可用二项式展开系数近似地表示。

（3）从图可直接读出δ和J。峰组中心位置为δ。相邻两峰的间距（以Hz计）为J。

若不能同时满足上述一级谱的三个条件，则产生二级谱。二级谱与一级谱的区别为：①一般情况下，峰的数目超过由$n+1$规律所计算的数目。②峰组内各峰之间的相对强度关系复杂。③一般情况下，δ、J都不能直接读出。

4.4.4 常见官能团的氢谱

1. 烷基链 在烷基链很短时，因各个碳原子上氢的δ有一定的差异，常呈现为一级谱或近似为一级谱。正构长链烷基—（CH_2）$_n$$CH_3$若与一电负性基团相连，α-$CH_2$的谱峰将移向低场方向，β-$CH_2$亦会稍往低场移动。位数更高的—$CH_2$—化学位移很相近，在$\delta$=1.25 ppm处形成一个粗的单峰。因它们的$\delta$值很接近而$J$=6.7 Hz，因此形成一个强耦合体系（$|\delta_1-\delta_2|/J$），峰形是复杂的，只因其所有谱线集中，故粗看为一单峰。由于与—CH_3相连的—CH_2—属于强耦合体系之列，甲基的峰形较$n+1$规律有畸变：左外侧峰变钝，右外侧峰更钝。

2. 取代苯环

1）单取代苯环 在谱图的苯环区内，从积分曲线得知有5个氢存在时，可判定苯环是单取代的。

从前面我们知道，核磁谱图的复杂性取决于Δν/J。随着取代基变化苯环的耦合常数改变并不大，因此取代基的性质（它使邻、间、对位氢的化学位移偏离于苯）决定了谱图的复杂程度和形状。下面结合苯环取代基的电子效应，综合分析苯环上剩余氢的谱峰的峰形及化学位移，并明确地提出三类取代基的概念，以此来讨论取代苯环的谱图。

（1）第一类取代基是使邻、间、对位氢的δ值（相对未取代苯）位移均不大的基团。属于第一类取代基团的有：—CH_3、—CH_2—、—CH<、—Cl、—Br、—CH=CHR、—C≡C等。由于邻、间、对位氢的化学位移差别不大，它们的峰拉不开，总体来看是一个中间高、两边低的大峰。

（2）第二类取代基团是使苯环活化的邻、对位定位基。从有机化学的角度看，其邻、对位氢的电子密度增高使亲电反应容易进行。从核磁的角度看，电子密度增高使谱峰移向高场。邻、对位氢的谱峰往高场移动的位移较大，间位氢的谱峰往高场移动的位移较小，因此，苯环上的5个氢的谱峰分为两组：邻、对位氢（一共3个氢）的谱峰在相对高场位置；间位的两个氢的谱峰在相对低场位置。由于间位氢的两侧都有邻碳上的氢，^3J又大于^4J及^5J，因此其谱峰粗略看是三重峰。高场3个氢的谱图则很复杂。属于该类取代基的有：—OH、—OR、—NH_2、—NHR、—NR′R″等。

（3）第三类取代基团是有机化学中的间位定向基团。这些基团使苯环钝化，电子云密度降低。从核磁的角度看就是共振谱线移向低场。邻位两个氢谱线位移较大，处在最低场，粗略呈双峰。间、对位3个氢谱线也往低场移动，但因位移较小，相对处于高场。属于第三类基团的有：—CHO、—COR、—COOR、—COOH、—CONHR、—NO_2、—N=N—Ar、—SO_3H等。

了解单取代苯环谱图的上述3种模式对于推导结构很有用处。如未知物谱图苯环部分低场两个氢的δ值靠近8 ppm，粗看是双重峰，高场3个氢的δ值也略大于7.3 ppm（苯的δ值），由此可知有羰基、硝基等第三类基团的取代。

2）对位取代苯环　对位取代苯有二重转轴，其谱图是左右对称的。苯环上剩余的4个氢之间仅存在两对^3J耦合关系，因此它们的谱图简单。对位取代苯环谱图具有鲜明的特点，是取代苯环谱图中最易识别的。粗看它是左右对称的四重峰，中间一对峰强，外面一对峰弱，每个峰可能还有各自小的卫星峰（以某谱线为中心，左右对称的一对强度低的谱峰）。

3）邻位取代苯环

（1）相同基团邻位取代，其谱图左、右对称。

（2）不同基团邻位取代，其谱图很复杂。因单取代苯环分子有对称性；在二取代苯环中，对位、间位取代的谱图比邻位取代简单；多取代则使苯环上氢的数目减少，从而谱图得以简化；因此不同基团邻位取代苯环具有最复杂的苯环谱图。

4）间位取代苯环　间位取代苯环的谱图一般也是相当复杂的，但两个取代基团中间的隔离氢因无^3J耦合，经常显示粗略的单峰。

5）多取代苯环　可仿照上面进行分析。

3. 取代杂芳环　由于杂原子的存在，杂芳环上不同位置氢的δ值已拉开一定距离，取代基效应使之更进一步拉开，因此取代杂芳环的氢谱经常可按一级谱近似地分析，但需注意氢核之间的耦合常数（^3J、^4J等）的数值和它们相对杂原子的位置有关。

4. 烯氢　烯氢谱峰处于烷基谱峰与苯环氢谱峰之间。因常存在几个耦合常数，峰形较复杂。在许多情况下，烯氢谱峰可按一级谱近似分析。若在同一烯碳原子上有两个氢（端烯），其^2J值仅约为2 Hz，这使裂分后的谱线复杂又密集。

5. 活泼氢　因氢键的作用，活泼氢的出峰位置不定，与样品浓度、介质、作图温度等有关，重氢交换可去掉活泼氢的谱峰，由此可以确认其存在。

4.5 碳　谱

碳原子构成有机化合物的骨架，掌握有关碳原子的信息在有机结构分析中具有重要意义。有些官能团不含氢，但含碳（如羰基），因此从氢谱中不能得到直接信息，但从碳谱中可以得到。氢谱中各官能团的δ值很少超过10 ppm，但碳谱的δ值可超过200 ppm，因此结构上的细微变化有望在碳谱上得到反映。分子量在三四百以内的有机化合物，若无分子对称性，原则上可期待每个碳原子有其分离的谱线。碳谱还有多种去耦方法，后来又发展了几种区别碳原子级数的方法。

综上所述，与氢谱相比，碳谱有很多优点，然而其测定较氢谱困难得多，因其灵敏度太低，所以只有在脉冲-傅里叶核磁谱仪大量问世之后才用于常规分析，并得到了迅速的发展。

4.5.1 碳谱化学位移δ的影响因素

从顺磁屏蔽的角度考虑，顺磁屏蔽系数绝对值$|\sigma_p|$和电子跃迁的能级差ΔE成反比。饱和碳原子电子能级的跃迁为$\sigma\rightarrow\sigma^*$，其$\Delta E$大，故$|\sigma_p|$小。因$\sigma_p$和抗磁屏蔽系数$\sigma_d$作用

方向相反，因此$|\sigma_p|$小，去屏蔽作用弱，共振在高场。同理可解释烯碳原子共振在较低场（其电子能级跃迁为$\pi\rightarrow\pi^*$）及羰基碳原子共振在最低场（其电子能级跃迁为$n\rightarrow\pi^*$，ΔE最小）。

仍从顺磁屏蔽的角度考虑，$|\sigma_p|$和r^3成反比，r为$2p$电子和原子核之间的距离，当碳原子与电负性基团相连时，碳原子的电子密度下降，轨道收缩，r减小，去屏蔽作用强，共振移向低场。$|\sigma_p|$还和碳原子的键级有关，由此可以解释炔碳原子共振位置介于饱和碳原子与烯碳原子之间。

从上面的讨论可知，碳原子的δ值主要取决于顺磁屏蔽，但其结果和氢谱有着惊人的相似之处：①从高场到低场，共振的顺序为饱和碳原子、炔碳原子、烯碳原子、羰基碳原子（氢谱为饱和氢、炔氢、烯氢、醛基氢等）；②与电负性基团相连，共振都移向低场。在碳谱中，因$|\sigma_p|$要大于σ_a（磁各向异性屏蔽）的影响，因此苯环的碳和烯碳δ值很接近。

除上面所讨论的碳原子δ值主要由顺磁屏蔽决定之外，下面两个因素亦需考虑。

1）重原子效应（重卤素效应） 碘、溴取代碳原子上的氢时，该碳原子δ值减小，这是因为卤素原子的众多电子对碳原子有抗磁屏蔽作用，从而其共振移向高场。

2）空间效应 空间效应主要表现为下面两点。

（1）碳原子与大的烷基（或具多分支的烷基）相连，则其δ值明显增大。

（2）各种基团的取代均使γ位碳原子的δ值稍减小（即其共振移向高场）。

其他影响较小的因素在此不做介绍。

下面对羰基作一附加的讨论，羰基在碳谱中占据最低场位置，可清楚地与其他基团相区别。总的来看，醛、酮的δ值最大，连杂原子的羰基（羧、酸、酯等）则有较小的δ值。共轭效应亦使羰基的δ值减小，但其作用不如杂原子强。上述结果和羰基在红外吸收中位置的变化相对应，因为这二者都可用取代基对羰基碳原子电子短缺的影响来解释。

4.5.2 耦合常数

由于^{13}C的天然丰度仅为1.1%，$^{13}C—^{13}C$的耦合可以忽略。而^{1}H的天然丰度为99.98%，因此，若不对^{1}H去耦，^{13}C谱线总会被^{1}H分裂。这种情况同氢谱中难以观察到^{13}C引起^{1}H的分裂（^{13}C的卫星峰）是不同的。

^{13}C与^{1}H最重要的耦合作用当然是$^{1}J^{13}C-^{1}H$。决定它的重要因素是C—H键的s电子成分，近似有：

$$^{1}J^{13}C-^{1}H=5\times(s\%)(Hz)$$

式中，s%为C—H键s电子所占的百分数。可用下列数据加以说明：

CH_4（sp^3，s%=25%） ^{1}J=125 Hz

$CH_2=CH_2$（sp^2，s%=33%） ^{1}J=157 Hz

C_6H_6（sp^2，s%=33%） ^{1}J=159 Hz

$CH\equiv CH$（sp，s%=50%） ^{1}J=249 Hz

除了s电子的成分以外，取代基电负性对^{1}J也有所影响。随取代基电负性的增强，^{1}J相应增加，以取代甲烷为例，^{1}J可增大41 Hz。$^{2}J_{CH}$的变化为5～60 Hz。$^{3}J_{CH}$在十几赫兹之内。这和取代基有关，也和空间位置有关，Karplus方程近似成立。有趣的是，在芳香环中，$|^{3}J|>|^{2}J|$。除少数情况外，^{4}J一般小于1 Hz。

由于上述原因，在记录碳谱时，若不对^{1}H去耦，碳谱将出现严重的谱峰重叠现象。常规碳谱为对^{1}H全去耦的碳谱，每种δ值的碳原子仅出一条谱线。需补充指出的是：在去耦时，由于核欧沃豪斯效应（NOE），碳谱线的强度视不同的去耦方法而有不同程度的变化。

4.5.3 常规核磁共振谱的应用

对于一般的有机化合物，利用其氢谱、碳谱，再结合其分子式便可推导出结构。对于相当简单的有机化合物，仅利用氢谱和其分子式，便可推出其结构。

1. 氢谱的分析过程

（1）区分出杂质峰、溶剂峰、旋转边带。杂质含量较低，其峰面积较样品峰小很多，样品和杂质峰面积之间也无简单的整数比关系。据此可将杂质峰区别出来。

氘代试剂不可能100%氘代，其微量氢会有相应的峰，如$CDCl_3$中的微量$CHCl_3$在约7.27 ppm处出峰，边带峰需要另外判别。

（2）计算不饱和度。不饱和度即环加双键数。当不饱和度≥4时，应考虑该化合物可能存在一个苯环（或吡啶环）。

（3）确定谱图中各峰组所对应的氢原子数目，对氢原子进行分配。根据积分曲线，找出各峰组之间氢原子数的简单整数比，再根据分子式中氢的数目，对各峰组的氢原子数进行分配。

（4）对每个峰的δ、J都进行分析。根据每个峰组的氢原子数目及δ值，可对该基团进行推断，并估计其相邻基团。对每个峰组的峰形应仔细地分析。分析时最关键之处为寻找峰组中的等间距。每一种间距对应于一个耦合关系。一般情况下，某一峰组内的间距会在另一峰组中反映出来。通过此途径可找出邻碳氢原子的数目。

当从裂分间距计算J值时，应注意谱图是多少兆周的仪器作出的，有了仪器的工作频率才能从化学位移之差$\Delta\delta$（ppm）中算出$\Delta\nu$（Hz）。当谱图显示烷基链^{3}J耦合裂分时，其间距（相应6～7 Hz）也可以作为计算其他裂分间距所对应赫兹数的基准。

（5）根据对各峰组化学位移和耦合常数的分析，推出若干结构单元，最后组合为几种可能的结构式。每一可能的结构式不能和谱图有大的矛盾。

（6）对推出的结构进行指认。每个官能团均应在谱图上找到相应的峰组，峰组的δ值及耦合裂分（峰形和J值大小）都应该和结构式相符。如存在较大矛盾，则说明所设结构式是不合理的，应予以去除。通过指认校核所有可能的结构式，进而找出最合理的结构式。必须强调，指认是推导结构的一个必不可少的环节。

2. 碳谱的分析过程 如果未知物的结构稍复杂，在推导其结构时就需应用碳谱。在一般情况下，解析碳谱和解析氢谱应结合进行。就碳谱本身来说，有属于自己的解析步骤和方法。

核磁共振碳谱的解析和氢谱有一定的差异。在碳谱中最重要的信息是化学位移δ。常规碳谱主要提供δ的信息。从常规碳谱中只能粗略估计各类碳原子的数目。如果要得出准确的定量关系，作图时需用很短的脉冲，长的脉冲周期，并采用特定的分时去耦方式。用偏共振去耦，可以确定碳原子的级数，但化合物中碳原子数较多时，采用此法的结果不完全清楚，故现在一般采用脉冲序列，如无畸变极化转移增强（DEPT）。

4.6　拉曼光谱分析

4.6.1　拉曼光谱概述

1928年，印度物理学家C. V. Raman发现光通过透明溶液时，有一部分光被散射，其频率与入射光不同，且频率位移与发生散射的分子结构有关。这种散射称为拉曼散射，频率位移称为拉曼位移。由此发展起来的拉曼光谱分析法具有如下特点。

（1）波长位移在中红外区。有红外及拉曼活性的分子，其红外光谱和拉曼光谱近似。

（2）可使用各种溶剂，尤其是能测定水溶液，样品处理简单。

（3）低波数段测定容易（如金属与氧等）。而红外光谱的远红外区不适用于水溶液，选择窗口材料、检测器困难。

（4）由Stokes线、反Stokes线的强度比可以测定样品体系的温度。

（5）显微拉曼的空间分辨率很高，为1 mm。

（6）时间分辨测定可以跟踪10^{-12}s量级的动态反应过程，同时利用共振拉曼、表面增强拉曼可以提高测定灵敏度。

4.6.2　拉曼散射及瑞利散射机理

测定拉曼散射光谱时，一般选择激发光的能量大于振动能级的能量但低于电子能级间的能量差，且远离分析物的紫外-可见吸收峰。当激发光与样品分子作用时，样品分子即被激发至能量较高的虚态，如图4-5中的虚线。左边的一组线代表分子与光作用后的能量变化，粗线表示出现的概率大，细线表示出现的概率小，因为室温下大多数分子处于基态的最低振动能级。中间一组线代表瑞利散射（Rayleigh scattering），光子与分子间发生弹性碰撞，碰撞时只是方向发生改变而未发生能量交换。右边一组线代表拉曼散射，光子与分子碰撞后发生了能量交换，光子将一部分能量传递给样品分子或从样品分子中获得一部分能

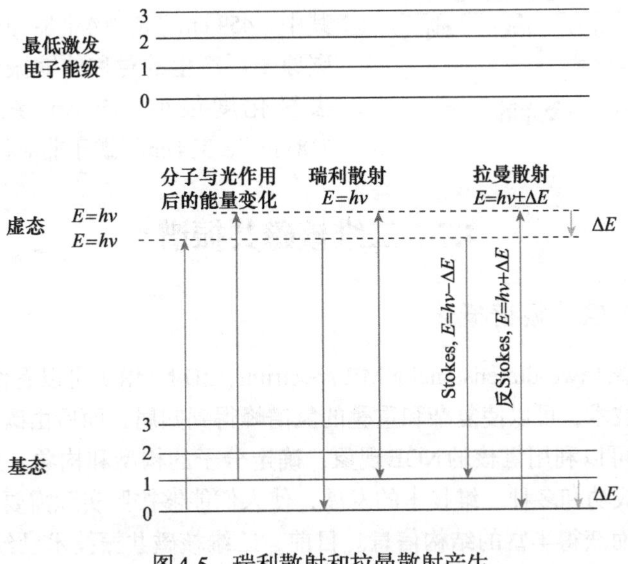

图4-5　瑞利散射和拉曼散射产生

量，因而改变了光的频率。能量变化所引起的散射光频率变化称为拉曼位移。由于室温下基态的最低振动能级的分子数目最多，与光子作用后返回同一振动能级的分子也最多，因此上述散射出现的概率大小顺序为：瑞利散射＞Stokes线＞反Stokes线。随温度升高，反Stokes线的强度增加。

4.6.3 拉曼光谱的应用

通过拉曼光谱可以获得有机化合物的结构信息主要包括以下几点。

（1）同种分子的非极性键S—S、C═C、N═N、C≡C产生强拉曼谱带，随单键、双键、三键谱带强度依次增加。

（2）红外光谱中，由C≡N、C═S、S—H伸缩振动产生的谱带一般较弱或强度可变，而在拉曼光谱中则是强谱带。

（3）环状化合物的对称呼吸振动常常是最强的拉曼谱带。

（4）在拉曼光谱中，X═Y═Z、C═N═C、O═C═O$^-$这类键的对称伸缩振动是强谱带，反这类键的对称伸缩振动是弱谱带，红外光谱与此相反。

（5）C—C伸缩振动在拉曼光谱中是强谱带。例如，通过测定拉曼谱线的去偏振度来确定分子的对称性。球形对称振动，$\bar{\beta}=0$，因此去偏振度γ为零。即γ值越小，分子的对称性越高。若分子是各向异性的，则$\bar{\alpha}=0$，$\gamma=3/4$。即非全对称振动的γ为0～0.75，图4-6所示的为CCl_4拉曼光谱。由图4-6可知，拉曼光谱的横坐标为拉曼位移（$\Delta\bar{\nu}$），以波数表示。$\Delta\bar{\nu}=\bar{\nu}_s-\bar{\nu}_0$，其中$\bar{\nu}_s$和$\bar{\nu}_0$分别为Stokes位移和入射光波数，纵坐标为拉曼光强。由于拉曼位移与激发光无关，一般仅用Stokes位移部分。对发荧光的分子，有时用反Stokes位移。其中，459 cm^{-1}是由4个氯原子同时移开或移近碳原子所产生的对称伸缩振动引起，$\gamma=0.0005$，去极化度很小。459 cm^{-1}线称为极化线。而218 cm^{-1}、314 cm^{-1}源于非对称振动，$\gamma=0.75$。

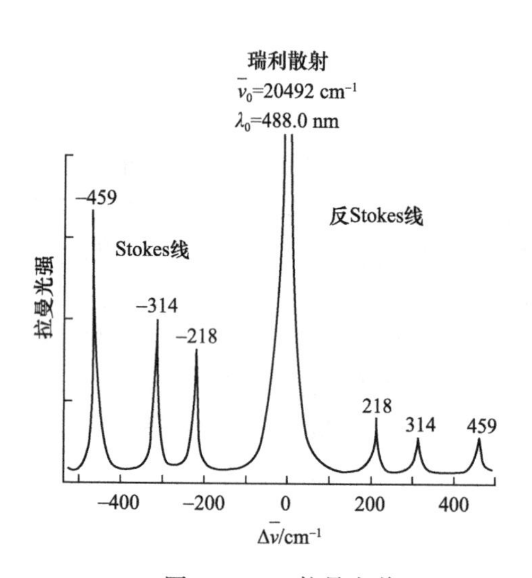

图4-6 CCl_4拉曼光谱

4.7 二维核磁共振谱

4.7.1 二维核磁共振谱概述

二维核磁共振谱（two-dimensional NMR spectrum，2D NMR）可以看作是一维谱的升级，通过二维核磁共振技术，可以使复杂和重叠的氢谱峰得到归属，而后由碳—氢相关谱可进一步归属碳信号；还可以利用氢核的NOE现象，确定分子的构型和构象。总之，高分辨超导核磁共振仪的研制成功和多种二维技术的发展，使人们能够按照实际需要来设计多种卓有成效的脉冲实验，从而获得丰富的结构信息。目前，二维核磁共振技术已经在各种生物分子、复杂天然产物和合成产物的结构、分子构型及构象等研究方面发挥着越来越重要的作用。

二维核磁共振技术中反相模式的建立，为灵敏度相对较低的^{13}C核的检测提供了可能性。氢检测的碳氢相关谱，极大地提高了信号的灵敏度，从而在较短的时间内即可完成对^{13}C核与^{1}H核相关信号的检测。该技术不仅为测定生物分子和天然产物分子提供了广阔的应用前景，而且能够获得更加精确的NMR参数，如化学位移、耦合常数、NOE值和弛豫时间，其中含有大量有关分子结构及分子运动的信息。

另外，2D NMR实验引进了第二个频率域，与一维核磁共振实验（描述信号强度和观察频率的函数关系）相比较，大大增加了核磁共振谱所包含的信息量。当两个轴同样都是质子化学位移时，称为一个自动相关谱。文献中，自动相关质子2D NMR又被称为化学位移相关谱（COSY），它就是最早由Jeener提出的2D NMR实验。当2D NMR的两个频率轴对应于两个不同的核，如^{1}H和^{13}C时，就可以得到对解析结构非常有用的异核化学位移相关谱。

综上所述，2D NMR可以检测多量子跃迁，这在任何一种常规一维NMR实验中是无法实现的，因此不能认为2D NMR仅仅代表另一种演示方法，2D NMR数据矩阵包含大量常规一维NMR实验所不具有的结构信息与磁共振参数。

4.7.2　二维核磁共振谱的基本原理

一维核磁共振实验被局限于描绘信号强度和观测频率的函数关系。与其相区别，二维核磁共振实验引入第二个频率域，相应地，其核磁共振谱中的信号强度是两个频率的函数，因而大大增加了二维核磁共振谱的信息量。它以两个独立的时间域函数采集数据，给出一个时间域的数据组。二维核磁共振实验的脉冲序列一般可分为4个部分：预备期、演化期、混合期和检测期。二维核磁共振的检测期与一维核磁实验的检测期完全对应，两者的最大区别是二维核磁共振引入了第二个时间的变量演化期t_2。当分子中的核自旋被激发以后，它以一定的频率进动，通常情况下，这种进动要延续比较长的一段时间，一般用横向弛豫时间T_2来表现这一特性。对液体样品而言，横向弛豫时间T_2一般为几秒。因此，在某种程度上，我们可以把原子核从激发到进动这一体系看成是具有一定记忆能力的自旋体系，通过在检测期间记录演化期中核自旋的行为，可以得到n个脉冲序列完全相同的自由感应衰减（free-induction decay，FID）。

具体实验方法是在演化期内用一个固定的时间增量Δt_1进行系列实验，每一个Δt_1产生一个单独的FID，在时间t_2进行检测。由于演化期内的延迟时间逐渐增加，因此获得的信号应该是两个时间变量t_1和t_2的函数$S(t_1, t_2)$，对每个这样的FID进行傅里叶变换，就可以得到n个在F_2频率域的转换谱$S(t_1, F_2)$，对不同的Δt_1增量而言，它们的频率谱强度和相位各不相同，在F_2域的每一个化学位移值从n个不同的谱中所得到的相应的数据点，组成了一个在t_1方向上的准FID或干涉谱。这些谱峰对应的频率与通常的一维谱一致，但其强度是时间t_1的函数。如果将F_2对t_1的数字矩阵旋转90°，使t_1变成水平轴，就可以得到一系列新的FID，如果再对t_1做第二个傅里叶变换，就可以得到信号强度F_1和F_2变化的二维谱$S(F_1, F_2)$，为了谱图解析方便，一般将这种透视图作成等高线图，也就是我们通常看到的二维核磁共振谱，如图4-7所示。

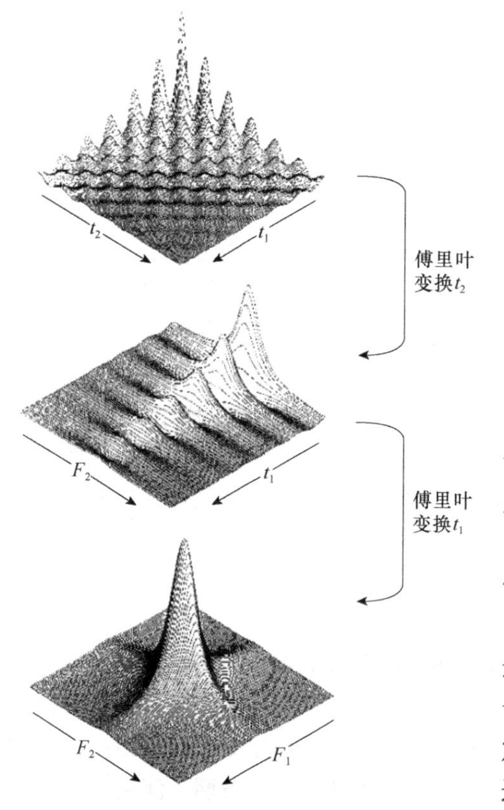

图4-7 二维核磁共振谱示意图

4.7.3 二维核磁共振谱分类

1. 氢—氢相关谱 $^1H—^1H$ COSY是指同一个耦合体系中质子之间的耦合相关谱，它主要研究^1H同核耦合体系。$^1H—^1H$ COSY实验相当于对^1H NMR谱中所有化学位移不同的质子做一系列连续选择性去耦实验来求得耦合关系，从而确定质子之间的连接顺序。

应用$^1H—^1H$ COSY解析化合物的结构就是基于分子中相互耦合的氢之间在谱中会出现相关峰，出现相关峰的质子之间可以是间隔3个键的邻耦，也可以是间隔4个键以上的远程耦合，特别是耦合常数较小的远程耦合，在一维氢谱中有时很难观察到，因而这成为$^1H—^1H$ COSY的一个优势。

一般说来，在解析$^1H—^1H$ COSY时，应首先选择一个容易识别、有确切归属的质子，以该质子为起点，通过确定各个质子间的耦合关系，指定分子中全部或大部分质子的归属，这就是我们通常所说的“从头开始”法。在此基础上，再根据其$^{13}C—^1H$直接相关谱，确定有关碳的归属，而季碳一般要通过各种$^{13}C—^1H$远程相关谱归属。

2. NOE相关谱 当分子中两个核在空间上处于比较接近的位置时，可以通过空间产生偶极-偶极相互作用。如果利用双共振技术用于扰场照射其中的一个核（核A）并使其饱和，这时由于这两个核的偶极-偶极相互作用而产生的交叉弛豫会使另外一个核（核B）的自旋态的分布偏离玻尔兹曼分布，因此核B各自旋能级上的粒子数的平衡被破坏，高、低能级上粒子的差数改变，从而导致核B的核磁共振信号强度改变，这种机理叫核欧沃豪斯效应（nuclear overhauser effect，NOE）。由于偶极-偶极弛豫作用的强度随核间距离的增加而减少，与两核相距的化学键数无关，因此NOE可以提供两核的空间距离信息，对化合物的结构解析，尤其对立体化学问题的解决有重要意义。

NOE增益效应的实验分为一维NOE差谱和二维核欧沃豪斯效应谱（NOESY）两种。人们把对空间上非常靠近的两个质子之一进行双照射，前后所得的两个自由感应衰减信号相减就得到一维NOE差谱。人们把质子间借助于交叉弛豫完成磁化转移的二维实验称为NORSY。

NOESY是为了在二维谱上观察NOE而开发出来的一种同核相关的二维新技术。在NOESY上，分子中所有在空间上相互靠近的质子间的NOE同时作为相关峰出现在图谱上，借此可以观察到整个分子中质子间在立体空间中的相互关系，推定分子的结构，特别是分子的立体结构。

3. 异核多量子相关谱（HMQC）和异核单量子相干谱（HSQC）　在二维谱的一侧设定为^{1}H的化学位移，而另一侧设定为^{13}C的化学位移，则所得二维谱称作$^{13}C—^{1}H$相关谱。由于对耦合常数范围做了设定，图谱上表现出来的只是$^{1}J_{CH}$范围内的耦合关系。

$^{13}C—^{1}H$直接相关谱是异核相关谱中最主要的一种。异核相关谱中确定耦合关系只要顺着碳、氢信号分别向下和水平方向引直线，其交点处出现的信号峰即为相关峰，在$^{13}C—^{1}H$直接相关谱中的相关峰则表示与此相应的碳氢直接相连。

常规的$^{13}C—^{1}H$直接相关谱样品的用量较大，测定时间较长。HMQC技术很好地克服了上述缺点，HMQC是通过多量子相干间接检测低磁旋比核^{13}C的新技术。HMQC的F_1维分辨率差是其较大的缺点。此外，在HMQC的F_1方向还会显示^{1}H，^{1}H之间的耦合裂分进一步降低F_1维的分辨率，也使灵敏度下降。由于这个原因，近年来，HSQC常用来代替HMQC，它不会显示F_1方向^{1}H、^{1}H之间的耦合裂分。HMQC和HSQC，尤其是HSQC由于测试要求的样品量相应减少，特别适用于中药和天然药物有效成分的结构测定，是目前国内外获得碳氢直接连接信息最主要的手段。

在HSQC和HMQC中：伯碳（CH_3）只与一组氢（3个H）出现一个相关峰（氢被裂分除外），叔碳（CH）也只与相应的一个氢出现相关峰，仲碳（CH_2）在有些情况下，如连接着不对称碳原子，可能与两个化学位移值相差较大的不等价质子出现两个相关峰。

4. 异核多键相关谱（HMBC）　HMBC是通过多量子相干间接检测低磁旋比核^{13}C的新技术。其目的是突出表现相隔2个键（$^{2}J_{CH}$）和相隔3个键（$^{3}J_{CH}$）的碳氢之间的耦合。在HMBC脉冲序列中，在第一个质子90°脉冲后的80～110 ms，实施另一个碳的90°脉冲，将磁化矢量中的远程耦合部分转变为异核多量子相干。在演化期的最后，异核多量子相干又转变为可观察的单量子相干（它的检测没有去耦）。因为远程^{13}C、^{1}H之间的耦合常数较小，在数字分辨率较低的情况下（二维谱的数字分辨率均低于一维谱）几乎显示不出裂分效应，因此可以区别直接耦合的^{13}C、^{1}H一键相关峰。由于HMBC实验的检测时间缩减，灵敏度大大增加，谱峰的可靠性明显提高，现已逐渐取代直接检测的远程异核相关谱，成为结构解析的常用手段。与其他检测低天然丰度核的二维技术比较，HMQC和HMBC的灵敏度较高，测试样品的用量较少。因此，这两种方法特别适用于测定相对分子质量大而样品量少的生物活性成分结构。

4.7.4　二维核磁共振谱的应用

在核磁共振技术迅速发展的今天，面对各种不同类型的二维核磁共振技术，解析化合物的结构仍然要从最基础的实验入手。如果一维谱能够解决问题，那就没有必要做二维谱实验。因此在测定有机化合物的结构时，一个高质量的氢谱、碳谱和DEPT谱是必需的：当一维谱不能解决分子结构中的某些问题时，要有目的地去选做一些合适的二维核磁共振实验，以便快速而准确地解决结构中的难点。需要指出的是，没有必要逐个去做所有的二维核磁共振实验，以免造成浪费。更应注意的是，二维谱的质量往往受许多因素的影响，如仪器分辨率、灵敏度、磁场稳定性、匀场好坏以及脉冲序列运行时参数的设置、射频脉冲的准确性等。当上述实验参数设置不当时，二维谱中可能会出现一些干扰峰，给图谱解析带来困难或产生误导。例如，应该出现的交叉峰没有出来，不应该出现的峰（假峰、轴峰、噪声）反而出现在谱图上。另外，谱峰密集以及交叉峰难以识别等问题在复杂植物成分的图谱解析中也常常出现。因此一定要综合利用一维谱和二维谱的信息，结合测试样品的化学背景，推定化合物的结构；最后再利用二维核磁共振技术建立的化学位移和J耦合的关系、同核和异核之间的相互关联以及核间的空间关系等来验证样品结构。

4.8 X射线荧光分析

4.8.1 X射线荧光分析概述

X射线是一种电磁辐射，其波长介于紫外线和γ射线之间，具体的波长没有一个严格的界限，一般来说是指波长为0.001～50 nm的电磁辐射。在生物分子成分的分析中应用较多的是X射线荧光（X-ray fluorescence，XRF）分析及X射线衍射分析。

4.8.2 X射线荧光分析的基本原理

X射线荧光产生的原因主要是：当能量高于原子内层电子结合能的高能X射线与原子发生碰撞时，驱逐一个内层电子而出现一个空穴，使整个原子体系处于不稳定的激发态，激发态原子寿命为10^{-14}～10^{-12}s，然后自发地由能量高的状态跃迁到能量低的状态。这个过程称为弛豫过程。弛豫过程既可以是非辐射跃迁，也可以是辐射跃迁。当较外层的电子跃迁到空穴时，所释放的能量随即在原子内部被吸收，而逐出较外层的另一个次级光电子，称为俄歇效应，亦称次级光电效应或无辐射效应，所逐出的次级光电子称为俄歇电子。它的能量是特征性的，与入射辐射的能量无关。当较外层的电子跃入内层空穴所释放的能量不在原子内被吸收，而是以辐射形式放出时，便产生X射线荧光，其能量等于两能级之间的能量差。因此，X射线荧光的能量或波长是特征性的，与元素有一一对应的关系，如图4-8所示。

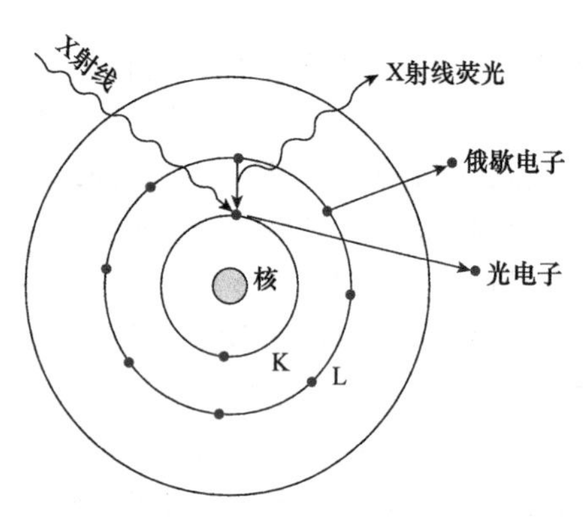

图4-8 X射线荧光及俄歇电子的产生

K层电子被逐出后，其空穴可以被外层中任一电子所填充，从而可产生一系列的谱线，称为K系谱线：由L层跃迁到K层辐射的X射线叫K_α射线，由M层跃迁到K层辐射的X射线叫K_β射线，同样，L层电子被逐出可以产生L系辐射（图4-9）。如果入射的X射线使某元素的K层电子激发成光电子后L层电子跃迁到K层，此时就有能量ΔE释放出来，且$\Delta E=E_K-E_L$，这个能量以X射线形式释放，产生的就是K_α射线，同样还可以产生K_β射线、L系射线等。莫斯莱（H. G. Moseley）发现，X射线荧光的波长λ与元素的原子

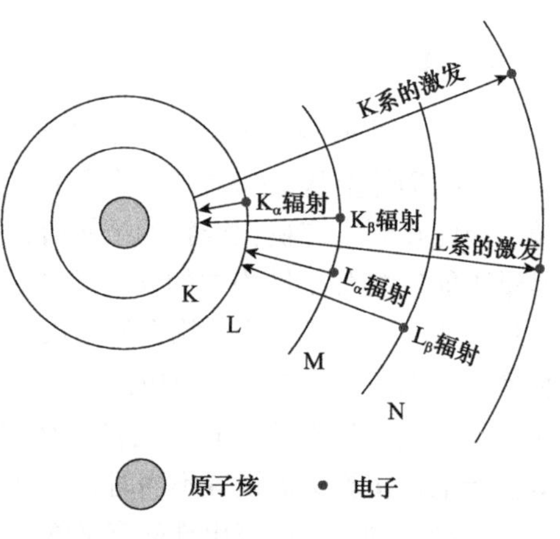

图4-9 K系和L系辐射的产生

序数Z有关，其数学关系如式（4.6）所示。

$$\lambda=K(Z-S)^{-2} \tag{4.6}$$

这就是莫斯莱定律，式中K和S是常数，因此，只要测出X射线荧光的波长，就可以知道元素的种类，这就是X射线荧光定性分析的基础。此外，X射线荧光的强度与相应元素的含量有一定的关系，据此，可以进行元素定量分析。

4.8.3 X射线荧光光谱的应用

1. 样品的制备 进行X射线荧光光谱分析的样品，可以是固态，也可以是水溶液。无论什么样品，样品制备的情况对测定误差影响很大。对金属样品要注意成分分析产生的误差；化学组成相同，热处理过程不同的样品，得到的计数率也不同；成分不均匀的金属试样要重熔，快速冷却后车成圆片；对表面不平的样品要打磨抛光；对于粉末样品，要研磨至300～400目，然后压成圆片，也可以放入样品槽中测定。对于固体样品如果不能得到均匀平整的表面，则可以把试样用酸溶解，再沉淀成盐类进行测定。对于液态样品可以滴在滤纸上，用红外灯蒸干水分后测定，也可以密封在样品槽中。总之，所测样品不能含有水、油和挥发性成分，更不能含有腐蚀性溶剂。

2. 定性分析 不同元素的X射线荧光具有各自的特定波长，因此根据X射线荧光的波长可以确定元素的组成。如果是波长色散型光谱仪，对于一定晶面间距的晶体，由检测器转动的2θ角可以求出X射线的波长λ，从而确定元素成分。事实上，在定性分析时，可以靠计算机自动识别谱线，给出定性结果。但是如果元素含量过低或存在元素间的谱线干扰时，仍需人工鉴别。首先识别出X射线管靶材的特征X射线和强峰的伴随线，然后根据2θ角标注剩余谱线。在分析未知谱线时，要同时考虑样品的来源、性质等因素，以便综合判断。

3. 定量分析 X射线荧光光谱法进行定量分析的依据是元素的X射线荧光强度I_i与试样中该元素的含量W_i成正比：

$$I_i=I_sW_i \tag{4.7}$$

式中，I_s为$W_i=100\%$时，该元素的X射线荧光强度。根据式（4.7），可以采用标准曲线法、增量法、内标法等进行定量分析。但是这些方法都要使标准样品的组成与试样的组成尽可能相同或相似，否则试样的基体效应或共存元素的影响会给测定结果造成很大的偏差。所谓基体效应是指样品的基本化学组成和物理化学状态的变化对X射线荧光强度所造成的影响。化学组成的变化，会影响样品对一次X射线和X射线荧光的吸收，也会改变荧光增强效应。

目前X射线荧光光谱定量方法一般采用基本参数法。该方法是在考虑各元素之间的吸收和增强效应的基础上，用标样或纯物质计算出元素X射线荧光理论强度，并测其X射线荧光的强度。将实测强度与理论强度比较，求出该元素的灵敏度系数，测未知样品时，先测定试样的X射线荧光强度，根据实测强度和灵敏度系数设定初始浓度值，再由该浓度值计算理论强度。将测定强度与理论强度比较，使两者达到某一预定精度，否则要再次修正，该法要测定和计算试样中所有的元素，并且要考虑这些元素间相互干扰效应，计算十分复杂。因此，必须依靠计算机进行计算。该方法可以认为是无标样定量分析。当欲测样品含量大于1%时，其相对标准偏差可小于1%。

4.9　X射线衍射分析

4.9.1　X射线衍射分析概述

X射线衍射分析是利用晶体形成的X射线衍射，研究物质内部原子在空间分布状况的结构分析方法。将具有一定波长的X射线照射到结晶性物质上时，X射线因在晶体内遇到规则排列的原子或离子而发生散射，散射的X射线在某些方向上相位得到加强，从而显示与晶体结构相对应的特有的衍射现象。衍射X射线满足布拉格（W. L. Bragg）方程：

$$2d\sin\theta=n\lambda$$

式中，λ是X射线的波长；θ是衍射角；d是晶体面间隔；n是整数。波长λ可用已知的X射线衍射角测定，进而求得面间隔，即晶体内原子或离子的规则排列状态。将求出的衍射X射线强度和面间隔与已知的表对照，即可确定试样晶体的物质结构，此即定性分析。通过衍射X射线强度的比较，可进行定量分析。本法的特点在于可以获得元素存在的化合物状态、原子间相互结合的方式，从而可进行价态分析。

4.9.2　X射线衍射分析的应用

通过X射线衍射分析可以提供晶体内部三维空间的电子云密度分布，如晶体中分子的立体构型、构象，化学键类型、键长、键角，分子间距离及配合物、配位数等信息，如图4-10所示。

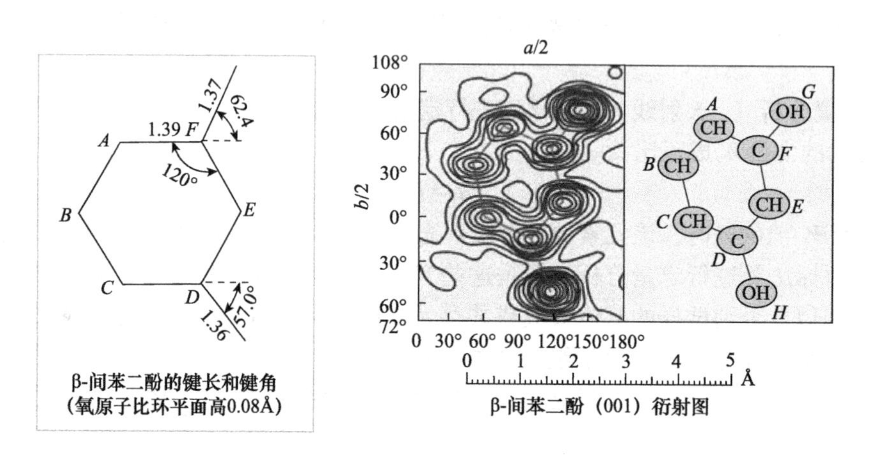

图4-10　β-间苯二酚的X射线衍射分析

4.10　质谱分析法

质谱分析法是通过对被测样品离子的质荷比的测定来进行分析的一种分析方法。被分析的样品首先要离子化，然后利用不同离子在电场或磁场的运动行为的不同，把离子按质荷比（m/z）分开而得到质谱，通过样品的质谱和相关信息，可以得到样品的定性定量结果。

4.10.1 质谱仪的分类

质谱仪种类非常多，工作原理和应用范围也有很大的不同。从应用角度看，质谱仪可以分为有机质谱仪、无机质谱仪、同位素质谱仪、气体分析质谱仪等，其中在生物分子成分分析中应用较多的有机质谱仪根据其应用特点的不同又分为以下几种。

1. 气相色谱-质谱联用仪（GC-MS） 在这类仪器中，由于质谱仪工作原理不同，又有气相色谱-四极质谱仪、气相色谱-飞行时间质谱仪、气相色谱-离子阱质谱联用仪等。

2. 液相色谱-质谱联用仪（LC-MS） 同样，有液相色谱-四极质谱仪、液相色谱-离子阱质谱联用仪、液相色谱-飞行时间质谱仪，以及各种各样的液相色谱-质谱-质谱联用仪。

3. 其他有机质谱仪 主要有基质辅助激光解吸电离飞行时间质谱仪（MALDI-TOFMS）及傅里叶变换质谱仪（FT-MS）。

但是，以上的分类并不十分严谨。因为有些仪器带有不同附件，具有不同功能。例如，一台气相色谱-双聚焦质谱仪，如果改用快原子轰击电离源，就不再是气相色谱-质谱联用仪，而称为快速原子轰击质谱仪。另外，有的质谱仪既可以和气相色谱相连，又可以和液相色谱相连，因此也不好归于某一类。在以上各类质谱仪中，数量最多、在生物成分分析中应用最广的是有机质谱仪。因此，本教材主要介绍的是有机质谱分析方法。

除上述分类外，还可以依据质谱仪所用的质量分析器的不同，把质谱仪分为双聚焦质谱仪、四极杆质谱仪、飞行时间质谱仪、离子阱质谱仪、傅里叶变换质谱仪等。

4.10.2 质谱仪结构与工作原理

质谱分析法主要是通过对样品离子的质荷比的分析而实现对样品进行定性和定量分析的一种方法。因此，质谱仪都必须有电离装置把样品电离为离子，有质量分析装置把不同质荷比的离子分开，经检测器检测之后可以得到样品的质谱图，由于有机样品、无机样品和同位素样品等具有不同形态、性质和不同的分析要求，因此，所用的电离装置、质量分析装置和检测装置有所不同。但是，不管是哪种类型的质谱仪，其基本组成是相同的，都包括离子源、质量分析器、检测器和真空系统。

4.10.3 质谱仪的基本组成

1. 离子源 离子源的作用是将欲分析样品电离，得到带有样品信息的离子。质谱仪的离子源种类很多，主要为以下几种。

（1）电子电离（electron ionization，EI）源。电子电离源是应用最为广泛的离子源，它主要用于挥发性样品的电离。由GC或直接进样杆进入的样品，以气体形式进入离子源，通过灯丝发出的电子与样品分子发生碰撞使样品分子电离。一般情况下，灯丝与接收极之间的电压为70 eV，所有的标准质谱图都是在70 eV下作出的。在70 eV电子碰撞作用下，有机物分子可能被打掉一个电子形成分子离子，也可能会发生化学键的断裂形成碎片离子。由分子离子可以确定化合物分子质量，由碎片离子可以得到化合物的结构。对于一些不稳定的化合物，在70 eV的电子轰击下很难得到分子离子。为了得到分子质量，可以采用1020 eV的电子能量，不过此时仪器灵敏度将大大降低，需要加大样品的进样量。而且，得到的质谱图不再是标准质谱图。

电子电离源主要适用于易挥发有机样品的电离，GC-MS中都有这种离子源。其优点是工作稳定可靠，结构信息丰富，有标准质谱图可以检索。缺点是只适用于易气化的有机物样品分析，并且对有些化合物得不到分子离子。

（2）化学电离（chemical ionization，CI）源。有些化合物稳定性差，用EI方式不易得到分子离子，因而也就得不到分子质量。为了得到分子质量可以采用CI电离方式。CI和EI在结构上没有多大差别，或者说主体部件是共用的。其主要差别是CI源工作过程中要引进一种反应气体。反应气体可以是甲烷、异丁烷、氨等。反应气的量比样品气要大得多。灯丝发出的电子首先将反应气电离，然后反应气离子与样品分子进行离子-分子反应，并使样品气电离。化学电离源是一种软电离方式，有些用EI方式得不到分子离子的样品，改用CI后可以得到准分子离子，因而可以求得分子质量。对于含有很强的吸电子基团的化合物，检测负离子的灵敏度远高于正离子的灵敏度，因此，CI源一般都有正CI和负CI，可以根据样品情况进行选择。由于CI得到的质谱不是标准质谱，所以不能进行库检索。EI源和CI源主要用于气相色谱-质谱联用仪，适用于易汽化的有机物样品分析。

（3）快速原子轰击电离（fast atom bombardment ionization，FAB）源。其是另一种常用的离子源，它主要用于极性强、分子质量大的样品分析。其工作原理为：氩气在电离室依靠放电产生氩离子，高能氩离子经电荷交换得到高能氩原子流，氩原子打在样品上产生样品离子。样品置于涂有底物（如甘油）的靶上。靶材为铜，原子氩打在样品上使其电离后进入真空，并在电场作用下进入分析器。电离过程中不必加热气化，因此适合于分析大分子质量、难气化、热稳定性差的样品，如肽类、低聚糖、天然抗生素、有机金属络合物等。FAB源得到的质谱不仅有较强的准分子离子峰，而且有较丰富的结构信息。FAB源主要用于磁式双聚焦质谱仪。

（4）电喷雾电离（electrospray ionization，ESI）源。ESI是近年来出现的一种新的电离方式。它主要应用于液相色谱-质谱联用仪。它既作为液相色谱和质谱仪之间的接口装置，同时又是电离装置。它的主要部件是一个多层套管组成的电喷雾喷嘴。最内层是液相色谱流出物，外层是喷射气，喷射气常采用大流量的氮气，其作用是使喷出的液体容易分散成微滴。另外，在喷嘴的斜前方还有一个补助气喷嘴，补助气的作用是使微滴的溶剂快速蒸发。在微滴蒸发过程中表面电荷密度逐渐增大，当增大到某个临界值时，离子就可以从表面蒸发出来。离子产生后，借助于喷嘴与锥孔之间的电压，穿过取样孔进入分析器（图4-11）。

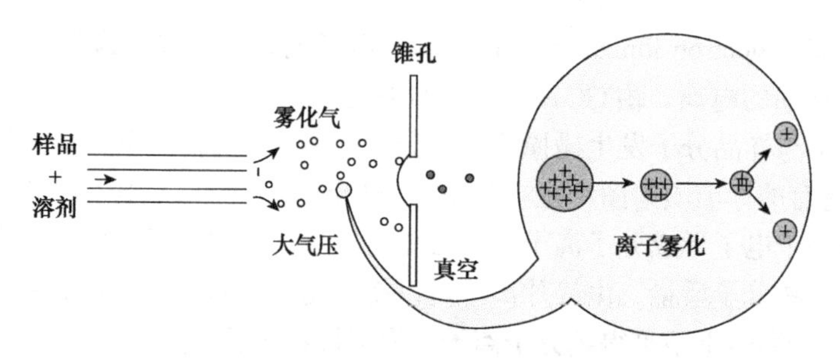

图4-11　电喷雾电离源电离原理

加到喷嘴上的电压可以是正，也可以是负。通过调节极性，可以得到正或负离子的质谱。其中值得一提的是电喷雾喷嘴的角度，如果喷嘴正对取样孔，则取样孔易堵塞。因此，有的电喷雾喷嘴设计成喷射方向与取样孔不在一条线上，而错开一定角度。这样溶剂雾滴不会直接喷到取样孔上，使取样孔比较干净，不易堵塞。产生的离子靠电场的作用引入取样孔，进入分析器。

电喷雾电离源是一种软电离方式，即便是分子质量大、稳定性差的化合物，也不会在电离过程中发生分解，它适合于分析极性强的大分子有机化合物，如蛋白质、肽、糖等。电喷雾电离源的最大特点是容易形成多电荷离子。这样，一个分子质量为10 000 Da的分子若带有10个电荷，则其质荷比只有1000，进入了一般质谱仪可以分析的范围之内。根据这一特点，目前采用电喷雾电离，可以测量分子质量在300 000 Da以上的蛋白质。

（5）大气压化学电离（atmospheric pressure chemical ionization，APCI）源。它的结构与电喷雾源大致相同，不同之处在于APCI喷嘴的下游放置一个针状放电电极，通过放电电极的高压放电，使空气中某些中性分子电离，产生H_3O^+、N_2^+、O_2^+和O^+等离子，溶剂分子也会被电离，这些离子与分析物分子进行离子-分子反应，使分析物分子离子化，这些反应过程包括由质子转移和电荷交换产生正离子、质子脱离和电子捕获产生负离子等。

图4-12是大气压化学电离源电离原理图，大气压化学电离源主要用来分析中等极性的化合物。有些分析物由于结构和极性方面的原因，用ESI不能产生足够强的离子，可以采用APCI方式增加离子产率，可以认为APCI是ESI的补充。APCI主要产生的是单电荷离子，所以分析的化合物分子质量一般小于1000 Da。用这种电离源得到的质谱很少有碎片离子，主要是准分子离子。

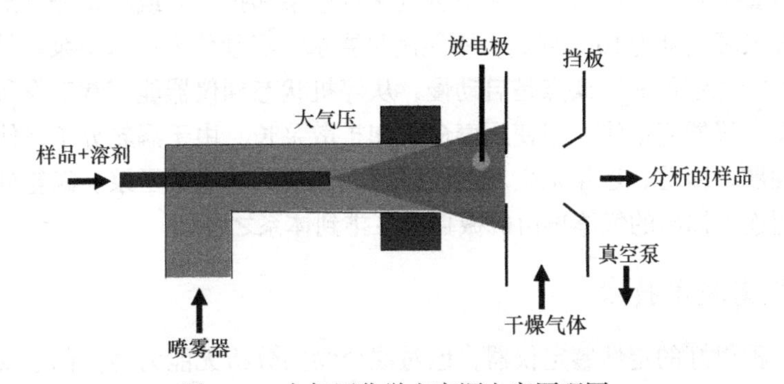

图4-12 大气压化学电离源电离原理图

（6）激光解吸源。激光解吸源是利用一定波长的脉冲式激光照射样品使样品电离的一种电离方式。被分析的样品置于涂有基质的样品靶上，激光照射到样品靶上，基质分子吸收激光能量，与样品分子一起蒸发到气相并使样品分子电离。激光电离源需要有合适的基质才能得到较好的离子产率。因此，这种电离源通常称为基质辅助激光解吸电离（MALDI）。MALDI特别适合于飞行时间质谱仪（TOF），组成MALDI-TOF。MALDI属于软电离技术，它比较适合于分析生物分子，如肽、蛋白质、核酸等。得到的质谱主要是分子离子、准分子离子，碎片离子和多电荷离子较少。MALDI常用的基质有2，5-二羟基苯甲酸、芥子酸、烟酸、α-氰基-4-羟基肉桂酸等。

2. 质量分析器　质量分析器的作用是将离子源产生的离子按*m*/*z*顺序分开并排列成谱。用于有机质谱仪的质量分析器有磁式双聚焦分析器、四极杆分析器、离子阱分析器、飞行时间分析器、回旋共振分析器等。其中，飞行时间质量分析器的特点是质量范围宽、扫描速度快，既不需电场也不需磁场。但是，长时间以来一直存在分辨率低这一缺点，造成分辨率低的主要原因在于离子进入漂移管前的时间分散、空间分散和能量分散。这样，即使是质量相同的离子，由于产生时间的先后、产生空间的前后和初始动能的大小不同，达到检测器的时间也就不相同，因此降低了分辨率。目前，通过采取激光脉冲电离方式、离子延迟引出技术和离子反射技术，可以在很大程度上解决上述三个原因造成的分辨率下降问题。现在，飞行时间质谱仪的分辨率可达20 000 Da以上，最高可检质量超过300 000 Da，并且具有很高的灵敏度。目前，这种分析器已广泛应用于气相色谱-质谱联用仪、液相色谱-质谱联用仪和基质辅助激光解吸飞行时间质谱仪中。

3. 检测器　质谱仪的检测主要使用电子倍增器，也有的使用光电倍增管。由四极杆出来的离子打到高能打拿极产生电子，电子经电子倍增器产生电信号，记录不同离子的信号即得质谱。信号增益与倍增器电压有关，提高倍增器电压可以提高灵敏度，但同时会降低倍增器的寿命，因此，应该在保证仪器灵敏度的情况下采用尽量低的倍增器电压。由倍增器出来的电信号被送入计算机储存，这些信号经计算机处理后可以得到色谱图、质谱图及其他各种信息。

4. 真空系统　为了保证离子源中灯丝的正常工作，保证离子在离子源和分析器中正常运行，消减不必要的离子碰撞、散射效应、复合反应和离子-分子反应，减小本底与记忆效应，质谱仪的离子源和分析器都必须处在优于10^{-5} mbar的真空中才能工作。也就是说，质谱仪都必须有真空系统。一般真空系统由机械真空泵和扩散泵或涡轮分子泵组成。机械真空泵能达到的极限真空度为10^{-3} mbar，不能满足要求，必须依靠高真空泵。扩散泵是常用的高真空泵，其性能稳定可靠，缺点是启动慢，从停机状态到仪器能正常工作所需时间长；涡轮分子泵则相反，仪器启动快，但使用寿命不如扩散泵长。由于涡轮分子泵使用方便，没有油的扩散污染问题，因此，近年来生产的质谱仪大多使用涡轮分子泵。涡轮分子泵直接与离子源或分析器相连，抽出的气体再由机械真空泵排到体系之外。

4.10.4　质谱联用技术

质谱仪是一种很好的定性鉴定仪器，但对混合物的分析无能为力。色谱仪是一种很好的分离仪器，但定性能力很差，二者结合起来，则能发挥各自专长，使分离和鉴定同时进行。目前，在有机质谱仪中，除激光解吸电离-飞行时间质谱仪和傅里叶变换质谱仪之外，所有质谱仪都是和气相色谱或液相色谱组成联用仪器。这样，质谱仪无论用于定性分析还是在定量分析都十分方便。同时，为了增加未知物分析的结构信息、分析的选择性，采用质谱-质谱联用，也是目前质谱仪发展的一个方向。也就是说，目前的质谱仪是以各种各样的联用方式工作的。

1. 气相色谱-质谱联用仪　气相色谱-质谱联用仪主要由三部分组成：色谱部分、质谱部分和数据处理系统。色谱部分和一般的色谱仪基本相同，包括有柱箱、气化室和载气系统，也带有分流、不分流进样系统，程序升温系统、压力、流量自动控制系统等，一般不再有色谱检测器，而是利用质谱仪作为色谱的检测器。在色谱部分，混合样品在合适的色谱条件下被分离成单个组分，然后进入质谱仪进行鉴定。

GC-MS的质谱仪部分可以是磁式质谱仪、四极质谱仪，也可以是飞行时间质谱仪和离子阱。目前使用最多的是四极质谱仪。离子源主要是EI源和CI源。

GC-MS的另外一个组成部分是数据处理系统。由于计算机技术的提高，GC-MS的主要操作都由计算机控制进行，这些操作包括利用标准样品（一般用FC-43）校准质谱仪、设置色谱和质谱的工作条件、进行数据的收集和处理以及库检索等。这样，一个混合物样品进入色谱仪后，在合适的色谱条件下，被分离成单一组分并逐一进入质谱仪，经离子源电离得到具有样品信息的离子，再经分析器、检测器即得每个化合物的质谱。这些信息都由计算机储存，根据需要，可以得到混合物的色谱图、单一组分的质谱图和质谱的检索结果等。根据色谱图还可以进行定量分析。因此，GC-MS是有机物定性、定量分析的有力工具。

作为GC-MS联用仪的附件，还可以有直接进样杆和FAB源等。但是FAB源只能用于磁式双聚焦质谱仪。直接进样杆主要是分析高沸点的纯样品，不经过GC进样，而是直接送到离子源，加热汽化后，由EI电离。另外，GC-MS的数据系统可以有几套数据库，主要有NIST库、Willey库、农药库、毒品库等。

2. 液相色谱-质谱联用仪 液相色谱-质谱联用仪主要由高效液相色谱、接口装置（同时也是电离源）、质谱仪组成。高效液相色谱与一般的液相色谱相同，其作用是将混合物样品分离后进入质谱仪。此处仅介绍接口装置和质谱仪部分。

1）接口装置 LC-MS联用的关键是LC和MS之间的接口装置。接口装置的主要作用是去除溶剂并使样品离子化。早期曾经使用过的接口装置有传送带接口、热喷雾接口、粒子束接口等十余种，这些接口装置都存在一定的缺点，因而都没有得到广泛推广。20世纪80年代，大气压电离源用作LC和MS联用的接口装置和电离装置之后，使得LC-MS联用技术提高了一大截。目前，几乎所有的LC-MS联用仪都使用大气压电离源作为接口装置和离子源。大气压电离源（atmosphere pressure ionization，API）包括ESI和APCI两种，二者之中电喷雾源应用最为广泛。

除了电喷雾和大气压化学电离两种接口之外，极少数仪器还使用粒子束喷雾和电子轰击相结合的电离方式，这种接口装置可以得到标准质谱，可以库检索，但只适用于小分子，应用也不普遍。以外，还有超声喷雾电离接口。

2）质谱仪部分 由于接口装置同时就是离子源，因此质谱仪部分只介绍质量分析器。作为LC-MS联用仪的质量分析器种类很多，最常用的是四极杆分析器（Q），其次是离子阱分析器（trap）和飞行时间分析器（TOF）。因为LC-MS主要提供分子量信息，为了增加结构信息，LC-MS大多采用具有串联质谱功能的质量分析器，串联方式很多，如Q-Q-Q、Q-TOF等。

4.10.5 串联质谱法

为了得到更多的有关分子离子和碎片离子的结构信息，早期的质谱工作者把亚稳离子作为一种研究对象。所谓亚稳离子（metastable ion）是指离子源出来的离子，由于自身不稳定，前进过程中发生了分解，丢掉一个中性碎片后生成的新离子，这个新的离子称为亚稳离子。这个过程可以表示为：$m_1^+ \rightarrow m_2^+ + N$，新生成的离子在质量上和动能上都不同于$m_1^+$，由于是在行进中途形成的，它也不处在质谱中$m_2$的质量位置。研究亚稳离子对分清离子的母子关系、进一步研究结构十分有用。于是，在双聚焦质谱仪中设计了各种各样的磁场和电场联动扫描方式，以求得到子离子，母离子和中性碎片丢失。尽管亚稳离子能提供一些结构信息，但是由于亚稳离子形成的概率小，亚稳峰太弱，检测不容易，而且仪器操作也困难，因此，后来发展成在磁场和电场间加碰撞活化室，人为地使离子碎裂，设法检测子离子、母离子，进而得到结构信息。这是早期的质谱-质谱串联方式。随着仪器的发展，串联的方式越来越多。尤其是20世纪80年代以后出现了很多软电离技术，如ESI、APCI、FAB、MALDI等，基本上都只有准分子离子，没有结构信息，更需要串联质谱法得到结构信息。因此，近年来，串联质谱法发展十分迅速。

串联质谱法可以分为两类：空间串联和时间串联。空间串联是两个以上的质量分析器联合使用，两个分析器间有一个碰撞活化室，目的是将前一级质谱仪选定的离子打碎，由后一级质谱仪分析。而时间串联质谱仪只有一个分析器，前一时刻选定一离子，在分析器内打碎后，后一时刻再进行分析。空间串联型又分磁扇型串联、四极杆串联、混合串联等。但是，无论是哪种方式的串联，都必须有碰撞活化室，从第一级MS分离出来的特定离子，经过碰撞活化后，再经过第二级MS进行质量分析，以便取得更多的信息。

1. 碰撞活化分解 利用软电离技术（如电喷雾和快原子轰击）作为离子源时，所得到的质谱主要是准分子离子峰，碎片离子很少，因而也就没有结构信息。为了得到更多的信息，最好的办法是把准分子离子“打碎”之后测定其碎片离子。在串联质谱中采用碰撞活化分解（collision activated dissociation，CAD）技术把离子“打碎”。碰撞活化分解也称为碰撞诱导分解（collision induced dissociation，CID），在碰撞室内进行，带有一定能量的离子进入碰撞室后，与室内情性气体的分子或原子碰撞，离子发生碎裂。为了使离子碰撞碎裂，必须使离子具有一定动能，对于磁式质谱仪，离子加速电压可以超过1000 V，而对于四极杆、离子阱等，加速电压不超过100 V，前者称为高能CAD，后者称为低能CID。二者得到的子离子谱是有差别的。

2. 三级四极质谱仪的工作方式 三级四极质谱仪有三组四极杆，第一组四极杆用于质量分离（MS_1），第二组四极杆用于碰撞活化（CAD），第三组四极杆用于质量分离（MS_2）。其主要工作方式有4种，见图4-13。

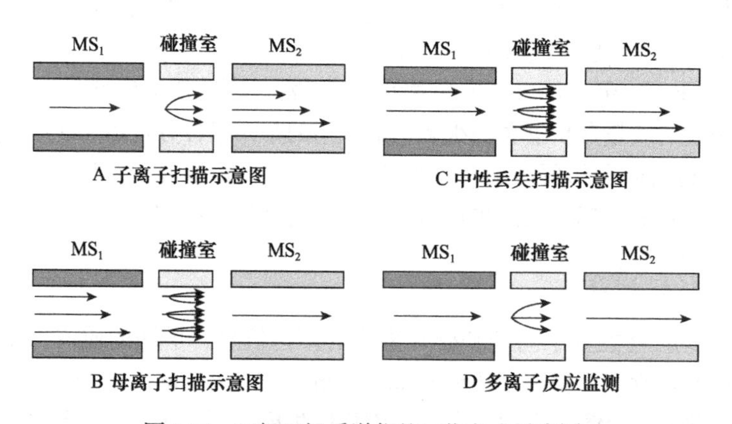

图4-13 三级四极质谱仪的工作方式示意图

图4-13中（A）为子离子扫描方式，这种工作方式由MS_1选定质量，CAD碎裂之后，由MS_2扫描得子离子谱。（B）为母离子扫描方式，这种工作方式，由MS_2选定一个子离子，

MS_1扫描，检测器得到的是能产生选定子离子的那些离子，即母离子谱。(C)是中性丢失扫描方式，这种方式是MS_1和MS_2同时扫描，只是二者始终保持固定的质量差（即中性丢失质量）。只有满足相差固定质量的离子才得到检测。(D)是多离子反应监测方式，由MS_1选择一个或几个特定离子（图中只选一个），经碰撞碎裂之后，由其子离子中选出一特定离子，只有同时满足MS_1和MS_2选定的一对离子时，才有信号产生。用这种扫描方式的好处是增加了选择性，即便是两个质量相同的离子同时通过了MS_1，但仍可以依靠其子离子的不同将其分开。这种方式非常适合于从很多复杂的体系中选择某特定质量，经常用于微小成分的定量分析。

3. 离子阱质谱仪工作方式 离子阱质谱仪的MS-MS属于时间串联型，它的操作方式见图4-14。在A阶段，打开电子门，此时基础电压置于低质量的截止值，使所有的离子被阱集，然后利用辅助射频电压抛射掉所有高于被分析母离子的离子。进入B阶段，增加基频电压，抛射掉所有低于被分析母离子的离子，以阱集即将碰撞活化的离子。在C阶段，利用加在端电极上的辅助射频电压激发母离子，使其与阱内本底气体碰撞。在D阶段，扫描基频电压，抛射并接收所有CID过程中形成的子离子，获得子离子谱。依此类推，可以进行多级MS分析。由离子阱的工作原理可以知道，它的MS-MS功能主要是多级子离子谱，利用计算机处理软件，还可以提供母离子谱、中性丢失谱和多离子反应监测（MRM）。

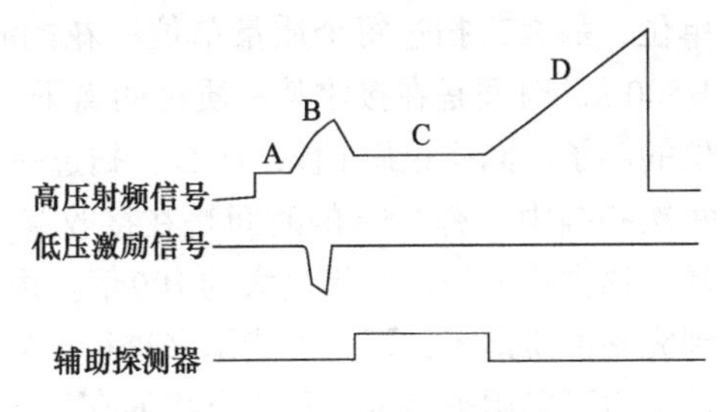

图4-14 离子阱质谱仪工作方式示意图

4.10.6 气相色谱-质谱联用的分析方法

1. 气相色谱-质谱联用分析条件的选择 在GC-MS分析中，色谱的分离和质谱数据的采集是同时进行的。为了使每个组分都得到分离和鉴定，必须设置合适的色谱和质谱分析条件。色谱条件包括色谱柱类型（填充柱或毛细管柱）、固定液种类、汽化温度、载气流量、分流比、升温程序等。设置的原则是，一般情况下均使用毛细管柱，极性样品使用极性毛细管柱，非极性样品采用非极性毛细管柱，未知样品可先用中等极性的毛细管柱，试用后再调整。当然，如果有文献可以参考，可采用文献所用条件。

质谱条件包括电离电压、电子电流、扫描速度、质量范围，这些都要根据样品情况进行设定。为了保护倍增器，在设定质谱条件时，还要设置溶剂去除时间，使溶剂峰通过离子源之后再打开倍增器。在所有的条件确定之后，将样品用微量注射器注入进样口，同时启动色谱和质谱，进行GC-MS分析。

2. 气相色谱-质谱联用数据的采集 有机混合物样品用微量注射器由色谱仪进样口注入，进入质谱仪后被离子源电离成离子。离子经质量分析器、检测器之后即成为质谱信号并输入计算机。样品由色谱柱不断地流入离子源，离子由离子源不断进入分析器并不断得到质谱，只要设定好分析器扫描的质量范围和扫描时间，计算机就可以采集到一个个的质谱。如果没有样品进入离子源，计算机采集到的质谱各离子强度均为0。当有样品进入离子源时，计算机就采集到具有一定离子强度的质谱。并且计算机可以自动将每个质谱的所有离子强度相加，显示出总离子强度，总离子强度随时间变化的曲线就是总离子色谱图，总离子色谱图的形状和普通色谱图的形状是相一致的。它可以认为是用质谱作为检测器得到的色谱图。

质谱仪扫描方式有两种：全扫描和选择离子监测。全扫描是对指定质量范围内的离子全部扫描并记录，得到的是正常的质谱图，这种质谱图可以提供未知物的分子量和结构信息，可以进行库检索。质谱仪还有另外一种扫描方式叫选择离子监测（selected ion monitoring，SIM）。这种扫描方式是只对选定的离子进行监测，而其他离子不被记录。它的最大优点一是对离子进行选择性监测，只记录特征的、感兴趣的离子，不相关的、干扰离子统统被排除，二是选定离子的检测灵敏度大大提高。在正常扫描情况下，假定一秒钟扫描500个质量单位，那么，扫过每个质量单位所花的时间大约是1/500 s，也就是说，在每次扫描中，有1/500 s的时间是在接收某一质量的离子。在选择离子扫描的情况下，假定只检测5个质量单位的离子，同样也用1秒，那么，扫过一个质量单位所花的时间大约是1/5 s。也就是说，在每次扫描中，有1/5 s的时间是在接收某一质量的离子。因此，采用选择离子扫描方式比正常扫描方式灵敏度可提高大约100倍。由于选择离子监测只能检测有限的几个离子，不能得到完整的质谱图，因此不能用来进行未知物的定性分析。但是如果选定的离子有很好的特征性，也可以用来表示某种化合物的存在。选择离子监测方式最主要的用途是定量分析，由于它的选择性好，可以把由全扫描方式得到的非常复杂的总离子色谱图变得十分简单，从而消除其他组分造成的干扰。

3. 气相色谱-质谱联用得到的信息

1）*总离子色谱图*　计算机可以把采集到的每个质谱的所有离子相加得到总离子强度，总离子强度随时间变化的曲线就是总离子色谱图（图4-15），总离子色谱图的横坐标是保留时间，纵坐标是总离子强度。图中每个峰表示样品的一个组分，由每个峰可以得到相应化合物的质谱图；峰面积和该组分含量成正比，可用于定量。由GC-MS得到的总离子色谱图与一般色谱仪得到的色谱图基本上是一样的。只要所用色谱柱相同，样品出峰顺序就相同。其差别在于，总离子色谱图所用的检测器是质谱仪，而一般色谱图所用的检测器是氢焰、热导等。两种色谱图中各成分的校正因子不同。

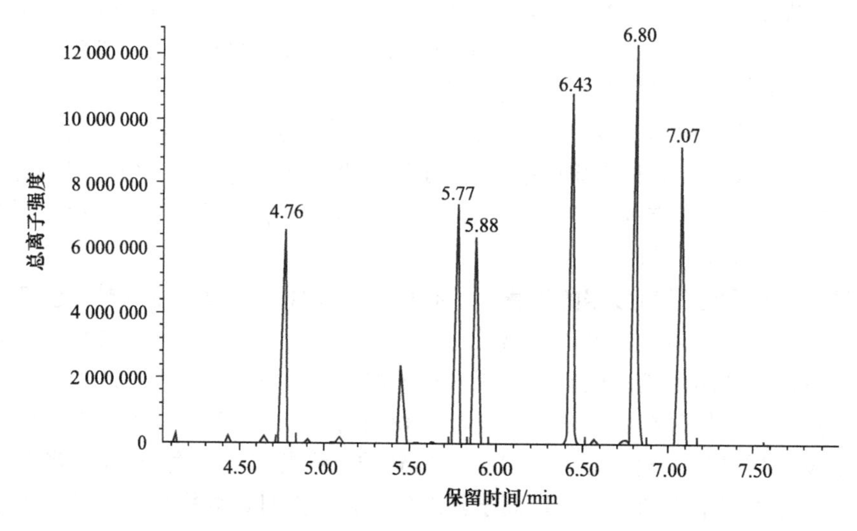

图4-15　样品总离子色谱图

2）*质谱图* 由总离子色谱图可以得到任何一个组分的质谱图。一般情况下，为了提高信噪比，通常由色谱峰峰顶处得到相应质谱图。但如果两个色谱峰有相互干扰，应尽量选择不发生干扰的位置得到质谱，或通过扣本底消除其他组分的影响。

3）*库检索* 得到质谱图后可以通过计算机检索对未知化合物进行定性。检索结果可以给出几个可能的化合物，并以匹配度大小顺序排列出这些化合物的名称、分子式、分子量和结构式等。使用者可以根据检索结果和其他的信息，对未知物进行定性分析。目前的GC-MS联用仪有几种数据库，应用最为广泛的有NIST库和Willey库，前者目前有标准化合物谱图13万张，后者有近30万张。

4）*质量色谱图（或提取离子色谱图）* 总离子色谱图是将每个质谱的所有离子加合得到的。同样，由质谱中任何一个质量的离子也可以得到色谱图，即质量色谱图。质量色谱图是由全扫描质谱中提取一种质量的离子得到的色谱图，因此又称为提取离子色谱图。假定作质量为m的离子的质量色谱图，如果某化合物质谱中不存在这种离子，那么该化合物就不会出现色谱峰。一个混合物样品中可能只有几个甚至一个化合物出峰。利用这一特点可以识别具有某种特征的化合物，也可以通过选择不同质量的离子做质量色谱图，使正常色谱不能分开的两个峰实现分离，以便进行定量分析。由于质量色谱图是采用一种质量的离子作色谱图，因此，进行定量分析时也要使用同一离子得到的质量色谱图测定校正因子。

4. 气相色谱-质谱联用定性分析 目前色质联用仪的数据库中，一般储存近30万个化合物的标准质谱图。因此，GC-MS最主要的定性方式是库检索。由总离子色谱图可以得到任一组分的质谱图，质谱图可以利用计算机在数据库中检索。检索结果可以给出几种最可能的化合物，包括化合物名称、分子式、分子量、基峰及可靠程度。

利用计算机进行库检索是一种快速、方便的定性方法。但是在利用计算机检索时应注意以下几个问题。

（1）数据库中所存质谱图有限，如果未知物是数据库中没有的化合物，检索结果也给出几个相近的化合物。显然，这种结果是错误的。

（2）由于质谱法本身的局限性，一些结构相近的化合物其质谱图也相似。这种情况也可能造成检索结果的不可靠。

（3）色谱峰分离不好以及本底和噪声影响，使得到的质谱图质量不高。这样所得到的检索结果也会很差。

因此，在利用数据库检索之前，应首先得到一张很好的质谱图，并利用质量色谱图等技术判断质谱中有没有杂质峰；得到检索结果之后，还应根据未知物的物理、化学性质以及色谱保留值、红外谱、核磁谱等综合考虑，才能给出定性结果。

5. 气相色谱-质谱联用定量分析 GC-MS定量分析方法类似于色谱法定量分析。由GC-MS得到的总离子色谱图或质量色谱图，其色谱峰面积与相应组分的含量成正比，若对某一组分进行定量测定，可以采用色谱分析法中的归一化法、外标法、内标法等不同方法进行。这时，GC-MS可以理解为将质谱仪作为色谱仪的检测器，其余均与色谱法相同。与色谱法定量不同的是，GC-MS除可以利用总离子色谱图进行定量之外，还可以利用质量色谱图进行定量。这样可以最大限度地去除其他组分干扰。值得注意的是，质量色谱图由于是用一个质量的离子做出的，它的峰面积与总离子色谱图有较大差别，在进行定量分析过程中，峰面积和校正因子等都要使用质量色谱图。

为了提高检测灵敏度和减少其他组分的干扰，在GC-MS定量分析中质谱仪经常采用选择离子扫描方式。对于待测组分，可以选择一个或几个特征离子，而相邻组分不存在这些离子。这样得到的色谱图，待测组分就不存在干扰，同时有很高的灵敏度。用选择离子得到的色谱图进行定量分析，具体分析方法与质量色谱图类似，但其灵敏度比利用质量色谱图会高一些，这是GC-MS定量分析中常采用的方法。

4.10.7 液相色谱-质谱联用的分析方法

1. 液相色谱-质谱联用分析条件的选择 液相色谱（LC）分析条件的选择要考虑两个因素，即使分析样品得到最佳分离条件并得到最佳电离条件。如果二者发生矛盾，则要寻求折中条件。LC可选择的条件主要有流动相的组成和流速。在LC和MS联用的情况下，由于要考虑喷雾雾化和电离，因此，有些溶剂不适合作流动相。不适合的溶剂和缓冲液包括无机酸、不挥发性盐（如磷酸盐）和表面活性剂。不挥发性盐会在离子源内析出结晶，而表面活性剂会抑制其他化合物电离。在LC-MS分析中常用的溶剂和缓冲液有水、甲醇、甲酸、乙酸、氢氧化铵和乙酸铵等。对于选定的溶剂体系，通过调整溶剂比例和流量以实现好的分离。值得注意的是，对于LC分离的最佳流量，往往超过电喷雾允许的最佳流量，此时需要采取柱后分流，以达到好的雾化效果。

质谱条件的选择主要是为了改善雾化和电离状况，提高灵敏度。调节雾化气流量和干燥气流量可以达到最佳雾化条件，改变喷嘴电压和透镜电压等可以得到最佳灵敏度。对于多级质谱仪，还要调节碰撞气流量和碰撞电压及多级质谱的扫描条件。在进行LC-MS分析时，样品可以利用旋转六通阀通过LC进样，也可以利用注射泵直接进样，样品在电喷雾源或大气压化学电离源中被电离，经质谱扫描，由计算机可以采集到总离子色谱和质谱。

2. 液相色谱-质谱联用数据的采集和处理 与GC-MS类似，LC-MS也可以通过采集质谱得到总离子色谱图（图4-16）。此时得到的总离子色谱图与由紫外监测器得到的色谱图可能不同。因为有些化合物没有紫外线吸收，用普通液相色谱分析不出峰，但用LC-MS分析时会出峰。由于电喷雾是一种软电离源，通常很少或没有碎片，谱图中只有准分子离子，因此只能提供未知化合物的分子量信息，不能提供结构信息，很难用来做定性分析。

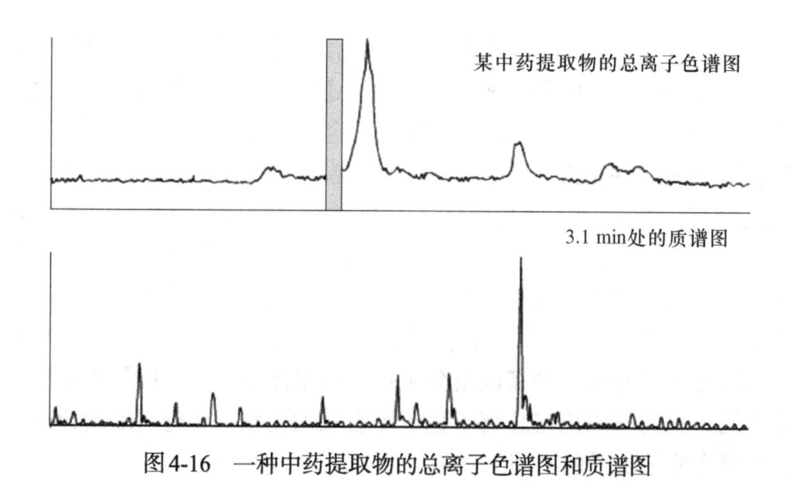

图4-16 一种中药提取物的总离子色谱图和质谱图

为了得到未知化合物的结构信息，必须使用串联质谱仪，将准分子离子通过碰撞活化得到其子离子谱，然后解释子离子谱来推断结构。如果只有单级质谱仪，也可以通过源内CID得到一些结构信息。

3. 液相色谱-质谱联用定性定量分析　LC-MS分析得到的质谱过于简单，结构信息少，进行定性分析比较困难，主要依靠标准样品定性，对于多数样品，保留时间相同，子离子谱也相同，即可定性，少数同分异构体例外。

用LC-MS进行定量分析，其基本方法与普通液相色谱法相同，即通过色谱峰面积和校正因子（或标样）进行定量。但由于色谱分离方面的问题，一个色谱峰可能包含几种不同的组分，给定量分析造成误差。因此，对于LC-MS定量分析，不采用总离子色谱图，而是采用与待测组分相对应的特征离子得到的质量色谱图或多离子监测色谱图，此时，不相关的组分将不出峰，这样可以减少组分间的互相干扰，LC-MS所分析的经常是体系十分复杂的样品，如血液、尿样等，样品中有大量的保留时间相同、分子量也相同的干扰组分存在。为了消除其干扰，LC-MS定量的最好办法是采用串联质谱的多重反应监测技术（MRM），即对质量为m_1的待测组分做子离子谱，从子离子谱中选择一个特征离子m_2。正式分析样品时，第一级质谱选定m_1，经碰撞活化后，第二级质谱选定m_2。只有同时具有m_1和m_2特征质量的离子才被记录。这样得到的色谱图就进行了三次选择：LC选择了组分的保留时间，第一级MS选择了m_1，第二级MS选择了m_2，这样得到的色谱峰可以认为不再有任何干扰。然后，根据色谱峰面积，采用外标法或内标法进行定量分析。此方法适用于待测组分含量低、体系组分复杂且干扰严重的样品分析，如人体药物代谢研究，血样、尿样中违禁药品检验等。

4.10.8　质谱技术的应用进展

质谱仪种类繁多，不同仪器应用特点也不同，一般来说，在300℃左右能汽化的样品，可以优先考虑用GC-MS进行分析，因为GC-MS使用EI源，得到的质谱信息多，可以进行库检索。如果在300℃左右不能汽化，则需要用LC-MS分析，此时主要得分子量信息。如果是串联质谱，还可以得一些结构信息。如果是生物分子，主要利用LC-MS和MALDI-TOF分析，可得分子量信息。对于蛋白质样品，还可以测定氨基酸序列。质谱仪的分辨率是一项重要技术指标，高分辨率质谱仪可以提供化合物组成式，这对于结构测定是非常重要的。双聚焦质谱仪、傅里叶变换质谱仪、带反射器的飞行时间质谱仪等都具有高分辨功能。

质谱分析法对样品有一定的要求。进行GC-MS分析的样品应是有机溶液，水溶液中的有机物一般不能测定，须进行萃取分离变为有机溶液，或采用顶空进样技术进行分离。有些化合物极性太强，在加热过程中易分解，如有机酸类化合物，此时可以进行酯化处理，将酸变为酯再进行GC-MS分析，由分析结果可以推测酸的结构。如果样品不能汽化也不能酯化，那就只能进行LC-MS分析。进行LC-MS分析的样品最好是水溶液或甲醇溶液，LC流动相中不应含不挥发性盐。对于极性样品，一般采用ESI源，对于非极性样品，采用APCI。

4.11　生物质谱

为解决生命科学研究中有关生物活性物质的分析问题，发展了生物质谱（biological mass spectrometry）。它主要是测定生物分子，如蛋白质、核酸和多糖等的结构。生物质谱是目前质谱学中最活跃、最富生命力的研究方向，是质谱研究的前沿课题，推动了质谱分析理论和技术的发展。

质谱成为分析生物活性分子的重要手段，是由于它具有以下特点：①高灵敏度，可测10^{-8} g以下的分子；②快速，数分钟内即可完成测试；③能同时提供样品的精确分子量和结构信息；④既可用于定性分析，也可用于定量分析；⑤能有效地与各种色谱联用，如GC-MS、HPLC-MS、TLC-MS及CZE-MS等，用于复杂体系分析。这些特点是其他分析方法难以实现的。目前常用于生物分子质谱分析的电离质谱技术包括：电喷雾电离质谱（electrospray ionization mass spectrometry，ESI-MS）、基质辅助激光解吸电离质谱（matrix assisted laser desorption ionization mass spectrometry，MALDI-MS）、快速原子轰击质谱（fast atom bombardment mass spectrometry，FAB-MS）。其中，ESI-MS通过在毛细管的出口处施加一高电压，所产生的高电场使从毛细管流出的液体雾化成细小的带电液滴，随着溶剂蒸发，液滴表面的电荷强度逐渐增大，最后液滴崩解为大量带一个或多个电荷的离子，致使分析物以单电荷或多电荷离子的形式进入气相。电喷雾离子化的特点是产生高电荷离子而不是碎片离子，使质荷比（*m*/*z*）降低到多数质量分析仪器都可以检测的范围，因而大大扩展了分子量的分析范围，离子的真实分子量也可以根据质荷比及电行数算出。ESI-MS的优势就是它可以方便地与多种分离技术联合使用，如LC-MS是将液相色谱与质谱联合而达到检测大分子物质的目的。

MALDI-MS的基本原理是将分析物分散在基质分子中并形成晶体，当用激光照射晶体时，基质分子经辐射吸收能量，导致能量蓄积并迅速产热，从而使基质晶体升华，致使基质和分析物膨胀并进入气相。MALDI所产生的质谱图多为单电荷离子，因而质谱图中的离子与多肽和蛋白质的质量有一一对应关系。MALDI产生的离子常用飞行时间（time-of-flight，TOF）检测器来检测，理论上讲，只要飞行管的长度足够，TOF检测器可检测分子的质量数是没有上限的，因此MALDI-TOF质谱很适合对蛋白质、多肽、核酸和多糖等生物分子进行分析研究。

FAB-MS是一种软电离技术，是用快速惰性原子射击存在于底物中的样品，使样品离子溅出进入分析器，这种软电离技术适用于极性强、热不稳定的化合物的分析，特别适用于多肽和蛋白质等的分析研究。FAB-MS只能提供有关离子的精确质量，从而可以确定样品的元素组成和分子式。FAB-MS/MS串联技术的应用可以提供样品较为详细的分子结构信息，从而使其在生物医学分析中迅速发展起来。

4.11.1 多肽和蛋白质质谱分析

1. 多肽和蛋白质一级结构 蛋白质是一条或多条多肽链以特殊方式组合的生物分子。蛋白质结构非常复杂，主要包括以肽链结构为基础的肽链线型序列，以及由肽链卷曲、折叠而形成的三维结构。前者称为一级结构，后者称为二级、三级或四级结构。目前质谱分析主要是测定蛋白质的一级结构，包括其分子量、肽链中氨基酸排列顺序，以及多肽键或二硫键的数目和位置。

以蛋白质分子量的测定为例。蛋白质类生物分子分子量的测定有着十分重要的意义，如对均一蛋白质一级结构的测定，既要测定蛋白质的分子量，又要测定亚基和寡聚体的分子量及水解、酶解碎片的分子量。常规的分子量测定主要有渗透压法、光散射法、超速离心法、凝胶层析及聚丙烯酰胺凝胶电泳等。这些方法存在样品消耗量大、精确度低、易受蛋白质的结构影响等缺点。而MALDI-MS技术以其极高的灵敏度、精确度很快在生物医学领域得到了广泛的应用，特别是在蛋白质分析中的应用，至今已被分析的蛋白质已有数百种之多，不仅可测定各种亲水性、疏水性及糖蛋白等的分子量，还可直接用来测定蛋白质混合物的分子量，也能被用来测定经酶等降解后的混合物，以确定多肽的氨基酸序列，可以认为这是蛋白质分析领域的一项重大突破。如β-苦瓜子蛋白，其C端通过羧肽酶的方法测定为—S—T—A—D—E—N，但该结论不能完全确定。β-苦瓜子蛋白在190位有一个色氨酸，研究者以BNPS-Skatole降解色氨酸，降解后的肽用HPLC分离，得到含有C端的一段小肽（59个氨基酸残基）后以MALDI-TOF-MS测定其分子量为6443，与计算得到的59肽的分子量为6442.9非常相符，因此最终证明了C端59个氨基酸残基的顺序是正确的，如图4-17所示。

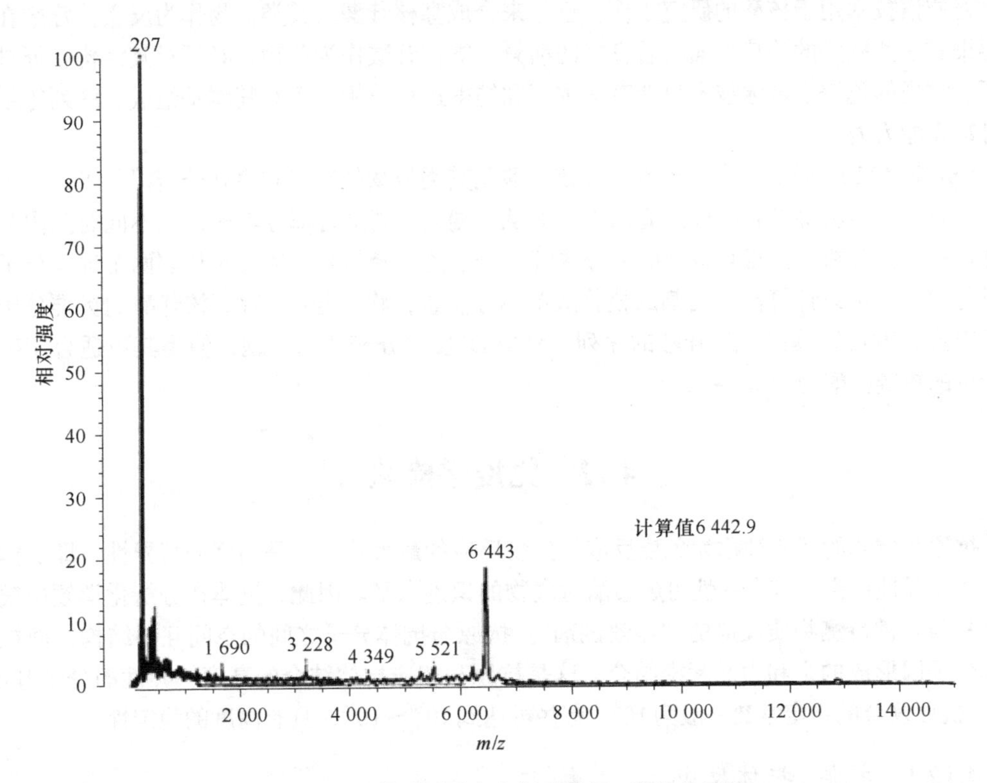

图4-17 β-苦瓜子蛋白色氨酸降解C端肽分子量

2. 肽指纹图谱及氨基酸序列 蛋白质组的研究是从整体水平上探索细胞或有机体内蛋白质的组成及其活动规律，包括细胞内所有蛋白质的分离、蛋白质表达模式的识别、蛋白质的鉴定、蛋白质翻译后修饰的分析及蛋白质组数据库的构建。质谱技术作为蛋白质组研究的三大支撑技术之一，除了用于多肽、蛋白质的质量测定外，还广泛地应用于肽指纹图谱测定以及氨基酸序列测定等。

肽质量指纹谱（peptide mass fingerprinting，PMF）测定是对蛋白质酶解或降解后所得多肽混合物进行质谱分析的方法，对质谱分析所得肽片段与多肽蛋白质数据库中蛋白质的理论肽片段进行比较，从而判别所测蛋白质是已知还是未知。由于不同的蛋白质具有不同的氨基酸序列，因此不同蛋白质所得肽片段具有指纹的特征。

MALDI-TOF-MS是最有效的分析肽混合物的质谱仪，肽混合物不需分离可直接分析，基质辅助激光电离方法能耐受一定浓度的盐，仪器灵敏度高，标准样品1 pmol的量就足够，质量数准确度可达0.01‰～0.1‰，且操作简单，分析速度快，依仪器型号不同一次可分析十几个到几十个样品。对肽序列的测定往往要通过串联质谱技术才能达到分析目的，采用不同的质谱技术选择具有特定质荷比的离子，并对其进行碰撞诱导解离，通过推断肽片段的断裂，即可导出肽序列。

4.11.2 核酸质谱分析

现代质谱技术自诞生以来用于多肽及蛋白质的研究获得了极大的成功，于是人们开始尝试着将质谱技术用于核酸的研究工作，近年来合成寡核苷酸及其类似物作为反义治疗剂在病毒感染和一些癌症的治疗方面有着良好的前景，寡核苷酸作为药物，必须对其结构特征进行确证。常规的色谱或电泳技术只能对其浓度和纯度进行分析，而对其碱基组成、序列等结构信息却无能为力。

ESI和MALDI质谱技术的出现为寡核苷酸及其类似物的结构和序列分析提供了强有力的支撑，它是将被测寡核苷酸样品先用外切酶从3′端或5′端进行部分降解，在不同时间内分别取样进行质谱分析，获得寡核苷酸部分降解的分子离子峰信号，通过对相邻两个碎片分子质量进行比较，可以计算出被切割的核苷酸单体分子量，将其与4个脱氧核苷酸的标准分子量进行对照，就可以读出寡核苷酸的序列。MALDI技术分辨率的问题，使得其更适合于碱基数较少的短链核酸的分析。

4.12 免疫学检验

抗原与抗体的反应被称为免疫反应。免疫反应的最大特点就是高度的特异性，即抗体对抗原的特异性识别，其专一性可超过酶对底物的识别水平。因此，抗体在分析化学领域被认为是只与一种待测物质反应的“特效试剂”。抗原与抗体分子之间的空间互补结构，使抗原抗体分子因形成的亲和力而紧密结合，这是抗原与相应抗体结合的高度特异性的分子基础。抗体-抗原复合的稳定常数一般为10^9，有些可达到10^{10}～10^{15}，具有高度的稳定性。

4.12.1 抗原-抗体反应

抗原是一类能够刺激动物机体的免疫系统，诱导其发生免疫应答，产生体液免疫的抗体，并在体内外与抗体反应的物质。目前，以免疫原性和免疫反应性来描述由抗原引起的免疫反应的特性。免疫原性是指抗原引起免疫应答、产生抗体的能力；免疫反应性又称免疫特异性，是指抗原与免疫应答的产物——抗体，相互起反应的能力。既具有免疫原性又具有免疫反应性的物质称为（完全）抗原，又称免疫原；仅具有免疫反应性而缺乏免疫原性的小分子物质称为半抗原。

抗体是机体受入侵的抗原刺激后，由淋巴细胞合成的一类能与该抗原发生特异性结合的球蛋白，称作“免疫球蛋白”，以Ig（immunoglobulin）表示。现已发现的人类免疫球蛋白有5类，分别以IgG、IgA、IgM、IgD和IgE表示。抗体主要分布在体内血清中，“抗血清”即指含有某种特异抗体的动物血清。由于抗原与抗体反应具有高度的特异性，因此，往往无须纯化抗血清即可直接用于检测。

抗原-抗体反应实质上是抗原决定簇与抗体结合部位的结合，且只局限于大分子的表面特定部位，其间并无共价键形成，只是因氢键、范德瓦耳斯力、静电作用力和疏水作用力等相互作用结合在一起，分子结构上的互补性决定了反应的特异性。抗原-抗体的结合强度，常用免疫球蛋白的亲和力大小来衡量。

4.12.2 标记免疫分析概述

传统免疫分析又称非标记免疫分析。抗体结合抗原后，虽然具有某些催化特性，理化性质也发生了一定变化，但是抗原-抗体反应缺乏高灵敏的分析信号，一般利用沉淀现象，通过沉淀反应来进行免疫检测。该方法是基于抗原与抗体结合形成大分子抗原-抗体复合物沉淀，以此定性和定量抗原。该法遵循经典试剂分析的思想，在分析过程中检测相不需要与过量试剂分离。沉淀反应通常又分为絮状沉淀反应、环状沉淀反应、单向扩散和双向扩散等。以双向扩散为最常用，双向扩散又称琼脂扩散，是利用琼脂凝胶作为介质的一种沉淀反应。由于琼脂凝胶透明度高，可直接观察到抗原-抗体复合物的沉淀线。根据沉淀线可以定性抗原，也是测定抗体效价的一种方法。显然，这种方法灵敏度较低。

针对抗原-抗体反应缺乏可供测量的信号等缺点，科学家想到了在分析体系中引入探针系统即标记技术以实现检测。20世纪中期，以放射免疫技术为代表的标记免疫技术相继问世，其将某种可微量或超微量测定的物质（放射性核素、荧光素、酶、化学发光剂等）标记于抗原（抗体）上制成标记物，加到抗原-抗体的反应体系中与相应的抗体（抗原）反应，以实现对标记物的定量分析。这些将标记技术与抗原-抗体反应结合起来的免疫学检测技术以其敏感性高、准确性好、操作简便、易于商品化和自动化等特点逐渐替代了凝集、沉淀等传统免疫分析技术，不仅被广泛应用于抗原、抗体、补体、免疫细胞、细胞因子等免疫相关物质的检测，也应用于酶、微量元素、激素、微量蛋白等体液中各种微量物质的测定，可以说一切具有抗原性或半抗原性的物质原则上均可利用标记免疫分析进行测定，这使标记免疫分析开创了微量和超微量物质分析的新领域。目前，免疫学检测中的标记技术主要包括了酶免疫分析、免疫荧光技术、放射免疫分析、免疫胶体金技术、免疫化学发光分析、荧光偏振等。

4.12.3 标记免疫分析技术分类

1. 免疫荧光技术 免疫荧光技术是将免疫学方法（抗原抗体特异结合）与荧光标记技术结合起来研究特异蛋白抗原在细胞内分布的方法。由于荧光素所发的荧光可在荧光显微镜下检出，因而可对抗原进行细胞定位。免疫荧光细胞化学是根据抗原-抗体反应的原理，先将已知的抗原或抗体标记上荧光素制成荧光标记物，再用这种荧光抗体（或抗原）作为分子探针检查细胞或组织内的相应抗原（或抗体）。在细胞或组织中形成的抗原-抗体复合物上含有荧光素，利用荧光显微镜观察标本，荧光素受激而发出明亮的荧光（黄绿色或橘红色），可以看见荧光所在的细胞或组织，从而确定抗原或抗体的性质、定位，以及利用定量技术测定含量。用荧光抗体示踪或检查相应抗原的方法称为荧光抗体法。用已知的荧光抗原标记物示踪或检查相应抗体的方法称为荧光抗原法。这两种方法总称免疫荧光技术，以荧光抗体方法较常用。用免疫荧光技术显示和检查细胞或组织内抗原或半抗原物质等的方法称为免疫荧光细胞（或组织）化学技术。免疫荧光细胞化学技术分直接法、夹心法、间接法和补体法等。

2. 放射免疫分析 放射免疫分析是利用同位素标记的与未标记的抗原同抗体发生竞争性抑制反应的放射性同位素体外微量分析方法，又称竞争性饱和分析法。常用作标记抗原放射性同位素的有^{3}H、^{125}I、^{131}I等。^{3}H可以置换有机化合物中的氢，不影响原有化学性质，且半衰期长、能量低，便于防护。^{125}I和^{131}I原子的化学性质比较活泼，标记方法简便，多肽、蛋白质与小分子半抗原均可进行碘标记。一些不能直接用碘标记的半抗原，接上一个酪氨酸即可。放射免疫分析是将检测放射性的高灵敏度与抗体抗原结合反应的特异性结合在一起的微量分析法，优点是灵敏、特异、简便易行、用样量小。

3. 酶免疫分析 1971年，Engvall和Perlaman及Weeman和Schuur两组学者以酶代替同位素制备了酶标记试剂，创立了酶免疫分析（EIA）技术。至今有二十多种酶被应用于EIA，但应用最多的仍然是辣根过氧化物酶（HRP）和碱性磷酸酶（AP）。EIA除了避免放射性同位素的危害外，最重要的优点是酶标记物的有效期大大超过了^{125}I标记物。EIA正朝着多样化和更先进的方向发展，如采用酶解抗体片段进行标记，采用生物素-链亲和素放大系统，采用微粒、脂质体或红细胞等作为标记物载体，以包载大量标记物的放大系统，采用PCR技术的PCR-EIA分析，采用增强发光EIA等。酶免疫测定根据抗原-抗体反应后是否需要分离结合的与游离的酶标记物而分为均相和异相，实际上所有的标记免疫测定均可分成这两类。

与放射免疫测定相类似的液相异相酶免疫技术测定在某些活性成分等定量测定中也有应用。但常用的酶免疫测定法为固相酶免疫测定。其特点是将抗原或抗体制成固相制剂，在与标本中抗体或抗原反应后，只需经过固相的洗涤，就可以实现抗原-抗体复合物与其他物质的分离，大大简化了操作步骤。这种检测技术被称为酶联免疫吸附试验（enzyme-linked immuno sorbent assay，ELISA）。ELISA具有快速、敏感、简便、易于标准化等优点，因而得到迅速发展和广泛应用，目前已成为测定生物活性成分中应用最广的技术。

4. 荧光偏振 用荧光素标记的示踪物与分析物的复合体经单一平面偏振光照射后，可发出单一平面的偏振荧光，此荧光在特定偏振面的强度与复合体受激发时的转动速度成反比，而转动速度与分子量的大小成反比。当荧光标记的示踪物与分析物的复合体结合后，分体对相应大分子抗体进行竞争性结合，使游离的复合体增多，而复合体转动速度较高。这样在特定偏振面上检测到的荧光强度较低，反之检测到的荧光强度就会较高。因此通过检测在特定偏振面上的荧光强度的大小就可对待检分析物实现定量分析。这种方法的优点是灵敏度高、线性范围广、有较好的精确度。

5. 免疫胶体金技术 免疫胶体金技术是以胶体金为标记物，利用特异性抗原-抗体反应，在光镜、电镜下对抗原（或抗体）物质进行定位、定性乃至定量研究的标记技术。胶体金即金的水溶胶，是一种带负电荷的疏水胶体溶液，具有一般溶胶的特性，主要通过还原剂将氯化金分子聚合成特定大小金颗粒的方法而产生。胶体金颗粒可通过静电吸引与多种生物分子相结合，形成蛋白质-金颗粒复合物，即胶体金标记物（胶体金探针）。免疫胶体金技术与免疫荧光、免疫酶和免疫铁蛋白等标记技术相比有其独特的优越性和更广泛的用途：①免疫胶体金制备不需经过化学反应交联，多种生物分子均可与金颗粒吸附形成复合物，且生物分子活性可保持不变。②可根据不同的实验目的和要求，采用不同试剂、剂量和方法，选择制备不同直径的胶体金颗粒。利用不同直径胶体金颗粒标记不同抗原，可实现电镜下的双重或多重免疫标记，应用还可制备放射性胶体金。③胶体金为高电子密度颗粒性标记物，电镜下分辨率高，对超微结构遮盖少，并易与其他颗粒性结构相区别，故具有较精确的定位能力。④免疫胶体金对组织细胞的非特异性吸附作用小，故具有较高的特异性。⑤免疫胶体金标记不仅可应用于常规光镜，而且还可应用于荧光显微镜。光镜应用的免疫金银染色法是迄今最敏感的免疫组化方法。⑥除应用于透射电镜外，金颗粒由于具有很强的激发电子能力，还可用于扫描电镜和X射线衍射分析等。近年来，免疫胶体金技术不仅在光镜、电镜研究中得到广泛应用，而且还进一步发展了免疫胶体金与免疫酶标记相结合、免疫胶体金与放射自显影标记相结合等不同方法双标技术。免疫胶体金技术与原位核酸杂交相结合也已被成功地应用于生物学和化学研究领域。这种将形态学研究与定位、定性和定量研究相结合的标记技术在生物学和化学研究领域中已成为一种非常有用的研究手段。

6. 免疫化学发光分析　免疫化学发光分析是将具有高灵敏度的化学发光测定技术与高特异性的免疫反应相结合，应用于各种抗原、半抗原、抗体、激素、酶、脂肪酸、维生素等的检测分析技术，也是一种超微量分析技术，这种方法具有发光分析的高灵敏性和免疫反应的高特异性。免疫化学发光分析具有灵敏度高、特异性强、试剂价格低廉、试剂稳定且有效期长（6～18个月）、方法稳定快速、检测范围宽、操作简单、自动化程度高等优点。高灵敏度的免疫化学发光分析技术已经被广泛认可，正逐渐替代传统的生物活性成分检测技术。

免疫化学发光分析包含两个部分，即免疫反应系统和化学发光分析系统。化学发光分析系统是利用化学发光物质经催化剂的催化和氧化剂的氧化，形成一个激发态的中间体，当这种激发态中间体回到稳定的基态时，同时发射出光子，利用发光信号测量仪器测量光量子产额。免疫反应系统是将发光物质（在反应剂激发下生成激发态中间体）直接标记在抗原（化学发光免疫分析）或抗体（免疫化学发光分析）上，或酶作用于发光底物。化学发光免疫分析根据其采用的标记物的不同可分为发光物标记、酶标记和元素标记免疫化学发光分析三大类。

4.12.4　免疫学检测技术的应用

目前用于新型冠状病毒检测的方法主要包括核酸检测法和免疫学检测法，核酸检测法是对病毒RNA基因组进行检测，主要采用基因测序、荧光定量PCR、微滴式数字PCR（dd PCR）、基因芯片和环介导等温扩增检测（LAMP）等技术。免疫学检测法是对病毒抗原或人体免疫反应产生的特异性抗体进行检测，包括免疫色谱试纸条、酶联免疫吸附试验和化学发光免疫分析等。

免疫检测是利用抗原与抗体特异性结合的原理来测定的。新型冠状病毒表面存在多种结构蛋白质，包括多个抗原表位，以此来制备抗体检测抗原的存在，可直接证明样本中含有新型冠状病毒；另一方法是测定人体内产生的抗体。病毒感染人体后，会刺激免疫细胞产生特异性抗体，主要为IgM和IgG两类，目前对新型冠状病毒的这两类抗体的产生和持续时间还没有系统性的研究。通常情况下，IgM抗体为机体初次免疫应答最早产生的抗体，产生快速，但维持时间短、消失快，可作为早期感染的指标，适用于早期诊断和排除疑似病例。IgG抗体为机体再次免疫应答产生的主要抗体，产生晚、维持时间长、消失慢，可作为感染和既往感染的指标，适用于提高诊断准确性，减少漏诊。

免疫法快速检测一般采用试纸检测（1条红线阴性，2条红线阳性），大多数基于抗原抗体的胶体金原理（图4-18A），检测目标均为IgM/IgG。胶体金法检测IgM/IgG抗体原理基于免疫层析平台（图4-18B），胶体金标记的能与IgM/IgG抗体特异结合的抗原固定在结合垫上，硝酸纤维素（NC）膜上检测线处固定抗人IgM/IgG抗体，质控线处固定特异识别重组抗原His/Fc等标签抗体。当待测样品滴加至样品垫加样处时，样品向试纸吸水垫处移动，如含有IgM/IgG抗体，抗体与结合垫上的金标抗原结合，形成抗原-抗体复合物，随后被检测线上的抗人IgM/IgG抗体捕获，并显色。若待测样品中不含IgM/IgG抗体，则检测线不显色。同时质控线上抗体与金标抗原特异结合而显色，以验证试纸正常。抗原检测原理与抗体检测类似，如检测线上形成标记抗体-抗原-捕获抗体复合物会显色，说明待测样本阳性（图4-18A）。免疫检测仅需十几分钟，不需要特殊仪器，但灵敏度和特异性与相应制备的抗体、抗原特异性密切相关，同时无法对潜伏期和感染初期的患者进行检测，此时人体内无抗体产生。另外，抗体检测容易因血液标本中的一些干扰物质（如类风湿因子、非特异IgM、溶血所致的高浓度血红蛋白等）的存在而出现“假阳性”结果，所以抗体检测必须采用IgM和IgG同时检测且通常需多次动态检测来确认。鉴于上述原因，目前免疫检测尚不能作为新型冠状病毒肺炎确诊和排除的唯一依据，可用于大规模的人群筛查发现“无症状感染者”，控制病毒的传播。

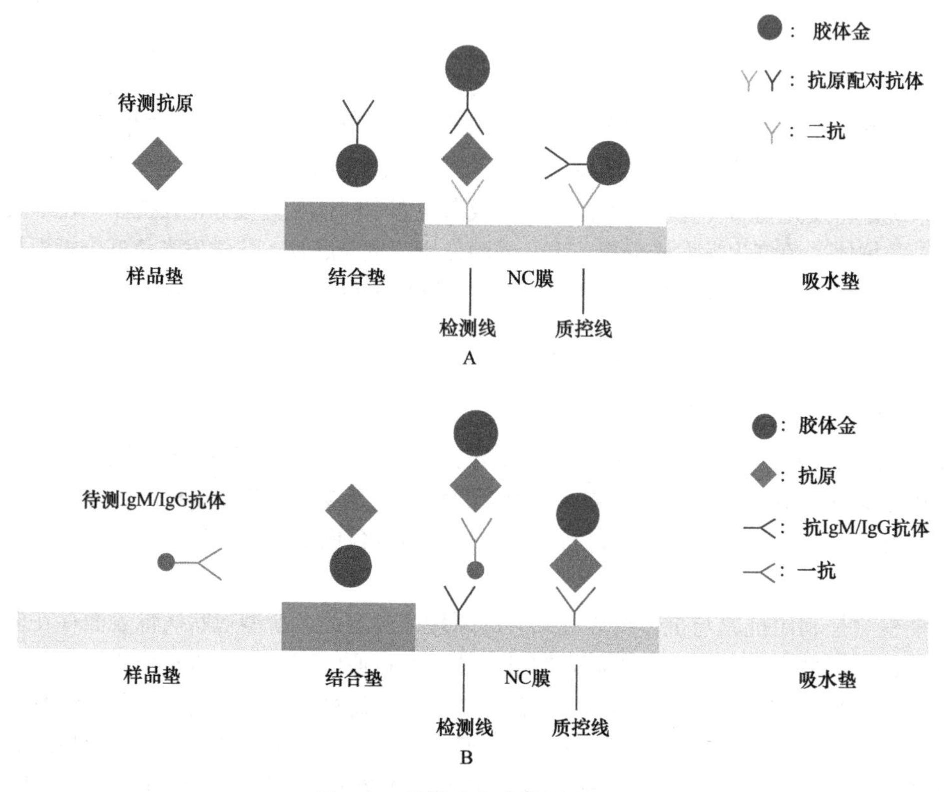

图4-18 胶体金免疫检测原理图

参考文献

白玲，郭会时，刘文杰．2020．仪器分析．北京：化学工业出版社．

丁军颖，崔澂．2018．医学免疫学检测技术及临床应用．北京：化学工业出版社．

高锦明，田均勉．2018．天然产物结构解析．北京：科学出版社．

胡坪，王氢．2020．仪器分析．5版．北京：高等教育出版社．
焦奎，张书圣，张宪．2004．酶联免疫分析技术及应用．北京：化学工业出版社．
林金明，王栩．2008．化学发光免疫分析．北京：化学工业出版社．
宁永成．2009．有机化合物结构鉴定与有机波谱学．4版．北京：科学出版社．
秦海林，于德泉，丛浦珠．2011．天然有机化合物核磁共振碳谱集（上/下册）．北京：化学工业出版社．
王露莹，陈品儒，郑国湾，等．2020．新型冠状病毒检测方法的研究进展．现代药物与临床，35（3）：411-416．
吴谋成．2003．仪器分析．北京：科学出版社．
武汉大学．2020．分析化学．6版．北京：高等教育出版社．
徐任生，赵维民，叶阳．2016．天然产物活性成分分离．北京：科学出版社．
尹华，王新宏．2020．仪器分析．2版．北京：人民卫生出版社．

第5章 核酸的分离纯化与表征

5.1 核酸的理化性质及其应用

5.1.1 核酸的一般物理性质

1. 溶解度 DNA为白色纤维状固体，RNA为白色粉末状固体，均微溶于水，但二者的钠盐在水中的溶解度较大。以上两种核酸可溶于2-甲氧乙醇，但不溶于乙醇、乙醚和氯仿等有机溶剂。因此，在实践中常使用乙醇沉淀提取核酸，如在50%乙醇溶液中DNA可沉淀析出，当乙醇浓度达75%时，则RNA可从溶液中沉淀出来。通常，DNA和RNA在细胞内与蛋白质结合成核蛋白，并且两种核蛋白在盐溶液中的溶解度不同，DNA核蛋白难溶于0.14 mol/L的NaCl溶液，可溶于高浓度（1～2 mol/L）的NaCl溶液，而RNA核蛋白则易溶于0.14 mol/L的NaCl溶液，因此常使用不同浓度的盐溶液来分离两种核蛋白。

2. 两性解离 核酸同时带有碱性的碱基与酸性的磷酸基团，因此具有两性解离的性质。DNA两性解离的pH为4～4.5，RNA两性解离的pH为2～2.5。

3. 形状及黏度 生物分子通常都具有一定的黏度，尤其是结构细长且具有一定刚性的大分子。DNA呈线性的细长结构，其直径与长度之比可达1∶10^7，因此DNA溶液的黏度很大，即使是DNA的稀溶液也具有较大的黏度。相比之下，由于RNA通常为较短的单链核苷酸序列结构，溶液黏度较小。通常，核酸（尤其是DNA）若发生变性或降解，其溶液的黏度减小。

5.1.2 核酸的紫外吸收特性

嘌呤碱和嘧啶碱具有共轭双键，这赋予了核酸紫外吸收的特性，最大吸收峰在260 nm附近（图5-1）。因此，可以通常测定样品的紫外吸收值$A_{260\ nm}$进行定性或定量分析。

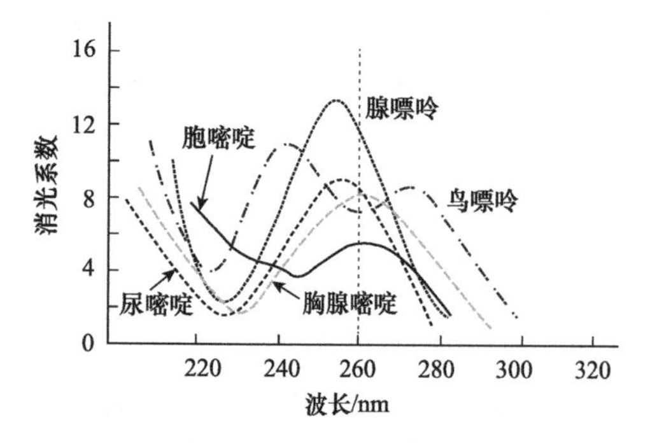

图5-1 各种碱基的紫外吸收光谱图（pH 7.0）

在实验室中常通过测定样品的$A_{260\ nm}$值可判断待测DNA或RNA样品是否存在蛋白质污染，因为蛋白质的最大吸收峰在280 nm处，因此通过$A_{260\ nm}/A_{280\ nm}$即可判断样品的纯度。纯净DNA溶液的$A_{260\ nm}/A_{280\ nm}$理论值为1.8，RNA溶液为2.0。样品中如含有蛋白质及苯酚，则$A_{260\ nm}/A_{280\ nm}<1.8$。纯度不高的核酸样品不能使用紫外吸收法定量测定，而对于高纯度的核酸

溶液，通过测定$A_{260\ nm}$，即可利用核酸的比吸光系数计算溶液中核酸的量。核酸的比吸光系数是指浓度为1 μg/ml的核酸水溶液在260 nm处的吸光率；天然双链DNA的比吸光系数为0.020，变性DNA和RNA的比吸光系数为0.022。通常以吸光度值等于1代表含有50 μg/ml双螺旋DNA或40 μg/ml单链DNA/RNA或20 μg/ml寡核苷酸。对于带有杂质的核酸样品可先通过琼脂糖凝胶电泳分离获得核酸条带后，经啡啶溴红染色而通过相对定量估测核酸含量。

5.1.3　核酸的沉降特性

溶液中的核酸分子在自然重力的作用下可出现沉降。分子构象不同的核酸如线性结构、开环结构、超螺旋结构等与蛋白质及其他杂质在超速离心机的作用下，沉降速率存在较大差异。因此，可使用超速离心法对核酸进行分离纯化，或将具有不同构象的核酸分子相互分离；也可通过以核酸标准品为参照系，利用离心法测定核酸的沉降常数与分子量。采用不同介质构建密度梯度体系并结合超速离心法分离核酸可获得良好的分离效果。RNA分离常使用蔗糖溶液，分离DNA则使用CsCl溶液，CsCl在水中溶解度较大，可制成高浓度（8 mol/L）溶液。

使用啡啶溴红-氯化铯密度梯度超离心技术，可将具有不同分子构象的DNA、RNA以及蛋白质等物质相互分离。经超速离心处理，离心管在紫外光照射下能够清晰观察到各组分分布（图5-2）。其中，蛋白质漂浮在最上层，RNA在底部，DNA位于中间，并且超螺旋DNA沉降较快，开环及线性DNA沉降较慢。可使用注射针头从离心管侧面超螺旋DNA区带处刺入，抽出DNA。然后，利用异戊醇抽提收集的DNA除去染料，并通过透析除去CsCl，再经苯酚抽提1～2次后，加入乙醇沉淀分离出DNA。通过该方法获得的DNA纯度较高，可应用于DNA重组、测序及绘制限制酶图谱等。在少数情况下，需进一步提纯DNA，可以将上述DNA样品再重复进行一次啡啶溴红-氯化铯密度梯度超离心分离。

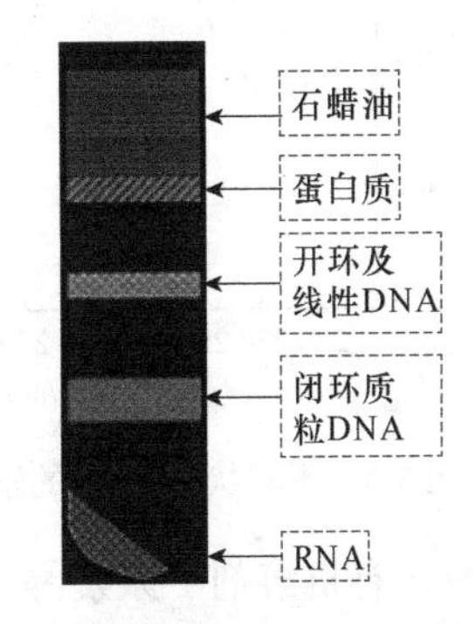

图5-2　不同物质经啡啶溴红-氯化铯超速离心技术分离后的状态

5.1.4　核酸的两性解离及凝胶电泳

核酸分子中具有呈酸性的磷酸基团和呈弱碱性的碱基，故为两性电解质，可发生两性解离。但由于磷酸的酸性较强，在核酸中除末端磷酸基团外，其他参与形成磷酸二酯键的磷酸基团仍可解离出一个H^+，其pK为1.5；而嘌呤和嘧啶碱基为含氮杂环，又有各种取代基，既有碱性解离性质又具有酸性解离性质，但碱基最终呈弱碱性。由此可见，核酸相当于多元酸，具有较强的酸性；当pK＞4时，磷酸基团则全部解离，呈多阴离子状态。

核酸是具有较强酸性的两性电解质，其解离状态随溶液的pH而改变。当核酸分子的酸性解离和碱性解离程度相等，携带相同数量的正电荷与负电荷时，即成为两性离子，此时核酸溶液的pH即为等电点（isoelectric point，pI）。核酸的等电点较低，如酵母RNA的pI为2.0～2.8。根据核酸在等电点环境下溶解度最小的特性，将pH调至RNA的等电点时，可使RNA从溶液中沉淀析出。

根据核酸的解离性质，在中性或偏碱性的缓冲液中可使核酸解离成阴离子，置于电场中便向阳极移动，即为电泳（electrophoresis）。凝胶电泳是核酸研究中最常使用的方法之一，具有简单、快速、灵敏、成本低等诸多优点。常用的凝胶电泳有琼脂糖（agarose）凝胶电泳和聚丙烯酰胺（polyacrylamide）凝胶电泳等。同时，凝胶电泳兼有分子筛和电泳双重效果，通常分离效率较高。

5.1.5 核酸的变性、复性和杂交

1. 变性 核酸的变性（denaturation）是指在某些理化因素作用下，维系核酸分子双螺旋结构的氢键和碱基堆积力受到破坏，分子由稳定的双螺旋结构松解为无规则线性结构甚至解旋成单链的现象，同时伴随核酸的光学性质和流体力学性质发生改变，可能导致部分或全部生物活性丧失，但并不涉及一级结构即3′，5′-磷酸二酯键的断裂。

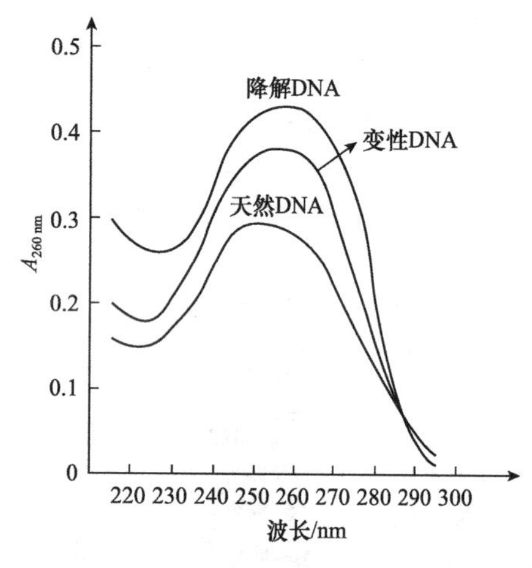

图5-3 不同状态DNA的紫外吸收光谱

当DNA的稀盐溶液加热到80～100℃时，其分子中的双螺旋结构即发生解旋，两条链分开，形成无规则线团状。一系列物化性质也随之发生改变，如黏度降低、浮力密度升高等，同时二级结构发生改变，有时可以失去部分或全部生物活性。DNA变性后，双螺旋解体，碱基堆积已不存在，螺旋内部的碱基暴露出来，使变性后的DNA在260 nm处的紫外吸收值明显升高（图5-3），这种现象称为增色效应（hyperchromic effect），在实践中常通过增色效应跟踪DNA的变性过程与变性程度。

可以引起核酸变性的因素很多，如高温、极端pH、有机溶剂、尿素等。由温度升高而引起的变性称热变性，由环境酸碱度改变引起的变性称酸碱变性。尿素是聚丙烯酰胺凝胶电泳分析DNA序列时常用的DNA变性剂，甲醛也常应用于琼脂糖凝胶电泳，以测定RNA分子大小。DNA分子的热变性过程通常呈现跃变式（图5-4），当病毒或细菌DNA分子的溶液被缓慢加热进行DNA变性时，溶液的紫外吸收值在达到某温度时会突然快速增加，并在一个狭窄的温度区间内达到最高值。DNA发生热变性时，通常将紫外吸收值到达总增加值一半时的温度，称为DNA的变性温度。由于DNA变性过程犹如金属的熔解，所以DNA的变性温度亦称为该DNA的熔点或熔解温度（melting temperature，T_m），用T_m表示。DNA的T_m值一般在70～85℃，常在0.15 mol/L NaCl、0.015 mol/L柠檬酸三钠（sodium chloride-sodium citrate，SSC）溶液中进行测定。研究发现，DNA分子的T_m值主要取决于其自身性质，如DNA分子中碱基组成的均一性及DNA种类的均一性越高，T_m值范围较窄；反之，DNA均一性越低，T_m值范围就较宽。GC含量越高，DNA的T_m值也越高，因为GC碱基对之间有3个氢键，能够提高DNA的稳定性。此外，在离子浓度较高的溶液中，DNA的T_m值也通常较高。T_m值与GC含量的关系可用以下经验公式表示。

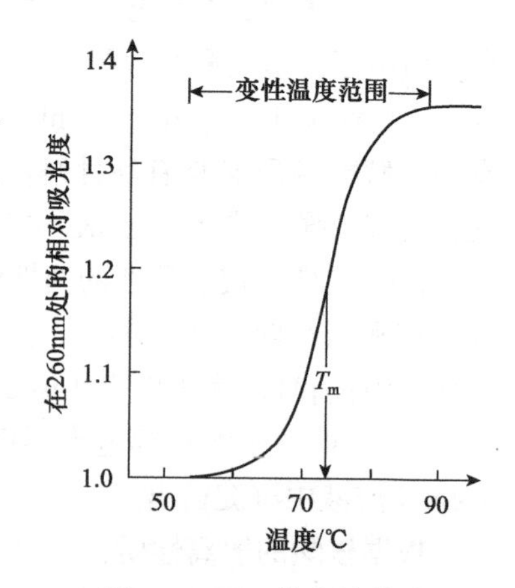

图5-4 DNA热变性曲线

$$T_m=69.3+0.14\times(G+C)\%$$

在离子强度低的介质中，DNA的熔解温度较低，且熔解温度范围较宽。而在较高离子强度的介质中，情况则相反。因此，DNA样品通常保存在高浓度缓冲液或盐溶液中，如1 mol/L NaCl中。因RNA分子中带有局部双螺旋区，所以RNA也可发生变性，但T_m值往往较低，且变性曲线变化平缓。

2. 复性 变性DNA在适当条件下，两条互补链全部或部分重新缔合成为双螺旋结构的过程称为复性（renaturation）。DNA经复性后，其分子物理化学性质以及生物活性可得以恢复。DNA的复性过程并不是两条单链简单的重新缠绕。复性起始于单链分子之间随机的无规则碰撞运动，当两条单链之间部分碱基不能互补配对时，则迅速被分子的热运动瓦解。只有当可互补配对的一部分碱基中，至少10～20 bp碱基相互靠近，尤其是富含GC的节段首先形成氢键，形成一个或多个双螺旋核心，也被称为成核作用（nucleation），然后其余尚未配对的部分按碱基配对相结合时，才能像拉锁链一样迅速形成双螺旋结构。

因此，复性过程的限制因素是分子碰撞过程。DNA的复性不仅受温度影响，还受DNA自身特性等其他因素的影响。一般认为比T_m值低25℃左右的温度条件是复性的最佳条件，越远离此温度，复性速度就越慢。将热变性的DNA骤然冷却时，DNA无法复性，例如，用同位素标记的双链DNA片段进行分子杂交时，为获得单链的杂交探针，要将装有热变性DNA溶液的试管直接插入冰浴，使溶液在冰浴中骤然冷却至0℃。出现这种现象主要由于温度降低，单链DNA分子失去碰撞的机会，无法形成互补双链，保持单链的状态，这种处理过程亦被称为“淬灭”（quench）。经热变性的DNA缓慢冷却后可完成复性，该过程也被称为退火（annealing）。此外，通常DNA序列的复杂性越低，互补碱基的配对越容易实现；而DNA的片段越大，复杂性越高，其复性速度越慢。在一定条件下，核酸的复杂性程度可以用$C_ot_{1/2}$来衡量，即变性DNA的原始浓度（C_o，以核苷酸的摩尔数表示）与复性所需时间t（s）一半的乘积。

DNA复性后，溶液的$A_{260\ nm}$减小，该现象称为减色效应（hypochromic effect）。引起减色效应的原因是碱基状态的改变，DNA复性后碱基隐藏于双螺旋内部，碱基对呈堆积状态，它们之间介电子的相互作用得以恢复，使碱基对紫外光的吸收能力减弱。因此，可用减色效应来追踪DNA的复性进程。

3. 杂交 根据核酸的变性和复性原理，将不同来源的DNA变性，若这些异源DNA之间可通过碱基互补配对在退火条件下形成DNA-DNA异源双链，或将变性的单链DNA与RNA经复性后形成稳定的DNA-RNA杂交双链，该过程被称为核酸分子杂交（molecular hybridization）。核酸的杂交在分子生物学和分子遗传学的研究中应用广泛，许多重大分子遗传学问题都是通过使用分子杂交技术得以解决的。

Southern杂交技术是由英国分子生物学家Southern于1975年发明。Southern印迹（Southern blotting）原理是将DNA样品经限制性核酸内切酶降解后用琼脂糖凝胶电泳进行分离，将胶浸泡在碱（NaOH）中使DNA变性，将变性DNA转移到硝酸纤维素膜上，在80℃烘4～6 h，使DNA牢固地吸附在纤维素膜上；然后与放射性同位素标记的变性后DNA探针在较高的盐浓度及适当的温度（一般68℃）下杂交数小时或十余小时形成DNA-DNA异源双链，通过洗涤，除去未杂交上的标记物；最后将纤维素膜烘干后进行放射自显影。核酸杂交载体可以是液相或固相。随之衍生而来的还有斑点杂交，其原理与Southern印迹法相同，是将提取的核酸片段变性后转移并固定于支持膜上，通过预杂交以除去非特异位点，然后以标记探针进行杂交，通过放射自显影分析结果。此方法可用于DNA或RNA分析，特异性强，但灵敏度低，操作复杂，而且发现阳性斑后还需做Southern杂交加以验证。与Southern杂交原理相似的还有Northern杂交（Northern blotting），以RNA用于制作探针（probe），将RNA变性后转移到纤维素膜上再采用^{32}P（用作探针）标记核酸进行杂交时，可以在3′端或5′端标记或均匀标记，用于分析RNA。

5.1.6 核酸的酸解、碱解与酶解

核酸在酸、碱和酶的作用下，发生共价键断裂、多核苷酸链断裂、分子量变小，此过程称为核酸的水解。

1. 核酸的酸解 核酸分子中的糖苷键对酸比较敏感，尤其是DNA分子中的嘌呤糖苷键。酸对核酸的作用因酸的浓度、温度和作用时间长短而不同。用稀酸在温和条件下对DNA作短时间处理，DNA和RNA均不会发生降解。当延长处理时间或提高温度和酸的强度时，则会使核酸中部分糖苷键水解，首先嘌呤碱基被水解解离，同时少数磷酸二酯键也发生水解与链断裂。若用中等强度的酸在100℃下处理数小时，或在浓酸（如2～6 mol/L HCl）条件下处理，则可提高核酸水解程度。

2. 核酸的碱解 RNA特别是mRNA分子通常对碱较敏感，在稀碱条件下很容易水解生成2′-核苷酸和3′-核苷酸。因为RNA中的核糖具有2′-OH，在碱催化下3′，5′-磷酸二酯键断裂，形成中间物2′，3′-环核苷酸后进一步水解，生成2′-核苷酸和3′-核苷酸的混合物。

RNA碱水解所用的KOH（或NaOH）的浓度因受温度与作用时间的影响而不同，如1 mol/L KOH（或NaOH）在80℃下作用1 h，或0.3 mol/L KOH（或NaOH）在37℃下作用16 h均可以使RNA水解成单核苷酸。在稀碱条件下，DNA通常较稳定，不会被水解成单核苷酸，因为DNA中的脱氧核糖C2′位没有—OH，不能形成2′，3′-环核苷酸，因此DNA在碱的作用下，只发生变性。根据碱对DNA和RNA的不同作用，用碱处理DNA和RNA混合液，使RNA水解成单核苷酸保留在溶液中，再把DNA从溶液中沉淀纯化出来。

3. 核酸的酶解 能水解核酸的酶称为核酸酶（nuclease），包括能够水解DNA的DNA酶（DNase）、能水解RNA的RNA酶（RNase）以及既能水解DNA又能水解RNA的磷酸二酯酶。由于核酸链是由两个酯键将核苷酸连接而成的，核酸酶切割磷酸二酯键的位置不同会产生不同的末端产物。核酸酶按作用方式及作用位点不同又可分为内切核酸酶（endonuclease）和外切核酸酶（exonuclease）。外切核酸酶只从一条核酸链的一端（包括3′端和5′端）逐个切断磷酸二酯键释放单核苷酸；而内切核酸酶在核酸链的内部切割核酸链，产生核酸片段，如限制性核酸内切酶。限制性核酸内切酶（restriction endonuclease）也称限制酶（restriction enzyme），是由W. Arber、H. Smith和D. Nathans等在1979年从细菌中分离的一类核酸酶。限制酶具有极高的专一性，能识别双链DNA上特定的酶切位点，并将双链DNA切断，形成新的3′或5′黏端或平端。限制酶可以用来剪切双链DNA分子，在分析染色体结构、测序、基因分离、DNA体外重组等研究中是不可缺少的工具。

限制酶可被分成3种类型。Ⅰ型和Ⅲ型限制酶水解DNA需要消耗ATP，全酶中的部分亚基有通过在特殊碱基上补加甲基基团对DNA进行化学修饰的活性。Ⅰ型限制酶在随机位点切割DNA；Ⅲ型限制酶识别双链DNA的特异核苷酸序列，并在这个位点内或附近切开

DNA双链；Ⅱ型限制酶已被广泛应用于DNA分子的克隆和序列分析，这是因为它们水解DNA不需要ATP，并且也不以甲基化或其他方式修饰DNA，最重要的是可特异性识别特定核苷酸序列并在识别处准确切割DNA链。这些酶切位点通常由含有4个或6个具有回文结构（palindromic structure）的核苷酸序列构成。

5.2　核酸的分离提取

5.2.1　核酸的分离提取原理及一般过程

1. DNA分离　对于原核微生物细胞，DNA主要分布在细胞质内，包括基因组DNA和质粒DNA。对于真核生物细胞90%以上DNA主要分布于细胞核内，其余则分布在细胞核外的线粒体、叶绿体、质粒（酵母菌）等中。这些DNA成分并非单独存在，通常与多种组蛋白相互结合，多以脱氧核糖核蛋白（DNP）形式存在。当前，已有大量文献报道了从不同器官、组织、细胞等样品中分离提取DNA的方法，这些方法主要通过3个步骤分离提取DNA：①采用去污剂［如十二烷基硫酸钠（SDS）］、离液剂（如胍盐）等，研磨、反复冻融、加热、超声破碎等处理手段裂解细胞膜，使染色体DNA游离出胞外并使核酸酶灭活。②加入蛋白酶、RNase通过酶解去除与DNA结合的蛋白质和混杂的RNA，加入有机溶剂（苯酚/氯仿）使大部分蛋白质变性从细胞裂解液中析出脱除。③利用乙醇或者异丙醇沉淀DNA去除盐离子，并使用阴离子树脂等柱材料吸附、释放DNA，从而分离获得DNA。

2. 质粒DNA分离　质粒是一类闭合、环状的双链DNA，大小为1～200 kb。各种质粒都是存在于细胞质中、独立于染色体DNA之外的自主复制的遗传成分，通常情况下可持续稳定地处于染色体外的游离状态，但在一定条件下也会可逆地整合到寄主染色体上，随着染色体的复制而复制，并通过细胞分裂传递到后代。由于可获得大量纯化的质粒DNA分子，质粒已成为目前最常用的基因克隆的载体分子目前已有许多方法可用于质粒DNA的提取。碱裂解法是一种应用最为广泛的制备质粒DNA的方法。其基本原理为：当菌体在NaOH和SDS溶液中裂解时，蛋白质与DNA发生变性，当加入中和液后，质粒DNA分子能够迅速复性，呈溶解状态，离心时留在上清中；蛋白质与染色体DNA不变性而呈絮状，离心时可沉淀下来。纯化质粒DNA的方法通常是利用了质粒DNA相对较小及共价闭环两个性质，如氯化铯-溴化乙锭梯度平衡离心、离子交换层析、凝胶过滤层析、聚乙二醇分级沉淀等方法，但这些方法相对昂贵或费时。

质粒是基因工程中广泛使用的重要载体。传统的提取方式主要是使用碱和SDS裂解菌体细胞，在高pH条件下经强离子去污剂破坏细胞壁膜，并使细胞内容物中的蛋白质与染色体DNA变性，质粒DNA释放到上清液中。此时，菌体蛋白、破碎的细胞壁与变性的染色体DNA相互缠绕吸附形成复合物，并被十二烷基硫酸盐包裹。这些复合物可通过将溶液中的钠离子替换为钾离子而有效发生沉淀，经离心去除后，可从上清液中回收并复性质粒DNA。但上清液中仍存在部分片段化的染色体DNA，这可能是机械力和核酸酶水解作用所致。虽然质粒DNA与染色体DNA在化学结构上并无差异，但在分子结构存在差异。以下为质粒分离的几种方法。

（1）氯化铯密度梯度离心法。将含有溴化乙锭（EB）的氯化铯溶液加入菌体裂解液中（DNA粗提取液）进行氯化铯-溴化乙锭密度梯度离心。由于EB嵌入线性染色体DNA及闭合环状的质粒DNA的量是不同的，线性染色体DNA具有游离的末端而易于解旋，故可嵌入大量EB分子，而闭合环状的质粒DNA没有游离末端，只能发生有限解旋，故嵌入相对少量的EB，而EB嵌合量越多，DNA的密度就越低，因此在EB达到饱和浓度条件下，质粒DNA就要比线性染色体DNA片段具有更高的密度。通过氯化铯密度梯度离心之后，它们就会平衡在不同的位置，从而达到纯化质粒DNA的目的。

（2）碱变性法。碱变性法基于线性染色体DNA与质粒DNA的变性与复性的差异而达到分离目的。在这个过程中，主要利用了DNA的碱变性原理：在pH为12.0～12.5，线性染色体DNA会变性，两条互补链完全分开，质粒DNA的大部分氢键也会断裂，但由于cccDNA的双螺旋主链骨架的彼此盘绕处于拓扑缠绕状态，互补的两条链仍会密切地结合在一起。这样，当pH恢复至中性时，质粒DNA便会迅速而准确地复性，而线性染色体DNA分子的复性就不会那么迅速准确。它们聚集成不可溶的网状结构，通过离心便会与变性的蛋白质及RNA一同沉淀下来。而仍残留在上清液中的质粒DNA可使用乙醇沉淀法收集，即在DNA溶液中加入二倍体积的乙醇，就可以使DNA沉淀，从而分离出质粒DNA。这种方法也常常用来对DNA进行浓缩。乙醇处理时温度通常是−20℃，时间在30 min以上，若DNA片段比较小（小于1 kb）或量比较少（少于0.1 μg/ml），则在−70℃条件下沉淀，或延长沉淀时间。

（3）SDS-碱裂解法。SDS-碱裂解法是一种灵活、便利、有效的质粒DNA提取方法，对包括大肠杆菌在内的多种菌体细胞均适用，并且对菌体细胞培养液的处理量可以在1～500 ml甚至以上。在实验操作过程中，值得高度注意的是动作要尽量快、准、稳，因为质粒作为一种闭合环状DNA结构若长时间暴露在变性剂中，容易造成不可逆的变性。变性后的折叠卷曲DNA不能被限制性核酸内切酶切割，此外，其在琼脂糖凝胶电泳中的电泳速率是线性、超螺旋和环状等天然结构DNA的两倍，而且不易与染料嵌合，染色效率低。经碱裂法提取质粒DNA通常会产生一定量折叠形式的DNA，这种提取方式适用于大小在15 kb以下的质粒，大于15 kb的质粒容易在细胞裂解和后续的处理中发生断裂。利用蔗糖等渗溶液裂解菌体细胞，并通过溶菌酶和乙二胺四乙酸（EDTA）去除细胞壁，能够有效解决质粒受损断裂的现象。

3. RNA分离　细胞中的RNA可以分为mRNA、tRNA和rRNA三大类，在真核生物细胞中，80%～85%是rRNA，主要包括28S、18S、5.8S、5S，剩余15%～20%中大部分由不同低分子质量的tRNA组成。这些高丰度RNA因具有固定的大小和序列，可通过凝胶电泳、密度梯度离心、阴离子交换层析或高压液相层析进行分离。占细胞RNA总量1%～5%的mRNA由几百至成千上万个碱基组成。不同组织总RNA提取的实质就是将细胞裂解，释放出RNA，并通过不同方式去除蛋白质、DNA等杂质，最终获得高纯度RNA产物的过程。RNA提取过程中有5个关键点，即：①细胞或组织样品的充分破碎；②有效地使核蛋白复合体变性；③避免环境中RNase的干扰，同时抑制内源性RNase；④有效地将RNA从DNA和蛋白质混合物中分离；⑤对于多糖、多酚等物质含量较高的样品还涉及杂质的去除。其中，如何有效抑制RNase活性是提取RNA的最关键因素。因此，从组织和细胞中成功提取纯化完整的RNA，需要能使细胞物质快速解离并能够灭活细胞内RNase。为快速从细胞中分离完整的RNA，多种提取方法都使用了强变性剂（如胍盐）破裂细胞，使RNase变性并破坏蛋白质的高级结构。常规使用的蛋白质变性剂是异硫氰酸胍和盐酸胍，可将大多数蛋白质转为无规卷曲状态。盐酸胍虽然是很好的核酸酶抑制剂，但是如果从RNase含量丰富的胰腺等组织中提取完整的

RNA则恐难以保证。异硫氰酸胍含有强阳离子和阴离子基团，能够形成氢键，并在还原剂中可打断蛋白质分子中的二硫键结构，在去污剂如肌氨酸中可破坏疏水相互作用。因此，在组织匀浆或细胞裂解过程中，这些试剂可以溶解细胞组分并能够保持RNA的完整性。

5.2.2 DNA的分离提取

1. 浓盐法 利用RNA和DNA在盐溶液中的溶解度不同，可将二者分离，常采用1 mol/L NaCl进行抽提，得到DNA黏液与含有少量蛋白质的氯仿一起摇荡，使其乳化，再经离心除去蛋白质，此时蛋白质凝胶分布于水相与氯仿相之间，而DNA则位于上层水相中，之后可加入2倍体积95%乙醇将DNA沉淀出来。也可先采用0.15 mol/L NaCl反复洗涤细胞破碎液除去RNA，通过1 mol/L NaCl提取脱氧核糖蛋白，之后采用氯仿-乙醇除去蛋白质。两种方法比较，后者可减少核酸降解。以稀盐酸溶液提取DNA时，加入适量去污剂如SDS，可有助于蛋白质与DNA的分离。在提取过程中为抑制组织中的DNase对DNA的降解作用，可在氯化钠溶液中加入柠檬酸钠作为金属离子络合剂。通常使用15 mol/L NaCl、0.015 mol/L柠檬酸钠（简称SSC溶液）用来提取DNA。

2. 阴离子去污剂法 SDS或二甲苯酸钠等去污剂能够导致蛋白质变性，基于此可以直接从生物材料中提取DNA。由于细胞中DNA与蛋白质之间常通过静电引力或配位键结合，阴离子去污剂可有效破坏这种结合力与配位键，所以常用阴离子去污剂提取DNA。

3. 苯酚抽提法 苯酚可作为蛋白质变性剂，同时具有抑制DNase降解的作用。用苯酚处理匀浆液时，由于蛋白质与DNA共价键已断，蛋白质分子表面又含有很多极性基团与苯酚相似相溶，使蛋白质分子溶于苯酚相，而DNA溶于水相。离心分层后取出水层，经多次重复操作再合并含DNA的水相，利用核酸不溶于醇的性质，通过乙醇沉淀DNA。此时DNA呈黏稠状，可在玻璃棒上慢慢绕成一团，从而完整的提取出来，可使DNA保持天然状态。

4. 水抽提法 利用核酸溶解于水相的性质，将组织细胞破碎后，经低盐溶液除去RNA，然后将沉淀中的DNA充分溶解于水，离心收集上清液，并在上清液中加入固体氯化钠至终浓度为2.6 mol/L；再加入2倍体积的95%乙醇，搅拌使DNA析出。然后分别采用66%、80%和95%乙醇以及丙酮洗涤沉淀物质，在空气中经自然干燥后获得DNA样品。由于经该方法提取的DNA混杂有较高含量的蛋白质，通常较少使用。可通过在提取过程中加入SDS以除去蛋白质，对该提取方法进行优化改良。

5. 经典提取方法 酚抽提法、异丙醇沉淀法以及甲酰胺裂解法是提取DNA的经典方法，多种改良的提取方法是基于这些方法进行的。这3种方法均采用蛋白酶K和SDS消化破碎细胞。在前两种方法中首先采用裂解液酚/氯仿去除蛋白质，再分别使用乙醇或异丙醇沉淀DNA。甲酰胺裂解法则是利用高浓度甲酰胺使DNA与蛋白质发生解聚分离，之后采用透析的方式处理DNA样品。通过以上这些经典方法均可获得高纯度DNA，能够满足各种实验的要求，但操作烦琐，用时较长，且所用部分试剂具有一定毒性。

6. 玻璃棒缠绕法 该法用盐酸肌裂解细胞，然后将细胞裂解物铺于离心管中的乙醇上，采用一个带钩或前端为U形的玻璃棒在这两层液体的交界面缓慢搅动，沉淀出的胶状DNA可缠绕在玻璃棒上。玻璃棒上的DNA多次经乙醇浸泡并于室温下蒸干后由胶状逐渐回缩，将其浸入TE缓冲液中过夜，使其重新吸水膨胀进而从玻璃棒上分离下来。该提取方法对操作技术要求较高，但提取过程简单、快速。

7. 血细胞DNA的快速提取法 采用非离子变性剂NP-40（乙基苯基聚乙二醇）替代SDS裂解细胞，提取细胞核，然后采用酚/氯仿抽提DNA。这样从血液中分离获得的DNA纯度高，能够满足各种临床检验和实验要求。也可采用NP40和Tween-20联合使用破碎细胞膜，可避免因SDS的添加对后续步骤带来的不利影响。

5.2.3 RNA的分离提取

1. 样品处理 从各种不同来源样品（如细菌、酵母、血液、动物组织、植物组织和培养细胞）或同一来源样品的不同组织（如植物幼嫩叶片、成熟根、茎等）中提取高质量RNA，因细胞结构及所含的成分不同，样品预处理的方式也各有差异（表5-1）。

表5-1 样品预处理方式

不同材料	处理方式
植物材料	液氮研磨
动物材料	匀浆、液氮研磨
细菌	溶菌酶破壁
酵母与丝状真菌菌丝体	液氮研磨、玻璃珠处理、混合酶破壁

（1）纤维组织：心脏/骨骼肌等纤维组织中RNA的含量较少，可在规定范围内增加样品处理量。使用Trizol法可提取纤维组织中的RNA，由于纤维组织RNA含量较少，可依据增加样品起始量成比例调整Trizol用量，并在液氮中将组织彻底磨碎，同时可适当减少溶解RNA溶液体积，从而提高RNA浓度。

（2）蛋白质/脂肪含量高的组织：一些动物的脑组织和某些特殊植物组织中，因脂肪或者蛋白质含量较高，可采用Trizol法提取此类样品中的RNA。首先采用氯仿抽提，如上清中仍含白色絮状物，可采用氯仿再次对上清进行抽提。使用Trizol法从脂肪含量高的组织中提取RNA时，经氯仿抽提后会分成油滴层、水相（含RNA）层、DNA层、有机相层4层，通过移液管小心吸取水相液体，避免吸到油滴层和DNA层。

（3）核酸/RNase含量高的组织：在脾、胸腺、胰脏等动物组织中核酸和核酸酶均含量较高，可在液氮中研磨组织，再快速匀浆。如果裂解液呈黏稠状（核酸含量高的缘故）导致经酚/氯仿抽提不能有效分层，可以通过适当增加裂解液来解决此类问题。如果加入乙醇后即刻出现白色沉淀，则表明RNA提取物中有DNA污染，可在核酸溶解后经酸性酚/氯仿再次抽提，除去DNA污染。

（4）植物组织和真菌组织：提取植物和真菌中的RNA时，为了避免出现在内源酶的作用下RNA降解的现象，可选择在液氮中对植物组织或真菌菌丝体进行研磨。由于丝状真菌在液体培养基中形成菌丝球，无法通过离心分离，可采用布氏漏斗经真空抽滤的方式获得真菌菌丝体。此外，许多植物组织中含有如多糖、多酚等杂质，可与RNA同时沉淀或者亦同时被提取。因此，在提取植物组织中的RNA时，需要采用预处理方式或试剂来去除多糖、多酚等杂质的干扰和污染。同时，要使用新鲜样品或取样后立即在低温条件下（−20℃或−80℃）冷冻保存的样品，避免因反复冻融导致RNA降解或提取量下降。

2. 提取方法

（1）异硫氰酸胍/苯酚法（Rio et al.，2010）：Trizol是一种总RNA抽提试剂，内含异硫氰酸胍等物质，能迅速裂解细胞，抑制细胞释放出的核酸酶活性。目前常用Trizol进行提取组织或细胞中的RNA。在匀质化或溶解样品中，Trizol试剂可保持RNA的完整性，同时能破坏细胞及溶解细胞成分。加入氯仿离心后，裂解液分层成水相和有机相。RNA存在于水相中。水相转移后，RNA通过异丙醇沉淀回收。移去水相后，用乙醇可从中间相沉淀得到DNA，加入异丙醇沉淀可从有机相中得到蛋白质。这种提取方法应用非常广泛，适用于包括动物组织、微生物、培养细胞等在内的各类动物性材料，同时还适用于次生代谢物较少的植物性材料，如幼苗、幼叶等。当使用Trizol提取时，注意对人、动物、植物以及微生物菌体细胞等样品最大处理量应有限制，如动物组织50 mg、植物组织100 mg、丝状真菌100 mg、动物细胞5×10^6～1×10^7个、酵母1×10^7个等。Trizol试剂能够使不同种属组织细胞中不同分子量大小的多种RNA析出。例如，从大鼠肝脏抽提的RNA经琼脂糖凝胶电泳并用溴化乙锭染色，可见许多介于7～15 kb不连续的高分子量条带。

（2）胍盐/β-巯基乙醇法：该法适用于从各种不同动物材料和次生代谢物较少的植物材料中提取RNA。胍盐使细胞充分裂解，β-巯基乙醇可作为蛋白质的变性剂，并在提取过程中可有效抑制RNase的活性，保护RNA不被降解。

3. 纯化方法　经提取得到RNA溶液后，需要对RNA的纯度、得率等进行相关的质量检验，以确定是否符合后续实验的要求。根据后续实验的不同，对RNA的质量要求存在差异。如构建cDNA文库要求RNA分子完整且无酶反应抑制物等残留；Northern blotting实验对RNA完整性要求较高，对酶反应抑制物残留要求较低；RT-PCR实验对RNA完整性要求不高，但需严格限制酶反应抑制物的残留。此外，RNA样品中不应存在对酶（如逆转录酶）有抑制作用的有机溶剂或高浓度的金属离子。同时，应避免其他生物分子如蛋白质、多糖和脂类分子的污染，并排除DNA分子的污染。因此，在进行不同的实验时应选择不同的方法纯化RNA，以满足不同实验所需。

（1）氯仿抽提：使用氯仿作为提取试剂进行RNA抽提时，氯仿可去除蔗糖、蛋白质等杂质，并有效促进水相与有机相的分离，从而达到纯化RNA的目的。经氯仿抽提RNA后，通常可以异丙醇或乙醇沉淀水相中的RNA。加入60%水相体积或等体积的异丙醇，置于室温条件下沉淀20～30 min后，经高速离心，即可获得RNA沉淀物。之后加入不含有RNase的75%乙醇溶液，并将RNA沉淀振荡悬浮，使RNA沉淀中的盐离子被充分溶解。然后离心10～30 min，再次沉淀RNA。经离心后，小心倒掉上清（注意不要倒出RNA沉淀），随后快速离心1～2 s，将残留在管壁上的乙醇收集到管底后，用移液枪移除，置于超净工作台风干1～2 min（注意不要晾得太干，否则RNA沉淀不易溶解），最后加入适量RNase-free ddH_2O溶解RNA沉淀。

（2）硅基质吸附法：随着实验方法的改进，现已发展出一种采用吸附材料纯化核酸的方法。目前较常见的有硅基质吸附材料、阴离子交换树脂和磁珠等。硅基质吸附材料因其具有可特异吸附核酸，使用方便、快捷、不使用有毒溶剂（如苯酚、氯仿）等优点，成为核酸纯化的首选。采用硅基质吸附达到RNA分离纯化目的，通过专一结合RNA的离心吸附柱和独特的缓冲液系统，使样品在高盐条件下与硅胶膜特异结合，而蛋白质、有机溶剂等杂质不能结合到膜上而被洗脱，盐类则被含有乙醇的漂洗液洗涤，最后用RNase-free ddH_2O将RNA从硅胶膜上洗脱下来。

（3）寡聚（dT）纤维素柱纯化mRNA：mRNA的分离方法较多，其中以寡聚（dT）-纤维素柱层析法最为有效，已成为常规方法。此法利用mRNA 3′端含有poly（A+）的特点，在RNA流经寡聚（dT）纤维素柱时，在高盐缓冲液的作用下，mRNA被特异地结合在柱上，当逐渐降低盐的浓度时或在低盐溶液和蒸馏水的情况下，mRNA被洗脱，经过两次寡聚（dT）纤维柱后，即可得到较高纯度的mRNA。

4. 防止RNase污染的措施　措施如下：①所有玻璃器皿在使用前可置于180℃的高温下烘烤6 h或更长时间，使RNA酶因干热变性灭活；②塑料器皿及枪头等可用0.1%焦碳酸二乙酯（DEPC）水浸泡或用氯仿冲洗（注意：有机玻璃器具可被氯仿腐蚀，故不可使用氯仿处理）；③电泳槽等有机玻璃材质器具，可先用去污剂洗涤，双蒸水冲洗，再浸泡于3% H_2O_2中，室温条件下10 min，最后经0.1% DEPC水冲洗，晾干；④以0.1% DEPC配制实验所需的各种溶液，在37℃下处理12 h以上。经高压灭菌处理使DEPC分解为CO_2和乙醇。不能高压灭菌的试剂，应当用DEPC处理过的无菌双蒸水配制，然后经0.22 μm滤膜过滤除菌；⑤操作人员佩戴一次性口罩、帽子、手套，实验过程中手套要勤换，或频繁采用固相RNase清除剂擦拭手套；⑥设置RNA操作专用实验室，所有器械等应为专用；⑦因DEPC可与胺和巯基反应，含Tris和DTT的试剂不能采用DEPC进行处理；⑧按照样品浓度，从RNA提取液中取两份含量为1000 ng的RNA溶液至0.5 ml的离心管中，并以pH 7.0的Tris缓冲液使总体积补充到10 μl，闭合管盖。将其中一管置于70℃恒温水浴，保温1 h。另一管置于−20℃冰箱中保存1 h。之后，分别取出两份样本进行电泳分析，比较两者的电泳条带。如果两组中的核酸条带一致或无明显差异，则说明RNA溶液中无RNase污染。相反，如果70℃水浴处理的RNA条带有明显降解，则说明RNA提取样品中存在RNase污染。

5. 常用的RNase抑制剂

（1）DEPC：是一种强烈但不彻底的RNase抑制剂，可通过与RNase的活性基团组氨酸的咪唑环结合使蛋白质变性，从而抑制酶的活性。因DEPC可不加选择对蛋白质和RNA进行修饰，因此在分离和纯化RNA过程中不宜使用。

（2）异硫氰酸胍：目前被认为是最有效的RNase抑制剂，在裂解组织的同时也使RNase失活；既可破坏细胞结构使核酸从核蛋白中解离出来，又对RNase具有强烈的变性作用。

（3）氧钒核糖核苷复合物：由氧化钒离子与核苷形成的复合物，可与RNase结合形成过渡态类物质，几乎能完全抑制RNase活性。

（4）RNase抑制剂（RNasin）：从大鼠肝或人胎盘中提取得来的酸性糖蛋白，是RNase的一种非竞争性抑制剂，可以和多种RNase结合，使其失活。

（5）其他：SDS、尿素、硅藻土等对RNase也具有一定抑制作用。

6. 植物RNA提取过程中难点的相应对策

（1）酚类化合物的干扰及对策：许多植物样品特别是果实和叶片中富含酚类化合物，酚类物质的含量通常随着植物的生长而积累。因此，从幼嫩的植物材料中更容易提取RNA。此外，针叶类植物的针叶中多酚的含量高于落叶植物的叶片。植物材料匀浆时，酚类物质会释放出来，经自发式或酶促氧化后使匀浆液变为褐色。被氧化的酚类化合物（如醌类）能与RNA稳定结合，从而阻碍RNA的分离纯化。一般认为所谓的"缩合鞣质"即聚合多羟基黄酮醇类物质（如原花色素类物质）是影响RNA提取的一类化合物。目前去除酚类化合物的一般途径是在提取的初始阶段防止其被氧化，然后再将其与RNA分开。

防止酚类化合物被氧化的方法：①还原剂法。一般在提取缓冲液中加入β-巯基乙醇、二硫苏糖醇（DTT）或半胱氨酸来防止酚类物质被氧化，有时提取液中β-巯基乙醇的浓度可高达2%。β-巯基乙醇等还可以打断多酚氧化酶的二硫键而使之失活。在过夜沉淀RNA时加入β-巯基乙醇（终浓度1%）可以防止在此过程中酚类化合物的氧化。硼氢化钠（$NaBH_4$）是一种可还原醌的还原剂，用它处理后提取缓冲液的褐色可被消减，醌类化合物可被还原成多酚化合物。②螯合剂法。螯合剂聚乙烯吡咯烷酮（PVP）和交联聚乙烯吡咯烷酮（PVPP）中的CO—N═有很强的结合多酚化合物的能力，其结合能力随着多酚化合物中芳环羟基数量的增加而加强。原花色素类物质中含有许多芳环上的羟基，因而可以与PVP或不溶性的PVPP形成稳定的复合物，使原花色素类物质不能成为多酚氧化酶的底物而被氧化，并可以在以后的抽提步骤中被除去。用PVP去除多酚时pH是一个重要的影响因素，在pH 8.0以上时PVP结合多酚的能力会迅速降低。当原花色素类物质量较大时，单独使用PVPP无法去除所有的这类化合物，因而需要与其他方法结合使用。③Tris-硼酸法。如果提取缓冲液中含有Tris-硼酸（pH 7.5），其中的硼酸可以与酚类化合物以氢键形成复合物，从而抑制酚类物质的氧化及其与RNA的结合。但如果Tris-硼酸浓度过高（＞0.2 mol/L）则会影响RNA的回收率。④牛血清白蛋白（BSA）法。原花色素类物质与BSA间可产生类似于抗原-抗体间的相互作用，形成可溶性的或不溶性的复合物，减小了原花色素类物质与RNA结合的机会，因此提高了RNA的产量。BSA与PVPP结合使用提取效果会更好。由于BSA中往往含有RNase，因而在使用时要加入肝素以抑制RNase的活性。⑤丙酮法。用－70℃的丙酮抽提冷冻研磨后的植物材料，可以有效地从云杉、松树、山毛榉等富含酚类化合物的植物材料中分离到高质量的RNA。⑥酚类化合物的去除。通过Li^+或Ca^{2+}沉淀RNA的方法可以将未被氧化的酚类化合物去除。与PVP、不溶性PVPP或BSA结合的多酚，可以直接通过离心去除掉，或在苯酚、氯仿抽提时除去。利用高浓度（50%）的2-丁氧乙醇来沉淀RNA，多酚溶解于2-丁氧乙醇中而被除去。然后用含50% 2-丁氧乙醇的缓冲液洗涤RNA沉淀以去除残留的多酚。即使多酚被氧化，其氧化产物仍可以溶解在高浓度2-丁氧乙醇溶液中而被去除，无须再用$NaBH_4$来处理。

（2）多糖的干扰及对策：多糖的污染是提取植物RNA时常遇到的另一个难题。植物组织中往往富含多糖，而多糖的许多理化性质与RNA很相似，很难将它们分开。因此在去除多糖的同时会导致部分RNA丢失。而在沉淀RNA时，也产生多糖的凝胶状沉淀，这种含有多糖的RNA沉淀难溶于水，或溶解后产生黏稠状溶液。常规方法中，采用SDS-盐酸胍处理可以部分去除一些多糖；在高浓度Na^+或K^+存在条件下，通过苯酚、氯仿抽提可以除去一些多糖；通过LiCl沉淀RNA时部分多糖会残留在上清液中。采用低浓度乙醇沉淀多糖是一个去除多糖效果较好的方法。在RNA提取液或溶液中缓慢加入无水乙醇至终浓度为10%～30%，可使多糖沉淀下来，而RNA仍保留于溶液中。一般都是在植物材料的匀浆液中加入乙醇，如从裸子植物的木质茎中提取RNA时，在匀浆上清液中加入乙醇至终浓度为10%以沉淀多糖。从葡萄等浆果组织中提取RNA时，在经CsCl超离心、乙醇沉淀之后的RNA溶液中加入终浓度为30%的乙醇沉淀多糖，可进一步纯化RNA。

（3）蛋白质杂质的影响及对策：蛋白质是污染RNA样品的又一个重要因素。由于RNase和多酚氧化酶亦属于蛋白质，因而要获得完整的、高质量的RNA就必须有效地去除蛋白质。常规方法多采用在冷冻条件下研磨植物材料以抑制RNase等的活性；提取缓冲液中含有蛋白质变性剂，如苯酚、胍、SDS、十六烷基三甲基溴化铵（CTAB）等，这样在匀浆时可以使蛋白质变性、凝聚；有的方法是利用蛋白酶K来降解蛋白质杂质，进一步可以用苯酚、氯仿抽提去除蛋白质。

（4）次级代谢产物的影响及对策：从植物组织中提取高质量RNA的另一个难点是许多高等植物组织尤其是成熟组织能产生某些水溶性的次级代谢产物，这些次级代谢产物容易与RNA结合并与RNA共同被抽提出来而阻碍RNA的分离纯化。因不能确定这些次级产物的具体组成，目前尚无有效手段来解决这一难题。

植物组织特别是高等植物组织细胞内外组成成分的复杂多样性，使得植物组织RNA的提取相对于其他生物材料来说更加困难。在实践中发现，即使同一种植物的不同组织其RNA提取方法也存在差异；同一种植物同一种组织材料，但来源于不同基因型的植株，其RNA提取方法也可能不一样。因此，对于某一植物组织样本，相应的RNA提取方法必须经过摸索和实践方能确立。

5.3 核酸的表征技术

5.3.1 紫外分光光度法测定

紫外分光光度法（ultraviolet spectrophotometry）基于朗伯-比尔定律，是利用核酸中的嘌呤碱和嘧啶碱具有共轭双键，在紫外线的照射下，在260 nm处具有最大吸收峰的原理对核酸进行定量和定性研究的一种方法。该方法较为常用，操作简便，设备要求低；但灵敏度低，只能测定总核酸量，不能区分双链DNA（dsDNA）、单核苷酸等核酸种类，且易受到被检样品中其他条件的干扰（如样品pH、氧含量、残留的提取剂等），导致最大的吸收峰出现偏差，吸光系数在一定范围内波动，测量准确度较低，常用于检测核酸浓度大于7.5 ng/μl的样品。该方法适用于检测要求不高的应用领域及精确定量前对样品核酸浓度的粗略判断，也是实验室常用的NanoDrop仪器的检测原理。

该方法常用于核酸的定性和定量分析，DNA或RNA的定量：$A_{260\ \text{nm}}=1.0$，相当于50 μg/ml dsDNA、40 μg/ml单链DNA（ssDNA）或RNA、20 μg/ml寡核苷酸。确定样品中核酸的纯度：纯DNA，$A_{260\ \text{nm}}/A_{280\ \text{nm}}=1.8$、纯RNA，$A_{260\ \text{nm}}/A_{280\ \text{nm}}=2.0$。限制性核酸内切酶切割DNA片段的效率很大程度上依赖于DNA的纯度，纯度越高，酶切效果越好，一般要求DNA的$A_{260\ \text{nm}}/A_{280\ \text{nm}}$大于1.7。因为在DNA提取过程中，会污染蛋白质、RNA、苯酚、氯仿、乙醇、EDTA、SDS以及盐离子等。

RNA得率有很强的组织特异性，不同组织RNA的丰度和RNA提取的难易程度共同决定了该种组织的RNA得率。一般来说，可通过分光光度计测定RNA溶液在260 nm处的吸光度来计算RNA的含量。RNA溶液在260 nm、320 nm、230 nm、280 nm下的吸光度分别代表了核酸、溶液浑浊度、杂质浓度和蛋白质等有机物的吸光度。将1 μg/ml RNA钠标准品在波长260 nm条件下（光程为1 cm）测得吸光度为0.025；因此，当$A_{260\ \text{nm}}=1$时，样品中的DNA浓度为40 μg/ml。通常分光光度计$A_{260\ \text{nm}}$的读数要介于0.15～1.0才是可靠的。因此RNA提取结束后，要根据大概产量稀释到适当浓度范围，再用分光光度计检测。按下面的公式计算总RNA浓度：

$$\text{总RNA浓度（μg/ml）}=A_{260\ \text{nm}}\times\text{稀释倍数}\times 40$$

通过$A_{260\ \text{nm}}/A_{280\ \text{nm}}$来检测RNA纯度，$A_{260\ \text{nm}}/A_{230\ \text{nm}}$作为参考值。$A_{260\ \text{nm}}/A_{280\ \text{nm}}$在1.9～2.1，

可以认为RNA的纯度较好；$A_{260\ nm}/A_{280\ nm}$小于1.8，则表明蛋白质杂质较多；$A_{260\ nm}/A_{280\ nm}$大于2.2，则表明RNA已经降解；$A_{260\ nm}/A_{230\ nm}$小于2.0，则表明裂解液中有异硫氰酸胍和β-巯基乙醇残留。需要注意的是，如果用TE溶解或洗脱RNA，会使$A_{260\ nm}/A_{280\ nm}$偏大。

5.3.2　荧光染料法

荧光染料法（fluorescent dye method）是基于荧光染料与核酸分子结合，发出的荧光信号强度与结合的核酸分子数成正比的原理设计的。荧光染料分子直接与双链DNA结合，在波长为480 nm激发下产生超强荧光信号，可用荧光酶标仪在波长520 nm处进行检测。优点：操作方便、时间短。缺点：不能检出单链DNA，荧光信号易受干扰。目前，较常使用的荧光染料有溴化乙锭（EB）、SYBR系列、Goldview和Genefinder染料等（表5-2）。荧光染料法灵敏度高，所需样品量少，可重复性高，但检测结果会受到荧光染料与核酸的结合率的影响。EB是一种高度灵敏的荧光染色剂，被广泛用于观察、检测琼脂糖凝胶与聚丙烯酰胺凝胶中的核酸，但其与RNA和DNA均有较强的结合能力，不适合作为单一种类核酸的检测剂，且毒性较高，最低检测量为0.1 μg/μl。SYBR GreenⅠ是一种与双链DNA小沟结合的荧光染料，只与双链DNA结合才能发出荧光。荧光信号与双链DNA分子数成正比，随着扩增产物增加而增加。荧光信号强度与反应体系中所有双链DNA分子成正比。变性时，DNA双链分开，无荧光信号。延伸结束时，采集荧光信号。SYBR GreenⅠ使用方便、成本低、仅需设计两个引物，通用性好、对DNA模板没有选择性。但其与所有双链DNA结合，引物二聚体或错误扩增产物造成假阳性，只能检测单一模板，无法进行多重检测。SYBR GreenⅠ与EB相比更安全，但试剂价格高、稳定性较差，对于＜100 bp DNA的检测灵敏度低。Hoechst、Picogreen荧光染料在检测pg级的样品时仍能保持较高的灵敏度，如Hoechst 33258与dsDNA结合，所能达到的最低检测限为0.01 ng/μl。目前，为了简化检测流程，市场上有利用荧光染料法原理的检测仪器，如Qubit、F-7000等。

表5-2　常用的核酸染料

染料	优点	缺点
EB	染色操作简便，快速，室温下15～20 min；不会使核酸断裂；灵敏度高，10 ng或更少的DNA即可检出；可以加到样品或凝胶中	EB是诱变剂，毒性较强，使用时一定要戴口罩，且EB废液需要经过处理才能丢弃
Goldview	低毒，可加入样品中。dsDNA呈现绿色荧光，而ssDNA呈红色荧光，能较好地区分dsDNA和ssDNA	价格稍高，灵敏度稍低，背景较高
SYBR系列	新型低毒，高灵敏度	价格昂贵；对小于50 bp的核酸片段染色缺失，小于100 bp的染色效果较差；稳定性差
Genefinder	花青类染料，低毒；最大吸收峰为470 nm，具有安全、灵敏、经济的特点	重复性较差

5.3.3　凝胶电泳

1. 琼脂糖凝胶电泳　琼脂糖是由半乳糖及其衍生物构成的中性物质，不带电荷。琼脂糖链以分子内和分子间氢键及其他力的作用使其互相盘绕形成绳状琼脂糖束，构成大网孔型凝胶。DNA分子在琼脂糖凝胶中泳动时有电荷效应和分子筛效应。DNA分子在高于等电点的pH溶液中带负电荷，在电场中向正极移动。在一定的电场强度下，DNA分子的迁移速度取决于分子筛效应，即DNA分子本身的大小和构型。当DNA分子大小超过20 kb时，普通琼脂糖凝胶就很难将它们分开，此时电泳的迁移率不再依赖于分子大小，因此，应用琼脂糖凝胶电泳分离DNA时，分子大小不宜超过此值；配制多大浓度的琼脂糖凝胶，要根据被检的DNA分子大小来确定（表5-3）。琼脂糖是一种线性多糖聚合物，浓度越高，孔隙越小，其分辨能力就越强。

表5-3 琼脂糖凝胶的浓度与DNA分子大小的关系（贺福初，2019）

琼脂糖浓度/%	线性DNA分子的分离范围/kb	琼脂糖浓度/%	线性DNA分子的分离范围/kb
0.3	5～60	1.2	0.9～6
0.6	1～20	1.5	0.2～3
0.7	0.8～10	12.0	0.1～2
0.9	0.5～7		

琼脂糖凝胶电泳常用于分析DNA。由于琼脂糖制品中往往带有核糖核酸酶（RNase）杂质，所以用于分析RNA时，必须加入蛋白质变性剂，如甲醛等，以使核糖核酸酶变性。电泳完毕后，将胶在荧光染料啡啶溴红的水溶液（0.5 μg/ml）中染色。啡啶溴红为一扁平分子，易插入DNA中的碱基对之间。DNA与啡啶溴红结合后，经紫外光照射，可发射出红-橙色可见荧光。0.1 μg DNA即可用此法检出，所以此法灵敏度高。根据荧光强度可以大体判断DNA样品的浓度。若在同一胶上加已知浓度的DNA作参考，则所测得的样品浓度更为准确。可以用灵敏度很高的负片将凝胶上所呈现的电泳图谱在紫外光照射下拍摄下来，做进一步分析与长期保留，图5-5即为凝胶电泳图谱。

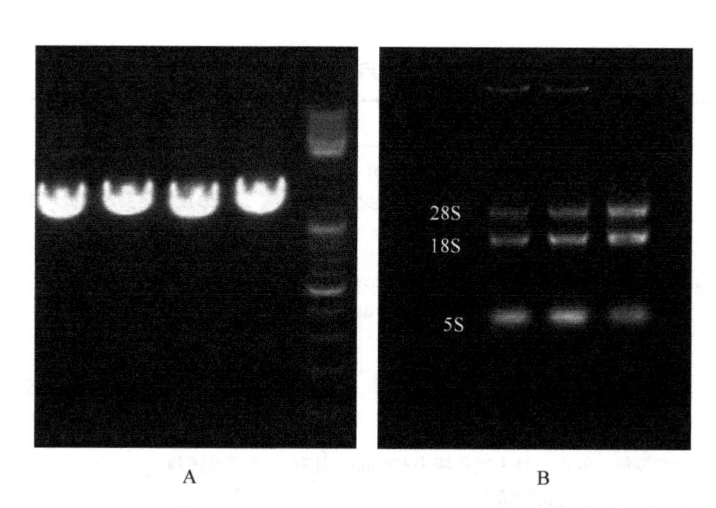

图5-5 DNA（A）和RNA（B）的琼脂糖凝胶电泳图

应用凝胶电泳可以测定DNA片段的分子大小。使用的方法是在同一块琼脂糖凝胶上同时以已知分子质量的标准品作为对照组，待电泳完毕后，经啡啶溴红染色、照相，比较待测样品中的DNA片段与标准样品中的哪一条带最接近，即可推算出未知样品中各片段的大小。目前许多试剂公司都能提供各种不同分子质量的标准样品。凝胶上的样品，还可以设法回收，以供进一步研究。回收的方法很多，可参考其他资料。最常用的方法是在紫外光照射下将胶上某一区带切割下来，切下的胶条放在透析袋中，装上电泳液，在水平电泳槽中进行电泳，使胶上的DNA释放出来并进一步粘在透析袋内壁上，电泳3～4 h后，将电极倒转，再通电30～60 s，粘在壁上的DNA又重释放到缓冲液中。取出透析袋内的缓冲液（丢弃胶条），用苯酚抽提1～2次，水相用乙醇沉淀。这样回收的DNA纯度很高，可供进一步进行限制酶分析、序列分析或做末端标记，回收率在50%以上。

2. 聚丙烯酰胺凝胶电泳　1959年，Raymonf和Weintraub首先发现聚丙烯酰胺凝胶物可作为电泳支持介质。这种电中性的介质可用于分子质量大小不同的双链DNA以及大小和构象都不相同的单链DNA的分离。聚丙烯酰胺凝胶较琼脂糖凝胶有3个优点：①分辨率极高，可分开长度仅相差0.1%的DNA分子，即1000 bp中相差1 bp的分子；②载样量远大于琼脂糖凝胶电泳，多达10 μg的DNA分子可加样于聚丙烯酰胺凝胶的一个标准上样孔（1 cm×1 mm）中，而其分辨率不会受到显著影响；③从聚丙烯酰胺凝胶中回收的DNA纯度很高，可用于对DNA纯度要求较高的实验。

以聚丙烯酰胺作支持物，常用垂直板电泳，单体丙烯酰胺在加入交联剂后，成了聚丙烯酰胺。因为这种凝胶的孔径比琼脂糖凝胶的要小，所以可用于分析分子质量小于1000 bp的DNA片段。用于制备凝胶的丙烯酰胺单体的百分数通常以DNA片段的大小确定（表5-4）。聚丙烯酰胺中一般不含有RNase，所以可用于RNA的分析，但仍要留心缓冲液及其他器皿中所带的RNase。聚丙烯酰胺凝胶上的核酸样品，经啡啶溴红染色，在紫外光照射下，发出的荧光很弱，所以浓度很低的核酸样品不能用此法检测出来。

表5-4　聚丙烯酰胺凝胶中的有效DNA分离范围

丙烯酰胺单体浓度[a]	有效的分离范围/bp	三甲苯蓝FF[b]	溴酚蓝[b]
3.5	1000～2000	460	100
5.0	80～500	260	65
8.0	60～400	160	45
12.0	40～200	70	20
15.0	25～150	60	15
20.0	6～100	45	12

注：a. *N′*, *N*-亚甲基双丙烯酰胺单体的质量比为1∶30；
b. 所给出的数字是双链DNA片段的近似大小（碱基对）

3. 变性梯度凝胶电泳　变性梯度凝胶电泳（denaturing gradient gel electrophoresis, DGGE）是由Fischer和Lerman于1979年最先提出的用于检测DNA点突变的一项电泳技术。它的分辨精度比琼脂糖凝胶电泳和聚丙烯酰胺凝胶电泳高，可以分辨只有一个碱基差异的基因序列（韩衍青等，2008）；Myers等（1985）首次将该技术应用于分子微生物学研究领域，并证实了这种技术在揭示自然界微生物区系的遗传多样性和种群差异方面具有的独特优越性。

（1）基本原理：双链DNA分子在聚丙烯酰胺凝胶电泳时的迁移行为主要取决于其分子

的大小和所带电荷的多少。DGGE在一般的聚丙烯酰胺凝胶的基础上，加入了变性剂（尿素和甲酰胺）梯度，使同样长度的DNA片段在凝胶中的迁移行为不同，从而把同样长度但序列不同的DNA片段区分开来。DGGE技术主要原理示意图见图5-6。

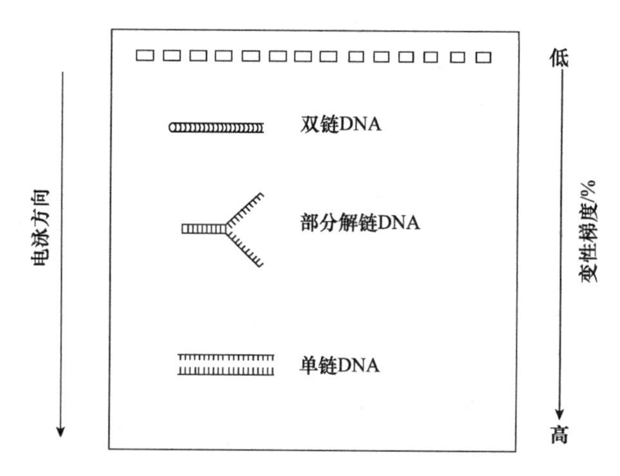

图5-6 DGGE技术主要原理示意图（江云飞，2009）

碱基序列存在差异的DNA双链，其解链时需要的变性剂浓度不同。它们一旦解链，在聚丙烯酰胺凝胶中的电泳行为将发生很大的变化。因此，PCR扩增得到的等长但序列不同的DNA片段在变性梯度凝胶中电泳时，会在各自相应的变性剂浓度下变性，DNA双链空间构型的变化导致其电泳的速度急剧下降，最终停留在相应变性剂梯度的凝胶中，经染色处理，在凝胶上呈现出分离的条带。其中每个条带代表一个特定序列的DNA片段，可以认为在一个凝胶中不同泳道之间停留在相同位置的条带含有相同的DNA序列。上述原理仅适用于检测DNA片段中低温解链区存在的序列差异或突变，而位于高温解链区的差异或突变则无法检出。因为高温解链区解链的变性条件可使整个双链完全解开，单链DNA片段能在变性凝胶中继续迁移，进而导致序列依赖的凝胶迁移特性丧失，这种情况可以通过克隆或在待检目的片段的5′端引入“GC夹子”（富含GC的长30～50 bp的DNA片段）的方法解决。在“GC夹子”这段序列处，DNA解链温度很高，可以防止DNA双螺旋完全解链成单链，进而提高DGGE的检测效率（戴睿，2007）。此外，在此基础上又发展了一些相关衍生技术以扩大其应用范围，如恒定变性凝胶电泳、温度梯度凝胶电泳及瞬时温度梯度凝胶电泳等。

（2）DGGE关键技术步骤：DGGE方法中最为常见的一种技术是PCR，DGGE的基本流程如图5-7所示，主要包括获取样本，提取微生物总DNA；DNA特定序列扩增及纯化；扩增产物DGGE技术分离和染色，获取指纹图谱，此图谱可相应反映出该环境中微生物物种的数量及该群落中的优势菌群。但为了获取更为翔实的信息，可对DGGE中的目的条带或特异性条带进行测序分析，或将其印迹在尼龙膜上与经标记后的寡核苷酸专一性探针进行杂交，从而对菌群中的各个组成菌株进行鉴定。在DGGE分子生物技术中，样品总DNA的提取和纯化是前提，主要包括高温裂解法、试剂盒法、化学裂解法、基于SDS的细胞裂解法及PEG法等。为了获取较好的实验效果，针对不同的实验对象所采取的方法也不尽相同。此外，在引物设计及PCR扩增方面，通常采用16S rRNA中的V_3区引物以获取较多的待测DNA条带数及较好的分离效果。为了获取较好的DGGE指纹图谱、提高分析速度，需要进一步优化DGGE

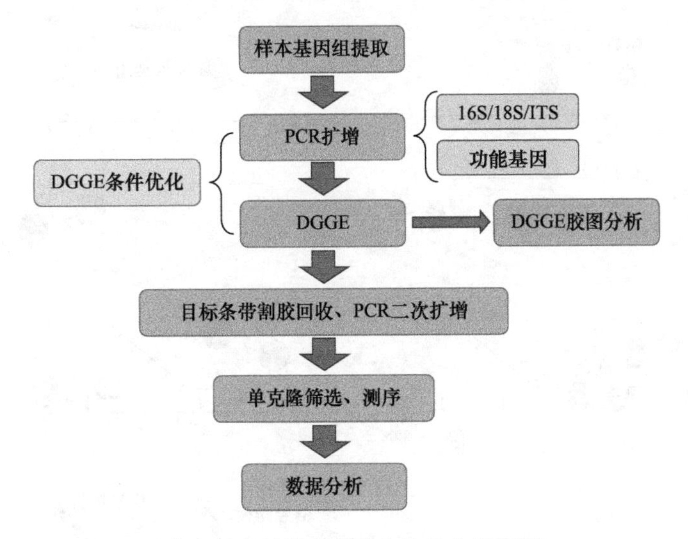

图5-7 变性梯度凝胶电泳基本流程图

分析条件。实验中，通常根据样品的T_m值和基因片段大小确定变性剂及浓度梯度，复杂样品T_m差异较大，分辨样品较多，变性剂浓度梯度范围较宽；电泳温度要低于待测解链区域T_m值，其最佳电泳解链温度是由平行凝胶电泳实验确定的。但对于多数天然存在的DNA片段，最佳电泳温度为50～65℃；溴化乙锭染色法和银染法是较为常用的显色法，但具有灵敏度低、误差大及不易回收等缺点。新一代的荧光核酸凝胶染料SYBR Cold、SYBR Green Ⅰ及SYBR Green Ⅱ等，具有背景低、灵敏度高、易染色且无须脱色、可直接用于胶回收后的测序和凝胶杂交分析等优点，具有较好的应用前景。

5.3.4 实时荧光定量PCR法

实时荧光定量PCR（real-time fluorescence quantitative PCR，RT-PCR）的原理是在PCR原有的反应体系内加入荧光基团，通过荧光基团发出荧光信号经积累来实时监测整个PCR反应的过程，最后通过已知浓度的核酸标准曲线对未知浓度的核酸进行定量分析。常用的检测方法有TaqMan探针和荧光染料两种（图5-8）。目前，TaqMan探针的检测技术主要是由ABI公司和Promega公司建立。该技术利用TaqMan酶在特异性引物上增加一条荧光双标记的探针，分别标记有荧光信号基团R和淬灭基团Q，当探针上的R基团和Q基团都存在时，R基团受到淬灭作用，从而不发出荧光信号。在PCR的反应过程中，*Taq* DNA聚合酶将探针的碱基水解，R基团和Q基团分离，R基团随即发出荧光信号。模板每扩增一次，就产生一次荧光信号，通过对荧光信号的检测和绘制荧光信号曲线，并与标准曲线对比分析，达到对核酸准确定量的目的。研究表明，肽核酸（peptide nucleic acid）可以作为探针，特异性地识别并结合核酸，对其进行定量。DNA结合荧光染料（DNA-binding dye）的方法中常用的荧光染料为SYBR Green Ⅰ。该技术在PCR的反应体系内加入过量的SYBR Green Ⅰ荧光染料，其会特异性地与dsDNA结合并发出荧光信号，而未与dsDNA结合的不会发出荧光信号，这就较好地保证了荧光信号的增强与PCR产物的增加完全同步。与TaqMan探针法一样，绘制出荧光信号增强的曲线图，与标准核酸荧光信号的曲线比较分析进行定量。其缺点在于该染料

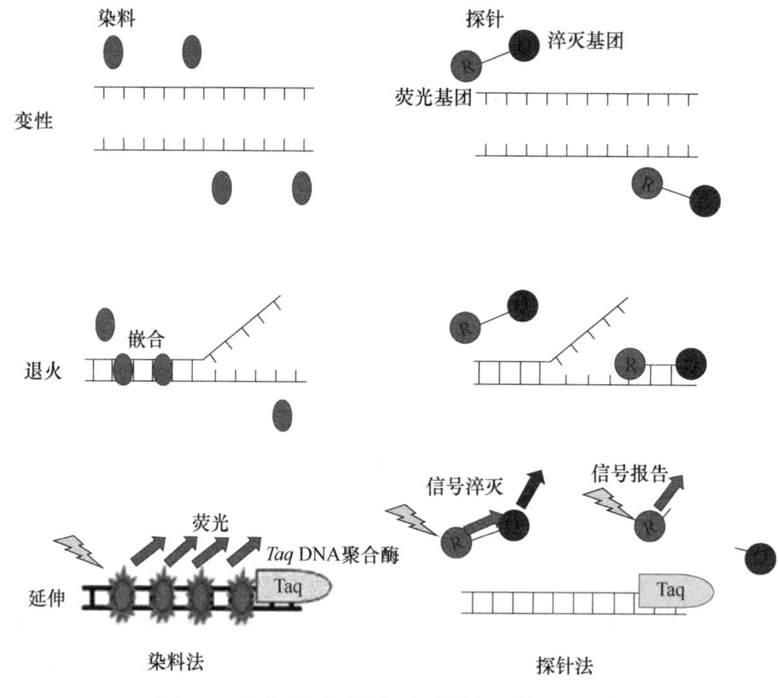

图5-8 荧光定量检测方法（张晓元等，2020）

能与非特异性的dsDNA结合，对实验结果产生干扰。基于SYBR Green Ⅰ的检测方法的检测限为0.015 ng。最新研究表明，通过对RT-PCR反应过程的优化研究，在微流控系统下的RT-PCR技术有通量高、热传导效率高、污染小、能量及试剂消耗小等优点，显示出了广阔的应用前景。

PCR扩增时在加入引物的同时加入特异性的荧光探针，当引物引导DNA聚合酶沿着模板序列复制合成另一条对应序列时，DNA聚合酶切断结合在目标DNA上的探针染料端，释放到反应液里的染料信号就会被仪器检测到。通过实时监控PCR体系中的荧光信号，对样本中初始模板进行定量分析。优点为时间短、特异性强、灵敏度高；缺点为成本高，需要设计两对引物、具有通用性，对DNA模板没有选择性。

5.3.5 数字PCR法

数字PCR（digital PCR，dPCR）是在20世纪90年代由Vogelstein等最先提出的一种可绝对定量的核酸检测方法，称为数字聚合酶链反应技术。其原理是：基于泊松分布公式，将待测核酸模板分成单个分子进行给定的PCR反应，最后计数有扩增反应的分子数即可确定待测模板的拷贝数。因此，与实时荧光定量PCR技术不同的是，数字PCR技术不需要依赖C_t值、标准曲线等参数，并且拥有更高的灵敏度和精度，误差可控制在0.25%以内；而且所需要的待测模板量很少，可以用于微量核酸样品的定量，如miRNA检测、疾病的早期诊断等领域。研究表明，dPCR技术为高通量测序技术提供了绝对的校准数据，满足了相关领域的测序精度要求，从而加快了个人基因组测序技术的研究进度。Ottesen等在2006年开发出IFC芯片中的微阀技术，朱强远等在此基础上研发出了数字PCR微流控芯片，降低了该技术的操作难度和检测成本。Hindson等在2011年提出了高通量液滴数字PCR（droplet digital PCR，ddPCR）的技术，将待测核酸分散至微滴中，可以同时进行约200万个PCR反应，更高效地定量核酸。微流控芯片包括两层聚二甲基硅氧烷（PDMS）和作为底层的盖玻片，构成流动层和控制层。如图5-9所示，流动层和控制层的制作步骤如下：首先在经六甲基二硅氮（HDMS）预处理的干净硅片上旋转涂覆AZ4620正性光胶，于110℃烘烤20 min固定，然后覆盖上微通道图样的掩膜，在曝光机下曝光，显影后再次于200℃烘烤60 min固定，制得的微通道高度约为12 μm。将SU8-2075负性光胶旋转涂覆到制得的微通道模具上，烘烤固定后覆盖微反应室图样的掩膜，并将微反应室和微通道校准，使其列为一条直线，曝光显影后烘烤固定，制得的微反应室高度约为150 μm，控制层模具采用SU8-2075负性光胶以上述方法制作，制得的控制通道高度约为25 μm（图5-10）。近几年研制的一种新型微流控芯片——微流控纸芯片，具有成本低、加工简易、使用和携带方便等优点。它用纸张作为基底代替硅、玻璃、高聚物等材料，通过各种加工技术，在纸上加工出具有一定结构的亲/疏水微细通道网络及相关分析器件，构建“纸上微型实验室”（lab-on paper），也称微流控纸分析器件（microfluidic paper-based analytical device）。

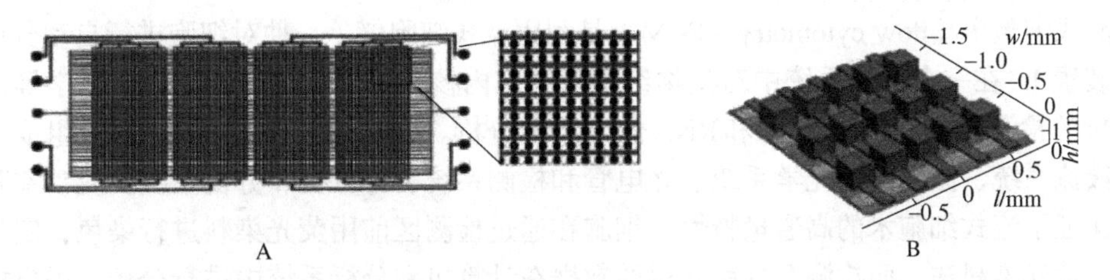

图5-9　数字PCR微流控芯片图样（A）和结构尺寸（B）（朱强远等，2013）

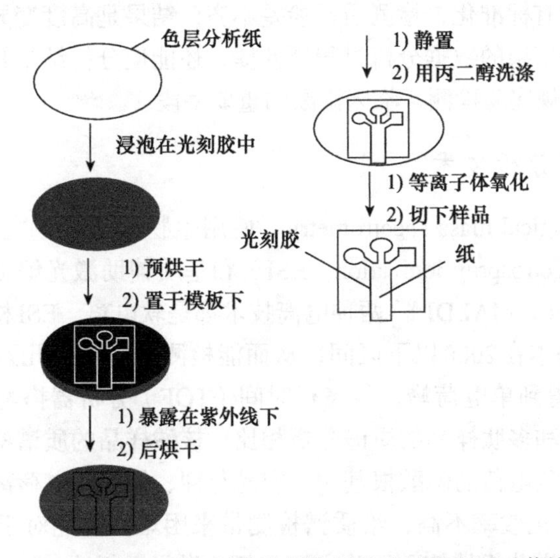

图5-10　SU8-2075负性光胶光刻技术制作纸芯片的流程图（蒋艳等，2013）

数字PCR技术应用于健康检测、环境监测和食品安全控制等不同的领域。微流控纸芯片技术不仅能应用于核酸检测领域，还可用于尿液、唾液和血液等多种常见样品中各成分的检测，包括葡萄糖、尿酸、乳酸、亚硝酸根等。最新研制出的一种新型纸芯片还可高通量、快速检测血型，能够在1 min内成功检测100个血液样品，包括8种弱AB型血和RhD型血。

5.3.6 DNA测序技术

DNA测序技术是分子生物学研究中最常用的技术，它的出现极大地推动了生物学的发展。自从1953年Watson和Crick发现DNA双螺旋结构后，人类就开始了对DNA序列的探索，在世界各地掀起了DNA测序的热潮。1977年，Maxam和Gilbert报道了通过化学降解测定DNA序列的方法。同一时期，Sanger发明了双脱氧链终止法。20世纪90年代初出现的荧光自动测序技术将DNA测序带入自动化测序的时代。这些技术统称为第一代DNA测序技术。最近几年发展起来的第二代DNA测序技术则使得DNA测序进入了高通量、低成本的时代。目前，基于单分子读取技术的第三代测序技术已经出现，该技术测定DNA序列更快，并有望进一步降低测序成本，推进相关领域生物学研究（表5-5）。

5.3.7 流式细胞术在核酸检测中的应用

流式细胞术（flow cytometry，FCM）是利用流式细胞仪（一种对细胞进行自动分析和分选的装置），在一个液流系统中对生物细胞及细胞内核酸等生物粒子的物理、化学等性质做出分析的检测技术，可对DNA和RNA做出定量分析。流式细胞仪主要由4部分组成：流动室和液流系统、激光源和光学系统、光电管和检测系统、计算机和分析系统。流动室和液流系统保证了流式细胞术的高通量特性。细胞在通过检测区前用荧光染料进行染色，定量检测是基于荧光染料法。而检测系统所获得的数据在计算机和分析系统中进行分析，得出检测结果。流式细胞仪检测数据分析系统的差异会直接影响检测结果的准确度。现在，不同品牌的流式细胞仪分析系统没有标准化，检测质量参差不齐，结果是高度变异的。所以开发出更好的分析软件不仅可以使复杂的数据分析过程更便捷，还能使分析结果具有更好的一致性。流式细胞术已成为一种常规实验检测、临床诊断的重要手段。

5.3.8 生物质谱分析技术

生物质谱法（biological mass spectrometry）使用生物质谱仪，主要采用的是两种电离技术：电喷雾电离（electrospray ionization，ESI）和基质辅助激光解吸电离（matrix-assisted laser desorption ionization，MALDI）。两种电离技术都是软电离，ESI检测的特点是生物分子带多个电荷，质荷比基本在2000以下区间，从而能检测分子质量几万道尔顿乃至更大的生物分子；而MALDI常得到单电荷峰，与飞行时间（TOF）分析器搭配，检测范围可以到几十万道尔顿。与蛋白质和多肽样品的质谱分析相比，核酸样品的质谱检测存在一定的难点：其结构中含有大量的带负电荷的磷酸根基团，容易与钾、钠等正电荷离子复合，造成加合峰过多而形成峰包，离子化效率不高，给质谱检测带来困难，因此对于样品的前处理要求较高。通常应用于核酸质谱分析的核酸纯化方法包括：微量透析法（microdialysis）、阳离子交换法、乙醇沉淀、ZipTips-C18反相纯化法、磁珠分离法、尺寸排阻色谱法等。而微流控芯片技术集成了如固相萃取、富集和分离等操作，与质谱联用后实现了低样品消耗的前处理，有利于质谱的高灵敏度和高通量检测。生物质谱法目前已被广泛应用于核酸高级结构研究、寡

表5-5　三代测序技术的比较

第X代测序	平台名称	测序方法	检测方法	读长/bp	优点	局限性
第一代	3130xL-3730xL	桑格-毛细管电泳测序法	荧光/光学	600～1000	高读长，准确度一次性达标率高，能很好处理重复序列和多聚序列	通量低；样品制备成本高，使之难以做大量的平行测序
	GeXP遗传分析系统	桑格-毛细管电泳测序法	荧光/光学	600～1000	高读长，准确度一次性达标率高，能很好处理重复序列和多聚序列；易小型化	通量低；单个样品的制备成本相对较高
第二代	基因组测序仪FLX系统	焦磷酸测序法	光学	230～400	在第二代中最高读长；比第一代的测序通量大	样品制备较难；难于处理重复和同种碱基多聚区域；试剂冲洗带来错误累积；仪器昂贵
	HiSeq2000，HiSeq2500/MiSeq	可逆链终止物和合成测序法	荧光/光学	2×150	测序通量很高	仪器昂贵；用于数据删节和分析的费用很高
	5500xLSolid系统	连接测序法	荧光/光学	25～35	测序通量很高；在广为接受的几种第二代平台中，用于拼接出人类基因组的试剂成本最低	测序运行时间长；读长短，成本高，数据分析困难和基因组拼接困难；仪器昂贵
	Heliscope	单分子合成测序法	荧光/光学	25～30	高通量；在第二代中属于单分子性质的测序技术	低读长，推高了测序成本，降低了基因组拼接的质量；仪器非常昂贵
第三代	PacBio RS	实时单分子DNA测序	荧光/光学	约1000	高平均读长，比第一代的测序时间短；不需要扩增；最长单个读长接近3000bp	并不能高效地将DNA聚合酶加到测序阵列中；准确度一次性达标率低（81%～83%）；DNA聚合酶在阵列中降解；总体上每个碱基测序成本高（仪器昂贵）
	GeXP遗传分析系统	复合探针锚杂交和连接技术	荧光/光学	10	在第三代中通量最高；在所有测序技术中，用于拼接一个人基因组的试剂成本最低；每个测序步骤独立，使错误的累积变得最低	低读长；模板制备妨碍长重复序列区域测序；样品制备复杂；尚无商业化供应的仪器
	个人基因组测序仪（PGM）	合成测序法	以离子敏感场效应晶体管检测pH变化	100～200	对核酸碱基的掺入可直接测定；在自然条件下进行DNA合成（不需要使用修饰过的碱基）	一步步的洗脱过程可导致错误累积；阅读高重复和同种多聚序列时有潜在困难
	gridION	纳米孔外切酶测序	电流	尚未定量	有潜力达到高读长；可以低成本生产纳米孔；无需荧光标记或光学手段	切断的核苷酸可能被读错方向；难于生产出带多重平行孔的装置

核苷酸与小分子相互作用研究DNA损伤与修饰的测定、核苷酸定量分析、核酸测序、核酸与蛋白质相互作用研究以及单核苷酸多态性（SNP）分型等领域。

5.3.9 显微电镜技术在核酸分析中的应用

1. 冷冻电镜 在现代前沿生物医学电子显微成像技术中，最瞩目的当数能够解析蛋白质等生物分子的原子分辨率三维结构的冷冻电镜技术。冷冻电镜是一种结构生物学技术，其解析结构的方法是通过用电子显微镜对冷冻固定在玻璃态冰中的纯化生物分子进行成像，然后应用计算机对所摄取的生物分子图像进行图像处理和计算，进而重构出生物分子的三维结构（陶长路等，2020）。冷冻电镜技术的发展，一方面起源于三维重构理论的提出，1968年，英国剑桥大学MRC分子生物学实验室Aaron Klug领导的团队（de Rosier and Klug，1968）提出了中心截面定律，即利用物体二维投影图像可重建其三维空间结构，并获得了1982年的诺贝尔化学奖。另一方面，美国加利福尼亚大学伯克利分校Robert Glaeser团队于1974年证明，低温下的蛋白质分子在电子显微镜的高真空中可以保持含水状态。1982年，欧洲分子生物学实验室的Dubochet团队改进速冻的方法，成功将生物分子冷冻到玻璃态冰中，奠定了冷冻电镜制样技术的基础。这些技术一起奠定了今天的冷冻电镜三维重建技术的基础，包括单粒子冷冻电镜（CryoEM）和电子低温断层扫描（CryoET）。单粒子冷冻电镜三维重建技术方法最早由Frank在20世纪70年代提出，其核心是通过收集大量具有同一性样品的二维投影，进而重构出其三维结构。Henderson在1990年首次利用冷冻电镜解析了冷冻条件下原子分辨率的细菌视紫红质二维晶体结构，随后对冷冻电镜的理论、技术和方法，做出了一系列理论和实验的预测。2008～2010年，张兴、周正洪和Nikolaus Grigorieff等团队率先利用单粒子冷冻电镜技术解析了二十面体病毒近原子分辨率的结构，标志着冷冻电镜技术用于解析生物分子正式进入了原子分辨率时代。近几年来，直接电子探测器（direct electron detector）、Volta相位板（Volta phase plate）和电子能量过滤器（electron energy filter）等技术的发展和应用，以及数据三维重构处理软件的创新，使冷冻电镜技术得到了突飞猛进的发展，并成为生物分子原子水平结构测定的最核心技术手段之一。Joachim Frank、Jacques Dubochet和Richard Henderson三位推动高分辨冷冻电镜技术发展与应用的先驱者荣获了2017年诺贝尔化学奖。我国在高分辨冷冻电镜应用领域已经走到了世界的前列，且在不断解析多种重要蛋白质或病毒的结构与功能。

人体细胞中的30 nm染色质（30 nm chromatin）基因组DNA长度加起来长达2 m，而贮存基因的细胞核只有几微米。仅有几微米的细胞核如何容纳长达2 m的DNA？这一过程是DNA经4步多层次折叠成染色体来实现的。4步折叠分别对应着染色质的4级结构：第一级结构是核小体，它是DNA双螺旋缠绕在组蛋白上形成的；第二级结构是30 nm染色质，由核小体进一步螺旋化形成；第三级结构为超螺旋体，由30 nm染色质进一步螺旋化形成；第四级结构是染色体，由超螺旋体进一步折叠盘绕形成。由于缺乏精细结构信息，DNA组装成30 nm染色质纤维这一过程如何调控都是未解之谜，也是现代分子生物学领域面临的重大挑战之一。2014年，中国科学院生物物理研究所朱平和李国红团队以冷冻电镜为主要技术，解析了体外组装的30 nm染色质纤维的结构。这个结构不仅揭示了30 nm染色质的折叠模式，更重要的是为理解表观遗传调控提供了结构基础（图5-11）。

来自康奈尔大学、哈佛医学院、中国药科大学的研究人员发表了题为“Structure basis

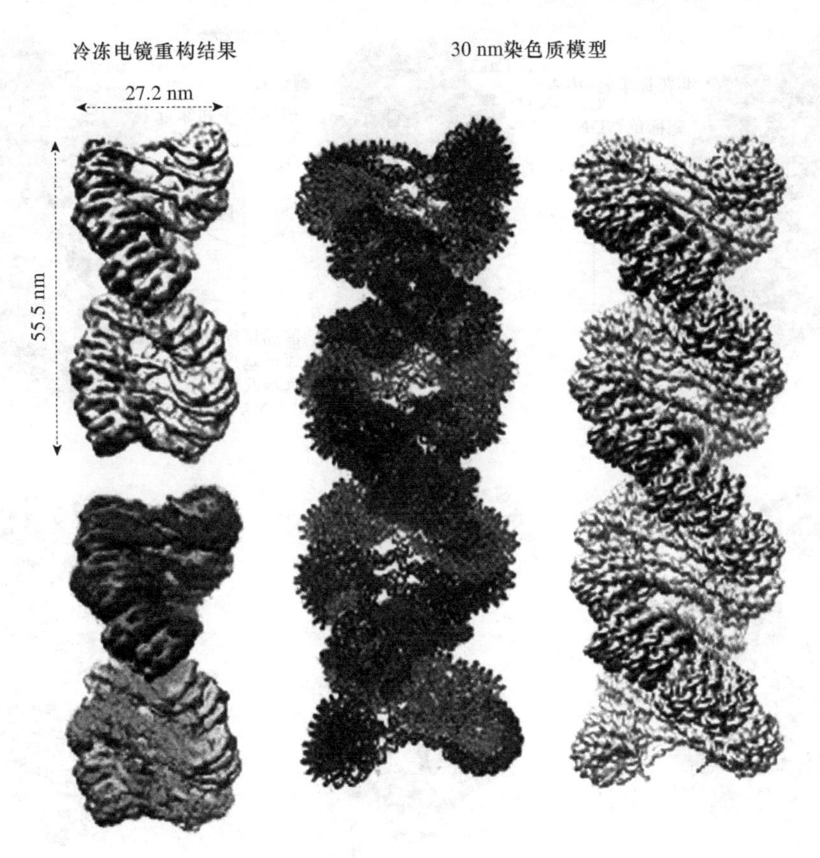

图5-11　通过冷冻电镜解析DNA分子的三维结构（Yin，2018）

for RNA-guided DNA degradation by Cascade and Cas3”的文章，利用冷冻电镜获得了分辨率分别为3.7 Å和4.7 Å的pre-nicking和post-nicking状态下的Type I-E Cascade/R-loop/Cas3复合体的晶体结构（图5-12）。这对解析CRISPR-Cas系统中RNA如何指导DNA进行降解提出了新观点。

中国科学技术大学刘云涛等（2019）发展的基于连续局部分类和对称性释放的高分辨冷冻电镜三维重构方法，实现了对单纯疱疹病毒（herpes simplex virus，HSV）这一超大蛋白-核酸复合体的冷冻电镜高分辨结构的解析（图5-13）。

2. 原子力显微镜　1986年IBM瑞士苏黎世实验室的宾尼（Gerd Binning）在扫描隧道显微镜（STM）的基础上发明了原子力显微镜（atomic force microscope，AFM）。AFM不但具有很高的分辨率（横向分辨率达到1 nm，纵向分辨率达到0.01 nm），而且对工作环境、样品性质等方面的要求也非常低，同时操作过程简单、便捷。因此，AFM的出现为人们更多地观察微观世界提供了一个有效的手段和方法。原子力显微镜技术也已广泛应用于核酸分子结构的表征。Pyne等（2014）基于原子力显微镜观察技术描述了一种无须结晶即可重建单个扩展生物分子二级结构的方法，并精确地再现了B-DNA晶体结构的尺寸以及DNA双螺旋沟槽深度的分子内变化（图5-14）。

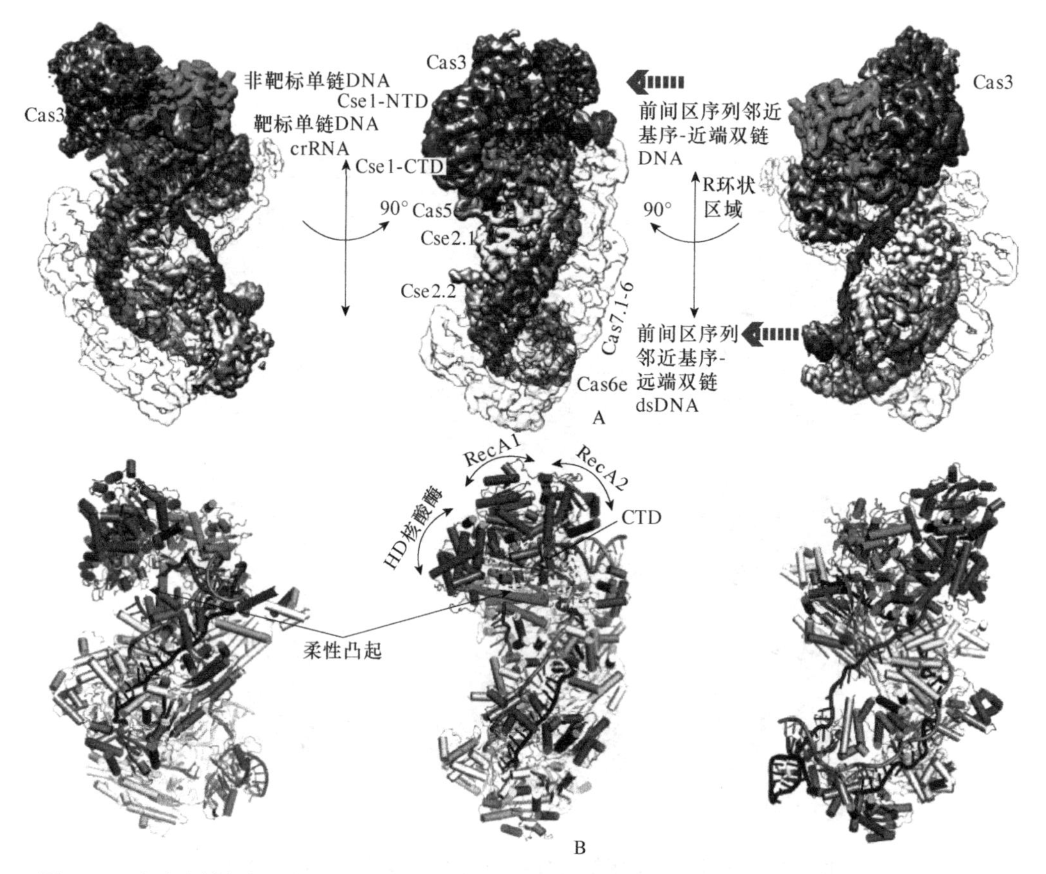

图5-12　冷冻电镜解析下的Type I-E Cascade/R-loop/Cas3复合体的晶体结构（Xiao et al.，2018）

为揭示古病毒如岛状硫杆菌杆状病毒（SIRV2）对于宿主细胞的特殊裂解机制，即在宿主细胞表面形成锥形通道的结构，同时进一步明确SIRV2的感染周期，Peeters等（2017）对功能未知的SIRV2基因*Gp1*进行了功能鉴定，SIRV2-Gp1蛋白在感染早期高度表达，是病毒基因组中唯一两次编码的蛋白质。它含有螺旋-旋转-螺旋基序，因此被预测可与DNA结合。Peeters等采用电泳迁移率测定和原子力显微镜研究了SIRV2-Gp1的DNA结合行为，结果表明蛋白质SIRV2-Gp1与DNA相互作用，形成大的聚集体，从而导致DNA的极度浓缩（图5-15）。

（1）AFM的工作原理：AFM利用微悬臂上的探针尖端充当力传感器，针尖与样品之间的作用力会使悬臂偏转，因此当激光照射在微悬臂的末端时，其反射光的位置也会因为悬臂偏转而改变，造成偏移量的产生。系统利用四象限探测器将偏移量记录下并转换成电信号，以供控制器作信号处理。AFM检测到悬臂的偏转后，可以在恒高或恒力模式下得到形貌图像数据。在恒高模式下，扫描器的高度是固定的，根据悬臂的形变信号转换成形貌图像，该模式一般用于原子级别平整度样品成像。在恒力模式下，悬臂偏转信号输入反馈电路，反馈系统根据信号相应地改变由压电陶瓷管制备的扫描器的*Z*轴驱动电压，使其上下运动，以维持针尖和样品原子的相互作用力恒定。在此过程中，*Z*轴驱动电压信号被转换成形貌图像数据。

（2）AFM观察样品制备所需材料及一般步骤：云母本身是层状结构，表面具有原子级

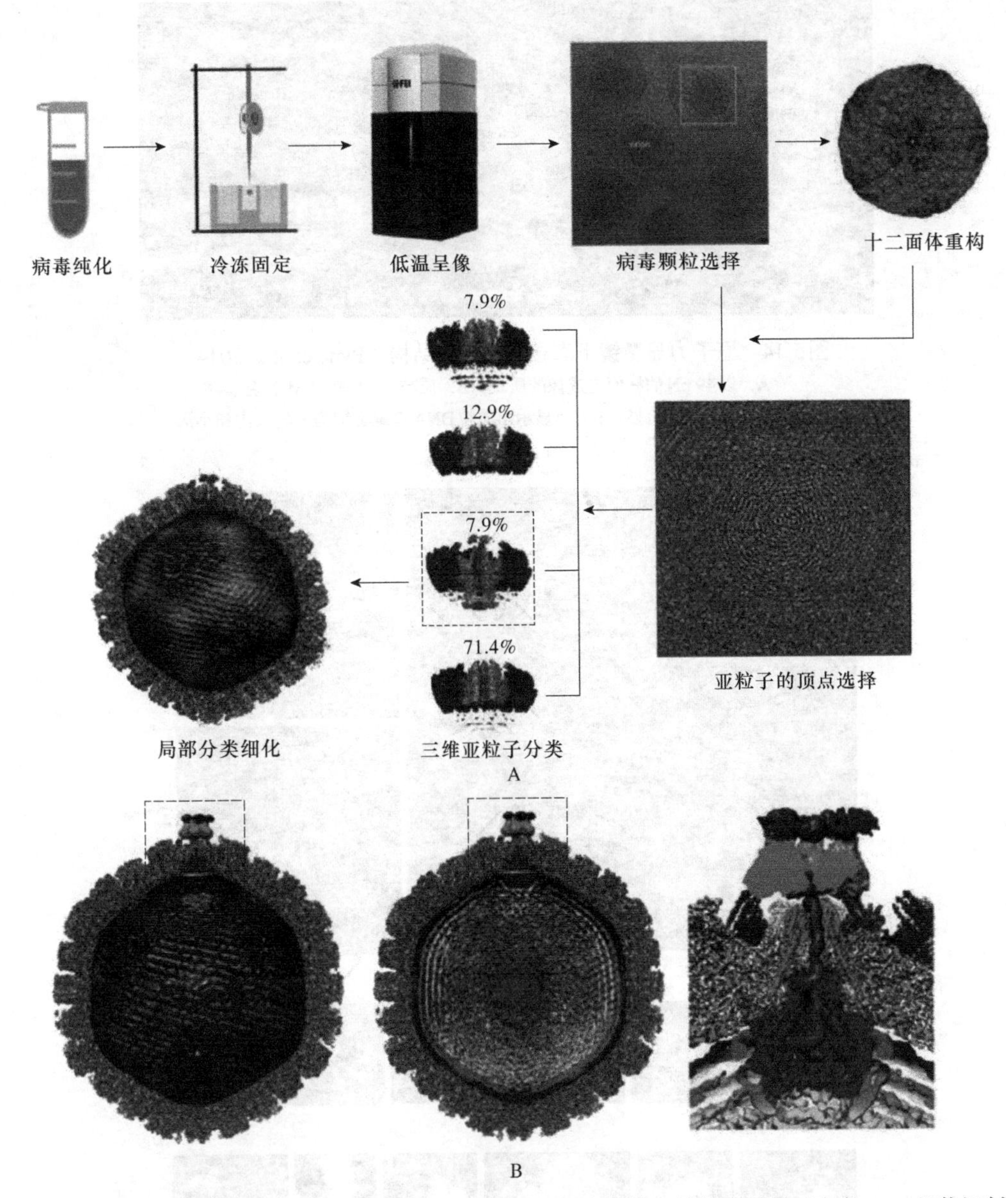

图5-13　冷冻电镜解析Ⅰ型单纯疱疹病毒（HSV-Ⅰ）的高分辨三维结构及揭示病毒DNA组装机制

A．一种新型基于连续局部分类和对称性释放的高分辨冷冻电镜三维重构方法；B．完整人类单纯疱疹病毒的衣壳蛋白、DNA基因组和DNA通道蛋白的高分辨三维结构（Liu et al.，2019）

别的平整度，用透明胶布可以方便地解理得到干净平整的表面。因此，将云母切割成合适大小，用双面胶粘在直径约1 cm、厚约1 mm的圆形铁片上，利用其作为衬底制备样品。实验所用水均为去离子水；材料为3-氨丙基三乙氧基硅烷（APTE）、戊二醛和组蛋白；实验时采用TE缓冲液（10 mmol/L Tris-HCl＋1 mmol/L EDTA，pH 8.0）来稀释DNA。由于云母表面带负电，而DNA分子也带负电，单纯地将DNA样品沉积到云母上会由于静电斥力而不能稳定地沉积在云母表面。因此，一般对云母表面进行修饰或在DNA溶液中加入带正电的离

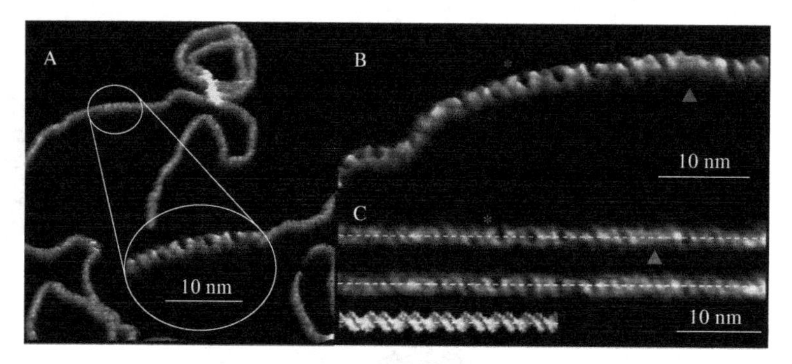

图5-14　原子力显微镜下寡核苷酸二级结构（Pyne et al.，2014）

A．以49 pN的峰值力成像的质粒；B．质粒DNA的AFM形貌在1.1 nm的饱和色标上显示；C．显示出质粒DNA双螺旋结构上的大沟和小沟

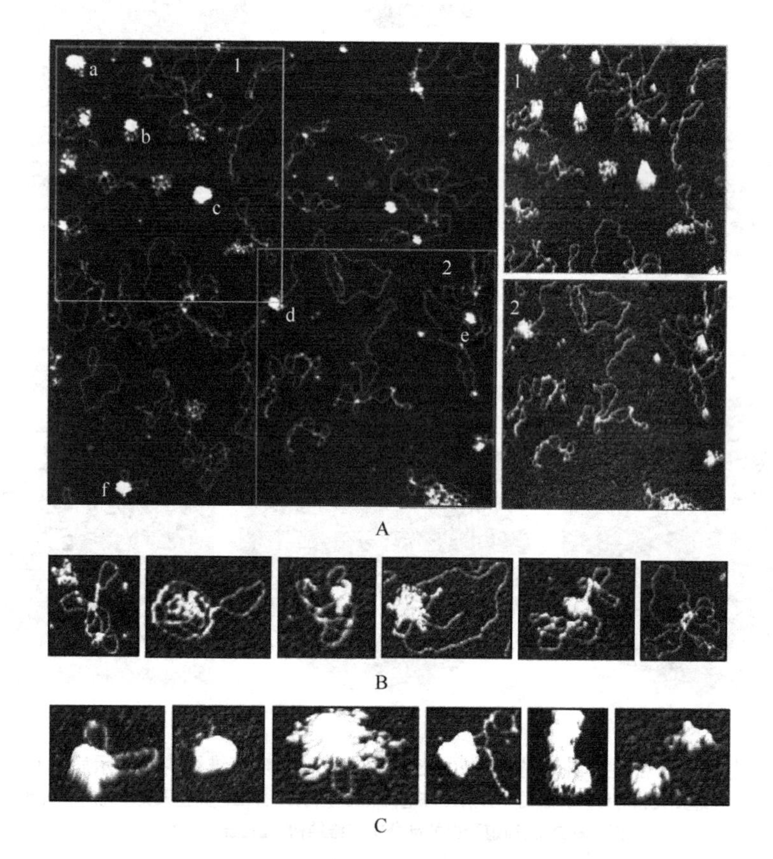

图5-15　原子力显微观察SIRV2-Gp1-DNA复合物（Peeters et al.，2017）

A．AFM二维高度图像，显示未结合的、小的和强凝聚复合物，各复合物的垂直尺寸a为5.2 nm，b为4.2 nm，c为6.2 nm，d为3.1 nm，e为3.1 nm，f为5.4 nm；B、C．随机选择单一复合体的三维AFM图像

子。沉积在云母表面的DNA构象一般是溶液中的线团状态在二维表面上的投影，仍然是二维蜷曲的。为方便观察或者统计分析，可以在必要时将DNA拉直成像。下面具体介绍这些样品的制备方法（图5-16）。

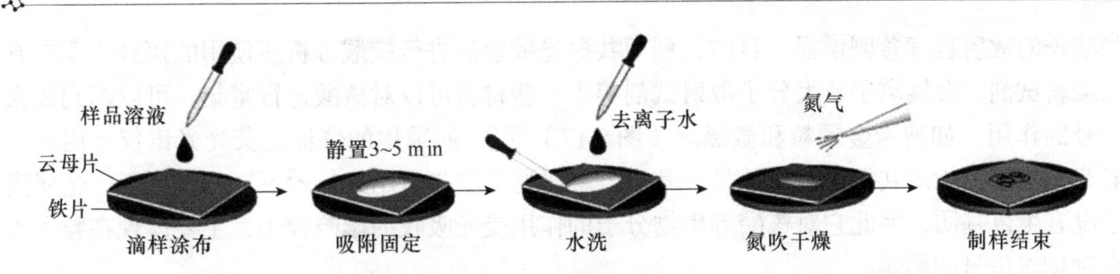

图5-16 AFM观察样品制备基本流程示意图（冉诗勇等，2011）

Mg^{2+}处理DNA方法。首先在TE溶液中加入$MgCl_2$使其最终浓度为3.5 mmol/L，然后用该TE＋3.5 mmol/L $MgCl_2$缓冲溶液稀释原始DNA溶液至1 ng/μl。解理云母片得到新的1层云母面，用移液器取约10 μl稀释DNA溶液滴在表面，沉积3 min，然后用约2200 μl去离子水冲洗，氮气吹干放入干燥器1 h以上待扫描。

APTES处理云母表面方法。首先取1%（*V*/*V*）的APTES水溶液约30 μl滴在新解离的云母表面上，放置约15 min，用去离子水冲洗约5 min，氮气吹干，然后放置在120℃烘箱中加热30 min（该步骤的目的是钝化表面），冷却后放于干燥器中待用。然后将10 μl 1 ng/μl的DNA溶液滴在云母表面，沉积3 min，接着用纯水冲洗并用氮气吹干放入干燥器。

戊二醛修饰云母表面方法。首先将50 μl 0.01%（*V*/*V*）戊二醛用移液器滴在APTES处理过的云母上，静置5 min，然后用纯水冲洗 5 min，氮气吹干。

DNA拉直方法。首先将约10 μl稀释DNA溶液或DNA-组蛋白复合物溶液滴在APTES处理过的云母片上（由于APTES的疏水作用，小液滴呈现小珠状），样品沉积在云母表面约5 min，用镊子夹着云母片与桌面成45°，氮气从液滴上方与云母成较小角度吹液滴，使其慢慢脱离云母表面。然后用移液器滴约20 μl纯水在云母上，用移液器枪嘴稍微接触液滴的边缘，按照第一步中液滴移动的方向慢慢吸走样品，如此重复20次左右，氮气吹干，干燥。

（3）样品处理的注意事项：扫描成像的效果还受操作因素的影响。具体来说，样品前处理过程中如果Mg^{2+}浓度过高或者冲洗不充分，过多的Mg^{2+}会通过离子桥连作用造成DNA分子之间的交联，扫描时得到不理想的网状结构。Mg^{2+}浓度为5 mmol/L时由于冲洗不充分，有过多的Mg^{2+}参与DNA分子之间的交联而形成网状结构。而如果冲洗步骤中移液器吸取溶液速度过快造成负压过高，可能会将已沉积上的大分子吸入或者改变其沉积形貌，很难观察到沉积的大分子或者非正常的形貌。此外，氮气干燥时如果氮气流速过高，可能造成同样的后果。因此，为提高实验的可重复性，需要控制吸取速度和氮气流速使之适中。一般在云母片边缘以低于3 μl/s的速度吸取溶液，干燥时氮气流速控制在刚好能吹走表面的液滴度。

5.3.10 共振光散射法

共振光散射（resonance light-scattering，RLS）法的原理是借助有机染料、金属离子等静电作用在核酸分子表面堆积，形成大的复合物粒子，当粒子直径为5～100 nm时，荧光光谱仪检测到的共振散射信号与聚集体体积的二次方成正比，与聚合物浓度成正比，此时复合物的共振散射信号急剧增强，并与加入的核酸浓度呈线性关系，这是由Pasternack等利用荧光分光光度计而建立起的新的分析技术。其理论主要是从共振瑞利散射增强的角度出发，所以又称共振光散射为共振瑞利散射（resonance Rayleigh scattering，RRS），其利用的现象为当瑞利散射的波长位于或接近分子的吸收带时，其散射程度将不再遵守瑞利散射定律，并在某些波长的散射程度急剧增强。目前，利用共振光散射法进行核酸分析所使用的探针主要有有机染料试剂、金属离子、大分子散射试剂等［一些材料可以对核酸进行富集，可以起到放大信号的作用，如纳米金颗粒和微磁球（图5-17）等］，所采用的仪器是荧光光谱仪，用来发射荧光信号，检测共振光散射信号。其中，金属离子法与常用染料的不同之处在于，金属离子没有生色基团，因此它对核酸等生物分子的作用受光吸收的影响较小，主要体现在粒子大小对RLS信号的影响。

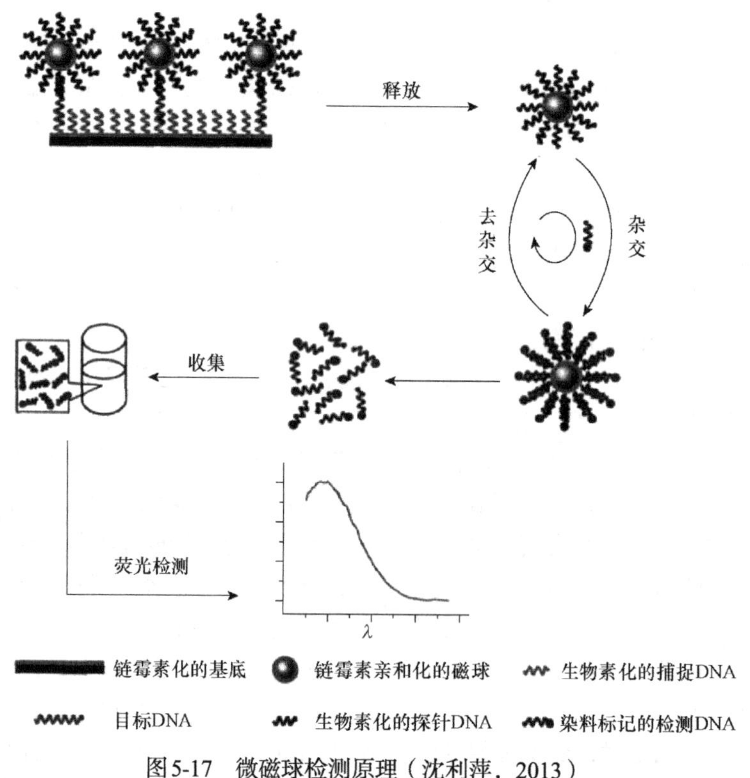

图5-17 微磁球检测原理（沈利萍，2013）

有学者通过合成稀土镧的混配物$LaL_1L_2 \cdot 3H_2O$（L_1为邻苯二甲酸，L_2为邻菲啰啉，该配合物与DNA作用后，导致共振光散射增强，测定背景干扰小），建立纳克级测定DNA的方法。通过紫外和荧光光谱研究发现合成铁（Ⅱ）与邻菲啰啉、联吡啶的混配物可以与DNA发生作用。进一步利用共振光散射技术研究了混配物在DNA分子表面聚集的状况，证明此混配物可作为脱氧核糖核酸的共振光散射探针，且定量测定DNA时灵敏度高。此外，共振光散射技术与合成探针以及有机染料如刚果红、吖啶红和灿烂甲酚蓝等相结合对DNA进行定量测定（表5-6），均获得比较满意的结果。夏晓姗等（2014）在pH为11.2的Britton-Robinson缓冲溶液中，吖啶橙与酵母核糖核酸形成缔合物，使酵母核糖核酸的共振散射增强。体系的最大散射波长为333 nm，酵母核糖核酸的质量浓度在0.05～15.0 mg/L与共振光散射增强强度（ΔI）呈线性关系，检出限（3 S/K）为0.017 mg/L。共振光散射探针与普通的核酸荧光探针相比灵敏度高，即使探针分子与核酸的作用很微弱，也可通过共振光散射技术对其进行检测。因此，共振光散射技术在核酸的检测方面具有广阔的应用前景（宋功武等，2015）。

表5-6　核酸共振光散射探针（冯立顺，2011）

探针名称	检测核酸	检出限/（ng/ml）
刚果红	fsDNA/ctDNA/yRNA	019/0.89/1.2
CTM AB	ctDNA/fsDNA/yRNA	4.3/8.7/7.4
派罗宁B-CTM AB	ctDNA/fsDNA/yRNA	6.1/11.2/8.6
地喹氯铵	ctDNA/fsDNA/yRNA	6.2/7.4/7.0
吖啶红-CTM AB	ctDNA/fsDNA/yRNA	8.53/0.095/1.28
四（4-十六烷基吡啶基）卟啉溴化物-CTM AB	ctDNA/fsDNA	16.0/23.0
H_2SO_4	fsDNA/ctDNA/yRNA	17.8/15.2/54.0
HCl	fsDNA/ctDNA/yRNA	18.0/16.0/57.0
HNO_3	fsDNA/ctDNA/yRNA	18.4/17.0/71.0
N-（*N*-氰基-乙亚胺基）-*N*-甲基-2-氯吡啶-5-甲胺	DNA	20
中性红	ctDNA/fsDNA/yRNA	48.2/35.2/205
灿烂甲酚蓝	ctDNA/fsDNA/yRNA	118/112/434

5.3.11　杂交定量方法

1. 核酸杂交　核酸杂交的本质是在一定条件下使两条具有互补序列的核酸链完成复性，因此可以利用这项技术对特定核酸序列进行定性、定量分析，并在此基础上开发出了系列新的的检测分析技术。如核酸杂交介导的荧光信号放大技术，即通过目标物触发或阻断核酸杂交反应，引起核酸杂交产物上标记的荧光信号分子数目发生变化，实现对目标物定量检测的一类检测方法。目前，该方法已广泛应用于细菌、核酸、蛋白质、生物小分子和无机金属离子检测中。又如基于DNA的生物传感器检测技术，该项技术将核酸杂交信号通过转换器转换为光电等物理信号并对此进行定量检测；同时，将高度特异性的核酸杂交与高度敏感性的物理信号转导相互协作，具有准确、高效、自动化、专一性强、可连续重复利用以及操作简便等优点。

2. 原位杂交　原位杂交是在保持细胞形态的条件下，进行细胞内杂交后显色，可用于DNA或RNA分析。原位分子杂交有两种，一种是玻片原位杂交，另一种是膜上分子杂交。玻片原位杂交可用来进行染色体的基因定位或观察组织中不同的RNA分布；膜上分子杂交常用来从基因文库中钓出目的基因。

3. 支链信号放大技术　支链信号放大技术是根据固相杂交的原理，将标记探针放大，从而使得检测信号放大的核酸定量方法。其具体方法为两种特异性探针与待测的RNA杂交，其中一种探针的另一端与酶标板上的探针杂交，另一种探针的另一端与分支DNA杂交，分支DNA的另一端再与放入的酶标记的探针杂交，最后放入化学发光底物，底物在酶的作用下，产生光的强度与待测DNA或RNA浓度成正比。此方法可进行相对及绝对定量。Collins等对isoC和isoG进行放大，发现随着放大倍数的增加，其敏感度随之增强，支链信号放大技术的特点是只需释放核酸，将其变性，不需对核酸进行抽提纯化，不经过指数增长的扩增过程，放大倍数确定，不利因素少，稳定性强，重复性好，用于RNA的动态水平研究结果准确。但该方法成本较高，而且当放大倍数低时，敏感性较差，检测范围窄，不适用于RNA的低浓度检测。

4. RNase保护技术　RNase保护技术是Zinn于1983年提出的一种核酸定量方法。其原理是将目的基因的多个DNA模板转录出反义RNA探针，利用生物素或同位素标记后与样品总RNA杂交，并经过核糖核酸酶将未与探针杂交的单链RNA探针降解，而目标RNA因形成探针而被保护，杂交双链RNA的量代表了样品中相应基因的量。此方法成本比较高，而且在转录成RNA后不易保存，易降解，增加了实验误差，在合成探针所用放射性同位素有致癌作用。

5.3.12 新型荧光纳米材料的运用

1. 量子点在核酸检测中的应用

（1）硅点：荧光硅量子点（silica nanoparticles，SiNP）作为一种典型的间接带隙半导体纳米材料，具有独特的发光性能，当其半径小于或接近激子波尔半径（硅的波尔半径小于5 nm）时会产生量子限域效应。硅量子点的量子限域效应增加了其直接带隙跃迁的辐射复合，进而增加发光效率且使发光峰位置移向高能区，表现出其发光波长受核尺寸控制的特性，而且随着量子点尺寸的减小，其发射波长蓝移。此外，与传统含重金属Cd量子点相比，硅量子点具有独特的光学性能、良好的生物相容性及无毒的特性，这些优势使得其在生物医学方面呈现出良好的应用前景。Su等利用硅量子点作载体，将硫醇功能化且修饰有荧光染料的DNA与带有烯烃链端的硅量子点进行偶联，制备了DNA功能化的硅量子点，加入目标MicroRNA-21后，MicroRNA-21与偶联的DNA可形成更稳定的DNA-RNA复合物，使淬灭剂链被置换出来，体系荧光回升。通过监测荧光强度，可实现目标核酸的定量检测。

（2）碳点：碳点（carbon nanodots，C-dot）由分散的类球状碳颗粒组成，是一种新型的碳基零维纳米材料。碳点具有水溶性好、低毒、原料来源广、成本低、生物相容性好等诸多优点，因此它的出现引起了研究者广泛的关注，常被用来构建核酸和蛋白质的生物传感器。Loo等基于单双链DNA与羧基化碳点之间作用力的不同及羧基化碳点对染料的淬灭，建立了均相检测核酸的方法。半导体量子点荧光量子产率高、生物相容性好，但是其表面改性及功能化操作复杂，这在一定程度上限制了其应用。

2. 金属纳米簇在核酸检测中的应用 金属纳米簇是由几个至几百个金属原子组成的新型荧光纳米材料，其直径一般小于3 nm。与半导体量子点和有机染料相比，金属纳米簇具有尺寸小、无毒、良好的生物相容性以及在盐溶液中稳定性高等优点。常见的金属纳米簇有金簇、银簇、铜簇等。

（1）金簇：金纳米团簇（gold nanocluster，Au NC）是一类以有机单分子作为模板制备而成的具有荧光性质的分子级别聚集体，由几个至几十个金原子组成的具荧光、水溶性的稳定的聚集体，直径通常小于2 nm，介于单原子和纳米粒子或大体积的金属之间；由于特有的尺寸致其在可见区到近红外区范围内显示出尺寸依赖的荧光性能，能在一定波长的激发下发射荧光。金纳米团簇具有低毒性、表面易于修饰、荧光稳定性强且可调等优点，在分析检测、生物探针、细胞标记及荧光成像等领域有着广泛的应用前景。

（2）银簇：DNA功能化的银簇因易于合成及功能化、较小的粒径和毒性、好的生物相容性等优点受到了研究者的青睐。2004年，Dickson等首次发现富含胞嘧啶的DNA序列可用于纳米荧光银簇的合成，该发现建立了纳米团簇和DNA分子之间的连接，为后期DNA功能化银簇的生物医学应用奠定了基础。银簇合成原料成本低、易得且其表面易于修饰核酸，这使得银簇在核酸及蛋白质检测中应用广泛，但是，银簇的合成需要依赖特定序列的DNA模板，相对耗时且成本较高。

（3）铜簇：DNA功能化的铜簇（copper nanoclusters，CuNC）是近年来新报道的一类荧光纳米颗粒。2010年Rotaru等发现，铜离子在抗坏血酸存在的条件下可以被还原成铜纳米颗粒，这些铜纳米颗粒聚集在双链DNA的大沟中形成稳定的铜簇；并且随着双链DNA序列的增长，合成的铜纳米簇粒径变大、荧光增强。Song等进一步研究了双链DNA碱基对组成对铜纳米簇形成的影响，发现含有AT碱基对的双链更易于形成荧光铜簇，而GC碱基对则不会。通过透射电镜、荧光寿命等表征手段证明，铜纳米颗粒的粒径和荧光寿命可以通过调整双链DNA的长度进行调控。与传统有机染料相比，新型荧光纳米材料易于合成，原料廉价易得且自身具有荧光，这些优势使得其在核酸和蛋白质检测中有着广泛的应用。然而，现有新型荧光纳米材料仍存在一些需要改进的地方，如稳定性、毒性、灵敏度等。

5.3.13　重组酶聚合酶扩增技术

重组酶聚合酶扩增（recombinase polymerase amplification，RPA）由Piepenburg等在2006年发明，该方法无须对样本DNA进行预处理，即可实现指数级扩增，反应灵敏、特异、快速，在恒定的低温下运行。它不需要模板的热变性，在低温恒温下工作，可便携式快速进行核酸检测，并被誉为可替代PCR的核酸检测领域的革命性创新。RPA技术主要依赖于3种酶：能结合单链核酸（寡核苷酸引物）的重组酶、单链DNA结合蛋白（SSB，解旋酶）和链置换DNA聚合酶。

RPA体系的重点是重组酶，重组酶首先与上下游引物结合，寻找同源的双链DNA，一旦定位，就会发生链交换，SSB与亲本链绑定，阻止其与脱离的模板链发生相互作用。接着，DNA聚合酶从上下游引物的3′端启动模板合成，形成两条双链DNA，如此循环重复进而实现扩增（图5-18）。对于引物的设计，RPA与PCR类似，但差异之处在于引物的长度、序列

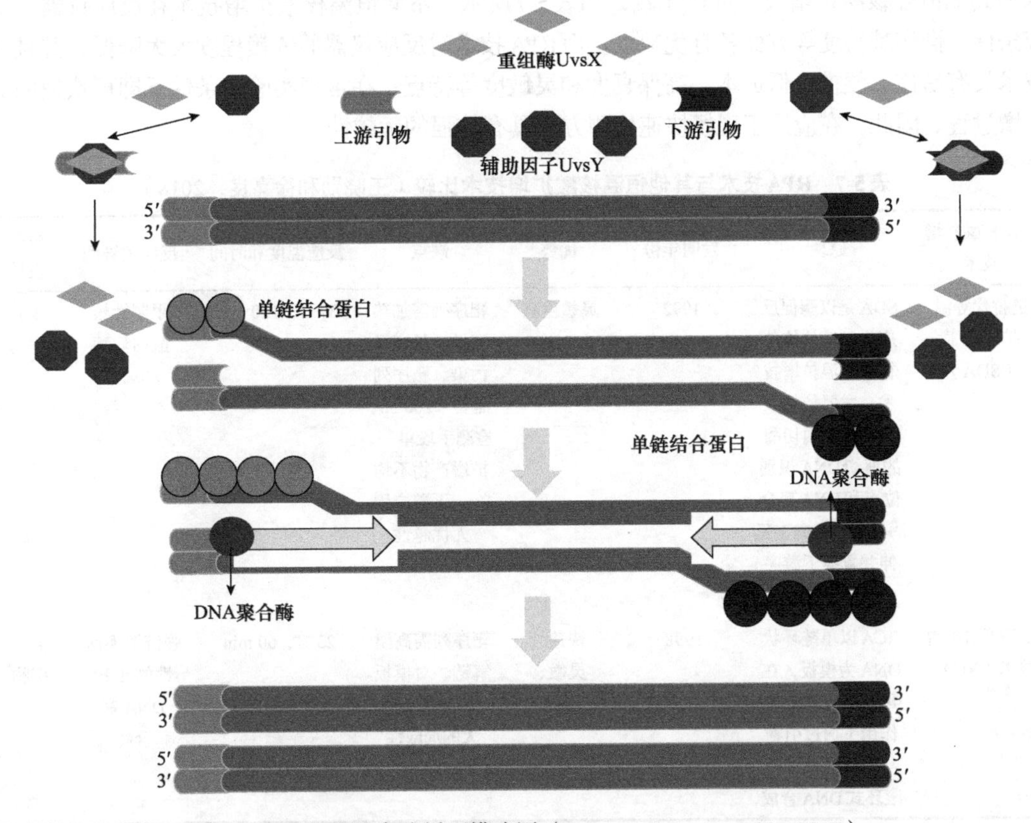

图5-18　重组酶聚合酶循环模式图（James and MacDonald，2015）

组成和选取标准。在设计RPA引物时，变性温度不再是影响引物扩增的关键因素。RPA引物在长度上通常至少为30～35 bp，这是由于单链绑定蛋白质需要寡核苷酸长度在30 bp以上才能将其整合到双链DNA。所扩增的产物长度通常在500 bp以内，以100～200 bp为宜，可保证检测的敏感性和反应速度。

相比经典PCR技术，RPA技术的主要优势之一在于等温。常规PCR必须经过不同温度环节，而RPA反应在常温下即可进行，甚至人体体温即可提供反应所需的温度环境，其最适温度在37～42℃。优势之二在于检测耗时短。整个过程在10～20 min内即可完成，且无须变性，不仅大大缩短了检测反应时间，也无须与PCR仪类似的专门温控设备，从而实现了便携式快速核酸检测。优势之三在于灵敏。RPA技术在缩短反应时间的同时也保持了高灵敏性，从单个模板分子可得到大约10^{12}数量级的扩增产物。优势之四在于结果读取多样化。RPA结果可通过琼脂糖凝胶电泳检测，也可类似RT-PCR对扩增过程进行实时监控，还可以通过试纸条（侧流层析试纸条LFD）读取结果。RPA方法操作简单，耗时短，无须昂贵的设备及相关的专业培训，在检测的灵敏性和特异性上与荧光定量PCR相当。该方法适用于一些难以根除的疾病，如艾滋病，疟疾，肺结核以及烈性、新发传染病病原（如埃博拉病毒、中东呼吸综合征冠状病毒、寨卡病毒）的检测，特别适用于经济欠发达地区的现场检测，具有广阔的应用前景。

恒温核酸扩增技术摆脱了对精密仪器的依赖，近年来不断发展和演变，一直深受科研人员的广泛关注。RPA技术作为恒温核酸扩增技术家族中的新成员，具有其特有的优势。将RPA技术和其他恒温核酸扩增技术进行比较，如表5-7所示，不同恒温核酸扩增技术在反应仪器、反应条件、操作难易度等方面各有优缺点。而RPA技术对反应仪器的依赖程度大大降低，并且该技术具有易控、便携、低成本、高保真度和灵敏度等特点；在常规实验室条件下即可快速完成扩增过程。因此，在应用于现场快速检测方面具有较强的优越性。

表5-7 RPA技术与其他恒温核酸扩增技术比较（王晓勋和徐嘉良，2018）

恒温核酸扩增技术	原理	发明年份	优势	缺点	反应温度和时间	反应关键酶	引物设计
链替代等温扩增技术（SDA）	SDA是以酶促反应为基础的体外核酸等温扩增技术，主要依赖限制性核酸内切酶的剪切DNA识别位点和DNA聚合酶在切口处向3′延伸并置换下游序列的能力	1992	灵敏度高	靶序列需加热变性、易交叉污染、靶序列需要<200 bp、检测手段单一、扩增产物不均一，下游应用无优越性	37℃、120 min	限制性核酸内切酶*Hinc* Ⅱ	4条引物
滚环等温扩增技术（RCA）	RCA以单链环状DNA为模板，在Φ29 DNA聚合酶作用下通过引物与模板退火进行滚环式DNA合成	1998	快速、灵敏、特异	靶序列需高温解链、对模板选择有较大的局限性	23℃、60 min	强链置换活性的Φ29 DNA聚合酶	1条引物

续表

恒温核酸扩增技术	原理	发明年份	优势	缺点	反应温度和时间	反应关键酶	引物设计
依赖解旋酶等温扩增技术（HDA）	HDA依靠解旋酶解开双链DNA，单链DNA结合蛋白（SSB）与单链结合，引物与模板杂交，然后在DNA聚合酶催化下扩增	2004	操作简便、设计简单、适应范围广	靶序列需加热变性、反应时间长	37℃、120 min	解旋酶SSB	2条引物
环介导等温扩增检测（LAMP）	LAMP需要设计3对引物，使得链置换DNA合成不停地自我循环，从而实现快速扩增	2000	高特异性、抗干扰、易鉴别、结果稳定可靠	靶序列需要<300 bp、引物需要6条引物、设计复杂	65℃、60 min	链置换Bst DNA聚合酶	6条引物
依赖核酸序列扩增（NASBA）	NASBA是以核酸序列中RNA为模板，由一对引物介导的、连续均一的特异性体外扩增核苷酸序列的酶促反应	1991	循环次数少、忠实度高、反应速度快	主要用于检测RNA，有局限性	42℃、120 min	RNase H	2条引物
单引物等温扩增（SPIA）	SPIA经过RNA酶降解、新引物结合、链置换的循环过程，实现模板互补序列的快速扩增	2008	扩增效率高、忠实度高、避免非特异性扩增	引物合成相对复杂、主要用于检测RNA，有局限性	55～65℃、120 min	RNase H	1条引物
重组酶介导扩增技术（RAA）	RAA扩增原理类似于RPA技术，不同之处在于酶的选择	2010	简单、节能、便携、快速	扩增产物无法直接应用于基因工程的下游应用	37℃、120 min	细菌或真菌中获得的重组酶	2条引物
转录介导的扩增技术（TMA）	TMA利用RNA聚合酶和逆转录酶协同作用，产物为RNA	2001	减少污染、操作简便、特异性高	需2种酶协同作用、成本高、产物为RNA	42℃、15～30 min	逆转录酶、T7 RNA聚合酶	1条引物
重组酶聚合酶扩增（RPA）	RPA利用重组酶和单链结合蛋白协同实现引物与模板的特异结合，可以扩增DNA和RNA	2006	易控、便携、低成本、高保真度和灵敏度	扩增产物需纯化后进行下游应用、不适合*E. coli*标准菌株扩增实验	37～42℃、20 min	噬菌体重组酶、单链结合蛋白、链置换DNA聚合酶	2条引物

5.3.14 CRISPR/Cas基因核酸检测技术

1987年Ishino等在大肠杆菌基因组中发现了规律成簇的间隔短回文重复序列（clustered regularly interspaced short palindromic repeat sequence，CRISPR），2002年Jansen等将其命名为CRISPR。CRISPR是细菌体内的一种获得性免疫系统，该系统由RNA介导，可以用来抵抗外来病毒或质粒的入侵。CRISPR和*Cas*基因（CRISPR-associated gene，*Cas*）组成CRISPR/Cas系统。常见的CRISPR系统包括三种不同类型，即Ⅰ型、Ⅱ型和Ⅲ型。Ⅰ型和Ⅲ型系统由多种Cas蛋白组成，而Ⅱ型系统只需要一种Cas蛋白，即Cas9。Cas9蛋白是一种天然存在的酶，具有内切活性，属于一种核酸内切酶。Cas9核酸酶在切割的过程中需要另外两个RNA的帮助，分别为CRISPR RNA（CRISPR-derived RNA，crRNA）和反式CRISPR RNA（*trans*-acting CRISPR RNA，tracrRNA）。其中，tracrRNA能够激活Cas9核酸酶，crRNA能够与目标序列互补。目前，CRISPR/Cas9系统由于简单高效，已被众多研究人员用于编辑基因。CRISPR已广泛应用于基因编辑和调控，凭借高特异的DNA切割能力，在DNA检测和分型上具有很大的应用潜力。CRISPR系统（Ⅲ型的Cas13a/C2c2）已经应用于寨卡（Zika）病毒的检测并且具有超高灵敏度（病毒颗粒的量低至2 aM）。该技术被命名为Sherlock（被视为Sherlock1.0）。这种技术的新版本（Sherlock2.0）已经开发出来用于快速、特异、敏感和低成本地检测亚洲Zika病毒株。通过使用另外一种Cas蛋白（Cas12a/Cpf1），开发了一种名为Detectr的新型DNA检测技术。所有这些基于CRISPR的新核酸检测技术都具有很高的特异性和灵敏度。但是，它们都使用了等温扩增技术。例如，Sherlock1.0和Detectr都使用了RPA来扩增待检测的靶标。除了RPA，Sherlock1.0还包含了体外转录过程，因为Cas13a只能切割RNA。为了简化Sherlock1.0的检测程序，Sherlock2.0改为使用环介导等温扩增检测（loop-mediated isothermal amplification，LAMP）。此外，这些技术还有其他缺点，例如，荧光基团和淬灭剂（fluorophore quencher，FQ）标记的报告寡核苷酸、RPA和LAMP试剂的成本较高；LAMP引物的设计很困难。这些缺点可能会限制这些新技术的推广应用。

5.3.15 核酸检测技术在新型冠状病毒检测中的运用

2019年12月，一种新型冠状病毒引起的高度传染性肺炎在全球范围内暴发，世界卫生组织将这类疾病命名为Coronavirus Disease 2019（COVID-19，新型冠状病毒肺炎）。COVID-19具有高发病率和死亡率，对全球公共卫生安全构成了巨大威胁。应对这类突发急性传染病的有效措施包括：①控制传染源；②切断传播途径；③保护易感人群。其中，快速、便捷、精准、有效的检测方法能够在较短时间内筛查出确诊感染者或无症状感染者，可为有效控制COVID-19传播提供有力保障。核酸检测技术因其特异性强、灵敏度高是当前应用于COVID-19检测的主要技术手段。

2019新型冠状病毒（SARS-CoV-2）的遗传物质是正义单链RNA。目前，SARS-CoV-2基因组序列已完成测序解析，基因组含有约29 000个碱基，包括12个蛋白质编码区/可读框（ORF），分别为：1ab、S、3、E、M、7、8、9、10b、N、13、14（图5-19）；与蝙蝠SARS样冠状病毒bat-SL-CoVZC45、bat-SL-CoVZXC21和人SARS冠状病毒SARS-CoV 3种病毒相应蛋白质的长度非常相近；其中ORF1a和ORF1b为RNA依赖的RNA聚合酶基因（*RdRp*）所在区域，编码RNA聚合酶，负责病毒核酸复制；S区编码刺突蛋白，与病毒感染能力相关，通过与细胞表面血管紧张素转换酶2（angiotensin-converting enzyme 2，ACE2）受体结合进入宿主细胞；E区编码囊膜蛋白，负责病毒包膜及病毒颗粒的形成；M区编码膜蛋白；N区编码核壳蛋白，与病毒基因组宿主RNA互相识别。2019-nCoV的*RdRp*基因由于在进化树上与SARS-CoV的*RdRp*基因显著不同，故被列为一种全新的β属冠状病毒。因而，*RdRp*基因也成为鉴定2019-nCoV核酸的一个重要标志物。

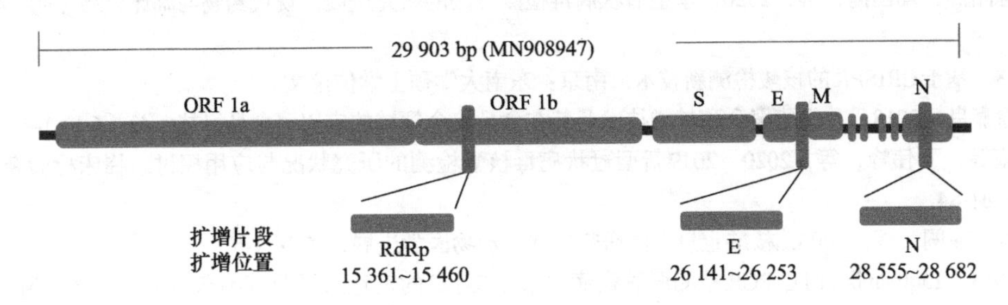

图5-19　2019-nCoV基因组结构模式及常见的引物扩增位置（王旭东等，2020）

基于已知基因组序列，最常用的病毒快速检测技术主要有两大类：核酸检测和抗原抗体免疫检测。核酸检测是对病毒RNA基因组进行检测，包括基因测序、荧光定量PCR、微滴式数字PCR（ddPCR）、基因芯片和LAMP等技术。抗原抗体免疫检测是对病毒抗原或人体免疫反应产生的特异性抗体进行检测，包括免疫色谱试纸条、酶联免疫吸附试验（ELISA）和化学发光免疫分析（CLIA）等技术。2019新型冠状病毒为单链RNA病毒，针对RNA病毒较成熟的核酸诊断技术主要有：RT-PCR、逆转录环介导等温扩增（RT-LAMP）、NASBA、RPA和基因芯片等。

参考文献

陈朝会，张正涛，苏鲁方．2018．新型荧光纳米材料在核酸和蛋白质检测中的应用．江汉大学学报（自然科学版），46（5）：431-437.

戴睿．2007．16S rDNA分子生物学技术在除磷菌种群结构分析中的应用．上海：同济大学硕士学位论文．

樊晓旭，赵永刚，李林，等．2016．重组酶聚合酶扩增技术在疾病快速检测中的研究进展．中国动物检疫，33（8）：72-77.

冯立顺．2011．共振光散射探针在核酸分析中的应用．光谱实验室，28（3）：1037-1041.

韩衍青，徐幸莲，周光宏，等．2008．PCR-DGGE技术在应用过程中的常见问题分析．食品与发酵工业，34（3）：105-109.

贺福初．2019．分子克隆实验指南．4版．北京：科学出版社．

江云飞．2009．应用PCR-DGGE技术研究大麻沤麻系统中的细菌多样性．哈尔滨：黑龙江大学硕士学位论文．

蒋艳，马翠翠，胡贤巧，等．2013．微流控纸芯片的加工技术及其应用．化学进展，26：167-177.

李宏．1999．植物组织RNA提取的难点及对策．生物技术通报，（1）：38-41.

刘岩，吴秉铨．2011．第三代测序技术：单分子即时测序．中华病理学杂志，40（10）：718-720.

冉诗勇，王艳伟，杨光参．2011．原子力显微镜扫描成像DNA分子．物理实验，31（11）：1-4，12．
沈利萍．2013．基于磁球信号放大技术的超灵敏DNA检测方法及其在测定基因表达中的应用．济南：山东大学硕士学位论文．
宋功武，方光荣，李玲，等．2015．共振光散射技术在核酸探针中的应用研究//中国分析测试协会科学技术奖发展回顾．中国分析测试协会：218-219．
孙海汐，王秀杰．2009．DNA测序技术发展及其展望．科研信息化技术与应用，（3）：18-29．
陶长路，张兴，韩华，等．2020．前沿生物医学电子显微技术的发展态势与战略分析．中国科学：生命科学，50（11）：1176-1191．
王露莹，陈品儒，郑国湾，等．2020．新型冠状病毒检测方法的研究进展．现代药物与临床，35（3）：411-416．
王巧．2018．基于CRISPR的核酸检测新技术．南京：东南大学硕士学位论文．
王晓勋，徐嘉良．2018．重组酶聚合酶扩增技术及其在食品安全领域的应用．食品科技，43（6）：1-7．
王旭东，施健，丁伟峰，等．2020．2019新型冠状病毒核酸检测的研究状况与应用探讨．临床检验杂志，38（2）：81-84．
王娅，王哲，徐闯，等．2006．核酸定量方法研究进展．动物医学进展，（7）：1-5．
吴瑞珊．2013．Taqman探针FQ-PCR检测肝脏疾病血清miR-122的表达水平及其临床意义．广州：暨南大学硕士学位论文．
夏晓姗，郑红，宋林，等．2014．吖啶橙共振光散射法测定酵母核糖核酸．理化检验（化学分册），50（3）：327-329．
谢浩，胡志迪，赵明，等．2014．核酸定量检测方法研究进展．生命的化学，34（6）：737-743．
杨荣武．2019．分子生物学．2版．南京：南京大学出版社．
杨莹莹，郑萍，叶利明．2008．生物质谱技术及其在核酸领域的应用．药物分析杂志，28（4）：642-646．
张贝贝．2018．基于滚环扩增和CRISPR辅助PCR的核酸检测新技术研究．南京：东南大学硕士学位论文．
张晓元，张艳艳，张小刚，等．2020．新型冠状病毒SARS-CoV-2检测技术的研究进展．生物化学与生物物理进展，47（4）：275-285．
周江．2014．质谱技术在核酸研究领域的应用．中国科学：化学，44（5）：771-776．
朱强远，杨文秀，高一博，等．2013．一种可绝对定量核酸的数字PCR微流控芯片．高等学校化学学报，34（3）：545-550．
de Rosier D J, Klug A. 1968. Reconstruction of three dimensional structures from electron micrographs. Nature, 217: 130-134.
Dubochet J, Lepault J, Freeman R, et al. 1982. Electron microscopy of frozen water and aqueous solutions. Journal of Microscopy, 128: 219-237.
Frank J. 1975. Averaging of low exposure electron micrographs of non-periodic objects. Ultramicroscopy, 1: 159-162.
Henderson R, Baldwin J M, Ceska T A, et al. 1990. An atomic model for the structure of bacteriorhodopsin. Biochemical Society Transactions, 18: 844.
Huang Y H, Leblanc P, Apostolou V, et al. 1995. Comparison of Milli-Q PF plus water to DEPC-treated water in the preparation and analysis of RNA. Biotechniques, 19 (4): 656-661.
Ishino Y, Shinagawa H, Makino K, et al. 1987. Nucleotide sequence of the iap gene, responsible for alkaline phosphatase isozyme conversion in *Escherichia coli*, and identification of the gene product. Journal of Bacteriology, 169 (12): 5429-5433.
James A, MacDonald J. 2015. Recombinase polymerase amplification: emergence as a critical molecular technology for rapid, low-resource diagnostics. Expert Review of Molecular Diagnostics, 15 (11): 1475-1489.
Liu Y T, Jih J, Dai X, et al. 2019. Cryo-EM structures of herpes simplex virus type 1 portal vertex and packaged

genome. Nature, 570: 257-261.

Myers R M, Fischer S G, Lerman L S, et al. 1985. Nearly all single base substitutions in DNA fragments joined to a GC-clamp can be detected by denaturing gradient gel electrophoresis. Nucleic Acids Research, 13 (9): 3131-3145.

Notomi T, Okayama H, Masubuchi H, et al. 2000. Loop-mediated isothermal amplification of DNA. Nucleic Acids Research, 28 (12): E63.

Peeters E, Boon M, Rollie C, et al. 2017. DNA-interacting characteristics of the archaeal rudiviral protein SIRV2-Gp1. Viruses, 9: 190.

Piepenburg O, Williams C H, Stemple D L, et al. 2006. DNA detection using recombination proteins. PLoS Biology, 4 (7): 1115-1121.

Pyne A, Thompson R, Leung C, et al. 2014. Single-molecule reconstruction of oligonucleotide secondary structure by atomic force microscopy. Small, 10: 3257-3261.

Rio D C, Ares M, Hannon G J, et al. 2010a. Purification of RNA using TRIzol (TRI reagent). Cold Spring Harbor Protocols, (6): 5439.

Rio D C, Ares M, Hannon G J, et al. 2010b. Purification of RNA by SDS solubilization and phenol extraction. Cold Spring Harbor Protocols, (6): 5438.

Ruud J, van Embden J D A, Wim G, et al. 2002. Identification of genes that are associated with DNA repeats in prokaryotes. Molecular Microbiology, 43 (6): 1565-1575.

Sambrook J, Russell D W. 2006. Purification of RNA from cells and tissues by acid phenol-guanidinium thiocyanate-chloroform extraction. Cold Spring Harbor Protocols, (1): 149-150.

Wallace D M. 1987. Large-and small-scale phenol extractions. Methods in Enzymology, 152: 33-41.

Witz G, Stasiak A. 2010. DNA supercoiling and its role in DNA decatenation and unknotting. Nucleic Acids Research, 8: 2119-2133.

Xiao Y B, Luo M, Liao M F, et al. 2018. Structure basis for RNA-guided DNA degradation by cascade and Cas3. Science, 361 (6397): 41.

Yin C C. 2018. Structural biology revolution led by technical breakthroughs in cryo-electron microscopy. Chinese Physics B, 27: 53-62.

Zhang X, Jin L, Fang Q, et al. 2010. 3.3 Å cryo-EM structure of a nonenveloped virus reveals a priming mechanism for cell entry. Cell, 141: 472-482.

Zhou Z H. 2008. 3.88 Å structure of cytoplasmic polyhedrosis virus by cryo-electron microscopy. Nature, 453: 415-419.

第6章 蛋白质的分离纯化与表征

蛋白质是包括人类在内的各种生物有机体的重要组成成分，是生命的物质基础之一。机体内的一些生理活性物质，如抗体、酶、核蛋白等都是蛋白质，它们对调节生理功能、维持新陈代谢起着极其重要的作用（陆健，2005）。因此，蛋白质研究有着极为重要的生物学意义。蛋白质在组织或细胞中一般都以复杂的混合物形式存在，每种类型的细胞都含有很多不同结构和功能的蛋白质。研究蛋白质的首要步骤是将目的蛋白从复杂的大分子混合物中分离纯化出来，得到高纯度具有生物学活性的目的物。因此，高效的分离、纯化和鉴定技术是蛋白质研究的重要基础。

本章首先概述了蛋白质分离纯化的设计原则和常用方法，其次介绍了蛋白质表征的常用手段。其中，因蛋白质组学技术涵盖分离、纯化与表征而单独对其做了进一步介绍。最后，分别从蛋白质的不同来源与特殊用途两方面举例介绍了一些蛋白质分离、纯化与鉴定的方案。本章着重介绍各蛋白质分离纯化与鉴定的注意点，具体方法的相关原理与所用仪器的信息已在本书的第二到第四章中详细描述，此处不再赘述。

6.1 蛋白质分离纯化的设计

6.1.1 基本原则

分离、纯化蛋白质通常是为了获得单一蛋白质组分以便深入研究其活性、结构与功能之间的关系。首先，必须了解待测纯化样品中目的蛋白及主要杂质的性质，尽可能多收集有关蛋白质的来源、性质（分子大小、等电点）和稳定性（蛋白质对温度、极端pH、蛋白酶、氧和金属离子等的耐受性）等信息，这对于蛋白质纯化方案的设计十分重要。表6-1列举了不同蛋白质的特性及其对纯化策略选择的影响。其次，纯化开始之前必须了解最终产品的用途，从而在设计蛋白质纯化过程中综合考虑纯化产品的质量、数量和经济性等方面的要求。纯化后的蛋白质纯度要多高、纯化过程中能允许损失多少活性以及纯化过程需多少时间和成本等都受到目的蛋白最终用途的影响。一般来说，对目的蛋白纯度要求越高，往往所需要的操作成本越高。最后，充分了解各分离纯化技术操作单元的具体信息也很重要，如在细胞破碎时，需要了解流速、搅拌器类型、操作压力、细胞浓度和种类、产品释放的碎片和大小等；设计色谱分离方案时，要充分了解色谱柱特征，包括其结合能力、解离常数、耐压特性等。

表6-1　蛋白质特性及其对纯化策略选择的影响

样品和靶蛋白特性	对纯化策略选择的影响
对温度的稳定性低	需要在更低的温度下快速操作
pH稳定性	提取或者纯化缓冲液的选择。离子交换条件的选择，亲和或者反相色谱的选择
对有机溶剂的稳定性	选择是否用反相色谱条件
去污剂需要量	考虑色谱步骤的影响和去除去污剂的需要。考虑去污剂的选择
盐（离子强度）	针对沉淀技术、离子交换技术和疏水性相互作用色谱选择需要的条件
辅助因子对蛋白质的稳定性	添加剂、pH、盐和缓冲液的选择
辅助因子对活性蛋白酶的敏感性	需要快速去除蛋白酶或者加入蛋白酶抑制剂
辅助因子对金属离子的敏感性	需要在缓冲液中加入EDTA或者EGTA
辅助因子对氧化还原剂的敏感性	需要加入还原剂
分子质量	选择凝胶过滤介质
蛋白质电荷	选择离子交换条件
生物专一性的亲和力	选择配基作为亲和介质
翻译后修饰	选择簇特异性亲和介质
疏水性相互作用	针对疏水色谱选择介质

1. 蛋白质的纯度　对目的蛋白纯度的要求取决于最终蛋白质产物的用途。在工业化应用中（食品工业或日用化学工业），产品的需求量大，此时纯度往往是次要的；而在科学研究中，所需产品的数量相对较少，对纯度的要求就较高。根据不同的研究目的，对于目的蛋白的纯度要求亦存在一定差异。例如，80%～90%的纯度在酶学研究中就足够，而在蛋白质结构研究中，目的蛋白的纯度则须达到95%以上。此外，针对用于医疗目的的蛋白质产物，则必须考虑到其所含的所有杂质。

2. 蛋白质活性的保持　在大多数情况下，应尽可能保持纯化后蛋白质的活性。因此，要采取尽可能少的纯化步骤以减少蛋白质变性或水解的可能性，并且尽量避免比较粗放的条件，如极端pH、有机溶剂等。蛋白质样品的贮存温度宜在4℃或更低，如果贮存时间长或蛋白质易水解，可采用冷冻方法，如用液氮、干冰等进行快速冷冻相对更适宜。

蛋白酶样品的纯化宜在低温下（4℃）操作，并加快纯化过程而缩短操作时间，或加入蛋白酶抑制剂，从而降低酶蛋白水解程度或抑制活性的丧失。纯化含蛋白酶杂质的样品时，也应特别注意其对目的蛋白的破坏作用。溶酶体是蛋白酶的主要来源，尽量避免其受到破坏而释放出蛋白酶，在酶提取液中加入蔗糖或麦芽糖可降低破坏程度。然而，即使是微量蛋白酶也能水解大量蛋白质，因此在纯化后期也要仔细操作。由于许多蛋白酶分子质量在20～30 kDa，凝胶过滤可用于蛋白质初步纯化，以分离大多数蛋白酶污染物。选择简单、快速、高专一性的酶分析方法，可以缩短样品在纯化各步骤间的贮存时间，也可降低蛋白质水解程度。

3. 蛋白质的产量　纯蛋白质的产量不仅仅受原材料数量的影响，还受到蛋白质纯化回收率的影响。当有不同原料可供选择时，一般选用目的蛋白最稳定、含量最丰富的原材料，同时也需考虑获得原料是否容易、数量是否足够多、成本是否比较低。在纯化过程的每一步骤中都会损失蛋白质，所以纯化步骤应尽量少，以得到高蛋白回收率。但是纯化步骤的减少一般会降低目的蛋白的最终纯度。优化蛋白质纯化的过程就是使蛋白质纯化后回收率与纯度最高，而成本最低。

4. 经济性 在蛋白质生产、分离和纯化中，占总生产费用绝大部分的是分离和纯化蛋白质过程。据估计，蛋白质制造成本的50%～80%是下游加工造成的。蛋白质的生产过程影响其分离纯化过程的难易程度及成本的多少。以发酵法生产蛋白质为例，一般在发酵液中目的蛋白的浓度比较低，而且常含有性质相近的杂蛋白，分离纯化蛋白质需要一系列的步骤，从而使得成本相对较高。提高在发酵液中目的蛋白的浓度，或采用适当的分离纯化方法，均可降低最终产品的成本。Castaldo等（2016）提出了“Teabag”法分离纯化由CHO-EBNA GS表达体系生产的Mpai-1蛋白。相较于传统色谱分离法，两者回收率与产物纯度相近（分别为20%、80%），但时间成本却缩短了50%（图6-1）。“Teabag”法将经特殊处理的亲和树脂材料封装于多孔尼龙袋中并将其置于生长培养基或裂解物中，无须离心步骤进行澄清，直接捕获和纯化蛋白质。该方法用途广泛、适用范围广，无须花费大量投资即可大大减少处理时间并提高处理量，更适合于工业化应用。

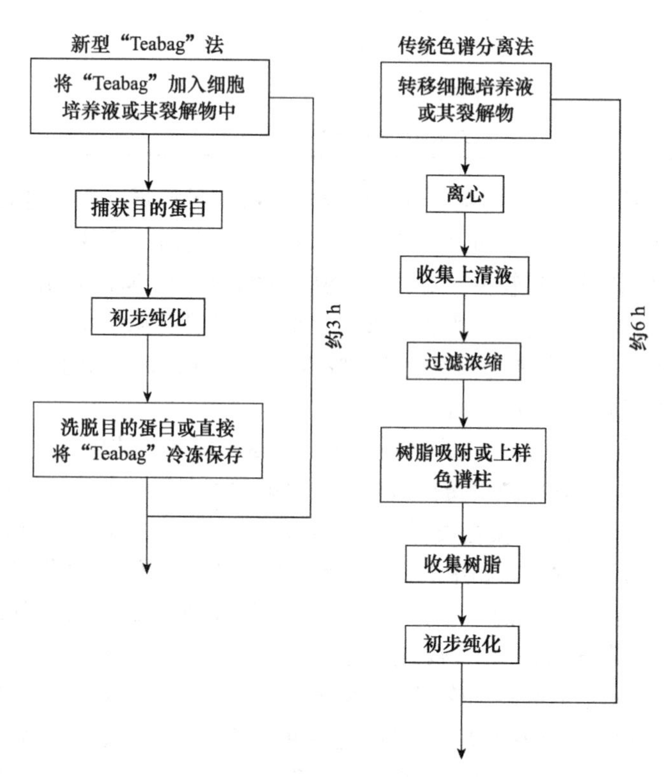

图6-1 “Teabag”法与传统色谱分离法的比较

总的来说，在实验室进行蛋白质纯化时，大多是为了研究，一般不太考虑成本问题；而规模化纯化蛋白质时，除了提高产量、获得更多的纯蛋白质产品，还需尽可能地降低成本。通常，在实际操作中纯化方案应尽量保持简单化。例如，尽可能少地使用添加剂，因为添加剂的使用可能需要额外的纯化步骤去除，否则可能会干扰样品的活性分析；尽早去除对样品有损伤的杂质（如杂蛋白酶）。减少分离纯化的步骤并最大化每个步骤的产率有助于降低蛋白质纯化的成本。针对某些应用，可直接使用蛋白质粗提物，无须进一步纯化。但是，药用蛋白通常需要极高的纯度，使得下游的分离纯化成为整个过程的关键组成部分，且成本高昂。此外，分离纯化的步骤复杂，并受商业条件和专利权的影响。

6.1.2 方案设计

一般蛋白质的纯化为三步策略：①在目的物捕获阶段，样品经过分离、浓缩并且对目的蛋白进行稳定化处理；②在中度纯化阶段，样品中大量杂质被去除，如其他的蛋白质、核酸、内毒素和病毒等；③在样品精细纯化阶段，通过去除任何残留的微量杂质或者密切相关的物质来达到较高的纯度。选择和优化组合纯化技术对于样品的捕获、中度纯化和样品的精细纯化是非常关键的。因此，确定合适的纯化方案，才可在更短的时间里完成产物的纯化并且达到节约成本的目的。然而，对所有蛋白质都适用的单一纯化方案是不存在的，因为原料来源和各种蛋白质纯化的要求不同。研究者可通过实验设计（design of experiment，DoE）法建立蛋白质纯化方案。过程优化必须解决两类问题：一是在可替换的操作中作出选择（如离心或超滤等）；二是设计理想的色谱顺序，以最少的步骤获得最大的产量。每一分离纯化方法都要评估其处理样品能力、蛋白质回收率和纯化成本。在纯化初期阶段，高处理量和低成本十分重要，而在后期高分辨率很重要。

在实际操作中，一些仪器公司的控制软件，如ÄKTA系统的UNICORN 6，具有整合的DoE。在DoE中，所选择的参数可以同时改变，能从更少的实验中获得更多的信息而提高生产率（图6-2）。因为DoE和UNICORN 6软件无缝连接，从DoE方案中自动产生的方法会整合到UNICORN方法探索中，可以进行快速和有效的方法优化。在DoE中的实验工作流程包括：①筛选，以确定哪些是主要影响因素；②优化，确定主要影响因素的参数范围；③稳健性，确定因素的稳定运行范围；④应用DoE，能够通过考虑对重要影响因素的整个范围进行有效探索，如流速和洗脱pH，从而确定每个因素的合适范围。

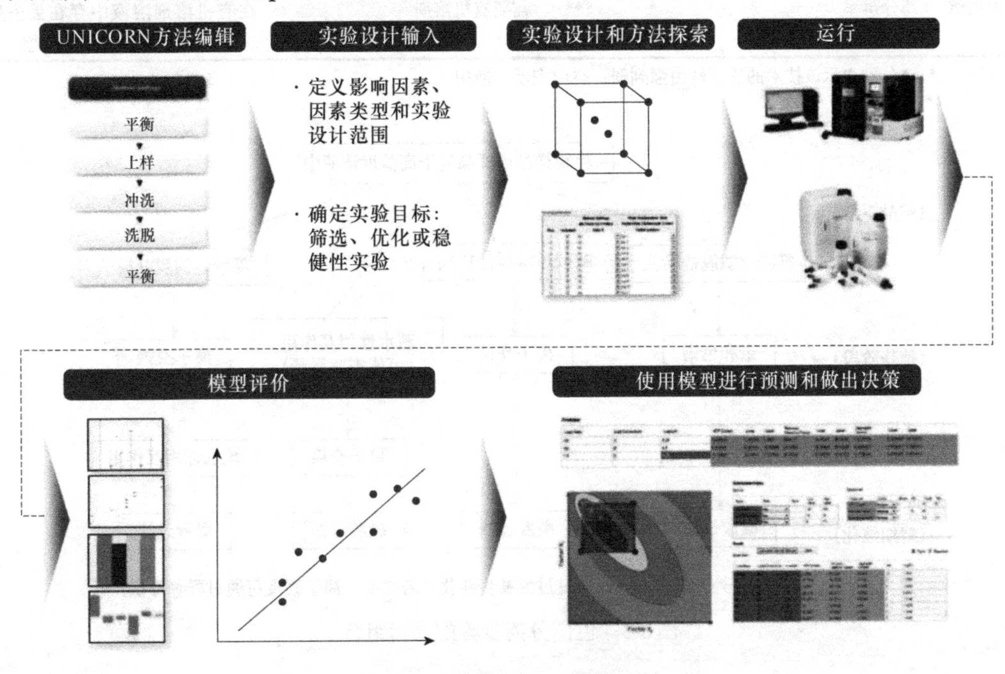

图6-2 基本的DoE工作流程

不同的纯化技术利用了蛋白质的不同性质，且各自具有不同的特点。例如，沉淀技术能处理大量的高浓度蛋白质溶液，而在采用色谱技术组合时，应尽量避免额外的样品处理步骤，从而使得产物从第一个色谱柱上被洗脱下来的条件适合于下一个色谱柱开始的条件。表6-2总结了各种色谱技术开始和结束的条件。如图6-3所示，如果样品是低离子强度，可以使用离子交换柱。从离子交换柱将样品洗脱后，样品通常会在高离子强度的缓冲液中，可直接使用疏水层析柱（如果需要的话可以调整溶液的pH和加入更多的盐）。相反，如果样品从疏水层析柱上被洗脱下来，样品可能处于很高的盐离子强度的环境，需要对样品进行稀释或者进行缓冲液的交换步骤，降低溶液的离子强度使其满足可以进行离子交换的需要。这样，样品先经离子交换再用疏水层析比先用疏水层析再用离子交换要更加直接。总之，纯化方案的确定，除考虑利用蛋白质不同的特性外，步骤应尽可能少，尽量使分离产物不需额外处理就可以直接进行下一步操作。如果对于目的蛋白一无所知，可使用离子交换过滤层析。这种技术组合被认为是一个标准的纯化步骤。

表6-2　各色谱技术的适用性

纯化技术	主要特征	捕获	中度纯化	精细纯化	样品起始条件	样品结束条件
离子交换	高分辨率、高容量、高速度	***	***	***	低离子强度、样品体积没有限制	高离子强度或者pH改变、样品浓缩
疏水性相互作用	高分辨率、高容量、高速度	**	***	*	高离子强度、样品体积没有限制	低离子强度、样品浓缩
亲和色谱	高分辨率、高容量、高速度	***	***	**	特殊的结合条件，样品体积没有限制	特殊的洗脱条件、样品浓缩
凝胶过滤	高分辨率		*	***	限制样品体积（小于5%总柱体积）和流速范围	交换缓冲液（如果需要的话）、样品稀释
反相色谱	高分辨率		*	***	需要有机溶剂	在有机溶剂溶液中存在丢失生物活性的风险、样品浓缩

***、**、*分别表示该技术的适用性由强到弱；空白表示不适用

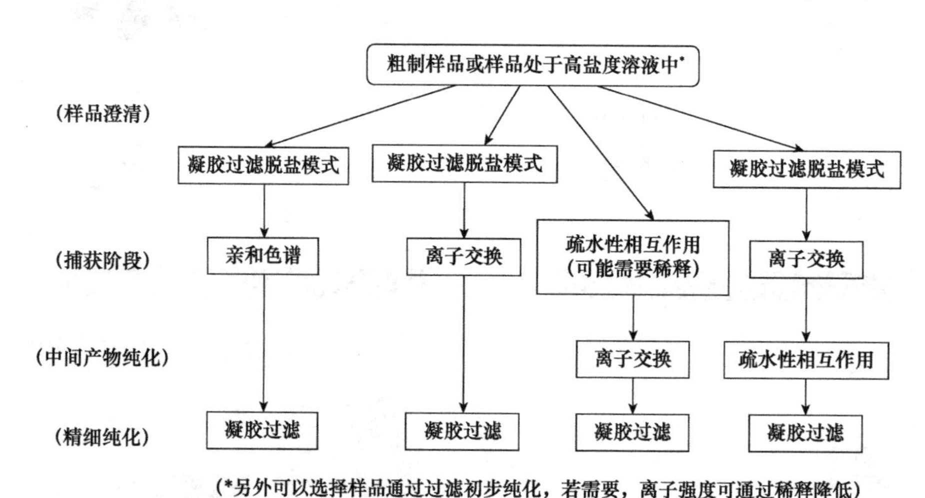

图6-3　色谱分离步骤的逻辑组合

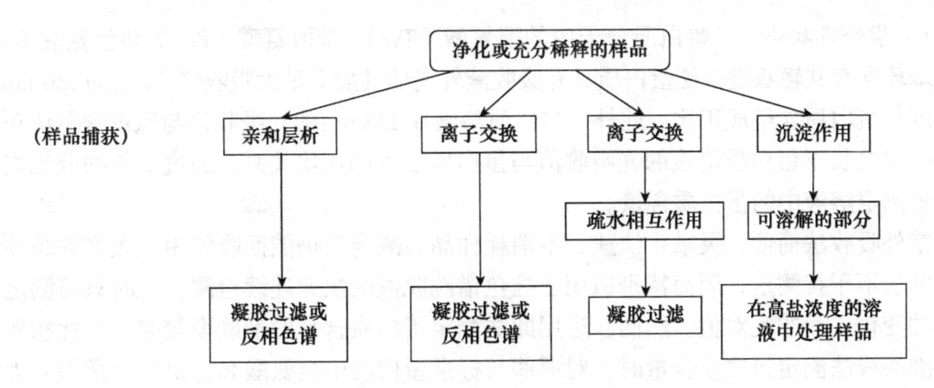

图6-3　色谱分离步骤的逻辑组合（续）

6.2　蛋白质纯化的指标

6.2.1　蛋白质的定量分析

在蛋白质的分离、纯化过程中，测定溶液中蛋白质的总量或某一蛋白质的含量是常规要求。在选择测定方法时应考虑：测定方法的灵敏度及精确度能否满足要求、所需蛋白质样品的量、测定后能否回收，以及蛋白质的性质与可能存在的干扰物质。此外，还应考虑所需的仪器和花费时间以及操作是否简单易行，测定结果是绝对值（近似值）还是相对值（标准的比值）等。

1. 总蛋白质的定量分析　总蛋白质定量分析中常用的经典方法包括定氮法、双缩脲法（Biuret法）、Folin-酚试剂法（Lowry法）、紫外吸收法等。目前，普遍使用的测定法有考马斯亮蓝（Bradford）法、二喹啉甲酸（BCA）法和银染色法。需要注意的是，这些方法并非在任何条件下适用于任何蛋白质，同一蛋白质溶液采用不同的测定方法，可能获得不同的结果。

每种测定方法都有优缺点。定氮法操作复杂但结果较准确，其他方法中使用的标准蛋白质多以定氮法来测定蛋白质含量。双缩脲法虽然灵敏度差，但是干扰物质少，可用于无需十分精确的蛋白质快速测定。Bradford法和Lowry法的灵敏度比紫外吸收法高10～20倍，比双缩脲法高100倍以上。Bradford法具有快速、高灵敏度的突出优点，应用广泛。利用微波改良的Lowry法和BCA法可在极短的时间内精确测定蛋白质浓度，非常有利于常规检测。表6-3总结了几种常见蛋白质含量测定方法的优缺点。

表6-3　几种常见蛋白质含量测定方法的比较

方法	吸收波长/nm	机制	优点	缺点
紫外吸收法	280	酪氨酸和色氨酸吸收光	样本量小，快速，成本低	不兼容去污剂和变性剂，变异高
BCA法	562	铜还原（Cu^{2+}到Cu^{+}），BCA与Cu^{+}反应	兼容去污剂和变性剂，变异低	不兼容还原剂
Bradford法	470	考马斯亮蓝染料和蛋白质之间形成复合物	兼容还原剂，快速	不兼容去污剂
Lowry法	750	蛋白质还原铜，Cu^{+}-蛋白质复合物还原Folin-酚试剂	高灵敏度和准确性	不兼容去污剂和还原剂，过程长

1）*紫外吸收法*　蛋白质分子中的酪氨酸（Tyr）、苯丙氨酸（Phe）和色氨酸（Typ）残基的苯环含有共轭双键，使蛋白质具有吸收紫外光的性质。最大吸收峰（λ_{max}为280 nm）处的吸光度与蛋白质含量成正比。此外，蛋白质溶液在238 nm的光吸收值与肽键含量成正比。利用在一定波长下蛋白质溶液的光吸收值与蛋白质浓度的正比关系，通过简单的分光光度计可以定量测定溶液中的蛋白质含量。

紫外吸收法简便、灵敏、快速，不消耗样品，测定后仍能回收使用。大多数缓冲液和低浓度的盐不干扰测定，因而特别适用于柱色谱洗脱液的快速连续检测，此时只需测定蛋白质浓度的变化，而非绝对值。然而，运用此法测定蛋白质含量的准确度较差，干扰物质多。在用标准曲线法测定蛋白质含量时，对那些与标准蛋白质中酪氨酸和色氨酸含量差异大的蛋白质有一定的误差。故该法只适用于测定与标准蛋白质氨基酸组成相似的蛋白质。

当样品中含有嘌呤、嘧啶及核酸等吸收紫外光的物质时，干扰较大。虽然可通过校正计算适当消除核酸的干扰，但测定结果仍存在一定误差，因为不同的蛋白质和核酸的紫外吸收是不相同的。溶液的pH会改变蛋白质吸收峰，样品测定要与测定标准曲线在相同的pH下进行。吸光测量值最好在0.05～1.0，吸光度在0.3附近的精度最高。

2）*Lowry法*　Lowry法又称为Folin-酚试剂法，最早是由Lowry确定蛋白质浓度测定的基本步骤，以往在生物化学领域中应用广泛（Waterborg and Matthews，1984）。Lowry法的显色原理是根据双缩脲反应，蛋白质中的肽键在碱性条件下与Cu^{2+}反应，生成紫红色Cu^{+}复合物。Folin-酚试剂在Cu^{+}的催化下，其中的磷钼酸-磷钨酸盐被蛋白质中的芳香族氨基酸残基还原，产生深蓝色的钼蓝和钨蓝混合物，其最大吸收峰在745～750 nm处，反应过程如图6-4所示。在一定的浓度范围内，所形成蓝色的深浅与蛋白质含量之间有线性关系，可用于蛋白质含量的测定。

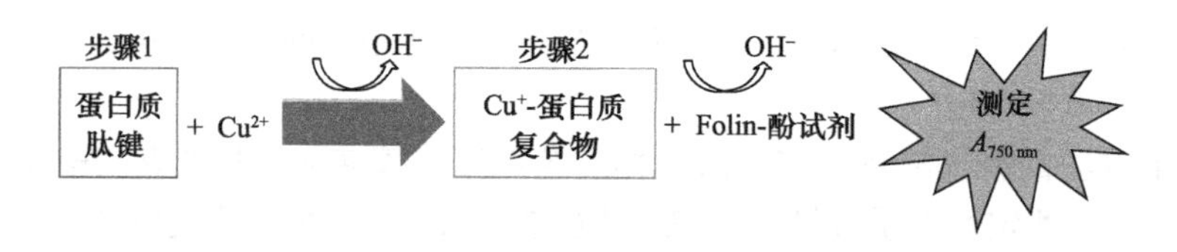

图6-4　Lowry法定量测定蛋白质的反应机理

由于产生的混合物的蓝色强度部分取决于酪氨酸和色氨酸含量，而它们在各种蛋白质中含量不同，因此会随蛋白质的不同而出现显色深浅的变化。通常用于酪氨酸和色氨酸的定量测定和蛋白质的相对浓度测定。在Lowry法中，由于加入Folin-酚试剂强化了双缩脲反应，显色量增加，检测灵敏度提高且比较恒定，因而被广泛应用于不同环境中的蛋白质混合物或粗提物的测定，检测灵敏度为5～100 μg/ml。

Lowry法的优点在于其灵敏度高，最重要的是准确性高。但是，Lowry法比其他检测法所需的时间更长，而且蛋白质制备所用缓冲液中常用的许多化合物（如去污剂、糖类、甘油、甘氨酸、EDTA、Tris等）都干扰Lowry法并形成沉淀（Olson and Markwell，2007）。尽管如此，只要蛋白质浓度足够高，就可以通过稀释样品减少这些化合物的作用。此外，通过提高温度（如使用微波炉），Lowry法所需的时间也能缩短。

3）*BCA法*　由Smith（1985）首先提出的BCA法，反应简单而且没有太多的干扰物影响。反应原理和Lowry法类似，在碱性条件下，蛋白质分子中的肽键能与Cu^{2+}络合生成络合物，同时将其还原成Cu^{+}。Cu^{+}与BCA试剂特异性结合，形成稳定的深紫红色复合物，其最大吸收峰在562 nm处，这种转换被定义为双缩脲反应。该反应受4个氨基酸残基（半胱氨酸、胱氨酸、酪氨酸和色氨酸）以及多肽主链的影响。因为反应中产生的Cu^{+}是蛋白质浓度和保温时间的函数，颜色的深浅与蛋白质浓度成正比，所以可根据吸光度值与已知浓度的蛋白质标准品进行比较来测定未知蛋白质样品的浓度。BCA法有标准检测和微量检测两种类型，检测灵敏度分别为10～1200 mg/ml和0.5～10 mg/ml。

与Lowry法相比，BCA法在碱性条件下稳定，操作可一步完成，而Lowry法需进行两步操作。此外，在一定浓度范围内的离子型和非离子型去污剂如NP-40和Triton X-100、变性剂如尿素和盐酸胍，不会干扰BCA法，但往往会干扰Lowry等其他蛋白质比色法（Kruger，1994；Waterborg and Matthews，1984）。但是，还原糖这类化学物质会干扰BCA法。可以通过几种措施消除或减少这些干扰的影响，例如，通过透析或凝胶过滤去除干扰物质，或者如果蛋白质的浓度足够高，可以通过稀释样品减少干扰。Reichelt等（2016）提出了一种提高检测准确性的简单方法，特别适用于混合溶液如培养基中未纯化蛋白质样品的检测。他们通过使用蛋白质加标建立相关校正因子，将BCA蛋白质定量的准确率提高了5倍。蛋白质中化学修饰残基是影响BCA法准确率的另一大因素。Brady和Macuaughtan（2015）在研究赖氨酸甲基化影响时发现采用BCA法测定甲基化蛋白，蛋白质含量均被高估。

4）*Bradford法*　Bradford法是目前灵敏度最高的蛋白质测定方法。其检测原理为：在酸性分析试剂溶液中，染料考马斯亮蓝G-250与蛋白质结合形成阴离子形式的蓝色物质，其最大吸收峰（λ_{max}）位置在590 nm处，形成复合物颜色的深浅与蛋白质浓度的高低成正比，如图6-5所示。因此，通过测定染料的蓝色离子态可以定量。此外，研究认为考马斯亮蓝染料最容易与蛋白质中的精氨酸和赖氨酸残基结合。与Lowry法相比，Bradford法操作更方便简单，而且快速，灵敏度更高，受生物样品中的非蛋白质组分和常用试剂的干扰也更少。Bradford法目前已成为应用最广泛的蛋白质浓度测定方法。

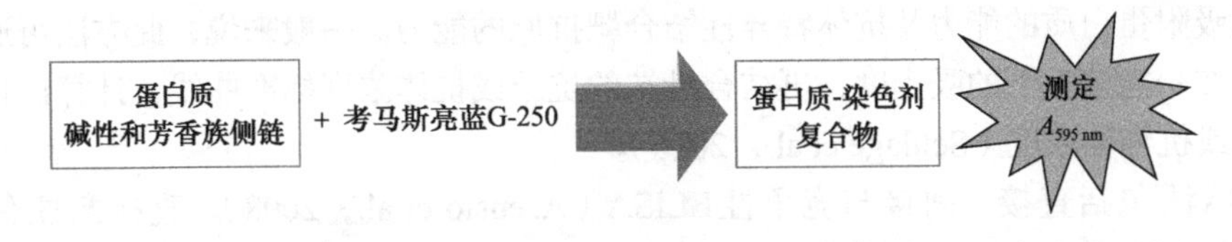

图6-5　Bradford法定量测定蛋白质的反应机理

在Bradford法中，大多数研究人员使用牛血清白蛋白（BSA）作为标准蛋白，主要是因为BSA价格低廉，容易获得，但它并不总是合适的。事实上，BSA作为标准蛋白的缺点之一就是它与染料的结合反应很强，可能导致低估样本中蛋白质的含量。根据样品蛋白质的类型，可以使用免疫球蛋白G（IgG）或溶菌酶等其他标准蛋白（Kruger，1994）。Bradford法的一个优点是可以兼容溶液中用于稳定蛋白质的还原剂，而Lowry法不能兼容还原剂，BCA法在一定程度上也不能兼容还原剂。Bradford法的局限是不能兼容通常用来溶解膜蛋白的低浓度去污剂。然而，可以通过凝胶过滤、透析或磷酸钙沉淀蛋白质后再测定的方法除掉去污剂。Bradford法的另一个优点是可以只检测高分子量的蛋白质，因为染料不结合低分子量的多肽（Olson and Markwell，2007；Kruger，1994）。

5）CBQCA蛋白质检测法　3-（4-羧基苯甲酰基）喹啉-2-甲醛（CBQCA）是一种灵敏检测蛋白胺的显色剂。因为只能检测蛋白质中可接触胺，这个方法跟紫外吸收法有相同的局限性，结果取决于蛋白质特定氨基酸的数目。但是CBQCA非常灵敏，能够检测出100 ml里100 ng到1500 mg的蛋白质。此外，CBQCA试剂对一些其他检测方法的干扰物质不敏感，如脂质，也能用于检测表面吸附或内包覆的多肽和蛋白质（Yap et al.，2014）。

2. 单种蛋白质的定量分析　许多实验的一个关键步骤是溶液中特定蛋白质的定量分析。常用的方法是酶联免疫吸附试验（ELISA）、蛋白质印迹法（Western blotting，WB）和质谱（mass spectrometry）（Kirsch et al.，2009）。其中ELISA和WB方法基于目的蛋白与相应抗体的反应。抗体是免疫球蛋白分子，由2条重链和2条轻链构成。根据其结构不同，可以把小鼠和人体内的抗体分为5类亚型。抗体分子的各个链之间以二硫键相连，从而使整个分子具有一定的灵活性。分子中没有轻链的部分称为F_c段（可结晶片段），此区域是由一组固定的基因决定，同一种属中的所有同亚型抗体此区域是一致的。分子中既有重链又有轻链的部分称为F_{ab}段（抗原结合片段），此区域的极端包含识别并结合靶抗原表位的高特异的可变位点。F_{ab}段也是由一组固定的基因决定，但需要进一步的体细胞突变产生独特的和高特异的可变位点（图6-6）（Janeway et al.，2001）。

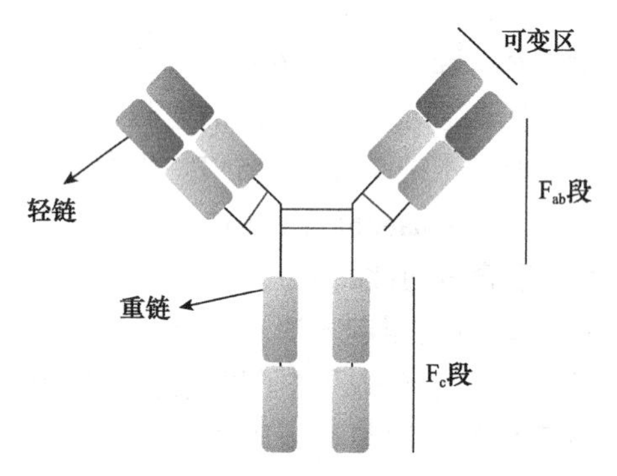

图6-6　抗体的分子结构（Janeway et al.，2001）
红色线表示6-二硫键在重链之间的彼此连接及重链与轻链之间的连接

1）酶联免疫吸附试验　酶联免疫吸附试验（ELISA）用来对一个特定的可溶性蛋白质分子进行定性和定量分析，如血清或其他液体样品、生物体液和细胞培养物上清液中的特异性抗体或其他蛋白质。此方法利用了聚苯乙烯检测板吸附蛋白质的能力及抗体特异性结合靶抗原的能力。一般来说，此方法可通过检测实验样品在一定波长下的吸光度，再结合已知的抗原或抗体浓度标准曲线，计算出检测样品中此抗原或抗体的浓度（Settlage et al.，2016）。

ELISA法包括直接、间接与竞争性ELISA（Asensio et al.，2008）。直接酶联免疫吸附试验使用不同量化的单克隆抗体来确定溶液中的某种特定抗原的浓度。该过程常以“三明治”法进行，即两种单克隆抗体通过不同的抗原表位结合在同一个靶抗原上，把靶抗原夹在中间，如图6-7A所示。间接酶联免疫吸附试验是用来检测溶液中的抗原特异性抗体的含量。在此项检测中，某种特定的抗原会直接包被到检测板的样品孔中。可能含有此种抗原特异性抗体的待检样品（如血清、杂交瘤细胞培养基）被加入检测孔，特异性抗体抗原会相互结合。接下来，在检测孔加入可以结合抗体Fc段的酶联第二抗体，让它与已经结合在特异性抗原上的抗体相结合。最后，再加入比色底物，底物被第二抗体上偶联的酶酶解，通过吸光度的测定值反映所要检测抗体的含量。竞争性酶联免疫吸附试验通常用来检测小抗原分子。在此类检测中，把未知浓度的靶抗原样本加入已包被了已知浓度的相同靶抗原的检测孔中，加入检测靶抗原的标记抗体，然后洗去可溶性的抗原-抗体复合物，最后结合在检测孔中抗原上的抗体含量可被检测到。竞争性ELISA最后检测到的信号强度一般与其他ELISA方法相反。具体来说，样品中游离的抗原浓度越高，就会结合越多的抗体，因此结合到检测板上固定抗原的抗体就会减少，因此最后检测到的信号就会越弱（图6-7B）。

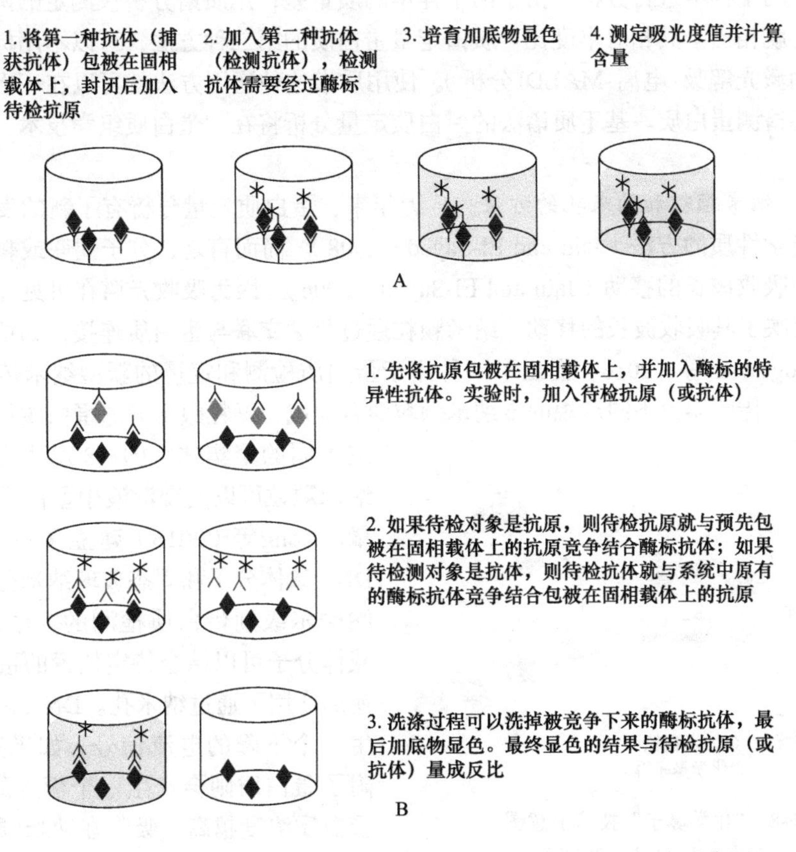

图6-7 标准直接夹心ELISA（A）和竞争性ELISA的流程（B）示意图

传统的ELISA一般在微量滴定板孔中进行，而基于荧光、化学发光测量的电流感测信号转导机制目前仍然限制了ELISA的广泛应用，包括灵敏度、样品/试剂消耗量和测定时间（约5 h）等。Tan等（2020）建立了基于激光平台的ELISA芯片，该芯片可在短时间内以较小的样品/试剂体积和高灵敏度完成测定。

2）免疫印迹分析 蛋白质印迹（Western blotting，WB）法是一种通过凝胶电泳分离蛋白质并通过电转移把蛋白质转移到吸附膜上，一经蛋白质印迹后，即可通过特异性的标记抗体检测到相应蛋白质的方法。其中，十二烷基硫酸钠-聚丙烯酰胺凝胶电泳（SDS-PAGE）可用以检测已被SDS化学变性的蛋白质。然而，某些特定的抗体不会在一个变性的蛋白质分子上识别其抗原表位，因此，需要进行不含SDS的聚丙烯酰胺凝胶电泳。WB法具有SDS-PAGE的高分辨力和固相免疫测定的高特异性和敏感性。选用合适的内参抗体能够校正蛋白质定量和上样过程中的误差，通过灰度计量可以定性或定量分析不同样品中蛋白质的表达情况（Gilda and Gomes，2015）。

3）蛋白质质谱分析 蛋白质质谱是定量蛋白质的新兴方法。在蛋白质组学分析中，除了实现蛋白质定性之外，一个重要的步骤就是对特定蛋白质定量。质谱中定量蛋白质的方法有很多。例如，将重的稳定同位素如碳13（^{13}C）或氮15（^{15}N）加入第一个样本（多肽或蛋白质）中，而相应的轻同位素如碳12（^{12}C）和氮14（^{14}N）加入第二个样本（内标）中，然后混合这两个样本进行分析。由于两个样本的质量差，用质谱分析仪测定的两个样本峰强度的比值，就相当于其相对丰度比。质谱定量蛋白质的第二种方法，可以不用标记样本（即用基质辅助激光解吸/电离-MALDI分析）。使用质谱这种通用方法就可以在一次实验中同时定量和定性检测蛋白质。基于质谱法的蛋白质定量分析将在“蛋白质组学技术”部分做进一步介绍。

4）*基于纳米颗粒和纳米孔的方法*　近年来，蛋白质定量分析有了新的发展，如基于纳米颗粒光学性质的方法（Jain and El-Sayed，2008）。简而言之，分子偶联或颗粒聚集会导致纳米颗粒吸收波长的移动（Jain and El-Sayed，2006）。因为吸收光谱在可见光区域，所以颜色变化反映了其吸收波长的移动。纳米颗粒通过化学交联与蛋白质连接，如抗体、多肽和配体等。Rogowski等（2016）提出了一种用于蛋白质检测和定量的新型纳米传感器，称为“化学鼻子”。传感器由不同形貌的金纳米颗粒混合而成，颗粒跟不同的蛋白质相互作用而生成不同的聚集体（图6-8）。基于吸收光谱，纳米颗粒可以实现溶液中蛋白质的检测和定量。Kong等（2016）建立了一种基于长链DNA载体分子和固态玻璃纳米孔实现溶液中纳摩尔级别蛋白质检测的方法。其中DNA载体分子可以结合特定位置的蛋白质，在电流的作用下通过纳米孔。DNA在变位时会产生一个下降的电流信号。如果这个DNA吸附了蛋白质则会产生一个额外的下降信号。蛋白质浓度越高，吸附在纳米颗粒表面的量就越大，二级电流的降低量就会越大。

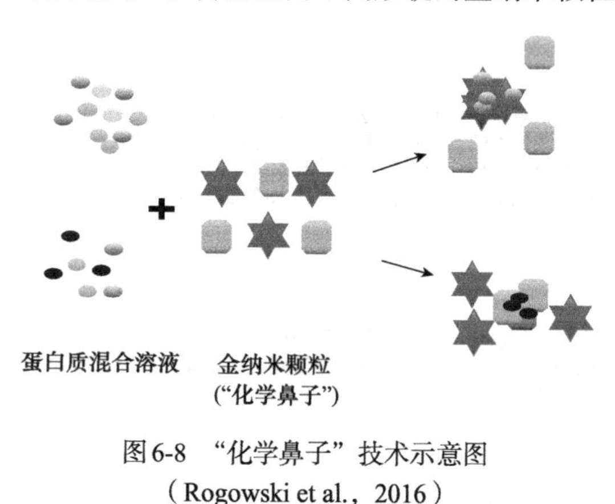

图6-8 “化学鼻子”技术示意图
（Rogowski et al.，2016）

6.2.2 蛋白质的纯度分析

1. 纯度标准　要确定一个蛋白质样品的纯度不是一件简单的事，往往受很多因素的限制。通常，污染蛋白的含量极低，当它低于所用分析方法的检测极限时，就很难从蛋白质样品中检测出。单独使用某种检测方法时，污染蛋白与蛋白质样品的表现行为类似，同样会被误认为是均一的。因此，只用一种方法作为纯度检验的标准是不可靠的，必须选择多种检验纯度的方法。理论上只有当样品通过了所有的检验，才能确定这个样品是纯的。

最好的纯度标准是建立多种分析方法，从不同的角度来测定蛋白质样品的均一性。任何单独一种方法的鉴定结果只能作为蛋白质均一性的必要条件，而非充分条件。样品的纯度最终取决于所用检测方法的类型和分辨能力。

2. 常用的纯度检测方法　通常用于蛋白质样品纯度检测的方法有物理化学法，如电泳、沉降、高效液相色谱法（HPLC）和溶解度分析等。此外，化学分析法以及利用生物活性、免疫学特性的方法也在纯度检测中使用。对于不同用途的蛋白质样品，根据所要求的不同纯度，选用适相宜的检测方法。一般来说，对样品的纯度要求越高，应当采用越多的检验方法。

1）*分光光度法*　纯蛋白质的$A_{280\ nm}/A_{260\ nm}$应为1.75，此法可用来快速检测蛋白质样品中有无核酸污染。

2）*超速离心沉降法*　纯的蛋白质在离心场中以单一的沉降速度移动，在离心管中均一蛋白质溶液只形成一个界面。分步取出离心管中的样品，作图得到的样品浓度分布对称，表明样品是均一的。用此法检测纯度所需样品量少、时间短，但由于沉降系数主要是由分子大小和形状决定的，而与化学组成无关，因此灵敏度较差，难以检测出微量杂质。

3）*溶解度分析*　纯的蛋白质在一定的溶剂系统中具有恒定的溶解度，而不依赖于溶液中未溶解固体的数量。用恒浓度法鉴定蛋白质纯度在理论上是严格的，在实验方法上简单易行。在严格规定的条件下，以加入的固体蛋白质对溶解的蛋白质作图。纯蛋白质的溶解度曲线只呈现一个折点，折点前的直线斜率为1，折点后的斜率为0。而不纯的蛋白质的溶解度曲线常常呈现2个或2个以上的折点。

4）*电泳法*　目前采用的电泳分析有PAGE、SDS-PAGE、等电聚焦、毛细管电泳等。在PAGE上只显现出一条带，说明样品在质荷比方面均一。如果一系列不同pH条件下的电泳都为一条带，则结果更可靠。SDS-PAGE电泳法只适用于含有相同亚基的蛋白质，等电聚焦法是基于蛋白质等电点的差异来分离的，也可用于纯度检测中，纯蛋白质的等电聚焦电泳呈现单一条带。

5）*色谱法*　用线性梯度的离子交换色谱或尺寸排阻色谱分析样品时，纯蛋白质样品的洗脱图谱上呈现出单一的对称峰。HPLC法常用于多肽、蛋白质纯度的鉴定。

6）*生物活性法*　在酶蛋白的纯度检测中，酶活力是一个很好的评价指标。随着杂质的除去，比活增加，当样品不能进一步纯化时，比活达到恒定的最大值。如果蛋白质含有容易检测到的金属或结合紧密的辅助因子，其含量会随着纯化过程而增加，当样品达到均一状态时，含量也恒定。此外，污染蛋白生物活性的消失也是一个间接的纯度评价标准。对于激素、氧载体等具有特殊功能的蛋白质，通过其生理作用、催化性能进行纯度检验，可检出浓度低到百万分之一或几千分之一的杂质，灵敏度远远高于许多物理或化学方法。

7）*氨基酸组成分析*　氨基酸组成的定量分析可用来鉴定蛋白质的纯度，纯蛋白质的所有氨基酸都成整数比。常用精确、灵敏、快速的氨基酸定量分析仪来检测样品的氨基酸组成。

此外，蛋白质的末端分析也用于纯度鉴定。均一的单链蛋白质样品中，N端残基只可能有一种氨基酸。定量分析纯蛋白质的N端，可以发现每摩尔蛋白质含有整摩尔数的N端氨基酸，少量其他末端残基的存在，常常表示存在着杂质。

8）*免疫化学法*　免疫化学法是利用抗原抗体在适宜条件下发生特异性、可逆性和非共价结合形成抗原-抗体复合物的原理，采用不同技术对抗原或抗体待测物进行定性、定量或定位检测的一种分析方法（Orakpoghenor et al.，2018）。免疫化学法是鉴定纯度的一种方法，很多蛋白质和某些多糖、脂类都有抗原性。根据对抗原或抗体是否进行标记，免疫化学法可分为标记免疫化学法和非标记免疫化学法。标记免疫化学法可采用酶、荧光基团、发光基团或放射性核素等作为标记物，常见方法有酶联免疫吸附法、免疫印迹法、免疫荧光分析法、化学发光免疫分析法、放射免疫分析法等。非标记免疫化学法常见方法有免疫沉淀法、免疫电泳法、凝集反应等。各类方法的优缺点和典型用途见表6-4。

表 6-4 各类免疫化学法优缺点及典型用途

方法	优点	缺点	典型用途
酶联免疫吸附法	灵敏度高	操作步骤烦琐	复杂样品中特定蛋白质浓度测定
	高通量	洗涤步骤耗时且会产生具生物危险的废弃物	蛋白质鉴别
	线性动力学范围宽	需要标记试剂	纯度测定
			免疫抗原性测定
			效价测定
免疫印迹法	分析待测蛋白分子量大小或电荷信息	通常只适用于线性表位	蛋白质纯度测定
	分离含有相同抗原表位的不同抗原、降解聚合物	操作步骤烦琐，低通量和低产出	蛋白质稳定性测定
	可测定复杂混合物	仅限于蛋白质检测	蛋白质鉴别试验
		结果判断相对主观	
免疫荧光分析法	特异性高	直接法灵敏度偏低，每检测一种抗原就需要制备一种荧光抗体	细胞表面抗原和受体的检测
	直接法非特异性荧光少	间接法参加反应的因素多，受干扰的可能性大，操作烦琐，耗时长	特异性抗原的鉴定
	间接法灵敏度高		效价测定
化学发光免疫分析法	灵敏度高	仪器成本高	细胞增殖或凋亡等检测
	线性动力学范围宽	发光的发射强度依赖于各种环境因素	蛋白质印迹
	全自动化、高通量		

6.3 初步纯化蛋白质的常用方法

6.3.1 材料的预处理

材料的预处理是整个蛋白质纯化过程的第一步，恰当地选择预处理的方法将有助于随后的纯化过程。例如，Chen等（2016）开发了一种基于低pH处理抗体细胞回收液的新型细胞液回收技术，该技术能有效去除宿主相关污染物（非组蛋白宿主杂质蛋白、组蛋白、DNA、蛋白聚合物等），同时保证较高的抗体回收率。通过该技术有效预处理后，后期经蛋白A层析纯化的效率可提高10倍左右，并且有效避免了中和抗体洗脱液后浊度的上升，大大减轻了后续蛋白质纯化的压力。

1. 植物材料的预处理 植物材料内通常存在着为数众多的天然蛋白质，提取时通常选用一些器官作为主要原料。但植物提取蛋白质时存在一些特殊问题，导致蛋白质的得率较动物和微生物的要低。因为植物材料中除目的蛋白外还含有大量的淀粉、纤维素和果胶等杂质，所以初步的均质化处理需要在大量缓冲液中进行。初步过滤后得到低浓度蛋白质，之后需要硫酸铵沉淀和PEG沉淀进行分离，分离后的蛋白质可与其他蛋白质一样，采用一般的蛋白质纯化处理。

2. 动物材料的预处理　动物原材料组织中含有丰富的目的蛋白，根据蛋白质所处位置（细胞内、细胞外、亚细胞器等）的不同，应选用不同的组织破碎方式。对于少量组织，可使用小型均质器，大量组织则采用捣碎机快速捣碎。对于软组织，可使用玻璃均质器。此外，均质化时间应尽可能短，从而减少不必要的蛋白质水解变性。例如，在4℃预冷的缓冲液中均质化处理和后期分离操作，有助于降低蛋白质水解，或在缓冲液中添加蛋白酶抑制剂控制蛋白质水解。

3. 培养细胞材料的预处理　对于微生物发酵或动植物细胞培养得到的悬浮液，具体的操作方法视蛋白质在细胞内外的位置不同而不同。对于细胞外蛋白质，目的蛋白存在于悬浮液中，可直接采用离心、过滤等操作来进行固液分离，除去细胞和其他颗粒物质，以排除它们对随后纯化过程的干扰。例如，提取液若准备进入色谱柱，则必须先除去所有颗粒物质，以免污染和堵塞色谱柱。如果提取液随后要进行沉淀，对少量颗粒物质可以忽略不处理，它们会在沉淀过程中聚沉而被除去。

对于细胞内蛋白质（如酵母产生的葡萄糖-6-磷酸脱氢酶、黑曲霉产生的过氧化氢酶及葡萄糖氧化酶等），则需要采用其他方法对细胞进行有效的破碎。大多数动物蛋白质处于特别的组织或肌肉内，脂肪包围在外部，影响到组织破碎后的蛋白质分离，必须先仔细地除去这部分，然后再破碎以释放出蛋白质。动物细胞比细菌和酵母细胞更易破碎。硬的植物组织（种子）可以首先通过研磨来均质，再进行细胞破碎。目前，在实验室内已经有不少破碎细胞的方法，常用的机械方法包括超声波法、高压匀浆法、高速珠磨法等，非机械方法有干燥法、冻融法、渗透压冲击法、酶解法、溶剂法。细胞的类型、大小、形态、生长条件、细胞壁结构及环境温度、pH等因素都会造成细胞对不同破碎方法的敏感度不同。可根据实验及以往的经验来选择破碎方法，同时应注意破碎细胞不能影响到目的蛋白产物的活性。对于细胞破碎效果的考察，可以测定细胞破碎后释放出的蛋白质数量，或者利用显微镜直接进行观察。以下介绍几种主要的细胞破碎的方法。

1）*超声波法*　强烈的超声波（15～25 kHz）造成细胞悬浮液中气泡增大和爆裂，通过机械剪切力使细菌破裂。该方法因效果好、所需样品数量少而在实验室广泛使用。破碎效率受到声频、声能、处理时间长短、细胞类型及浓度等的影响。在高黏度溶液中产生泡沫的话，效率会降低。但是超声波法不适宜于大规模的细胞破碎。此外，该破碎过程会产生相当的热量，可能会使蛋白质变性，加速蛋白质水解。因此，超声波法应以短脉冲的方式，间隔冷却，最好要有冷却夹套以避免温度的升高。

2）*高速珠磨法*　高速珠磨法是很有效的破碎细胞的方法，少量样品可以在聚乙烯试管内进行，较多的样品则需高速珠磨机，该法较多用于酵母细胞的破碎。影响破碎效果的因素有细胞浓度、珠磨机的搅拌速度、珠大小及操作温度等。最佳的细胞浓度一般由实验确定，细胞浓度较低时，产生的热量较少，但是单位细胞重量的能耗增加。珠磨机的搅拌速度须限制在合适的范围内以减少产生的热量，避免造成蛋白质的失活。实验室内使用的玻璃珠或钢珠一般为0.2 mm，但是也要考虑细胞破碎对象中目的蛋白及其在细胞中处的位置。由于在操作过程中产生热量，因此采用冷却夹套方式调节操作温度。对于破碎对象，最好先预冷冷却后再进行细胞破碎。

3）*高压匀浆法*　高压匀浆过程中，细胞受到剪切、碰撞、压力骤变等而被破碎，释放出目的蛋白，这是一种常用的破碎细胞的方法，比较适合于破碎酵母和细菌，也用于大规模破碎细胞。影响破碎效果的因素主要是操作压力、温度、破碎细胞的种类及其生理状态等。对于与细胞膜结合的蛋白质，一般需要多次破碎才行。

4）*冻融法* 将待破碎的细胞置于低温下（如−15℃）冷冻，再在室温下融化，反复多次进行从而达到破壁的效果。该方法比较适合于细胞壁较脆弱易破的微生物菌体。但是该法也存在破碎率低的问题，有时还会造成部分蛋白质的失活。

5）*渗透压冲击法* 将待破碎的细胞先置于高渗溶液中，然后再转入低渗缓冲液或水中，渗透压发生变化，使得细胞壁破裂，释放出胞内蛋白质产物到溶液中。该方法对于分析制备较为有用。

6）*酶解法* 该法专一性强，操作条件温和、收率高，只需要选择合适的酶及反应条件，就可以有效地进行细胞的破碎。溶菌酶是应用最广泛的酶，可以有效地降解革兰氏阳性菌细胞壁，但是对革兰氏阴性菌效果不太好（因为其存在脂多糖层）。对于酵母细胞，则可以采用蜗牛酶。使用酶解法需要先试验，以确定合适的酶解温度、pH及酶的用量。由于酶的成本比较高，该法目前还只限于在实验室中使用。de Figueiredo等（2018）采用包含多种糖酶的复合植物水解酶（viscozyme）用于水解豆渣细胞壁提取蛋白质，从而使纯度与回收率分别提高了17%和86%。此外，研究者往往结合不同的预处理手段来提高蛋白质的提取率。例如，在明胶的提取中，超声处理后辅以木瓜蛋白酶显著提高了其提取率（Ahmad et al., 2018）。

4. 杂质的聚沉和絮凝 在对各种不同来源的蛋白质样品进行初步处理后，往往还需通过聚沉或絮凝的方法去除对后期纯化有影响的杂质。

聚沉（coagulation）是在聚沉剂作用下，使颗粒物质相互聚集为较大（1 mm）的聚沉物。为了促进聚沉的产生，可以降温至20℃以下（对于酵母细胞很有效）进行。此外，调整pH、提高离子强度、增加颗粒数量、添加聚沉剂等均可增强聚沉效果。聚沉剂主要是无机盐类（如氯化锌、氯化铁、氯化铝、硫酸锌、硫酸铝和硫酸铁等）和聚合无机盐类（聚合铝和聚合铁等）。通常在高速搅拌时加入聚沉剂，然后缓慢搅拌以促进聚沉，控制搅拌速度非常重要。聚沉剂贮藏液必须定期配制，最好是每周配制一次。

絮凝（flocculation）是通过絮凝剂的作用，将一些不稳定颗粒诱导紧密结合到一起，随后形成更大的凝聚物。常用絮凝剂有淀粉、树脂、单宁、离子交换树脂和纤维素衍生物等。粉末状多聚物要小心溶解，先加入少量甲醇或乙醇，然后快速加入水，同时充分搅拌。絮凝剂一般在聚沉剂后使用，选择时主要考虑成本、毒性等，通过试验可以获得最适合的絮凝剂类型、用量及处理条件。

6.3.2 蛋白质样品的沉淀

沉淀法是比较传统的分离纯化蛋白质的方法，目前仍然在实验室内广泛使用。该法所需设备简单，操作方便。在蛋白质纯化的初期，可以迅速减少样品体积，起到浓缩的作用，便于后续的纯化，降低纯化成本，还可以尽快将目的蛋白与杂质分开，提高目的蛋白的稳定性。通过该方法，目的蛋白的收率比较高。但由于沉淀法对提高蛋白质纯度的幅度有限，该法常只用于蛋白质的初步纯化。目前，盐析法、有机溶剂沉淀法、等电点沉淀法等比较常用。选择沉淀方法时，需要考虑沉淀剂对目的蛋白稳定性的影响、沉淀剂的成本以及操作难易程度、沉淀剂的去除及残留、目的蛋白的纯度及回收率要求等。

6.3.3　蛋白质样品的初步分离

1. 离心　离心是进行固液分离的有效手段之一。离心沉降，在非黏稠的液体中符合Stokes规则。离心操作中沉降速度受到颗粒大小、颗粒与溶液的密度差、液体黏度、温度等因素的影响。通过增大固体颗粒直径、颗粒与液体的密度差，或降低液体黏度都可提高沉降速度。例如，对于低黏度介质中的细菌，2000～3000 *g*离心10～15 min就可以使其沉降下来；而在高黏度溶液中，对细胞碎片或真菌孢子，则需要高的离心力（12 000 *g*）和比较长的时间（30～45 min）；对于沉淀蛋白质则需15 000 *g*、10 min或5000 *g*、30 min。

2. 吸附法　这是最简单快速地分离、浓缩蛋白质溶液的方法，所需仪器简单，适用于稳定性比较差的蛋白质。将干的惰性多孔基质聚合物，如葡聚糖凝胶（Sephadex），加入蛋白质溶液中吸收水和其他小分子，当凝胶完全膨胀后，用过滤或离心方法除去凝胶，分离出蛋白质。但是该方法选择性比较差，不能连续操作，浓缩倍数较低，蛋白质回收率不高，一般只有80%～90%。因此，具有特异性的吸附分离方法得到了不断发展。例如，修饰特殊官能团后的磁性颗粒可选择性吸附混合物中的目的蛋白，再通过磁力分离，以达到分离纯化目的蛋白的目的。该方法方便灵活且成本相对较低。针对样品中低丰度的目的蛋白（如血清中的激素马绒毛膜促性腺激素），研究者通过采用两步逆流结合的方法，进一步将该磁性分离过程的回收率从74%提高到95%以上（Ebeler et al.，2019）。

3. 膜技术　在经过离心操作后，样品一般还需过滤才进入下一个阶段。过滤是为了除去蛋白质样品溶液中细小的颗粒。在实验室内，通常先用滤纸过滤，再进行膜过滤，一般选用孔径为0.20 μm或0.45 μm的膜。过滤操作可以在常压或减压状态下进行。膜过滤可以除去细胞和细胞碎片，且分离效率高、所需时间短、处理量大、设备可靠简单。影响膜过滤的因素主要有压力差、颗粒浓度和操作温度。膜两侧的压力差最好保持在较小但同时可提供足够驱动力水平的状态，以保证流量在合适的范围内。压力差增加，流量也增加。但是超过一定的压力差，流量就不会增加了，过高的压力差反而会降低流量。进料中固体浓度增加会导致流量的下降。升高操作温度可以降低溶液的黏度，从而提高流量，但是从蛋白质纯化的总体来考虑，还是在较低温度下进行膜过滤比较合适。Enevoldsen等（2007）采用类似装置分别纯化浓缩了5种酶蛋白（两种淀粉酶、两种蛋白酶与一种脂肪酶），将料液通量提高了3～7倍。该公司还通过此法成功分离了磷脂酶（13.3 kDa）与脂肪酶（29.3 kDa），这两种酶的蛋白质分子质量接近，但等电点差距较大，分别为7.68与4.7。Chen等（2013）通过电超滤从麦草水解物中回收了纤维素酶，并指出在合理操作参数下引入电场并不会导致纤维素酶失活。

4. 双水相分离法　该方法比较温和，一般不造成蛋白质的变性失活，可在室温下进行，而双水相中聚合物还可提高蛋白质的稳定性（Iqbal et al.，2016）。最常用的多聚物是聚乙二醇和葡聚糖。葡聚糖的使用由于其成本较高及易引起溶液黏度增高而受到限制，可以使用价格较低、黏度也不高的变性淀粉替代葡聚糖。采用双水相系统浓缩目的蛋白，受到聚合物分子量及浓度、溶液pH、离子强度、盐类型及浓度等因素的影响，各因素之间也相互影响。以PEG/葡聚糖系统为例，通过降低PEG分子量、增加葡聚糖分子量或提高pH，可以提高目的蛋白在PEG相中的分配系数。Babu等（2008）用18%的PEG 1500与14%的磷酸盐组成的双水相从菠萝中萃取菠萝蛋白酶和多酚氧化酶，菠萝蛋白酶的纯化倍数为4.0，酶活性恢复达到22.8%，而多酚氧化酶的纯化倍数为2.07，酶活性回收率达到90%。Nitsawang等

（2006）利用80%的PEG及15%的（NH_4）$_2$ SO_4组成的双水相体系从木瓜乳浆中萃取出高纯度的木瓜蛋白酶。

5. 三相分离法 为快速、高效分离和纯化蛋白质，三相分离（three phase partioning，TPP）法作为蛋白质纯化的先导步骤，日益受到重视。其方法是加入硫酸铵盐类、缓冲液与有机醇混合，以获得三相分离，其三相分离分别为有机相、界面沉淀与水相。从界面沉淀分离出的蛋白质可以用选定的缓冲液回溶为高浓度的较纯蛋白质溶液。TPP研究重点在于不同盐浓度、有机溶剂、pH与各种蛋白质的交互作用。该技术是由Dennison和Lovrien（1997）首先开发。具体是将叔丁醇与蛋白质溶液混合，然后添加硫酸铵。当硫酸铵的浓度在0.6～2.6 mol/L时，叔丁醇不溶于水溶液。将叔丁醇/蛋白质/硫酸铵样品离心产生三相，叔丁醇位于顶部，蛋白质则沉淀出来，中间和底部含水层中含有硫酸铵。该技术的一个优点是叔丁醇层溶解了可能存在的脂质，因此脂质也可同时被去除。为了提高微藻蛋白质的提取分离效果，Chew等（2019）采用了微波辅助的TPP。

6. 透析法 为了提高随后纯化环节的效率，在纯化过程中通过透析进行除盐或更换缓冲液。将蛋白质样品放入半透膜袋置于所需的缓冲液中，由于袋内小分子的渗透压高于袋外的缓冲液，根据渗透压和分子自由扩散的原理，小分子物质可以自由通过半透膜，大分子物质被保留在袋内，随着时间的延长，小分子向袋外扩散的速度逐渐减慢，最后半透膜内外的分子进出速度达到平衡。

6.4 高度纯化蛋白质的常用方法

6.4.1 色谱技术

色谱技术主要基于组分在流动相与固定相中不同的分配系数从而达到分离效果。传统的液相柱多为填充柱，常用的微粒填料为多孔硅胶以及以硅胶为基质的键合相、氧化铝、有机聚合物微球（包括离子交换树脂）、多孔碳等，其粒度一般为3 mm、5 mm、7 mm、10 mm等，柱效理论值可达5万～16万/m。对于色谱柱的要求为柱效高、选择性好以及分析速度快等。现代高效液相色谱大多采用小粒径固定相以获得高柱效，由于其较大的阻力往往需要在高压下运行，这也要求色谱柱及其连接必须满足耐高压、不泄漏、死体积小等条件。而在制备型色谱中，高样品处理量、高流速、低柱压则相对更重要。因此，基于整体柱或膜材料的色谱法在工业界备受青睐。

所谓整体柱就是在色谱空柱管内或不用柱管采用特定的聚合方法进行原位缩聚而形成的整体连续床固定相，又被称为连续床层、棒柱、无塞柱。采用原位聚合法制得的整体柱要比常规填充颗粒型色谱柱具有更好的渗透性、稳定性和更高效的选择性（Lynch et al.，2019）。（错流）膜色谱是将液相色谱与膜分离融合的新型分离技术，具有选择性高、分离速度快、能耗低、易放大等特点。目前常用的膜色谱包括亲和、疏水、离子交换等类型。例如，在分离牛血清白蛋白（BSA）中，相较于传统的微粒填充柱，使用整体柱时，目的蛋白的分离效率提高了2倍，而使用膜色谱可将生产率提高10～20倍（Lalli et al.，2020）。Chen等（2019）建立了一种新颖的环形流中空纤维膜色谱（annular-flow hollow-fiber membrane chromatography，AHMC）装置，可实现蛋白质的快速分离，且分辨率较高。使用该装置，可在1 min内以及背压小于0.3 MPa的情况下分离蛋白质混合物，并可在3 min内分离牛血清白蛋白单体与其二聚体。

适用于蛋白质分离的常见色谱技术包括尺寸排阻（凝胶过滤）色谱、离子交换色谱、疏水作用色谱、反相色谱以及亲和色谱等，如图6-9所示。各色谱技术的分离原理已在本书的第3章中做了详细介绍，此处着重于介绍各技术在蛋白质纯化中的应用及注意点。

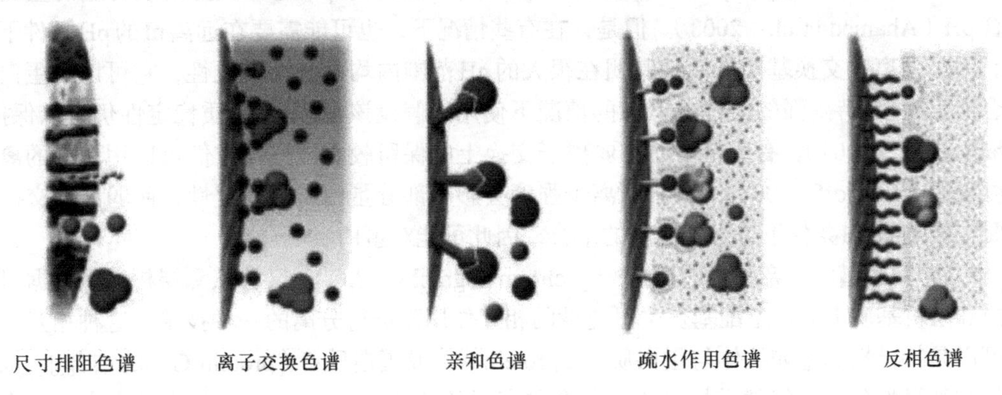

图6-9 基于不同原理的色谱分离技术

1. 尺寸排阻色谱 尺寸排阻色谱法（size exclusion chromatography，SEC）是蛋白质研究领域内一种高效的分离纯化手段。一方面从理论上讲，蛋白质样品在凝胶柱内几乎和固定相基质不发生任何作用，另一方面样品洗脱液均为含盐或纯水系缓冲液，而且整个操作过程中洗脱液组成不发生变化，所以该技术在分离纯化蛋白质时具有操作方便、洗脱条件温和、重复性好、不需要有机溶剂、样品不易变性和回收率高等诸多优点（Burgess，2018）。该技术主要可用于蛋白质的浓缩纯化、分子量及其分布范围测定、样品脱盐以及更换蛋白质缓冲液等。近年来也在蛋白质复性研究中得到了广泛应用。在研究中为了得到较高纯度的蛋白质样品，通常将凝胶过滤色谱和离子交换色谱结合使用，而凝胶过滤色谱可在蛋白质纯化的任何一个阶段使用。

2. 离子交换色谱 对于蛋白质这样的大分子，除了静电作用外，疏水相互作用、氢键等非离子作用以及缓冲离子的性质也会影响到分离行为。因此，通过选择不同的离子交换剂、控制缓冲液的组成和pH以及离子强度可以优化分离过程。统计显示，在蛋白质的纯化方案中，使用到离子交换色谱的方案占75%。离子交换色谱之所以得到如此广泛的应用，是因为其具有分辨率高及操作简单易行的优点。此外，该色谱法的蛋白质交换容量高，有利于放大分离规模和实现在工业生产中的应用，而这一点是凝胶过滤等方法很难达到的。理论上来说，只要缓冲液pH调节合适，所有的蛋白质都可以与阳离子交换柱和阴离子交换柱结合。但是，在蛋白质纯化过程中，选择纯化条件和层析柱类型时最需要考虑的因素就是要保持蛋白质的稳定性。因此，选择哪一种离子交换层析和选择什么样的条件会影响蛋白质稳定性和活性是必须要考量的。通常，一些与某类离子交换层析相结合的条件可能对某种蛋白质比对其他蛋白质更为合适。

了解蛋白质等电点的知识可帮助寻找最合适的离子交换层析方法。在线工具可计算一个蛋白质的理论等电点（pI），如EXPASY。这些计算都完全基于蛋白质的氨基酸序列，不考虑其三维空间结构。而在实际情况中，一个蛋白质的某些残基可能暴露得比其他部分更多，其实际pI和表面净电荷某些时候可能与理论计算值不尽相符（Salaman，1971）。氨基酸的相对位置分布同样会影响一个蛋白质的pI，而这一点在理论计算时同样未予考虑。有些技术可通过实验方法测得蛋白质实际的pI，如等电聚焦电泳、等电聚焦毛细管电泳和高通量光学测量法等（Pihlasalo et al.，2012）。蛋白质的结合必须采用较宽pH范围的溶液进行多次尝试以获得最合适的蛋白质保留pH。在pI左右1个pH单位的溶液pH通常认为是较合适的蛋白质结合pH（Ahamed et al.，2008）。但是，在有些情况下，也可能需要在远离pI的pH条件下进行。因为强离子交换基团的活性基团在很大的pH范围内均可保持带电性，它可以在蛋白质结合所需pH是特别强的酸性或碱性的情况下使用（假设该pH下蛋白质稳定性仍得以保持）（Staby et al.，2007）。有些蛋白质在弱离子交换上的保留较弱，使得它们可以用较低的离子强度洗脱（Lenhoff，2001）。由于高离子强度会影响部分蛋白质的稳定性，而弱离子交换不需要在极端的pH条件下进行蛋白质的结合，因此可能对蛋白质更合适。

3. 亲和色谱　亲和色谱（affinity chromatography，AC），又称亲和层析，是根据目的蛋白和层析基质上的特定配基发生可逆性的相互作用而进行分离的一种技术。这种相互作用既可以是特异性的[如抗体与蛋白质A（protein A）或蛋白质G（protein G）的结合]，也可以是非特异性的（如组氨酸标签蛋白与金属离子的结合）。protein A亲和层析作为第一步捕获抗体蛋白最为有效的手段仍然在现有单克隆抗体纯化平台中占据主导地位。

亲和层析过程一般包括平衡、上样、清洗、洗脱4个阶段。平衡主要是将柱子平衡至有利于样品与填料配基结合的环境下，然后进行上样。洗脱可以是特异性的（如竞争性配基分子），也可以是非特异性的（如改变pH或离子强度）。亲和层析具有高选择性优势，通常一步亲和层析就可以获得高纯度的产品。但要求更高的纯度时，需要添加一步或多步纯化步骤，如使用凝胶过滤层析进行最后的精纯。运用亲和色谱纯化蛋白质的操作主要分为以下几步：①选择合适的配体；②将配体固定在载体上，制成亲和吸附剂，而配体的特异性结合活性不被破坏；③将特定蛋白质与固定化亲和吸附剂相结合；④用缓冲液洗掉杂质；⑤将结合在亲和吸附剂上的特定蛋白质洗脱下来。

4. 疏水作用色谱　疏水作用色谱法（hydrophobic interaction chromatography，HIC）分离蛋白质主要是基于蛋白质疏水性的不同，它常在蛋白质纯化工艺的中期使用。在HIC中，蛋白质在高离子强度的缓冲液中与固定相结合，因此，无须更换缓冲液或者洗脱液即可在离子交换色谱之后直接应用HIC。同样，HIC也可以跟在通过用盐类沉淀快速去除部分而非全部蛋白质的硫酸铵沉淀步骤之后实施。HIC有时在纯化工艺的前期使用，有时也作为最后一个步骤来去除目的蛋白中的微量杂质。溶液中存在的盐离子可能导致蛋白质的部分去折叠，暴露出部分常规情况下隐藏于内部的疏水残基。当加入离子强度较低的缓冲液时，结合到固定相的蛋白质恢复到原折叠结构。由此可减少与固定相相互作用的疏水残基的暴露，有利于蛋白质从固定相上洗脱下来。因为蛋白质可以随着离子强度的降低而自动地再折叠回原结构，所以HIC是一种非常有价值的蛋白质纯化手段。离子强度应该尽量低，使其可以促使目的蛋白结合，同时又不会导致蛋白质沉淀。如果结合所需离子强度高，导致目的蛋白的沉淀，可以使用略低的离子强度。这种情况下，层析过程可以将所有结合蛋白质与穿透的未结合目的蛋白分离开。

与反相层析相比，疏水作用层析基质上的配体浓度要低很多，洗脱条件也更加温和，从而有助于保持生物分子的生物活性。HIC特别适合于纯化经过硫酸铵沉淀或高盐洗脱后的样品，高离子强度可以加强蛋白质与填料配基之间的疏水相互作用。高离子强度的缓冲液可以增强疏水相互作用，这使得HIC成为硫酸铵沉淀和离子交换层析的一个卓越的纯化步骤。HIC非常适合于纯化工艺中的捕获或中间纯化步骤。HIC期间，样品成分在高离子强度的缓冲液（典型的是1～2 mol/L的硫酸铵或者3 mol/L的NaCl）中结合到填充柱上。高浓度的盐，尤其是硫酸铵，可能会沉淀蛋白质。因此，需要检测将要使用的结合条件下靶蛋白的溶解性。通常采用降低的盐梯度对靶蛋白进行连续梯度或分布梯度洗脱。

5. 反相色谱　反相色谱法（reverse phase chromatography，RPC）是目前液相色谱分离中使用最为广泛的一种模式，它的特点是固定相的极性比流动相弱。此方法需要使用有机溶剂，当不关注活性和三级结构时广泛用于样品纯度的分析检验。由于许多蛋白质在有机溶剂中变性，因此不推荐使用RPC进行蛋白质的制备纯化。在进行RPC过程中，蛋白质易于变性，并与填料之间紧密结合。通常需要使用有机溶剂进行洗脱。经常使用的有乙腈、甲醇、乙醇和异丙醇。RPC多用于耐受有机溶剂的蛋白质纯化的最后一步。

6. 共价色谱　在共价色谱中，含有Y基团的蛋白质与含有X活性基团的固定相反应，洗去不结合的蛋白质，再利用低分子量的化合物RY，将结合的蛋白质释放出来。通常用于生物活性蛋白的色谱技术，要求在温和的条件下，既能形成稳定的键，又能在释放固定蛋白质时不破坏其结构。当蛋白质中的氨基和羧基与不溶性基质固定时，能发生化学反应的潜在位点主要是具有各种功能的氨基酸侧链。在此条件下，能有效地形成稳定的共价键，并且在温和的条件下被分离的官能团只有巯基基团。现今的共价色谱通常是利用巯基的相互作用来分离含巯基蛋白质，这一方法是在1973年由Bocklehurst等提出的。

共价结合具有特异性、牢固并且在适当的条件下可获得较高回收率和纯度等特点，在一些领域，特别是在蛋白质序列分析过程和结构研究中有特殊作用。主要应用在分离半胱氨酸、含半胱氨酸的肽段（蛋白质测序中蛋白酶的降解产物）、含巯基的蛋白质分离或进一步分离该蛋白质中巯基附近的肽段等方面。蛋白质中常常含有巯基基团，并且往往涉及酶、激素和受体等的功能。蛋白质中巯基反应性的可变，以及用化学法引入巯基等状况使共价色谱成为一种广泛应用的技术。

6.4.2　电泳技术

电泳技术不但在鉴定蛋白质中得到了广泛运用，也是科学研究中十分重要的纯化手段。相较于其他方法，电泳具有操作温和、特异性高、分辨率高等优点。现在被广泛使用的电泳都是以凝胶作为支持介质的。按用途及介质等分类，电泳技术主要包括聚丙烯酰胺凝胶电泳（常规PAGE与SDS-PAGE）、等电聚焦（载体两性电解质及固相pH梯度）、双向电泳、免疫电泳、蛋白质印迹、毛细管电泳。

6.5　蛋白质的表征

6.5.1　蛋白质的分子质量

蛋白质的分子质量一般在1000～100 000 Da。蛋白质分子质量的测定方法很多，通常是根据蛋白质的物理化学性质来测定或者根据化学分析的结果来计算分子质量。用于测定蛋白质分子质量的方法有渗透压、黏度、光散射、超离心（沉降速度、沉降平衡）、尺寸排阻色谱、PAGE以及SDS-PAGE、电喷雾电离（ESI）质谱和基质辅助激光解吸电离（MALDI）质谱等方法。其中根据蛋白质分子的物理化学性质方法测得的分子质量称为物理分子质量。常使用的方法有超离心法、凝胶过滤和凝胶电泳法，其中超离心法可直接测定蛋白质的分子质量，而在凝胶过滤和凝胶电泳法中的测定结果为与分子质量标准相比较的相对值，一般认为超离心法测得的结果更接近真实值。而根据蛋白质的化学分析，如氨基酸定量分析结果计算出的蛋白质最小分子质量称为化学分子质量。

不同方法测定的结果准确度相差很大。采用质谱法测定的准确度达到0.001%，可用于检测翻译后的修饰以及进行序列分析，但是需要昂贵的特殊仪器。在大多数情况下，仅仅需要粗略估算分子大小，最常采用SDS-PAGE凝胶电泳和尺寸排阻色谱法来测定蛋白质的分子质量。这两种方法快速简单，但测量值的误差在5%～10%。无论采用哪种方法测定分子质量，都要求蛋白质样品均一，否则测定的结果不可靠。

6.5.2 蛋白质的等电点

等电点（pI）是蛋白质的一个物理化学常数，取决于蛋白质分子的氨基酸组成和构象。作为两性分子的蛋白质，在不同pH环境中氨基酸侧链所带的电荷不同。当处于某一pH时，蛋白质分子的净电荷为零，这一pH称为该蛋白质的等电点。不同蛋白质的等电点范围很宽，根据等电点的不同可以进行蛋白质的分离和分析。目前，蛋白质等电点的理论值可根据其氨基酸组成计算获得，而实际值主要采用电泳法测定，主要为等电聚焦技术，其中较常用的为超薄聚丙烯酰胺凝胶等电聚焦法。电泳法同时也是蛋白质分离纯化的重要手段，具体内容已在前文中详细介绍，此处不再赘述。

6.5.3 糖蛋白的鉴定

1. 糖含量分析 由于糖基取代的非均一化，在凝胶电泳中糖基化蛋白通常出现典型的扩散条带或迁移形成明显的拖尾，蛋白质染色时出现这类现象表明存在聚糖。一些高度糖基化的蛋白质，如黏蛋白和蛋白聚糖并不进入一般的凝胶，要用琼脂糖凝胶或聚丙烯酰胺-琼脂糖凝胶进行电泳。对样品的性质进行鉴定之前以及在去糖基化之后，分析是否含糖很重要。例如，在测定分子量时，SDS仅仅结合到糖蛋白的部分多肽链上，导致其在SDS-PAGE中的电泳行为非理想化，不能测定到准确的分子量。同样，用凝胶过滤色谱法测定的糖蛋白分子量偏大。

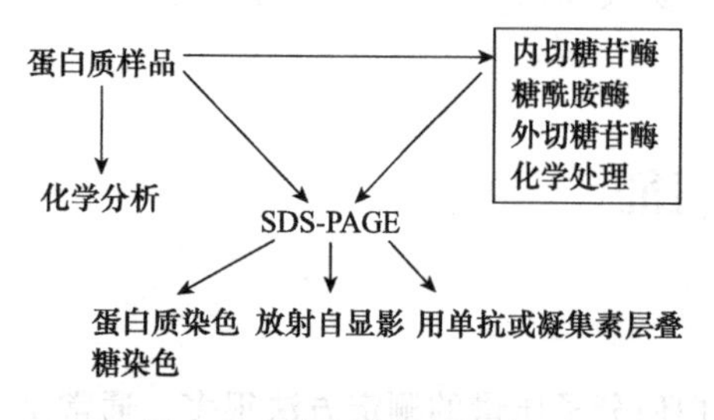

图6-10 糖蛋白的鉴定方法

根据样品类型和量来选择检测糖基的方法，其中证明某蛋白为糖蛋白的方法较多。如图6-10所示，用内切糖苷酶（如肽-*N*-糖苷酶F、内切糖苷酶F2、内切糖苷酶H）处理蛋白，如果导致凝胶上一个或多个条带的迁移率改变，表明存在*N*-聚糖。采用专一降解的*O*-唾液酸糖蛋白酶可以确定含有成簇的唾液酸*O*-聚糖的糖蛋白（黏蛋白），经过唾液酸酶或糖胺聚糖裂合酶处理，同样引起迁移率的改变。用化学方法（如水解、β-消除或氟化氢处理）也能实现*N*-聚糖和*O*-聚糖的完全去除，但通常肽的破坏会妨碍采用凝胶电泳进行进一步的分析。对于特殊的检测目的可使用高灵敏度的检测系统，将蛋白质样品与膜杂交后，用凝集素或专一性抗体进行检测。

2. 糖蛋白的化学分析　对于凝胶中的糖蛋白和溶液中的寡糖，通过高碘酸盐在两个浓度下的氧化，先检测唾液酸，然后检测任何具有两个游离的邻近羟基基团的单糖。高碘酸在两个羟基基团之间切割，形成活性乙醛，它能被硼氢化钠（$NaBH_4$）还原或者与商品化试剂盒中的高灵敏度的探针耦合而被检测，然后用苯酚-硫酸试剂快速显色分析溶液中存在的单糖或含有C-2羟基基团的寡糖，这一方法对单糖和寡糖有相对的特异性。

3. SDS-PAGE中糖蛋白的染色法　SDS-PAGE电泳是常用的蛋白质分离技术，凝胶中的蛋白质通常用考马斯亮蓝或银染色。对于高度糖基化的糖蛋白（蛋白质-低聚糖）或蛋白聚糖（蛋白质-黏多糖），糖链干扰银离子的结合，导致染色微弱，灵敏度很低，甚至无法检测。传统的染色方法用改良的Schiff碱反应检测糖蛋白，先用高碘酸氧化糖，随后用Schiff试剂（PAS）、爱茜蓝（Akane Aoi）或者肼衍生物进行染色，但是检测灵敏度低，非糖基化的蛋白质不被染色，有糖特异性。

在爱茜蓝-银染色中，以爱茜蓝作为第一步的染色试剂，与氧化的糖蛋白结合，随后用中性银来增强染色效果。由于爱茜蓝染料对非糖基化蛋白的银染色没有妨碍，因此糖基化和非糖基化的蛋白质均被染上色。比传统方法灵敏度提高2倍，可以检测纳克浓度的高度糖基化蛋白，非常适合于很稀的混合样品及少量纯样品中的糖蛋白检测。一些糖蛋白单独使用爱茜蓝-银染色时，获得的染色条带很微弱，可能是由于与爱茜蓝结合的带负电的基团含量低。采用高碘酸先进行糖的氧化可以克服这一问题。

6.5.4　蛋白质氨基酸组成的分析

1. 蛋白质氨基酸组成的定量　蛋白质在6 mol/L HCl或4 mol/L甲磺酸、真空110℃下水解24 h，水解液以高效液相色谱法（HPLC）分离各种氨基酸并分别测定其含量，可得知各氨基酸的百分数含量。使用HCl水解蛋白质会破坏Try，并且使Glu及Asp失去胺基，成为Glx及Asx，分析时要注意这些变化。同时，样本及缓冲液中要避免太多胺基的物质（如Tris），以免干扰HPLC分析。高效液相色谱法，包括柱后衍生法、柱前衍生法、高效阴离子交换色谱-积分脉冲安培检测法和高效液相色谱-蒸发光散射检测法。

2. 蛋白质测序　随着重组DNA技术的应用，对蛋白质直接进行测序的作用有所改变。由于DNA测序简单快速，现今大多数蛋白质序列都是通过基因或cDNA的核苷酸序列推导出来的。但是蛋白质直接测序仍是基因表达产物的鉴定及研究蛋白质结构与功能不可缺的技术（Bhown，2018）。它用于蛋白质或多肽的纯度分析，确定多亚基复合体系的亚基数，只有获得唯一的N端序列或N端氨基酸才能很好地证实某一蛋白质或多肽是纯的。此外，蛋白质测序的作用还包括：①蛋白质识别，将一个短的N端序列与已经发表的序列比较，有助于识别某一蛋白质；②从蛋白质肽链间的短序列获得构建DNA探针的信息，用于基因克隆的寡核苷酸探针的合成；③拓扑结构的分析、蛋白质加工、同工酶的确定；④蛋白质结构和功能区经常是共价修饰的位点，测序是测定一级结构氨基酸修饰位点的唯一方法。目前，蛋白质测序主要包括N端序列测定与C端序列分析。

1）N端序列测定　测定肽链N端残基的化学方法主要有2，4-二硝基氟苯（FDNB）

法，丹磺酰氯法（二甲氨基萘磺酰氯法，DNS）和异硫氰酸苯酯法（PITC法，即基本Edman降解法），另外还有酶解法（氨肽酶法）。一般来说，在N端氨基酸的测定中，以化学方法为主，很少用酶解法。目前用于N端序列测定的方法除了基本Edman降解法，还有在提高循环操作效率和检测灵敏度方面发展出的DNS-Edman法和DABITC/PITC双耦合法。

（1）FDNB法：经典的FDNB法是由F. Sanger在1945年提出的N端氨基酸的分析方法，是蛋白质化学中最重要的方法之一，可用于测定蛋白质或肽的N端基团、蛋白质中肽链的数目、蛋白质的最小分子量及蛋白质水解产物的氨基酸组成。FDNB法的反应原理如图6-11所示。DNP-蛋白质完全水解释放出N端的DNP-氨基酸，通过色谱分离后与标准DNP-氨基酸对照进行鉴定。

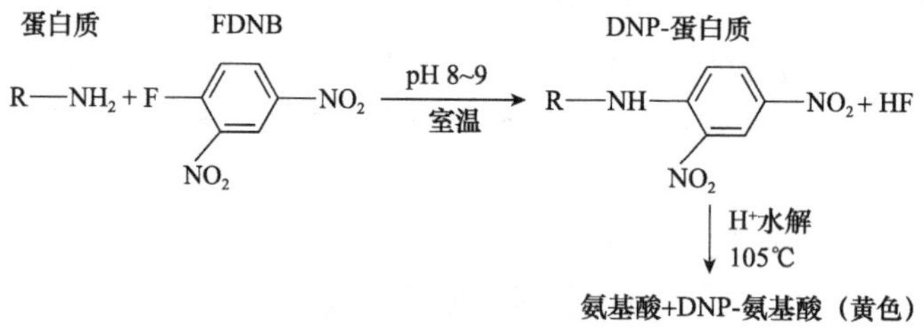

蛋白质 FDNB DNP-蛋白质

$R—NH_2 + F—C_6H_3(NO_2)—NO_2 \xrightarrow[\text{室温}]{\text{pH 8~9}} R—NH—C_6H_3(NO_2)—NO_2 + HF$

H⁺水解 105℃

氨基酸+DNP-氨基酸（黄色）

图6-11 FDNB法的反应原理

FDNB的反应性很强，能在不引起肽链断裂的温和条件下，定量与蛋白质反应，因而在测定过程中不会因肽链断裂而人为形成“新”末端。除了某些链内氨基酸衍生物外，DNP-氨基酸都呈黄色，非常有利于检测。虽然FDNB也能与α-氨基外的其他少数基团反应，但生成物并不影响N端氨基酸的分析，如*o*-DNP酪氨酸（无色）、*im*-DNP组氨酸（无色）、ε-DNP赖氨酸（黄色，醚不溶）。在FDNB法中，由于DNP-氨基酸对光敏感，实验必须避光在暗处进行。此外，酸水解DNP-蛋白质获得氨基酸和DNP-氨基酸的混合物，必须反复抽提来分离。因此，作为N端残基分析的经典方法，FDNB法近年来逐步被操作更简单、灵敏度更高的DNS法代替。

（2）DNS法：DNS法是1956年Gray和Hartley提出的测定N端的方法，最初用于肽的末端氨基酸测定。用DNS法分析蛋白质时，DNS的不溶性限制了与其反应的蛋白质数量，使DNS衍生物的得率低，可以用改良DNS法。

DNS法的测定原理与FDNB法类似，在碱性介质中，荧光性的DNS与肽或蛋白质的自由氨基反应。由于丹酰基团和N端氨基酸之间的键能抗酸水解，因此在DNS-肽或蛋白质的总水解物中，包含了游离氨基酸和N端氨基酸的丹酰化衍生物——DNS-氨基酸，在紫外灯下DNS-氨基酸生成荧光，可以用聚酰胺薄板色谱鉴定。

与FDNB法相比，在DNS法中水解后无须提取水解物，可直接用电泳或色谱法鉴定氨基酸，操作简单，而且分辨率和准确度高。此外，DNS-氨基酸的荧光十分强烈，很容易检测，灵敏度达到1～5 ng的DNS-氨基酸，比FDNB法灵敏度高100倍。因此，近年来DNS法广泛用于肽或蛋白质的氨基酸组成和N端分析。DNS法最大的缺点是天冬酰胺和谷氨酰胺的DNS衍生物水解时会生成相应的DNS-天冬氨酸和DNS-谷氨酸，因此鉴定为DNS-Asp或DNS-Glu的残基通常称为Asx或Glx，即该残基是酸或酰胺还是未知的。

（3）Edman降解法：1950年Pehr Edman首先提出了用异硫氰酸苯酯测定肽链N端氨基酸的方法，又称为Edman降解法（异硫氰酸苯酯法）。Edman降解法的基本原理是异硫氰酸苯酯（PITC）能在温和条件下与含有自由氨基的多肽或蛋白质发生偶联反应，生成的苯氨基硫甲酰衍生物经过环化，从肽链上断裂下来，然后转变为PTH-氨基酸。利用PTH-氨基酸在紫外光下有强吸收，可通过色谱进行鉴定（图6-12）。

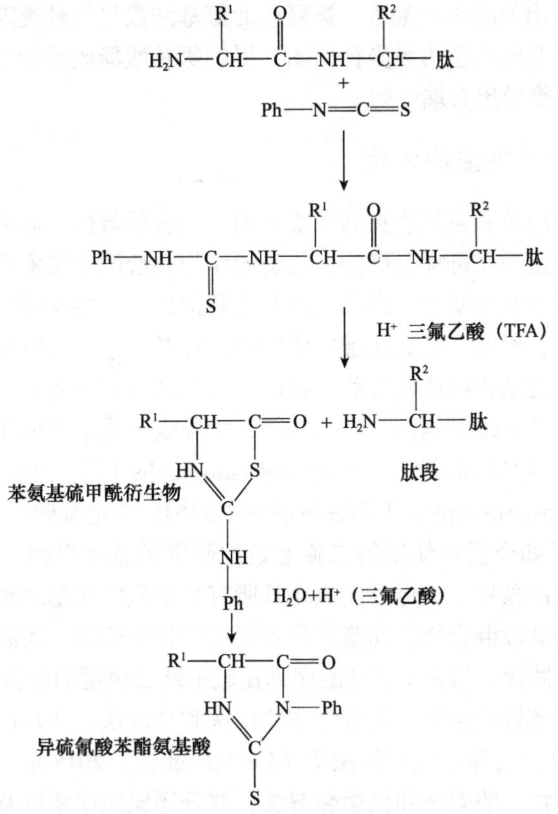

$H_2N—CH(R^1)—C(=O)—NH—CH(R^2)—$肽

+

Ph—N=C=S

↓

Ph—NH—C(=S)—NH—CH(R^1)—C(=O)—NH—CH(R^2)—肽

↓ H^+ 三氟乙酸（TFA）

R^1—CH—C=O（环：HN、S、C—NH—Ph）苯氨基硫甲酰衍生物 + H_2N—CH(R^2)—肽 肽段

↓ H_2O+H^+（三氟乙酸）

R^1—CH—C=O（环：HN、N—Ph、C=S）异硫氰酸苯酯氨基酸

图6-12　Edman降解法反应原理

2）C端序列分析的概述　　肽链的羧基端称为C端。C端序列信息在分子生物学中很有用，尤其是检测已知DNA序列的基因表达产物的翻译后修饰。例如，真核细胞内80%的可溶性蛋白由于翻译后修饰，N端氨基都被封闭，难以进行Edman降解。一方面，可用于确定初始密码子和可读框的正确位置，设计用于筛选cDNA文库的寡核苷酸探针，确定蛋白质切割位置等。另一方面，当蛋白质和肽的N端乙酰化、甲酰化，或者N端的谷氨酸残基环化形成焦谷氨酸以及丝氨酸或苏氨酸残基的O-酰基转移作用锁定了Edman降解反应，则无法从N端测定序列信息。此时，C端序列分析则十分重要。

测定蛋白质和肽的C端氨基酸序列的方法有化学分析法（如肼解法和重氢标记法）、酶解法（羧肽酶法）以及质谱法。相比于N端序列测定的Edman降解法，至今还未能设计出可连续切除C端残基的有效方便的化学序列分析方法。利用羧肽酶可以很容易快速获得一定的C端序列信息，因而羧肽酶法是测定C端氨基酸序列的主要方法。

羧肽酶是一类外切蛋白水解酶，从肽链的羧基端开始每次切除一个L-氨基酸或残基。有许多来源于植物或动物的羧肽酶，它们在理化特性和特定氨基酸的释放速率上各不相同。有4种羧肽酶被广泛应用于蛋白质和肽的序列测定中，它们是来源于牛胰腺的羧肽酶A（E. C. 3.4.17.1）、来源于猪胰腺的羧肽酶B（E. C. 3.4.17.2）、来源于橘叶的羧肽酶C（E. C. 3.4.12.1）和来源于面包酵母的羧肽酶Y（E. C. 3.4.16.1）。

在测定C端的氨基酸序列时，不定时取出部分用羧肽酶消化的蛋白质或肽，用氨基酸自动分析仪定量分析释放出的游离氨基酸。被释放的氨基酸数目和种类随时间发生变化，以时间为横坐标，释放出氨基酸的量为纵坐标作图，得到氨基酸释放的动力学曲线。从每个氨基酸的相对释放速率可以推导出C端序列。

6.5.5 蛋白质中二硫键的定位

二硫键广泛存在于原核和真核生物的激素、酶、免疫球蛋白、血浆、抑制剂和毒液等蛋白质中，是一种常见的蛋白质翻译后修饰。二硫键作为共价键交联多肽链内或链间的两个半胱氨酸，对稳定蛋白质的空间结构、维持正确的折叠构象、保持及调节其生物活性等都有着举足轻重的作用。因此，确定二硫键在蛋白质中的位置对于鉴定蛋白质一级结构有着重要的意义，是研究含有二硫键结构的活性多肽、蛋白质化学结构的重要方面。定位二硫键还将有助于进一步揭示蛋白质的高级结构及其生物功能，指导定向化学合成和审评基因工程重组蛋白质的折叠，便于X射线晶体衍射法（X-ray crystallography）的三维结构研究以及为通过核磁共振波谱法（NMR spectroscopy）正确解析溶液中的构象奠定基础。

早期的研究确立了如今仍在使用的二硫键定位研究的基本思路，包括：①样品蛋白在避免二硫键重排或交换的条件下，尽可能地在其所有半胱氨酸残基之间断裂而形成二硫键相连的肽段；②分离这些肽段混合物；③鉴定分离所得的各个肽段；④断开肽段中的二硫键；⑤分析断开二硫键后的肽段，与整个氨基酸序列比较推断二硫键的位置。

目前常用的定位二硫键的主要方法分为非片段法和片段法：非片段法包括X射线晶体衍射法、多维核磁共振波谱法和合成对照法等（Lakbub et al.，2018）；片段法包括对角线法、二硫键异构及突变分析法、酶解法和化学裂解法、部分还原测序法以及氰化半胱氨酸裂解法等。它们各具特色，也有各自的局限性。此外，质谱法也可用于二硫键的定位。

1. 非片段法 X射线晶体衍射法依赖于纯蛋白高度有序结晶的形成，是确定蛋白质构象最准确的方法。而后来的二维、多维NMR的独到之处在于可以在近似自然生理条件的溶液状态下测出较小蛋白质的构象。不过用这两种方法进行二硫键研究时样品量的要求比较大，一些柔性的蛋白质不易得到所需的晶体，并且结构复杂、分子量较大的蛋白质的计算处理和解谱也会非常复杂。

2. 片段法 对角线电泳（diagonal electrophoresis）是一种经典的二硫键定位分析方法。这种技术包括：①胃蛋白酶酶切未经还原的蛋白质；②在酸性pH=6.5的条件下进行第一向电泳，酶解产物肽段将按其大小及电荷的不同而分离；③将滤纸暴露在过甲酸（CHOOOH）蒸气中，使二硫键氧化断裂，并进一步氧化成磺酸基（$—SO_3H$），被氧化的半胱氨酸称为磺基丙氨酸；④将滤纸旋转90°，在与第一向完全相同的条件下进行第二向电泳。无二硫键的肽不受酸的作用而在两向电泳中迁移率相等，将位于一条对角线上。那些含二硫键的肽由于第二向电泳时被酸氧化，肽段大小和负电荷发生变化而使迁移率不同，将偏离对角线。肽斑可通过茚三酮显色来确定。将含磺基丙氨酸的肽段分别取下，进行氨基酸序列分析，推断二硫键的位置。如果蛋白质中存在其他未成二硫键的半胱氨酸，要先用碘乙酰胺封闭其—SH后再酶解。此外甲硫氨酸和色氨酸也能被氧化，这样可能会增加分析的复杂性。根据这种最初的对角线电泳概念，随后产生出许多其他的分离及鉴定含有二硫键肽的双向方法。例如，未经还原和已被还原的酶解肽段混合物分别通过高效液相色谱法（HPLC）来分离。含有二硫键的肽段由于被还原而在HPLC分离时迁移率改变，就像在对角线电泳中偏离对角线的情况一样。同样，应用质谱分别对没有预先分离的未还原和已还原的酶解肽段混合物进行分析，也可以获得二硫键的相关信息。有时为得到只含一对二硫键的肽片段，可以利用多种酶或化学试剂进行多步酶切或化学降解来裂解蛋白质。实践中，二硫键的定位多采用生化、质谱及测序等多种方法相结合来进行。

3. 质谱法

1）bottom-up*质谱法*　　最初，用底朝上（bottom-up）质谱法分析二硫键与对角线电泳有很多类似之处，如在酸性pH条件下采用胃蛋白酶酶解肽段，二者最大的不同在于质谱中分离和分析是同时进行的。含有二硫键的肽段通过比较还原烷基化前后酶解肽段混合物的质谱图而确定。到现在已经有许多应用质谱法来定位复杂蛋白质中二硫键的报道。现代生物质谱MALDI-TOF-MS具有样品用量少、快速、能耐受较高浓度缓冲液和盐等杂质的优点。ESI-MS的特点是能方便地与液相色谱或毛细管电泳等现代化的分离手段联用来进行二硫键的定量和定位。

有时需要结合进一步的串联质谱离子碎裂信息来确定某些复杂肽的二硫键配对方式，如在半胱氨酸之间没有酶切位点的三链多肽或其中一条有链内二硫键的双链多肽。这些分析可使用各种不同的离子源与质量分析器互相组合成不同的串联质谱仪来完成，如FAB与扇形磁场串联质谱、ESI与三级四极杆串联质谱和反射式MALDI-TOF的源后裂解等。含有相邻半胱氨酸的复杂多肽也可通过MS/MS从两个相邻半胱氨酸残基之间断裂来定位二硫键。

2）top-down*质谱法*　　质谱同样可以用自上而下（top-down）的分析方法来定位二硫键。这与传统的酶解或化学裂解后再用质谱分析肽段的底朝上（bottom-up）的分析方法不同，将整个蛋白质样品直接在质谱仪上进行分析，利用质谱中的碎裂来获取相关二硫键的信息。例如，电子捕获解离（electron capture dissociation，ECD）分析时观察到在这种情况下二硫键的断裂会优先于c、z断裂。

6.5.6 蛋白质空间结构的鉴定

蛋白质的空间结构包括二级结构、超二级结构、结构域、三级结构和四级结构几个结构层次。相同的氨基酸序列（一级结构），由于蛋白质的折叠结构不同，影响了其生色基团的光学活性。因此，蛋白质的空间结构，特别是其二级结构往往可通过光谱分析法来初步估计，如圆二色性（circular dichroism，CD）、傅里叶变换红外光谱法（FTIR）等（Kister，2019；Wang et al.，2017）。除了二级结构，为了从分子水平上了解蛋白质的作用机制，常常需要测定蛋白质的三维结构。由研究蛋白质结构发展起来了结构生物学，采用了包括X射线晶体学、核磁共振以及冷冻电镜（cryo-electronmicroscopy，cryo-EM）等技术来解析蛋白质结构。

1. 圆二色谱 圆二色谱是研究稀溶液中蛋白质结构的一种快速、简单、较准确的方法。自1969年Greenfield用圆二色谱数据估计了蛋白质二级结构后，相关的CD光谱研究蛋白质结构的方法报道增多。圆二色现象是由光学活性物质对左右圆偏振光的吸光率之差引起的，按照圆二色产生的机理，圆二色有几种类型：由电子跃迁引起的一般称为电子圆二色（ECD）；由分子振动引起的圆二色为振动圆二色（vibrational circular dichroism，VCD），另外还有荧光圆二色、拉曼旋光等。远紫外区CD谱主要反映肽键的圆二色性。在蛋白质或多肽的规则二级结构中，肽键是高度有规律排列的，其排列的方向性决定了肽键能级跃迁的分裂情况。具有不同二级结构的蛋白质或多肽所产生CD谱带的位置、吸收的强弱都不相同。因此，根据所测得蛋白质或多肽的远紫外区CD谱，能反映出蛋白质或多肽链二级结构的信息，从而揭示蛋白质或多肽的二级结构。例如，α螺旋结构在靠近192 nm处有一正谱带，在222 nm和208 nm处表现出两个负的特征肩峰谱带；β折叠的CD谱在216 nm处有一负谱带，在185～200 nm处有一正谱带；β转角在206 nm处附近有一正CD谱带，而左手螺旋P2结构在相应的位置有负的CD谱带。

2. 红外色谱 测量蛋白质二级结构的一个有用的替代方法是FTIR。这种技术可以在多种不同环境下采集不同大小的蛋白质的光谱数据。FTIR耗时少，与其他技术相比其制备样品的过程简单。在FTIR中，特定波长的红外光照到样品上被反射或吸收，并进行测量。蛋白质的不同结构区域会产生不同的特征吸收带，这些信息可以被解析来确定蛋白质的二级结构。这种二级结构的主要组成部分是β片层和α螺旋，它是蛋白质结构中最重要的一个方面。由FTIR得到的酰胺Ⅰ带提供C═O键合的信息，酰胺Ⅱ带提供N—H键合的信息。这可以得到二级结构的重要信息，因为蛋白质的二级结构含量会影响这两种键合。通常情况下，酰胺Ⅰ带对二级结构非常敏感。

3. X射线 X射线晶体学可以通过测定蛋白质分子在晶体中电子密度的空间分布，在一定分辨率下解析蛋白质中所有原子的三维坐标。利用从衍射图得到的衍射数据，可以分析出晶胞内三维空间的电子密度分布，确定结构模型。下面以肌红蛋白为例加以说明。肌红蛋白的分子质量为18 000 Da，含有153个氨基酸残基，分子中有1200个原子（不包括氢原子）。为了定出分子中所有原子的位置，需要测量大约20 000个衍射点的强度并计算其位相角。第一阶段分析到6 Å的水平，定出多肽链和正铁血红素的位置，其中棒状结构符合α螺旋的特征，推算出α螺旋约占残基总数的70%。进一步分析提高到2 Å的水平，虽然不能定出每个原子的位置，但可以肯定分子的主要部分是由α螺旋组成，而且是右手螺旋，链必须弯曲、盘绕。其中13～18个残基不是α螺旋，一半以上的氨基酸残基能定出种类。再进一步分析到1.5 Å的水平，可以完全弄清楚氨基酸排列顺序。这样，通过X射线衍射的研究，可以确定蛋白质一级、二级、三级结构。可见X射线衍射分析是研究生物分子结构的强有力工具。蛋白质晶体的形成依赖于一些参数，如pH、温度、蛋白质浓度、溶剂的种类、沉淀剂的种类以及金属离子和某些蛋白质的配基等。

在专门存储蛋白质和核酸分子结构的蛋白质数据库中，接近90%的蛋白质结构是用X射线晶体学的方法测定的（Li et al.，2018）。例如，Zhang等（2020）报道了未结合的SARS-CoV-2 Mpro蛋白酶及其与α-酮酰胺抑制剂的配合物的X射线结构（图6-13）。该蛋白酶在由新冠病毒RNA转化的多蛋白中起着至关重要的作用，这是治疗新冠病毒中一种有吸引力的药物靶标。

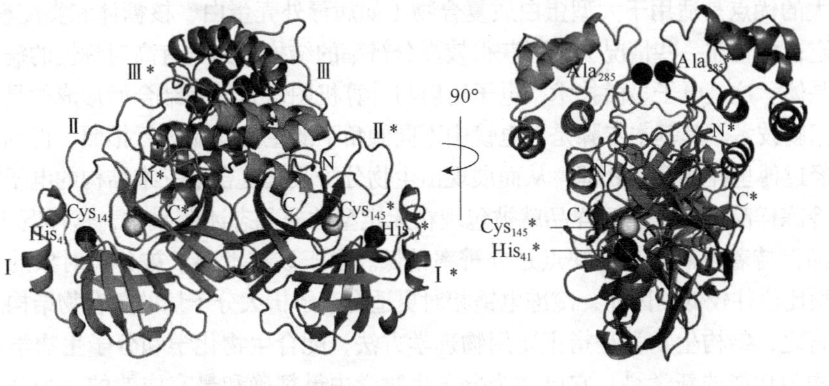

图6-13　两种不同视图中SARS-CoV-2 Mpro蛋白酶的三维结构（Zhang et al.，2020）

二聚体的一个前体显示为浅蓝色，另一个显示为橙色；域用罗马数字标记；催化中心的氨基酸Cys_{145}为黄色球体，His_{41}为蓝色球体；黑色球体表示两个域Ⅲ中每个域的Ala_{285}位置

4. 核磁共振　进行晶体衍射结构分析的先决条件是获得高质量的、可供衍射分析用的晶体，但有时要得到合适的晶体是非常困难的。另外，由于蛋白质通常是在水溶液中发挥其生物功能，而蛋白质在晶体和溶液状态下的结构可能是不同的。如何在溶液中测定蛋白质的空间结构，一直是人们所关注的问题。近年来，迅速发展的NMR为在溶液环境中测定蛋白质结构提供了可能。另外，蛋白质结构在生物系统中是不断变化的，认识蛋白质结构的动态特性对于了解生命过程非常重要。利用NMR可以研究蛋白质结构的动态特性。核磁共振是指原子核吸收外界能量而产生的一种能级跃迁现象，这种能级跃迁实质上是共振吸收（或刺激吸收）。共振吸收的特点是通过外界能量激励电磁场，其磁矢量在某一平面内旋转。产生核磁共振的条件是：当激励磁场的磁矢量旋转圆频率等于原子核的运动频率且方向一致时，原子核才会吸收能量，产生能级跃迁。NMR虽然可以在溶液状态中检测而不要求结晶，但灵敏度不够，需要较高的样品浓度，且到现在为止只能分析较小的蛋白质，在膜蛋白结构的测定上应用十分受限。目前，大约9%的已知蛋白质结构是通过NMR技术来测定的（Puthenveetil and Vinogradova，2019）。

5. 小角X射线散射　小角X射线散射（SAXS）是能够表征多种形态的样品，解析从原子（30～300 pm）到几百纳米尺度上微结构的一种重要技术手段。蛋白质复合物正是在这一空间尺度范围表现出了丰富的生理活性。近年来基于分子结构药物设计的飞速发展，极大地促进了SAXS在研究蛋白质复合物中的应用（史册等，2019）。运用该方法时，不需要晶体，在溶液中就可进行实验，且不受分子量与浓度的限制。此外，其实验时间短，对样品稳定性要求低，而所需的仪器设备相对简单，可以开展原位实验。但是，小角散射得到的信息量很少，要得到三维的结构信息是很困难的，只能得到一些比较粗略、低分辨的信息，如生物分子的大小、形状、某些关键的片段、各个组分之间的空间关系等。随着SAXS技术的不断发展，目前通过运用该方法可以拟合出生物分子的形状；利用一系列球谐函数表征分子外形，这个外形（包络）之外密度为零，之内是均匀的密度；或者用一系列的虚拟原子或者虚拟残基来描述生物分子，调整这些虚拟原子或者虚拟残基的位置来确定分子形状。此外，晶体衍射中看不到的部分一般都是一些柔性的loop区域，利用小角散射可以拟合出这些loop区域来。

6. 冷冻电镜　低温（冷冻）电子显微镜是近年来新兴的一种获得蛋白质结构的方法，

该方法最大的优点是适用于大型蛋白质复合物（如病毒外壳蛋白、核糖体和类淀粉蛋白纤维）的结构测定；并且在一些情况下也可获得较高分辨率的结构，如具有高对称性的病毒外壳和膜蛋白二维晶体。这是电子显微技术、电子衍射与计算机图像处理相结合而形成的具有重要应用前景的一门新技术。其基本步骤是对电镜中不同倾角下的生物样品进行拍照，得到一系列电镜图片后再经过傅里叶变换等处理，从而展现出生物分子及其复合物三维结构的电子密度图。特点是极速冷冻样品悬液，然后样品就被包埋在无定型的非晶态冰薄膜中，这样既不损伤样品，又可使样品保持着自然状态。缺点是分辨率稍低。由于该技术要求被分析对象的分子量足够大，且信噪比往往较低，因此，冷冻电镜相对更适合于解析大分子量的复合物结构。

总而言之，结构生物学是指主要用物理学方法，配合生物化学和分子生物学方法研究生物分子结构与功能的新学科，它已成为分子生物学中最精确和最有成效的一个分支。由于本书更侧重于生物分子的分离纯化，亦鉴于结构生物学的复杂性，需要系统学习，此处不再作进一步介绍。

6.6 蛋白质组学技术

蛋白质组学（proteomics）是一门在器官、组织、细胞和亚细胞水平上研究完整蛋白质组表达、翻译后修饰以及蛋白质间相互作用的新兴学科。随着人类及多种模式生物基因组全序列测定工作的完成，蛋白质组学在后基因组时代迅速兴起。早期的蛋白质组学研究主要集中在定性分析方面，随着研究的不断深入，提供蛋白质种类和修饰类型等定性信息的蛋白质组学分析技术已经不能满足实际研究需求，因此基于不同原理的蛋白质组定量技术被陆续开发。到目前为止，蛋白质组学技术已经成为一个完整的系统，主要分为四大类：凝胶和非凝胶的蛋白质组学分离技术、基于生物质谱技术的蛋白质组学鉴定技术、蛋白质组学定量技术、基于生物信息学的蛋白质组学数据的分析处理技术。

6.6.1 凝胶和非凝胶的蛋白质组学分离技术

在整个蛋白质组学的研究中，分离技术是最基础的部分。如何实现对复杂的蛋白质样品或者其酶解产物进行有效的分离，是对样品做后续鉴定的先决条件。目前，蛋白质组学常用的分离技术主要有两种类型：①凝胶技术，主要包括双向电泳（two-dimensional electrophoresis，2-DE）技术以及后来出现的双向荧光差异凝胶电泳技术（two-dimensional fluorescence difference gel electrophoresis，2D-DIGE）；②非凝胶技术，主要是液相色谱（liquid chromatography，LC）技术，尤其是高效液相色谱（high performance liquid chroma-tography，HPLC）和多维液相色谱（multi-dimensional liquid chromatography，MDLC）。其中，多维液相色谱分离系统将不同的色谱分离模式加以有机组合，可极大地提高峰容量，在复杂样品体系的分离分析、纯化制备等方面发挥着重要作用。最广泛使用的多维液相色谱分离系统是离子交换色谱（IEX）和反相色谱（RP）的二维结合，近年来又发展出了分离能力更强的三维液相色谱分离系统，并且已经在蛋白质组学研究中得到了应用。

6.6.2 基于生物质谱技术的蛋白质组学鉴定技术

质谱技术在20世纪初就已出现，但一直仅应用于有机小分子领域，直到80年代才渐渐应用到生物分子领域。经过二十多年来的应用和发展，质谱技术已是蛋白质组学研究中必不可少的工具，并成为蛋白质组学研究中的主要支撑技术。质谱技术的基本原理是使样品分子离子化后，根据不同离子间的质荷比（*m/z*）的差异来分离并确定相对分子质量。一台质谱仪一般由进样装置、离子化源、质量分析器、离子检测器和数据分析系统组成。在这几部分中，离子化源和质量分析器是两个核心部件，也是发展得最快的两个方面。根据离子化源的不同，质谱主要可以分为电喷雾电离质谱（electrospray ionization mass spectrometry，ESI-MS）和基质辅助激光解吸电离质谱（matrix assisted laser desorption ionization mass spectrometry，MALDI-MS）两大类。

6.6.3　蛋白质组学定量技术

定量技术应该说是整个蛋白质组学的精华部分，现有的蛋白质组学定量分析主要基于双向电泳和质谱两大类技术。近10年来随着高精度生物质谱技术和数据处理技术的快速发展，基于质谱的蛋白质组学定量技术已成为主流的分析手段。

蛋白质组学定量分析在起步阶段主要依赖2-DE技术，通过分析胶图上分离到的蛋白质进行定量，基于质谱的蛋白质组学定量技术则通过对酶切肽段的液相色谱分离和质谱分析完成定量，可分为非靶向定量蛋白质组学（untargeted quantitative proteomics）和靶向定量蛋白质组学（targeted quantitative proteomics）。其中靶向定量蛋白质组学包括多重反应监测（multiple reaction monitoring，MRM）技术和平行反应监测（parallel reaction monitoring，PRM）技术；非靶向定量蛋白质组学包括非标记定量和稳定同位素标记定量，稳定同位素标记定量又可分为多种模式，最值得关注的是等重同位素标记相对和绝对定量（isobaric tags for relative and absolute quantitation，iTRAQ）及串联质量标签（tandem mass tags，TMT）技术（图6-14）。目前质谱定量技术主要采取数据依赖采集模式（data dependent analysis，DDA）。新发展的数据非依赖采集模式（data independent analysis，DIA）综合了DDA和其他方法的优势，具有更好的分析准确度和动态范围，也值得重点关注（牟永莹等，2017）。

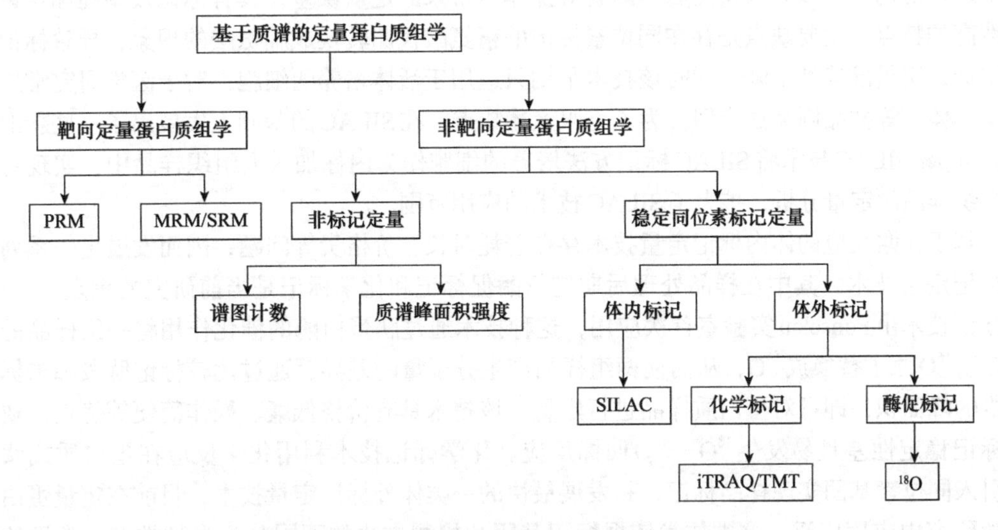

图6-14　蛋白质组学定量技术（牟永莹等，2017）

1. 非靶向定量蛋白质组学 非靶向定量蛋白质组学是一种对样品中所有蛋白质进行无差别分析的定量技术。根据是否对蛋白质或多肽进行标记，非靶向定量蛋白质组学可分为非标记（label-free）和稳定同位素标记（stable isotope labeling）定量技术。

1）非标记定量技术 非标记定量技术主要通过计算蛋白质肽段匹配的二级谱图鉴定数目和一级质谱峰面积进行相对定量。该技术的优势在于成本低廉和样品制备简单。基于二级谱图的非标记定量技术采用匹配肽段的谱图计数（spectrum counting）实现蛋白质定量。质谱分析肽段混合物样品时，某一肽段被鉴定到的概率与其在混合物中的丰度成正比，丰度高的蛋白质被检测到的肽段数和二级谱图数会更多，基于这一原理的方法叫作谱图计数法。基于一级质谱的非标记定量的依据是质谱峰面积强度（peak area intensity），其原理最早由Chelius和Bondarenko（2002）提出并验证，即每条酶解多肽的质谱信号强度与其浓度相关，因此比较一级谱图中的离子信号强度或峰面积，就能确定不同样品中对应蛋白质的相对含量，这类方法被称为离子强度法或信号强度法。伴随着质谱技术和软件的发展，基于一级质谱的蛋白质非标记定量技术已得到较广泛的应用。

2）稳定同位素标记定量技术 标记定量的主要策略是向不同蛋白质或多肽样品中引入具有稳定同位素标记的小分子，通过同位素标记后所产生的质量差来识别肽段的来源。在同一次质谱扫描中化学性质相同的标记肽段离子化效率和碎裂模式也相同，因此比较不同的同位素标记物的信号强度就可以计算出不同样品中蛋白质的相对含量。该方法的优点在于将不同样本混匀后同时进行质谱检测，可以避免样品前处理所带来的定量误差。根据引入同位素标记方式的不同，同位素标记的定量蛋白质组学技术分为体内标记和体外标记两类。

经典的体内标记定量技术是稳定同位素氨基酸细胞培养（stable isotope labeling by amino acids in cell culture，SILAC）技术。该技术的基本原理是将轻、重同位素标记的氨基酸（通常为赖氨酸和精氨酸）分别加入细胞培养基中，经过5～6个倍增周期，细胞内新合成的蛋白质氨基酸几乎完全被稳定同位素标记，根据混合样品中两种同位素标记肽段呈现的峰强度或面积比例即可实现对蛋白质的精确定量（Ong et al.，2002）。SILAC技术在蛋白质层次对样本进行混匀，可以有效避免后续酶解等操作所带来的定量误差，具有标记效率高和定量准确性高的特点，主要缺点是存在同位素标记的精氨酸代谢转换成脯氨酸的现象，导致标记效率偏低，定量准确性下降，同时该技术早期只适用于活体培养的细胞，对于医学研究常用的组织、体液等样品则无法应用。为了克服上述缺点，在SILAC的基础上发展出了一些新的技术。Super-SILAC技术将SILAC标记方法培养的细胞作为内标加入人组织样品中，实现对临床组织样品的定量分析，扩大了SILAC技术的应用范围。

基于代谢反应的体内标记定量技术存在着耗时长、价格贵等问题，因而发展出一系列体外标记定量技术，其中在样品处理后期进行酶促标记和化学标记是当前研究的重点。^{18}O酶促标记技术由Fenselau实验室首次应用，这种技术通过胰蛋白酶的催化作用将一组样品的肽段C端^{16}O原子替换成^{18}O，从而使两组样品产生分子量的差异，通过比较标记肽段和未标记肽段的峰面积，即可对蛋白质样品进行定量。该技术具有价格低廉、操作简便等优点，缺点是标记稳定性差且易发生$^{18}O—^{16}O$回标反应。化学标记技术利用化学反应在蛋白质或肽段上引入同位素基团实现样品标记，是发展最快的一类体外标记定量技术，目前在定量蛋白质组学研究中应用广泛。这类技术依据标记基团和检测方法的不同分为多种类型，常见的有基于一级质谱的同位素编码亲和标签（isotope coded affinity tag，ICAT）技术和二甲基标定

（dimethyl labeling）技术，以及基于串级质谱的iTRAQ技术和TMT技术（Fenselau，2007）。

2. 靶向定量蛋白质组学　传统的非靶向蛋白质组学定量技术的重复性、灵敏度和分析效率较低，值得庆幸的是，近年来可弥补上述质谱定量缺陷的靶向定量技术取得了长足的进步。目前文献报道的靶向定量蛋白质组学技术主要有多重反应监测（MRM）技术，又称选择反应监测（selected reaction monitoring，SRM）技术和平行反应监测（PRM）技术。

1）*多重反应监测技术*　MRM/SRM技术选择目的蛋白的特定母离子和子离子对进行质谱分析，最大限度排除干扰离子的影响，显著提高了目的肽段的信噪比，是一种很有前景的高通量靶向蛋白质定量技术。该技术具有灵敏度高、准确性好、特异性强的优点，被誉为质谱定量的“金标准”，特别适用于标志蛋白的高通量验证。Domanski等（2012）以基于MRM的多重累积方法在人血浆中成功地定量监测了67个心血管疾病的生物标志物。MRM还可对目的蛋白进行绝对定量，如Gerber等（2003）通过向样本中掺入已知浓度的合成同位素标准肽段，实现了对人的分离酶蛋白（human separase protein）的绝对定量。

2）*平行反应监测技术*　PRM也可在复杂样品中同时对多个目的蛋白进行相对或者绝对定量。与MRM相比，PRM采集目的肽段的高分辨率MS/MS质谱图后，使用相关软件在ppm级别的质量偏差窗口范围内对定量子离子对进行峰面积抽提，可以有效排除背景离子的干扰。PRM技术的缺点是待分析肽段的数量过大时，需要精细调整质谱采集参数，否则会极大影响定量数据的准确度。Gallien等（2015）设计了一种内标触发平行反应监测（internal standard triggered-parallel reaction monitoring，IS-PRM）新方法，通过添加内标和对采集参数的实时调整来定量内源肽段，在完成大量肽段分析的同时也可使质谱始终保持高性能状态。

6.6.4　基于生物信息学的蛋白质组学数据的分析处理技术

蛋白质组学本身是一门大科学，其产生的数据量十分庞大。蛋白质组学数据分析面临的重要问题包括：如何将大量的蛋白质组学数据进行储存和加工，使之转变成可以理解的具有生物学意义的结果，如蛋白质名称、多肽序列、蛋白质结构、蛋白质差异等；如何使蛋白质组学的研究流程尽可能地符合高通量、自动化的要求；如何深入地挖掘蛋白质组学数据内隐藏的生物学规律，如蛋白质的亚细胞定位、蛋白质的翻译后修饰序列和位点信息、跨膜序列分析和信号肽序列分析等。这些问题的解决必须要依赖于生物信息学分析手段。生物信息学（bioinformatics）是在生命科学、计算机科学和数学分析的基础上逐步发展而形成的一门新兴交叉学科，是运用数学与计算机科学手段进行生物数据等信息的收集、加工、存储、分析与解析的科学。蛋白质组学的不断发展，也对生物信息学提出了更多的挑战，两者不断的相互作用形成了蛋白质组生物信息学这一活跃的研究分支。例如，在质谱数据分析中，研究者已经开发了用于肽质量指纹谱（PMF）和肽片段指纹（PFF）的数据分析算法（Blueggel et al.，2004）。基于生物信息学预测、蛋白质组学分析和实验验证，Yao等（2016）探索了真核细胞伸长因子2激酶（EEF2K）及其靶向抑制剂在癌症治疗中的机制。

6.7　不同来源蛋白质的纯化与表征

蛋白质依其在分子生物学中的分类，大体上可分为天然蛋白和重组蛋白。提取天然蛋白和构建重组蛋白都需要先确定生物原材料，如植物材料以植物的叶、胚、果实和根茎等为主；动物通常是选用实验动物的器官和组织；而微生物则是选用微生物菌体本身或发酵液。针对不同的原材料，应根据各自特点选择和设计合适的分离纯化方案。

6.7.1 微生物细胞培养来源的蛋白质

微生物可产生多种天然蛋白和重组蛋白。提取天然蛋白，首先要对大量菌株筛选，以获得高产菌株，再进行诱变育种分离产量更高的正突变菌株，最后通过基因工程技术提高内源微生物的蛋白质产量。而重组蛋白的提取相对来说就简单得多，微生物可以通过发酵的方式，短时间内大量培养，从而分离出大量可纯化的目的蛋白。原则上，任何一种自然界中存在或不存在的蛋白质都可以被外源表达出来，像原核蛋白表达就是以大肠杆菌（*E. coli*）为宿主菌表达克隆基因。在原核表达体系中，重组蛋白的含量比杂蛋白的含量高得多。

纯化微生物细胞培养来源的蛋白质涉及多个方面，包括捕获目的蛋白并去除与宿主细胞相关的杂质（如宿主细胞蛋白质、DNA等）、纯化过程中相关的杂质（如缓冲液、消泡剂等）以及由目的蛋白产生的杂质（如其聚集物、水解物等）。若目的蛋白为细胞外产物，则首先可使用硫酸铵沉淀和有机溶剂沉淀、离心、过滤或透析等方法获得粗提产物。例如，毕赤酵母培养基中分泌的可溶性蛋白质可通过离心直接回收，然后可以浓缩样品，并通过超滤、沉淀和色谱分离等方法从上清液中进一步纯化目的蛋白（Weinacker et al.，2013）。对于细胞内蛋白质产物，则必须将收集的细胞进行裂解（如高压匀浆、超声处理、通过研磨机等），然后进行澄清以去除细胞碎片。从澄清的细胞匀浆中纯化目的蛋白（通常通过沉淀和色谱法）。在蛋白质表达为包涵体（如大肠杆菌生产的一些重组体）的情况下，需要额外的蛋白质重折叠（缓冲液交换）步骤。这些额外的步骤极大地增加了生产时间和成本（Roque et al.，2004）。

为了进一步提高产物的纯度，通常要经过几种色谱分离，如离子交换色谱、尺寸排阻色谱、疏水相互作用色谱或亲和色谱等。此外，大部分重组蛋白表达为带有短亲和标签的融合蛋白，如多聚组氨酸（His，图6-15A）或谷胱甘肽-*S*-转移酶（GST，图6-15B）。这些标签可使研究人员从细胞中的数千种蛋白质中选择性地分离出目的蛋白。采用固定化金属亲和层析（immobilized metal affinity chromatography，IMAC）纯化重组His标签蛋白，纯化树脂是螯合有镍离子或钴离子的介质，这些离子可与组氨酸侧链结合。还原型谷胱甘肽树脂可纯化GST标签蛋白。在纯化过程步骤的最后，必须通过冻干或超滤的方式浓缩。

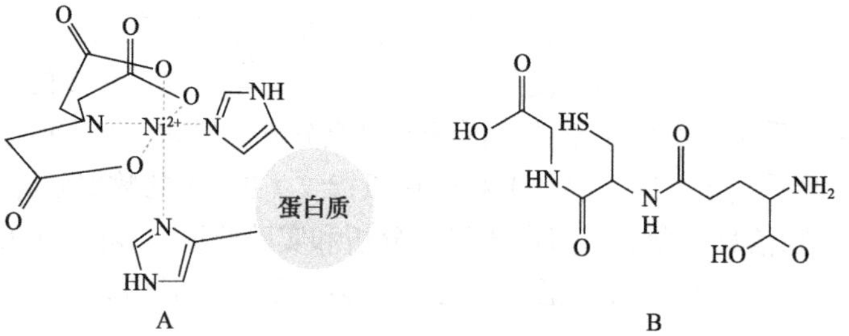

图6-15 多聚组氨酸（His）标签（A）与谷胱甘肽-*S*-转移酶（GST）标签（B）

6.7.2 哺乳动物细胞培养来源的蛋白质

哺乳动物细胞培养作为生物技术工业中一项主要的成就，从19世纪60年代开始迅速发展，已经成为一项充满活力的生物制药生产工艺。如今的生物制药工业中，大约一半是来自哺乳动物细胞培养的产品。一般动物细胞生产的重组蛋白主要性质可归纳如下：以天然的正确折叠形式分泌到培养基中；正确进行翻译后修饰；重组蛋白分子量没有限制；哺乳动物细胞不产内毒素；产物浓度低；培养基中的蛋白含量可能较高；生产流程可能含有病毒、DNA或细胞蛋白，必须通过下游工艺去除（陆健，2005）。

对哺乳动物细胞培养蛋白质的纯化，需要考虑两方面的问题。首先，重组哺乳动物细胞之所以能够正确生产复制人类蛋白，是因为它们控制基因表达的方式、所用的合成和加工酶以及蛋白质的折叠和分泌机制都与人类细胞一致。这种机制的类似性有利于保持重组蛋白产品的纯正，同时也提出了特定的纯化和特性问题。生产细胞得到的蛋白质可能与人体同种蛋白质发生免疫交叉反应。某些生产类型细胞可能大量产生如生长因子、细胞分裂素等蛋白质，而这些蛋白质在很小剂量下就具有生物活性。想要消除这些潜在的风险就要强化对哺乳动物细胞重组产品纯化方法特异性的要求。其次，细胞生长和繁殖所需的培养基也可能在相当程度上增加纯化蛋白质产品的难度。与微生物发酵所用的简单培养基不同，哺乳动物细胞培养基通常需要一些不确定的动物来源的营养添加物，如血清。这会明显增加原料蛋白质的处理量，引入由病毒或其他危险因素带来的额外的污染风险。因此，哺乳动物细胞来源的蛋白质纯化策略不仅要可重复生产，满足一定纯度要求和特定形式，而且应消除可能来源于制备过程中的潜在有害污染物，包括细胞或培养物中的动物蛋白、病毒以及DNA，或者用于细胞培养的抗生素等。

工艺设计主要考虑采用一些最有效的措施，确保所处理的产品尽可能富集和浓缩，又不含有较难处理的污染物。对于动物细胞产物，仔细选择细胞、细胞生长方式以及生长所用的培养基，对后续的纯化会有很大的帮助。

1. 细胞分离　哺乳动物细胞非常容易被机械剪切力所损伤，需要采用温和的分离方法。实际上哺乳动物细胞很容易沉淀（甚至可以利用原始的重力沉降），可以在1000～1500 *g*下有效地离心分离而无损伤。近来开发的专用于动物细胞分离的完全封闭的离心分离机，具有低离心力、低剪切蠕动泵、无旋转密封的特点。

近来，一些色谱基质已经被开发应用，使得可以从细胞培养物中直接有效地捕获目的产物而不需要预先进行细胞分离，这类载体都是非常稳定的吸附剂，可耐受常用的大部分清洁消毒剂。需要注意的是，产物的最优结合条件不一定与细胞存活所要求的最优条件相一致，这可能导致细胞的溶解和细胞内容物的释放，从而增加下游处理的负荷。

2. 产品的初步回收和分离　由于只有少量细胞溶解，哺乳动物细胞培养上清液所含核酸很少，一般不需要利用核酸酶处理以降低原料黏度。

澄清后的培养液中目的蛋白浓度相对较低，含有高浓度的来自培养基的小分子物质，初步分离纯化可减少主要的污染物。具体方法包括蛋白质沉淀（盐或有机溶剂），目的蛋白的吸附和液液萃取等。超滤法现在已被广泛使用，因为超滤易于操作，不会使蛋白质处于极端或变性条件，易于放大规模，不会引入潜在的污染物。但超滤没有很好的分离能力，因为可透过膜的颗粒大小范围很广，也会浓缩可能存在的病毒颗粒。超滤的另一个问题是由于微粒或者某些蛋白质在膜上形成胶层，因此可能会产生膜阻塞的问题，用于哺乳动物细胞培养的某些防沫剂也可能堵塞超滤膜。将样品适当澄清能够对此问题的解决有所帮助。

乳汁是一种复杂的胶状悬浮物，含有高浓度的酪蛋白胶粒和其他乳汁蛋白、脂肪液滴、宿主细胞以及宿主细胞溶解产生的蛋白质和核酸。乳汁中重组蛋白质产品的初步回收和分离采用乳品加工业所建立的技术，包括撇沫和离心除去脂肪；酸法或盐法沉淀酪蛋白；过滤去除颗粒。这些步骤增加了从乳品中制备纯蛋白质的成本，比通常从细胞培养上清液中得到的最终产品收率还要低很多。含有目的蛋白的澄清乳清部分可作为浓缩原料，用于后续纯化步骤。

3. 主要纯化方法 哺乳动物细胞生产的蛋白质主要用于生物医药。对于这些高附加值产品纯化步骤的主要任务是制备安全、纯净、可重复的蛋白质。为得到较高的产率，增加处理强度以及优化过程的经济性，以尽可能少的处理步骤实现这一目的就显得非常重要。这就需要选择对动物细胞产物具有最高解析能力，可提供必要的蛋白质纯度，特别是对可能存在的病毒和DNA污染物具有去除效果的一系列互补的特异性单元操作。商业上，大部分实际处理方法可经3～5步纯化达到这一要求，还有许多其他技术也可达到这一要求。实际上，柱色谱法是涉及哺乳动物细胞产物纯化最常考虑的方法，如离子交换色谱、疏水作用色谱、亲和色谱等。利用两种不同类型的色谱分离柱，将其串联使用，由于操作条件要求不同，有时也许更具优势，如经离子交换柱得到的高离子强度洗脱液，也许可直接适用于疏水作用色谱。亲和色谱是高选择性的蛋白质纯化方法，在某些情况下可以获得绝对专一的产物，如固定化单克隆抗体可通过“免疫亲和”纯化相应抗原，固定化激素可纯化其受体等。但固定化抗体本身被认为具有被病毒或其他物质污染的可能，因此所用抗体本身应是医药级的。在抗体纯化领域，protein A已广泛应用并获得成功。该蛋白对大部分免疫球蛋白亚型的Fc区具有高亲和力，可专一性结合。因为protein A亲和色谱可选择性地有效结合哺乳动物的IgG分子，一步高效回收并纯化细胞产物混合物中的抗体，回收率大于99.5%，同时亲和层析还可有效地清除病毒；由于亲和层析操作步骤简单快速，在复杂的制造工艺中容易做到质量控制和产品的一致性。主要来自植物的凝集素可选择性结合糖蛋白中的不同糖部分，虽然对于特定蛋白并不是绝对专一，但凝集素亲和色谱可一步完成非常有效的纯化。凝集素通常是有毒性的，如强效的血球凝集素或促分裂素，这一点应引起注意。近来，染料亲和分离方法得到了快速发展，通过该方法蛋白质结合容量非常高，合适的染料既便宜又易于大量获得，与非毒性试剂配合使用简单，利用适当的基质，配基渗漏可尽量降低，可得到较高的解析率。新型染料亲和柱可经受包括氢氧化钠等溶液的处理而不渗漏。

当蛋白质已经达到必要的纯度和浓缩形式后，最后步骤通常是精制，一般采用凝胶过滤色谱，对于从可能已经形成的凝聚体中分离蛋白质、去除残留的添加剂等都特别有效。哺乳动物细胞生产生物医药产品时，去除内源或同源蛋白质是一个问题，包括细胞培养中的宿主细胞和用于培养基的动物蛋白，或者转基因动物的宿主细胞和血清蛋白。适当的分离条件对于除去污染物是很有帮助的。动物来源的痕量蛋白，包括同源蛋白的检测经常通过灵敏的免疫学测试而完成。

4. 消除污染 在哺乳动物细胞生产的生物医药蛋白制品中，可能存在的污染物主要包括病毒、杂质DNA以及其他一些生物活性物质，这些污染物的存在，会给生物蛋白制品带来很大的风险，必须加以清除。

病毒污染风险可通过对细胞库中的生产细胞进行病毒传染性测定，同时仔细筛选而部分消除。细胞的培养过程应避免可能激活细胞内潜伏感染病毒的条件。纯化过程中要求包括至少两步作用机制不同的强烈的病毒失活或去除步骤，而且还要通过严格的病毒清除研究验证，以证明该纯化步骤能够有效地清除病毒。在下游处理操作中一般没有必要包括特异性的病毒去除步骤，因为所采用的许多纯化方法能有效降低病毒效价。为便于测定准确的病毒清除率，通常利用添加“同类指示剂”实验，即在某一纯化步骤前故意加入大量的感染病毒。出于安全和方便的考虑，这些测试都采用与可能污染的致病病毒紧密相关的“模型病毒”。实际上有必要使病毒具有很高的效价，以便进行清除率的测定（通常数量级为10^4～10^5）。

6.7.3　动物组织来源的蛋白质

动物原材料组织中含有丰富的目的蛋白，根据蛋白质所处的不同位置，应选用不同的组织破碎方式。对于少量组织，可使用小型均质器，大量组织则采用捣碎机快速捣碎。对于软组织，可使用玻璃均质器。组织均质化后，将不同亚细胞结构内的蛋白酶释放到溶液中，使之与目的蛋白接触并降解，最后进行纯化处理。以下介绍从动物组织中分离蛋白质所涉及的一些原则，包括组织的选择、组织破碎方法以及适当的亚细胞成分的分离过程等。所介绍的大部分方法已经应用于实际。

1. 组织的选择　对目的蛋白起始组织材料的选择由一些因素决定。首先，理想的原料组织应含丰富的蛋白质，如肾脏皮质中许多细胞表面肽酶含量很高，而且这一器官相对较大，可以经常分离相当数量的蛋白质，如200 g的肾脏皮质可纯化10～15 mg的血管紧张肽转化酶。但在初次分离蛋白质时，可能并不考虑来源是否丰富，而要考虑的是动物组织是否易获得。鼠类的组织适合于纯化少量蛋白质，而猪内脏可能更适用于大量制备。在处理动物组织时，应遵循严格的实验室原则，伴随着近年来关于传染性海绵体脑病如“疯牛病”等的病毒来源和传播途径的争论，在处理牛、羊组织时，采用一些预防措施也是必要的。其他还需要考虑的因素包括组织的新鲜程度和破碎的方便性等，对于某些蛋白质的纯化，可能需要采用新鲜的而非冷冻的组织，这也会影响原料的来源和纯化策略。

2. 组织破碎方法　组织的破碎方法取决于蛋白质是细胞外还是细胞内的、可溶性的还是膜结合的、是否位于亚细胞器中等。根据蛋白质的不同，均质缓冲液中可能需要添加蛋白酶抑制剂。均质化后，残留的大块组织可通过细棉布或细纱布过滤或者低速离心除去。均质化及以后的亚细胞分离应在4℃进行，均质化时间应尽量短，以减少不必要的蛋白质水解和变性。

组织均质化后，通常不同亚细胞结构内的蛋白酶将释放到溶液中，并与目的蛋白相接触，很可能将其降解。根据一般规律，存在于细胞表面或以可溶形式分泌的蛋白质以及糖基化蛋白对于降解有较强的抗性。在4℃预冷的缓冲液中进行均质化操作及后续的分离操作，对于降低蛋白质有害水解会有帮助。通过在各种缓冲液中添加蛋白酶抑制剂可进一步控制蛋白质水解。表6-5列出了一些实验室常见的蛋白酶抑制剂。在使用此类抑制剂时需要考虑的关键因素之一是成本，特别是在大规模重复分离一种蛋白质时。另一个因素是在分离一种蛋白酶并通过分析酶活性了解其纯化过程时，应避免使用此类蛋白酶的抑制剂。

3. 亚细胞成分的分离过程　分离目的蛋白所在的亚细胞成分，最普通的方法是离心。如果纯化一种存在于亚细胞器中的蛋白质，如线粒体中的丙酮酸脱氢酶，则需要另外的步骤打开细胞器。根据亚细胞器和蛋白质特性，采用的方法包括超声波处理、渗透溶解或匀浆器均质作用等。

表6-5 实验中常用的蛋白酶抑制剂

常见的抑制剂	作用的蛋白酶	是否可逆	优缺点
4-（2-氨乙基）苯磺酰氟盐酸盐（AEBSF）	丝氨酸蛋白酶	不可逆	183 Da的AEBS基团能共价修饰一些氨基酸残基，导致质谱和凝胶电泳出现问题
			与其他丝氨酸蛋白酶抑制剂相比在水溶液中稳定
			毒性低，可用于细胞及活体动物实验
易肽酶（aprotinin）	丝氨酸蛋白酶	可逆	低离子强度下可黏附于透析袋和柱基质上
			可荧光标记而不会影响抑制活性
			在pH<3或pH>10时从蛋白酶上解离
苯丁抑制素（bestatin E-64）	一些氨肽酶	可逆	水溶液中稳定性低
	半胱氨酸蛋白酶	不可逆	可与基质偶联用于半胱氨酸蛋白酶的亲和纯化
			水溶液中非常稳定
			特异性高（不影响其他半胱氨酸残基）
			可渗透细胞，毒性低，可用于活体研究
EDTA/EGTA	金属蛋白酶	可逆	不可用于金属螯合层析
			不可用于二维凝胶电泳
			水溶液中易溶且很稳定
GM 6001	基质金属蛋白酶	可逆	可活体注射
亮抑蛋白酶肽（leupeptin）	丝氨酸/半胱氨酸蛋白酶	可逆	工作浓度下稳定性低
			不可渗透细胞
			影响蛋白质浓度测试
胃蛋白酶抑制剂（pepstatin）	天冬氨酸蛋白酶	可逆	不溶于水溶液
			稳定性高
苯甲基磺酰氟（PMSF）	丝氨酸蛋白酶	不可逆	神经毒素，需小心操作
			水溶液中溶解度有限
			水溶液中很不稳定

6.7.4 植物组织来源的蛋白质

植物体内通常存在着为数众多的天然蛋白质，提取时通常选用一些器官为主要原料。但提取植物蛋白质时存在一些特殊问题，导致蛋白质的得率较动物和微生物的要低。因为植物材料中除目的蛋白外还含有大量的淀粉、纤维素和果胶等杂质，所以初步的均质化处理需要在大量缓冲液中进行。初步过滤后得到低浓度蛋白质，之后需要进行硫酸铵沉淀和PEG沉淀进行分离，分离后的蛋白质可与其他蛋白质一样，采用一般的蛋白质纯化方法处理。影响植物组织蛋白质纯化的因素主要有以下几点。

1. 蛋白质浓度低 与大部分生物不同，植物的大量固体物质并不是蛋白质，而是包括淀粉、纤维素、果胶和半纤维素以及多酚等在内的其他大分子物质。最初的均质化必须在大量的缓冲液中进行，以便初步过滤。大量的不溶性物质由于凝胶作用或者简单的吸附作用会影响过滤，因此最初只能得到低浓度的蛋白质，需要经过沉淀或浓缩。均质化后硫酸铵沉淀、PEG沉淀对于植物蛋白质很常用。如果采用超滤浓缩，应考虑植物蛋白质与膜结合的能力，以免产生负面影响。

2. 蛋白质水解　植物蛋白质纯化有时会出现蛋白质水解的问题，常伴有初始蛋白质浓度的降低，这可能是由于初始步骤操作时间过长，或者存在蛋白酶的作用。植物含有的主要蛋白水解酶类包括丝氨酸蛋白酶、半胱氨酸蛋白酶和金属蛋白酶，可选用相应的抑制剂抑制这些蛋白酶的活性而避免蛋白质被水解。

3. 抑制褐变　许多植物组织富含氧化酶，它们作用于内源底物，产生活性产物，与酶反应后使其钝化，这可能是植物天然防御机制的一部分。多酚氧化酶存在于许多植物中，如马铃薯、苹果、香蕉和甜菜，从而产生褐变反应，特别是当游离酪氨酸存在时。其他植物如豆类，组织破碎时大量释放的过氧化物酶也会引起褐变反应。通过除去底物或抑制氧化酶可以减少褐变反应。阳离子树脂或疏水性树脂可用于去除反应底物。反应抑制剂可以使用硫醇、2-巯基乙醇或二硫苏糖醇，也可选择抗坏血酸（但应注意对均质缓冲液pH的影响）或偏亚硫酸氢钠。

6.7.5　膜蛋白的纯化

细胞产生的20%～30%的蛋白质是整合膜蛋白，并且约50%的小分子药物作用于膜蛋白。因此，研究者对膜蛋白的分离、纯化与解析有极大兴趣。纯化整合膜蛋白的关键步骤是将它们从脂质双层中通过溶解进行提取，同时保留其功能完整性。典型的方法包括通过离心分离细胞内膜，随后洗涤剂溶解整合膜蛋白并高速离心以除去不溶性膜残余物。然后通过本质上与可溶性蛋白质相同的柱色谱法纯化溶解的膜蛋白。纯化中，缓冲液需含有洗涤剂以保持蛋白质处于可溶状态。膜蛋白的纯化通常具有挑战性，因为从脂质双层初步移除和通过各种纯化步骤后蛋白质功能完整性和聚集性常常丧失。Rothnie（2016）使用苯乙烯-马来酸酐共聚物代替洗涤剂，从脂质双层中提取膜蛋白并可用于亲和层析纯化，这在纯化膜蛋白的同时保持了其天然脂质环境从而保留了其功能特性。

膜蛋白分为外周膜蛋白和整合（内在）膜蛋白，它们与磷脂双膜层关联程度不同。外周膜蛋白或外源性膜蛋白通过静电作用和氢键与膜表面发生非共价作用。外周膜蛋白可以在信号事件期间被招募到膜上，也可以在膜上形成性地定位。整合膜蛋白与膜有较强的关联性，并与磷脂双分子层的疏水分子相互作用。它们含有一个或多个特征性的极性氨基酸，跨越脂质双分子层。整合膜蛋白进一步分为Ⅰ型（—COOH端在细胞质中）或Ⅱ型（$—NH_2$端在细胞质中）。膜蛋白纯化方案主要包括膜蛋白的提取、去除洗涤剂及进一步纯化3个阶段。

1. 膜蛋白的提取

1）外周膜蛋白提取　外周膜蛋白的解离可以用相对温和的技术，打破外周膜蛋白与膜之间的静电作用或氢键，而不需要全膜破坏就可以解离。一般使用含高盐的缓冲液提取，因为它们可以减少蛋白质和带电脂质之间的静电相互作用。解离离子会破坏膜表面存在的疏水键，促进疏水基团从非极性环境转移到水相中。通常情况下，采用高离子强度的NaCl和KCl、碱性或酸性缓冲液和金属螯合剂在提取过程中会导致溶解的蛋白质与整体膜蛋白之间的相对分离。高pH导致外周膜蛋白与整体膜蛋白的分离，通过破坏密封的膜结构而不使脂质双膜变性，避免提取到整合膜蛋白。

2）整体膜蛋白提取　为了溶解整体膜蛋白，必须破坏脂质双膜，通常使用有机溶剂来实现，但更常见的是用洗涤剂。使用有机溶剂*N*-丁醇，该双相系统将膜蛋白溶解到稀水缓冲液中。*N*-丁醇在水中的低溶解度，加上其亲脂性，使蛋白质不易变性。洗涤剂是含有疏水性和亲水性的两性分子，在水中形成胶束。胶束是洗涤剂分子的簇，其中亲水的头部分子朝外。洗涤剂通过与蛋白质的疏水性一侧结合，并与另一侧的亲水性部分相互作用，使蛋白质溶解。所选择的洗涤剂应充分溶解膜蛋白，但不会使其不可逆地变性。洗涤剂可以是离子型、非离子型或二离子型。特定洗涤剂的选择取决于目的蛋白质的属性和后续实验涉及纯化的蛋白质的使用目的。如果文献中关于类似蛋白质纯化的信息很少，或者是第一次纯化一个特定的蛋白质，往往需要筛选洗涤剂，以优化蛋白质的溶解度。此外，应采用不同浓度的常用洗涤剂，并确定最佳的处理时间、缓冲液浓度、盐溶液和温度条件。

2. 去除洗涤剂　在提取完整的膜蛋白过程中，通常需要高浓度的洗涤剂，这可能会影响分离出的膜蛋白的稳定性和后续的分析。因此，在进行子序列纯化程序之前，应将过量的洗涤剂去除或更换。所采用的方法取决于所使用的洗涤剂的独特性质和蛋白质组分的浓度范围。

洗涤剂的交换或去除可通过各种色谱方法，也可以通过透析进行。透析的效率取决于洗涤剂胶束的种类和分子量。大多数具有线性烷基疏水性基团的洗涤剂（如Triton X-100）具有较高的胶束分子量值，不易通过透析膜。具有低胶束分子量的洗涤剂（如胆汁酸及其衍生物）可以通过透析去除。通过色谱法去除洗涤剂需要较大量的工作，但比透析法更快速。

3. 膜蛋白的纯化　初步提取的膜蛋白，用洗涤剂溶解，去除或交换洗涤剂后，膜蛋白可以根据研究者的特殊需要以及目的蛋白的特性和丰度，用各种蛋白质纯化技术将膜蛋白纯化。由于没有单一的方法来表征膜蛋白的特性，因此膜蛋白纯化的关键在于最初的提取和溶解步骤。

6.8　不同用途蛋白质的纯化案例

6.8.1　用于测序的蛋白质纯化

蛋白质纯化除了用来研究蛋白质特性外，在分子生物学中最初主要用于蛋白质测序，以确定蛋白质的一级结构。随着重组DNA技术的应用，蛋白质测序的作用已经有所变化。由于DNA测序比较简单快速，大分子或者稀有蛋白完整的一级结构通常可以通过cDNA序列的翻译而比较容易确定。但在许多应用中，仍然需要测定一些蛋白质的序列，如用于基因克隆的寡核苷酸探针的合成、拓扑结构的分析、蛋白质的加工以及同工酶的确定等。近年来，蛋白质结构和功能区的重要性也越来越受到关注，这些区域经常是共价修饰的位点。所有这些应用中，蛋白质测序是测定一级结构氨基酸修饰位点的唯一方法。

1. 常见污染物　有关文献所描述的蛋白质和多肽的纯化方法一般都涉及手工或自动序列分析。在制备测序用的蛋白质样品时，需要注意以下一些问题，这些限制因素更多地可能与Edman降解测序法有关，而FAB质谱法也有其自身的污染等问题。

污染物主要来源于试剂中的多种有机和无机化合物小分子。为避免杂质对N端的阻断，整个纯化过程中采用高品质试剂（分析纯以上）以及温和反应条件是非常重要的。例如，如果尿素溶液中含有氰酸根离子，这些离子会与氨基反应影响测序，而在高品质的尿素溶液中其含量较低。为了谨慎起见，尿素溶液应在使用前配制，并经过离子交换树脂纯化。

有一些可能会引起污染而应避免的小分子物质，其中含有伯胺的化合物通常是最麻烦的，其经常会破坏整个测序分析。在一些利用载体吸附的固相测序中，这类物质会非常有效地与蛋白质和多肽竞争。而在其他自动和手动测序中，它们也会与Edman降解试剂反应，从而导致产率的降低，严重时会产生明显的重叠问题。一般序列重叠是由一次测序反应循环期间的部分反应引起的，这样从此次循环之后会产生交错的顺序，至少在随后的循环中会观察到两个相同的氨基酸。最常见的氨基杂质可能是铵盐，特别是碳酸氢铵，该物质通常认为可通过冻干法完全除去，但是许多研究人员发现该方法不能达到完全去除的目的。其他一些应避免使用的常用化合物包括Tris、嘧啶、甘氨酸、二羟乙基甘氨酸、氨基糖、多缓冲体系、两性电解质以及大多数的去污剂。虽然测序（特别是利用固相法测序）仍然要在这些物质存在的条件下进行，但污染的存在严重降低了测序程序的有效性。如果用FAB-质谱分析样品，应该除去大多数盐，因为它们可能会与甘油以及常用于该技术的载体形成加合物。大分子污染物（如磷脂、碳水化合物和核酸）一般较少遇到，但是它们也会带来特定的问题，必须将其去除。

2. 案例分析——Anserinase的纯化和序列鉴定（Yamada et al.，2005）　Xaa-甲基-His二肽酶（anserinase，EC 3.4.13.5）主要位于脊椎动物脑、视网膜和玻璃体中催化Nalpha-乙酰组氨酸的水解。在该酶的基因尚未被鉴定出来时，通过实验法测序是鉴定该蛋白酶序列的唯一途径。此处介绍了以测序为目的，在0～4℃下分离纯化来源于新鲜的罗非鱼脑的肌浆蛋白酶的操作。

1）*提取*　在10倍体积浓度为10 mmol/L的磷酸钠缓冲液（pH 7.8）中将冷冻罗非鱼大脑均质化。粗均质液在20 000 *g*的条件下离心1 h。

2）*硫酸铵沉淀*　在离心后的上清液中逐渐加入固体硫酸铵直至浓度达到50%为止，并静置过夜。20 000 *g*离心1 h后去除沉淀物，并将上清液中硫酸铵浓度增加至60%后静置1 h。20 000 *g*离心1 h后收集沉淀物，将其溶解于67 ml的10 mmol/L的*N*-乙基吗啉/HCl缓冲液中（pH 7.2），并含0.1 mmol/L $CoSO_4$，同时再次加入固体硫酸铵至30%。20 000 *g*离心1 h去除不溶性物质。

3）*辛基-琼脂糖CL-4B色谱法*　在7℃下，采用500 ml 10 mmol/L的*N*-乙基吗啉/HCl缓冲液（pH7.2，含30%硫酸铵和0.1 mmol/L $CoSO_4$）平衡辛基-琼脂糖CL-4B柱（2.6 cm×40 cm）。上样后，采用该平衡液在不同硫酸铵浓度（0～30%）下进行洗脱，流速为1.5 ml/min。洗脱组分分别以15 ml的体积进行收集，并通过PM-10膜超滤浓缩到1.2 ml。

4）*Superdex 200HR凝胶过滤*　预平衡柱子（Superdex 200HR，10 mm×300 mm）后上样200 μl，采用含150 mmol/L NaCl的50 mmol/L磷酸钠缓冲液（pH 7.0）洗脱样品，流速为0.4 ml/min。分别以200 μl为单位收集各组分，混合所有活性组分后浓缩到800 μl。重复该分离步骤6次以得到足够的样品。

5）*高分辨率强阴离子柱（Resource Q）色谱*　在室温下，采用10 ml 20 mmol/L的Tris/HCl缓冲液（pH为7.8，流速为1.0 ml/min）平衡Resource Q柱（1 ml）。上样后，采用线性NaCl梯度（0～0.5 mmol/L；20 ml的20 mm Tris/HCl缓冲液配制，pH 7.8）洗脱并以1 ml为单位收集各馏分。用离心浓缩器将含有酶的活性馏分浓缩后，用10 mmol/L的*N*-乙基吗啉

/HCl缓冲液（pH 7.2，含30%的甘油）取代原缓冲液。

6）制备型PAGE分离　PAGE由7.5%的分离凝胶和4.5%的浓缩凝胶制备而成。在30 mA下电泳2.5 h后，将凝胶切成3 mm的切片。每片切片在5 ml的10 mmol/L *N*-乙基吗啉/HCl缓冲液中通过均质器粉碎，其中pH为7.2，含有0.1 mmol/L的$CoSO_4$。20 000 *g*离心30 min后，浓缩上清液，并将缓冲液完全置换成10 mmol/L *N*-乙基吗啉/HCl缓冲液（pH 7.2），并将其浓缩至400 μl后分别测定各组分的酶活。

7）制备型SDS-PAGE分离　采用SDS-PAGE（7.5%的分离凝胶和4.5%的浓缩凝胶）进一步分析上一步中所得的样品浓缩液。在30 mA下电泳2.5 h后，切开条带后立即用考马斯亮蓝染色。进行洗脱后浓缩样品溶液，并用蒸馏水完全置换缓冲液，进一步浓缩后进行N端序列分析。

8）纯化结果　以上各步骤的纯化效果如表6-6所示。

表6-6　不同步骤纯化anserinase的效果

纯化步骤	总蛋白/mg	总酶活/U	酶活/（U/mg）	纯化倍数	得率/%
提取	10 479	6 949	0.7	1	100
硫酸铵沉淀	992	2 811	2.8	4	40
辛基-琼脂糖CL-4B色谱	125	1 936	15	21	28
Superdex 200HR凝胶过滤	32	1 494	47	67	21
Resource Q色谱	7.5	651	87	124	9
制备型PAGE分离	0.52	289	556	794	4
制备型SDS-PAGE分离	0.11	—	—	—	—

Edman降解是在自动蛋白质测序仪上进行的。采用不同数据库对其蛋白质序列进行搜索，使用GenBank的BLAST搜索引擎进行了同源性搜索。通过MEROPS数据库的引擎进行了进一步的检索，使用斑点河豚的“未命名的蛋白质”序列（DDBJ/EMBL/Gen Bank accession number CAF95589），从BLAST中提取出了酶的N端序列。使用CLUSTAL W程序进行了多序列配位，以找到高度保守的氨基酸序列。

6.8.2　用于晶体学研究的蛋白质纯化

在蛋白质生物化学研究早期中，结晶经常作为一种纯化技术，结晶度也被认为是纯度的一项指标。晶体学研究主要集中在一些经过选择的蛋白质上，这些蛋白质来源丰富，易于结晶。蛋白质结晶技术发展至今，完整的蛋白质三维结构分析已不是一项很费时的工作。而实际上许多蛋白质研究的限制因素通常正是如何制备适宜的晶体。用于结晶的蛋白质样品所要求的高纯度是制备衍射级晶体最重要的因素之一，许多结晶试验由于蛋白质样品不如最初设想的那样具有较高的均一性而陷入困境。

通过结晶，蛋白质可以从含有许多杂质的混合物中纯化出来，随着重结晶纯度的提高，晶体品质也会改善。而对于细菌、真菌以及真核细胞表达系统得到的非常微量的蛋白质，已建立了一些晶体生长模式和纯化方法，使得自然界中不会出现的或者含量非常低的分子或片段的结构研究也成为可能。

细菌是目前应用于蛋白质结晶表达系统最广泛的微生物，特别是利用大肠杆菌生产重组蛋白。它是结构生物学家生产高水平的重组蛋白用于X射线晶体学研究和体外生化检测的首选，细菌容易进行基因修饰，生产重组蛋白。大量设计的表达系统可用于生物和商业化应用，蛋白质数据库（Protein Data Bank，PDB）中的三维蛋白质结构大约90%选用了大肠杆菌表达系统。虽然晶体生长成功的报道很多，但遇到的许多问题却没有完整的记录。无法得到持续生长的高品质晶体正是困扰结构分析的许多问题之一，同一批次蛋白质制备的结晶显然应该是相同的，但实际上常常得到品质不同的晶体，甚至根本得不到晶体（Bhat et al.，2018）。

1. 蛋白质结晶的原理　蛋白质结晶的基本原理在许多方面与小分子（盐类或氨基酸）结晶原理相同。缓慢获得低度过饱和蛋白质溶液是必需的，也就是说，溶剂中可能含有比平衡状态下更多的溶解蛋白。这种亚稳态的蛋白质溶液通常可通过沉淀剂的逐步改变、蛋白质的浓缩或pH及温度的变化而得到。当然，同时也必须考虑这些变化可能会对蛋白质结构和活性产生的影响；对于膜蛋白，还必须注意这些变化对去污剂状态产生的影响（Loewen et al.，2019）。最终应该是热力学最稳定的结晶状态。利用透析、蒸汽扩散以及缓慢冷却或加热技术可以达到所要求的条件。在低溶解度条件下，分子适当地聚集，缓慢地接近一个临界点，形成一个核，晶体从该核上自发地持续生长。开始形成均匀晶核（也就是蛋白质聚集形成的晶核）所要求的过饱和度一般要比继续生长所要求的过饱和度高得多。这就解释了为什么过度的成核过程可能经常会形成大量的小晶体，而形成少量的大晶体却非常困难。在低过饱和度下，晶核的形成经常表现出非均一性。

2. 蛋白质纯化对其结晶的影响　在蛋白质纯化期间，可以得到有关蛋白质沉淀和蛋白质稳定性的信息，可以测定蛋白质随pH变化的溶解度范围并估测等电点。大多数蛋白质在其等电点表现出溶解度最低，此时净电荷为零，排斥力也最小。但是蛋白质是非常复杂的多离子体，其表面有特殊的电荷分布模式，因而可能产生多个最小溶解度值。许多蛋白质晶体在远离等电点几个pH单位也能生长的现象就反映了这一问题。

1）*杂质的影响*　蛋白质样品纯度不足可能会导致结晶的彻底失败，或只能得到小晶体，或不能得到良好衍射X射线的大晶体。如果蛋白质没有预结晶，那么蛋白质的纯度就成为需要额外考虑的变量。目的蛋白的微观不均一性可能比一些完全不相关的分子所造成的污染更为麻烦。在有些纯化情况下，利用晶格堆积来选择具有适当结构的分子时，重结晶比较有效。例如，在治疗糖尿病的高品质药剂的生产中，胰岛素结晶是非常重要的。但胰岛素的重复结晶不能除去残留的污染物，其中包括大约5%的胰岛素原、转化反应的各种中间体以及提取过程中的其他化学成分，这些物质可以通过凝胶过滤、离子交换和反相色谱除去。

2）*微观不均一性*　由于蛋白质性质的变化可能相当小，微观不均一性提出了更为重要的纯化问题，而且大多数蛋白质制品都有可能遇到，甚至是比较容易制备高品质晶体的商品鸡蛋溶菌酶，其中也含有少量的卵清蛋白和溶菌酶二聚体。X射线衍射测定表明，晶体中的这些杂质引起晶体晶格产生一定的张力，降低了衍射的质量。为模拟微观不均一性的影响，在火鸡蛋溶菌酶结晶过程中加入鸡蛋溶菌酶作为污染物，这两种蛋白质的序列95%相同，而所有不同的残基都位于分子表面。由于人工引入的微观不均一性，其效果是通过抑制晶体某一面的生长而改变了晶体的形态。一般这样的影响可能会形成针状或薄片状晶体，不适合衍射实验。

3）添加剂与蛋白质水解　除了沉淀剂、非肽类物质，包括酶活性所要求的辅因子以及金属离子，在结晶过程中也是很重要的。但蛋白质与这些物质的部分结合可能也是微观不均一性的重要原因。纯化可能也会除去一些结晶所必需的成分，如螯合剂或解离条件在粗组织提取液中经常用于协助抗蛋白质水解，但同时会除去晶体生长所需要的金属。胰岛素结晶需要锌离子，氧化型硫氧化还原蛋白结晶需要铜离子，氯霉素乙酰转移酶结晶需要钴离子，在这些例子中，金属离子似乎仅仅是连接晶格中的分子。

控制蛋白质水解特别适合于结晶，相关例子很多（如免疫球蛋白、刀豆球蛋白、延伸因子TU、核糖核酸酶S、细胞色素b5）。有时，似乎是蛋白质水解除去了蛋白质柔软或突出的部分，使得其结构更为紧凑，易于压缩到一起。另外，多肽的连接链也可能断裂，释放出完整的结构域。通过晶体研究，流感病毒血凝素和唾液酸酶这两种天然蛋白都是通过一个疏水域结合到病毒外壳上，该疏水域在制备过程中被菠萝蛋白酶或链霉蛋白酶所裂解，其强烈的糖基化作用可能防止了更广泛的蛋白质水解。

3. 案例分析——以蛋白质结晶为目的的高通量纯化方法（Kim et al.，2011）　目前，针对融合了His标签的蛋白质已设计了高通量纯化方法。该纯化过程可在半自动色谱系统上实施，该系统可在每个纯化单元上纯化多达4个蛋白质，并无须人工干预。具体来说，通过两个连续的固定化金属亲和层析（IMAC）步骤纯化具有可裂解亲和标签的融合蛋白。第一步是直接利用IMAC，或将其与体积排阻色谱耦合（IMAC-Ⅰ），然后用高特异性的烟草蚀纹病毒（TEV）蛋白酶裂解该蛋白的亲和标签。经过第一步IMAC纯化后，通过SDS-PAGE判断，蛋白质的纯度通常高于85%～95%。在IMAC-Ⅰ之后，可以用具有高度特异性的针对重组His7标签的TEV蛋白酶切割融合标签。这种切割产生的蛋白质在其N端添加了3个氨基酸（SNA）。在下一个纯化步骤（IMAC-Ⅱ）中，利用缓冲液洗脱IMAC（IMAC-Ⅱ）柱子中被切去His7标签的目的蛋白，而未被水解的目的蛋白、内源大肠杆菌蛋白、裂解的标签和标记的TEV蛋白酶因对IMAC柱具有持久的亲和力而不易被洗脱。整个方案可在四单元ÄKTA express系统上轻松扩展到每天纯化16种蛋白质，而每年纯化2000多种蛋白质。其具体流程如下所述。

1）粗提取物的制备　通过将离心分离所得细胞沉淀物重新悬于约5体积的含蛋白酶抑制剂的裂解缓冲液中，并加入1 mg/ml溶菌酶，然后置于冰上超声处理5 min（4 s开和20 s关闭为一周期），从而制备细胞裂解液。裂解缓冲液为50 mmol/L HEPES缓冲液，该缓冲液pH为 8以达到与Ni^{2+}色谱柱的最佳结合，其中还包括少量咪唑（10～20 mmol/L），以减少细菌蛋白与Ni^{2+}色谱柱的非特异性结合，同时加入5%甘油和10 mmol/L β-ME，用稳定和还原的形式保留目的蛋白。此外，裂解缓冲液中的高浓度盐（500 mmol/L NaCl）还可以减少杂质的非特异性结合并提高蛋白质溶解度。超声处理的样品通过在30 000 *g*下离心1 h来澄清，然后通过注射器式过滤器过滤上清液（膜孔径为0.45 μm）。

2）IMAC-Ⅰ纯化　所有色谱实验均在4℃下进行。将含有目的蛋白的粗提取物（通常为15～50 ml）以最大为1 ml/min的流速缓慢流过预先平衡（采用裂解缓冲液）的5 ml His-Trap色谱柱，该柱含Ni^{2+}。然后采用25体积的裂解缓冲液冲洗柱子，以去除污染的内源大肠杆菌蛋白。再用洗脱缓冲液将蛋白质洗脱到10 ml的环中，然后将其加到已用脱盐缓冲液预平衡的53 ml Hi-Prep 26/10脱盐柱上。在将蛋白质注入脱盐柱之前，先将2 ml的5 mmol/L EDTA脱盐缓冲液注入脱盐柱中，以形成缓慢移动的EDTA区，从螯合柱释放

Ni^{2+}。此外，通过缓冲液交换步骤将制备的蛋白质样品进行TEV裂解和随后的IMAC-Ⅱ程序，缓冲液交换步骤以8 ml/min的流速运行。

在下一个纯化循环之前，将脱盐柱洗涤并重新平衡。在色谱步骤之间清洗管路和回路，以避免交叉污染。通过SDS-PAGE收集并分析最终的峰组分和所有可能包含目的蛋白的溶液。在整个纯化过程中，将自动监视和记录几个参数，包括紫外线吸收率、压力、流速、pH和离子强度，所有馏分均经过分析和记录。取决于初始样品量，4种蛋白质的整个IMAC-Ⅰ纯化过程不到16 h。

3）TEV蛋白酶去除亲和标签　对3种蛋白酶（人凝血酶、来源于牛血浆的Xa因子和重组TEV蛋白酶）进行了测试，经过评估标签的裂解效率，TEV蛋白酶为最适合。TEV蛋白酶具有以下几个优点：①它具有高度特异性，能识别7个氨基酸序列；②它几乎不对靶蛋白进行非特异性分解；③它的活性范围很广，包括低温（4℃）、pH范围较宽、离子强度较高等条件下的活性；④His7标记的样品可以很容易从裂解蛋白中分离出来。

4）IMAC-Ⅱ和缓冲区交换步骤　在4℃下将通过IMAC-Ⅰ纯化及缓冲液交换的His7标记蛋白质用TEV蛋白酶处理72 h，以去除His7标记，并通过SDS-PAGE检验裂解情况。裂解后，将含有目的蛋白的样品（有时是裂解和未裂解的混合物）加到5 ml Ni^{2+}亲和柱上，采用3个柱体积的裂解缓冲液洗脱。收集并合并含有目的蛋白的级分，并针对结晶缓冲液进行透析。上面描述的纯化过程通常可产生高纯度（＞95%）的蛋白质样品。结晶之前，使用离心浓缩仪浓缩蛋白质。

5）采用体积排阻色谱法（SEC）纯化蛋白质　在蛋白质聚集、多分散性或蛋白质-蛋白质复合物存在的情况下，实现蛋白质的单一低聚体状态是纯化的关键。在这种情况下，IMAC-Ⅰ后或IMAC-Ⅱ后的缓冲液交换步骤可用SEC取代。通常在4℃下使用Superdex 200 HiLoad 26/60色谱柱在2.0 ml/min的流速下以结晶缓冲液作为洗脱液进行分离。在处理蛋白质前，用分子量标准品对色谱柱进行校准。

6.8.3　用于食品工业的酶蛋白纯化

随着分子生物学的进步和培养基配方的优化，酶的产量显著提高。目前，商业化酶制剂主要来源于微生物。许多纯化方法，如色谱法，效果都很好，但在工业化应用中具有明显的缺陷，如成本高、耗时长、难以规模化。此外，在这样一个漫长的过程中，这些过程的能源消耗也很高，特别是对于黏性发酵液而言。基于溶剂的提取方法会导致蛋白质分子的变性。这些烦琐的生物制品回收过程对最终产品的成本有很大的影响。总的来说，分离和纯化往往占生物工艺总成本的主要部分（70%～80%）。因此，商业化酶制剂的分离纯化需重点考虑操作的简单性及其成本。

1. 转谷氨酰胺酶的粗提　转谷氨酰胺酶分子质量约38 000 Da，是一种催化酰基转移反应的转移酶。它以肽链中谷氨酰胺残基的γ-羧酰胺基作为酰基供体，而酰基受体可以是多肽链中赖氨酸残基的ε-氨基、伯胺基或者水，从而可以形成蛋白质分子内和分子间的ε-（γ-谷氨酰）赖氨酸异肽键。该酶可催化蛋白质分子伯胺之间的连接，或者催化水解蛋白质中谷氨酰胺残基，使其脱去氨基生成谷氨酸残基。该酶由于具有催化蛋白质交联及修饰蛋白质的作用，在食品、医药等领域具有广泛的应用。以*Streptoverticillium mobaraense*菌株经25 L发酵罐发酵产生的含转谷氨酰胺酶的发酵液作为原料粗提该酶。该酶属于胞外酶，由于菌株在发酵后期形成菌丝球，用小型板框压滤机压滤或离心机3000 r/min离心10 min可以除去菌体，得到10.4 L粗谷氨酰胺酶滤液。对上述滤液进行超滤浓缩，选用截留分子量为10 000的超滤膜，控制浓缩倍数在3～3.5倍，得到3108 ml浓缩液。粗分级方法选择乙醇沉淀，按浓缩液：乙醇＝1：1.5的比例缓慢加入预先冷却的乙醇，沉淀目的蛋白，4℃、3000 r/min离心10 min，弃去上清液，将沉淀冻干即得到转谷氨酰胺酶粗酶。

2. 转谷氨酰胺酶的纯化 粗酶进一步采用凝胶过滤和离子交换进行纯化。凝胶过滤色谱选用的色谱柱为HiLoad™26/60 Superdex G-75，其分子量范围为3000～70 000。洗脱剂为含有0.2 mol/L NaCl的0.02 mol/L磷酸钠缓冲液（pH 6.5），其中0.2 mol/L NaCl的作用是提高离子强度，减小蛋白质和凝胶介质之间的非特异性吸附作用。实验显示用该洗脱剂比用不含NaCl的pH 6.5、0.02 mol/L磷酸钠缓冲液作为洗脱剂进行色谱分辨率高。将粗酶溶于缓冲液，过滤或10 000 r/min离心除去不溶物，取2.0 ml上样，流速为1.8 ml/min。测定纯化前后的蛋白质浓度和酶活，此过程纯化倍数为2.06倍，活性回收率为80.2%。

6.8.4 抗体蛋白的纯化

抗体治疗已成为当今生物治疗肿瘤、流行性和感染性疾病的重要手段。抗体类药物以其高度的特异性、有效性和安全性成为国际药品市场上一大类新型治疗剂。亲和层析法作为重组蛋白纯化的一种方法，具有特异性、易于操作、相对高的收率和处理量等特点，使其成为最有效率和广泛使用的层析技术，也成了抗体纯化的通用技术。

1. 用于抗体纯化的亲和层析法

1）*细菌亲和层析法* 有些细菌能合成特异性识别并结合高等哺乳动物免疫球蛋白的蛋白质，如蛋白A、B、G和L，其结合位点主要位于抗体分子的恒定区，只有极少数存在于可变区内，因此这种方法较适用于分离重组抗体完整分子以及单价和双价F_{ab}段，但对FV或ScFV片段的分离无效。

2）*抗体亲和层析法* 以融合蛋白形式表达的抗体片段常可根据靶蛋白的特性选择合适的抗体亲和层析柱进行分离。目前常用的靶蛋白如碱性磷酸单酯酶、过氧化物酶以及一些毒素蛋白等均有相应的商品化抗体亲和层析介质，但是如果大肠杆菌本身也能合成这种靶蛋白或靶蛋白的同源蛋白，则这种方法的特异性就会受到影响。为了克服这一困难，pIG载体中的Flag和Myc TAG标签序列也可作为抗Flag抗体和抗Myc TAG抗体的靶序列，含有这些序列的融合蛋白可经相应的抗体亲和层析柱进行分离。但是上述抗体价格昂贵，一般只用于实验室规模。

3）*抗原亲和层析法* 如果与重组抗体或抗体片段相对应的特异性抗原容易获得，那么利用这种抗原亲和层析柱分离表达产物是最佳选择，因为它不仅具有很高的选择性，还能从任何非正确折叠的蛋白质混合物中快速分离目的抗体或抗体片段。在半抗原亲和层析过程中，分离产物通常需要用可溶性半抗原在非常温和的条件下进行洗脱。然而对于一些具有危害性的抗原（如肿瘤抗原等），一般不宜采取这种方法分离用于体内的抗体片段。

4）*配体亲和层析柱法* 早期用于分离完整抗体分子的磷酸胆碱亲和层析柱也可直接用来从大肠杆菌蛋白粗提液中纯化重组F_{ab}、FV、ScFV片段以及各种二价迷你抗体，其前提条件是所有的重组抗体片段必须具有良好的折叠结构。此外，在一些pIG载体上安装的His标签序列是专门为表达产物的配体亲和层析纯化工艺而设计的。多肽链中的组氨酸残基能与多种二价重金属离子配合，一级序列中组氨酸残基分布集中的蛋白质，理论上均可用二价重金属离子亲和层析柱进行分离，其最佳分离效果在很大程度上取决于金属离子与洗脱剂的搭配。例如，Zn^{2+}柱常用二乙酸亚胺溶液洗脱，而Ni^{2+}柱则需用咪唑或三乙酸腈溶液洗脱。由于重金属离子亲和层析介质价格低廉，因此这种方法更适用于重组抗体片段的大规模生产。

2. 蛋白A亲和层析法纯化单克隆抗体工艺的优化（陈泉等，2016）

1）细胞培养　生物仿制单克隆抗体IgG_1采用补料分批培养方式培养CHO细胞体系表达生产。于30%～50%细胞活力下收集细胞液；在室温、4000 g条件下离心20 min，之后经由0.22 μm滤膜过滤；澄清后细胞回收液贮存在2～8℃下以供短期使用或于−20℃长期保存。

2）细胞液预处理　细胞回收液经超滤离心管（2 kDa截留分子质量）进行缓冲液置换为50 mmol/L MES（pH 6.0）。通过添加NaCl以及1 mol/L乙酸，将细胞液NaCl浓度以及pH调整至指定值。测量浊度后经由0.22 mm滤膜滤除沉淀物。细胞液预处理：通过向细胞回收液添加1 mol/L乙酸调节pH至指定值。经由0.22 mm滤膜滤除沉淀物。滤液pH用1 mol/L Tris缓冲液调至中性，进行相关分析或蛋白质纯化研究。

3）抗体纯化　4 ml蛋白A树脂填充于Tricorn 5/10色谱柱，线性流速300 cm/h（4 ml/min，1 min停留时间）。色谱柱经由5倍柱体积平衡液（50 mmol/L HEPES，150 mmol/L NaCl，pH 7.0）清洗后上样。3倍柱体积平衡液冲洗，之后由5倍柱体积的缓冲液（50 mmol/L HEPES，1 mol/L NaCl，pH 7.0）进一步冲洗，之后再经2倍柱体积平衡液冲洗去除高浓度NaCl。抗体蛋白最后由5倍柱体积蛋白质洗脱液（100 mmol/L乙酸，pH 3.5）洗脱。在UV 280 nm达到50 mAU后开始收集蛋白，当UV降至同一值时结束收集。色谱柱由5倍柱体积0.1 mol/L NaOH清洗之后保存在20%乙醇中。收集的蛋白液pH调至8.0，添加NaCl至1 mol/L。40 mg蛋白质上样至4 ml Capto adhere色谱柱，线性流速300 cm/h。色谱柱经由5倍柱体积平衡液（50 mmol/L Tris，1 mol/L NaCl，pH 8.0）冲洗，之后由10倍柱体积洗脱液（50 mmol/L MES，0.35 mol/L NaCl，pH 6.0）洗脱。蛋白质按上述收集方式收集。色谱柱经由1 mol/L NaOH清洗后保存在20%乙醇中。

4）纯化指标　宿主残留杂蛋白检测，非组蛋白宿主蛋白应用ELISA法测定，使用Generation Ⅲ CHO HCP试剂盒；宿主残留DNA检测，宿主残留DNA由数字型PCR仪QX100™ Droplet Digital™ PCR System（Bio-Rad）测量；通过SEC色谱进行蛋白聚合物的测量。洗脱液为50 mmol/L MES缓冲液，其中包括20 mmol/L EDTA，200 mmol/L arginine，pH 6.0，洗脱流速为0.6 ml/min，上样量为100 ml。非聚合物IgG浓度通过与已知浓度抗体蛋白标准曲线对比由SEC测量；SDS-PAGE蛋白质检测，蛋白经由还原性或非还原性SDS-PAGE分离，并由SilverQuest™试剂盒银染检测。

5）结果　通过对抗体细胞回收液的pH 4.0酸性处理，实现99.99%以上DNA去除、97%以上组蛋白去除，非组蛋白宿主蛋白降低为起始浓度的75%。蛋白质聚合物降低至起始的20%。经过蛋白A纯化后，洗脱蛋白回调中性后浊度降低至5 NTU以下，非组蛋白宿主杂质蛋白降低至1/10。采用蛋白A的纯化效率大大提高，抗体回收率提高3%左右。经过一步Capto adhere纯化，非组蛋白宿主杂质蛋白降低至4.5 ppm，DNA降低至1 ppb①以下，组蛋白降低至检测限以下，蛋白质聚合物小于0.01%。该两步法抗体纯化平台实现87%的蛋白质回收率。

---

① $1\ ppb=10^{-9}$

参考文献

陈泉，卓燕玲，许爱娜．2016．蛋白A亲和层析法纯化单克隆抗体工艺的优化．生物工程学报，32（6）：807-818．

陆健．2005．蛋白质纯化技术及应用．北京：化学工业出版社．

牟永莹，顾培明，马博，等．2017．基于质谱的定量蛋白质组学技术发展现状．生物技术通报，33（9）：73-84．

史册，蔡雨阳，崔凤超，等．2019．小角X光散射表征分散液中Nafion的微观结构．应用化学，36（12）：1406-1412．

Ahamed T, Chilamkurthi S, Nfor B K, et al. 2008. Selection of pH-related parameters in ion-exchange chromatography using pH-gradient operations. J Chromatogr A, 1194 (1): 22-29.

Ahmad T, Ismail A, Ahmad S A, et al. 2018. Characterization of gelatin from bovine skin extracted using ultrasound subsequent to bromelain pretreatment. Food Hydrocolloids, 80: 264-273.

Asensio L, González I, García T, et al. 2008. Determination of food authenticity by enzyme-linked immunosorbent assay (ELISA). Food Control, 19 (1): 1-8.

Babu B R, Rastogi N K, Raghavarao K S M S. 2008. Liquid-liquid extraction of bromelain and polyphenol oxidase using aqueous two-phase system. Chemical Engineering and Processing: Process Intensification, 47 (1): 83-89.

Bhat E A, Abdalla M, Rather I A. 2018. Key factors for successful protein purification and crystallization. Global Journal of Biotechnology and Biomaterial Science, 4 (1): 1-7.

Bhown A S. 2018. Protein/Peptide Sequence Analysis: Current Methodologies. Boca Raton: CRC Press.

Blueggel M, Chamrad D, Meyer H E. 2004. Bioinformatics in proteomics. Current Pharmaceutical Biotechnology, 5: 79-88.

Brady P N, MacNaughtan M A. 2015. Evaluation of colorimetric assays for analyzing reductively methylated proteins: biases and mechanistic insights. Anal Biochem, 491: 43-51.

Burgess R R. 2018. A brief practical review of size exclusion chromatography: rules of thumb, limitations, and troubleshooting. Protein Expr Purif, 150: 81-85.

Castaldo M, Barlind L, Mauritzson F, et al. 2016. A fast and easy strategy for protein purification using "teabags". Sci Rep, 6: 1-4.

Chelius D, Bondarenko P V. 2002. Quantitative profilling of proteins in complex mixtures using liquid chromatography and mass spectrometry. Journal of Proteome, 1: 317-323.

Chen G, Song W, Qi B, et al. 2013. Recycling cellulase from enzymatic hydrolyzate of acid treated wheat straw by electroultrafiltration. Bioresour Technol, 144: 186-193.

Chen G, Umatheva U, Alforque L, et al. 2019. An annular-flow, hollow-fiber membrane chromatography device for fast, high-resolution protein separation at low pressure. Journal of Membrane Science, 590: 117305.

Chen Q, Toh P, Hoi A, et al. 2016. Improved protein—a chromatography for monoclonal antibody purification. Sheng Wu Gong Cheng Xue Bao, 32 (6): 807-818.

Chew K W, Chia S R, Lee S Y, et al. 2019. Enhanced microalgal protein extraction and purification using sustainable microwave-assisted multiphase partitioning technique. Chemical Engineering Journal, 367: 1-8.

Crook B C M K. 1973. Covalent chromatography-preparation of fully active papain from dried papaya latex. Biochem J, 133: 573-584.

de Figueiredo V R G, Yamashita F, Vanzela A L L, et al. 2018. Action of multi-enzyme complex on protein extraction to obtain a protein concentrate from okara. J Food Sci Technol, 55 (4): 1508-1517.

Dennison L, Lovrien R. 1997. Three phase partitioning: concentration and purification of proteins. Protein Expr Purif, 11: 149-161.

Domanski D, Percy A J, Yang J, et al. 2012. MRM-based multiplexed quantitation of 67 putative cardiovascular disease biomarkers in human plasma. Proteomics, 12 (8): 1222-1243.

Edman P. 1950. Method for determination of the amino acid sequence in peptides. Acta Chimica Scandinavica, 4: 283-293.

Ebeler M, Pilgram F, Wellhöfer T, et al. 2019. First comprehensive view on a magnetic separation based protein purification processes: from process development to cleaning validation of a GMP-ready magnetic separator. Engineering in Life Sciences, 19 (8): 591-601.

Enevoldsen A D, Hansen E B, Jonsson G. 2007. Electro-ultrafiltration of industrial enzyme solutions. Journal of Membrane Science, 299 (1-2): 28-37.

Fenselau C. 2007. A review of quantitative methods for proteomic studies. J Chromatogr B Analyt Technol Biomed Life Sci, 855 (1): 14-20.

Gallien S, Kim S Y, Domon B. 2015. Large-scale targeted proteomics using internal standard triggered-parallel reaction monitoring. Molecular and Cellular Proteomics, 14 (6): 1630-1644.

Gerber S A, Rush J, Stemman O, et al. 2003. Absolute quantification of proteins and phosphoproteins from cell lysates by tandem MS. PNAS, 100 (12): 6940-6945.

Gilda J E, Gomes A V. 2015. Western blotting using in-gel protein labeling as a normalization control: stain-free technology. Methods Mol Biol, 1295: 381-391.

Greenfield N J, Fasman G D. 1969. Computed circular dichroism spectra for the evaluation of protein conformation. Biochemistry, 8 (10): 4108-4116.

Iqbal M, Tao Y, Xie S, et al. 2016. Aqueous two-phase system (ATPS): an overview and advances in its applications. Biol Proced Online, 18 (1): 18-24.

Jain H, El-Sayed S. 2008. Noble metals on the nanoscale: optical and photothermal properties and some applications in imaging, sensing, biology, and medicine. Accounts of Chemical Research, 41 (12): 1578-1586.

Jain L, El-Sayed S. 2006. Calculated absorption and scattering properties of gold nanoparticles of different size, shape, and composition: applications in biological imaging and biomedicine. J Phys Chem B, 110: 7238-7248.

Janeway Jr C A, Travers P, Walport M, et al. 2001. In Immunobiology: The Immune System in Health and Disease. 5th ed. New York: Garland Science.

Kay R, Barton C, Ratcliffe L, et al. 2008. Enrichment of low molecular weight serum proteins using acetonitrile precipitation for mass spectrometry based proteomic analysis. Rapid Commun Mass Spectrom, 22 (20): 3255-3260.

Kim Y, Babnigg G, Jedrzejczak R, et al. 2011. High-throughput protein purification and quality assessment for crystallization. Methods, 55 (1): 12-28.

Kirsch S, Fourdrilis S, Dobson R, et al. 2009. Quantitative methods for food allergens: a review. Anal Bioanal Chem, 395 (1): 57-67.

Kister A E. 2019. Protein Supersecondary Structures-Methods and Protocols. New Jersey: Human Press.

Kong J, Bell N A, Keyser U F. 2016. Quantifying nanomolar protein concentrations using designed DNA carriers and solid-state nanopores. Nano Lett, 16 (6): 3557-3562.

Koontz L. 2014. TCA precipitation. Methods Enzymol, 541: 3-10.

Kruger N. 1994. The-bradford-method-for-protein-quantitation. Methods Mol Biol, 32: 17-24.

Lakbub J C, Shipman J T, Desaire H. 2018. Recent mass spectrometry-based techniques and considerations for disulfide bond characterization in proteins. Anal Bioanal Chem, 410 (10): 2467-2484.

Lalli E, Silva J S, Boi C, et al. 2020. Affinity membranes and monoliths for protein purification. Membranes (Basel), 10 (1): 1-6.

Lenhoff P D A M. 2001. Determinants of protein retention characteristics on cation-exchange adsorbents. Journal of Chromatography A, 933: 57-72.

Li J, Jiao A, Chen S, et al. 2018. Application of the small-angle X-ray scattering technique for structural analysis studies: a review. Journal of Molecular Structure, 1165: 39-400.

Loewen M, Chiu M, Widmer C, et al. 2019. X-ray 14 crystallography of membrane proteins: concepts and applications of lipidic mesophases to three-dimensional membrane protein crystallization. G Protein-Coupled Receptors, 44: 388-411.

Lynch K B, Ren J, Beckner M A, et al. 2019. Monolith columns for liquid chromatographic separations of intact proteins: a review of recent advances and applications. Anal Chim Acta, 1046: 48-68.

Nitsawang S, Hatti-Kaul R, Kanasawud P. 2006. Purification of papain from *Carica papaya* latex: aqueous two-phase extraction versus two-step salt precipitation. Enzyme and Microbial Technology, 39 (5): 1103-1107.

Olson B J, Markwell J. 2007. Assays for determination of protein concentration. Current Protocols in Protein Science, 48 (1): 3-4.

Ong S E, Blagoev B, Kratchmarova I, et al. 2002. Stable isotope labeling by amino acids in cell culture, SILAC, as a simple and accurate approach to expression proteomics. Mol Cell Proteomics, 1 (5): 376-386.

Orakpoghenor O, Avazi D O, Markus T P, et al. 2018. A short review of immunochemistry. Immunogenet Open Access, 3 (122): 2-8.

Pihlasalo S, Auranen L, Hanninen P, et al. 2012. Method for estimation of protein isoelectric point. Anal Chem, 84 (19): 8253-8258.

Puthenveetil R, Vinogradova O. 2019. Solution NMR: a powerful tool for structural and functional studies of membrane proteins in reconstituted environments. Journal of Biological Chemistry, 294 (44): 15914-15931.

Reichelt W N, Waldschitz D, Herwig C, et al. 2016. Bioprocess monitoring: minimizing sample matrix effects for total protein quantification with bicinchoninic acid assay. J Ind Microbiol Biotechnol, 43 (9): 1271-1280.

Rogowski J L, Verma M S, Chen P Z, et al. 2016. A "chemical nose" biosensor for detecting proteins in complex mixtures. Analyst, 141 (19): 5627-5636.

Roque A C A, Lowe C R, Taipa M A. 2004. Antibodies and genetically engineered related molecules: production and purification. Biotechnol Prog, 20 (3): 639-654.

Rothnie A J. 2016. Detergent-free membrane protein purification//Mus-Veteau Ⅰ. Heterologous Expression of Membrane Proteins. New Jersey: Humana Press: 261-267.

Salaman W. 1971. Isoelectric focusing of proteins in the native and denatured states. Biochem J, 122: 93-99.

Sanger F. 1945. The free amino groups of insulin. Biochem J, 39 (5): 507-515.

Settlage S B, Eble J E, Bhanushali J K, et al. 2016. Validation parameters for quantitating specific proteins using ELISA or LC-MS/MS: survey results. Food Analytical Methods, 10 (5): 1339-1348.

Smith P. 1985. Measurement of protein using bicinchoninic acid. Analytical biochemistry, 150 (1): 76-85.

Staby A, Jensen R H, Bensch M, et al. 2007. Comparison of chromatographic ion-exchange resins Ⅵ. Weak anion-exchange resins. J Chromatogr A, 1164 (1-2): 82-94.

Tan X, Chen Q, Zhu H, et al. 2020. Fast and reproducible ELISA laser platform for ultrasensitive protein quantification. ACS Sens, 5 (1): 110-117.

Wang K, Sun D W, Pu H, et al. 2017. Principles and applications of spectroscopic techniques for evaluating food protein conformational changes: a review. Trends in Food Science Technology, 67: 207-219.

Waterborg J H, Matthews H R. 1984. the lowry method for protein quantitation. Methods Mol Biol, 1: 1-3.

Weinacker D, Rabert C, Zepeda A B, et al. 2013. Applications of recombinant *Pichia pastoris* in the healthcare industry. 2013. Braz J Microbiol, 44 (4): 1043-1048.

Yamada S, Tanaka Y, Ando S. 2005. Purification and sequence identification of anserinase. FEBS J, 272 (23): 6001-6013.

Yao Z, Li J, Liu Z, et al. 2016. Integrative bioinformatics and proteomics-based discovery of an eEF2K inhibitor (cefatrizine) with ER stress modulation in breast cancer cells. Mol Biosyst, 12 (3): 729-736.

Yap W T, Song W K, Chauhan N, et al. 2014. Quantification of particle-conjugated or particle-encapsulated peptides on interfering reagent backgrounds. Biotechniques, 57 (1): 39-44.

Zhang L, Lin D, Sun X, et al. 2020. Crystal structure of SARS-CoV-2 main protease provides a basis for design of improved α-ketoamide inhibitors. Science, 368 (6489): 409-412.

第7章

脂质的分离纯化与表征

7.1 概　　述

脂质（lipid），又称脂类，主要由C、H、O元素组成，有些还含N、P及S，广泛存在于所有生物体中，具有重要的生物学功能，能够供给机体所需的能量、提供机体所需的必需脂肪酸，是维持生命所必需的重要营养物质及结构物质之一。人体每天需摄取一定量脂类物质，但摄入过多可导致高脂血症、动脉粥样硬化等疾病的发生和发展。

脂质的分布范围很广，涵盖化学组成和生物学功能差异很大的一大类化合物，其共同点是不溶或低溶于水而高溶于醇、醚、氯仿、苯、酮等非极性有机溶剂。大部分脂质为脂肪酸和醇经脱水缩合反应所形成的酯类物质及其衍生物，也有不含脂肪酸的脂类物质，如萜类、固醇类等。动植物都含有脂质，它是构成原生质的重要成分，也是动植物的储能物质。动物（包括人类）腹腔的脂肪组织、肝组织、神经组织和植物中油料作物的种子等的脂质含量特别高。

7.1.1　脂质的分类

由于脂质是根据溶解度性质定义的一类生物分子，尚无统一的分类方法，根据其分子组成和化学结构特点，大体上可分为三大类：单脂（酰基甘油酯、蜡）、复合脂类（磷脂、糖脂、硫脂）、衍生脂类（固醇、萜类）。

1. 单脂　单脂是脂肪酸和醇（甘油、高级一元醇或固醇）形成的酯，包括甘油三酯和蜡。甘油三酯是 3 分子脂肪酸和 1 分子甘油所形成的酯。蜡主要由长链脂肪酸和长链醇或固醇组成。

（1）酰基甘油酯：由高级脂肪酸与甘油组成，是最多的脂类，占天然脂质的99%左右，最为丰富的为甘油三酯（或称为三酰甘油）。甘油三酯分子，大多是由两种或三种不同的脂肪酸组成的，称为混合甘油酯：若由同一种脂肪酸组成的三酰甘油则称为简单甘油酯。天然油脂大多数是混合甘油酯。甘油的三个羟基被三种不同的脂肪酸酯化。这种甘油分子中间的碳原子就是一个不对称碳原子，其甘油三酯就可能有两种不同的构型（L-构型和D-构型）。天然甘油三酯都是L-构型的。

（2）蜡是由高级脂肪酸与高级一元醇或固醇形成的酯，天然蜡是多种酯的混合物。蜡分子含有一个很弱的极性头和一个非极性尾，因此完全不溶于水，蜡的硬度由烃链的长度和饱和度决定。

幼植物体表覆盖物、叶面，动物体表覆盖物等都含有蜡，如蜂蜡。植物蜡具有防虫蛀、防辐射、降低水分蒸发的作用，动物蜡具有防水、保温、筑巢的作用。蜂蜡存在于蜂巢中；白蜡是白蜡虫的分泌物，可用作涂料、润滑剂和其他化工原料；鲸蜡是抹香鲸头部鲸油冷却时析出的白色晶体，其头部占身体的1/3，头部重量的90%由鲸蜡器构成，含鲸油约4 t，是三酰甘油和蜡的混合物；洗涤羊毛得到的羊毛蜡可用作药品和化妆品的底料；来源于棕榈树叶片的巴西棕榈蜡可用作高级地光剂。

2. 复合脂类 复合脂类是脂肪酸和醇（包括甘油醇、鞘氨醇）所组成的脂类及其衍生物的总称。单脂加上磷酸等基团产生的衍生物，可分为磷脂和糖脂等。

1）磷脂 磷脂是含有磷酸的复合脂类，是复合脂中最重要的一族，是重要的两亲物质。磷脂包括由甘油构成的甘油醇磷脂，是甘油醇酯的衍生物；由鞘氨醇构成的鞘磷脂（sphingomyelin），是鞘氨醇酯的衍生物。磷脂是生物膜的重要组分，是乳化剂和表面活性剂，在动物的脑和卵中、大豆的种子中含量较多。

（1）甘油醇磷脂的命名为磷脂酰X，其中X为其他基团，通过磷酸二酯键与甘油连接。天然磷脂均为L-构型。与脂肪不同之处在于甘油的一个羟基不是与脂肪酸结合成酯，而是与磷酸及其衍生物（如磷酸胆碱）结合。在一定条件下甘油醇磷脂会发生水解作用，即弱碱水解甘油磷脂生成脂肪酸盐，强碱水解生成脂肪酸、乙醇胺、甘油和磷脂盐。甘油醇磷脂包括磷脂酰胆碱、磷脂酰乙醇胺、磷脂酰丝氨酸等。其中磷脂酰胆碱（卵磷脂）是生物膜脂质双层、卵黄中的重要成分，是良性的脂溶性溶剂，常用于治疗心脑血管疾病。

（2）鞘氨醇磷脂是由鞘氨醇、脂醇、磷脂与氮碱组成的脂质，是动植物生物膜的重要组分。同甘油醇磷脂的组分差异主要是醇，前者是甘油醇，后者是鞘氨醇且脂肪酸与氨基相连。鞘氨醇氨基以酰胺键连接到一脂肪酸上，其羟基以酯键与磷酸胆碱相连。鞘脂类的核心结构是神经酰胺，由鞘氨醇氨基与长链（18～26C）脂肪酸的羟基相连。除了动物细胞膜外，鞘氨醇磷脂在神经细胞的髓鞘中含量最丰富，对神经的激动性和传导性可能有重要作用。

2）糖脂 糖脂是一类具有一般脂类溶解性质的含糖脂质。非脂成分是糖（单己糖、二己糖），糖脂分类比较复杂，可以分为甘油醇糖脂和*N*-酰基鞘氨醇糖脂两类。一些动物细胞膜上的糖脂分子能与细菌素以及细菌细胞结合，起受体的作用。糖脂与细胞结构的刚性、抗原的化学标记如血型抗原等都有作用。糖脂在调节细胞的正常生长和授予细胞与其他生物活性物质的反应性倾向有关。

（1）甘油醇糖脂是由二酰甘油分子的sn-3位上羟基与糖基以糖苷键相连，又被称为糖基甘油酯。植物的叶绿体和微生物的质膜富含甘油糖脂。

（2）*N*-酰基鞘氨醇糖脂（鞘糖脂）是鞘磷脂的磷酸和胆碱被糖所取代的产物，糖也是半缩醛羟基，也属于糖苷，如脑苷脂和神经节苷脂。其中脑苷脂包括半乳糖苷神经酰胺、葡糖苷神经酰胺。神经节苷脂是寡糖链（带有一个或多个唾液酸残基）与神经酰胺形成的鞘糖脂。

3. 衍生脂类 衍生脂类由单纯脂质和复合脂质衍生而来或与之关系密切，但也具有脂质一般的性质。分为固醇类、萜类、取代烃和其他脂类，如维生素A、维生素D、维生素E、维生素K、脂酰CoA、类十二碳烷、脂多糖、脂蛋白等。

1）固醇类 固醇类是环戊烷多氢菲的衍生物，其中胆固醇是细胞膜的重要成分。固醇环戊烷多氢菲上3位接—OH，10、13位上接$—CH_3$，17位上接—烷链。固醇化合物广布于动植物体中，有游离固醇和固醇酯两种形式。动物固醇以胆固醇为代表，植物固醇以麦角固醇为代表。

（1）胆固醇是生物膜的重要成分，胆固醇以游离或酯的形式存在于一切动物组织中，植物中没有。游离胆固醇和胆固醇酯均不溶于水。胆固醇在紫外线的作用下可以转化成维生素D。胆固醇是生理必需的，过多时又会引起某些疾病。如胆结石症的胆结石几乎是胆固醇的晶体，又如冠心病患者血清总胆固醇含量很高，超过正常值的上限，因此，日常饮食中要控制膳食中的胆固醇量。

（2）麦角固醇是酵母及菌类的主要固醇，最初从麦角（麦及谷类因患麦角菌病而产生的物质）分出，因此得名，属于霉菌固醇一类，可从某种酵母中大量提取。麦角固醇的性质与胆固醇相似，经紫外线照射后可变成维生素D_2。

（3）其他天然固醇。除胆固醇及麦角固醇外，尚有多种动植物固醇类物质，与人类生活关系较密切的如动物固醇中的羊毛固醇、海绵固醇、蚌蛤固醇；植物固醇中的酵母固醇、谷固醇、豆固醇等。

2）萜类　萜类是异戊二烯的衍生物，衍生方式为异戊二烯首尾相连或尾尾相连。萜类包括单萜（2个异戊二烯单位）、倍半萜（3个异戊二烯单位），β-胡萝卜素为4萜，天然橡胶为上千萜。萜分子的碳架可看成是由两个或多个异戊二烯连接而成。形成的萜类可以是直链的，也可以是环状分子，可以是单环、双环和多环化合物。许多植物精油，如玫瑰油中的香茅醇，柠檬中的柠檬烯，番茄红素、胡萝卜素等类胡萝卜素都属于萜类。

3）取代烃和其他脂类　以脂蛋白为例。脂蛋白是由脂质和蛋白质以非共价键结合而成的复合物。虽然脂蛋白可以指任何与脂质（如脂肪酸、异戊二烯）共价相连的蛋白质，但它常常用来指哺乳动物血浆（尤其是人）中的脂-蛋白质复合物。脂蛋白广泛存在于血浆中，也称血浆脂蛋白。血浆脂蛋白都是球状颗粒，由一个疏水脂（三酰甘油和胆固醇脂）组成的核心和一个极性脂（磷脂和游离胆固醇）与载脂蛋白参与的外壳层（单分子层）构成。大多数脂质在血液中的移运是以脂蛋白复合体形式进行的。脂蛋白按密度分类可分为乳糜微粒脂蛋白、极低密度脂蛋白、中间密度脂蛋白、低密度脂蛋白、高密度脂蛋白。

7.1.2 脂质的功能

1. 在生物中的功能

（1）脂质是最佳的能量储存方式。体内糖和脂类两种能源物质进行比较，每克糖产生4.1 kcal（1 kcal＝4.1858 kJ）的能量，每克脂肪产生9.3 kcal能量。体内的脂肪是纯的，因此脂肪作为储能物质体积更小。人体以糖原形式储存的能量不够一天的需要，脂肪能快速提供代谢所需的能量。动物的脂肪组织还具有保温、防机械压力等保护功能，植物的蜡质可以防止水分的蒸发。

（2）脂质是生物膜的重要结构组分（甘油磷脂和鞘磷脂、胆固醇、糖脂），各种生物膜的骨架是一样的，主要是由磷脂类构成的双分子层（或称脂双层）。这些膜脂在分子结构上的共同特点是具有亲水部分（或称极性头）和疏水部分（或称非极性尾）（两亲化合物）。脂双层的表面是亲水的，内部是疏水烃链，脂双层有屏障作用，使膜两侧的亲水性物质不能自由通过，这对维持细胞正常的结构和功能是很重要的。

（3）活性脂质通常在细胞中含量较少，但发挥着重要的生物活性，通常具有贮存脂质、参与结构脂质组成等功能。其包括数百种类固醇和萜，类固醇激素如雄性激素、雌性激素和肾上腺皮质激素。萜类包括对人体和动物的正常生长所必需的脂溶性维生素A、维生素D、维生素E、维生素K和多种色素。糖脂参与信号识别和免疫。

（4）类固醇类激素等可作为信号传递，卵磷脂激活β-羟丁酸脱氢酶可作为酶的激活剂。一些脂质还具有还原性，能抑制靶分子自动氧化，如超氧化歧化酶、过氧化氢酶、维生素E、维生素C等抗氧化剂。

（5）脂质是电与热的绝缘体。电绝缘，如神经细胞的鞘细胞都具有电绝缘等特点；热绝缘，冬天保暖，企鹅、北极熊等动物生长在极寒的地区通过脂质来进行保温。

2. 在食品中的功能

（1）提供人体所必需的脂肪酸、热量，供给人体生命所需。

（2）脂质是一些脂溶性维生素的载体，利于人体对维生素的吸收。

（3）提供滑润的口感、光润的外观，塑性脂肪具有造型功能，可使食品产生特定的口感和外形。

（4）赋予油炸食品香酥的风味及脂质类食品特殊的风味。油炸食品中脂质是传热介质。

7.2 脂质的提取和分离纯化

7.2.1 脂质的提取

常用的脂质提取技术主要包括液液萃取（LLE）与固相萃取（SPE）两种方式。LLE可提取出较为全面的脂质分子，适用于非靶向全脂分析；SPE过程使样品经过分离和富集步骤，进一步除去干扰物质，提高被分析物的浓度，更适用于某一类或某几类脂质分子的靶向代谢组分分析，脂质的提取主要基于其在有机溶剂中的高溶解性。不同的脂质提取方法见表7-1。

表7-1 不同的脂质提取方法

提取方法	简介	优点	缺点
液液萃取	主要包括Folch法、Bligh-Dyer法、甲基叔丁基醚（MTBE）法，适用于提取各种类型的脂质	操作简单，方法成熟，产量高，成本低	需进一步对含脂质的有机溶剂层分离提取，易造成样品损失或杂质残留
固相萃取	采用正相柱、反相柱和离子交换柱等多种类型的固相柱，适用于提取特定种类的脂质	操作简单，方法成熟，商品化且固定相选择种类多	成本高
超临界流体萃取	采用超临界流体如超临界二氧化碳的溶剂化能力提取，适用于提取各种类型的脂质	提取时间短、效率高，超临界流体可回收，可添加改性剂提高萃取率	需要专门的仪器设备装置，技术要求高
尿素络合	尿素分子在结晶过程中与饱和或单不饱和脂肪酸形成晶体包合物析出，过滤去除，就可得到较高纯度的多价不饱和脂肪酸	成本较低，应用较普遍	难以将双键数相近的脂肪酸分开
微波辅助萃取	利用微波能量加热与样品接触的溶剂，将需要提取的脂类从样品基质中分离出来，需基于待提取的脂质优化操作条件	提取时间短、效率高，提取试剂用量少	温度升高可能会导致脂质降解
超声辅助萃取	利用超声波能量促进不混溶相之间脂质分子的转移，提高提取效率，适用于各种类型脂质的提取	操作简单，提取时间短、效率效率高，重复性好，提取试剂用量少，温度、压力可控	有损听力

1. 液液萃取 液液萃取（LLE）是脂质组学中使用最广泛的萃取方法。与单相溶剂萃取体系不同，LLE的原理是利用被分析物在两种互不相溶的溶剂中分配系数的差异实现不同物质的分离。脂质组学分析中应用最多的LLE有3种：Folch法、Bligh-Dyer法和甲基叔丁基醚（MTBE）法。

Folch法是一种广泛应用的非靶向脂质分析提取方法，Folch法最初用于分离大脑中的脂质，现已应用于其他类型的样本（如血浆、尿液、组织、植物、细胞）。Folch法使用氯仿-甲醇-水（8：4：3，*V*/*V*/*V*）混合溶剂对生物样品进行全脂提取。Bligh-Dyer法在上述方法的基础上进行了改进，使用相同溶剂体系但不同体积比（2：2：1.8），以此减少溶剂用量，缩短提取时间，并且还可减少Folch法提取过程中有毒试剂氯仿的使用。氯仿与甲醇的混合体系能在多种复杂基质中非选择性地、可重复地提取出各种脂质分子，水相的加入可以增强相分离，减小脂质在水相中的溶解度，从而提高萃取效率。在用二氯甲烷替代氯仿进行血清和组织的脂质萃取时，含有脂质的有机相位于两相溶液的下层，无论是直接移取下层溶液还是去除上层液体，都面临可能造成溶液污染或样品损失的问题。MTBE法MTBE-甲醇-水的比例为10：3：2.5（*V*/*V*/*V*）。这三种液液萃取方法将甲醇与非极性有机溶剂（氯仿或MTBE）的二元混合物结合在一起，以提取不同的脂质类别。Matyash 法等使用低密度的MTBE与甲醇和水组成的混合溶液（10：3：2.5，*V*/*V*/*V*）作为萃取溶剂对鼠脑和人血浆进行全脂分析，并与Folch法和Bligh-Dyer 法进行对比。结果表明，在4种不同的基质中，MTBE法的回收率与其他两种方法的结果相当甚至更好。使用MTBE代替氯仿，降低了溶剂的毒性和致癌性，并且含脂质的有机相位于两相溶液的上层，简化了相分离步骤。Ulmer等（2018）在人血浆脂质组学研究中对比Folch、Bligh-Dyer和MTBE样品并对提取溶剂比例进行优化，研究发现Bligh-Dyer法和Folch法萃取人血浆脂质效率较高，与Bligh-Dyer法和Folch法相比，MTBE法需要更大的溶剂萃取量才能产生可比较的结果。因为甲醇与更多不含酸性质子的非极性溶剂（如四氯化碳和四氯乙烯）的混合物可以溶解减少的水，从而导致较低的脂质提取效率。另一种基于丁醇和甲醇的无氯仿体系（BUME），整个萃取过程在96孔板中进行，在60 min内即可实现96份样品的提取。该方法分析速度快，自动化程度高。

2. 固相萃取 固相萃取（SPE）是一种用在色谱分析之前快速、选择性地制备和纯化样品的技术，主要用于样品的分离、纯化和浓缩，以便于对待测物进行准确的定量分析。SPE是利用不同物质在固液两相中相互作用的差异实现分离的，其具体操作是先使被分析物吸附到固定相上，然后使用不同洗脱能力的溶液（流动相）分步洗脱，实现样品的分离、纯化与富集，SPE常被用于脂质的萃取。一般来说，SPE常用于LLE之后，目的是去除萃取液中的干扰物质或特异性富集某一类或某几类脂质，以用于靶向脂质组学分析。目前已有多种商用化SPE固定相用于脂质组学分析，常用的为硅胶基底，如C8柱或C18柱以及非键合或键合了氨基、氰基、二羟基或氨丙基的硅胶柱等。硅胶柱和氨丙基柱常被用于分离中等极性和极性脂质，而C8柱和C18柱则被用于从水相样品的极性物质中分离脑苷脂、神经节苷脂和脂肪酸等物质。Bian等（2014）采用二氧化硅柱靶向萃取人血清中的磷脂的实验中，采用水蒸气诱导内水解法制备了包覆一层二氧化钛的二氧化硅核壳微球，将该材料作为固相萃取柱的吸附剂，使用C8反相色谱柱从色谱柱中洗脱化合物，再采用反相液相色谱-蒸发光散射检测法（RPLC-ELSD）富集磷脂标准化合物。该方法具有金属氧化物包覆的二氧化硅微球吸附磷脂酰胆碱的高选择性，并且在人血清回收磷脂标准品的实验中，也表现出高回收率，在生物样品的脂质组学前处理中显示出良好的应用前景。

相对于SPE，固相微萃取（SPME）使用溶剂量少、分析速度快。SPME常使用一根带有涂层的纤维用于萃取分析物，基于静电作用、离子交换作用、疏水相互作用等作用力，目前使用较多的涂层有聚丙烯腈（PAN）、聚二甲基硅氧烷（PDMS）和聚苯胺（PANI）等，常与GC或GC-MS结合用于挥发性物质的分析，如顶空-气相色谱法（HS-GC）的进样针首先在一定条件下对固体、液体或气体样品进行萃取吸附，进而在进样口实现洗脱/解吸附并完成进样。Deng等（2018）在用SPME技术提取斑马鱼体内总脂质的实验中，提出了新型生物相容性表面涂层探针纳米电喷雾电离质谱法，制备了一种新型的生物相容性表面包被的SPME探针，通过SPME探针可轻松实现生物活体（如斑马鱼）的体内提取、小生物体（如大水蚤）的精确位置的原位采样，甚至单个真核细胞（如HepG2）的微型分析，完成了对活斑马鱼的体内脂质组学研究，获得了水蚤的不同部位的脂质种类的分布成像，并实现了单个HepG2细胞的微量脂质分析。目前，SPME结合GC-MS已成功用于多种样品中脂肪酸或脂肪酸酯的分析，如水果、牛奶、白酒等。尽管SPE和SPME所用小柱或涂层容易达到饱和，成本较高，但具有样品和溶剂消耗少、分析速度快、易于自动化的优点，适用于极少量样品、大规模样品及原位分析。

3. 超临界流体萃取 超临界流体萃取（SFE）利用压缩气体作为萃取介质，避免了使用传统有机溶剂分离技术带来的问题。SFE技术集合了蒸馏（即根据组分挥发性差异进行分离）和液体萃取（即分离相对挥发性无差异或热敏性的组分）的特点。SFE技术萃取多不饱和脂肪酸丰富的油脂所需的步骤包括：萃取、水解以及传统的酯化方法。

物质以超临界流体形式存在的区域是由其临界压力（P_c）和临界温度（T_c）划定的。超临界流体有液体一样的密度，同时其传质特性如黏度、扩散系数等数值则处在典型气体与液体之间。溶质在超临界流体中的溶解度主要是一种密度驱动现象，且可以随压力的增加而显著增加。接近临界点的流体具有很高的可压缩性，增加少量的压力就可使流体密度大幅度增加，在压力接近临界压力时，温度的温和升高会使流体密度大幅下降，从而导致溶质的溶解度下降，这就是所谓的逆退行为。在更高压力下，流体变得很难压缩，温度上升使密度下降很小。因此，高压下提高温度即可提高溶解度，呈现非逆退行为。

溶解能力强、低黏度和高扩散系数的超临界流体非常适合用作高速色谱的流动相。食品加工中选择CO_2作为超临界流体，因为它具有适中的超临界温度和压力，同时它呈化学惰性、便宜、不可燃、环保上可接受、容易获得且安全。工业上用超临界二氧化碳（$SFCO_2$），使温度和压力均保持在临界点以上，其具有高扩散性和低黏度等特性，可以萃取油籽中的油，去除咖啡中的咖啡因。Uchikata等（2012）在提取干血浆斑块磷脂的实验中尝试将在线超临界流体萃取-超临界流体色谱-串联质谱（SFE-SFC/MS/MS）技术应用于干血浆斑块中磷脂的分析。该系统采用色谱和扫描相结合的方法，能够将具有共同头基的磷脂分离出来，对磷脂进行详尽、精确的分析，适合于生物标志物的筛选分析。

4. 尿素络合 尿素络合是一种较常用的多价不饱和脂肪酸分离方法，其原理是尿素分子在结晶过程中能够与饱和脂肪酸或单不饱和脂肪酸形成较稳定的晶体包合物析出，而多价不饱和脂肪酸由于双键较多，碳链弯曲，具有一定的空间构型，不易被尿素包合，采用过滤方法除去饱和脂肪酸和单不饱和脂肪酸与尿素形成的包合物，就可得到较高纯度的多价不饱和脂肪酸。尿素络合法的分离效果受结晶温度和尿素用量的影响，结晶温度越低，尿素用量越多，所得产品纯度越高，但产品收率越低。为了提高产品纯度，可采用多次尿素络合法。尿素络合法成本较低，应用较普遍，但难以将双键数相近的脂肪酸分开。

尿素单独结晶可以形成一个紧凑的四方结构，通道直径为5.67Å（$1Å = 1\times10^{-10}m$），但当有长的分离脂肪酸，可将多不饱和脂肪酸与环状的游离脂肪酸留在未被包埋的组分中。基于尿素包埋物的分提法可非常有效地将饱和脂肪酸以尿素包埋物组分形式而去除。通过形成尿素包埋物来分离脂肪酸具有选择性：①分子中双键数目增加，提高包埋的选择性；②长链分子优先；③相比于顺式双键，反式双键优先，反式单不饱和烯酸优先于对应的饱和脂肪酸；④对双键位置具有敏感性。尽管6个或更多碳原子的直链饱和脂肪酸更容易被络合，但碳链中存在的双键增加了分子体积，降低它与尿素络合的可能性。与二烯相比，单烯更易络合，相应地，二烯比三烯更易络合。因此，脂肪酸尿素络合物的稳定性与所涉分子的结构相关，包括脂肪酸分子链的排布、不饱和度等。

为了形成尿素包埋物，首先使用氢氧化钾或氢氧化钠醇溶液将油（酰基甘油）分解成脂肪酸组分。不皂化物都在分解过程中从油脂中除去，如固醇、维生素A、维生素D、维生素E、杀虫剂以及其他阻碍包埋物形成的组分。游离脂肪酸与尿素的一种醇（甲醇或乙醇）溶液混合，然后冷却到某一特定温度，冷却程度取决于所期望的浓缩度。饱和脂肪酸、单烯及少量二烯可与尿素起结晶，溶液中不结晶的脂肪酸可以通过过滤分离。因为络合是以脂肪酸分子构象为基础的，这是多个双键存在的结果，而不是纯粹利用其物理性质（若熔点或溶解度）。为了获得高分离度的脂肪酸，通常在实践中将多种方法联合起来。利用尿素络合法与超临界流体萃取法相结合从鱼油中提取二十碳五烯酸（EPA）、二十二碳六烯酸（DHA）。首先采用尿素络合法处理游离的鱼油脂肪酸、饱和脂肪酸与尿素形成包合物析出，不饱和脂肪酸与有机溶剂一同进入萃取釜萃取。尿素络合法的优势在于按不饱和度分离脂肪酸，而超临界流体萃取法的优势在于按碳链长度分离脂肪酸，将两者结合起来，优势互补，就可得到高纯度的多价不饱和脂肪酸。

5. 其他萃取技术 近年来，除了LLE与SPE外，许多其他方法也已用于脂质组学样品前的处理中，如微波辅助提取（MAE）、超声辅助提取（UAE）等。

MAE：主要利用微波的能量在萃取过程中提高温度和压力，从而加快萃取速度，提高萃取效率，并且减少有机溶剂的用量。由于萃取过程中温度的升高，MAE 可能造成热不稳定性物质的分解。研究表明MAE适合于定性而非定量分析，在利用MAE萃取脂质时，需要根据待测物的性质进行条件优化，以实现最佳的萃取效果。

MAE的基本原理是使用300～300 000 MHz的微波能量，微波能通过离子传导和偶极子旋转引起分子运动。离子传导是离子在外加电磁场中的电泳迁移。溶液对这种离子流的阻力会引起摩擦，从而使溶液升温。偶极子旋转是偶极子与外加磁场的重新排列。在2450 MHz的典型微波系统中，偶极子以每秒4.9～9109次的速度随机排列，迫使分子运动，从而产生热效应，当微波能量穿透样品时，能量被样品吸收。一个典型的微波仪器由6个主要部件组成：微波发生器（称为磁控管）、波导、微波腔、模式搅拌器、环行器和转盘。微波能量由磁控管产生，并由波导引导进入微波腔。然后，模式搅拌器将其分配到不同的方向，以加热样品容器（Teo et al.，2013）。

MAE主要有两种微波技术，即封闭式容器（在受控压力和温度下）和开放式容器（在大气压下）。在密闭容器中，溶剂在常压下加热到沸点以上，以提高其提取速度和效率。该系统不仅可以控制温度，还可以在一个萃取过程中使用几个容器，因此具有很高的样品吞吐量。在开放系统中，最高萃取温度取决于溶剂在该压力下的沸点。微波能量的影响强烈依赖于溶剂和固体基质的性质。通常所选择的溶剂具有较高的介电常数，从而吸收微波能量。水的高介电常数使其成为MAE应用中从植物样品中回收许多生物活性化合物的合适绿色溶剂。对于密闭容器MAE，溶剂性质、温度、微波功率和曝光时间等因素都会影响其选择性和萃取效率。

基于微波辅助提取（MAE）从组织中提取脂质的新技术受到了越来越多的关注，因为它们可对最少的样品进行处理和快速提取，使样品在非常短的时间内暴露在相对较高的温度下。研究表明，MAE可替代传统提取方法从不同类型的样品，如油、鱼、蔬菜、微藻和一般食品中提取脂质（Truzzi et al.，2017）。MAE是从生物组织中提取脂溶性物质的有效技术，适用于脂肪含量范围较大的鱼类。Batista等（2001）以脂肪含量极高的鳕鱼（*Gadus morhua*）的肝脏作为样本，同时用MAE法和Bligh-Dyer法提取、酯化成脂肪酸甲酯（FAME）后，用GC-FID测定脂肪酸组成。将两种方法提取脂质后得到的脂肪酸模式进行比较，发现MAE法测得的脂肪含量略高于Bligh-Dyer法。萃取后对比TMSH（反式）酯化后获得的典型GC-FID色谱图，两种提取方法均具有较好的重现性，所得脂肪酸图谱无显著差异。但相比于Bligh-Dyer法，MAE技术具有原料和溶剂用量少的优点，所使用的溶剂毒性较小，更无污染。且MAE技术所需的时间更少，并且多个样本并行时，MAE技术更容易执行。此外，它还大大提高了萃取效率，是一种环境友好的技术。

UAE：是利用超声波产生的机械振动、扩散等效应加速两相间物质传递，从而实现萃取的技术。频率在20 kHz或以上的高功率超声波，通过空化气泡的产生和破裂，提高液体介质中各种物理和化学过程的速率。超声波对液体介质的辐照引起一系列压缩和稀疏循环，分别产生高和低局部压力区。在超高功率下，稀化循环的局部压力可能很低。在这种情况下，由于溶解气体形成空化气泡，现有的气核增长（Tsochatzidis et al.，2001）。这些瞬变空穴在随后的压缩循环中膨胀并剧烈坍塌，产生极高的局部压力（约3000MPa）和温度（约5000K）。这提供了化学效应。UAE提取过程中受空化的影响，即在快速绝热压缩和膨胀下形成微小气泡，在其中引起高温和压力，能促进底物和衍生试剂之间的有效相互作用，从而促进化学反应，而对整个系统的温度影响很小。空化有利于超声能量作用下的水或有机液相与固体基质之间的界面穿透和传输（Japon-Lujan et al.，2006）。当这些效应与萃取剂在超声分解过程中产生的自由基的氧化能量相结合时，会产生很高的萃取力；然而，这样形成的自由基可以降解不稳定的萃取物。微波容易损坏生物标本，但超声波既便宜又安全，即使长期暴露在超声波能量场中，大多数生物样本的完整性也保持不变。UAE过程中不会像MAE一样升温，有利于热不稳定性物质的分析。此外，UAE 可与LLE相结合，进一步提高样品中被分析物的萃取效率。Liu等（2011）建立了一种基于GC-TOF-MS的超声辅助提取衍生化方法，用于高通量代谢物分析，在提取人血清总脂质的实验中确定了最佳工艺参数，与常规衍生化方法相比，超声衍生化方法显著提高了血清中被检测代谢物的衍生化效率，反应时间由数小时缩短至数分钟，利于高通量分析来自不同样品基质的代谢物。Liu等（2011）发现该方法在高血压患者血清样本分析中的成功应用突出了其大规模临床和流行病学代谢应用的潜力。

7.2.2 脂质的分离纯化

被提取的脂质混合物一般可以采用色谱（层析）方法进行分级分离。色谱技术主要利用待分离的混合物在流动相和固定相之间的溶解性和亲和性的不同，经过在两相中反复多次分配来实现混合物的分离。薄层色谱法（TLC）是最早用于评估磷脂的色谱方法，如今已广泛使用。气相色谱法（GC）可用于鉴定磷脂中存在的单个脂肪酸，但通常不用于评估磷脂。HPLC是目前用于分离脂质最流行的技术，其他常见的还有以下几种。

1. 固相萃取　固相萃取（solid phase extraction，SPE）是一个由柱色谱分离过程、分离机理、固定相和溶剂的选择等组成的试样预处理技术，由液固萃取和液相色谱技术相结合发展而来，与高效液相色谱有许多相似之处。固相萃取填料整体化，有效避免了薄层层析中存在的边缘效应，使灵敏度和分离效果得到了进一步提升，是目前使用最为广泛的预处理色谱分离技术，其缺点是上样量有所限制。对于特定的脂质组分分离，固相萃取不仅便捷速度快、富集倍数高，而且对杂质和目标化合物的分离效率很高，重复性很好，还能使目标分析物损耗小、环境污染小。

SPE法实质上是一种液相色谱分离，其主要分离模式也与液相色谱相同，可分为正相固相萃取、反相固相萃取及离子交换固相萃取。SPE 法所用的吸附剂也与色谱常用的固定相相同，只是在粒度上有所区别。正相固相萃取法所用的吸附剂都是极性的，吸附剂极性大于洗脱液极性，用来萃取极性物质。在正相萃取时目标物如何保留在吸附剂上，取决于目标物的极性官能团与吸附剂表面的极性官能团之间的相互作用，其中包括了氢键、π-π键、偶极-偶极、偶极-诱导偶极以及其他的极性-极性作用。反相固相萃取所用的吸附剂极性小于洗脱液极性，所萃取的目标物通常是中等极性到非极性化合物，目标物与吸附剂间的作用是疏水性相互作用，主要是非极性-非极性相互作用的色散力。离子交换固相萃取用的吸附剂是带有电荷的离子交换树脂，所萃取的目标物是带有电荷的化合物，目标物与吸附剂之间的相互作用是静电吸引力（李存法和何金环，2005）。

与LLE法相比，SPE 法具有操作时间短、样品量小、不需萃取剂、适于分析挥发性与非挥发性物质、重现性好等优点。吴琳等（2015）为探寻与气相色谱分析相配套的高效前处理方法，测定不同物种来源的油脂中sn-2位（β位）脂肪酸组成及含量，通过考察Florisil 固相萃取柱对经sn-1,3专一性脂肪酶水解后的油脂各产物的分离富集能力，Florisil固相萃取柱能有效地将sn-2单甘酯从油脂水解产物中分离，同时Florisil固相萃取可以实现油脂水解产物中甘油三酯、甘油二酯、单甘酯及游离脂肪酸的依次分离，有利于对每个组分实现更具体的分析。相比于传统的TLC分析，该方法操作简便，设备要求简单，可批量处理样品，同时可以避免样品长期暴露于空气中，尤其适合作为常温下易氧化且富含长链多不饱和脂肪酸脂质分析的前处理方法，在脂质改性等研究领域也具有广阔的应用前景。

2. 高效液相色谱法　高效液相色谱法（HPLC）是目前最常用的脂质分离方法。HPLC利用固相或液相涂覆的固相固定相和液相流动相，通过将分析物吸附到固定相来实现分析物的分离，有较强的分离效果，常与质谱联用达到分离和分析脂质的目的，电喷雾电离、大气压化学电离或大气压光致电离等电离方式均可用于脂质组学研究。在脂质分析中，既可用正相也可用反相，其中以正相应用较多。正相色谱根据脂类化合物分子极性差异进行分离，如正相色谱可以将有不同极性头部基团的磷脂进行分离，且质谱可以弥补具有相同极性头部基团磷脂难分离的不足（缪秋韵等，2019）。但正相色谱平衡时间较长，导致重复性较差，且所用流动相易挥发造成极性变化，可能引起保留时间漂移。相比正相色谱，亲水作用色谱兼具前者优势，还具有流动相挥发性小、分离效率高、与质谱兼容性好等特点，已成功用于甘油磷脂如大鼠血清中环状磷脂酸、溶血磷脂酸和溶血磷脂酰胆碱的分析。反相色谱在脂质组学研究中广泛使用，根据脂质结构中脂肪酸链的疏水性进行分离，洗脱顺序与脂肪酸链中双键的长度和数量相关。C8、C18和C30色谱柱是脂质组学分析中最常用的反相色谱柱，可以对同一类脂质的不同亚类进行分离从而获得更多的信息，常用于脂肪酸、磷脂和鞘磷脂等的靶向脂质组学分析，同时也广泛适用于非靶向脂质组学的研究。生物样品中多类脂质的分离一直是脂质组学研究的主要难题，一维液相色谱分离能力有限，二维液相色谱通过将两种不同分离模式的色谱柱串联在一起提高峰容量，可实现绝大部分脂质的同时分析，能获得脂质组更全面的信息。Rampler等（2018）在实验中提出了一种新的在线色谱方法，将亲水相互作用液相色谱（HILIC）专门用于极性脂的类特异性分离，反相色谱（RP）用于非极性脂的分析。该发明的高分辨率LC-MS/MS方法可实现极性脂类的特定类别分离和非极性脂类的分离，而这在传统的HILIC分离中是没有的。该研究发现HILIC-RP-MS由于结合了一些特征，既减少了尖端鸟枪MS方法的运行时间，提高了色谱分离固有的线性动态范围，也通过分离极性和非极性脂质提高了鉴定水平，表明HILIC-RP-MS是靶向和非靶向脂质组学工作中很有前途的工具。

此方法精确度虽然高，但过程烦琐、耗时。HPLC将极性脂质进行分离，经分离之后的洗脱物进入质谱进行后续检测。其不足之处在于分析时间相对较长，且样品在过柱过程中会有损失。超高效液相色谱等技术的应用，也极大地提高了脂质分离的效率。超高效液相色谱（UHPLC）技术是在基于传统液相色谱技术原理的基础上，对分离系统整体设计进行创新，从而大幅度改善色谱分离度、样品通量和灵敏度的最新液相色谱技术（张帅等，2017）。相比较于HPLC，UHPLC的分析速度、分辨率以及灵敏度大大提高，分析所得的数据信息更加完整。Guillarme等（2008）对比了HPLC和UHPLC两种方法在药物分析检测中的应用。UHPLC法对药物分析检测具有较高的灵敏度、稳定性，并且分析速度是传统HPLC法的10倍。Jiang等（2015）报道了UHPLC法和HPLC法分离绿茶中多酚类（FOG）化合物。UHPLC法能在10 min内对绿茶中18种FOG化合物实现有效的分离，而传统的HPLC法则需要50 min，分析速度得到大大提升。

3. 薄层层析 薄层层析（TLC）是最简单的脂质分离方法，是过去应用最广泛的脂质分离技术，常被用以初步评价实验过程中极性脂质的分离效果。TLC分为单向和双向两种。单向TLC能够同时分析几个样品，但很难将组分完全分开；双向TLC可将脂类各组分完全分开，但是一次只能分析1个样品。虽然灵敏度较低，但可以作为脂质预处理的快速分离方法，具有直观、快捷的优点，能快速分离脂质，而且价格比较便宜。

TLC是最早用于磷脂分析的色谱形式之一，由固相固定相和液相固定相组成。为了分离磷脂，使用了固定相的玻璃板。硅胶是最常见的涂层，也可以使用氧化铝。对硅胶进行多种化学修饰，可改善磷脂类的分离。用二氧化硅或草酸镁涂覆板改善了所有磷脂类的分离；加入乙二胺四乙酸酯（EDTA）或硫酸铵可改善酸性磷脂；硼酸或硝酸银添加剂也可以提高分离度。脂类在硅胶板上行法展层，展开后的板上喷脂质显色剂。显色剂有碘蒸气、Dittmer-lester钼蓝、Dragendorff试剂、Vaskovsky试剂和茚三酮等。各种脂质在TLC板上展开后，脂质的定量可采用薄层色谱扫描仪计算积分值，或将脂质的斑点刮下来，然后测定其含量（Peterson and Cummings，2006）。

流动相由极性不同的溶剂系统组成。大多数系统结合了不同比例的氯仿、甲醇和水。三乙胺、乙醇、己烷和异丙醇也是流动相中常见的溶剂。磷脂将根据其组成和对流动相的亲和力在固定相上迁移一定距离。识别基于延迟因子（R_f），即分析物（磷脂）从原点移动的距离与流动溶剂从原点移动的距离的比值。在某些条件下，每种分析物将具有自己的R_f值，通过使用二维液相色谱法可以改善磷脂类的分离（Peterson and Cummings，2006）。TLC由于需要的样品量大，测定的灵敏度和分辨率都很低。而且，因TLC板易破坏部分脂类结构，显色反应也容易受到样品杂质的干扰。在此基础上又开发出用密度计进行定量的高效薄层层析（HPTLC），利用更精细的凝胶级，使板变得更薄，更小。这样可以缩短分离时间并提高分离效率。HPTLC改善了分辨率，降低了检测限，消除了在二维液相色谱中运行的需要，进一步提高了分离效率。

在使用HPLC或质谱分析之前，TLC通常用作样品制备步骤来分离磷脂类。但是，使用TLC进行磷脂分析有许多缺点。首先，该技术可能会破坏磷脂的结构，这是因为磷脂暴露在平板上的大气中时会发生氧化或水解。其次，与HPLC或GC相比，TLC的再现性相对较差。这是由于该方法受温度、湿度和溶剂平衡的变化影响很大。与HPLC、GC和LC-MS相比，TLC还具有较低的灵敏度和较差的分辨率。最后，尽管所需样品制备数量减少，TLC可以快速分离磷脂，但它不是像GC或HPLC这样的自动化系统，分析人员必须执行方法的每个步骤。

4. 气相色谱 气相色谱（GC）主要以载气为流动相，利用样品中各组分的沸点和极性不同，达到分离效果，具有较好的分离效率且相对较为经济。在脂质组学研究中，气相色谱通常与化学电离质谱或电子电离质谱结合使用，主要用于挥发性、热稳定性化合物的分离，具有分离效率高、峰容量高、重现性好和化合物库易获得等优点，且只能应用于挥发性物质，而多数脂类物质不具备挥发特性，对于不具挥发性的脂质需要在分析前将其水解或衍生化。该步骤耗时且易引起样品变化或引入新的干扰物，在实际应用中常常需要对脂质样品进行甲酯化处理，转变成可以检测到的甲酯形式，因此利用检测分析得到的只有脂质结构中的脂肪酸信息，不能满足结构复杂的极性脂质分析要求，因而限制了其在测定复杂脂质分子上的进一步应用。

GC利用固相固定相和气相固定相。优选氢气作为载气，因为它具有较低的洗脱温度，可缩短分析时间，并降低样品热分解的风险。第一个固定相是非极性填充柱，但是这些已经完全被具有广泛极性的毛细管柱所取代。非极性色谱柱通常用于分离磷脂，因为它们具有非常高的热稳定性，温度可高达340℃，这对于挥发高分子量的脂肪酸是必需的。非极性固定相，如甲基硅酮OV-1或SE30是最优选的色谱柱。非极性色谱柱会根据它们的沸点分离脂肪酸甲酯（FAME），导致不饱和FAME在饱和FAME之前洗脱（Peterson and Cummings，2006）。

有两种方法可以定量脂肪酸。一种方法是通过简单的峰积分。如果峰不能完全分离，则此方法可能会提供不准确的结果，通常是具有相似结构的分子，如磷脂，其分子之间只能发生一个双键变化。第二种方法是使用火焰离子化检测器（FID）。FID使样品通过火焰，火焰将样品燃烧成碎片，并被电极电离。带电的离子将流到传感器中的电极，产生电流。该检测器将具有线性关系，因为样品中存在的碳原子越多，燃烧的样品就越多并产生信号。FID是一个非常敏感的检测器，但是使用FID的缺点是会破坏样品。

分离磷脂、水解脂肪酸、衍生化然后通过GC分析的过程非常耗时。因此使用快速气相色谱法进行了改进，该方法利用了微孔毛细管柱，可提供更高的分离能力。这允许较小程度的谱带展宽、较高的信噪比和改进的分析物检测能力。但是，快速GC有一些缺点。较窄色谱柱上的样品容量有限，由于未引入足够的样品，无法检测到丰度较低的脂肪酸。如果色谱柱超载，则会导致谱带展宽。因此，快速GC方法可将分析时间减少95%，但效率也会降低。

气相色谱通常与化学电离质谱或电子电离质谱结合使用，目前气相色谱-质谱法主要应用于脂肪酸和极性相对小的脂质靶向分析。Ghidotti等（2018）采用碳酸二甲酯有机溶剂提取剂和气相色谱-质谱联用技术（GC-MS），对不同来源沼气厂沼液中挥发性脂肪酸（VFA）的测定方法进行了研究，对碳酸二甲酯提取厌氧消化中的关键分子标志物VFA的性能进行了评价，建立了碳酸二甲酯有机溶剂提取剂和GC-MS测定沼气厂沼气中挥发性脂肪酸的方法。

5. 酶水解法

1）选择性酯化纯化多不饱和脂肪酸　工业化选择性酯化纯化多不饱和脂肪酸工艺主要要求体系满足以下两个条件：①具有高度脂肪酸专一性和高酯化度的酶反应体系；②从含有醇、游离脂肪酸和脂肪酸酯混合物中分离出游离脂肪酸的低破坏性方法。第一步，非选择性水解含多不饱和脂肪酸油脂，采用分子蒸馏分离游离脂肪酸；第二步，采用对多不饱和脂肪酸低选择性酶催化游离脂肪酸和月桂醇酯化，达到富集多不饱和脂肪酸的目的，后采用分子蒸馏设备分离游离脂肪酸（刘元法和王兴国，2003）。Shimada等（1997）以金枪鱼油为原材料采用非溶剂体系的小试研究过程中，其游离脂肪酸分离采用正己烷提取，反应过程中采用两种酶，这两种酶对于酯化DHA的专一性比对EPA专一性强。该方法的第一步是水解金枪鱼油［二十二碳六烯酸（DHA）含量为22%（*W*%）］；第二步，在酶催化下对游离脂肪酸和月桂醇进行选择性酯化反应，在对各反应条件进行优化后，最终DHA在游离脂肪酸中的含量可提高到75%，然后通过分离游离脂肪酸进行二次反应可使DHA含量提高到91%（*W*%），DHA回收率为60%。

2）选择性醇解纯化多不饱和脂肪酸乙酯　选择性醇解纯化多不饱和脂肪酸乙酯需经过三步：含多不饱和脂肪酸油脂的非选择性水解；游离脂肪酸与月桂醇选择性酯化；多不饱和脂肪酸的乙酯化。在此工艺中，第一步是将含多不饱和脂肪酸油脂转化为相应的乙酯。如果脂肪酸乙酯与月桂醇之间能进行选择性醇解，那么多不饱和脂肪酸酯的富集就可分两步进行：多不饱和脂肪酸油脂的非选择性的乙酯化反应；选择性的醇解。Shimada等（2001）在采用酶法有效分离共轭亚油酸（CLA）异构体的研究中发现，白地霉（*G.candidum*）脂肪酶对顺9，反11共轭亚油酸的选择性远大于对反11，顺12共轭亚油酸的选择性，他们先在有机溶剂相中将CLA异构体与甲醇进行酯化，然后成功地从反应的初始产物中分离了顺9，反11共轭亚油酸甲酯。

6. 结晶法　高饱和酸的溶解度比相应的不饱和酸要小，据此可从混合物中将高饱和酸部分分离出来。在常温、零度、零度以下结晶已成为纯化脂肪酸及其衍生物的有用的方法。根据脂肪酸或甘油三酯熔点的不同，结晶分提有两种方法。一种方法是干法分提，即低温结晶是在低温下除去高熔点的饱和成分，从而浓缩得到含更多不饱和甘油三酯成分的油。另一种方法就是溶剂结晶，用有机溶剂如丙酮或正己烷来提高各组分的得率。

1）低温结晶　低温结晶是利用低温下不同的脂肪酸或脂肪酸盐在有机溶剂中溶解度的不同来进行分离纯化。脂肪在有机溶剂中的溶解度随着平均分子量的增加而减少，随不饱和度的增加而增加。一般来说，偶数碳的饱和与不饱和酸的溶解度随着分子量增加而减少，对不饱和脂肪酸来说，溶解度随双键数目的增加而增加。这种溶解度差异随温度降低表现更为显著。所以将混合脂肪酸溶于有机溶剂，通过降温就可过滤除去其中大量的饱和脂肪酸和部分单不饱和脂肪酸，从而获得所需的多价不饱和脂肪酸。丙酮和乙醇为常用的有机溶剂。大量脂肪酸和酯在多种溶剂中的溶解度不同，饱和脂肪酸的长链脂肪酸溶解度比短链脂肪酸要小；饱和脂肪酸的溶解度比相等链长的单烯酸和二烯酸要小；反式异构体的溶解度比顺式异构体要小；普通直链脂肪酸的溶解度比支链脂肪酸小。脂肪酸的熔点随着其类型与不饱和度变化而变化很大，因此分离饱和与不饱和脂肪酸混合物是可能的。反式脂肪酸（高熔点）的溶解度比它对应的顺式脂肪酸（低熔点）要小，饱和脂肪酸通常在室温下凝固，在温度0℃下结晶。晶体可以通过任何传统的过滤方法从母液中分离出来。在低温下，有较高熔点的长链饱和脂肪酸结晶出来，而多不饱和脂肪酸则仍然保持液体形式。然而，有较低熔点和高溶解度的不饱和脂肪酸必须在低温下（0～100℃）才能结晶，而且必须在恰当低温下完成过滤。应该缓慢（1～6 h）降低溶液温度至结晶温度并保持4～24 h，这样产生大量易过滤的结晶体。通过长时间结晶实现缓慢冷却，有助于产生稳定的甘油三酯结晶的同质多晶体。为了实现这一点，可用油温作为冷冻剂控制参数，也可用水平真空履带式过滤机来控制。

干法分提可利用结晶调节物质来加速、延缓或抑制甘油三酯的结晶。这些结晶改良剂（或晶体习性改良剂）是蔗糖脂肪酸多元酯，尤其是棕榈酸、硬脂酸酯或葡萄糖酯及其衍生物，如糊精。结晶改良剂通过改变甘油三酯结晶习性使得结晶硬脂基料更有效地从液相的软酯中分离出来。结晶改良剂一旦与脂肪混合，温度随之下降，细小、坚硬的特定组分脂肪晶体就开始形成。真空过滤可用于分离生成的结晶，分离效果取决于结晶、静置或搅拌的模式。低温结晶法工艺原理简单、操作方便，但需要回收大量的有机溶剂，且分离效率不高，常与其他分离方法配合使用。

2）溶剂结晶　低温结晶法的条件温和，选择合适的溶剂和温度，多不饱和脂肪酸（PUFA）可在非结晶组分中得到浓缩。脂肪酸的溶剂结晶对制备纯脂肪酸来说是不可缺少的方法。这个方法所要求的单元操作数最少，且设备最简单。简要地说，这个工艺包括以下步骤：将油或脂肪酸在溶剂中冷却，保持一定时间，然后用过滤除去结晶组分。海豹油（SBO）溶剂结晶PUFA的研究表明，不论是游离的还是甘油三酯（TAG）形式的脂肪酸，都能在非结晶组分中得到浓缩。非结晶组分（浓缩物）中的ω-3多不饱和脂肪酸（ω-3PUFA）的含量随着结晶温度的降低而增加。在所有温度条件下，采用丙酮可得到最高浓度的总ω-3PUFA。

7.3 脂质的表征及分析方法

7.3.1 脂类化合物含量的测定

在获得脂类样品后，脂类的定量与定性测定是脂类研究的首要工作。脂类含量的测定主要有索氏提取法、酸水解法、罗兹-哥特里法、巴布科克法和盖勃法、比色法、气相色谱、液相色谱及质谱法等。其中索氏提取法、酸水解法、罗兹-哥特里法、巴布科克法和盖勃法主要用于食品中总脂的测定（表7-2）。

比色法是加入显色剂与被测脂类反应显色，用紫外可见光光谱法测定吸光度，建立标准曲线，计算脂类含量。该法常应用于测定试样中磷脂及胆固醇的含量。比较经典的总磷脂测定方法包括干法消化的钼蓝比色法、湿法消化的抗坏血酸钼蓝比色法等（宋诗瑶等，2020；Folch et al.，1957；Bligh and Dyer，1959；Matayash et al.，2008），均为无机定磷检测方法，具有准确性高、重复性好等优点；但消化时间长、操作过程复杂。龚金炎等（2018）用硫氰亚铁铵比色法测定蛋黄卵磷脂中总磷脂含量，探索一种简单、快速准确检测蛋黄粉中磷脂含量的方法。采用氯仿破坏脂质体，硫氰亚铁铵与磷脂反应生成配位化合物，在470 nm处检测其吸光度，计算其总磷脂含量，平均加样回收率为99.84%。马丽娜等（2017）采用比色法快速测定禽蛋中胆固醇的含量。比色法与分光光度计联用，在波长505 nm处直接测定经皂化、提取、浓缩和酶工作液催化后的禽蛋样品中胆固醇含量，回收率达到90.43%～98.12%。总之，比色法是一种简单快速、直观准确、易于操作的测定脂类化合物含量的方法。另外，采用比色法时应选用合适的显色剂，还需要做样品对照，以免样品本身的颜色带来干扰。

相比于以上脂类含量的测定方法，质谱、气相色谱及液相色谱等方法更加先进、快速、精准，需要考虑的条件更为繁杂。基于液相色谱分析，由于维生素A和维生素E均有较强的荧光吸收，王世龙（2018）建立了一种高效液相色谱-多波长荧光法同时快速检测多维生素保健品中维生素A和维生素E的含量。采用WATERS SUNFIRE-C18（4.6 mm×250 mm，5 μm）色谱柱进行分离，甲醇与水梯度洗脱，控制柱温30℃，最终由荧光检测器定量检测。类似地，李晗等（2014）采用HPLC-电喷雾检测器法测定长春瑞滨热敏脂质体中溶血磷脂含量。用高效液相色谱对磷脂标准样品及脂质体样品进行洗脱，洗脱液进入电喷雾检测器进行定量分析。此外，还可用气质联用测定脂类化合物的含量。沈雅萍等（2019）用气相色谱-串联质谱/质谱法（GC-MS/MS）测定反复冻融对畜禽肉中胆固醇含量的影响。气相色谱采用TG-5MS色谱柱（30 m×0.25 mm×0.25 μm），质谱条件选用EI离子源，采用特征离子实时扫描搜集模式SIM的扫描方式，扫描质量范围为50～650 amu。为了进行脂质定量，通常将目标样品掺入标准脂质，与分析物相比，标准脂质的质量更高或更低。这种质量差异是由氘引起的，或者是由于使用了具有较长/较短脂肪酰基链的脂质而引起的（Brügger and Erben，1997），通常通过比较标准脂质和分析物的峰强度来进行定量。朱炳祺等（2017）比较了不同的测定方法，分别采用了比色法、气相色谱、液相色谱对肉松中胆固醇含量进行检测及比较。结果表明气相色谱、液相色谱法在25～500 mg/L 范围内具良好的线性关系（R^2>0.999），比色法在0～42 mg/L范围内具良好的线性关系（R^2>0.997）。肉松中胆固醇含量测得值分别为52.2 mg/100 g、51.2 mg/100 g和102 mg/100 g。3种方法均很好地满足方法学要求，其中比色法体现总固醇类化合物的含量；气相色谱法和液相色谱法专属性更强、灵敏度更高，能更准确地反应样品中胆固醇含量。

7.3.2 脂质的分子量分布及大小

分子量是脂类结构的重要指标之一，可以通过测定的分子量与对照品分子量对样品的结构进行简单的归属与分类。确定分子量的方法主要是质谱分析。

张华林等（2019）利用电喷雾-四极杆-飞行时间质谱法（ESI-Q-TOF-MS）解析神经节

表 7-2　食品中脂类的测定方法

测定方法	方法要点	注意事项	适用范围	缺点
索氏提取法	将经前处理的、分散且干燥的样品用乙醚或石油醚等溶剂回流提取，使样品中的脂肪进入溶剂中，回收溶剂后所得到的残留物，即为粗脂肪	1. 要求样品必须干燥无水； 2. 不能直接称取半固体或液体样品进行测量。 3. 抽提时所用乙醚或石油醚要求无水、无醇、无过氧化物，挥发残渣含量低，因为水和醇会导致糖类及水溶性盐类等物质的溶出，使测定结果偏低，过氧化物会导致脂肪氧化及在干燥时有引起爆炸的危险	适用于脂类含量高，且主要含游离态脂类，不易吸潮结块食品的测定	提取时间较长；需要溶剂用量大；需要专门的仪器——索氏提取器；对于某些样品测定结果偏低
酸水解法	将试样与盐酸溶液一同加热进行水解，使结合或包藏在组织里的脂肪游离出来，再用乙醚和石油醚提取脂肪，回收溶剂，干燥后称量	1. 测定的样品需充分磨细，液体样品需充分混合均匀，以使消化完全。 2. 挥干溶剂后，残留物中若有黑色焦油状杂质，是分解物与水一同混入所致，会使测定值增大，造成误差，可用等量的乙醚及石油醚溶解后过滤，再次进行挥干溶剂的操作	此法测定的是食品中的总脂肪，包括游离和结合脂肪。适用于易吸潮结块，难以干燥的食品	不宜用于测定含有大量磷脂的食品，如鱼、贝、蛋品等。因为在盐酸加热时，磷脂几乎完全分解为脂肪酸和碱，当只测定前者时，测定值偏低；也不适用于含糖量高的食品，因糖类遇强酸易碳化而影响测定结果
罗兹-哥特里法（碱性乙醚法）	利用氨水-乙醇溶液破坏乳的胶体性状及脂肪球膜使非脂成分溶解于氨-乙醇溶液中，而脂肪游离出来，再用乙醚-石油醚提取出脂肪，蒸馏去除溶剂后，残留物即为乳脂肪	1. 若使用具塞量筒代替抽脂瓶，待分成后读数，澄清液可从管口倒出，但不能搅动下层液体。 2. 加氨水后要充分混匀，否则会影响下一步醚对脂肪的提取	本法适用于各种液状乳（生乳、加工乳、脱脂乳等），各种炼乳、奶粉、奶油及冰淇淋等能在碱性溶液中溶解的乳制品，也适用于豆乳或加水呈乳状的食品	用此法测定已结块乳粉的脂肪，结果往往偏低
氯仿-甲醇提取法	在有一定水分并加热的条件下，极性的甲醇与非极性的氯仿混合溶液却能有效地提取出结合态的脂类。所有脂类都留存于氯仿溶液中，而全部非脂成分则留存于甲醇溶液中	1. 对于不含水分的样品，用此法需加入适量水分。 2. 过滤时不能用滤纸，因为磷脂会被吸收到滤纸上。 3. 无水硫酸钠必须在石油醚之后加入，以免影响石油醚对脂肪的溶解	此法适合于结合态脂类，特别是磷脂含量高的样品，如鱼、贝类、肉、蛋及其制品、大豆及其制品（发酵大豆类制品除外）等。对高水分样品的测定更为有效	不能测定发酵大豆制品、乳制品的脂肪含量。乳脂虽属游离脂肪，但因乳中脂肪被酪蛋白的钙盐所包裹而不能被有机溶剂直接浸提
巴布科克法和盖勃法	用浓硫酸溶解乳中的非脂成分，如将牛奶中的酪蛋白钙盐转变成可溶性的重硫酸酪蛋白，使脂肪球膜被破坏，脂肪游离出来，再利用加热离心，使脂肪完全迅速分离，直接读取脂肪层的数值	1. 注意控制 H_2SO_4 的浓度，如果太高，样品会碳化，如果太低，脂肪球不能完全破坏。 2. 水浴时，水面应高于乳脂计脂肪层	两种方法都是测定乳脂肪的标准方法，适用于鲜乳及乳制品脂肪的测定	对含糖多的乳品（如甜炼乳、加糖乳粉等），采用此方法时糖易焦化，使结果误差较大；对大多数样品来说测定精度可满足要求，但不如重量法准确

苷脂结构。质谱条件为正离子模式，一级质谱扫描范围为300～2000 amu，二级质谱的扫描范围100～2000 amu。利用一级质谱对其进行分子量测定，通过对照品和样品分子量比对，根据分子量的变化对其结构进行简单的归属和分类。如与对照品的分子量相差14及14的倍数，则可能是脂链部分发生了变化。此外，刘辉等（2011）利用基质辅助激光解吸电离-傅里叶变换离子回旋共振质谱仪（MALDI-FTICR MS）对磷脂类分子在小鼠肝组织中的分布进行了研究，建立了质谱成像技术检测小鼠肝组织中磷脂类分子分布的分析方法。以7 g/L α-氰基-4-羟基肉桂酸的50%甲醇溶液（含0.2% 三氟乙酸）作为基质，采用正离子采集模式，准确鉴定了5类13种磷脂类分子，其分子质量主要分布在700～900 Da，且观察到它们在组织内分布呈现不均匀性。

7.3.3　脂质的脂肪酸组成与含量分析

食物中的脂类95%是甘油三酯，5%为其他脂类，如脂肪酸、磷脂、糖脂和固醇类等。甘油三酯是由1个甘油分子和3个脂肪酸分子反应生成的，天然甘油三酯很少含有3个相同的酰化脂肪酸，而是由多种不同的脂肪酸组成。脂肪酸位置分布可粗略地说明甘油三酯组成及结构，脂肪酸的定量测定和脂肪酸剖面的探索已成为脂质分析的主要方面。脂类化合物的脂肪酸组成分析中，最普及的分析法有气相色谱法、高效液相色谱法。

1. 基于GC的分析方法　由于脂肪酸不是挥发性化合物，为了便于进行GC分析，必须首先转换极性碳基组，以产生更易挥发性的非极性衍生物。为此，有多种烷基化试剂，脂肪酸经常转化为相应的脂肪酸甲酯（FAME）。通过与脂肪酸甲酯标准品的保留时间对照，确定脂肪酸分子种类。除此之外，GC法也被用于分离脂肪酸异构体。一般来说，基于GC的脂肪酸分析方法包括3个步骤：①从样品基质中提取脂肪酸；②脂肪酸衍生；③结合其他技术的进一步分析。

由于可以将多种衍生化方法用于脂肪酸分析（表7-3），因此最好了解每种方法的利弊，并考虑这些方法的局限性。另外，可以优化衍生化条件以满足特定应用的需求。Ostermann等（2014）比较了不同的脂肪酸衍生方法，包括三甲基氢氧化硫（TMSH）衍生、BF_3衍生、HCl衍生、KOH衍生、联合NaOH＋BF_3衍生和直接TMSH衍生，用血浆和组织样品以及脂肪酸标准，包括饱和/不饱和的FFA、磷脂酰胆碱（PC）、胆固醇酯（CE）和三酰甘油（TG）。结果表明，每种方法都有其局限性，例如，KOH 的衍生物对PC和TG中的脂肪酸具有良好的效率，但未能在CE中推导游离脂肪酸（FFA）和脂肪酸。MTBE/甲醇萃取＋HCl衍生化对所有被测脂类均有良好的效果。Huai-Hsuan和Ching-Hua（2020）比较了不同的衍生方法，包括HCl衍生、H_2SO_4衍生、BF_3衍生、乙酰氯化物衍生化、甲氧化钠衍生化的利弊，结果表明，乙酰氯化物衍生具有较高的衍生效率，成本最低。该方法可应用于血浆样本中潜在乳腺癌生物标志物的检测（Chiu et al.，2015）。

气相色谱柱的选择：具有良好分离性的合适色谱柱对于分析脂肪酸的异构混合物至关重要。已证明许多色谱柱可有效分离具有不同链长、饱和度、双键位置和顺式或反式异构体的脂肪酸。HP-88色谱柱（88%-氰丙基芳基聚硅氧烷）、DB-FFAP色谱柱（硝基对苯二甲酸改性的聚乙二醇）和SLB-IL系列色谱柱（离子液体）等高极性色谱柱通常用于生物样品中的脂肪酸分析（Gorner and Perrut，1989；Merkle and Larick，1993）。先前的研究表明，对于FAME混合物，离子液体（IL）色谱柱比蜡或二氰丙基聚硅氧烷色谱柱具有更好的选择

表7-3 脂肪酸的衍生方法

方法	试剂	条件	注意事项	适用范围
酸衍生法	HCl	将HCl-甲醇添加到干燥的脂质提取物中，并将溶液加热一段时间。盐酸一般为5%（*m*/*V*）的甲醇液	由于某些脂质在HCl-甲醇中的溶解性，可能需要在衍生步骤之前添加第二种溶剂	常用于生物样品
	H_2SO_4	一般用1%～2%（*V*/*V*）的甲醇液	硫酸的浓度不要太高，否则会造成双键结构变化	由于H_2SO_4是强氧化剂，因此不建议将该方法用于多不饱和脂肪酸分析
	CH_3COCl	将乙酰氯添加到含甲醇的样品中，通常将样品在95～100℃下加热60min。衍生化后，中和样品，并用有机溶剂萃取FAME，以进行进一步的GC分析	乙酰氯的衍生化反应是放热反应，导致样品从小瓶中溢出，这可能很危险	不适用某些在高温下不稳定的多不饱和脂肪酸，这可能导致定量结果不准确
	BF_3	一般用12%～25%（*m*/*V*）的甲醇溶液。加入BF_3-甲醇试剂后，反应可以在10min内完成	三氟化硼的货架期很短，放置时间较长时可能会产生怪峰，甚至造成不饱和脂肪酸损失，所以建议冰箱密封保存	反应时间短，广泛用于衍生化各种生物样品。对含有特殊脂肪酸如环氧酸、环丙烯酸的油脂不宜使用
碱衍生法	$NaOCH_3$	将0.5 mol/L $NaOCH_3$无水甲醇溶液加入脂质提取物中，并使溶液在45℃下反应5min。然后加入$NaHSO_4$（15%）以中和混合物。最后，用有机溶剂萃取FAME	增加碱的浓度和强度可以提高反应速率和转化率	碱衍生化方法具有衍生时间短、没有双键异构化问题、易于操作且使用侵蚀性较小的试剂的优点，但是不适合用于衍生FFA
	KOH	向脂质提取物中添加KOH-甲醇（2 mol/L），并将混合物在室温下孵育或加热至50℃以进行脂肪酸衍生化。然后，加入硫酸氢钠，收集上清液	同$NaOCH_3$	同$NaOCH_3$
其他衍生法	TMSH	三甲基氢氧化硫（TMSH）允许一步快速衍生，无须进一步提取	与酸性衍生方法相比有减少伪影的能力	该方法可用于大批量分析，但TMSH方法的局限性在于对PUFA的衍生效率不足
	五氟苯基溴（PFB-Br）	由Kawahara于1968年首次提出。在室温下产率高且反应迅速	这种方法将脂肪酸转化为卤化衍生物，这种衍生物很容易被负化学电离（NCI）GC-MS检测出来	专门用于FFA分析

性。此外，IL色谱柱可以分离脂肪酸的几何和位置异构体（Schlenk et al.，1954；Ratnayake et al.，1988）。2012年，Delmonte等（2012）使用新型阴离子气相色谱毛细管柱SLB-IL111，在优化出的最佳色谱条件下，同时分离脂肪酸顺反异构体和多不饱和脂肪酸双键位置异构体，使得脂肪酸异构体的分离不再仅仅依靠阴离子模式下的HPLC分析。Zeng等（2013）和Weatherly等（2016）都做了IL系列的比较，高极性柱（如HP-88列和DB-FFAP列）能够分离不同碳链长度的脂肪酸。离子液体系列柱（特别是SLB-IL82、SLB-IL 110、SLB-IL111）对于分离脂肪酸异构体特别有用。在对脂类物质的脂肪酸分析中色谱法通常与各种检测器联合使用，如MS、FID等。

质谱检测是促进气相色谱分析的一项强大技术，如今已广泛用于检测饱和和不饱和FA的碎片，分析FA中的分支位置以及α位置羟基的定位。张耀广等（2015）采用气相色谱-质谱（GC-MS）法，检测了生鲜牛乳中脂肪酸的组成和含量。用OP乳化剂提取生鲜牛乳的脂肪，利用CH_3ONa-CH_3OH 酯化后用正己烷萃取，通过HP-5MS毛细管柱对其进行分离后经质谱检测器进一步分析。并采用GC-MS中的NIST05谱库进行脂肪酸结构的确认，确定生鲜乳中各成分（Liu et al.，2013）。在应用GC-MS 对小鼠视网膜中长链多不饱和脂肪酸分析时，通过选择不同扫描模式，比较了碳链长度、不饱和度及双键位置对GC-MS分析的影响，结果发现，全扫描模式下，脂肪酸不饱和度越高，质谱响应（峰面积）越略微降低，而在选择离子扫描模式时，响应随不饱和度增加而增加，脂肪酸双键位置对分析影响不大，实现了HPLC-MS 不能实现的ω-3/ω-6值的测定。类似地，Zhu等（2019）使用综合二维色谱-质谱法（GC×GC-MS）对食用油中的游离脂肪酸（FFA）进行了全面分析，总共确定了64个潜在FFA。与一维分离技术相比，它极大地提高了复杂样品中分析物的分离度。

此外，胡梦玲等（2019）采用了溶剂萃取—柱前衍生—气相色谱法分析南极磷虾中脂肪酸组成和含量。样品经萃取、皂化-甲酯化等衍生步骤后，由CP-3380气相色谱仪（配有氢火焰离子化检测器）分析测定，色谱柱选择DB-WAX（30 m×0.32 mm×0.50 μm）。结果表明南极磷虾含有17种脂肪酸，其中饱和脂肪酸和不饱和脂肪酸含量分别占总脂肪酸含量的13.0%和87.0%。

近几年采用气相色谱-真空紫外光谱法（GC-VUV）来分析样品的脂肪酸组成，VUV检测器具有在115～240 nm 波长的全光谱采集功能，几乎所有化学物质都可以在其中吸收。该检测器可为GC-MS和GC-FID提供补充信息，如区分位置异构体和立体异构体的能力（Fan et al.，2016）。Santos 等（2019）采用大体积进样GC-VUV分析了血浆中的脂肪酸组成。在脂质提取、皂化和甲基化之后生成脂肪酸甲酯（FAME），并利用两个气相色谱柱FAMEWAX和SLB-IL82进行分析，结果表明，相比于SLB-IL82色谱柱，FAMEWAX色谱柱能够准确区分不同类型脂肪酸异构体［饱和脂肪酸（SFA）、单不饱和脂肪酸（MUFA）和多不饱和脂肪酸（PUFA）］。

2. 基于LC的分析方法　由于气相色谱法存在一些局限性，例如：①短链脂肪酸甲酯易挥发，回流酯化介质时可能会丢失；②多不饱和脂肪酸在转化为甲酯过程中可能发生的热降解和结构改性会引起问题，因此液相色谱法也常被用于脂肪酸分析。HPLC相对于GC的主要优势是分析过程中使用的温度较低，这降低了不饱和脂肪酸异构化的风险。HPLC还有助于收集分离组分的所需馏分，以进行进一步的分析。

在大多数样品中，单个脂肪酸的分析非常复杂，因为它们不含发色团，无法在UV-Vis或荧光域中检测。用HPLC分析脂肪酸的主要困难与这些分子中不存在发色团有关，难以通过UV-Vis吸收或直接荧光进行检测。为了克服该缺点，通常使用具有适当生色团的柱前和柱后衍生化来增强脂肪酸检测的灵敏度和选择性。许多紫外线、荧光和化学发光敏感的衍生物已用于各种来源的脂肪酸的HPLC分析。这些衍生物包括苄基、p-硝基苄、苯甲酰甲基、p-溴苯甲酰基、p-甲硫基苄基酯和1-萘胺酯。高永平（2019）利用1-[1-(哌嗪）乙酮]-2-[(4-二甲氨基）苯基]-菲[9,10-d]咪唑（DPPIPE）作为柱前荧光标记试剂，采用Hypersil BDS色谱柱（150 mm×4.6 mm，5 μm）以乙腈为流动相梯度洗脱，荧光检测激发和发射波长分别在260 nm和430 nm处进行测定，实现了8种脂肪酸的分离分析，并对人体血浆中脂肪酸的含量进行了测定。类似地，刁宏斌等（2010）应用2-硝基苯肼盐酸盐（2-NPH·HCl）作为衍生试剂，在1-乙基-3-（3-二甲基氨丙基碳化二亚胺）盐酸盐（1-EDC·HCl）的催化下，直接衍生血清中的FFA，形成不挥发的能在紫外-可见光区产生吸收脂肪酸的肼盐衍生化物，分离萃取后应用C18反向色谱柱进样30 min内洗脱分析测定，共测定血清中主要的9种脂肪酸，从C16：0到C22：6。该法测定空腹血清FFA组成重复性、准确性良好，可作为血清游离脂肪酸组成常规检测的有用工具。

此外，超高效液相色谱法（UPLC）与传统的HPLC方法相比，有高分离度、高灵敏度及高速率等优点。陈和地等（2019）采用超高效液相色谱法全面快速分析粪便与发酵液中短链脂肪酸，以InertSustain AQ-C18色谱柱（150 mm×2.1 mm，1.9 μm）对粪便与发酵液中短链脂肪酸进行分离。该法能在10 min内快速全面、准确地检测粪便或发酵液中11种短链脂肪酸。柴溢等（2014）用此法检测牛乳脂肪中脂肪酸含量及分布，选用色谱柱为BEH C18柱（1.7 μm，2.1 mm×50 mm），每个样品耗时11 min即可检测其脂肪酸的含量及分布情况。

液相色谱-质谱法（LC-MS）是20世纪90年代发展起来的一门综合性分析技术，其结合了色谱和质谱的优点，使样品的分离、定性及定量检测更为连续。聂洪港等（2016）采用在线正反相二维液相色谱-质谱联用技术检测肾小管上皮细胞中磷脂、脂肪酸等成分。二维色谱的第一维用于分离不同种类脂质，第二维用于分离同类脂质的不同分子，进而利用高分辨质谱对脂肪酸等进行检测。此外，LC-MS可将多种电离和检测模式用于脂肪酸分析。带有四极系统检测的电喷雾（ESI）电离是最广泛使用的模式四极质谱仪，是与液相色谱法连接的首选检测器。Villalobos等（2013）通过反相液相色谱-负离子电喷雾串联质谱法（RP-LC/ESI-MS/MS）对一些豌豆品种的种子油进行脂肪酸分析。使用反相Hypersil Gold C18色谱柱（100 mm×4.6 mm，5 μm）分析收集的脂肪酸馏分，质谱仪以负离子（NI）模式运行，在*m/z* 200～800获得了质谱，根据标准工作溶液的洗脱模式和每种化合物的质谱图中检测到的特征母峰确定脂肪酸。

对于其他检测器，如飞行时间（TOF）也已成功用于脂肪酸分析。郑姝宁等（2017）采用超高效液相色谱-飞行时间-串联质谱（UPLC-TOF-MS/MS）分析大白菜叶片中的脂肪酸组成及相对含量。以Acquity UPLCTMBEH C8色谱柱为固定相，采用飞行时间质谱全扫描-信息关联采集-子离子扫描（TOF-MS-IDA）复合模式实现一次进样分析，同时获得脂质的一级和二级质谱信息。依据二级质谱裂解碎片、相关文献和脂质数据库Lipid Maps和LipidBank，完成大白菜叶片中脂质的鉴定。结果表明大白菜叶片脂质的脂肪酸组成包括7种饱和脂肪酸和17种不饱和脂肪酸。类似地，廖勤俭等（2013）利用高效液相色谱四极杆飞行时间质谱联用仪检测白酒中高级脂肪酸，该方法能在7 min内完成分析，能快速准确测定4种高级脂肪酸。

3. 其他技术方法 傅里叶红外光谱是近几年迅速发展起来的一种测定食品脂肪酸的分析方法。该方法具有特征性强、测定速度快、不破坏试样、能分析各种状态的试样等优点（Vongsvivut et al.，2012）。利用定量测定鱼油微胶囊中的脂肪酸组成，在测定脂肪酸时，获得极好的相关系数（$R^2>0.99$）和较大的线性范围。并且傅里叶红外光谱克服了传统红外光谱需要甲酯化、使用有毒溶剂等缺点，是未来比较有前途的一种脂肪酸测定方法。

Sitko等（2011）采用射线测定了生物柴油中的脂肪酸甲酯，但还未见在乳品中测定的报道。这也是目前屈指可数的采用射线测定脂肪酸甲酯的方法。Materny 等（2009）等采用拉曼光谱测定了橄榄油中游离脂肪酸的比例，但其他采用拉曼光谱的研究较少。

7.3.4 脂质组学的分析手段

脂质组学作为一门近年来发展迅猛的新兴学科，在细胞生物学、疾病诊断、疾病生物标志物及医药研发等方面已取得了很大的进展。表7-4列出了目前常用的脂质数据库信息。Han 和Gross（2003）首次提出脂质组学（lipidomics）的概念。一般认为，脂质组学是研究生物体内所有脂质分子的特性以及它们在蛋白质表达和基因调控过程中作用的学科。近年来，随着分析仪器的不断发展，多种分析手段根据研究的不同目的被广泛用于脂质组学相关研究。脂质组学的研究涵盖范围广泛，目前的分析方法中，任何一种都不能完整地检测出所有的脂质。然而，通过不同分析方法的联用和共用，能较好地克服单一技术的局限性。

表7-4 常用的脂质数据库

数据库	国家	简介
Lipid Maps	美国	生物相关脂质的结构和注释，脂质相关基因和蛋白质的数据库，脂质分析工具
LipidBank	日本	包含6000多种脂质的分子结构、脂类名称、谱图信息和文献信息
Cyberlipid Center	法国	收集、研究和传播有关脂质各方面的信息
SphinGOMAP	美国	鞘脂类生物合成的路径图
SOFA	德国	植物油及其脂类组成的信息

1. 软电离质谱技术 软电离技术出现于20世纪80年代末期。这种技术的特征是可以使生物分子在无碎片断裂的情况下进行离子化。其优点一是可不需要衍生化而直接对高分子量和不挥发性的混合物进行检测；二是被分析物碎片最少，有利于对样品混合物的解析。

1）电喷雾电离质谱（ESI-MS）法 电喷离子化法是目前脂质组学分析中应用最多的软电离法。该方法是将含有分析物的洗脱液通过高电压的针尖喷射出来，带电的雾滴再被加热使溶剂蒸发，最后分析物分子形成气相的离子。其中最常用于脂质组学分析的是基于ESI技术和串联三重四极杆质谱的“鸟枪法脂质组学”技术。

“鸟枪法”主要利用不同种类脂质在离子化过程中带电荷倾向的不同，达到源内分离的目的，之后再由三重四极杆完成后续分子中信息的分析。因此只需直接进样粗脂样品，就能对极性脂质进行分析和鉴定。三重四极杆质谱是串联了三个四极杆质量分析器的质谱仪。其中，第一个四极杆（Q_1）和第三个四极杆（Q_3）通常用于质量分离，而第二个四极杆（Q_2）通常作为碰撞池进行碰撞活化诱导解离破裂（CAD）。通过调节三个四极杆的功能，三重四极杆质谱可以实现子离子扫描、母离子扫描（PIS）、中性丢失扫描（NLS）、选择离子监测（SIM）和多反应监测（MRM）等功能。由于同一类脂质在CAD过程中会具有共同的子离子碎片或中性质量丢失，因此可以根据脂质的质谱碎裂特性，利用串联三重四极杆特异性的扫描功能——PIS和NLS，实现不同脂质的特异性扫描和鉴定。再在负离子模式下以PIS分析测定脂肪酸的含量。对于绝大部分的脂质，都能找到其特异的PIS或NLS。此外，利用高特异性、高灵敏度的MRM扫描功能，还可以对特定的脂质分子进行扫描和定量，常用于甘油磷脂的鉴定和定量分析。王友谊（2012）应用本方法测定了两种淡水鱼（草鱼和鲫鱼）和3种海水鱼（带鱼、鲳鱼和老虎鱼）肌肉组织中磷脂酰胆碱、磷脂酰乙醇胺、磷脂酰肌醇、磷脂酰丝氨酸4类磷脂的分子种类及含量。结果表明，淡水鱼和海水鱼中磷脂组分的含量有较大差异，主要表现在淡水鱼中溶血性磷脂和多烯磷脂的含量要小于海水鱼，且海水鱼中具ARA、EPA和DHA的多稀磷脂含量较高。

该方法不需要样品的前期分离，使用质谱直接进样，大大节省了分析时间，因而被广泛用于脂质组学分析。现在，“鸟枪法”还广泛利用基于微流体的自动纳米（nanospray）电喷雾电离以进行低容量样本的检测。“鸟枪法”避免了液相色谱法中固有的样品残留问题，对识别和定量大约90%的磷脂都有很好的效果，如磷脂酰胆碱类、磷脂酰乙醇胺类、磷脂酰肌醇、磷脂酰丝氨酸等。然而当下的“鸟枪法”并不是衡量脂质水平理想的分析方法，它最明显的限制就是对于低丰度的脂质样品无法实现精确定量。

2）*基质辅助激光解吸电离飞行时间质谱（MALDI-TOF-MS）法*　MALDI-TOF-MS法已经成为脂质组学研究中比较成熟的分析方法，在组织切片的脂质分析中应用较多。MALDI-TOF-MS法的基本原理是将目的样品（通常是组织切片）混合或涂上固体基质（通常使用简单的芳香族化合物），这样便会出现特殊的吸收峰。样品被送入真空室后，脉冲激光发射出能被基体吸收的相应波长的激光，样品吸收激光后迅速蒸发，蒸发的气体充满真空室，分析物（如脂质）也一同被蒸发。在整个过程中，脂质会带上1个电荷。然后在强电场作用下，脂质离子在短距离内迅速地加速。电场强度和电荷量相同，这些离子获得了完全相等的动能。由于不同质量的离子速度不同，经过飞行管到达TOF质量分析器的时间也不同，因此通过精确测定不同脂质离子到达TOF质量分析器的时间，就可以推算出各种脂质离子的m/z。Gidden等（2009）应用MALDI-TOF-MS法分析了大肠杆菌和枯草芽孢杆菌的脂质组成，发现两种微生物各种脂类的组成和含量显著不同，赖氨酰-磷脂酰甘油和二糖基甘油二酯只在枯草芽孢杆菌中存在，而在大肠杆菌的指数生长期则会出现一种特殊的脂肪酸（脂肪酸链中有一个环丙烷环）。

2. 气相色谱-质谱联用　Pawlosky等（1992）将GC应用于分析脂肪酸。GC分析时常采用极性毛细管柱如DB-Wax或INNOWax。将MS连接到GC上作为GC的检测器后，GC-MS的灵敏度有了显著提高。GC的高灵敏度以及对同分异构体的高分离度使它成为脂质组学分析的重要手段，尤其适用于那些液质联用情况下难以离子化的长链脂肪酸类物质。它作为脂质分析的一种重要工具，具有较好的分离效率且相对较为经济。样品的制备包括脂质的初步分离、水解、衍生化或热分解。GC-MS只能分析挥发性的有机化合物，对于不挥发性的脂质需要在分析前用磷脂酶C将脂质水解，水解后的产物包括游离脂肪酸、水溶性产物（皂化部分）以及非极性、未被皂化的成分，再将这些水解产物进行三甲硅烷基化或甲酯化以提高它们的挥发性，然后进一步做GC-MS分析。Leila等（2009）采用气相色谱-场致离子质谱（GC-FIMS）法成功分离了9,12,15-亚麻酸甲酯的8种顺反异构体。由于在实际分析中测定的是酯化的脂肪酸，脂质sn-1、sn-2酰基位的脂肪酸链的位点信息在测定过程中丢失了。另外，样品衍生化处理不但要耗费额外的时间，而且需要大量的样品，并容易引起样品的变化。GC-MS法由于具有上述缺陷使它在分析较为简单的脂肪酸上应用较多，因此限制了其在测定复杂脂质分子上的进一步应用。

3. 液相色谱-质谱联用　尽管“鸟枪法”在复杂混合物中尤其是磷脂的分析方面有许多优点，但是对于等重的物质、离子抑制以及精确的脂质识别则需要不同的分析手段。LC-MS技术可以解决以上的部分问题，更适用于精确定量。近年来，LC-MS技术是多种生物样本如血细胞样品和组织样品的脂质组学研究过程中最广泛使用的技术手段。常用于甘油磷脂的鉴定和定量分析。

1）*正相色谱-质谱联用（NPLC-MS）*　NPLC可以将脂类化合物根据其分子极性差异进行分离。尤其对磷脂来说，NPLC可以实现将不同极性头基磷脂分离，且质谱检测器可以用于未分离的同类脂质化合物的检测以弥补正相条件下难以达到组内单个化合物分离的不足。朱超（2001）建立了NPLC-MS的磷脂组学平台，实现七大类磷脂的分离，并对65种化合物进行定性定量分析，利用该平台完成了中药方剂“糖肾方”对自发性2型糖尿病鼠磷脂代谢的影响研究。然而NPLC需要较长的平衡时间，这会造成潜在的重现性问题，并且流动相挥发性造成洗脱剂极性变化导致的保留时间漂移也是不容忽视的。

2）*亲水作用色谱-质谱联用（HILIC-MS）*　相比NPLC，HILIC兼顾了NPLC优势的同时还具有流动相简单、分离效率高、与质谱兼容性好等优势，尤其适合于极性化合物的分离。但是HILIC因其与NPLC的机理相似，同样无法完成同一极性头基磷脂的组内分离。

3）*反相色谱-质谱联用（RPLC-MS）*　RPLC-MS是目前脂质组学中使用最广泛的技术手段。NPLC利用极性差异将各种磷脂分离，RPLC是根据脂类化合物酰基链的长度不同导致的疏水性差异，从而在反相柱上的保留时间不同而按顺序流出得以分离。RPLC-MS可以实现将同一类脂类的不同分子种类进行分离以得到样品更多更详细的信息。多项研究利用该手段对脂肪酸、磷脂、鞘磷脂进行目标性脂质组学检测。同时，该平台也广泛适用于非目标性脂质轮廓研究。例如，Zhang等（2014）在RPLC-QTOF MS平台上建立了血清样本的非目标性脂质轮廓研究，对118种血清脂质进行定性、定量，用来衡量二甲双胍和格列吡嗪对同时患有冠心病和2型糖尿病者的治疗效果。然而RPLC分离脂质时，不同种类的脂质色谱峰重叠现象仍有可能较为严重，因为潜在的离子抑制效应对低丰度脂质定量可能会造成一定的影响。

4）*二维液相色谱-质谱（2D-LC-MS）*　一维LC-MS脂质分析方法的局限性在于不能实现单个化合物之间的完全分离，尤其是磷脂类化合物。NPLC能够较好实现脂质的组间分离，而RPLC对于同一种脂质中不同化合物有较好的分离效果，2D-LC-MS是将脂质提取物根据脂质组分的极性差异利用正相色谱在种类上进行分离，而后利用反相色谱将组分中的脂质进一步分离，再通过质谱进行定性定量，得到脂质组更全面的信息，显然这也有过程烦琐、耗时久的缺点。Weng等（2015）建立了在线正相-反相二维色谱-四极杆飞行时间质谱联用（NP/RP 2D LC-QTOF MS）检测平台，通过对氯苯丙氨酸干预下5-羟色胺缺陷动物模型的脂质轮廓的分析，寻找到18种5-羟色胺缺陷疾病的新型脂质生物标志物。

4. 核磁共振 核磁共振（NMR）能对少量样品进行测定，是一种快速、简单的分析方法。与液质联用不同，核磁共振不需要大量的优化参数，是一个很有效的定量测定手段，但对复杂的混合物通常不能直接定性分析。对碳架结构的信息所知有限，而由两种物质得到类似的图谱则是NMR面临的另一个挑战。Estrada等（2010）利用NMR和基质辅助激光解吸电离质谱（MALDI-MS）对成年人晶状体细胞膜中磷脂含量进行重新评估，发现人体晶状体细胞膜中含有相当大量的乙醚基甘油磷脂和其相应的溶血型分子。但总体而言，NMR的敏感度还是不如MS，仅限于对组织中含量较高的脂质，如磷脂酰胆碱和胆固醇等的测定，多用于疾病检测。

参考文献

柴溢，张毅，姜铁民，等．2014．UPLC法测定牛乳脂肪中脂肪酸的构成．食品科技，39（6）：272-275．

陈和地，任怡琳，耿燕，等．2019．基于超高效液相色谱法快速测定短链脂肪酸方法的建立．生物加工过程，17（4）：365-371．

刁宏斌，王顺，赵新峰，等．2010．高效液相色谱直接衍生化法测定血清游离脂肪酸组成．临床和实验医学杂志，9（6）：412-414．

高永平．2019．柱前衍生结合高效液相色谱-荧光检测法测定人体血浆中脂肪酸．分析科学学报，35（2）：257-260．

龚金炎，靳羽晓，王静静，等．2018．硫氰亚铁铵比色法测定蛋黄卵磷脂中总磷脂含量．食品工业，39（8）：319-322．

韩贤林．2019．脂质组学．北京：中国轻工业出版社．

胡梦玲，张帅，方益，等．2019．溶剂萃取-柱前衍生-气相色谱法测定南极磷虾中脂肪酸组成和含量．分析试验室，38（5）：569-574．

李存法，何金环．2005．固相萃取技术及其应用．天中学刊，（5）：13-16．

李晗，龚伟，张慧，等．2014．HPLC-电喷雾检测器法测定长春瑞滨热敏脂质体中溶血磷脂含量．中国新药杂志，23（13）：1493-1496．

廖勤俭，练顺才，李杨华，等．2013．高效液相色谱四极杆飞行时间质谱联用技术检测白酒中高级脂肪酸．酿酒科技，（10）：97-99．

刘辉，陈国强，王艳英，等．2011．应用超高分辨质谱成像技术研究脂类分子在小鼠肝组织中的分布．分析化学，39（1）：87-90．

刘元法，王兴国．2003．酶反应技术在功能性油脂分离和纯化中的应用．中国油脂，（12）：82-85．

马丽娜，葛庆联，陈大伟，等．2017．酶比色法测定禽蛋中的胆固醇含量．食品安全质量检测学报，8（8）：2880-2884．

缪秋韵，高雯，李杰，等．2019．脂质组学分析方法进展及其在中药研究中的应用．中国中药杂志，44（9）：1760-1766．

聂洪港，刘冉冉，杨悠悠，等．2016．二维液相色谱-质谱法研究犬肾小管上皮细胞脂质组成及马兜铃酸（Ⅰ）对其影响．质谱学报，37（4）：289-300．

沈雅萍，王凤玲，关文强，等．2019．气质联用法测定反复冻融畜禽肉中胆固醇及其氧化物含量．食品工业科技，40（9）：78-84，90．

宋诗瑶，白玉，刘虎威．2020．脂质组学分析中样品前处理技术的研究进展．色谱，38（1）：66-73．
王世龙．2018．高效液相色谱-多波长荧光检测法同时检测多维生素片中维生素A和维生素E的含量．食品与药品，20（6）：449-452．
王友谊．2012．鸟枪法脂质组学分析磷脂和胆固醇酯及其应用．杭州：浙江工商大学硕士学位论文．
吴琳，刘四磊，魏芳，等．2015．Florisil固相萃取法联用气相色谱测定油脂中sn-2位脂肪酸．中国油料作物学报，37（2）：227-233．
张华林，郭志谋，王联芝，等．2019．基于电喷雾-四极杆-飞行时间质谱的神经节苷脂的结构解析．分析化学，47（6）：925-932．
张帅，丛海林，于冰．2017．超高效液相色谱的发展及在分析领域的应用．分析仪器，（6）：16-27．
张耀广，王玉英，柴艳兵，等．2015．GC-MS法测定生鲜牛乳脂肪酸组成及含量的研究．食品研究与开发，36（13）：99-102．
郑姝宁，张延国，吕军，等．2017．超高效液相色谱-飞行时间-串联质谱法用于大白菜叶片中的脂质成分分析．色谱，35（2）：169-177．
朱炳祺，刘柱，陈万勤，等．2017．三种方法对肉松中胆固醇含量的测定及比较．湖北农业科学，56（5）：942-945．
朱超．2001．基于液相色谱质谱联用技术的磷脂组学平台的建立、改进及应用．上海：华东理工大学博士学位论文．
Batista A, Vetter W, Luckas B. 2001. Use of focused open vessel microwave-assisted extraction as prelude for the determination of the fatty acid profile of fish—a comparison with results obtained after liquid-liquid extraction according to Bligh and Dyer. European Food Research and Technology, 212(3): 377-384.
Bian J, Xue Y, Yao K, et al. 2014. Solid-phase extraction approach for phospholipids profiling by titania-coated silica microspheres prior to reversed-phase liquid chromatography-evaporative light scattering detection and tandem mass spectrometry analysis. Talanta, 123: 233-240.
Bligh E G, Dyer W J. 1959. A rapid method of total lipid extraction and purification. Can J Biochem Physiol, 37(8): 911-917.
Brügger B, Erben G. 1997. Quantitative analysis of biological membrane lipids at the low picomole level by nano-electrospray ionization tandem mass spectrometry. Proc Natl Acad Sci USA, 94(6): 2339-2344.
Chiu H H, Tsai S J, Tseng Y J, et al. 2015. An efficient and robust fatty acid profiling method for plasma metabolomic studies by gas chromatography-massspectrometry. Clin Chim Acta, 451: 183-190.
Delmonte P, Fardin-Kia A R, Kramer J K, et al. 2012. Evaluation of highly polar ionic liquid gas chromatographic column for the determination of the fatty acids in milk fat. J Chromatogr A, 1233: 137-146.
Deng J, Li W, Yang Q, et al. 2018. Biocompatible surface-coated probe for *in vivo*, *in situ*, and microscale lipidomics of small biological organisms and cells using mass spectrometry. Analytical Chemistry, 90(11): 6936-6944.
Estrada R, Puppato A, Borchman D, et al. 2010. Reevaluation of the phospholipids composition in membranesof adult human lenses by 31P NMR and MALDI MS. Biochimica et Biophysica Acta-Biomenbranes, 1798: 303-311.
Fan H, Smuts J, Bai L, et al. 2016. Gas chromatography-vacuum ultraviolet spectroscopy for analysis of fatty acid methyl esters. Food Chemistry, 194 (MAR. 1): 265-271.
Folch J, Lees M, Stanley G H S. 1957. A simple method for the isolation and purification of total lipides from animal tissues. The Journal of Biological Chemistry, 226(1): 497-509.
Ghidotti M, Fabbri D, Torri C, et al. 2018. Determination of volatile fatty acids in digestate by solvent extraction with dimethyl carbonate and gas chromatography-mass spectrometry. Analytica Chimica Acta, 1034: 92-101.

Gidden J, Densonb J, Liyanagea R. 2009. Lipid compositions in *Escherichia coli* and *Bacillus subtilis* during growth as determined by MALDI-TOF and TOF/TOF mass spectrometry. Int J Mass Spectrom, 283: 178-184.

Gorner T, Perrut M. 1989. Separation of unsaturated fatty-acid methyl-esters by supercritical fluid chromatography on a silica column. LC GC-MAG SEP SCI, 7(6): 502.

Guillarme D, Nguyen D T T, Rudaz S, et al. 2008. Method transfer for fast liquid chromatography in pharmaceutical analysis: application to short columns packed with small particle. Part Ⅱ: gradient experiments. European Journal of Pharmaceutics and Biopharmaceutics, 68(2): 430-440.

Han X L, Gross R W. 2003. Global analyses of cellular lipi-domes directly from crude extracts of biological samples by ESI mass spectrometry: a bridge to lipidomics. Lipid Res, 44: 1071-1079.

Huai-Hsuan C, Ching-Hua K. 2020. Gas chromatography-mass spectrometry-based analytical strategies for fatty acid analysis in biological samples. Journal of Food and Drug Analysis, 28(1): 60-73.

Japon-Lujan R, Luque-Rodriguez J M, de Castro M D L. 2006. Dynamic ultrasound-assisted extraction of oleuropein and related biophenols from olive leaves. Journal of Chromatography A, 1108(1): 76-82.

Jiang H, Engelhardt U H, Thraene C, et al. 2015. Determination of flavonol glycosides in green tea, oolong tea and black tea by UHPLC compared to HPLC. Food Chemistry, 183: 30-35.

Leila H, Diako E, Michael G, et al. 2009. Determination of the composition of fatty acid mixtures using GC × FI-MS: a comprehensive two-dimensional separation approach. Anal Chem, 81(4): 1450-1458.

Liu A, Terry R, Lin Y, et al. 2013. Comprehensive and sensitive quantification of long-chain and very long-chain polyunsaturated fatty acids in small samples of human and mouse retina. J Chromatogr A, 1307: 191-200.

Liu Y, Chen T, Qiu Y, et al. 2011. An ultrasonication-assisted extraction and derivatization protocol for GC/TOFMS-based metabolite profiling. Analytical and Bioanalytical Chemistry, 400(5): 1405-1417.

Matayash V, Liebisch G, Kurzchalia T V, et al. 2008. Lipid extraction by methyl-tert-butyl ether for high-throughput lipidomics. J Lipid Res, 49(5): 1137-1146.

Materny E R, Donfack P, Matemy A. 2009. Rapid determination of free fatty acid in extra virgin olive oil by Raman spectroscopy and multivariate analysis. Journal of the American Oil Chemists Society, 86(6): 507-511.

Merkle J A, Larick D K. 1993. Triglyceride content of supercritical carbondioxide extracted fractions of beef fat. J Food Sci, 58(6): 1237-1240.

Ostermann A I, Muller M, Willenberg I, et al. 2014. Determining the fatty acid composition in plasma and tissues as fatty acid methyl esters using gas chromatography—a comparison of different derivatization and extraction procedures. Prostag Leukotr Ess, 91: 235-241.

Pawlosky R J, Sprecher H W, Salem N. 1992. High-sensitivity negative-ion GC-ms method for detection of desaturated and chain-elongated products of deuterated linoleic and linolenic acids. J Lipid Res, 33: 1711-1717.

Peterson B L, Cummings B S. 2006. A review of chromatographic methods for the assessment of phospholipids in biological samples. Biomedical Chromatography, 20(3): 227-243.

Rampler E, Schoeny H, Mitic B M, et al. 2018. Simultaneous non-polar and polar lipid analysis by on-line combination of HILIC, RP and high resolution MS. Analyst, 143(5): 1250-1258.

Ratnayake W M N, Olsson B, Matthews D, et al. 1988. Preparation of OMEGA-3 PUFA concentrates from fish oils via urea complexation. Fett Wissenschaft Technologie-Fat Science Technology, 90(10): 381-386.

Santos I C, Smuts J, Crawford M L, et al. 2019. Large-volume injection gas chromatography-vacuum ultraviolet spectroscopy for the qualitative and quantitative analysis of fatty acids in blood plasma. Analytica Chimica Acta, 1053: 169-177.

Schlenk H, Holman R H, Lundberg W O, et al. 1954. Progress in the Chemistry of Fats and Lipids. New York:

Pergamon Press: 243-267.

Schug K A, Sawicki I, Carlton D D, et al. 2014. Vacuum ultraviolet detector for gas chromatography. Anal Chem, 86: 8329-8335.

Shimada Y, Maruyama K, Sugihara A, et al. 1997. Purification of docosahexaenoic acid from tuna oil by a two-step enzymatic method: hydrolysis and selective esterification. Journal of the American Oil Chemists Society, 74(11): 1441-1446.

Shimada Y, Watanabe Y, Sugihara A, et al. 2001. Ethyl esterification of docosahexaenoic acid in an organic solvent-free system with immobilized Candida antarctica lipase. Journal of Bioscience and Bioengineering, 92(1): 19-23.

Sitko R, Zawisza B, Kowalewska Z, et al. 2011. Fast and simple method for determination of fatty acid methyl esters (FAME) in biodiesel blends using X-ray spectrometry. Talanta, 85(4): 2000-2006.

Teo C C, Chong W P K, Ho Y S. 2013. Development and application of microwave-assisted extraction technique in biological sample preparation for small molecule analysis. Metabolomics, 9(5): 1109-1128.

Truzzi C, Illuminati S, Annibaldi A, et al. 2017. Quantification of fatty acids in the muscle of ntarctic fish *Trematomus bernacchii* by gas chromatography-mass spectrometry: optimization of the analytical methodology. Chemosphere, 173: 116-123.

Tsochatzidis N A, Guiraud P, Wilhelm A M, et al. 2001. Determination of velocity, size and concentration of ultrasonic cavitation bubbles by the Phase-Doppler technique. Chemical Engineering Science, 56(5): 1831-1840.

Uchikata T, Matsubara A, Fukusaki E, et al. 2012. High-throughput phospholipid profiling system based on supercritical fluid extraction-supercritical fluid chromatography/mass spectrometry for dried plasma spot analysis. Journal of Chromatography A, 1250: 69-75.

Ulmer C Z, Jones C M, Yost R A, et al. 2018. Optimization of Folch, Bligh-Dyer, and Matyash sample-to-extraction solvent ratios for human plasma-based lipidomics studies. Analytica Chimica Acta, 1037: 351-357.

Villalobos S M I, Patel A, Orsat V, et al. 2013. Fatty acid profiling of the seed oils of some varieties of field peas (*Pisum sativum*) by RP-LC/ESI-MS/MS: towards the development of an oilseed pea. Food Chemistry, 139(1-4):986-993.

Vongsvivut J, Heraud P , Zhang W, et al. 2012. Quantitative determination of fatty acid compositions in micro-encapsulated fish-oil supplements using Fourier transform infrared (FTIR) spectroscopy. Food Chemistry, 135(2): 603-609.

Weatherly C A, Zhang Y, Smuts J P, et al. 2016. Analysis of long-chain unsaturated fatty acids by ionic liquid gas chromatography. J Agric Food Chem, 64: 1422-1432.

Weng R, Shen S S, Yang L, et al. 2015. Lipidomic analysis of *p*-chloro-phenylalanine-treated mice using continuous-flow two-dimensional liquid chromatography/quadrupole time-of-flight mass spectrometry. Rapid Commun Mass Spectrom, 29(16): 1491-1500.

Zeng A X, Chin S T, Nolvachai Y, et al. 2013. Characterisation of capillary ionic liquid columns for gas chromatography-mass spectrometry analysis of fatty acid methyl esters. Anal Chim Acta, 803: 166-173.

Zhang Y F, Hu C X, Hong J, et al. 2014. Lipid profiling reveals different therapeutic effects of metformin and glipizide in patients with type 2 diabetes and coronary artery disease. Diabetes Care, 37(10): 2804-2812.

Zhu G, Liu F, Li P, et al. 2019. Profiling free fatty acids in edible oils via magnetic dispersive extraction and comprehensive two-dimensional gas chromatography-mass spectrometry. Food chemistry, 297: 124998.

第8章

多糖类物质的分离纯化与表征

8.1 多糖类物质的研究进展

8.1.1 多糖的来源

多糖是由一种或者多种单糖通过大量糖苷键连接成的高分子碳水化合物。多糖是构成生命体的重要结构性成分和功能性成分，广泛存在于高等植物、动物、微生物、菌菇等组织细胞中。天然产物来源的多糖结构复杂，目前已知结构类型的多糖有葡聚糖、果聚糖、甘露聚糖、木聚糖、阿拉伯聚糖、半乳聚糖等同聚多糖以及木葡聚糖、阿拉伯半乳聚糖、葡甘露聚糖、半乳甘露聚糖、果胶多糖等异聚多糖。天然产物中活性多糖具有抗肿瘤、增强免疫力、降血糖等多种生物活性。随着人类对生命科学研究的深入，人们逐步意识到糖类物质在阐明很多生命现象中的重要作用，从而揭开了生物化学的一个重大前沿——糖生物学时代。近年来，糖类物质的研究已成为学者关注的焦点。多糖的分离纯化与表征技术作为多糖活性研究的基础，自然受到了广泛的关注。

自然界中植物资源丰富，植物多糖普遍存在于植物的根、茎、叶、花、果、皮与种子中。国内外对于植物多糖的研究已经开展了几十年，在植物多糖的提取、分离、纯化、定量分析、结构测定和生物活性方面做了大量的工作，如茶多糖（Chen et al.，2016）、魔芋多糖（Devaraj et al.，2019）、石斛多糖（Yue et al.，2020）、车前子多糖（Ji et al.，2019）等被广泛研究与开发。

动物多糖通常以糖链为骨架，与蛋白质和脂质等其他非糖类物质结合在一起，存在于动物细胞中。目前国内外研究人员已从海洋动物中分离出多种糖类成分，如甲壳类动物中的甲壳素、软骨鱼中的硫酸软骨素、棘皮动物海参及海星中的硫酸多糖、软体动物（扇贝、文蛤、鲍鱼等）中的糖胺聚糖（张磊等，2018）。药用昆虫也是很多活性多糖的重要来源，如白蜡虫、蚕蛹、黄粉虫、蟑螂等（霍俊成等，2019）。白蜡虫多糖是一种糖蛋白，多糖部分由葡萄糖、甘露糖、半乳糖组成（何钊等，2008）。蚕蛹多糖由葡萄糖、鼠李糖、甘露糖、半乳糖和葡糖醛酸构成（王什和李红玉，2017）。黄粉虫多糖主要为葡萄糖，另含少量甘露糖和半乳糖（何钊等，2011）。

除了动植物外，多糖大量存在于大型子实体真菌中。按照分布位置的不同，真菌多糖可分为胞外多糖和胞内多糖，胞外多糖主要是指在真菌生长过程中由细胞合成然后以黏液的形式分泌到菌丝体表面或发酵液中的多糖。胞内多糖是指从真菌子实体或者菌丝体中提取分离获得的多糖。目前，已从香菇、虎奶菇、木耳、猴头菇、茶树菇、杏鲍菇、灰树花等菌菇中分离得到很多高活性的多糖（Ubaidillah et al.，2015；Hao et al.，2016）。

微生物多糖主要指大部分细菌、少量真菌和藻类产生的多糖。在微生物细胞内，多糖主要以三种形式存在，即黏附在细胞表面上的胞壁多糖、分泌到培养基中的胞外多糖以及构成微生物细胞成分的胞内多糖。其中胞外多糖具有产量大、易于与菌体分离、更易实现工业化生产等突出特点（崔艳红和黄现青，2006）。目前市场上已被广泛应用的黄原胶（xanthan gum）、结冷胶（gellan gum）、短梗霉多糖（pullulan）和热凝多糖（curldan）等均为微生物胞外多糖。由于生产周期短且不受外界环境条件的影响，微生物多糖具有较强的市场竞争力和广阔的发展前景，现已作为增稠剂、胶凝剂、成膜剂、乳化剂等应用到食品、制药、石油化工等领域。

8.1.2　多糖的结构

多糖的结构分为一级结构和高级结构。目前已从天然产物中分离鉴定出葡聚糖、木葡聚糖、甘露聚糖、葡甘露聚糖、木聚糖、阿拉伯木聚糖、半乳聚糖、果胶、甲壳素、硫酸软骨素等多种结构类型的多糖。下文将对不同结构类型的多糖作简要说明。

1. 葡聚糖　葡聚糖是一类由葡萄糖残基通过α-糖苷键或者β-糖苷键按不同的连接方式组成的多糖（Ruiz-Herrera and Ortiz-Castellanos，2019），如藻类和植物来源的淀粉就是由α-（1→4）-葡萄糖残基连接而成，是最为常见的一种提供能量的葡聚糖。非淀粉类葡聚糖如谷物类植物（燕麦、大麦等）中的β-葡聚糖、菌菇和酵母细胞壁中的α-葡聚糖或者β-葡聚糖。一般而言，除糖原外，菌菇中的其他α-葡聚糖为α-（1→3）-葡聚糖或α-（1→4），（1→3）-葡聚糖，主要构成细胞壁结构。不同于α-葡聚糖，菌菇中存在更多的功能性β-葡聚糖，而且结构更加多样化。根据主链和侧链结构的差异葡聚糖可以分成如下几种结构类型：线性β-（1→3）-葡聚糖、以β-（1→6）-葡萄糖残基为支链的β-（1→3）-葡聚糖、β-（1→3），（1→4）-葡聚糖、β-（1→3），（1→4），（1→6）-葡聚糖、磷酸化β-（1→3）-葡聚糖、具有大量β-（1→6）-葡萄糖残基作为支链的β-（1→3）-葡聚糖、β-（1→6）-葡聚糖等（Ruiz-Herrera and Ortiz-Castellanos，2019）。Villares（2013）从香杏丽蘑中分离出一种β-葡聚糖，该葡聚糖主链由β-（1→6）-葡萄糖残基连接而成，β-（1→4）-葡萄糖残基作为支链连接在主链上，分支度为4%。该多糖在0.2 mol/L NaOH溶液中呈现三螺旋结构（Villares，2013）。Lu等（2018）从牛樟芝中分离出一种硫酸化葡聚糖，该组分主链为硫酸化的β-（1→4）-葡萄糖残基，在主链上有两条β-（1→6）-葡萄糖残基连接成的长支链。硫酸化取代度非常高，取代位点主要在主链和支链葡萄糖残基的O-2位（Lu et al.，2018）。图8-1为两种从鸡油菌子实体中分离获得的葡聚糖的重复单元结构示意图。

2. 甘露聚糖、葡甘露聚糖或半乳甘露聚糖　甘露聚糖是一类由甘露糖残基以α/β-（1→3）-、α/β-（1→6）-或α/β-（1→4）-等方式连接成的糖类聚合物。当主链上部分甘露糖残基被葡萄糖或半乳糖替代时，则分别为葡甘露聚糖和半乳甘露聚糖。例如，Kokoulin等（2020）从海洋细菌*Halomonas halocynthiae*中分离出一种硫酸化α-甘露聚糖，该多糖主链由→2）-α-Man-（1→3）-α-Man-（1→3）-α-Man-（1→三糖单元重复连接构成，在主链→2）-α-Man-（1→残基的O-3位和O-6位存在硫酸基团取代，在→3）-α-Man-（1→残基的O-2位存在乙酰基取代（Kokoulin et al.，2020）。Wang等（2014）从白芨中分离出一种葡甘露聚糖，该多糖主链由→4）-α-Man-（1→和→4）-β-Glc-（1→残基连接而成（Wang

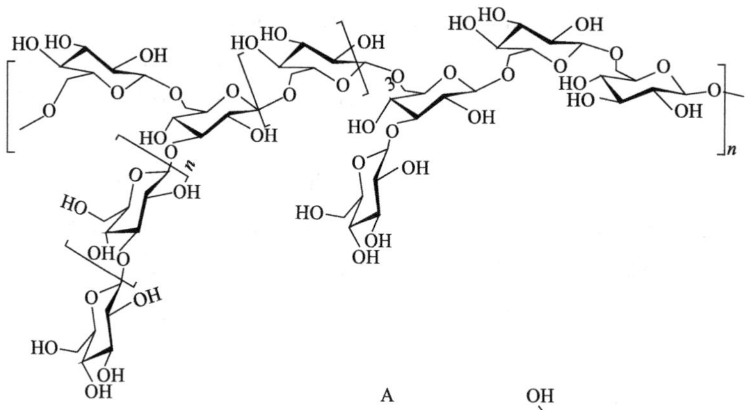

A

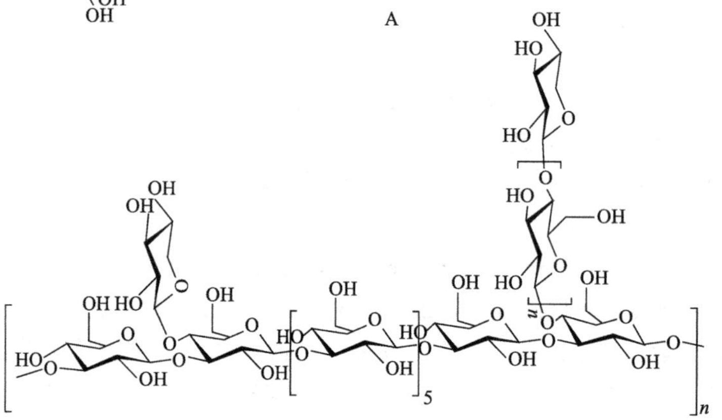

B

图8-1 两种鸡油菌子实体中葡聚糖的重复单元结构

A．β-D-（1→6）-葡聚糖主链上连有β-D-（1→3）-葡聚糖侧链；B．β-D-（1→3）-葡聚糖主链上连有β-D-（1→3）-葡聚糖侧链（Nyman et al.，2016）

et al.，2014）。Sun等（2018）从皂荚中分离一种半乳甘露聚糖，该组分由→4）-β-Man-（1→残基构成主链，侧链为单个α-半乳糖。半乳甘露聚糖在中性溶液中为无规线团构象，在碱性溶液中有少量螺旋结构。一种从鸡油菌中分离出的α-（1→6）-甘露聚糖的重复结构单元如图8-2所示。

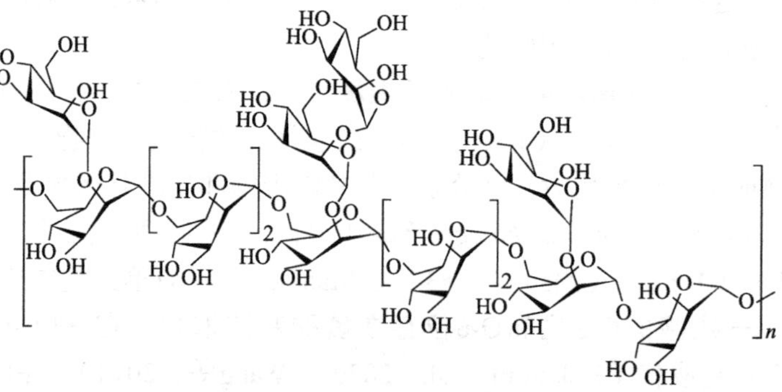

图8-2 一种鸡油菌中分离出的α-（1→6）-甘露聚糖的重复单元结构（Nyman et al.，2016）

3. 木聚糖或阿拉伯木聚糖 木聚糖是木糖残基聚合而成的多糖，如Mandal等（2010）从一种褐藻（*Scinaia hatei*）中分离出了一种具有抗病毒活性的线性β-（1→4）-木聚糖。当木聚糖分子中存在阿拉伯糖、糖醛酸等其他单糖时，便称为异木聚糖。阿拉伯木聚糖是其中常见的一种，在燕麦、大麦、小麦等植物细胞壁中普遍存在（Ding et al.，2018；Guo et al.，2019a）。另外车前（Yin et al.，2012）、亚麻籽（Ding et al.，2018）、穿心莲（Maity et al.，2019）、美人蕉（Zhang and Wang，2011）等中也存在阿拉伯木聚糖。阿拉伯木聚糖通常由β-（1→4）-木糖残基构成主链，主链与大量的阿拉伯糖残基或木糖残基相连，形成高度分支化的多糖。有些阿拉伯木聚糖还存在阿魏酸基团取代的现象（Wang et al.，2020）。Maity等（2019）从穿心莲的茎中获得的阿拉伯木聚糖由大多数β-（1→4）-木糖残基和少量α-（1→2）-阿拉伯糖残基构成主链，在主链的部分木糖残基的O-2位存在甲氧基取代（Mandal et al.，2010）。如图8-3所示，Guo等（2019a）从去壳大麦麸皮中分离鉴定出一种异木聚糖，以β-（1→4）-木糖残基连接成主链，支链由阿拉伯糖、半乳糖、木糖等组成复杂多样的形式。

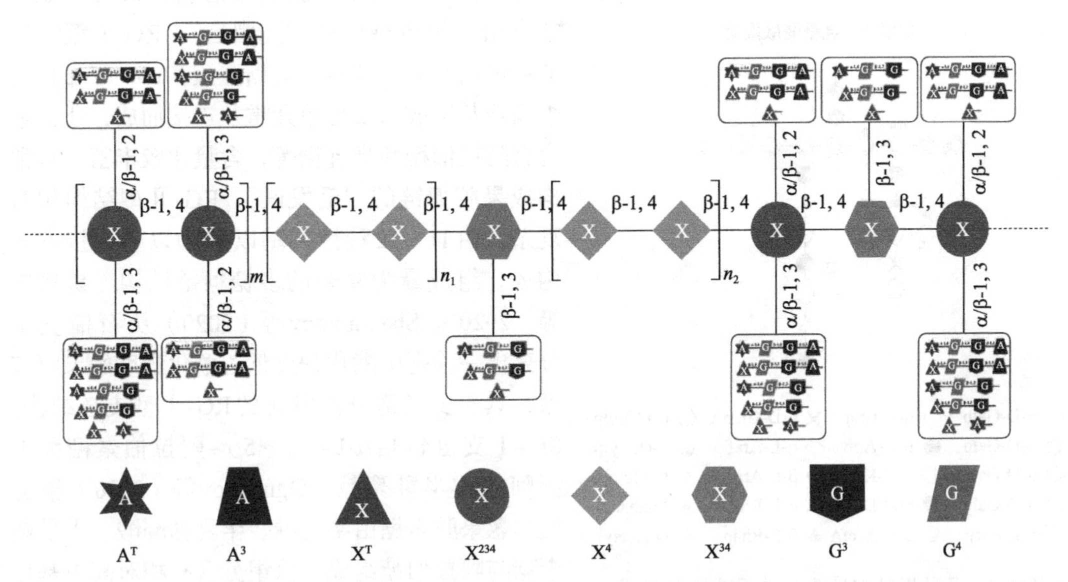

图8-3 去壳大麦麸皮碱提阿拉伯木聚糖的重复单元结构示意图（Guo et al.，2019a）

除阿拉伯木聚糖外，还有其他结构类型的异木聚糖。Capekt和Matulová（2013）采用碱提法从鼠尾草中分离出一种结构相对复杂的异木聚糖。在β-（1→4）-木聚糖主链上存在由阿拉伯糖和*O*-4-甲基-葡糖醛酸构成的支链。侧链上阿拉伯糖以末端阿拉伯糖残基、（1→3）-阿拉伯糖残基和（1→3,5）-阿拉伯糖残基3种形式存在。另外，*O*-4-甲基-葡糖醛酸主要连接在木糖残基的O-2位。Morais de Carvalho 等（2017）从甘蔗渣中分离出另一种由阿拉伯糖、*O*-4-甲基-葡糖醛酸和木糖组成的异木聚糖。与之不同的是，该多糖的β-(1→4)-木聚糖主链上存在O-2位和O-3位乙酰基单取代和双取代。另有阿拉伯糖在O-3位连接，葡糖醛酸在O-2位连接。

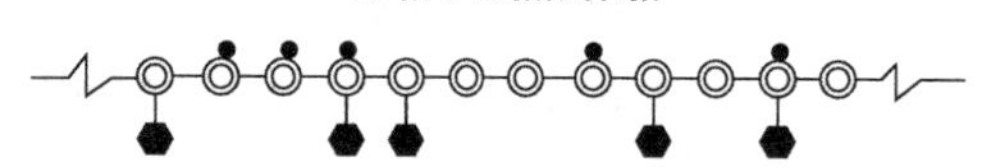

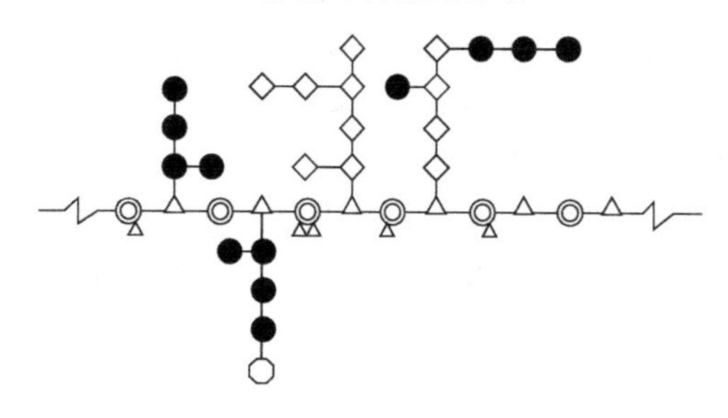

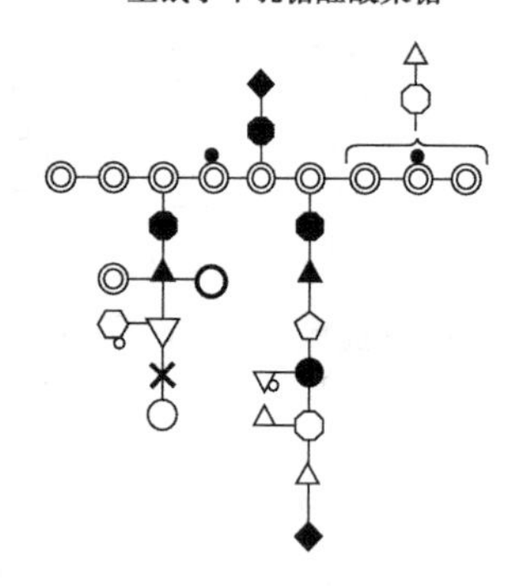

图8-4 几种果胶多糖重复单元结构示意图（Dranca and Oroian，2018）

Galp. 吡喃型半乳糖；GalpA. 吡喃型半乳糖醛酸；Fucp. 吡喃型岩藻糖；Arap. 吡喃型阿拉伯糖；Apif. 呋喃型芹菜糖；Kdop. 吡喃型 3- 脱氧 -D- 甘露 -2- 辛酮糖酸；Dhap. 吡喃型 -3 脱氧 -2- 庚酮糖酸；AcefA. 呋喃型槭汁酸；GlcpA. 吡喃型葡糖醛酸；Araf. 呋喃型阿拉伯糖；Rhap. 吡喃型鼠李糖；Xylp. 吡喃型木糖；*O*-Methyl. 甲基；*O*-Acetyl. 乙酰基

4. 果胶多糖 果胶（pectin）是广泛存在于植物细胞壁或黏液中的一种酸性杂多糖，具有维持植物细胞壁的完整性、调控孔隙度和果实硬度、抵抗病原菌等作用（易建勇等，2020）。果胶类物质一般包括同聚半乳糖醛酸（homogalacturonan，HG）、Ⅰ型鼠李半乳糖醛酸聚糖（rhamngalacturonan Ⅰ，RG-Ⅰ）、Ⅱ型鼠李半乳糖醛酸聚糖（rhamngalacturonan Ⅱ，RG-Ⅱ）和木糖半乳糖醛酸聚糖（xylogalacturonan，XGA）4种结构。如图8-4所示，HG是由α-（1→4）-半乳糖醛酸聚合而成的线性长链分子，主链半乳糖醛酸残基的O-6位可能被甲基化，O-2位或O-3位置可能存在乙酰基团取代。HG是细胞壁中的主要成分，一般占果胶物质总量的55%～90%，常常组成果胶糖链的“光滑区”。RG-Ⅰ型结构的主链由α-（1→4）-半乳糖醛酸和α-（1→2）-鼠李糖残基组成的二糖单元重复连接而成，还常常含有阿拉伯糖和半乳糖等，含量比较丰富，常常构成果胶糖链的“毛发区”。RG-Ⅱ型结构相对复杂，由11～12种糖残基以20种以上连接方式构成，组成最为复杂的多糖糖链结构（易建勇等，2020）。Shakhmatov等（2020）从石榴皮中分离出一种高甲酯化程度低乙酰化程度的果胶多糖，具有少量部分乙酰化的RG-Ⅰ型支链结构，RG-Ⅰ支链包括α-L-（1→5）-阿拉伯聚糖和Ⅰ型阿拉伯半乳聚糖。Ognyanov等（2020）报道的韭葱果胶多糖由半乳糖、半乳糖醛酸、少量鼠李糖与阿拉伯糖组成。该组分含有相对高甲基化程度的通聚半乳糖醛酸和少量RG-Ⅰ型多糖。

5. 甲壳素和脱乙酰甲壳素 甲壳素（chitin）是一种线性氨基多糖*N*-乙酰基-D-葡糖胺以β-（1→4）-糖苷键聚合而成。甲壳素是真菌的细胞壁和节肢动物的外骨骼的主要组成部分，其他的动物也含有少量此类物质。当甲壳素分子中的部分或全部乙酰基被脱除后，生成的物质被称为壳聚糖（chitosan）。图8-5为甲壳素和壳聚糖的结构示意图。通常情况下，不同来源的甲壳素由于重复单元结构排布方式的不同存在β-甲壳素和α-甲壳素两种形式。后来发现一种β-甲壳素和α-甲壳素的组合形式γ-甲壳素。研究发现，γ-甲壳素在碱性条件下很容易转化成α-甲壳素（Kumirska et al.,

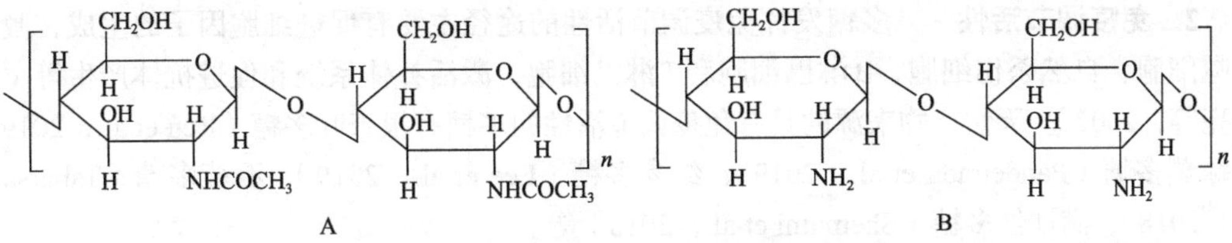

图8-5　甲壳素（A）β-脱乙酰甲壳素（壳聚糖B）重复单元结构示意图（El Knidri et al.，2018）

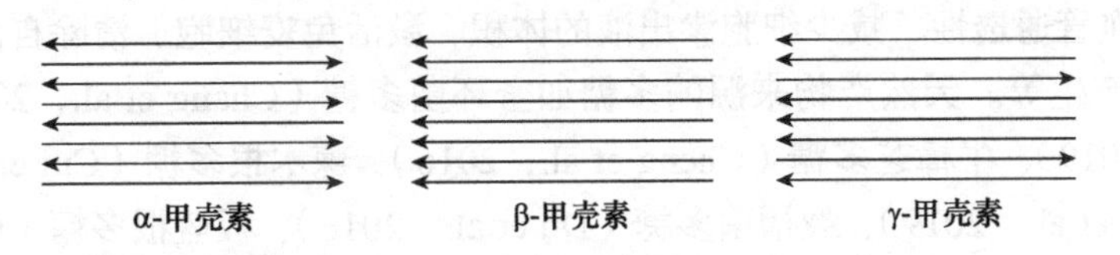

图8-6　甲壳素的3种聚合形式示意图（El Knidri et al.，2018）

2010；El Knidri et al.，2018）。图8-6为甲壳素的3种聚合形式示意图。

6. 硫酸软骨素　硫酸软骨素（chondroitio sulfate，CS）是广泛存在于人和动物软骨组织中的一类聚阴离子硫酸化黏多糖。硫酸软骨素由D-葡糖醛酸和*N*-乙酰-D-氨基半乳糖以β-（1→3）-糖苷键连接成二糖单元，二糖单元再通过β-（1→4）-糖苷键连接成长链聚合物，通常与蛋白质结合成糖蛋白（肖玉良等，2014；Yang et al.，2020）。其成分含50～70个双糖基本单位，分子量为1万～5万。根据硫酸基团位置的不同，硫酸软骨素具有A、B、C、D、E、F、H等多种异构体。图8-7为4种常见的硫酸软骨素的结构示意图。

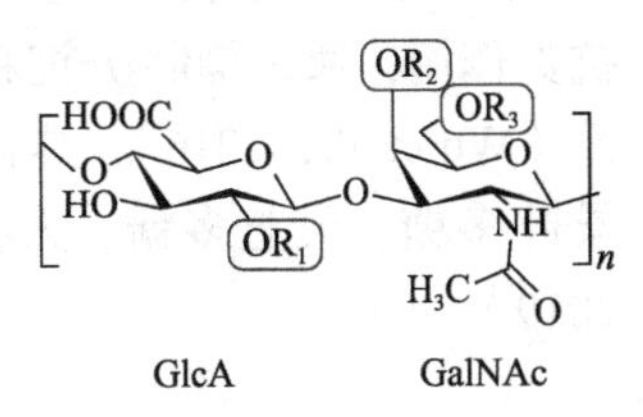

ChS-A: $R_1=R_3=H$, $R_2=SO_3H$;
ChS-C: $R_1=R_2=H$, $R_3=SO_3H$;
ChS-D: $R_2=H$, $R_1=R_3=SO_3H$;
ChS-E: $R_1=H$, $R_2=R_3=SO_3H$

图8-7　硫酸软骨素重复单元结构示意图（Zhao et al.，2015a）

8.1.3　多糖的功能活性

国内外学者对多糖的功能活性十分关注，相关研究不断发展。在研究多糖的生物活性时，涉及细胞水平、蛋白质水平和核酸水平的分析技术主要有：MTT技术，用于测定细胞存活率，观察多糖对细胞的毒性和生长状况的影响；流式细胞术，用于研究细胞毒性，细胞活性和增殖，细胞表面分子、细胞内或细胞核内抗原，分析细胞周期等；酶联免疫检测技术，用于观察多糖对动物或细胞相关蛋白质分泌水平的影响；聚合链式反应技术，从核酸水平探讨多糖对整体动物或细胞的影响；蛋白质印迹技术，观察多糖对蛋白质表达水平的影响。目前多糖的生物活性研究主要集中在抗氧化、免疫调节、抗肿瘤、降血糖等方面。下面将简要介绍多糖的几种功能活性，具体的多糖生物活性的检测技术将在后文展开叙述。

1. 抗氧化活性　多糖能够通过清除自由基、减少脂质过氧化物的生成量、增加抗氧化相关酶的活力等发挥抗氧化作用。抗氧化活性是目前研究最多的一种生物活性。抗氧化多糖可来源于各种天然产物，如鹿药多糖（Zhao et al.，2020）、缢蛏多糖（Yuan et al.，2020）、蛋黄果种子多糖（Ma et al.，2020）、枣子多糖（Liu et al.，2020）、大蒜多糖（Cheng et al.，2020）和南瓜多糖等（Chen et al.，2020）。

2. 免疫调节活性 多糖发挥免疫调节活性的途径主要有促进细胞因子的生成，激活巨噬细胞、自然杀伤细胞、B淋巴细胞和T淋巴细胞，激活补体系统和促进抗体产生等（陈洪亮等，2002）。天然产物来源的具有免疫调节活性的多糖有银杏叶多糖（Ren et al.，2019）、微绿藻多糖（Pandeirada et al.，2019）、红参多糖（Lee et al.，2019）、石莼多糖（Tabarsa et al.，2018）、满江红多糖（Shemami et al.，2018）等。

3. 抗炎活性 炎症反应伴随着疾病的发生与发展而产生。多糖发挥抗炎活性主要是通过抑制毛细血管通透性、减少细胞渗出液的体积、激活免疫细胞、清除自由基、抑制炎症性细胞因子的产生等。天然产物来源的多糖如蜜环菌多糖（Chang et al.，2013）、紫薯多糖（Chen et al.，2019）、牛樟芝多糖（Cheng et al.，2016）、辣木根多糖（Cui et al.，2019）、石花菜多糖（Cui et al.，2019）、裂褶菌多糖（Du et al.，2016）、板蓝根多糖（Du et al.，2013）等的抗炎活性有过报道。

4. 降血糖活性 多糖可通过抑制β细胞凋亡和增加β细胞数量，对β细胞起抗氧化和抗炎作用；通过抑制α-淀粉酶和α-葡糖苷酶的活性、增加胰岛素分泌等机制起到降血糖作用（Wu et al.，2016）。具有降糖活性的多糖有黄芪多糖、枸杞多糖、麦冬多糖、当归多糖、桑叶多糖、灵芝多糖、人参多糖、南瓜多糖、茶多糖等（Wang et al.，2016；Zheng et al.，2019）。

8.2 多糖的提取与分离纯化

8.2.1 多糖的提取方法

1. 溶剂提取技术 溶剂提取法主要是利用提取溶剂的扩散和渗透作用将天然产物中的活性成分溶出，是普遍使用的一种传统方法。多糖作为极性大分子物质，提取溶剂通常选用水、醇等强极性提取剂。一般来说，溶剂极性越大，对组织细胞的穿透力越强，提取效果就越理想。根据提取过程中所用溶剂的不同，溶剂提取法可以分为水提法、醇提法、酸提法和碱提法等。由于多糖类化合物在水相中溶解性好，水提法在天然产物多糖的提取中最为常用。根据多糖在有机溶剂中溶解性差这一性质，可通过向水相体系加入甲醇、乙醇等有机溶剂使多糖逐渐沉淀出来。这种水提醇沉法工艺流程简单、成本低廉、操作安全，已经成为提取天然活性多糖的首选方法。在提取过程中，影响多糖提取效率的因素主要包括料液比、提取温度、提取时间以及提取液的pH等（丁卫军和楚占营，2016）。

除以传统的热水、稀酸和稀碱作为提取溶剂外，近年来也有一些新型的溶剂被用于多糖的提取。例如，Zhou等（2014）以聚乙二醇（PEG）为溶剂提取石榴皮多糖，石榴皮经粉碎过筛和脱脂之后，加入30%PEG400（分子量为400）溶液（15 ml/g），在超声（240 W）和微波（360 W）条件下，90℃提取10 min，提取液经离心、脱蛋白、醇沉获得粗多糖（得率6.56%）。该研究表明聚乙二醇，特别是低聚合度的聚乙二醇，可以作为一种多糖的绿色提取试剂，在高温下具有生物可降解性、易燃性低、不易挥发、稳定性好等特点。

2. 超声辅助提取技术 超声辅助提取的原理是：由于超声波的空化、振动作用以及诸多次级效应的影响，生物活性成分能够与溶剂充分混合，从而得以分离。利用超声辅助提取法提取天然活性多糖的效率通常比传统的提取方法高。然而，在超声提取过程中，超声波也会促进杂质的溶出，这使得被提取的多糖的纯度受到影响。此外，超声波会对多糖的结构产生一定的影响，也可能对多糖的生物活性产生不可忽视的影响（丁卫军和楚占营，2016）。超声辅助提取法可以应用于各种类型原材料（菌菇类、植物、微生物等）中多糖的提取。但是对于每种原材料的提取，都应根据原材料的特性，对提取条件（超声功率、超声时间、温度、pH和固液比等）进行优化。如超声辅助用于夏块菌多糖的提取时，在室温下先将菌粉浸泡于提取液4 h，然后进行超声处理。最优超声处理条件是液固比75：1、15 min、pH 6.5，得率为68.91%±1.54%（Mudliyar et al.，2019）。超声提取秋葵多糖的最佳提取条件是59℃、30 min和522 W，多糖得率为10.35%±0.11%（Wang et al.，2018a）。

超声处理可以发生在样品前处理阶段（Hromádková et al.，2002），也可用在多糖浸提阶段（Li et al.，2007；Yang et al.，2008）。如Hromádková等（2002）提取缬草根多糖时，首先将缬草根粉碎，加入60%乙醇溶液处理，再引入超声技术（600 W、20 kHz）处理2 h，随后进行多糖的热水提取。在此超声处理过程中，细胞壁的完整性被破坏，其中大部分易于提取的多糖（果胶多糖和淀粉）更快地被释放和降解，而木聚糖、甘露聚糖和葡聚糖等不易被提取的多糖提取率也有所提高。在金丝小枣多糖提取时，则是先用95%的乙醇溶液处理原材料，获得醇不溶物，然后在水提时加入超声处理。经优化得出最佳超声处理条件为：提取温度45～53℃，超声功率31.7 W，超声时间20 min，液固比20：1（Li et al.，2007）。类似地，在枳壳多糖提取时，也是先用石油醚和80%乙醇处理枳壳，在提取过程中加入超声技术（58℃、33 min、28 kHz或40 kHz）以提取其中的多糖成分（Yang et al.，2020a）。

与传统的水提醇沉法相比，超声辅助提取对多糖的结构特征、理化性质和功能活性有很大影响。首先，超声处理一般使多糖的分子质量降低，单糖组成发生改变。超声提取的灵芝多糖GLP_{UAE}和热水提取的GLP_{HWE}相比，分子质量由703.45 kDa减少为465.65 kDa，单糖组成中甘露糖和葡萄糖摩尔比减少，鼠李糖和半乳糖比例增加（Kang et al.，2019）。Chen等（2019d）的研究发现超声提取改变了金针菇多糖（FVPU）的表面微观结构，破坏了三螺旋结构，增加了FVPU中低分子量多糖组分的比例。其次，超声所得多糖的理化性质可能会发生变化。如在超声功率为400 W的条件下，随着超声处理时间的增加，滑菇多糖（PNPS）的持油能力和起泡性能呈现出不断增加的趋势（Li et al.，2019a）。最后超声可能引起多糖生物活性的改变。如超声提取的灵芝多糖抗氧化活性略低于水提灵芝多糖（Kang et al.，2019），但是与热水提取的组分相比，超声提取的金针菇多糖对DPPH自由基、羟基自由基、超氧阴离子自由基具有更强的还原能力和清除活性（Chen et al.，2019d）。

3．微波辅助提取技术　微波是一种高频电磁波，它能够透过溶剂，将能量直接传递到细胞内部，使细胞内部的温度迅速上升，从而使细胞内的压力突破细胞壁的压力耐受范围，导致细胞壁破裂，细胞内的有效成分能够自由流出，并溶解在萃取介质中。相比于传统提取手段，微波辅助提取法具有提取效率高、溶剂用量少、提取速度快、无污染等优点，因而被称为“绿色提取工艺”（Rodriguez-Jasso et al.，2011）。微波辅助提取法是提高多糖得率、缩短提取时间和减少能源消耗的一种新型多糖提取技术。图8-8是一种简易的微波提取系统示意图（Mirzadeh et al.，2020）。

使用微波提取时，一般先将样品进行前处理，除去脂肪、色素、寡糖和小分子等。表8-1总结了近年来使用微波提取多糖的工艺条件。由表8-1可以发现微波提取技术在微生物、藻类、菌菇类和植物多糖的提取中均有应用，微波功率、提取时间和液固比是影响微波提取的重要因素。微波功率一般为100～800 W，多数集中在400～600 W；微波作用时间范围较宽，从1 min至2 h均有用到，这可能与原料的性质有关；液固比多集中在10～100 ml/g，只有在沙蒿多糖提取时用到了328 ml/g（Wang et al.，2009）。提取温度和pH只在部分多糖提取过程中被优化。微波辅助提取的一个明显优势就是提高多糖的提取效率。如表8-1所示，经过工艺优化，不同来源多糖的得率相差很大，低至0.13%（Silva et al.，2018）和0.26%（Wei et al.，2019），高达65%（Chen et al.，2012）。

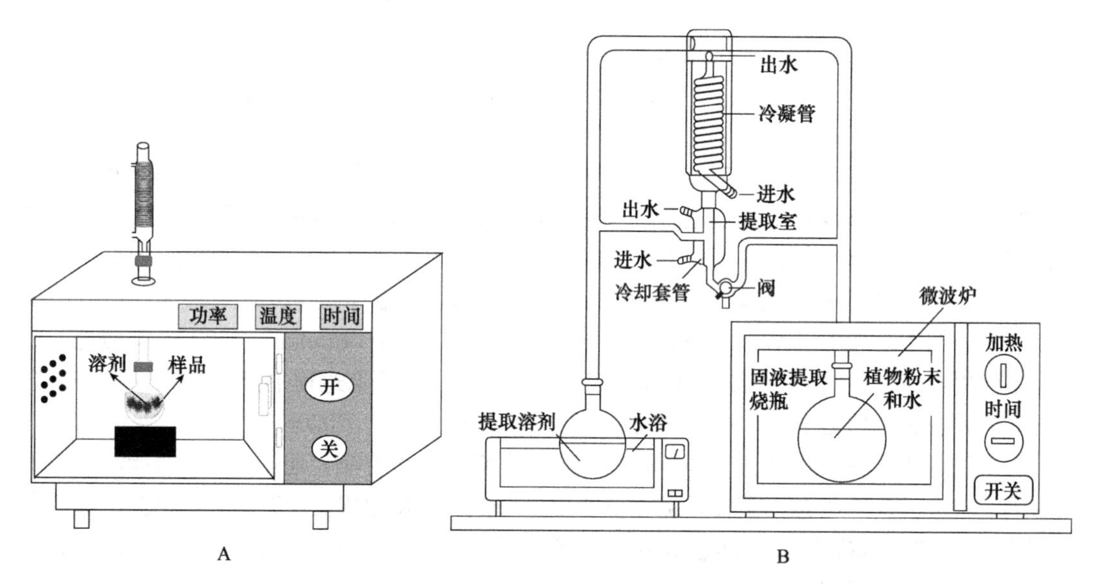

图8-8 多糖微波提取系统示意图（A）和多糖超声-微波辅助提取系统示意图（B）（Mirzadeh et al.，2020；Kumar et al.，2016）

表8-1 微波提取不同来源多糖的工艺条件及得率举例

原料	功率/W	时间/min	温度/℃	液固比/（ml/g）	pH	得率/%	参考文献
黄绿蜜环菌	601	30	/	40	/	8.40 ± 0.12	（Chen et al.，2015）
银耳	750	1.0	/	20	/	65.07 ± 0.99	（Chen et al.，2012）
旱莲木果实	600	14	70	40	/	8.61	（Hu et al.，2019）
沙棘浆果	600	6	85	10	/	0.26	（Wei et al.，2019）
沙蒿	523	70	60	328	/	31.81	（Wang et al.，2009）
蕨麻	369	76.8	63.3	14.5	/	13.33	（Wang et al.，2010）
单色水杨	597	60	50	65	/	36.55 ± 1.1	（Zhao et al.，2013）
芒果皮	413	2.2	/	18	2.7	28.86	（Maran et al.，2015）
桑叶	170	10	/	20	/	9.41	（Thirugnanasambandham et al.，2015）
树番茄	400	120	60	40	/	36.52	（Kumar et al.，2016）
鼠尾藻	547	23	80	27	/	2.84 ± 0.09	（Ren et al.，2017）
螺旋藻	434	1	/	30	/	0.13	（Silva et al.，2018）

由于微波对溶剂和样品的作用，微波辐射能够在短时间破坏细胞壁的结构，提高多糖的得率和生物活性。Mirzadeh等（2020）通过总结微波辅助技术提取不同来源多糖的抗氧化、抗自由基、抗菌和抗病毒活性，发现多糖提取效率的提高与多糖的大多数生物活性具有剂量依赖关系。微波提取的多糖活性提高的原因可能为：①多糖中硫酸基团、羟基和未被甲基化的糖醛酸含量增加；②单糖组成中葡萄糖比例减少；③多糖黏度和溶解度提高；④多糖的立体构型更有利于羟基上质子的释放；⑤多糖分子大小或分子质量降低；⑥多糖具有更大的表面积可以使自由基淬灭，并迅速扩散到微生物的细胞膜中。

4. 酶辅助提取技术　酶是常用的生物催化剂之一，被广泛用于提高各种来源的目标化合物的提取率。酶辅助提取技术是一种绿色环保的技术，能耗少，应用范围广。表8-2列出了几种不同来源多糖的酶辅助提取条件和多糖的得率。可以看出，加酶种类和加酶量、pH、温度、液固比和时间等是酶提取过程中的关键因素，其中pH和温度是影响酶活力的关键条件。在考虑使用酶辅助提取多糖时，首先需要考虑的是使用什么酶。针对不同的原料，不同生物酶的作用效果会有较大差别。例如，植物细胞壁的主要成分是纤维素，在植物活性成分的提取过程中，首先采用纤维素酶等对植物细胞壁进行适当处理，能够使细胞壁软化甚至破裂，细胞的通透性增强，从而促进细胞内容物的溶出（丁卫军和楚占营，2016）。在提取桑葚多糖时，研究者对比了单独采用纤维素酶、β-葡聚糖酶、果胶酶和葡萄糖氧化酶以及混合酶（β-葡聚糖酶和葡萄糖氧化酶，β-葡聚糖酶和果胶酶，β-葡聚糖酶、果胶酶和葡萄糖氧化酶）的提取效率。结果发现葡萄糖氧化酶对于提高桑葚多糖得率的效果最好；经过响应面优化，发现加酶量为0.40%、酶处理时间为38 min、温度为58℃、液固比11.0条件下多糖的得率为16.16%±0.14%（Deng et al.，2014）。在提取黄芪多糖时，研究者首先对比8种酶（葡萄糖氧化酶、淀粉转葡糖苷酶、半纤维素酶、细菌淀粉酶、真菌淀粉酶、果胶酶、纤维素酶和复合酶vinozyme）的处理效果，发现葡萄糖氧化酶效果最好。随后利用单因素和响应面法优化获得葡萄糖氧化酶的最佳处理条件为加酶量3.0%、酶处理时间3.44 d、温度56.9℃、pH 7.8，此条件下黄芪多糖得率为29.96%±0.14%（Chen et al.，2014a）。Ticar等（2015）在提取酒石狮子鱼籽多糖时，对比Alcalase®2.4 L、Flavourzyme®500MG和Protamex®三种酶的提取效率，发现Protamex®最为合适。具体提取过程是：将冻干粉碎的鱼籽用丙酮浸泡3 d脱脂，然后用水洗再冻干，称取2 g脱脂后的鱼籽浸泡于20 ml 50 mmol/L磷酸缓冲液中，加酶后开始浸提一定时间，然后将酶灭活、脱蛋白、透析、冻干获得多糖。

由表8-2可以发现，在酶辅助提取过程中，有的使用单一酶，有的同时使用多种酶。常混合使用的酶包括纤维素酶与淀粉酶、淀粉酶与复合酶、蛋白酶和果胶酶等。Song等（2018）在提取韩国高丽参多糖时，对比了单独使用纤维素酶、α-淀粉酶和使用复合酶的作用效果，依次得到了高丽参多糖FGEP-C（纤维素酶辅助提取，得率2.7%）、FGEP-A（α-淀粉酶辅助提取，得率1.5%）和FGEP-CA（复合酶辅助提取，得率2.2%）。三者得率略低于传统水提法的组分FGWP（3.2%）。复合酶的加入使得多糖的单糖组成和分子质量发生变化。主要表现在FGEP-CA的果胶类多糖的比例增加，分子质量略低于FGWP。在环磷酰胺诱导的小鼠免疫抑制模型中，FGEP-CA处理组小鼠的脾脏指数和胸腺指数得到回升，淋巴细胞的增殖、自然杀伤细胞的活性、白血球计数、血清细胞因子的水平都有所提高。

5. 新型提取技术　双相萃取技术是一种基于水溶性聚合物和低分子量溶液，在一定

表 8-2　酶辅助提取不同来源多糖的工艺条件及得率举例

原料	加酶条件	pH	温度/℃	时间	液固比/（ml/g）	得率/%	参考文献
秋葵	1%复合酶L	4.5	50	2 h	20	15.60±0.34	（Olawuyi et al.，2020）
韩国高丽参	纤维素酶（1%，*V*/*m*）	4.5	50	24 h	3	2.7	（Song et al.，2018a）
	α-淀粉酶（1%，*V*/*m*）	4.5	90	24 h	3	1.5	
	纤维素酶（1%，*V*/*m*）； α-淀粉酶（1%，*V*/*m*）	4.5	50 90	24 h 24 h	3	2.2	
石榴皮	0.93%纤维素酶	5.0	55	88 min	22	22.31±0.07	（Li et al.，2018e）
双孢蘑菇	0.04%蜗牛酶溶液	—	40	4 h	—	5.27±0.18	（Li et al.，2018b）
豌豆	淀粉酶； 复合酶L	6.5； 5.0	50； 50	— —	20	PSPS-A：9.4 PSPS-B：6.2	（Cheng et al.，2018）
夏块菌	1.0%胰蛋白酶； 2.0%果胶酶； 1.0%木瓜蛋白酶	6.0	50	90 min	30	46.91	（Bhotmange et al.，2017）
猴头菌	3%（纤维素酶+果胶酶+胰蛋白酶）	5.71	52.03	33.79 min	30	13.46±0.37	（Zhu et al.，2014）
竹荪	2.0%纤维素酶+2.0%木瓜蛋白酶+1.5%果胶酶	5.25	52.5	105 min	30	9.77±0.18	（Wu et al.，2013）
苜蓿	2.5%纤维素酶+2.0%木瓜蛋白酶+3.0%果胶酶	3.87	52.7	2.73 h	78.92	5.05±0.02	（Wang et al.，2013b）
宁夏枸杞	2.0%纤维素酶+1.0%木瓜蛋白酶	5.0	59.7	91 min	30	6.81±0.01	（Zhang et al.，2011a）
松口蘑	2%（木瓜蛋白酶+果胶酶+纤维素酶，1：1：1）	4.14	61.8	3.2 h	40	2.1	（Yin et al.，2011）

的临界浓度上形成两个不混相的富水相液-液分离技术（Diamond and Hsu，1992）。与传统的水提法相比，双相萃取技术条件温和、能耗低、易于操作和测量（Du et al.，2018）。如图8-9所示，以60 mg/g葡聚糖D50（分子质量为50 kDa）和硫酸化葡聚糖DSS50（分子质量为50 kDa）为模式多糖，将16 g两种多糖溶液（1∶1混合）加入PEG1000/硫酸铵（结线长度145）两相溶液中，最终质量为160 g；为达到液-液平衡，将混合溶液摇晃30 min，然后3000 r/min离心1 min，于25℃静置；收集下层溶液，透析，浓缩然后冻干（命名为B50）；上层双相溶液加入酒石酸钠溶液后可以回收用于多糖的再提取，获得另一组分D50（Du et al.，2018）。

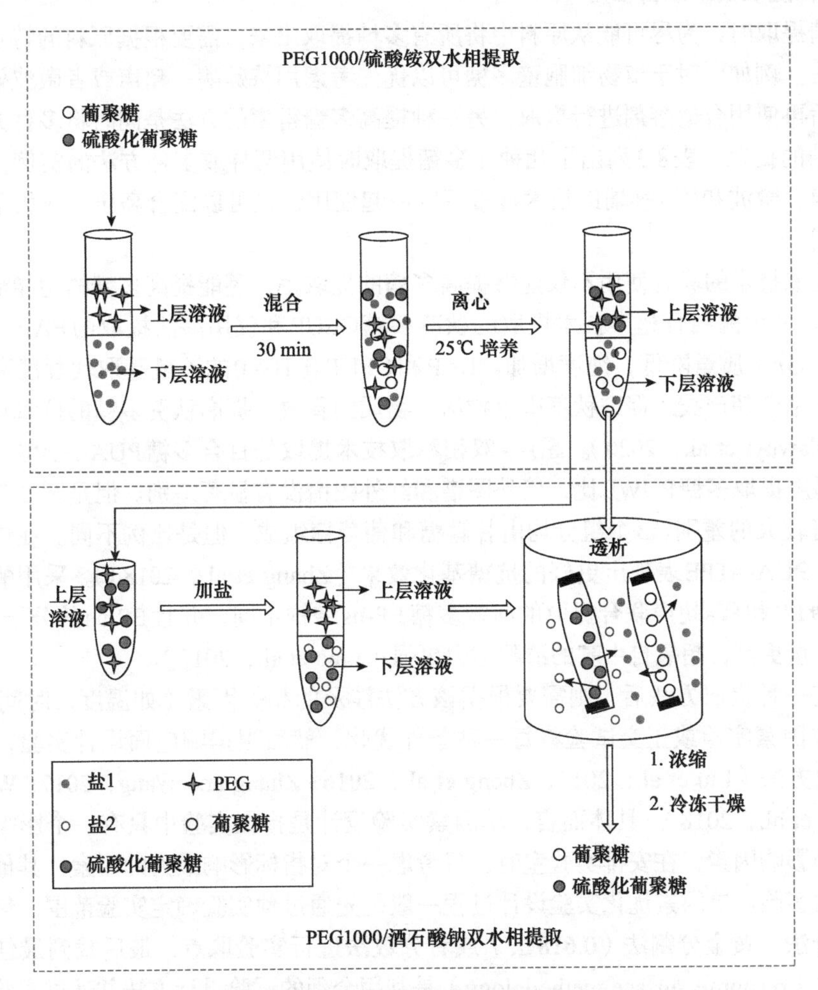

图8-9 硫酸化多糖的双相萃取流程图（Du et al.，2018）

近年来，一种新型的双相萃取溶剂——低共熔溶剂（deep eutectic solvent，DES）被用来提取多糖。DES是一种由氢键受体和供体组成的混合物。常见的氢键受体有氯化胆碱（choline chloride）、*N*, *N*-二乙基二羟基氨化铵（*N*, *N*-diethyl-2-hydroxy ethanamidium chloride）、甲基三苯基溴化膦（methyltriph-enylphosphonium bromide）、氯化四丁铵（tetrabutylammonium chloride）、氯化四乙胺（tetraethylammonium chloride）等。常见的氢键供体有尿素、硫脲（thiourea）、

乙酰胺（acetamide）、苯甲酰胺（benzamide）、甘油（glycerol）、咪唑（imidazole）、丙二酸（malonic acid）和葡萄糖（glucose）（Tomé et al.，2018）。在低共熔溶剂萃取多糖的过程中，溶剂种类、固液比、提取温度、时间和pH是重要的影响因素。Gao等（2020）在提取山茶籽饼粕中多糖时，对比了17种低共熔溶剂的提取效果，发现氯化胆碱-乙二醇的提取效率最高，认为这与该溶剂的低黏度有关系。另外，超高压提取技术（UHPE）也是一种新型提取技术，工作电压一般为100～1000 MPa。采用该技术提取人工蛹虫草多糖，经单因素和Box-Benken设计优化，最佳提取工艺条件是5.18 min、424 MPa、43.5℃，虫草多糖得率为14.89%±0.68%（Chen et al.，2014b）。

6. 多种提取技术联合使用

在多糖提取时，为尽可能从原料中将所有多糖提取出来，需要根据原料的特点，选取最合适的方法。例如，对于植物细胞壁多糖可以优先考虑用特殊酶、超声或者微波处理破坏细胞壁，然后再使用合适溶剂进行提取。另一种提高多糖得率的方法是同时将多种方法用于一种原料多糖的提取。表8-3列出了几种在多糖提取时使用两种或多种方法的实例，由表可以看出，超声、微波和酶3种辅助技术常常可以一起使用，也可以配合高压、双相萃取等新技术联合使用。

多种提取技术的联合使用不仅能够提高多糖的提取率，还能提高多糖的功能活性（Yi et al.，2020）。采用酶结合超声技术提取的秋葵多糖CEUP和仅用酶法提取的EAP与水提多糖HWP相比，分子质量降低，纯度增加。EAP和CEUP比HWP的乙酰基取代程度高，甲酯化程度低。酶结合超声技术促进秋葵中生物活性物质的释放，提高秋葵多糖的抗氧化能力和抗菌能力（Olawuyi et al.，2020）。超声-双相萃取技术提取的百合多糖PUA-ATPE与水提多糖PHWE和超声提取多糖PUWE比，紫外图谱和红外图谱没有显著差别。但是圆二色谱和热重分析结果有较大的差别。3个组分均由甘露糖和葡萄糖组成，但是比例不同。在体外抗糖基化实验中，PUA-ATPE表现出更好的抗糖基化效果（Zhang et al.，2018d）。采用酶辅助提取的河蚬多糖EP和酶-超声联合提取的河蚬多糖EP-us结构不同，并且EP-us的分子质量更低，硫酸基团含量更高，超氧自由基的清除能力更强（Liao et al.，2015）。

在选定一种提取方法后，则需要根据该方法涉及的相关因素（如温度、时间、pH等），首先使用单因素实验或正交试验将每一种条件优化，然后根据响应面设计实验，得到多糖的最佳提取方法（Liu et al.，2014；Zheng et al.，2016；Zhang and Wang，2017；Wang et al.，2018a；Yin et al.，2018）。具体而言，单因素实验设计是指在实验中只有一个影响因素，或者虽有多个影响因素，在安排实验室时，只考虑一个对指标影响最大的因素，其他因素尽量保持不变的实验。单因素优化实验设计过程一般是先通过预实验确定实验范围，然后按照均分法、对分法、黄金分割法（0.618法）或者分数法进行实验取点，最后找到最佳点。响应面设计方法（response surface methodology）是利用合理的试验设计方法并通过实验得到一定数据，采用多元二次回归方程来拟合因素与响应值之前的函数关系，通过对回归方程的分析来寻求最优工艺参数，解决多变量问题的一种统计方法。进行响应面实验之前需要先经单因素实验或正交试验确定试验区域。响应面法包括中心复合试验设计和Box-Benken试验设计。其过程一般是，首先确定需要考察的因素及水平，然后建立中心复合试验设计或Box-Benken试验设计，获得需要进行实验的条件，确定实验运行顺序，然后进行实验收集数据，再分析实验数据优化因素的设置水平。最终获得最佳实验条件和指标预测值，再进行验证试验确定实际最佳实验条件。

表8-3 多种提取技术结合用于多糖的提取

原料	方法	条件	得率	参考文献
百合	UA-ATPE	超声条件：60℃，190 W，22 kHz，25 g/g，10 min，pH 11 双相系统：16.54%乙醇-31.45%K_2HPO_4	36.58%	（Zhang et al.，2018d）
河蚬	USTPP	超声条件：180 W、40 kHz、10 min、35℃ 双相系统：20%（*m*/*V*）硫酸铵及叔丁醇	11.22%	（Yan et al.，2018）
	UAEE	酶：木瓜蛋白酶120 PU/mg；pH 6.0 超声条件：300 W，62℃，35 ml/g	36.8%	（Liao et al.，2015）
木枣	UA-ATPE	超声条件：48℃，70 W，30 g/g，38 min 双相系统：29%乙醇和15%硫酸铵	8.18%	（Ji et al.，2018）
川芎	HP-UAE	超声条件：85℃，187 W，29 min 高压：10 Mpa	5.33%	（Liu et al.，2015）
白桦茸	UMAE	超声条件：50 W，40 kHz，20 ml/g，19 min 微波条件：90 W	3.25%	（Chen et al.，2010）
牛肝菌	CCPUE	超声条件：200 W，20 kHz，16 ml/g，40 min 脉冲持续时间4 s，间隔时间2 s	8.21%	（You et al.，2014）
宁夏枸杞	UAEE	超声条件：78.6 W，55.79℃，20.29 min 酶：2.15%纤维素酶，pH 4.6	6.31%	（Liu et al.，2014）
海蒿子	MA-ATPE	微波条件：95℃，830 W，60 ml/g，15 min 双相系统：21%乙醇和22%硫酸铵	上层：0.75%； 下层：6.81%	（Cao et al.，2018）
龙胆草	MA-ATPE	微波条件：95℃，21 ml/g，5.8 min 双相系统：21.73%乙醇和23.27%磷酸二氢钠	上层：15.97%； 下层：0.58%	（Cheng et al.，2017）
山茱萸	UMSE	微波条件：99.4 W，31.5 min，28.2 ml/g 超声条件：未提及	11.38%	（Yin et al.，2016）
决明子	MA-ATPE	微波条件：80℃，60 ml/g，20 min 双相系统：25.4%乙醇和22.2%硫酸铵	上层：4.49%； 下层：8.80%	（Zhu et al.，2016）
苦瓜	EUAE	酶条件：2%复合酶（纤维素酶、果胶酶和胰蛋白酶）、pH 4.38、52.05℃、36.87 min 超声条件：未提及	29.75%	（Fan et al.，2015）
五味子	MAEE	微波条件：10 min，pH 4.21，47.58℃ 酶提取条件：1.5%复合酶（纤维素酶、木瓜蛋白酶和果胶酶1∶1∶1），3 h	7.38%	（Cheng et al.，2015）
玉米须	EUAE	酶：7.5%纤维素酶，55℃，150 min 超声条件：66.3℃，31.8 ml/g，34.2 min	7.10%	（Chen et al.，2014c）

注：UA-ATPE. 超声-双相萃取技术；USTPP. 超声结合三相分离技术；MA-ATPE. 微波-双相萃取技术；UMSE.微波-超声结合提取技术；UMAE. 超声-微波结合提取技术；HP-UAE. 高压-超声提取技术；UAEE.超声-酶辅助提取技术；EUAE.酶-超声结合提取技术；MAEE. 微波-酶辅助提取技术；CCPUE. 脉冲逆流超声辅助提取

8.2.2 多糖的分离纯化方法

1. 杂质的去除

1）脱蛋白　蛋白质是多糖粗提物中最为常见的一种杂质，也是影响多糖结构和功能性质的主要成分之一。一般可以通过降解、沉淀和吸附等途径将蛋白质脱除。蛋白质脱除方法很多，化学法包括Sevag法、三氯乙酸法、NaOH法、盐酸法、氯化钠法、氯化钙法等；物理法包括反复冻融法、阴离子交换树脂法、径向流动色谱法；生物法有蛋白酶法、酿酒酵母发酵法等（王珊和黄胜阳，2012）。不同的方法各有优缺点，Sevag法可操作性强，但该方法需要的脱蛋白次数较多，不仅消耗较多的有机溶剂，而且多糖损失较大，目前仍被广泛应用于各种多糖的纯化中。单宁法、氯化钠法、氯化钙法与乙酸铅法等是利用蛋白质在较高浓度的盐溶液中溶解度降低的特点，使蛋白质发生沉淀。其中氯化钠法与氯化钙法脱除蛋白质效果较好，而单宁法可能会引入杂质，乙酸铅法极易造成重金属污染。上述化学法容易使多糖的结构和性质发生变化，而物理法不会改变多糖的性质，但除蛋白质效率较差，需重复操作多次。生物法（酶法）一般与化学法联合使用，在了解多糖中的蛋白质种类后，选用合适的酶来水解蛋白质，然后使用化学法除去游离蛋白，从而达到脱蛋白的效果。多种方法联用为多糖提取液除蛋白提供了更多的选择，可以达到理想的脱蛋白效果（王珊等，2019；Zhu et al.，2020）。在脱蛋白的过程中，通常需要考虑的问题主要包括蛋白质的脱除率、多糖的损失率以及在此过程中多糖分子结构的变化（Yi et al.，2020）。Zeng等（2019）对比中性蛋白酶法、TCA法和氯化钙盐析法对灵芝多糖脱蛋白的效果，结果表明3种方法对于多糖的分子质量没有显著影响（$P>0.05$），但是会有不同程度糖苷键的损失（1.14%～64.05%）。酶法处理的样品具有最强的抗氧化活性，此时多糖的脱蛋白效果和损失率分别为74.03%和11.39%。

近年来，固定化金属亲和材料（Shi et al.，2019b；Zhu et al.，2020）、纳米材料（Shi et al.，2019a）、微乳液球体（Song et al.，2018a）等新型绿色材料被用来脱蛋白。在使用锌离子螯合树脂对香蒲多糖进行脱蛋白处理时，选用的树脂是螯合了α-氨基膦酸基团的LKC100树脂，将15 g硫酸锌、600 ml去离子水和LKC100树脂混合，180 r/min、30℃振荡1 h。混合物经过滤得到锌离子螯合树脂。该树脂脱除蛋白质的最佳条件是：粗多糖浓度为1.5 mg/ml、吸收时间30 min、起始pH 7.0、吸收温度30℃、流量1.5 BV/h、树脂径高比为1∶15（Shi et al.，2019b）。图8-10展示了一种单宁酸-铁纳米材料用于脱蛋白有方法。另一种是以铜离子螯合气凝胶吸附剂（CAA）除文蛤多糖中的蛋白质，CAA的添加量为1.4%、pH 5.0，吸附温度为30℃（Zhu et al.，2020）。Li等（2019c）采用镁铝皮石去除泥蚶多糖中的蛋白质，吸附时间为136 min、60℃、添加量为0.27 g。

2）脱色　在多糖提取之前，通常用有机试剂处理原材料。此时，大部分的色素会被除去，同时也减少了后期在提取过程中可能会发生的美拉德反应、焦糖化反应和酶法褐变等（Yi et al.，2020）。常见的脱色方法有活性炭吸附、大孔树脂吸附和双氧水氧化等。Shao等（2019）采用活性炭吸附（0.5%、pH 5.0、40℃、60 min）和6%双氧水对百蕊草粗多糖进行脱色处理分别得到CTP和HTP两种多糖。发现CTP的分子质量为3.064×10^5 g/mol，高于HTP分子质量（8.349×10^4 g/mol）。CTP的硫酸基团含量更高（14.33%），而HTP含有更多的糖醛酸（35.02%）。HTP的自由基清除率更高，细胞抗氧化能力更好。3种脱色方法中，大

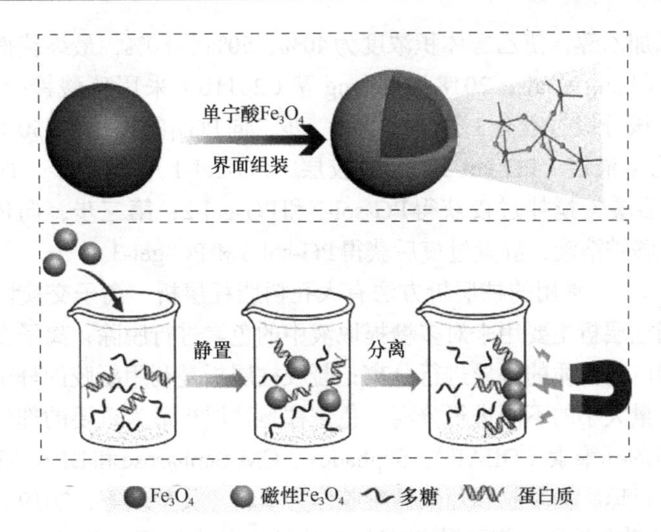

图8-10 Fe_3O_4与单宁酸-三价铁纳米材料合成（A）和脱蛋白流程（B）示意图（Shi et al.，2019a）

孔树脂吸附法是目前更为推荐的方法（Liu et al.，2010；Jiang et al.，2012；Shi et al.，2017）。在选用大孔树脂吸附脱色时，首先需要选择合适孔径的树脂材料。树脂材料在使用之前需要用蒸馏水清洗，然后放在95%乙醇中浸泡24 h，再用5%NaOH和5%HCl相继处理，最后用水冲洗至中性后放在冰箱备用。如对南瓜多糖脱色时，对比DM-21、DM-28和AM-1100三种吸附型树脂、D315和AB-8两种离子交换树脂的脱色效果，发现DM-28的效果最好。脱色前后南瓜多糖的紫外可见光谱和红外光谱没有明显区别（Liang et al.，2019）。为选择适合于灰树花胞外多糖脱色的方法，分别采用活性炭、过氧化氢和大孔树脂D941对灰树花胞外多糖进行脱色处理。结果活性炭法脱色率为37.74%，多糖保留率为47.92%；过氧化氢法脱色率为68.28%，多糖保留率为53.07%；大孔树脂D941脱色率为74.24%，多糖保留率为61.87%。活性炭法相比另两种方法的脱色率和多糖保留率均较低，选取过氧化氢法和树脂法脱色后的多糖进行α-葡糖苷酶的抑制试验。结果表明：树脂法脱色后的多糖对α-葡糖苷酶的抑制作用明显高于过氧化氢法脱色后的多糖（$P<0.05$）。另外，研究者对比5种大孔树脂对多糖的脱色效果，随后根据脱色率和多糖保留率，针对D941和D101脱色后的多糖进行α-葡糖苷酶的抑制试验，结果表明：大孔弱碱性离子交换树脂D941和大孔吸附树脂D101适合用于灰树花胞外多糖脱色（刘力萍等，2018）。D941树脂也被用于香椿芽多糖的脱色，最佳条件为45℃、样品浓度30 mg/ml、pH 8.5、脱色时间90 min、动态脱色处理量5.5 BV、流量2 BV/h。此条件下脱色率和多糖回收率分别为91.94%和90.05%（Shi et al.，2017）。

2. 分级纯化

1）分级沉淀技术（或非溶剂沉淀技术） 分级纯化是多糖提取之后，结构分析之前重要的一个过程，表8-4列出了部分多糖的分级纯化方法。分级沉淀法是利用多糖在非溶剂中的溶解度和分子质量大小的不同进行逐步分离的方法（吴梦琪等，2019）。常见用于分级沉淀的溶剂主要有甲醇、乙醇、异丙醇、丙酮等有机试剂和硫酸铵等盐溶液。乙醇分级沉淀是其中应用最为广泛的方法，已被用于葡聚糖、阿拉伯木聚糖、果聚糖、枸杞多糖、海带多糖等的纯化（Hu and Goff，2018）。采用乙醇分级沉淀法纯化黑柄炭角菌发酵液中的胞外多糖，向发酵液中慢慢添加乙醇，使乙醇体积浓度为40%、50%和80%，最终获得3个组分XN-40、XN-50和XN-80（Chang et al.，2018）。Zhang等（2011b）采用硫酸铵分级沉淀纯化秀珍菇粗多糖（PG），该分级过程分3步进行：第一步，向PG溶液中加入50%硫酸铵溶液静置过夜，样品被分为溶液层（PG-sol-1）和凝胶层（PG-gel-1）；第二步，向PG-gel-1中加入30 ml蒸馏水，然后缓慢搅拌过夜获得PG-sol-2和PG-gel-2；第三步，向PG-sol-1（120 ml）中缓慢加入饱和硫酸铵溶液，静置过夜后获得PG-sol-3和PG-gel-3。

2）*柱层析技术*　常用的柱层析方法有大孔树脂柱层析、离子交换柱层析和凝胶柱层析。其中大孔树脂柱层析主要用来对多糖提取液中的色素进行脱除；离子交换柱层析是根据多糖的分子质量和电荷性质的差异进行分离；凝胶柱层析是利用凝胶的分子筛作用，根据多糖的形状和分子质量大小的不同进行分离。色谱柱是柱层析最为重要的部件，常见的离子交换柱配有不同规格的纤维素（DEAE）、Sephadex、CM-Sepharose和DEAE-Sepharose等填料，凝胶色谱柱一般是以琼脂糖凝胶和葡聚糖凝胶作为填料（吴梦琪等，2019）。由表8-4可以看出，在很多研究实例中常常会将两种色谱分离柱结合起来使用，并且DEAE-52纤维素柱和Sephadex G-100色谱柱使用非常广泛。值得注意的是，柱层析法分离效果好，其主要缺点是：色谱柱具有一定的寿命，需要经常更换，成本较高，同时色谱柱的处理量不大，耗时长，不适合应用于工业生产中。

3）*膜分离技术*　膜分离技术也是根据样品分子质量大小的不同进行分离的一种纯化技术。根据膜孔径的不同可将膜分为微孔滤膜、超滤膜、纳滤膜和反渗透膜（Sun et al.，2011）。低温无毒、分离高效且对样品没有损害等优点使其成为一种应用非常广泛的分离方法。对膜分离技术效果影响的因素包括渗透通量的跨膜压力、多糖溶液的性质（pH、离子含量和温度）。Sun等（2011）利用超滤技术分离菜籽油多糖，发现跨膜压力、溶液pH和温度对渗透通量影响极大，对离子含量几乎没有影响。对于菜籽油多糖的分离，3 kDa的滤膜获得的样品相比8 kDa和12 kDa滤膜的样品，其多糖回收率和纯度最高。Feng等（2019）使用分子质量大小为100 kDa、50 kDa、10 kDa的超滤膜（PES10-1812）对1000 ml莼菜多糖（BSP-NaOH）溶液进行纯化，压力为0.5 MPa，流量为30 L/h，获得了3个组分BSP-U100（50～100 kDa）、BSP-U50（10～50 kDa）和BSP-U10（＜10 kDa）。采用100 kDa和10 kDa的超滤膜也可对茶多糖进行分级（Wang et al.，2012）。

表8-4　多糖的分级纯化方法举例

多糖来源	纯化方法	参考文献
红车轴草多糖	DEAE-52纤维素柱层析（3.5 cm×20 cm）结合Sepharose CL-6B柱层析（2.6 cm×100 cm）	（Zhang et al.，2020b）
聚合草多糖	DEAE-52纤维素柱层析（3.5 cm×20 cm）结合Sepharose CL-6B柱层析（2.6 cm×100 cm）	（Shang et al.，2020）
绿皮核桃多糖	DEAE-52纤维素柱层析（2.5 cm×60 cm）结合Sephadex G-150柱层析（1.6 cm×60 cm）	（He et al.，2020）
淫羊藿多糖	DEAE-52纤维素柱层析（7.0 cm×30 cm）结合Sephacryl S-400柱层析（2.5 cm×100 cm）	（Zheng et al.，2019a）
紫丁香菇多糖	DEAE-52纤维素柱层析（2.6 cm×50 cm）结合Sephadex G-150柱层析（NA）	（Shu et al.，2019）

续表

多糖来源	纯化方法	参考文献
昆布多糖	DEAE-52纤维素柱层析（2.6 cm×30 cm）结合Sephadex G-100柱层析（2.6 cm×30 cm）	（Li et al.，2019d）
独尾草多糖	DEAE-52纤维素柱层析（2.6 cm×30 cm）结合Sephadex G-100柱层析（1.6 cm×75 cm）	（Beigi and Jahanbin，2019）
临泽小枣多糖	DEAE-52纤维素柱层析（2.6 cm×20 cm）结合Sephadex G-100柱层析（NA）	（Wang et al.，2018d）
乌拉尔甘草多糖	DEAE-52纤维素柱层析（2.6 cm×20 cm）结合Sephadex G-100柱层析（2.0 cm×30 cm）	（Wang et al.，2018c）
龙须菜多糖	DEAE Sephadex A-40柱层析（1.0 cm×40 cm）	（Shi et al.，2018）
啤特果多糖	DEAE-52纤维素柱层析（2.6 cm×20 cm）结合Sephadex G-100柱层析（2.0 cm×30 cm）	（Wang et al.，2015）
老鹰茶多糖	DEAE-52纤维素柱层析（2.6 cm×60 cm）结合	（Jia et al.，2014）
马莫拉塔山樱子多糖	DEAE-52纤维素柱层析（2.6 cm×30 cm）结合Sephadex G-100柱层析（2.6 cm×100 cm）	（Wang et al.，2013a）
灵芝多糖	DEAE-52纤维素柱层析（2.6 cm×30 cm）结合Sephadex G-100柱层析（2.6 cm×60 cm）	（Zhao et al.，2010）
三角帆蚌多糖	DEAE-52纤维素柱层析（2.6 cm×30 cm）结合Sephadex G-100柱层析（2.6 cm×60 cm）	（Qiao et al.，2009）
玛卡多糖	乙醇分级（60%、70%、80%、90%）沉淀	（Zha et al.，2014）
南瓜多糖	乙醇分级沉淀法（30%、50%、70%、90%）结合Sephadex G-200柱层析（3.5 cm×150 cm）	（Wang et al.，2017c）
大豆可溶性多糖	乙醇分级（20%、40%、60%）沉淀	（Wang et al.，2019c）
香菇多糖	DEAE-52纤维素柱层析（2.6 cm×30 cm）结合Sephadex G-100柱层析（NA）	（Zhao et al.，2016）
花蘑菇基质	Sephadex G-100柱层析（1.6 cm×90 cm）	（Zhu et al.，2012）
欧洲慈姑	乙醇分级（60%、70%、80%、90%）沉淀	（Gu et al.，2020）
宽叶鲷多糖	DEAE-52纤维素柱层析（2.6 cm×50 cm）结合超滤法（5～100 kDa）	（Duan and Yu，2019）

8.3　多糖的结构表征与分析

8.3.1　糖含量的测定方法

在获得多糖样品后，糖的定量与定性测定是多糖研究的首要工作。糖含量测定方法有比色法、滴定法、高效液相色谱法、气相色谱法、薄层扫描法、高效毛细管电泳法等。其中比色法和滴定法是目前使用最多的一种方法（李计萍，2014）。具体而言，比色法是将多糖水解成单糖后，加入显色剂显色，用紫外-可见光光谱法测定吸光度，建立标准曲线，计算糖含量，包括蒽酮-硫酸法、苯酚硫酸法、碘量法、二硝基水杨酸法、氨基己糖测定法和己糖醛酸测定法。在使用比色法测定时，需要注意用于测定糖含量的样品最好先进行必要的除杂纯化，另外需要根据样品特点选择合适的标准品。例如，对于同聚多糖，可以直接以其组成单糖作为标准品；对于杂聚多糖，通过研究单糖组成种类及比例，测定多糖含量时以组成比例配制对照品溶液进行测定（李计萍，2014）。此外，在采用比色法测定糖含量过程中，需要注意含有糖醛酸的酸性多糖的测定，酸性多糖与中性多糖存在相互干扰的问题。一般而言，中性多糖采用苯酚硫酸法或蒽酮-硫酸法测定（张杰，2016；周勇等，2016），而酸性多糖一般采用硫酸咔唑法或联苯硫酸法测定。用比色法时还需要注意对样品进行脱色处理或者作样品对照，以免样品本身的颜色带来干扰。

相比于比色法，色谱法所需要考虑的条件更为繁杂，包括水解条件、所采用的色谱柱、流动相种类及比例、样品分离条件等。例如，Villanueva-Suarez等（2003）采用气相色谱测定不同蔬菜的非淀粉多糖含量时，将膳食纤维分离后先用12 mol/L H_2SO_4于35℃水解30 min，接着用2 mol/L H_2SO_4于100℃水解1 h。水解后的样品经衍生化才能用于气相色谱分析。在采用高效液相色谱分析时，水解条件稍有不同，研究者先用12 mol/L H_2SO_4于40℃水解1 h，然后用0.4 mol/L H_2SO_4于100℃水解3 h。水解产物用AG4-X4树脂中和后才上样分析。此外，电感耦合等离子体质谱法（ICP-MS）也可用来间接测定糖含量。Xu等（2018）采用异硫氰酸荧光素（FITC）对杏鲍菇多糖（EPA-1）进行标记，获得FITC复合物EPA-1F。EPA-1F通过与碘化钠反应，合成碘取代多糖荧光复合物。通过ICP-MS测定碘含量从而间接获得多糖的含量。该方法适用于测定生物样本（血液或器官）中的多糖含量。类似地，Wong等（2019）用对氨基苯甲酸乙酯（ABEE）标记寡糖结合超高效液相飞行时间质谱法（UHPC-qTOF-MS）测定铁皮石斛多糖的含量。样品中的多糖经部分酸水解后得到寡糖，然后进行ABEE衍生化得到ABEE标记的两种寡糖（Te-Man-ABEE和Pen-Man-ABEE），通过UHPC-qTOF-MS色谱图上Te-Man-ABEE和Pen-Man-ABEE的峰面积和含量，建立两种标记物的含量和铁皮石斛多糖含量的线性关系，以此可以准确测定多糖的含量。

8.3.2 分子质量分布及大小的测定

分子质量是多糖化学结构的重要指标之一。目前普遍认可的方法是凝胶渗透色谱结合多角度激光光散射技术（GPC-MALLS）。色谱柱采用Suprema凝胶渗透色谱柱，柱温25℃，流速0.5 ml/min。MALLS系统为一个Dawn DSP多角度激光光散射仪，配有一个He/Ne激光（632.8 nm）、一个K5折射池和18个检测器（角度为14°～163°）（Geresh et al.，2002）。在多糖分子质量测定时，溶剂的选择很重要。例如，Geresh等（2002）尝试使用二甲基亚砜（DMSO）和尿素溶液，但是平菇多糖难以很好地分离，而50%（*V*/*V*）氢氧化镉乙二胺溶液能够很好地分离多糖。最终测得平菇多糖的分子质量分布为2×10^5～4×10^6 g/mol，平均分子质量为2.3×10^6 g/mol。Wu等（2016）选择TSK-Gel G5000PW_{XL}（300 mm×7.5 mm）和TSK-Gel G3000PW_{XL}（300 mm×7.5 mm）两个色谱柱串联，可用于10～2300 kDa的枸杞多糖的分子质量测定。

MALDI-TOF-MS也可用来测定高分子聚合物的分子质量分布和大小。该方法的准确度与仪器参数（加速电压、检测器的离子-电子转换效率、检测器的饱和度）和样品性质及制备过程等有关系。有文献报道该方法只有在分子质量分布范围很窄（PDI＜1.2）和分子质量较小的情况下结果才比较可靠，对于分布较宽的大分子多糖类物质不太适用。Chan等（2006）用MALDI-TOF-MS技术测定水不溶性细菌胞外多糖Curldan的分子质量，将冻干的Curldan样品溶于70.0 μl DMSO溶液中。基质溶液是称取50 mg 2,5-二羟基苯甲酸（DHB）溶于200 μl DMSO溶液，20 mg 3-氨基喹啉（3AQ）溶于100 μl DMSO溶液，超声辅助溶解。将9 μl DHB和3 μl 3AQ混合，然后按8：1体积比与样品溶液混合，最后将0.8 μl基质样品混合溶液点在样品板上，70℃干燥，然后上样分析。最终测得多糖的数均分子质量（M_n）、重均分子质量（M_w）和多分散性分别为22 000 Da、31 500 Da和1.4。

8.3.3 单糖组成的测定方法

由于多糖的组成非常复杂，其组成分析存在以下困难。首先，自然界中的单糖多为差向异构体，结构类似，很难同时分离；其次，大多数单糖不带电荷、没有紫外吸收信号和荧光信号，很难气化，常用的检测器如紫外检测器、火焰离子检测器（FID）和荧光检测器（FD）等难以检测；再次，糖醛酸的衍生化存在很大困难，会干扰中性糖的检测；最后，天然产物多糖同时含有中性糖和酸性糖时，难以同时进行分离与检测（Wang et al.，2017d）。目前，用于单糖组成分析的方法主要有气相色谱法和液相色谱法。

Amelung等（1996）采用毛细管气液色谱法测定土壤样品中多糖的中性糖和酸性糖含量。首先对比三氟乙酸（TFA）、HCl和H_2SO_4三种酸的水解效果，发现4 mol/L TFA在105℃水解4 h可将非纤维素多糖有效水解。水解样品经树脂纯化和衍生化，便可由HP5890气相色谱法（配有火焰离子检测器）分析，色谱柱选用HP5石英毛细管色谱柱（25 m×0.2 mm×0.33 μm）。结果表明该方法简便、准确、分析速度快。Wang等（2017d）采用气相色谱同时检测中性糖和糖醛酸。中性糖和糖醛酸的衍生按如下步骤进行：称取10 mg多糖，加入10 ml 2 mol/L TFA在120℃水解3 h。水解产物冷却至室温后，通过旋蒸除去多余的TFA。样品蒸干后，向其中加入200 μl 0.5 mol/L Na_2CO_3将糖醛酸转化成糖醛酸钠，在30℃处理45 min将醛酸水解。接着加入50 mg $NaBH_4$和2 ml蒸馏水，室温反应1.5 h，然后滴加25%乙酸终止反应。样品还原后经阳离子交换树脂除去钠离子，加入甲醇除去硼酸盐离子。所得样品经吡啶和丙胺乙酰化获得糖醇乙酸酯衍生物，再由气相色谱分析。该方法可同时分离7种单糖（鼠李糖、岩藻糖、阿拉伯糖、木糖、甘露糖、葡萄糖和半乳糖）和两种糖醛酸（葡糖醛酸和半乳糖醛酸）。

Lv等（2009）采用反相液相色谱（RP-C18 HPLC）结合间接紫外检测法分析茶多糖的单糖组成。甘露糖、核糖、鼠李糖、葡糖醛酸、半乳糖醛酸、葡萄糖、木糖、半乳糖、阿拉伯糖和岩藻糖经1-苯基-3-甲基-5-吡唑啉酮（PMP）衍生（其反应过程如图8-11所示），然后用RP-C18柱分离，紫外线250 nm检测。图8-12为标准品和茶多糖样品中单糖分离色谱图，流动相A为乙腈，流动相B为0.045% KH_2PO_4和0.05%三乙胺缓冲溶液（pH 7.0）。该法也被用于测定杜氏菌多糖（Dai et al.，2010）。Hu等（2014）采用毛细管区带电泳（CZE）法同时测定10种单糖，单糖样品经PMP衍生后用CZE分析，可在20 min内完成检测，该方法用于鸡肉丝蘑菇多糖和猪肚菇子实体多糖单糖组成的测定，多糖的回收率为92.0%～101.0%，变异系数低于3.5%。Wu等（2014）测定羊栖菜水溶性多糖的单糖组成，也是先将多糖进行PMP柱前衍生化，然后用反相液相色谱分离，电喷雾电离质谱（ESI-MS）检测器分析。所采用的分析柱为Zorbax XDB-C18柱，流动相为乙腈（溶剂A）和20 mol/L乙酸铵（pH 3.0）溶液，柱温30℃。ESI-MS测定也用于黏多糖中单糖和双糖的测定（Ramsay et al.，2003）。上述液相色谱结合紫外检测器和荧光检测器广泛用于多糖的分析，然而在分析过程中衍生化过程操作烦琐，样品纯化耗时费力，存在局限性。此外，果糖作为一种己酮糖不能被2-氨基苯甲酰胺（2-AB）和PMP很好地衍生化，从而导致结果可能不完全或不准确（Yan et al.，2016）。亲水性相互作用液相色谱结合带电气溶胶检测器（HILIC-CAD）可用于分析此类单糖。色谱柱选用BEH酰胺柱（3.0 mm×100 mm，2.5 μm），柱温30℃，检测器pH 10.8，流动相为88%乙腈（含23 mol/L 乙酸铵）（Yan et al.，2016）。

葡萄糖　　PMP　　PMP双标记的葡萄糖

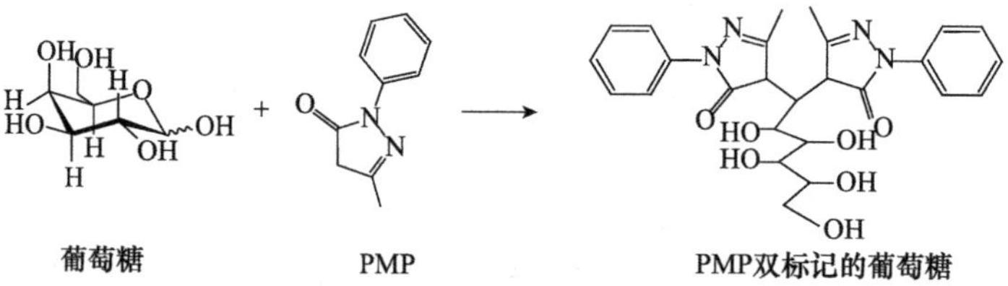

图8-11　单糖的PMP衍生化反应示意图（以葡萄糖为例）（Wu et al.，2014）

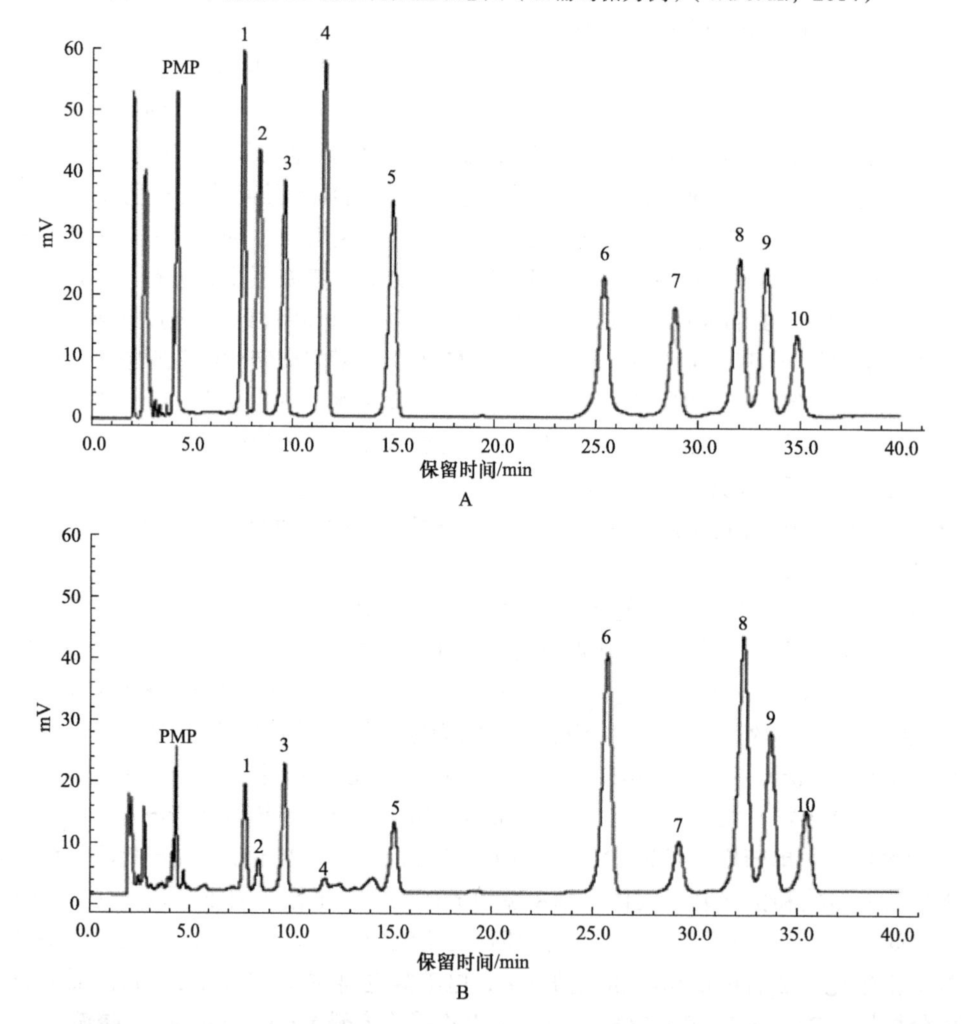

图8-12　单糖标品（A）及绞股蓝茶多糖（B）在Shimadzu LC-2010A HPLC系统中RP-C18柱分离情况（Lv et al.，2009）

1. 甘露糖；2. 核糖；3. 鼠李糖；4. 葡糖醛酸；5.半乳糖醛酸；6. 葡萄糖；7. 木糖；8. 半乳糖；9. 阿拉伯糖；10.岩藻糖（内标）

高效阴离子交换-脉冲安培检测（HPAEC-PAD）是近年来用于分析单糖组成较为理想的方法。除常见的多种中性糖的分离与检测外，HPAEC-PAD可用于糖醛酸（葡糖醛酸、艾杜糖醛酸、甘露糖醛酸、古洛糖醛酸和半乳糖醛酸）的分离与检测，也可用于中性糖、糖醛酸和糖醇的同时分离与检测。由于单糖在HPAEC流动相使用的碱性介质中不能以同样的方式被电离，因此在分离中性糖、糖醛酸和糖醇时必须使用不同浓度梯度的NaOH来分离。CarboPac PA1色谱柱特别适合中性单糖的分析，但是不适合糖醇和脱水单糖的分离，而CarboPac MA1色谱柱能够接受高浓度NaOH溶液（＞200 mmol/L，pH＞12.5）作为洗脱液，此时所有的单糖半缩醛基团呈去离子状态，从而延长了单糖在色谱柱中的保留时间，提高了分辨率（Nouara et al.，2019）。

HPAEC-PAD还可同时分析中性糖与低聚糖。目前，已有文献报道应用CarboPac PA1、PA100、PA200色谱柱和NaOH溶液梯度洗脱程序成功将聚合度为2～6的低聚糖定量检测（Falck et al.，2014；Arruda et al.，2017；Mechelke et al.，2017；Cürten et al.，2018；Alyassin et al.，2020）。Alyassin等（2020）用HPAEC-PAD技术结合NaOH溶液梯度洗脱同时测定谷物中的单糖、低聚木糖（XOS）、低聚阿拉伯糖木聚糖（AXOS）和糖醛酸。实验中色谱柱选用CarboPac PA200和CarboPac PA20保护柱和分析柱，流动相A为10 mmol/L NaOH，流动相B为200 mmol/L NaOH和125 mmol/L乙酸钠的混合物。流动相洗脱程序为：0～30 min，流动相B从0线性增加到100%，然后保持5 min，样品测试之前用100%流动相A平衡至少15 min。流速为0.3 ml/min，进样量为20 μl，脉冲波形为“carbohydrates（standard quad）”，岩藻糖作为内标。如图8-13所示，结果显示CarboPac PA200色谱柱能够同时将岩藻糖、阿拉伯糖、半乳糖、葡萄糖、木糖、半乳糖醛酸、葡糖醛酸以及其他9种寡糖标准品在35 min内分离。

8.3.4　糖苷键组成及连接次序的分析

多糖一级结构解析的方法通常需要将化学分析方法与仪器分析方法相结合。化学分析方法主要是将多糖水解、还原或衍生用于后期的仪器分析，包括完全酸水解、部分酸水解、高碘酸氧化、Smith降解、甲基化、乙酰化等。仪器分析方法包括紫外可见光谱技术、红外光谱技术、高效液相色谱技术、离子色谱技术或气相色谱技术、气相色谱-质谱联用技术、甲基化分析方法、核磁共振技术等（安晓娟等，2012）。高碘酸氧化可以判断糖苷键的位置、连接方式、支链状况和聚合度等结构信息；Smith降解法可通过对单糖苷、双糖苷和低聚糖苷的结构分析，推断多糖中单糖的连接顺序和分支情况。紫外可见光谱技术主要是用于糖含量、糖醛酸含量和蛋白质含量等；红外光谱技术用于鉴别糖类化合物的特征吸收峰，α、β异头构型以及官能团种类；高效液相色谱技术用于多糖的分子质量分布和大小的测定、单糖组成的测定等；气相色谱和气相色谱-质谱联用技术用于多糖的单糖测定或糖苷键类型的分析；核磁共振技术是目前研究多糖糖链结构最常用的技术之一，能够获得多糖异头碳构型、糖苷键组成和连接方式、支链和官能团取代位点等。此外，生物学技术，如电泳技术、酶反应技术和免疫学技术也能用于多糖的结构分析。

1. 甲基化与气相色谱-质谱联用技术　甲基化反应是用甲基化试剂将各种单糖残基中的游离羟基全部甲基化，进而将甲基化多糖水解，然后将水解产物还原并乙酰化得到部分甲基化的糖醇乙酸酯衍生物。再经气相色谱-质谱联用（GC-MS）技术检测，以此来确定单糖的数

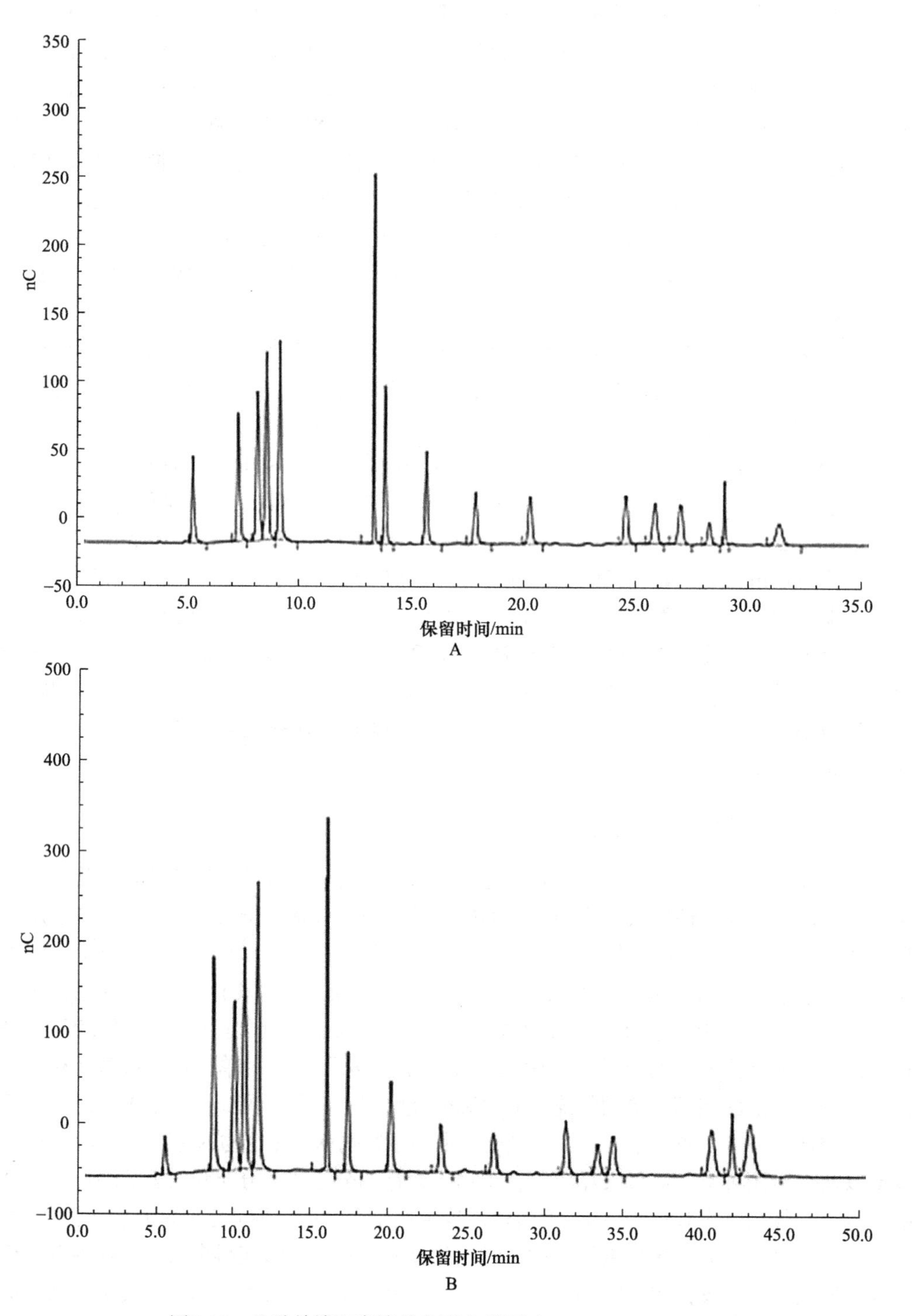

图8-13　几种单糖和寡糖的色谱出峰图（Alyassin et al.，2020）

A. CarboPac PA200色谱柱；B. CarboPac PA20色谱柱。按出峰时间，从左到右依次为：岩藻糖、阿拉伯糖、半乳糖、葡萄糖、木糖、木聚二糖、木聚三糖、木聚四糖、木聚戊糖、木聚己糖、4种阿拉伯木聚寡糖、半乳糖醛酸、葡糖醛酸目、末端糖的性质和分支点的位置，以及通过确定羟基所在的位置来获得原来单糖残基的连接位置（谢明勇和聂少平，2010）。多糖甲基化反应流程如图8-14所示（Sims et al.，2018）。

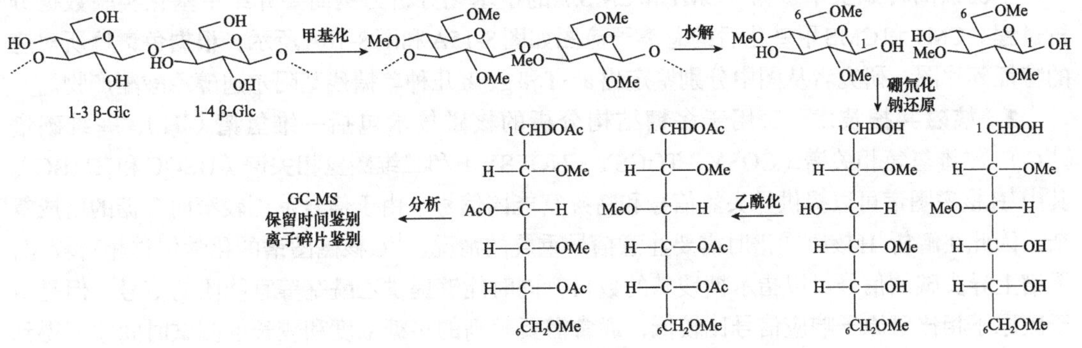

图8-14　多糖部分甲基化糖醇乙酸酯衍生化流程图

根据上述甲基化原理，以牛大力多糖甲基化反应为例，首先是将20 mg干燥的样品溶于6 ml DMSO中，向其中加入240 mg NaOH超声1 h后，再加入3.6 ml碘化钾，黑暗条件下搅拌12 h，然后加入6 ml蒸馏水终止反应。通过向上述混合溶液中加入$CHCl_3$溶液萃取甲基化的多糖。干燥的甲基化多糖进行酸水解6 h（4 ml 2 mol/L TFA、105℃）。水解液溶于4 ml蒸馏水，然后用10%NaOH调pH至10～12。随后加入100 mg $NaBH_4$还原12 h，然后加入2 ml醋酸酐和2 ml吡啶，90℃反应1 h。最终的乙酰化衍生物用$CHCl_2$萃取，然后用GC-MS分析（Huang et al.，2020）。

国外学者Sims等（2018）总结了多糖甲基化反应过程的技术问题，提出了很多实用的建议。在甲基化反应时，多糖在DMSO中常常难以溶解，需要进行超声或加热处理（Zeng et al.，2019），也可以加入化学试剂，如1,1,3,3-四甲脲（Harris et al.，1984）、*N*-甲基吗啉-*N*-氧化物（MMNO）（Narui et al.，1982）和氯化锂（Petruš et al.，1995）。在甲基化反应结束之前要注意保持无水条件，在反应结束后，可以通过红外光谱图中3000～3500 cm^{-1}处O-H信号的消失来验证甲基化是否完全。在反应结束后，以二氯甲烷或氯仿萃取甲基化多糖时，未被甲基化的样品会分布在两个互不相溶的液面之间，需要再次进行甲基化（Pettolino et al.，2012）。如果在甲基化分析结束时，发现全乙酰化衍生物比例非常高，末端残基与分支点残基比例很低，则说明没必要对物质进行二次甲基化。如果多糖样品中存在硫酸基团，甲基化结果中末端残基与分支点残基比例也会很低。对于这类样品，首先需要进行脱硫酸基团处理再进行甲基化。相反，如果末端残基与分支点残基比例很高则说明水解不完全，需要进行水解条件的优化。如果聚糖极易被酸水解，其推荐的水解条件为1 mol/L三氟乙酸70℃水解30 min（Housley et al.，1991）。部分甲基化糖醇乙酸酯（PMAA）可用GC-MS检测，用于多糖甲基化衍生物分析的色谱柱包括HP5MS毛细管色谱柱（30 m×0.25 mm×0.25 μm）（Liu et al.，2016；Huang et al.，2020）、RTX-50毛细管色谱柱（30.0 m×0.25 mm×0.25 μm）（Ji et al.，2020）、Restek Rtx 2330色 谱 柱（0.32 mm× 30 m）（Pawlaczyk-Graja et al.，2019）、Supelco SP2330石英毛细管柱（30 m×0.25 mm）等（Hosain et al.，2019）。对PMAA的分析需要结合色谱峰的保留时间和质谱图，美国复杂碳水化合物研究中心数据库提供了不同糖苷键类型的PMAA标准质谱图，在解析质谱图时可以提供参考。对于含有糖醛酸的多糖样品，在甲基化之前需要用碳化二亚胺对糖醛酸还原。对于含有甲氧基和乙酰基团的样品，为确定取代基的位点则可以选择CD_3I替代CH_3I进行甲基化反应。

下面以两种蛹虫草多糖（CM1和CMS）的甲基化分析为例简要介绍甲基化实验数据分析过程。CM1和CMS甲基化后的总离子流图如图8-15A和图8-16A所示，根据色谱峰所对应的特征碎片图，研究者从图中分别鉴定出a～f和g、h几种单糖残基阿尔迪醇乙酸酯产物。

2. 核磁共振技术 用于多糖结构分析的核磁技术包括一维氢谱（^1H）、一维碳谱（^{13}C）、二维氢氢相关谱（COSY、TOCSY、NOESY）和二维碳氢相关谱（HSQC和HMBC）。其中^1H核磁图谱可以提供异头氢信号和特殊官能团信号，由于信号范围较窄而多糖的组成复杂，因此在解析^1H核磁图谱时需要注意信号重叠的情况。^{13}C核磁图谱的化学位移相对较宽，图谱上异头碳的信号可以指示糖残基的数目，同时能够提供乙酰基等官能团的信号。但是由于碳原子相比氢原子响应信号比较低，通常需要较高的多糖浓度和较长的测试时间才能得到质量比较好的图谱。COSY核磁图谱可以提供相邻的H-H相关信号。TOCSY图谱为全相关谱，可以提供整个自旋体系的信息，常作为COSY数据的补充与验证。NOESY核磁图谱提供的是异头质子与异头质子号之前的相关性。HSQC核磁图谱表示直接相连的^1H和^{13}C之间的耦合关系，HMBC核磁图谱则是提供长程^1H和^{13}C之间的关联信号，提供不同糖残基连接的信息。由于多糖结构的复杂性，多糖NMR测试和数据分析是一项非常复杂的工作，在进行NMR测试时，需要尽可能将样品纯化，提高样品溶解性，选择合适的测试温度和其他条件。高场核磁或带有超低温探头的NMR测试效果会更好。在解析核磁数据时，应与尽可能多的、数据可靠的文献对比。核磁的结果应该能够与甲基化分析的数据相一致（谢明勇等，2017）。

3. 多糖结构分析新技术 近年来，新型质谱技术如快速原子轰击质谱（FAB-MS）、电喷雾电离质谱（ESI-MS）、基质辅助激光解吸电离质谱（MALDI-MS）等被用于糖类化合物结构的分析。FAB-MS是一种软电离质谱技术，样品受加速原子或离子的轰击，可直接在基质溶液中电离，可直接用于分析极性强、难挥发以及热不稳定的化合物。不仅可以测定寡糖及其衍生物的分子质量，而且可以测定聚合度高于30的糖的分子质量。同时，FAB-MS还可以确定糖链中糖残基的连接位点和序列，已广泛用于糖类的分析。ESI-MS是将溶液中的分子气化成离子然后进行质谱分析的技术，能够分析25个以上单糖残基组成的含有羧基或硫酸基等官能团的多糖的分子质量、糖残基序列、分支情况等。MALDI-MS常与飞行时间检测器联用，适合于测量生物样本中多糖和蛋白质等样品。

8.3.5 构象（或高级结构）分析

多糖构象（高级结构）是指多糖在一定条件下呈现的空间结构。传统的多糖构象分析方法有X射线衍射法和刚果红法。X射线衍射法可以同时测定键角、键长、构型等信息，对样品结构要求比较高。刚果红能够与具有螺旋结构的分子发生配位化合，配位化合物的最大吸收波长较纯刚果红发生红移（窦佩娟等，2013）。该实验操作简单，不需要特殊的仪器，较易普及，但是该方法只能作为判定样品是否为三螺旋结构的依据，无法对精密结构进行测定（徐航等，2015）。近年来，高效液相色谱结合多角度静态光散射仪、毛细管黏度仪和示差检测仪技术（HPSEC-MALLS）及动静态光散射仪等被用来分析多糖的高级结构。HPSEC-MALLS技术是分析多糖高级结构的新方法，依据高分子溶液光散射性质与分子质量、尺寸及浓度等相关特性，通过式（8-1）计算高分子的绝对分子质量（M_W）、分子质量分布

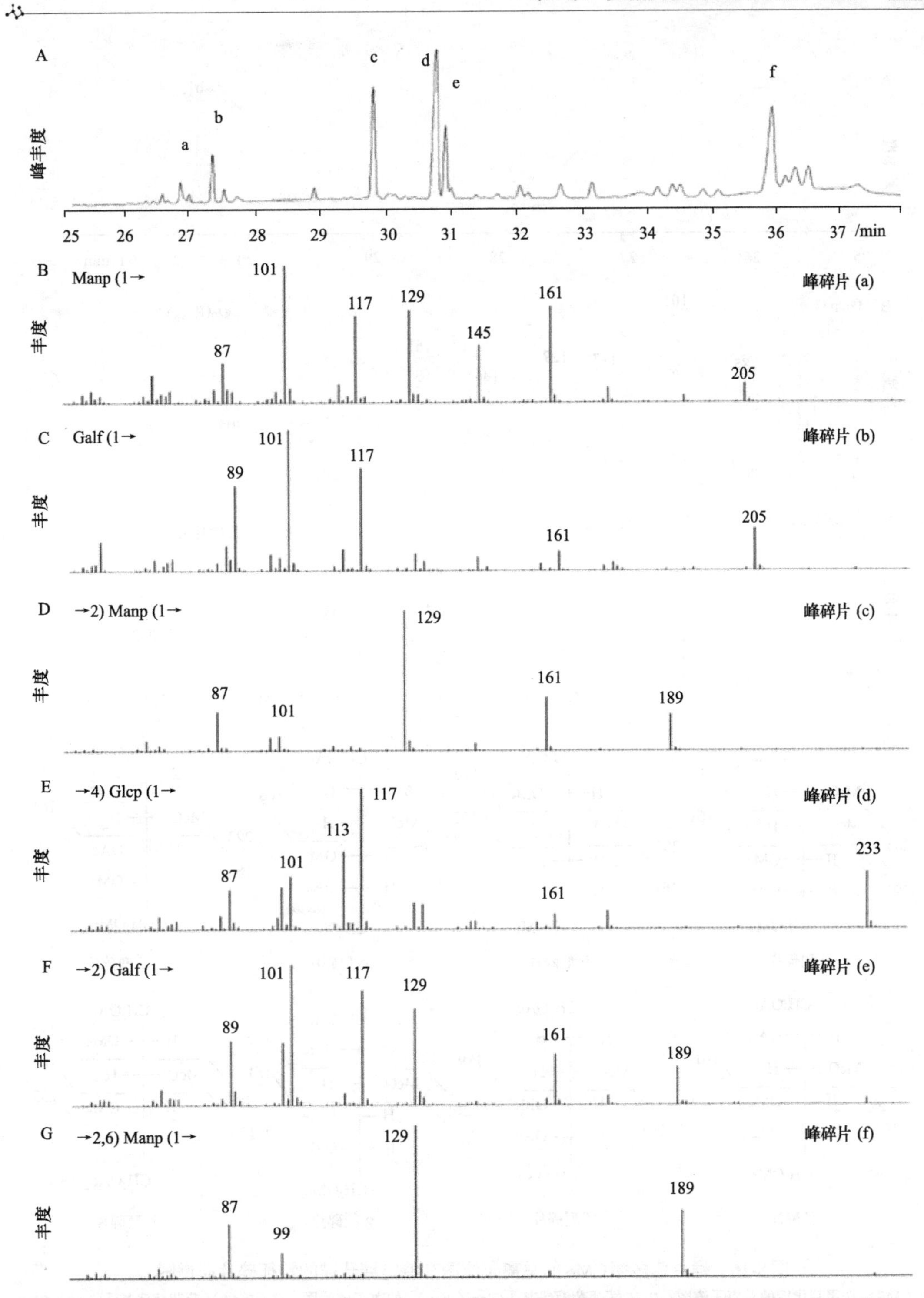

图8-15　蛹虫草多糖CM1的总离子流图和特定糖苷键的特征碎片质谱图（Liu et al.，2019a）

A. CM1完全甲基化后的总离子流图；B.末端甘露糖残基（Manp-（1→）的离子碎片图；C.末端半乳糖残基（Galf-（1→）的离子碎片图；D.（1→2）-甘露糖残基（→2）-Manp-（1→）的离子碎片图；E.（1→4）-葡萄糖残基（→4）-Glcp-（1→）的离子碎片图；F.（1→2）-半乳糖残基（→2）-Galf-（1→）的离子碎片图；G.（1→2,6）-甘露糖残基（→2,6）-Manp-（1→）的离子碎片图

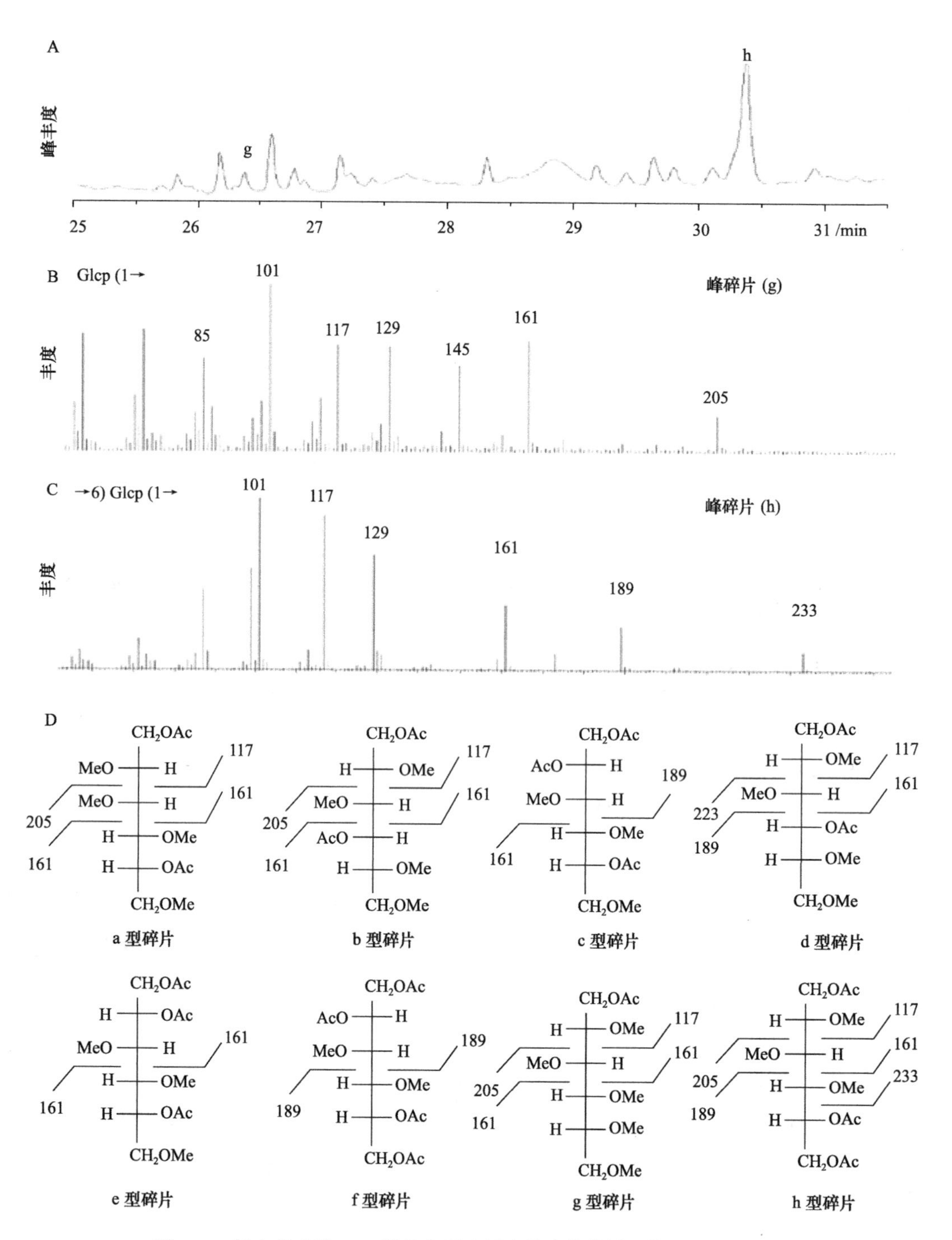

图8-16 蛹虫草多糖CMS的总离子流图和特定糖苷键的特征碎片质谱图

A. CMS完全甲基化后的总离子流图；B. 末端葡萄糖残基［Glcp-（1→）］的离子碎片图；C.（1→6）-葡萄糖残基［（→6）-Glcp-（1→）］的离子碎片图；D. 图8-14与图8-15中a～h残基对应的化学结构式及断裂方式（Liu et al.，2019a）

（MWD）、均方根回旋半径（R_g）和构型因子（ρ）等。

$$\frac{K_c}{R_\theta}=\frac{1}{M_w}\left[1+\frac{16\pi^2n^2}{3\lambda^2}R_g^2 sin^2\left(\frac{\theta}{2}\right)\right]+2A_2c \tag{8.1}$$

式中，K为光学常数，$K=[4\pi^2n^2(\mathrm{d}n/\mathrm{d}c)]N_A\lambda^4$，$n$为溶液折光率，$\lambda$为激光光源波长，$N_A$为阿伏伽德罗常数，$c$为高分子溶液浓度；$\theta$为观测角度；$A_2$为第二维利系数，正值代表高分子处于理想溶剂中，负值则相反；$R_\theta=I_\theta r^2/I_0$为瑞利比值，$I_0$和$I_\theta$分别为入射光和散射光的强度，$r$为光源到测量点的距离。对于HPSEC-MALLS的测量数据，通常采用Zimm作图法和Debye法进行数据拟合。

小角X射线衍射（SAXS）和广角X射线散射（WAXS）被用来测定溶液中多糖的构象。散射矢量$q=|q|=4\pi\lambda^{-1}\sin(\theta/2)$，$\lambda$为入射光束的波长，$\theta$为入射光束与散射辐射之间的角度（Mansel et al.，2020）。Yu等采用SAXS测定裂褶菌多糖（β-1,3-葡聚糖）的构象，将6种裂褶菌多糖样品溶于200 mmol/L NaOH（含10 mmol/L NaCl）溶液，在25℃下进行实验。

8.3.6　形貌分析

一般采用电镜对多糖的外观形貌进行观察，包括扫描电镜（SEM）、原子力显微镜（AFM）、激光共聚焦显微镜（LSCM）。在分析过程中，制样最为关键。一般SEM的样品需要进行喷金处理，使样品导电性能增强，然后在高真空模式下观察样品表面形貌（戴晶晶等，2013）。在SEM下观察，多糖呈现丝状、片状、球状、棒状、多孔片状等形态，具体实例如图8-17所示。

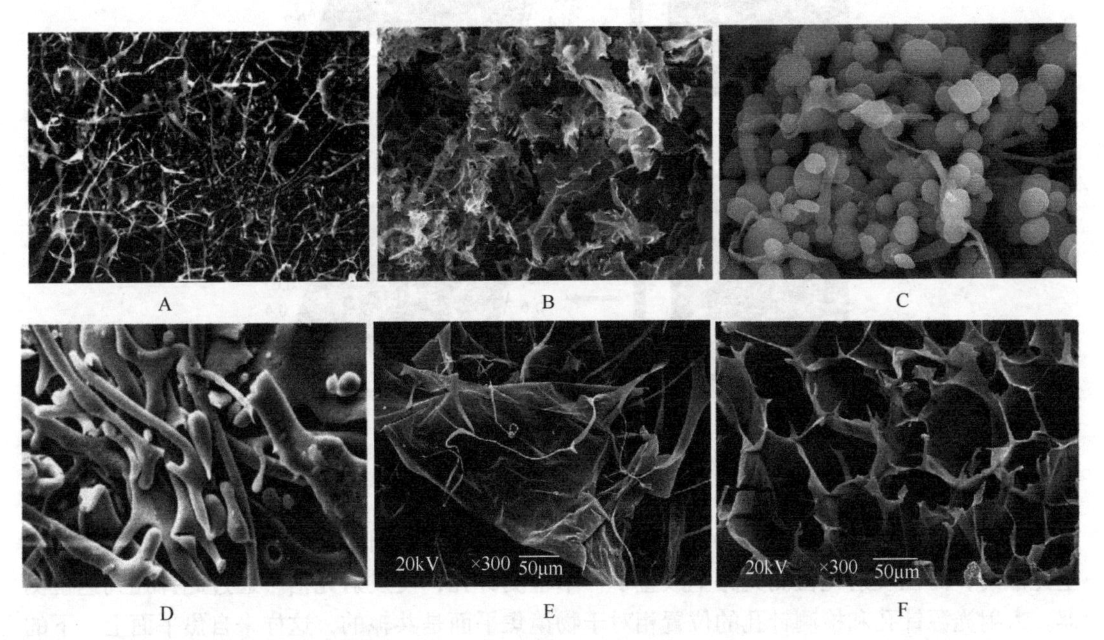

图8-17　常见的几种多糖扫描电镜图（Qu et al.，2016；Li et al.，2020a；Jiang et al.，2020；Huang et al.，2020；Wang et al.，2019e）

A. 白芨多糖；B. 巴戟天多糖；C. 绿豆皮多糖；D. 美丽崖豆藤多糖；E. 小枣多糖；F. 地木耳多糖

AFM是观察物质表面细微形貌和表面加工的强有力工具，需要将样品用水或缓冲溶液充分溶解，配成极稀浓度的样品［(1～500)$\times10^{-4}$ mg/ml］，取5～10 μl样品溶液滴于新鲜解离的云母片上，干燥后采用轻敲模式（tapping mode）观察。目前AFM技术已被用于分析西洋参多糖、虫草多糖、裂褶菌多糖、微晶纤维素等多种样品的分子形貌（李斌，2005）。蔡林涛等（1999）制备AFM样品方式为：将纯化后的多糖溶于蒸馏水中，在通N_2的密封管中85℃加热1 h，冷却至室温，再稀释，加热溶解，冷却直至样品浓度为0.01 mg/ml。取2 mmol/L $NiCl_2$溶液5 μl滴在解离的云母片上，保持1 min后水洗、干燥，使云母表面带正电，取5 μl多糖溶液滴在Ni^{2+}处理的云母片上，空气干燥10 min，大量水冲洗去除没有吸附的残留物，再滴加无水乙醇固定，乙醇是提纯多糖的沉淀剂，有助于防止多糖从云母表面脱附，样品干燥后即可进行AFM测量。Wang等（2019）按照类似的制样方法测定大豆皮可溶性多糖（SHSP）的形貌特征，SHSP的分子链直径为130～710 nm，链宽度为39～143 nm，高度为1.8～4.9 nm。其纯化组分SHSP40的分子链聚集成不同大小的颗粒，链宽度为68～200 nm，高度为0.4～3.1 nm；SHSP60的分子链则聚集成片状，分子链高度为1.2～5.6 nm，宽度为391 nm。图8-18为两种羊栖菜多糖的原子力显微镜实验图。

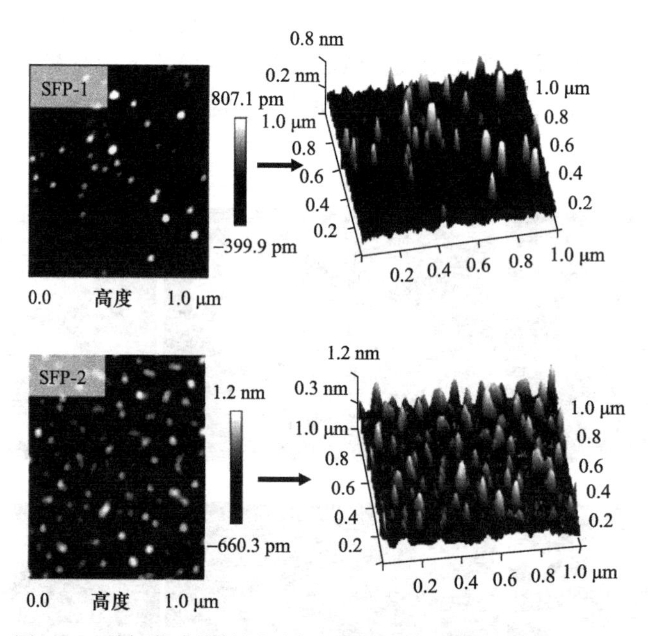

图8-18 羊栖菜多糖的原子力显微镜实验图（Jia et al.，2020）

LSCM使激光光束通过一个针孔光栅入射到样品的一个细微点上，避免了非照射区域产生光散射，而在发射光检测光路上放置了一个检测针孔，使发射光信号通过此针孔到达检测器。入射光源针孔和检测针孔的位置相对于物镜焦平面是共轭的，这样来自焦平面上、下的光被阻挡在针孔两边，对样品进行二维图像采集，再经过专门计算机软件的处理，得到样品的二维和三维图像。LSCM的激光器通常采用氩离子或氪氩离子激光光源，氩离子激发波长为458 nm、476 nm、488 nm、514 nm，氪氩离子激发波长为488 nm、568 nm、647 nm。在用LSCM观察样品时需要用异硫氰酸荧光素或罗丹明B等荧光标记试剂对样品进行标记，然后开始观察（朱建华和杨晓泉，2009；陈晨等，2018）。

8.4　多糖的生物活性检测

天然产物来源的多糖，生理功能丰富多样，各种生物活性不断被发现和研究。表8-5列出了几种常见天然产物多糖生物活性的评价方法。

表8-5　天然产物多糖的体内外活性研究体系或模型

活性	多糖来源	研究体系（或模型）	参考文献
抗氧化活性	角鲨	亚铁离子（Fe^{2+}）螯合能力； 亚铁离子（Fe^{2+}）还原能力； β-胡萝卜素脱色的预防； DNA损伤分析	（Abdelhedi et al.，2016）
	鹿药	羟基自由基清除能力； DPPH自由基清除能力	（Zhao et al.，2020）
	红花苜蓿	ABTS自由基清除能力； DPPH自由基清除能力	（Zhang et al.，2020b）
	缢蛏	亚铁离子（Fe^{2+}）螯合能力； ABTS自由基清除能力； 超氧自由基清除能力	（Yuan et al.，2020）
	聚合草	ABTS自由基清除能力； DPPH自由基清除能力	（Shang et al.，2020）
	龙胆种子	ABTS自由基清除能力； DPPH自由基清除能力； 羟基自由基清除能力； 超氧自由基清除能力	（Ma et al.，2020）
	石榴皮	超氧自由基清除能力； 羟基自由基清除能力； DPPH自由基清除能力； Fe^{2+}还原力测试	（Zhai et al.，2018）
	紫穗碱蓬叶	DPPH自由基清除能力； 亚油酸过氧化试验； ABTS自由基清除能力； Fe^{2+}还原力测试	（Mzoughi et al.，2018）
	叉开网翼藻	DPPH自由基清除能力； 羟基自由基清除能力	（Cui et al.，2018）
	黄梨	免疫抑制小鼠模型	（Lei et al.，2019）
	百合	DPPH自由基清除能力； 羟基自由基清除能力； 超氧自由基清除能力； 亚铁离子（Fe^{2+}）螯合能力	（Zhao et al.，2013）
免疫调节活性	叉开网翼藻	RAW264.7小鼠巨噬细胞模型	（Cui et al.，2018）
	银杏叶子	RAW264.7小鼠巨噬细胞模型	（Ren et al.，2019）
	红参	Balb/c小鼠巨噬细胞模型	（Lee et al.，2019）
	石斛	正常Balb/c小鼠模型	（Yang et al.，2017）

续表

活性	多糖来源	研究体系（或模型）	参考文献
免疫调节活性	虫草	RAW264.7 小鼠巨噬细胞模型	（Wang et al.，2017b）
	灰树花	RAW264.7 小鼠巨噬细胞模型	（Meng et al.，2017）
	虫草	小鼠脾淋巴细胞	（Luo et al.，2017）
	红江蓠	RAW264.7 小鼠巨噬细胞模型	（Chen et al.，2017）
	海带	RAW264.7 小鼠巨噬细胞模型	（Zha et al.，2015）
	黄褐盒管藻	RAW264.7 小鼠巨噬细胞模型	（Na et al.，2010）
	蛹虫草	RAW264.7 小鼠巨噬细胞模型	（Lee et al.，2010）
抗炎活性	紫穗碱蓬叶	角叉菜胶诱导大鼠足水肿模型	（Mzoughi et al.，2018）
	海葡萄	LPS 诱导的 HT29 细胞	（Sun et al.，2020）
	菝葜	LPS 诱导的 RAW264.7 细胞	（Zhang et al.，2019b）
	辣木根	LPS 诱导的 RAW264.7 细胞	（Cui et al.，2019a）
	紫甘薯	LPS 诱导的 ICR 小鼠炎症模型	（Chen et al.，2019a）
	骏枣	LPS 诱导的 RAW264.7 细胞	（Zhan et al.，2018）
	板蓝根	LPS 诱导的小鼠肺泡细胞	（Du et al.，2013）
	甜椒	LPS 诱导的全血细胞	（Popov et al.，2011）
	螺蛳	二甲苯致小鼠耳部水肿	（Zhang et al.，2010a）
降血糖活性	红花苜蓿	α-葡糖苷酶抑制活性	（Zhang et al.，2020b）
	聚合草	α-淀粉酶抑制活性； α-葡糖苷酶抑制活性	（Shang et al.，2020）
	马尾藻	α-淀粉酶抑制活性； α-葡糖苷酶抑制活性； 胰岛素抵抗 HepG2 细胞	（Cao et al.，2018）
	猴头菇	链脲佐菌素（STZ）诱导的糖尿病大鼠模型	（Cai et al.，2020）
	绞股蓝	体外α-葡糖苷酶抑制活性； CaCo-2 细胞中α-葡糖苷酶抑制活性； CaCo-2 细胞中葡萄糖吸收能力测试	（Wang et al.，2019g）
	山茱萸	体外降血糖活性； STZ 诱导的糖尿病雄性 SD 大鼠	（Wang et al.，2019a）
	油茶籽饼	STZ 诱导的糖尿病雄性昆明小鼠	（Jin et al.，2019）
	马尾藻	STZ 诱导的糖尿病雄性 SD 大鼠	（Jia et al.，2019）
	羊栖菜	STZ 诱导的糖尿病雄性 SD 大鼠	（Jia et al.，2019）
	巨型海带	STZ 诱导的糖尿病雄性 SD 大鼠	（Jia et al.，2019）
	灰树花	2 型糖尿病雄性 ICR 小鼠	（Chen et al.，2019e）
	秋葵	STZ 诱导的糖尿病雄性 ICR 小鼠	（Zhang et al.，2018c）
	苦瓜	STZ 诱导的糖尿病雄性昆明小鼠	（Zhang et al.，2018a）
	麦冬	HepG2 细胞和 3T3-L1 细胞胰岛素抵抗模型	（Gong et al.，2017）
	桑叶	STZ 诱导的糖尿病雄性 Wistar 大鼠	（Zhang et al.，2014）

续表

活性	多糖来源	研究体系（或模型）	参考文献
抗菌活性	角鲨	琼脂扩散法； 液体培养基法	（Abdelhedi et al.，2016）
	淫羊藿	过滤圆盘扩散板法； 最低抑菌浓度测试	（Cheng et al.，2013）
	绿豆皮	革兰氏阳性菌和阴性菌	（Jiang et al.，2020）
	球毛壳菌 CGMCC 6882	大肠杆菌和金黄色葡萄球菌	（Wang et al.，2019f）
	钝顶螺旋藻	创伤弧菌（椎间盘扩散法、琼脂生物测定法和蛋白质渗漏法）	（Rajasekar et al.，2019）
	乌贼的皮肤和肌肉	革兰氏阳性菌和阴性菌（琼脂糖扩散法和最小抑制浓度法）	（Jridi et al.，2019）
	百合鳞茎	蜡状芽孢杆菌、假单胞菌、藤黄微球菌、肺炎克雷伯氏菌	（Hui et al.，2019）
	香加皮的根	革兰氏阳性菌和阴性菌（琼脂糖扩散法、最小抑制浓度法和最小细菌浓度法）	（Hajji et al.，2019）
	花蘑菇基质	大肠杆菌、金黄色葡萄球菌和黄体葡萄球菌（椎间盘扩散法、最小抑制浓度法）	（Zhu et al.，2012）
抗高血脂活性	三叶青	高脂血症小鼠模型	（Ru et al.，2019）
镇痛	紫穗碱蓬叶	乙酸引起的小鼠腹痛模型； 热板痛感测试	（Mzoughi et al.，2018）
抗疲劳	玛咖	强迫游泳实验	（Li et al.，2018d）

注：DPPH. 1,1-二苯基-2-三硝基苯肼；ABTS. 2,2′-联氮-双（3-乙基苯并噻唑啉-6-磺酸）；LPS. 脂多糖；STZ. 链脲佐菌素

8.4.1　抗氧化活性

多糖作为抗氧化剂的研究已经成为近年来的研究热点，目前测定多糖抗氧化活性的方式主要有化学评价方法和生物活性评价方法。其中化学评价体系应用最多，主要有1,1-二苯基-2-三硝基苯肼（DPPH）自由基清除能力、2,2-联氮双（3-乙基苯并噻唑啉-6-磺酸）（ABTS）自由基清除能力、氧自由基吸收能力（ORAC）、总自由基清除抗氧化能力（TRAP）、羟基自由基清除能力和超氧阴离子自由基清除能力、金属离子还原能力（FRAP法和CUPRAC法）、金属离子螯合能力、过氧化氢自由基抑制试验等（张雪等，2017；刘玉婷和李井雷，2019）。

1. 化学评价体系　DPPH自由基是一种人工合成的、稳定的有机自由基，其稳定性主要来自共振稳定作用的3个苯环的空间障碍，使夹在中间的氮原子上不成对的电子不能发挥其应有的电子成对作用。DPPH的甲醇溶液或乙醇溶液为深紫红色，在515～520 nm有最大吸收峰。在DPPH体系中加入抗氧化剂时，其孤对电子被配对，溶液由深紫色变成黄色，其褪色程度与所接受的电子数量成定量关系，DPPH自由基清除率可以通过紫外分光光度计、高效液相色谱、电子顺磁共振技术等进行定量测试。分光光度计在517 nm波长处吸光度的变

化是目前使用最多的方法，该方法简单、灵敏、使用范围广泛（韦献雅等，2014）。DPPH法测自由基清除能力受到反应时间、自由基初浓度、温度、光照、氧气、反应体系中H_2O、质子浓度等因素的共同影响（韦献雅等，2014）。与DPPH自由基一样，ABTS自由基也是一种稳定的自由基，通常在734 nm处具有最大吸收波长。ABTS自由基可以在很宽的范围内测定物质的抗氧化性，且在水和脂类溶剂中都能溶解，不受离子强度的影响。因此，ABTS自由基体系适合用来研究pH对于物质抗氧化性的影响，也可以用来研究水溶性和脂溶性的复杂体系的抗氧化能力（蒋厚阳等，2012）。

羟基自由基和超氧自由基是生物体内活性氧产生的物质，容易与不饱和脂肪酸发生脂质过氧化反应，使糖类、蛋白质、核酸及脂类等发生氧化损伤。目前检测这两种自由基的方法包括分光光度法、荧光法、化学发光法、电子自旋共振技术等（张昊和任发政，2009）。氧自由基吸收能力（ORAC）和总自由基清除抗氧化能力（TRAP）是测量抗氧化物抑制氧自由基通过氢原子转移、诱导和氧化反应能力的两种抗氧化能力测试体系。在反应体系中，氧自由基与荧光底物结合形成非荧光产物，抗氧化物质与荧光底物竞争同氧自由基反应，通过测定体系荧光值来确定物质的抗氧化能力。ORAC法适用于胶粒、脂质膜、血浆等体系中物质的抗氧化性测定，其主要的缺点是测试时间较长。TRAP法只能用于测定血清和血浆样本中谷胱甘肽、维生素C、β-胡萝卜素等非酶抗氧化物的抗氧化能力测试（蒋厚阳等，2012）。

金属离子还原能力体系的工作原理是利用抗氧化物将Fe^{3+}和Cu^{2+}等还原为较低价态的离子的能力作为评价抗氧化能力的标准，是抗氧化物电子转移的一个过程。一般情况下，FRAP法简单、快速、廉价，但是在与一些酚类反应时反应速度非常缓慢。由于FRAP法运用了电子转移机制来测定抗氧化性，因此不能用于测定硫醇和蛋白质等氢原子转移机制的抗氧化物。CUPRAC法比FRAP法反应速度更快，但不适用于具有复杂成分体系的抗氧化性的测定（蒋厚阳等，2012）。

2. 生物活性评价体系 生物活性评价方法包括：DNA氧化损伤、脂质过氧化抑制能力、红细胞溶血试验、线粒体肿胀实验等（刘玉婷和李井雷，2019）。体内过量的自由基会损害脂质、核酸、蛋白质和糖类等生物分子，使DNA发生突变，因此可通过在羟基自由基、过氧自由基等自由基产生模型中，同时加入DNA来建立DNA氧化损伤模型（赵磊等，2016）。根据DNA氧化降解过程会产生的化学发光现象，测定吸光度就可以判断DNA损伤的情况（傅裕，2010）。脂质过氧化模型的建立是基于机体产生的过量自由基会攻击生物膜中的不饱和脂肪酸，引发脂质的过氧化作用，产生脂质过氧化物（Chen and Huang，2019）。丙二醛（MDA）和硫代巴比妥酸（TBA）是脂质过氧化作用的一种代表性分解产物，它们的含量可以反映机体脂质过氧化发生的程度。不同浓度的多糖样品1 ml与0.4 ml蛋黄匀浆（10%，*V*/*V*）和0.5 ml 40 mmol/L 2,2′-偶氮（2-甲基丙基脒）二盐酸盐，然后在37℃培育1 h。向反应体系中加入1 ml 10%（*V*/*V*）TFA、1 ml 0.67%（*V*/*V*）TBA、50 μl盐酸和2 ml磷酸盐缓冲溶液（pH 6.8），混合物经涡旋，100℃加热15 min直到溶液变成粉色。待冷却后离心，测定532 nm处吸光度，然后计算脂质过氧化抑制率（Sun et al.，2018b）。

体内红细胞在含有充足氧环境下，能够启动和催化脂质过氧化反应的金属络合物血红蛋白，且红细胞膜上富含多不饱和脂肪酸，使红细胞对氧化损伤极为敏感。因此，红细胞氧化损伤模型成为研究体外抗氧化的一个重要方法。红细胞溶血试验以H_2O_2诱导红细胞膜发生氧化损伤，破坏细胞结构的完整性，从而导致血红蛋白溢出，然后测定吸光度来衡量损伤程度。2,7-二氯二氢荧光素二乙酸酯和H_2O_2诱导的PC12细胞也常被用作研究抗氧化活性的模式细胞（Ye et al.，2016；Wang et al.，2018b）。PC12细胞中氧自由基的累积模型，利用DCFH-DA（2,7-二氯二氢荧光素二乙酸酯）试剂盒测定细胞内活性氧的种类和含量，测定荧光强度。向96孔板中接种细胞（5000个细胞/ml）静养12 h，用多糖（25～50 μg/ml）处理2 h，然后用10 μmol/L DCFH-DA在黑暗中处理30 min（37℃）。向细胞中加入过氧化氢（以活性氧为对照，10 μg/ml）孵化30 min，然后测定在488 nm（激发波长）和525 nm（发射波长）处的吸光度（Lin et al.，2018）。

用体内实验评价抗氧化活力时，可以小鼠为模式动物，腹腔注射D-半乳糖（0.01 ml/kg）构建氧化损伤模型，然后腹腔注射多糖溶液，或者直接用多糖灌喂正常小鼠，持续一段时间后将小鼠处死，收集血清、心脏、肝脏和肾脏等。然后测定血清和组织中的脂质过氧化物含量、丙二醛含量、超氧化物歧化酶、谷胱甘肽过氧化物酶和过氧化氢酶活性（Zhang et al.，2016；Chen et al.，2020）。

8.4.2　抗炎活性

如表8-5所示，用于研究多糖对细胞炎症的模型有LPS刺激巨噬细胞RAW264.7（Kang et al.，2011；Xiong et al.，2017；Rjeibi et al.，2018；Zhang et al.，2019a，2019b；Lee et al.，2020）、HT29结肠癌细胞（1 μg/ml）（Sun et al.，2020）、人单核细胞（THP-1细胞，2 μg/ml）、外周血单核细胞（PMBC细胞，1 μg/ml）、Hela细胞（Thomson et al.，2016）、淋巴细胞（Liao and Lin，2013）。以LPS诱导RAW264.7细胞产生炎症模型的方法是，将RAW264.7细胞接种到24孔板中培养24 h，然后加入一定浓度的多糖溶液培养1 h，再以LPS（1 μg/ml）刺激细胞，培养24 h，测定NO、细胞因子（TNF-α、IL-1β和IL-6等）、前列腺素E2含量、一氧化氮合酶（iNOS）和环氧合酶-2（COX-2）的表达水平（Wang et al.，2020b）。评价抗炎效果的指标和方法有：MTT法测细胞存活率、中性红实验测定细胞吞噬能力、ELISA测定细胞因子（IL-1β、TNF-α、slgA、黏蛋白-2）、Western blotting或实时定量PCR测定细胞因子的表达（IL-1β和TNF-α等）（Yang et al.，2019；Lee et al.，2020；Sun et al.，2020）。通过上述实验可以建立多糖发挥抗炎活性可能的信号通路。如图8-19所示，羊肚菌多糖通过下调NF-κB、p65、iNOS和磷酸化p38（p-p38）水平，抑制细胞质中IκBα的降解、抑制一氧化氮和肿瘤坏死因子α的产生，发挥对LPS刺激的RAW264.7细胞的抗炎活性。

LPS用于小鼠肾脏炎症模型的建立时，将LPS溶于灭菌的蒸馏水中，然后腹腔连续注射3d，其用量为5 mg/kg体重（Gao et al.，2019；Song et al.，2019b）。小鼠的结肠炎模型建立的方法是将3.5%（*m*/*V*，分子质量为6500～10 000 Da）葡聚糖硫酸钠（DSS）添加到饮用水中，连续供应7d（Song et al.，2019a）。角叉菜胶诱导小鼠足肿模型的方法是将角叉菜胶溶于0.9%灭菌的生理盐水中，然后向右足注射50 μl溶液（500 μg/足）（Sousa et al.，2018）。小鼠结肠炎模型构建的另一种方法是从肛门3 cm处向其中注射100 μl 5%乙酸溶液（pH 2.5）。体内抗炎活性的评价方法如下：对小鼠体重、饮食饮水和疾病状态的观察，病变部位组织染色和电镜观察，验证相关酶活力的测定，Western blotting或实时定量PCR测定细胞因子的表达（Song et al.，2019a，2019b）。

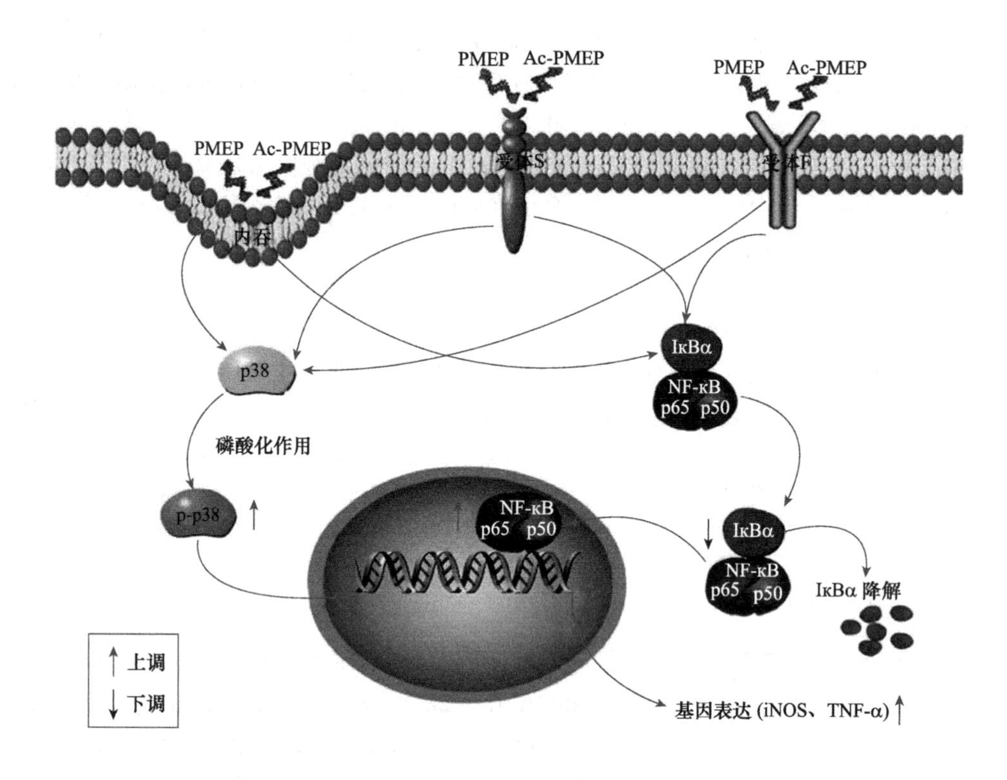

图8-19 羊肚菌多糖（PMEP）及其乙酰化衍生物（Ac-PMEP）对LPS刺激的RAW264.7细胞的抗炎活性信号通路（Yang et al.，2019）

8.4.3 免疫调节活性

评价多糖免疫调节活性的体外方法包括：测定细胞的增殖效果、中性红实验测定巨噬细胞的吞噬能力、Griess法测NO的生成量、流式细胞仪测定脾淋巴细胞类型（Deng et al.，2016；Yang et al.，2017；Shemami et al.，2018；Hou et al.，2019；Pandeirada et al.，2019；Ren et al.，2019）。在体内测定多糖免疫调节活性的方法有免疫抑制小鼠模型（Song et al.，2018），具体是向腹腔注射环磷酰胺（每天40 mg/kg或50 mg/kg），1～3 d可以获得小鼠免疫抑制模型（Song et al.，2018a；Jie et al.，2020）；为雌性C57BL/6小鼠腹腔接种B16-F10黑色素瘤细胞（200 μl 2×10^5/只），构建肿瘤模型（Lee and Hong，2011）。

8.4.4 抗菌活性

多糖抗菌活性测定方法有圆纸盘扩散法、最小抑制浓度法、细胞壁和细胞内膜的通透性测试法、蛋白质渗漏实验等。一种圆纸盘扩散法操作是，以大肠杆菌、金黄色葡萄球菌和黄曲杆菌为指示菌并接种于Luria肉汤培养基中，将100 μl细菌培养液（10^6 cfu/ml）涂抹于试验介质，将过滤后的多糖溶液注射到平板中；以无菌水为对照，孵育48 h后测定抑菌圈（Zhu et al.，2012）。最小抑制浓度法是将多糖溶于蒸馏水（400 μg/ml），然后按倍数稀释，与模式菌一起培养一段时间后观察测试菌生长状况，以完全没有菌生长时的浓度为最小抑制浓度（Zhu et al.，2012）。细胞壁和细胞内膜的通透性测试法是将测试菌接种于液体培养基中以120 r/min转速在37℃培养8 h（接种量为10^7～10^8 cfu/ml），然后加入10 ml多糖溶液（以等量水为对照），培养一段时间后，取3 ml培养液，离心（5000 *g*，20 min）收集细胞和上清液，测定碱性磷酸酶和β-半乳糖苷酶的活性（Zhang et al.，2017）。创伤弧菌蛋白质渗漏实验是将10^5 cfu/ml创伤弧菌接种在LB肉汤培养基中，用不同浓度多糖处理，37℃培育6 h，然后离心（5000 r/min，10 min）获得上清液，最后用Lowry's试剂测定蛋白质浓度（Rajasekar et al.，2019）。

多糖对细菌生长曲线的影响也被用来评价抗菌活性。将测试菌以0.1%接菌量分别接种于特定培养基上，置于36～37℃摇床培养24 h进行菌种活化。采用比浊法测定细菌的生长曲线，用紫外分光光度计在600 nm下测定OD，每隔3 h测量一次。以培养时间为横坐标、吸光度为纵坐标，绘制细菌的生长曲线（Li et al.，2018c）。此外，还可以用ATP试剂盒测定细胞外ATP水平、细胞膜电位去极化试验等评价多糖的抗菌活性（Liu et al.，2018）。

8.4.5　降血糖活性

很多天然产物来源的多糖具有降血糖活性，如桑叶多糖、南瓜多糖、苦瓜多糖、蛹虫草多糖等。多糖降血糖活性的评价方法主要从酶反应、细胞反应和动物实验3个方面进行。

1. 酶反应法测定体外降血糖活性　由于人类日常摄入的食物主要为淀粉，淀粉在消化系统中首先经胰α-淀粉酶水解成寡糖，寡糖再由小肠上皮分泌的α-葡糖苷酶水解成葡萄糖，最终被人体细胞吸收利用。基于此消化吸收的过程，研究人员建立α-淀粉酶抑制实验、α-葡糖苷酶抑制实验、葡萄糖扩散阻滞实验对多糖的体外降血糖活性进行评价。下面以Mudliyar等（2019）的报道为例，介绍上述3种体外实验的具体操作。

1）*α-葡糖苷酶抑制实验*　配制不同浓度的多糖溶液（1～25 mg/ml）与100 μl α-葡糖苷酶（0.35 U/ml）混合于2 ml EP管中，37℃水浴培养10 min后向试管中加入100 μl 1.5 mmol/L硝基苯葡糖苷（pPNG），37℃反应20 min，最后加入1.0 ml 1.0 mol/L Na_2CO_3终止液，于400 nm下测定吸光度，记为样品实验组。上述所有样品溶于磷酸缓冲溶液（pH 6.9）。用去离子水代替样品作空白对照组，其他步骤同上，测定样品空白对照。利用式（8.2）计算不同浓度各组分的α-葡糖苷酶抑制率。

$$\alpha\text{-葡糖苷酶抑制率}(\%)=(1-A_{样品实验}/A_{样品空白})\times100 \tag{8.2}$$

2）*α-淀粉酶抑制实验*　配制不同浓度的多糖溶液（5～25 mg/ml），取100 μl与100 μl α-淀粉酶溶液（4.5 U/ml）混合，37℃孵化10 min。淀粉酶溶于0.02 mol/L磷酸钠溶液（pH 6.9），然后加入100 μl 1%（*m/V*）淀粉溶液，37℃孵化30 min后加入1.0 ml二硝基水杨酸终止酶解反应，并在沸水浴中加热5 min，然后冷却至室温。在540 nm处测定反应体系的吸光值变化。用去离子水代替样品作空白对照组，其他步骤同上，测定样品空白对照，并按式（8.3）计算多糖对α-淀粉酶体外抑制率。

$$\alpha\text{-淀粉酶抑制率}(\%)=(1-A_{样品实验}/A_{样品空白})\times100 \tag{8.3}$$

3）*葡萄糖扩散阻滞试验*　称取500 mg多糖样品溶于20 ml去离子水，然后转移到密封的透析管中，将所有透析管浸泡于200 ml去离子水中，37℃，120 r/min振荡条件下培养10 min。然后向透析试管中加入5 ml葡萄糖溶液（125 mmol/L），试管中葡萄糖的终浓度为25 mmol/L。将密封试管转移到透析容器中，在0 min、15 min、30 min、60 min、120 min、

150 min取样，用葡萄糖试剂盒测定透析外液中葡萄糖的浓度，加入等量去离子水的样品作为对照。

2. 细胞反应测定降血糖活性 体外降血糖活性的细胞模型评价方法包括构建STZ损伤的细胞模型（胰岛β细胞株HIT-T15、胰岛瘤细胞株RIN-m5F）、胰岛素抗性模型（HepG2细胞和3T3-L1细胞）。例如，Gong等（2017）构建胰岛素抗性HepG2细胞和3T3-L1细胞模型：用高浓度胰岛素（1.0×10^{6} mol/L）培养HepG2细胞48 h；将3T3-L1前体脂肪细胞接种于DMEM培养基（含10%FBS）中培养48 h，然后转移到分化诱导培养基中（10%FBS的DMEM培养基，含0.5 mmol/L IBMX、5 μmol/L DEX、5 mg/ml胰岛素）培养48 h后，换只含胰岛素的DMEM培养基再次培养2 d；然后将细胞转移到不含胰岛素的生长培养基中，直到90%的细胞呈现脂肪细胞表型。为了获得胰岛素抗性，完全分化的脂肪细胞用含1 μmol/L DXM的生长培养基中分别培养24 h和48 h。王梦雅等（2019）采用高糖高胰岛素法建立胰岛素抗性模型：调整细胞密度为2×10^{6}细胞/ml，此密度大于正常HepG2细胞组，有利于胰岛素抗性效果的检测；待细胞贴壁后，加入新配制的含有胰岛素的培养液，使其终浓度为10^{-5} mol/L、10^{-6} mol/L、10^{-7} mol/L、10^{-8} mol/L、10^{-9} mol/L、10^{-10} mol/L，并设无胰岛素的空白孔为正常对照组，在37℃、5% CO_2培养箱中培养24 h；使用葡萄糖试剂盒检测葡萄糖含量，以葡萄糖消耗量最低者为胰岛素抗性细胞模型的建立标准。

3. 动物实验测定降血糖活性 评价多糖降血糖活性的体内实验模型主要是链脲佐菌素（STZ）或四氧嘧啶诱导的糖尿病模型。采用STZ构建大小鼠糖尿病模型的一般流程是：首先将购买的实验动物适应性喂养一周；然后用高糖或高脂膳食连续喂养4～8周，禁食12～16 h后开始造模，将STZ溶于0.1 mol/L柠檬酸缓冲液（pH 4.2～4.5）中，对实验动物进行腹腔注射或者尾静脉注射，注射剂量为30～150 mg/kg体重（Tang et al.，2018；Setyaningsih et al.，2019；Cai et al.，2020；Jia et al.，2020）；注射STZ 3～14 d后，开始测血糖水平，将血糖值超过一定范围的实验动物认定为糖尿病动物。在上述造模过程中，不同研究人员构建模型的方法有所差别。首先，实验动物的选择，已被用作糖尿病造模的动物有SD大鼠（Cai et al.，2020；Jia et al.，2020）、Wistar大鼠（Li et al.，2018a；Li et al.，2019b）、ICR小鼠（Jiang et al.，2013；Tang et al.，2018）、C57BL/6小鼠（Liao et al.，2019）、昆明小鼠（Guo et al.，2019a，2019b）等，实验动物一般为雄性，大鼠的年龄为5～8周龄，小鼠为4～9周龄。其次，在注射STZ之前，有些研究者采用高糖和（或）高脂饮食喂养一段时间；在注射STZ之后，有的辅助注射葡萄糖溶液。此外，STZ的注射剂量也存在较大的不同。最后，不同文献报道的糖尿病模型成功的认定标准不一样，如STZ注射7 d或14 d后空腹血糖值大于11.1 mmol/L（Cai et al.，2020；Jia et al.，2020）；STZ注射7 d后血糖值大于16.7 mmol/L（Sun et al.，2019）；注射3 d后，血糖水平大于16.8 mmol/L（Tang et al.，2018）；注射3 d后，空腹血糖水平大于250 mg/dL（Wang et al.，2017e；Wang et al.，2019a）、空腹血糖超过17 mmol/L（Wang et al.，2020c）等。不同研究采用的高糖和高脂肪饮食也有所差别。Jia等（2020）所采用的配方是45%脂肪，20%蛋白质，35%碳水化合物，提供196.5 mg/kg胆固醇；Chen等（2019b）使用的高糖高脂膳食是15%脂肪、10%糖、1%胆酸钠、0.5%丙硫氧嘧啶、1%胆固醇和72.5%基本膳食。

采用四氧嘧啶（alloxan）诱导糖尿病小鼠模型的构建方法是小鼠适应性喂养一周后，将四氧嘧啶（5%）溶于注射用灭菌生理盐水，经腹腔注射200 mg/kg体重四氧嘧啶，5 d后，通过尾静脉测血糖的葡萄糖水平大于15.6 mmol/L被认为造模成功。四氧嘧啶诱导雄性Wistar大鼠糖尿病的方法是：将大鼠静养2周，然后禁食不禁水16 h，再经腹腔注射150 mg/kg体重四氧嘧啶溶液（300 mmol/L NaCl作为溶剂），6 h后给予5～10 ml 20%葡萄糖溶液。之后的24 h给予5%葡萄糖溶液防止严重的高血糖。待大鼠状态稳定后，空腹8 h测定血糖水平，血糖值大于250 mg/dL的被认为造模成功（Fu et al.，2012）。

4. 降血糖活性机制研究　2型糖尿病通常是由于胰岛β细胞受损，胰岛素分泌缺陷或胰岛素作用障碍引起的。在研究多糖降血糖活性机制时，首先是测定糖尿病动物的血清中血糖、胰岛素、胰高血糖素等，血清和肝脏中脂质代谢相关的产物（如甘油三酯、胆固醇、脂蛋白等），血清及尿液中的代谢产物等的水平。然后测定影响激素分泌的蛋白质水平及其调控因子的表达，从而建立多糖发挥降血糖活性的信号通路（牛君等，2020）。如图8-20所示，Zheng等（2019b）绘制了中草药多糖通过作用于胰岛β细胞，α-淀粉酶和α-葡糖苷酶以及糖代谢等发挥抗糖尿病作用的信号通路。

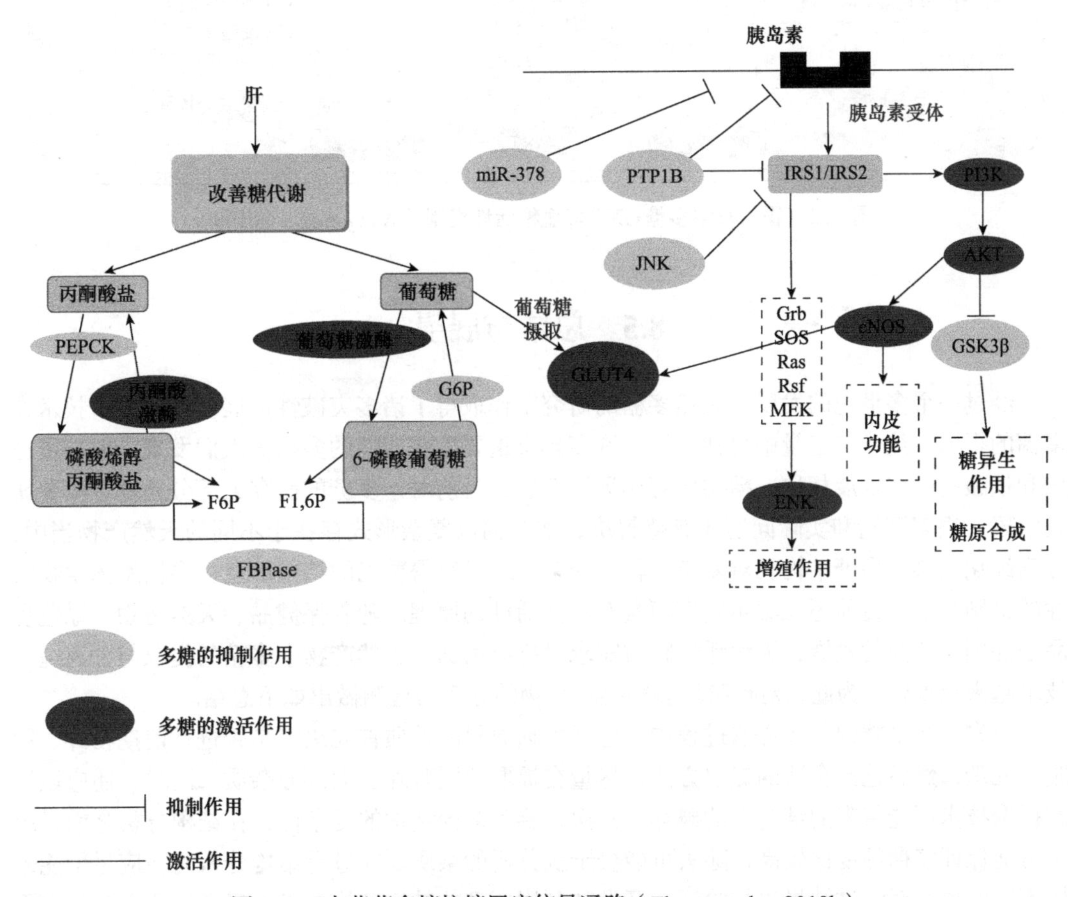

图8-20　中草药多糖抗糖尿病信号通路（Zheng et al.，2019b）

Wang等（2019b）研究霍山石斛多糖GXG的降血糖活性时，发现GXG能够降低空腹血糖、糖化血清蛋白和血清胰岛素的水平，提高血糖耐受能力和胰岛素敏感性。进一步通过组织学分析和Wester blotting发现GXG通过上调IRS1-PI3K-AKT磷酸化，下调FOXO1/GSK

3β磷酸化信号通路使得胰高血糖素合成增加，而糖异生作用被抑制。该实验结果总结如图8-21所示。

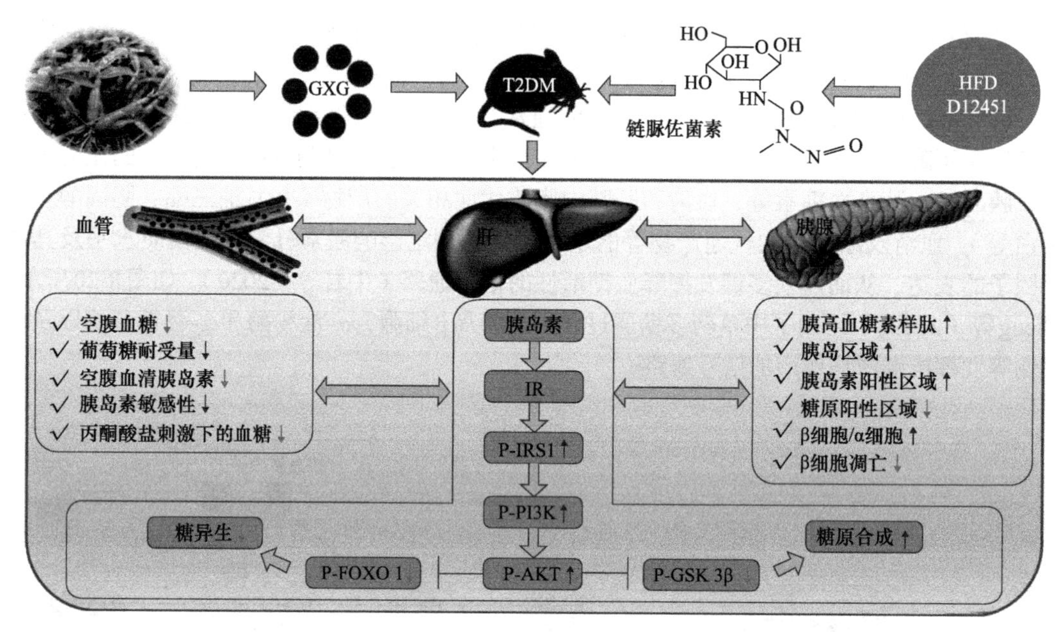

图8-21 霍山石斛多糖GXG降血糖活性机制（Wang et al.，2019b）

8.5 总结与展望

经过一个多世纪的发展，天然多糖的研究工作取得了诸多突破性进展。各种分析技术在多糖的提取、纯化、定量中得到应用，许多具有重要生理活性的多糖被人们发现。但与蛋白质和核酸的研究发展相比，糖类研究还远远滞后，目前对于多糖的研究大部分还处于实验研究阶段，很多理论和实际问题还有待解决，如多糖以复杂形式存在于不同的天然产物当中，分离纯化困难；多糖结构相对复杂、种类繁多，难以获得精确的结构信息；多糖发挥生物活性的机制复杂，目前还无法明确多糖具有不同活性的原理。随着保健品、天然药物、绿色食品添加剂等产业的发展，天然活性物质需求量持续增加，天然产物中多糖的提取与分离纯化技术越来越重要。为此，对现阶段多糖类化合物的分离与检测做出如下总结。

首先，在多糖的分离提取过程中，应该根据原料的性质首先决定是否进行前期粉碎、脱脂等处理，然后选择合适的提取方法，尽量在提取的同时除去大部分杂质。同时，还应该注意提取技术可能带来的结构上的破坏。其次，鉴于多糖结构的复杂性，在结构分析之前，应尽可能保证多糖纯度比较高，除去可能会干扰分析的杂质。在进行结构分析时，应尽可能采用不同的技术对测试结果进行验证。开发和利用新型的结构分析技术，提高检测方法的水平及分析的灵敏度和准确性，也是亟待加强。最后，多糖生物活性丰富，在进行活性评价和机制研究时，应该结合生物化学手段、细胞技术和动物水平的研究对多糖发挥生物活性的机制进行揭示。

参考文献

安晓娟，冯琳，宋红平，等. 2012. 植物多糖的结构分析及药理活性研究进展. 中国药学杂志,47（16）: 1271-1275.

蔡林涛，李萍，陆祖宏. 1999. 原子力显微镜观察虫草多糖分子的结构形貌. 电子显微学报,（1）: 103-105.

陈晨，陆乃彦，范大明，等. 2018. 激光共聚焦扫描显微镜技术在不同食品体系中的应用研究. 食品安全质量检测学报，9（17）: 4581-4586.

陈洪亮，李伯涛，张家祥，等. 2002. 免疫活性多糖的免疫调节作用及机制研究进展. 中国药理学通报，3: 249-252.

崔艳红，黄现青. 2006. 微生物胞外多糖研究进展. 生物技术通报，2: 25-28.

戴晶晶，张静，孙润广，等. 2013. 防风多糖的理化特性、形貌特征及结构分析. 中草药，44（4）: 391-396.

丁卫军，楚占营. 2016. 天然产物中活性多糖提取纯化技术进展. 生命科学仪器，14（5）: 20-24.

窦佩娟，张静，吕青青，等. 2013. 碱提工艺对茶树菇多糖形貌特征和构象及其生物活性的影响,11（4）: 22-30.

傅裕. 2010. 体外抗氧化功能评价方法研究进展. 肉类研究，24（11）: 41-46.

何钊，冯颖，孙龙，等. 2011. 黄粉虫多糖响应面法提取及抗氧化活性. 食品与生物技术学报，30（5）: 641-647.

何钊，孙龙，冯颖，等. 2008. 白蜡虫多糖的提取及单糖组分分析. 林业科学研究，21（6）: 792-796.

霍俊成，李艺杰，李萍，等. 2019. 药用昆虫多糖的研究进展. 现代生物医学进展，17（29）: 5788-5792.

蒋厚阳，杨吉霞，赵培君，等. 2012. 食品抗氧化评价体系及其选择使用. 食品工业科技，33（24）: 414-417，422.

李斌. 2005. 原子力显微镜在多糖研究中的应用进展. 食品科学，（4）: 243-248.

李计萍. 2014. 中药新药研究中多糖含量测定方法探讨. 中国中药杂志，39（17）: 3392-3394.

刘力萍，吴天祥，张宗启. 2018. 灰树花胞外多糖不同脱色方法的研究. 食品科技，43（11）: 196-201.

刘玉婷，李井雷. 2019. 多糖体外抗氧化活性研究进展. 食品研究与开发，40（6）: 214-219.

牛君，王傲，史钏，等. 2020. 中国食用菌降血糖研究进展. 中国食用菌，39（1）: 1-7，15.

王梦雅，赵喆禛，薛娇，等. 2019. 桦褐孔菌纯化多糖体外降血糖活性研究. 食品工业科技，41（10）: 316-320.

王珊，黄胜阳. 2012. 植物多糖提取液脱蛋白方法的研究进展. 食品科技，37（9）: 188-191.

王什，李红玉. 2017. 响应面优化提取蚕蛹多糖及其抗肿瘤活性研究. 中药材，40（3）: 665-669.

韦献雅，殷丽琴，钟成，等. 2014. DPPH 法评价抗氧化活性研究进展. 食品科学，35（9）: 317-322.

吴梦琪，夏玮，徐志珍，等. 2019. 植物多糖的分离纯化、结构解析及生物活性研究进展. 化学世界，60（11）: 737-747.

肖玉良，李平利，程艳娜，等. 2014. 硫酸软骨素的药理作用及应用研究进展. 中国药学杂志,49（13）: 1093-1098.

谢明勇，聂少平. 2010. 天然产物活性多糖结构与功能研究进展. 中国食品学报，10（2）: 1-11.

谢明勇，殷军艺，聂少平. 2017. 天然产物来源多糖结构解析研究进展. 中国食品学报，17（3）: 1-19.

徐航，朱锐，刘玮，等. 2015. 多糖高级结构解析方法的研究进展. 药学进展，5: 364-369.

易建勇，毕金峰，刘璇，等. 2020. 果胶结构域精细结构研究进展. 食品科学，41（7）：292-299.
张昊，任发政. 2009. 羟基和超氧自由基的检测研究进展. 光谱学与光谱分析，29（4）：1093-1099.
张杰. 2016. 中药新药研究中多糖含量测定方法的研究. 中国民康医学，28（19）：56.
张磊，王锦旭，杨贤庆，等. 2018. 海洋动物多糖的研究进展. 食品工业，39（1）：211-215.
张雪，苗婷婷，陆炯，等. 2017. 天然产物抗氧化活性评价方法研究进展. 广州化工，45（19）：7-10.
赵磊，郝添阳，王旋，等. 2016. 蛋白水解物对DNA和红细胞氧化损伤的保护作用. 中国食品学报，（8）：7-15.
周勇，易延逵，杨晓敏，等. 2016. 香菇中多糖含量测定方法的比较研究. 食品研究与开发，37（13）：124-128.
朱建华，杨晓泉. 2009. 激光共聚焦显微镜分析技术在食品体系微观结构领域应用研究进展. 粮油加工，5：134-136.

Abdelhedi O, Nasri R, Souissi N, et al. 2016. Sulfated polysaccharides from common smooth hound: extraction and assessment of anti-ACE, antioxidant and antibacterial activities. Carbohydrate Polymers, 152: 605-614.

Alyassin M, Campbell G M, Masey O'Neill H, et al. 2020. Simultaneous determination of cereal monosaccharides, xylo- and arabinoxylo-oligosaccharides and uronic acids using HPAEC-PAD. Food Chemistry, 315: 126221.

Amelung W, Cheshire M V, Guggenberger G. 1996. Determination of neutral and acidic sugars in soil by capillary gas-liquid chromatography after trifluoroacetic acid hydrolysis. Soil Biology and Biochemistry, 28(12): 1631-1639.

Arruda H S, Pereira G A, Pastore G M. 2017. Oligosaccharide profile in Brazilian Cerrado fruit araticum (*Annona crassiflora* Mart.). LWT - Food Science and Technology, 76: 278-283.

Beigi M, Jahanbin K. 2019. A water-soluble polysaccharide from the roots of *Eremurus spectabilis* M. B. subsp. spectabilis: extraction, purification and structural features. International Journal of Biological Macromolecules, 128: 648-654.

Bhotmange D U, Wallenius J H, Singhal R S, et al. 2017. Enzymatic extraction and characterization of polysaccharide from *Tuber aestivum*. Bioactive Carbohydrates and Dietary Fibre, 10: 1-9.

Cai W D, Ding Z C, Wang Y Y, et al. 2020. Hypoglycemic benefit and potential mechanism of a polysaccharide from *Hericium erinaceus* in streptozotoxin-induced diabetic rats. Process Biochemistry, 88: 180-188.

Cao C, Huang Q, Zhang B, et al. 2018. Physicochemical characterization and *in vitro* hypoglycemic activities of polysaccharides from *Sargassum pallidum* by microwave-assisted aqueous two-phase extraction. International Journal of Biological Macromolecules, 109: 357-368.

Capek P, Matulová M. 2013. An arabino (glucuronoxylan) isolated from immunomodulatory active hemicellulose fraction of *Salvia officinalis* L. International Journal of Biological Macromolecules, 59: 396-401.

Chan T W D, Chan P K, Tang K Y. 2006. Determination of molecular weight profile for a bioactive β-(1→3) polysaccharides. Curdlan. Analytica Chimica Acta, 556, (1): 226-236.

Chang C K, Ho W J, Chang S L, et al. 2018. Fractionation, characterization and antioxidant activity of exopolysaccharide from fermentation broth of a *Xylaria nigripes*. Bioactive Carbohydrates and Dietary Fibre, 16: 37-42.

Chang CW, Lur H S, Lu M K, et al. 2013. Sulfated polysaccharides of *Armillariella mellea* and their anti-inflammatory activities via NF-κB suppression. Food Research International, 54(1): 239-245.

Chen C, Shao Y, Tao Y, et al. 2015. Optimization of dynamic microwave-assisted extraction of *Armillaria* polysaccharides using RSM, and their biological activity. LWT-Food Science and Technology, 64(2): 1263-1269.

Chen F, Huang G. 2019. Extraction, derivatization and antioxidant activity of bitter gourd polysaccharide.

International Journal of Biological Macromolecules, 141: 14-20.

Chen G, Yuan Q, Saeeduddin M, et al. 2016. Recent advances in tea polysaccharides: extraction, purification, physicochemical characterization and bioactivities. Carbohydrate Polymers, 153: 663-678.

Chen H, Sun J, Liu J, et al. 2019a. Structural characterization and anti-inflammatory activity of alkali-soluble polysaccharides from purple sweet potato. International Journal of Biological Macromolecules, 131: 484-494.

Chen H, Zhou X, Zhang J. 2014a. Optimization of enzyme assisted extraction of polysaccharides from *Astragalus membranaceus*. Carbohydrate Polymers, 111: 567-575.

Chen L C, Jiang B K, Zheng W H, et al. 2019b. Preparation, characterization and anti-diabetic activity of polysaccharides from adlay seed. International Journal of Biological Macromolecules, 139: 605-613.

Chen L, Long R, Huang G, et al. 2020. Extraction and antioxidant activities *in vivo* of pumpkin polysaccharide. Industrial Crops and Products, 146: 112199.

Chen M, Xiao D, Liu W, et al. 2019c. Intake of *Ganoderma lucidum* polysaccharides reverses the disturbed gut microbiota and metabolism in type 2 diabetic rats. International Journal of Biological Macromolecules, 155: 890-902.

Chen R, Jin C, Li H, et al. 2014b. Ultrahigh pressure extraction of polysaccharides from *Cordyceps militaris* and evaluation of antioxidant activity. Separation and Purification Technology, 134: 90-99.

Chen S, Chen H, Tian J, et al. 2014c. Enzymolysis-ultrasonic assisted extraction, chemical characteristics and bioactivities of polysaccharides from corn silk. Carbohydrate Polymers, 101: 332-341.

Chen X, Fang D, Zhao R, et al. 2019d. Effects of ultrasound-assisted extraction on antioxidant activity and bidirectional immunomodulatory activity of *Flammulina velutipes* polysaccharide. International Journal of Biological Macromolecules, 140: 505-514.

Chen Y, Gu X, Huang S Q, et al. 2010. Optimization of ultrasonic/microwave assisted extraction. UMAE of polysaccharides from *Inonotus obliquus* and evaluation of its anti-tumor activities. International Journal of Biological Macromolecules, 46(4): 429-435.

Chen Y, Liu D, Wang D, et al. 2019e. Hypoglycemic activity and gut microbiota regulation of a novel polysaccharide from *Grifola frondosa* in type 2 diabetic mice. Food and Chemical Toxicology, 126: 295-302.

Chen Y, Zhao L, Liu B, et al. 2012. Application of response surface methodology to optimize microwave-assisted extraction of polysaccharide from tremella. Physics Procedia, 24: 429-433.

Chen Z E, Wufuer R, Ji J H, et al. 2017. Structural characterization and immunostimulatory activity of polysaccharides from *Brassica rapa* L. J Agric Food Chem, 65(44): 9685-9692.

Cheng H, Feng S, Shen S, et al. 2013. Extraction, antioxidant and antimicrobial activities of *Epimedium acuminatum* Franch. polysaccharide. Carbohydrate Polymers, 96(1): 101-108.

Cheng H, Huang G, Huang H. 2020. The antioxidant activities of garlic polysaccharide and its derivatives. International Journal of Biological Macromolecules, 145: 819-826.

Cheng J J, Chao C H, Chang P C, et al. 2016. Studies on anti-inflammatory activity of sulfated polysaccharides from cultivated fungi *Antrodia cinnamomea*. Food Hydrocolloids, 53: 37-45.

Cheng M, Qi J R, Feng J L, et al. 2018. Pea soluble polysaccharides obtained from two enzyme-assisted extraction methods and their application as acidified milk drinks stabilizers. Food Research International, 109: 544-551.

Cheng Z, Song H, Cao X, et al. 2017. Simultaneous extraction and purification of polysaccharides from *Gentiana scabra* Bunge by microwave-assisted ethanol-salt aqueous two-phase system. Industrial Crops and Products, 102: 75-87.

Cheng Z, Song H, Yang Y, et al. 2015. Optimization of microwave-assisted enzymatic extraction of polysaccharides from the fruit of *Schisandra chinensis* Baill. International Journal of Biological Macromolecules, 76: 161-168.

Cui C, Chen S, Wang X, et al. 2019a. Characterization of *Moringa oleifera* roots polysaccharide MRP-1 with anti-inflammatory effect. International Journal of Biological Macromolecules, 132: 844-851.

Cui M, Wu J, Wang S, et al. 2019b. Characterization and anti-inflammatory effects of sulfated polysaccharide from the red seaweed *Gelidium pacificum* Okamura. International Journal of Biological Macromolecules, 129: 377-385.

Cui Y, Liu X, Li S, et al. 2018. Extraction, characterization and biological activity of sulfated polysaccharides from seaweed *Dictyopteris divaricata*. International Journal of Biological Macromolecules, 117: 256-263.

Cürten C, Anders N, Juchem N, et al. 2018. Fast automated online xylanase activity assay using HPAEC-PAD. Anal Bioanal Chem, 410(1): 57-69.

Dai J, Wu Y, Chen S W, et al. 2010. Sugar compositional determination of polysaccharides from *Dunaliella salina* by modified RP-HPLC method of precolumn derivatization with 1-phenyl-3-methyl-5-pyrazolone. Carbohydrate Polymers, 82(3): 629-635.

de Lacerda Bezerra I, Caillot A R C, Palhares L C G F, et al. 2018. Structural characterization of polysaccharides from Cabernet Franc, Cabernet Sauvignon and Sauvignon Blanc wines: anti-inflammatory activity in LPS stimulated RAW 264. 7 cells. Carbohydrate Polymers, 186: 91-99.

Deng C, Shang J, Fu H, et al. 2016. Mechanism of the immunostimulatory activity by a polysaccharide from *Dictyophora indusiata*. Int J Biol Macromol, 91: 752-759.

Deng Q, Zhou X, Chen H. 2014. Optimization of enzyme assisted extraction of *Fructus mori* polysaccharides and its activities on antioxidant and alcohol dehydrogenase. Carbohydrate Polymers, 111: 775-782.

Devaraj R D, Reddy C K, Xu B. 2019. Health-promoting effects of konjac glucomannan and its practical applications: a critical review. International Journal of Biological Macromolecules, 126: 273-281.

Diamond A, Hsu J. 1992. Aqueous Two-Phase Systems for Biomolecule Separation. Bioseparation: Springer: 89-135.

Ding H H, Qian K, Goff H D, et al. 2018. Structural and conformational characterization of arabinoxylans from flaxseed mucilage. Food Chemistry, 254: 266-271.

Dranca F, Oroian M. 2018. Extraction, purification and characterization of pectin from alternative sources with potential technological applications. Food Research International, 113: 327-350.

Du B, Zeng H, Yang Y, et al. 2016. Anti-inflammatory activity of polysaccharide from *Schizophyllum commune* as affected by ultrasonication. International Journal of Biological Macromolecules, 91: 100-105.

Du L P, Cheong K L, Liu Y. 2018. Optimization of an aqueous two-phase extraction method for the selective separation of sulfated polysaccharides from a crude natural mixture. Separation and Purification Technology, 202: 290-298.

Du Z, Liu H, Zhang Z, et al. 2013. Antioxidant and anti-inflammatory activities of *Radix isatidis* polysaccharide in murine alveolar macrophages. International Journal of Biological Macromolecules, 58: 329-335.

Duan G L, Yu X B. 2019. Isolation, purification, characterization, and antioxidant activity of low-molecular-weight polysaccharides from *Sparassis latifolia*. International Journal of Biological Macromolecules, 137: 1112-1120.

El Knidri H, Belaabed R, Addaou A, et al. 2018. Extraction, chemical modification and characterization of chitin and chitosan. International Journal of Biological Macromolecules, 120: 1181-1189.

Falck P, Aronsson A, Grey C, et al. 2014. Production of arabinoxylan-oligosaccharide mixtures of varying composition from rye bran by a combination of process conditions and type of xylanase. Bioresource

Technology, 174: 118-125.

Fan T, Hu J, Fu L, et al. 2015. Optimization of enzymolysis-ultrasonic assisted extraction of polysaccharides from *Momordica charabtia* L. by response surface methodology. Carbohydrate Polymers, 115: 701-706.

Feng S, Luan D, Ning K, et al. 2019a. Ultrafiltration isolation, hypoglycemic activity analysis and structural characterization of polysaccharides from *Brasenia schreberi*. International Journal of Biological Macromolecules, 135: 141-151.

Feng Y, Weng H, Ling L, et al. 2019b. Modulating the gut microbiota and inflammation is involved in the effect of *Bupleurum polysaccharides* against diabetic nephropathy in mice. International Journal of Biological Macromolecules, 132: 1001-1011.

Fu J, Fu J, Yuan J, et al. 2012. Anti-diabetic activities of *Acanthopanax senticosus* polysaccharide (ASP) in combination with metformin. International Journal of Biological Macromolecules, 50(3): 619-623.

Gao C, Cai C, Liu J, et al. 2020. Extraction and preliminary purification of polysaccharides from *Camellia oleifera* Abel. seed cake using a thermoseparating aqueous two-phase system based on EOPO copolymer and deep eutectic solvents. Food Chemistry, 313: 126164.

Gao Z, Liu X, Wang W, et al. 2019. Characteristic anti-inflammatory and antioxidative effects of enzymatic- and acidic-hydrolysed mycelium polysaccharides by *Oudemansiella radicata* on LPS-induced lung injury. Carbohydrate Polymers, 204: 142-151.

Geresh S, Adin I, Yarmolinsky E, et al. 2002. Characterization of the extracellular polysaccharide of *Porphyridium* sp. : molecular weight determination and rheological properties. Carbohydrate Polymers, 50(2): 183-189.

Gong Y, Zhang J, Gao F, et al. 2017. Structure features and *in vitro* hypoglycemic activities of polysaccharides from different species of Maidong. Carbohydrate Polymers, 173: 215-222.

Gu J, Zhang H, Zhang J, et al. 2020. Preparation, characterization and bioactivity of polysaccharide fractions from *Sagittaria sagittifolia* L. Carbohydrate Polymers, 229: 115355.

Guo R, Xu Z, Wu S, et al. 2019a. Molecular properties and structural characterization of an alkaline extractable arabinoxylan from hull-less barley bran. Carbohydrate Polymers, 218: 250-260.

Guo W L, Deng J C, Pan Y Y, et al. 2019b. Hypoglycemic and hypolipidemic activities of *Grifola frondosa* polysaccharides and their relationships with the modulation of intestinal microflora in diabetic mice induced by high-fat diet and streptozotocin. International Journal of Biological Macromolecules, 153: 1231-1240.

Guo W L, Shi F F, Li L, et al. 2019c. Preparation of a novel *Grifola frondosa* polysaccharide-chromium. Ⅲ complex and its hypoglycemic and hypolipidemic activities in high fat diet and streptozotocin-induced diabetic mice. International Journal of Biological Macromolecules, 131: 81-88.

Hajji M, Hamdi M, Sellimi S, et al. 2019. Structural characterization, antioxidant and antibacterial activities of a novel polysaccharide from *Periploca laevigata* root barks. Carbohydrate Polymers, 206: 380-388.

Hao L, Sheng Z, Lu J, et al. 2016. Characterization and antioxidant activities of extracellular and intracellular polysaccharides from *Fomitopsis pinicola*. Carbohydrate Polymers, 141: 54-59.

Harris P J, Henry R J, Blakeney A B, et al. 1984. An improved procedure for the methylation analysis of oligosaccharides and polysaccharides. Carbohydrate Research, 127: 59-73.

He N, Zhai X, Zhang X, et al. 2020. Extraction, purification and characterization of water-soluble polysaccharides from green walnut husk with anti-oxidant and anti-proliferative capacities. Process Biochemistry, 88: 170-179.

Hosain N A, Ghosh R, Bryant D L, et al. 2019. Isolation, structure elucidation, and immunostimulatory activity of polysaccharide fractions from *Boswellia carterii* frankincense resin. International Journal of Biological Macromolecules, 133: 76-85.

Hou G, Chen X, Li J, et al. 2019. Physicochemical properties, immunostimulatory activity of the *Lachnum* polysaccharide and polysaccharide-dipeptide conjugates. Carbohydrate Polymers, 206: 446-454.

Housley T, Gibeaut D, Carpita N, et al. 1991. Fructosyl transfer from sucrose and oligosaccharides during fructan synthesis in excised leaves of *Lolium temulentum* L. New Phytologist, 119(4): 491-497.

Hromádková Z, Ebringerová A, Valachovi P. 2002. Ultrasound-assisted extraction of water-soluble polysaccharides from the roots of valerian (*Valeriana officinalis* L.). Ultrasonics Sonochemistry, 9(1): 37-44.

Hu W, Zhao Y, Yang Y, et al. 2019. Microwave-assisted extraction, physicochemical characterization and bioactivity of polysaccharides from *Camptotheca acuminata* fruits. International Journal of Biological Macromolecules, 133: 127-136.

Hu X, Goff H D. 2018. Fractionation of polysaccharides by gradient non-solvent precipitation: a review. Trends in Food Science Technology, 81: 108-115.

Hu Y, Wang T, Yang X, et al. 2014. Analysis of compositional monosaccharides in fungus polysaccharides by capillary zone electrophoresis. Carbohydrate Polymers, 102: 481-488.

Huang Z, Zeng Y J, Chen X, et al. 2020. A novel polysaccharide from the roots of *Millettia speciosa* Champ: preparation, structural characterization and immunomodulatory activity. International Journal of Biological Macromolecules, 145: 547-557.

Hui H, Li X, Jin H, et al. 2019. Structural characterization, antioxidant and antibacterial activities of two heteropolysaccharides purified from the bulbs of *Lilium davidii* var. *unicolor* Cotton. International Journal of Biological Macromolecules, 133: 306-315.

Ji X, Hou C, Guo X. 2019. Physicochemical properties, structures, bioactivities and future prospective for polysaccharides from *Plantago* L. (Plantaginaceae): a review. International Journal of Biological Macromolecules, 135: 637-646.

Ji X, Peng Q, Yuan Y, et al. 2018. Extraction and physicochemical properties of polysaccharides from *Ziziphus Jujuba* cv. *Muzao* by ultrasound-assisted aqueous two-phase extraction. International Journal of Biological Macromolecules, 108: 541-549.

Ji X, Yan Y, Hou C, et al. 2020. Structural characterization of a galacturonic acid-rich polysaccharide from *Ziziphus Jujuba* cv. Muzao. International Journal of Biological Macromolecules, 147: 844-852.

Jia R B, Li Z R, Wu J, et al. 2020. Physicochemical properties of polysaccharide fractions from *Sargassum fusiforme* and their hypoglycemic and hypolipidemic activities in type 2 diabetic rats. International Journal of Biological Macromolecules, 147: 428-438.

Jia R B, Wu J, Li Z R, et al. 2019. Structural characterization of polysaccharides from three seaweed species and their hypoglycemic and hypolipidemic activities in type 2 diabetic rats. International Journal of Biological Macromolecules, 155: 1040-1049.

Jia X, Ding C, Yuan S, et al. 2014. Extraction, purification and characterization of polysaccharides from Hawk tea. Carbohydrate Polymers, 99: 319-324.

Jiang H, Sun P, He J, et al. 2012. Rapid purification of polysaccharides using novel radial flow ion-exchange by response surface methodology from *Ganoderma lucidum*. Food and Bioproducts Processing, 90(1): 1-8.

Jiang L, Wang W, Wen P, et al. 2020. Two water-soluble polysaccharides from mung bean skin: physicochemical characterization, antioxidant and antibacterial activities. Food Hydrocolloids, 100: 105412.

Jiang S, Du P, An L, et al. 2013. Anti-diabetic effect of *Coptis chinensis* polysaccharide in high-fat diet with STZ-induced diabetic mice. International Journal of Biological Macromolecules, 55: 118-122.

Jie D, Gao T, Shan Z, et al. 2020. Immunostimulating effect of polysaccharides isolated from Ma-Nuo-Xi decoction in cyclophosphamide-immunosuppressed mice. International Journal of Biological Macromolecules,

146: 45-52.

Jin R, Guo Y, Xu B, et al. 2019. Physicochemical properties of polysaccharides separated from *Camellia oleifera* Abel seed cake and its hypoglycemic activity on streptozotocin-induced diabetic mice. International Journal of Biological Macromolecules, 125: 1075-1083.

Jridi M, Nasri R, Marzougui Z, et al. 2019. Characterization and assessment of antioxidant and antibacterial activities of sulfated polysaccharides extracted from cuttlefish skin and muscle. International Journal of Biological Macromolecules, 123: 1221-1228.

Kang Q, Chen S, Li S, et al. 2019. Comparison on characterization and antioxidant activity of polysaccharides from *Ganoderma lucidum* by ultrasound and conventional extraction. International Journal of Biological Macromolecules, 124: 1137-1144.

Kang S M, Kim K N, Lee S H, et al. 2011. Anti-inflammatory activity of polysaccharide purified from AMG-assistant extract of *Ecklonia cava* in LPS-stimulated RAW 264. 7 macrophages. Carbohydrate Polymers, 85(1): 80-85.

Kokoulin M S, Filshtein A P, Romanenko L A, et al. 2020. Structure and bioactivity of sulfated α-D-mannan from marine bacterium *Halomonas halocynthiae* KMM 1376^{T}. Carbohydrate Polymers, 229: 115556.

Kumar C, Sivakumar M, Ruckmani K. 2016. Microwave-assisted extraction of polysaccharides from *Cyphomandra betacea* and its biological activities. International Journal of Biological Macromolecules, 92: 682-693.

Kumirska J, Czerwicka M, Kaczyński Z, et al. 2010. Application of spectroscopic methods for structural analysis of chitin and chitosan. Marine Drugs, 8(5): 1567-1636.

Lee J S, Hong E K. 2011. Immunostimulating activity of the polysaccharides isolated from *Cordyceps militaris*. International Immunopharmacology, 11(9): 1226-1233.

Lee J S, Kwon J S, Yun J S, et al. 2010. Structural characterization of immunostimulating polysaccharide from cultured mycelia of *Cordyceps militaris*. Carbohydrate Polymers, 80(4): 1011-1017.

Lee S J, In G, Han S T, et al. 2019. Structural characteristics of a red ginseng acidic polysaccharide rhamnogalacturonan Ⅰ with immunostimulating activity from red ginseng. Journal of Ginseng Research, 44(4): 570-579.

Lee Y K, Jung S K, Chang Y H. 2020. Rheological properties of a neutral polysaccharide extracted from maca. (*Lepidium meyenii* Walp.) roots with prebiotic and anti-inflammatory activities. International Journal of Biological Macromolecules, 152: 757-765.

Lei X, Zhu Y, Wang X, et al. 2019. Wine polysaccharides modulating astringency through the interference on interaction of flavan-3-ols and BSA in model wine. International Journal of Biological Macromolecules, 139: 896-903.

Li H, Tao Y, Zhao P, et al. 2019a. Effect of ultrasound-assisted extraction on physicochemical properties and TLR2-affinity binding of the polysaccharides from *Pholiota nameko*. International Journal of Biological Macromolecules, 135: 1020-1027.

Li J W, Ding S D, Ding X I. 2007. Optimization of the ultrasonically assisted extraction of polysaccharides from *Zizyphus jujuba* cv. *Jinsixiaozao*. Journal of Food Engineering, 80(1): 176-183.

Li J, Li R, Li N, et al. 2018a. Mechanism of antidiabetic and synergistic effects of ginseng polysaccharide and ginsenoside Rb1 on diabetic rat model. Journal of Pharmaceutical and Biomedical Analysis, 158: 451-460.

Li J, Niu D, Zhang Y, et al. 2020a. Physicochemical properties, antioxidant and antiproliferative activities of polysaccharides from *Morinda citrifolia* L. (Noni)based on different extraction methods. International Journal of Biological Macromolecules, 150: 114-121.

Li L, Su Y, Feng Y, et al. 2020b. A comparison study on digestion, anti-inflammatory and functional properties of polysaccharides from four *Auricularia* species. International Journal of Biological Macromolecules, 154: 1074-1081.

Li S, Liu M, Zhang C, et al. 2018b. Purification, *in vitro* antioxidant and *in vivo* anti-aging activities of soluble polysaccharides by enzyme-assisted extraction from *Agaricus bisporus*. International Journal of Biological Macromolecules, 109: 457-466.

Li T, Hua Q, Li N, et al. 2019b. Protective effect of a polysaccharide from *Dipsacus asper* Wall on streptozotocin. STZ-induced diabetic nephropathy in rat. International Journal of Biological Macromolecules, 133: 1194-1200.

Li W, Liu J, Su J, et al. 2019c. An efficient and no pollutants deproteinization method for polysaccharide from *Arca granosa* by palygorskite adsorption treatment. Journal of Cleaner Production, 226: 781-792.

Li X L, Thakur K, Zhang Y Y, et al. 2018c. Effects of different chemical modifications on the antibacterial activities of polysaccharides sequentially extracted from peony seed dreg. International Journal of Biological Macromolecules, 116: 664-675.

Li Y, Qin G, Cheng C, et al. 2019d. Purification, characterization and anti-tumor activities of polysaccharides from *Ecklonia kurome* obtained by three different extraction methods. International Journal of Biological Macromolecules, 150: 1000-1010.

Li Y, Xin Y, Xu F, et al. 2018d. Maca polysaccharides: extraction optimization, structural features and anti-fatigue activities. International Journal of Biological Macromolecules, 115: 618-624.

Li Y, Zhu C P, Zhai X C, et al. 2018e. Optimization of enzyme assisted extraction of polysaccharides from pomegranate peel by response surface methodology and their anti-oxidant potential. Chinese Herbal Medicines, 10(4): 416-423.

Liang L, Liu G, Yu G, et al. 2019. Simultaneous decoloration and purification of crude oligosaccharides from pumpkin. (*Cucurbita moschata* Duch) by macroporous adsorbent resin. Food Chemistry, 277: 744-752.

Liao C H, Lin J Y. 2013. Purified active lotus plumule. (*Nelumbo nucifera* Gaertn) polysaccharides exert anti-inflammatory activity through decreasing Toll-like receptor-2 and -4 expressions using mouse primary splenocytes. Journal of Ethnopharmacology, 147(1): 164-173.

Liao N, Zhong J, Ye X, et al. 2015. Ultrasonic-assisted enzymatic extraction of polysaccharide from *Corbicula fluminea*: characterization and antioxidant activity. LWT-Food Science and Technology, 60(2): 1113-1121.

Liao Z, Zhang J, Wang J, et al. 2019. The anti-nephritic activity of a polysaccharide from okra. (*Abelmoschus esculentus* L. Moench) via modulation of AMPK-Sirt1-PGC-1α signaling axis mediated anti-oxidative in type 2 diabetes model mice. International Journal of Biological Macromolecules, 140: 568-576.

Lin T, Liu Y, Lai C, et al. 2018. The effect of ultrasound assisted extraction on structural composition, antioxidant activity and immunoregulation of polysaccharides from *Ziziphus jujuba* Mill var. *spinosa* seeds. Industrial Crops and Products, 125: 150-159.

Liu J L, Zheng S L, Fan Q J, et al. 2015. Optimisation of high-pressure ultrasonic-assisted extraction and antioxidant capacity of polysaccharides from the rhizome of *Ligusticum chuanxiong*. International Journal of Biological Macromolecules, 76: 80-85.

Liu J, Luo J, Sun Y, et al. 2010. A simple method for the simultaneous decoloration and deproteinization of crude levan extract from *Paenibacillus polymyxa* EJS-3 by macroporous resin. Bioresource Technology, 101 (15): 6077-6083.

Liu J, Xu Z, Guo Z, et al. 2018. Structural investigation of a polysaccharide from the mycelium of *Enterobacter cloacae* and its antibacterial activity against extensively drug-resistant *E. cloacae* producing SHV-12 extended-spectrum β-lactamase. Carbohydrate Polymers, 195: 444-452.

Liu M, Fu L, Jia X, et al. 2019a. Dataset of the infrared spectrometry, gas chromatography-mass spectrometry analysis and nuclear magnetic resonance spectroscopy of the polysaccharides from *C. militaris*. Data in Brief, 25: 104126.

Liu W, Liu Y, Zhu R, et al. 2016. Structure characterization, chemical and enzymatic degradation, and chain conformation of an acidic polysaccharide from *Lycium barbarum* L. Carbohydrate Polymers, 147: 114-124.

Liu X X, Liu H M, Yan Y Y, et al. 2020. Structural characterization and antioxidant activity of polysaccharides extracted from jujube using subcritical water. LWT, 117: 108645.

Liu Y, Gong G, Zhang J, et al. 2014. Response surface optimization of ultrasound-assisted enzymatic extraction polysaccharides from *Lycium barbarum*. Carbohydrate Polymers, 110: 278-284.

Liu Z Z, Weng H B, Zhang L J, et al. 2019b. Bupleurum polysaccharides ameliorated renal injury in diabetic mice associated with suppression of HMGB1-TLR4 signaling. Chinese Journal of Natural Medicines, 17(9): 641-649.

Lu M K, Lin T Y, Chang C C. 2018. Chemical identification of a sulfated glucan from *Antrodia cinnamomea* and its anti-cancer functions via inhibition of EGFR and mTOR activity. Carbohydrate Polymers, 202: 536-544.

Luo X, Duan Y, Yang W, et al. 2017. Structural elucidation and immunostimulatory activity of polysaccharide isolated by subcritical water extraction from *Cordyceps militaris*. Carbohydrate Polymers, 157: 794-802.

Lv Y, Yang X, Zhao Y, et al. 2009. Separation and quantification of component monosaccharides of the tea polysaccharides from *Gynostemma pentaphyllum* by HPLC with indirect UV detection. Food Chemistry, 112(3): 742-746.

Ma J S, Liu H, Han C R, et al. 2020. Extraction, characterization and antioxidant activity of polysaccharide from *Pouteria campechiana* seed. Carbohydrate Polymers, 229: 115409.

Maity G N, Maity P, Dasgupta A, et al. 2019. Structural and antioxidant studies of a new arabinoxylan from green stem *Andrographis paniculata* (Kalmegh). Carbohydrate Polymers, 212: 297-303.

Mandal P, Pujol C A, Damonte E B, et al. 2010. Xylans from *Scinaia hatei*: structural features, sulfation and anti-HSV activity. International Journal of Biological Macromolecules, 46(2): 173-178.

Mansel B W, Ryan T M, Chen H L, et al. 2020. Polysaccharide conformations measured by solution state X-ray scattering. Chemical Physics Letters, 739: 136951.

Maran J P, Swathi K, Jeevitha P, et al. 2015. Microwave-assisted extraction of pectic polysaccharide from waste mango peel. Carbohydrate Polymers, 123: 67-71.

Mechelke M, Herlet J, Benz J P, et al. 2017. HPAEC-PAD for oligosaccharide analysis-novel insights into analyte sensitivity and response stability. Analytical and Bioanalytical Chemistry, 409(30): 7169-7181.

Meng M, Cheng D, Han L, et al. 2017. Isolation, purification, structural analysis and immunostimulatory activity of water-soluble polysaccharides from *Grifola frondosa* fruiting body. Carbohydrate Polymers, 157: 1134-1143.

Mirzadeh M, Arianejad M R, Khedmat L. 2020. Antioxidant, antiradical, and antimicrobial activities of polysaccharides obtained by microwave-assisted extraction method: a review. Carbohydrate Polymers, 229: 115421.

Morais de Carvalho D, Martínez-Abad A, Evtuguin D V, et al. 2017. Isolation and characterization of acetylated glucuronoarabinoxylan from sugarcane bagasse and straw. Carbohydrate Polymers, 156: 223-234.

Mudliyar D S, Wallenius J H, Bedade D K, et al. 2019. Ultrasound assisted extraction of the polysaccharide from *Tuber aestivum* and its *in vitro* anti-hyperglycemic activity. Bioactive Carbohydrates and Dietary Fibre, 20: 100198.

Mzoughi Z, Abdelhamid A, Rihouey C, et al. 2018. Optimized extraction of pectin-like polysaccharide from

Suaeda fruticosa leaves: characterization, antioxidant, anti-inflammatory and analgesic activities. Carbohydrate Polymers, 185: 127-137.

Na Y S, Kim W J, Kim S M, et al. 2010. Purification, characterization and immunostimulating activity of water-soluble polysaccharide isolated from *Capsosiphon fulvescens*. International Immunopharmacology, 10(3): 364-370.

Narui T, Takahashi K, Kobayashi M, et al. 1982. Permethylation of polysaccharides by a modified Hakomori method. Carbohydrate Research, 103: 293-295.

Nouara A, Panagiotopoulos C, Sempéré R. 2019. Simultaneous determination of neutral sugars, alditols and anhydrosugars using anion-exchange chromatography with pulsed amperometric detection: application for marine and atmospheric samples. Marine Chemistry, 213: 24-32.

Nyman A A T, Aachmann F L, Rise F, et al. 2016. Structural characterization of a branched. 1→6-α-mannan and β-glucans isolated from the fruiting bodies of *Cantharellus cibarius*. Carbohydrate Polymers, 146: 197-207.

Ognyanov M, Remoroza C, Schols H A, et al. 2020. Structural, rheological and functional properties of galactose-rich pectic polysaccharide fraction from leek. Carbohydrate Polymers, 229: 115549.

Olawuyi I F, Kim S R, Hahn D, et al. 2020. Influences of combined enzyme-ultrasonic extraction on the physicochemical characteristics and properties of okra polysaccharides. Food Hydrocolloids, 100: 105396.

Pandeirada C O, Maricato É. , Ferreira S S, et al. 2019. Structural analysis and potential immunostimulatory activity of *Nannochloropsis oculata* polysaccharides. Carbohydrate Polymers, 222: 114962.

Pawlaczyk-Graja I, Balicki S, Wilk K A. 2019. Effect of various extraction methods on the structure of polyphenolic-polysaccharide conjugates from *Fragaria vesca* L. leaf. International Journal of Biological Macromolecules, 130: 664-674.

Petruš L, Gray D G, BeMiller J N. 1995. Homogeneous alkylation of cellulose in lithium chloride/dimethyl sulfoxide solvent with dimsyl sodium activation. A proposal for the mechanism of cellulose dissolution in LiCl/Me_2SO. Carbohydrate Research, 268: 319-323.

Pettolino F A, Walsh C, Fincher G B, et al. 2012. Determining the polysaccharide composition of plant cell walls. Nature Protocol, 7(9): 1590-1607.

Popov S V, Ovodova R G, Golovchenko V V, et al. 2011. Chemical composition and anti-inflammatory activity of a pectic polysaccharide isolated from sweet pepper using a simulated gastric medium. Food Chemistry, 124(1): 309-315.

Qiao D, Hu B, Gan D, et al. 2009. Extraction optimized by using response surface methodology, purification and preliminary characterization of polysaccharides from *Hyriopsis cumingii*. Carbohydrate Polymers, 76(3): 422-429.

Qu Y, Li C, Zhang C, et al. 2016. Optimization of infrared-assisted extraction of *Bletilla striata* polysaccharides based on response surface methodology and their antioxidant activities. Carbohydrate Polymers, 148: 345-353.

Rajasekar P, Palanisamy S, Anjali R, et al. 2019. Isolation and structural characterization of sulfated polysaccharide from *Spirulina platensis* and its bioactive potential: *in vitro* antioxidant, antibacterial activity and zebrafish growth and reproductive performance. International Journal of Biological Macromolecules, 141: 809-821.

Ramsay S L, Meikle P J, Hopwood J J. 2003. Determination of monosaccharides and disaccharides in mucopolysaccharidoses patients by electrospray ionisation mass spectrometry. Molecular Genetics and Metabolism, 78 (3): 193-204.

Ren B, Chen C, Li C, et al. 2017. Optimization of microwave-assisted extraction of *Sargassum thunbergii* polysaccharides and its antioxidant and hypoglycemic activities. Carbohydrate Polymers, 173: 192-201.

Ren Q, Chen J, Ding Y, et al. 2019. *In vitro* antioxidant and immunostimulating activities of polysaccharides from *Ginkgo biloba* leaves. International Journal of Biological Macromolecules, 124: 972-980.

Rjeibi I, Feriani A, Saad A B, et al. 2018. Lycium europaeum Linn as a source of polysaccharide with *in vitro* antioxidant activities and *in vivo* anti-inflammatory and hepato-nephroprotective potentials. Journal of Ethnopharmacology, 225: 116-127.

Rodriguez-Jasso R M, Mussatto S I, Pastrana L, et al. 2011. Microwave-assisted extraction of sulfated polysaccharides (fucoidan) from brown seaweed. Carbohydrate Polymers, 86(3): 1137-1144.

Ru Y, Chen X, Wang J, et al. 2019. Polysaccharides from *Tetrastigma hemsleyanum* Diels et Gilg: extraction optimization, structural characterizations, antioxidant and antihyperlipidemic activities in hyperlipidemic mice. International Journal of Biological Macromolecules, 125: 1033-1041.

Ruiz-Herrera J, Ortiz-Castellanos L. 2019. Cell wall glucans of fungi. A review. The Cell Surface, 5: 100022.

Setyaningsih I, Prasetyo H, Agungpriyono D R, et al. 2019. Antihyperglycemic activity of *Porphyridium cruentum* biomass and extra-cellular polysaccharide in streptozotocin-induced diabetic rats. International Journal of Biological Macromolecules, 156: 1381-1386.

Shakhmatov E G, Toukach P V, Makarova E N. 2020. Structural studies of the pectic polysaccharide from fruits of *Punica granatum*. Carbohydrate Polymers, 235: 115978.

Shang H, Zhao J, Guo Y, et al. 2020. Extraction, purification, emulsifying property, hypoglycemic activity, and antioxidant activity of polysaccharides from comfrey. Industrial Crops and Products, 146: 112183.

Shao L, Sun Y, Liang J, et al. 2019. Decolorization affects the structural characteristics and antioxidant activity of polysaccharides from *Thesium chinense* Turcz: comparison of activated carbon and hydrogen peroxide decolorization. International Journal of Biological Macromolecules, 155(1): 1084-1091.

Shemami M R, Tabarsa M, You S. 2018. Isolation and chemical characterization of a novel immunostimulating galactofucan from freshwater *Azolla filiculoides*. International Journal of Biological Macromolecules, 118: 2082-2091.

Shi F, Yan X, Cheong K L, et al. 2018. Extraction, purification, and characterization of polysaccharides from marine algae *Gracilaria lemaneiformis* with anti-tumor activity. Process Biochemistry, 73: 197-203.

Shi S, Zhang W, Ren X, et al. 2019a. An advanced and universal method to high-efficiently deproteinize plant polysaccharides by dual-functional tannic acid-Fe Ⅲ complex. Carbohydrate Polymers, 226: 115283.

Shi Y, Liu T, Han Y, et al. 2017. An efficient method for decoloration of polysaccharides from the sprouts of *Toona sinensis* (A. Juss.)Roem by anion exchange macroporous resins. Food Chemistry, 217: 461-468.

Shi Y, Yuan Z, Xu T, et al. 2019b. An environmentally friendly deproteinization and decolorization method for polysaccharides of *Typha angustifolia* based on a metal ion-chelating resin adsorption. Industrial Crops and Products, 134: 160-167.

Shu X, Zhang Y, Jia J, et al. 2019. Extraction, purification and properties of water-soluble polysaccharides from mushroom *Lepista nuda*. International Journal of Biological Macromolecules, 128: 858-869.

Silva A D S E, de Magalhães W T, Moreira L M, et al. 2018. Microwave-assisted extraction of polysaccharides from *Arthrospira* (*Spirulina*) *platensis* using the concept of green chemistry. Algal Research, 35: 178-184.

Sims I M, Carnachan S M, Bell T J, et al. 2018. Methylation analysis of polysaccharides: technical advice. Carbohydrate Polymers, 188: 1-7.

Song W, Li Y, Zhang X, et al. 2019a. Potent anti-inflammatory activity of polysaccharides extracted from *Blidingia minima* and their effect in a mouse model of inflammatory bowel disease. Journal of Functional Foods, 61: 103494.

Song X, Ren Z, Wang X, et al. 2019b. Antioxidant, anti-inflammatory and renoprotective effects of acidichydrolytic polysaccharides by spent mushroom compost (*Lentinula edodes*) on LPS-induced kidney injury. International Journal of Biological Macromolecules, 151: 1267-1276.

Song Y R, Sung S K, Jang M, et al. 2018a. Enzyme-assisted extraction, chemical characteristics, and immunostimulatory activity of polysaccharides from Korean ginseng (*Panax ginseng* Meyer). International Journal of Biological Macromolecules, 116: 1089-1097.

Song Z, Hu Y, Qi L, et al. 2018b. An effective and recyclable deproteinization method for polysaccharide from oyster by magnetic chitosan microspheres. Carbohydrate Polymers, 195: 558-565.

Sousa S G, Oliveira L A, de Aguiar Magalhães D, et al. 2018. Chemical structure and anti-inflammatory effect of polysaccharide extracted from *Morinda citrifolia* Linn (Noni). Carbohydrate Polymers, 197: 515-523.

Sun H, Qi D, Xu J, et al. 2011. Fractionation of polysaccharides from rapeseed by ultrafiltration: effect of molecular pore size and operation conditions on the membrane performance. Separation and Purification Technology, 80(3): 670-676.

Sun M, Li Y, Wang T, et al. 2018a. Isolation, fine structure and morphology studies of galactomannan from endosperm of *Gleditsia japonica* var. *delavayi*. Carbohydrate Polymers, 184: 127-134.

Sun S, Yang S, An N, et al. 2019. Astragalus polysaccharides inhibits cardiomyocyte apoptosis during diabetic cardiomyopathy via the endoplasmic reticulum stress pathway. Journal of Ethnopharmacology, 238: 111857.

Sun Y, Hou S, Song S, et al. 2018b. Impact of acidic, water and alkaline extraction on structural features, antioxidant activities of *Laminaria japonica* polysaccharides. International Journal of Biological Macromolecules, 112: 985-995.

Sun Y, Liu Z, Song S, et al. 2020. Anti-inflammatory activity and structural identification of a sulfated polysaccharide CLGP4 from *Caulerpa lentillifera*. International Journal of Biological Macromolecules, 146: 931-938.

Tabarsa M, You S, Dabaghian E H, et al. 2018. Water-soluble polysaccharides from Ulva intestinalis: molecular properties, structural elucidation and immunomodulatory activities. Journal of Food and Drug Analysis, 26(2): 599-608.

Tang T, Duan X, Ke Y, et al. 2018. Antidiabetic activities of polysaccharides from *Anoectochilus roxburghii* and *Anoectochilus formosanus* in STZ-induced diabetic mice. International Journal of Biological Macromolecules, 112: 882-888.

Thirugnanasambandham K, Sivakumar V, Maran J P. 2015. Microwave-assisted extraction of polysaccharides from mulberry leaves. International Journal of Biological Macromolecules, 72: 1-5.

Thomson D, Panagos C G, Venkatasamy R, et al. 2016. Structural characterization and anti-inflammatory activity of two novel polysaccharides from the sea squirt, *Ascidiella aspersa*. Pulmonary Pharmacology Therapeutics, 40: 69-79.

Ticar B F, Rohmah Z, Ambut C V, et al. 2015. Enzyme-assisted extraction of anticoagulant polysaccharide from *Liparis tessellatus* eggs. International Journal of Biological Macromolecules, 74: 601-607.

Tomé L I N, Baião V, da Silva W, et al. 2018. Deep eutectic solvents for the production and application of new materials. Applied Materials Today, 10: 30-50.

Ubaidillah N H N, Abdullah N, Sabaratnam V. 2015. Isolation of the intracellular and extracellular polysaccharides of *Ganoderma neojaponicum* (Imazeki) and characterization of their immunomodulatory properties. Electronic Journal of Biotechnology, 18(3): 188-195.

Villanueva-Suarez M, Redondo-Cuenca A, Rodriguez-Sevilla M, et al. 2003. Characterization of nonstarch polysaccharides content from different edible organs of some vegetables, determined by GC and HPLC: comparative study. Journal of Agricultural Food Chemistry, 51(20): 5950-5955.

Villares A. 2013. Polysaccharides from the edible mushroom *Calocybe gambosa*: structure and chain conformation of a. (1→4),(1→6)-linked glucan. Carbohydrate Research, 375: 153-157.

Wang D, Li C, Fan W, et al. 2019a. Hypoglycemic and hypolipidemic effects of a polysaccharide from *Fructus corni* in streptozotocin-induced diabetic rats. International Journal of Biological Macromolecules, 133: 420-427.

Wang D, Zhao X, Liu Y. 2017e. Hypoglycemic and hypolipidemic effects of a polysaccharide from flower buds of *Lonicera japonica* in streptozotocin-induced diabetic rats. International Journal of Biological Macromolecules, 102: 396-404.

Wang H Y, Li Q M, Yu N J, et al. 2019b. *Dendrobium huoshanense* polysaccharide regulates hepatic glucose homeostasis and pancreatic β-cell function in type 2 diabetic mice. Carbohydrate Polymers, 211: 39-48.

Wang H, Jiang H, Wang S, et al. 2013a. Extraction, purification and preliminary characterization of polysaccharides from *Kadsura marmorata* fruits. Carbohydrate Polymers, 92(2): 1901-1907.

Wang H, Xu Z, Li X, et al. 2017a. Extraction, preliminary characterization and antioxidant properties of polysaccharides from the testa of *Salicornia herbacea*. Carbohydrate Polymers, 176: 99-106.

Wang J, Bai J, Fan M, et al. 2020a. Cereal-derived arabinoxylans: structural features and structure-activity correlations. Trends in Food Science Technology, 96: 157-165.

Wang J, Nie S, Cui S W, et al. 2017b. Structural characterization and immunostimulatory activity of a glucan from natural *Cordyceps sinensis*. Food Hydrocolloids, 67: 139-147.

Wang J, Zhang J, Wang X, et al. 2009. A comparison study on microwave-assisted extraction of *Artemisia sphaerocephala* polysaccharides with conventional method: molecule structure and antioxidant activities evaluation. International Journal of Biological Macromolecules, 45(5): 483-492.

Wang J, Zhang J, Zhao B, et al. 2010. A comparison study on microwave-assisted extraction of *Potentilla anserina* L. polysaccharides with conventional method: molecule weight and antioxidant activities evaluation. Carbohydrate Polymers, 80(1): 84-93.

Wang K, Li M, Wen X, et al. 2018a. Optimization of ultrasound-assisted extraction of okra (*Abelmoschus esculentus* (L.) Moench) polysaccharides based on response surface methodology and antioxidant activity. International Journal of Biological Macromolecules, 114: 1056-1063.

Wang L, Oh J Y, Jayawardena T U, et al. 2020b. Anti-inflammatory and anti-melanogenesis activities of sulfated polysaccharides isolated from *Hizikia fusiforme*: short communication. International Journal of Biological Macromolecules, 142: 545-550.

Wang P C, Zhao S, Yang B Y, et al. 2016. Anti-diabetic polysaccharides from natural sources: a review. Carbohydrate Polymers, 148: 86-97.

Wang S, Dong X, Tong J. 2013b. Optimization of enzyme-assisted extraction of polysaccharides from alfalfa and its antioxidant activity. International Journal of Biological Macromolecules, 62: 387-396.

Wang S, Lu A, Zhang L, et al. 2017c. Extraction and purification of pumpkin polysaccharides and their hypoglycemic effect. International Journal of Biological Macromolecules, 98: 182-187.

Wang S, Zhao L, Li Q, et al. 2019c. Impact of Mg^{2+}, K^{+}, and Na^{+} on rheological properties and chain conformation of soy hull soluble polysaccharide. Food Hydrocolloids, 92: 218-227.

Wang S, Zhao L, Li Q, et al. 2019d. Rheological properties and chain conformation of soy hull water-soluble polysaccharide fractions obtained by gradient alcohol precipitation. Food Hydrocolloids, 91: 34-39.

Wang W, Li X, Bao X, et al. 2018b. Extraction of polysaccharides from black mulberry fruit and their effect on enhancing antioxidant activity. International Journal of Biological Macromolecules, 120: 1420-1429.

Wang X, Zhang L, Wu J, et al. 2017d. Improvement of simultaneous determination of neutral monosaccharides and uronic acids by gas chromatography. Food Chemistry, 220: 198-207.

Wang Y, Li Y, Ma X, et al. 2018c. Extraction, purification, and bioactivities analyses of polysaccharides from *Glycyrrhiza uralensis*. Industrial Crops and Products, 122: 596-608.

Wang Y, Liu D, Chen S, et al. 2014. A new glucomannan from *Bletilla striata*: structural and anti-fibrosis effects. Fitoterapia, 92: 72-78.

Wang Y, Liu J, Liu X, et al. 2019e. Kinetic modeling of the ultrasonic-assisted extraction of polysaccharide from *Nostoc commune* and physicochemical properties analysis. International Journal of Biological Macromolecules, 128: 421-428.

Wang Y, Wang F, Ma X, et al. 2015. Extraction, purification, characterization and antioxidant activity of polysaccharides from Piteguo fruit. Industrial Crops and Products, 77: 467-475.

Wang Y, Xu Y, Ma X, et al. 2018d. Extraction, purification, characterization and antioxidant activities of polysaccharides from *Zizyphus jujuba* cv. *Linzexiaozao*. International Journal of Biological Macromolecules, 118: 2138-2148.

Wang Y, Yang Z, Wei X. 2012. Antioxidant activities potential of tea polysaccharide fractions obtained by ultra filtration. International Journal of Biological Macromolecules, 50(3): 558-564.

Wang Z, Wang Z, Huang W, et al. 2020c. Antioxidant and anti-inflammatory activities of an anti-diabetic polysaccharide extracted from *Gynostemma pentaphyllum* herb. International Journal of Biological Macromolecules, 145: 484-491.

Wang Z, Xue R, Cui J, et al. 2019f. Antibacterial activity of a polysaccharide produced from *Chaetomium globosum* CGMCC 6882. International Journal of Biological Macromolecules, 125: 376-382.

Wang Z, Zhao X, Liu X, et al. 2019g. Anti-diabetic activity evaluation of a polysaccharide extracted from *Gynostemma pentaphyllum*. International Journal of Biological Macromolecules, 126: 209-214.

Wei E, Yang R, Zhao H, et al. 2019. Microwave-assisted extraction releases the antioxidant polysaccharides from seabuckthorn (*Hippophae rhamnoides* L.)berries. International Journal of Biological Macromolecules, 123: 280-290.

Wong T L, Li L F, Zhang J X, et al. 2019. Oligosaccharide-marker approach for qualitative and quantitative analysis of specific polysaccharide in herb formula by ultra-high-performance liquid chromatography-quadrupole-time-of-flight mass spectrometry: *Dendrobium officinale*, a case study. Journal of Chromatography A, 1607: 460388.

Wu D T, Lam S C, Cheong K L, et al. 2016a. Simultaneous determination of molecular weights and contents of water-soluble polysaccharides and their fractions from *Lycium barbarum* collected in China. Journal of Pharmaceutical and Biomedical Analysis, 129: 210-218.

Wu G J, Shiu S M, Hsieh M C, et al. 2016b. Anti-inflammatory activity of a sulfated polysaccharide from the brown alga *Sargassum cristaefolium*. Food Hydrocolloids, 53: 16-23.

Wu J, Shi S, Wang H, et al. 2016c. Mechanisms underlying the effect of polysaccharides in the treatment of type 2 diabetes: a review. Carbohydrate Polymers, 144: 474-494.

Wu S, Gong G, Wang Y, et al. 2013. Response surface optimization of enzyme-assisted extraction polysaccharides from *Dictyophora indusiata*. International Journal of Biological Macromolecules, 61: 63-68.

Wu X, Jiang W, Lu J, et al. 2014. Analysis of the monosaccharide composition of water-soluble polysaccharides from *Sargassum fusiforme* by high performance liquid chromatography/electrospray ionisation mass spectrometry. Food Chemistry, 145: 976-983.

Xiong Q, Hao H, He L, et al. 2017. Anti-inflammatory and anti-angiogenic activities of a purified polysaccharide from flesh of *Cipangopaludina chinensis*. Carbohydrate Polymers, 176: 152-159.

Xu D, Zheng W, Zhang Y, et al. 2018. A method for determining polysaccharide content in biological samples. International Journal of Biological Macromolecules, 107: 843-847.

Yan J K, Wang Y Y, Qiu W Y, et al. 2018. Ultrasound synergized with three-phase partitioning for extraction and separation of *Corbicula fluminea* polysaccharides and possible relevant mechanisms. Ultrasonics Sonochemistry, 40: 128-134.

Yan J, Shi S, Wang H, et al. 2016. Neutral monosaccharide composition analysis of plant-derived oligo-and polysaccharides by high performance liquid chromatography. Carbohydrate Polymers, 136: 1273-1280.

Yang B, Jiang Y, Zhao M, et al. 2008. Effects of ultrasonic extraction on the physical and chemical properties of polysaccharides from longan fruit pericarp. Polymer Degradation and Stability, 93(1): 268-272.

Yang B, Luo Y , Wu Q, et al. 2020a. Hovenia dulcis polysaccharides: influence of multi-frequency ultrasonic extraction on structure, functional properties, and biological activities. International Journal of Biological Macromolecules, 148: 1010-1020.

Yang J, Shen M, Wen H, et al. 2020b. Recent advance in delivery system and tissue engineering applications of chondroitin sulfate. Carbohydrate Polymers, 230: 115650.

Yang L C, Hsieh C C, Wen C L, et al. 2017. Structural characterization of an immunostimulating polysaccharide from the stems of a new medicinal *Dendrobium* species: *Dendrobium taiseed* Tosnobile. International Journal of Biological Macromolecules, 103: 1185-1193.

Yang Y, Chen J, Lei L, et al. 2019. Acetylation of polysaccharide from *Morchella angusticeps* peck enhances its immune activation and anti-inflammatory activities in macrophage RAW264. 7 cells. Food and Chemical Toxicology, 125: 38-45.

Ye Z, Wang W, Yuan Q, et al. 2016. Box-Behnken design for extraction optimization, characterization and *in vitro* antioxidant activity of *Cicer arietinum* L. hull polysaccharides. Carbohydrate Polymers, 147: 354-364.

Yi Y, Xu W, Wang H X, et al. 2020. Natural polysaccharides experience physiochemical and functional changes during preparation: a review. Carbohydrate Polymers, 234: 115896.

Yin C, Fan X, Fan Z, et al. 2018. Optimization of enzymes-microwave-ultrasound assisted extraction of *Lentinus edodes* polysaccharides and determination of its antioxidant activity. International Journal of Biological Macromolecules, 111: 446-454.

Yin J Y, Lin H X, Nie S P, et al. 2012. Methylation and 2D NMR analysis of arabinoxylan from the seeds of *Plantago asiatica* L. Carbohydrate Polymers, 88(4): 1395-1401.

Yin X, You Q, Jiang Z. 2011. Optimization of enzyme assisted extraction of polysaccharides from *Tricholoma matsutake* by response surface methodology. Carbohydrate Polymers, 86(3): 1358-1364.

Yin X, You Q, Jiang Z, et al. 2016. Optimization for ultrasonic-microwave synergistic extraction of polysaccharides from *Cornus officinalis* and characterization of polysaccharides. International Journal of Biological Macromolecules, 83: 226-232.

You Q, Yin X, Ji C. 2014. Pulsed counter-current ultrasound-assisted extraction and characterization of polysaccharides from *Boletus edulis*. Carbohydrate Polymers, 101: 379-385.

Yuan J, Yan X, Chen X, et al. 2020. A mild and efficient extraction method for polysaccharides from *Sinonovacula constricta* and study of their structural characteristic and antioxidant activities. International Journal of Biological Macromolecules, 143: 913-921.

Yue H, Zeng H, Ding K. 2020. A review of isolation methods, structure features and bioactivities of polysaccharides from *Dendrobium* species. Chinese Journal of Natural Medicines, 18(1): 1-27.

Zeng X, Li P, Chen X, et al. 2019. Effects of deproteinization methods on primary structure and antioxidant activity of *Ganoderma lucidum* polysaccharides. International Journal of Biological Macromolecules, 126:

867-876.

Zha S, Zhao Q, Chen J, et al. 2014. Extraction, purification and antioxidant activities of the polysaccharides from maca (Lepidium meyenii). Carbohydrate Polymers, 111: 584-587.

Zha X Q, Lu C Q, Cui S H, et al. 2015. Structural identification and immunostimulating activity of a *Laminaria japonica* polysaccharide. International Journal of Biological Macromolecules, 78: 429-438.

Zhai X, Zhu C, Li Y, et al. 2018. Optimization for pectinase-assisted extraction of polysaccharides from pomegranate peel with chemical composition and antioxidant activity. International Journal of Biological Macromolecules, 109: 244-253.

Zhan R, Xia L, Shao J, et al. 2018. Polysaccharide isolated from *Chinese jujube* fruit. (*Zizyphus jujuba* cv. *Junzao*) exerts anti-inflammatory effects through MAPK signaling. Journal of Functional Foods, 40: 461-470.

Zhang C, Chen H, Bai W. 2018a. Characterization of *Momordica charantia* L. polysaccharide and its protective effect on pancreatic cells injury in STZ-induced diabetic mice. International Journal of Biological Macromolecules, 115: 45-52.

Zhang C, Zhang L, Liu H, et al. 2018b. Antioxidation, anti-hyperglycaemia and renoprotective effects of extracellular polysaccharides from *Pleurotus eryngii* SI-04. International Journal of Biological Macromolecules, 111: 219-228.

Zhang H, Ye L, Wang K. 2010a. Structural characterization and anti-inflammatory activity of two water-soluble polysaccharides from *Bellamya purificata*. Carbohydrate Polymers, 81(4): 953-960.

Zhang H, Zhao J, Shang H, et al. 2020b. Extraction, purification, hypoglycemic and antioxidant activities of red clover (*Trifolium pratense* L.) polysaccharides. International Journal of Biological Macromolecules, 148: 750-760.

Zhang J, Jia S, Liu Y, et al. 2011a. Optimization of enzyme-assisted extraction of the *Lycium barbarum* polysaccharides using response surface methodology. Carbohydrate Polymers, 86(2): 1089-1092.

Zhang J, Meng G, Zhai G, et al. 2016. Extraction, characterization and antioxidant activity of polysaccharides of spent mushroom compost of *Ganoderma lucidum*. International Journal of Biological Macromolecules, 82: 432-439.

Zhang J, Wang Z W. 2011. Arabinoxylan from *Canna edulis* Ker by-product and its enzymatic activities. Carbohydrate Polymers, 84(1): 656-661.

Zhang L, Wang M. 2017. Optimization of deep eutectic solvent-based ultrasound-assisted extraction of polysaccharides from *Dioscorea opposita* Thunb. International Journal of Biological Macromolecules, 95: 675-681.

Zhang M, Zhu L, Cui S W, et al. 2011b. Fractionation, partial characterization and bioactivity of water-soluble polysaccharides and polysaccharide-protein complexes from *Pleurotus geesteranus*. International Journal of Biological Macromolecules, 48 (1): 5-12.

Zhang N, Wang Y, Kan J, et al. 2019a. *In vivo* and *in vitro* anti-inflammatory effects of water-soluble polysaccharide from Arctium lappa. International Journal of Biological Macromolecules, 135: 717-724.

Zhang T, Xiang J, Zheng G, et al. 2018c. Preliminary characterization and anti-hyperglycemic activity of a pectic polysaccharide from okra (*Abelmoschus esculentus* (L.) Moench.)Journal of Functional Foods, 41: 19-24.

Zhang X, Teng G, Zhang J. 2018d. Ethanol/salt aqueous two-phase system based ultrasonically assisted extraction of polysaccharides from *Lilium davidii* var. *unicolor* Salisb: physicochemical characterization and antiglycation properties. Journal of Molecular Liquids, 256: 497-506.

Zhang Y, Pan X, Ran S, et al. 2019b. Purification, structural elucidation and anti-inflammatory activity *in vitro of* polysaccharides from *Smilax china* L. International Journal of Biological Macromolecules, 139: 233-243.

Zhang Y, Ren C, Lu G, et al. 2014. Purification, characterization and anti-diabetic activity of a polysaccharide from mulberry leaf. Regulatory Toxicology and Pharmacology, 70(3): 687-695.

Zhang Y, Wu Y T, Zheng W, et al. 2017. The antibacterial activity and antibacterial mechanism of a polysaccharide from *Cordyceps cicadae*. Journal of Functional Foods, 38: 273-279.

Zhao B, Zhang J, Guo X, et al. 2013. Microwave-assisted extraction, chemical characterization of polysaccharides from *Lilium davidii* var. *unicolor* Salisb and its antioxidant activities evaluation. Food Hydrocolloids, 31(2): 346-356.

Zhao L, Dong Y, Chen G, et al. 2010. Extraction, purification, characterization and antitumor activity of polysaccharides from *Ganoderma lucidum*. Carbohydrate Polymers, 80(3): 783-789.

Zhao L, Liu M, Wang J, et al. 2015a. Chondroitin sulfate-based nanocarriers for drug/gene delivery. Carbohydrate Polymers, 133: 391-399.

Zhao S, Han Z, Yang L, et al. 2020. Extraction and antioxidant activities of polysaccharide from medicinal pant *Smilacina japonica*. International Journal of Biological Macromolecules, 151: 9092-9096.

Zhao Y M, Wang J, Wu Z G, et al. 2016. Extraction, purification and anti-proliferative activities of polysaccharides from *Lentinus edodes*. International Journal of Biological Macromolecules, 93: 136-144.

Zhao Z Y, Zhang Q, Li Y F, et al. 2015b. Optimization of ultrasound extraction of *Alisma orientalis* polysaccharides by response surface methodology and their antioxidant activities. Carbohydrate Polymers, 119: 101-109.

Zheng H, He B, Wu T, et al. 2019a. Extraction, purification and anti-osteoporotic activity of a polysaccharide from *Epimedium brevicornum* Maxim. *in vitro*. International Journal of Biological Macromolecules, 156: 1135-1145.

Zheng Q, Ren D, Yang N, et al. 2016. Optimization for ultrasound-assisted extraction of polysaccharides with chemical composition and antioxidant activity from the *Artemisia sphaerocephala* Krasch seeds. International Journal of Biological Macromolecules, 91: 856-866.

Zheng Y, Bai L, Zhou Y, et al. 2019b. Polysaccharides from Chinese herbal medicine for anti-diabetes recent advances. International Journal of Biological Macromolecules, 121: 1240-1253.

Zhou X Y, Liu R L, Ma X, et al. 2014. Polyethylene glycol as a novel solvent for extraction of crude polysaccharides from pericarpium granati. Carbohydrate Polymers, 101: 886-889.

Zhu H, Sheng K, Yan E, et al. 2012. Extraction, purification and antibacterial activities of a polysaccharide from spent mushroom substrate. International Journal of Biological Macromolecules, 50(3): 840-843.

Zhu H, Yuan Y, Liu J, et al. 2016. Comparing the sugar profiles and primary structures of alkali-extracted water-soluble polysaccharides in cell wall between the yeast and mycelial phases from *Tremella fuciformis*. Journal of Microbiology, 54(5): 381-386.

Zhu Y, Li H, Ma J, et al. 2020. A green and efficient deproteination method for polysaccharide from *Meretrix meretrix* Linnaeus by copper ion chelating aerogel adsorption. Journal of Cleaner Production, 252: 119842.

Zhu Y, Li Q, Mao G, et al. 2014. Optimization of enzyme-assisted extraction and characterization of polysaccharides from *Hericium erinaceus*. Carbohydrate Polymers, 101: 606-613.

第9章

多酚类化合物的分离纯化与表征

多酚（polyphenol）是一类广泛存在于植物体内的具有多个羟基酚类植物成分的总称，是植物体内重要的次生代谢产物，具有多元酚结构，主要通过莽草酸和丙二酸途径合成，对植物的生长代谢起着重要作用。狭义上认为植物多酚是单宁或者鞣质，在广义上还包括小分子酚类化合物，如花青素、儿茶素、没食子酸等天然酚类。多酚在植物中的含量仅次于纤维素、半纤维素和木质素，主要存在于植物的皮、根、壳、叶和果中。大量研究表明，这些天然的多酚类物质具有清除活性氧自由基、预防心脑血管疾病、预防阿尔茨海默病、防癌抗癌、抗病毒、抗炎、抗过敏、降血糖、降血脂等多种功效，因此在人类营养保健与疾病防治方面具有十分重要的作用，成为天然药物与保健品研究开发的热点（Quideau et al.，2011；Visioli et al.，2011）。

9.1　多酚类化合物的分类与化学结构特征

多酚类物质在自然界的储量非常丰富，目前已发现植物中有 8000 余种多酚类化合物及其衍生物（董科等，2019）。按照多酚的来源，可将其分为茶多酚、葡萄多酚、苹果多酚、石榴多酚等；按照酚环的数量以及与其他环结合元素的作用可分为酚酸类化合物、类黄酮类化合物、木聚素类化合物和木酚素类化合物等；根据结合方式可分为自由态多酚（free polyphenol，FP）和结合态多酚（bound polyphenol，BP）。自由态多酚指的是能够溶于水或极性溶剂的酚类；而结合态多酚多指与纤维素、蛋白质、木质素等以酯键、糖苷键、醚苷键相结合的不可溶的酚类，需采用碱、酸或酶降解的方式提取；按照多酚化学结构分为聚棓酸酯（包含水解单宁及相关的化合物）和黄酮类化合物（包含缩合单宁及相关的化合物）两大基本类型（Guo et al.，2015；Lu et al.，2018；石碧和狄莹，2000），见表9-1。

表9-1　多酚类化合物的分类

碳架结构	种类	结构基本骨架（酚羟基位置、数目不定）
C_6	简单酚类	OH
C_6-C_1	羟基苯甲酸类	O OH OH

续表

碳架结构	种类	结构基本骨架（酚羟基位置、数目不定）
C_6-C_2	羟基苯乙酸类	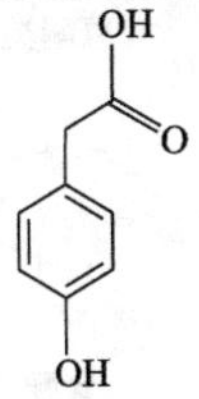
	羟基苯乙酮类	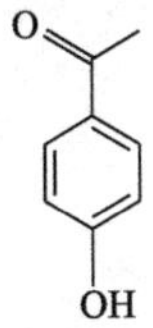
C_6-C_3	羟基肉桂酸类	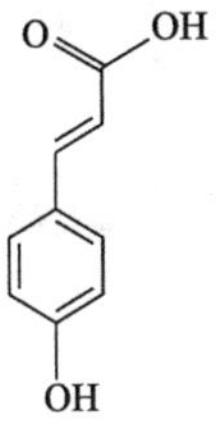
	香豆素类	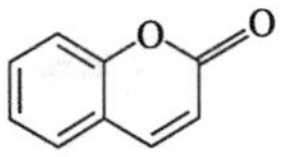
	苯丙烯类	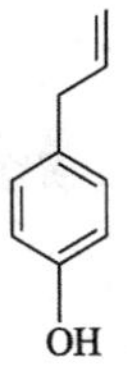
C_6-C_4	萘醌类	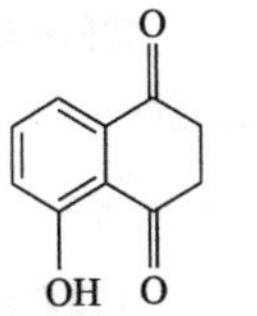
C_6-C_1-C_6	氧杂蒽酮类	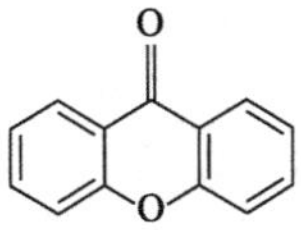
C_6-C_2-C_6	芪类	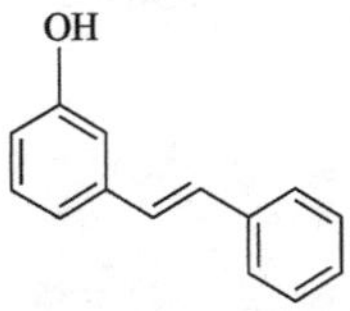

续表

碳架结构	种类	结构基本骨架（酚羟基位置、数目不定）
C_6-C_2-C_6	蒽酮类	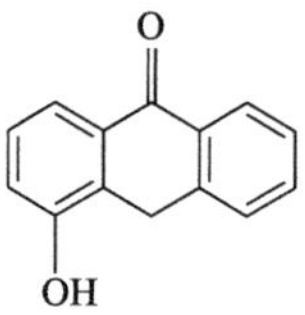
C_6-C_3-C_6	黄酮	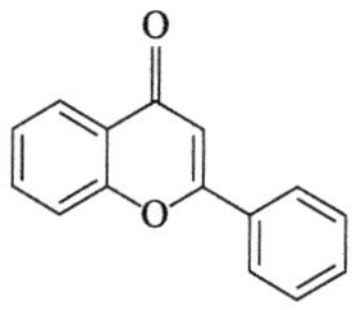
	异黄酮	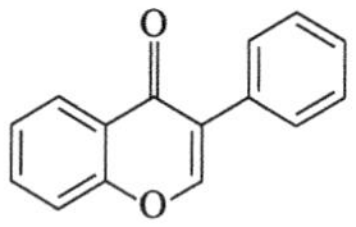
	黄烷酮	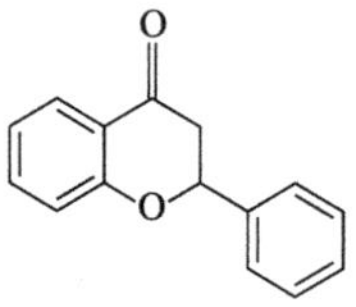
	黄酮醇	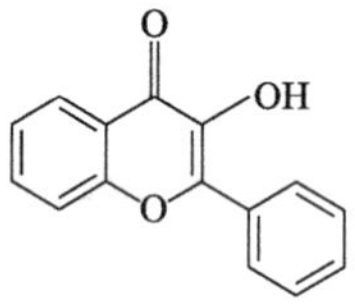
	黄烷醇	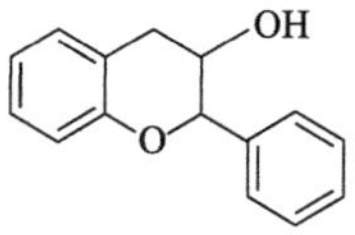
	花色苷类	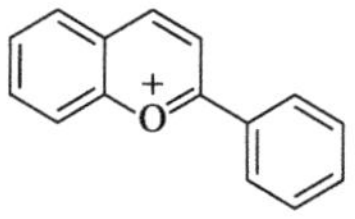
$(C_6$-$C_3)_2$	木脂素类	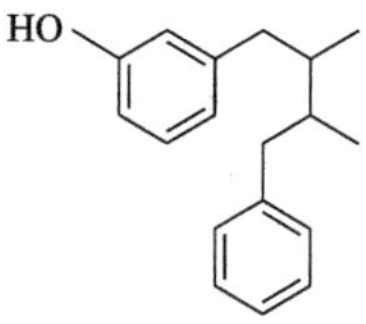
$(C_6$-C_3-$C_6)_2$	双黄酮类	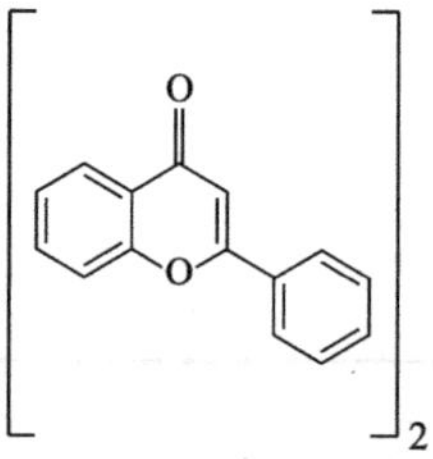

续表

碳架结构	种类	结构基本骨架（酚羟基位置、数目不定）
$(C_6\text{-}C_3\text{-}C_6)_n$	缩合单宁	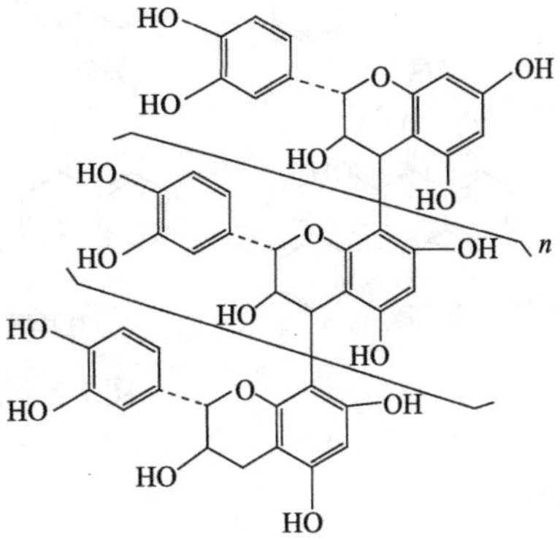

9.1.1　酚酸类化合物

酚酸类化合物（phenolic acid）是一类含有酚环的有机酸，是结构比较简单的一类化合物。酚酸类化合物主要分为羟基苯甲酸类（C_6-C_1结构）、羟基肉桂酸类、羟基苯丙酸类（C_6-C_3结构）、羟基苯乙酸类（C_6-C_2结构）。羟基苯甲酸类和羟基肉桂酸类占大部分，它们都可通过芳香环的羟基化或甲氧基化来修饰。酚酸类化合物只有一小部分以游离的形式存在，大多数通过酯键、醚键或缩醛键与纤维素、蛋白质、葡萄糖、乳酸、酒石酸或萜烯结合，形成复杂的结构。结合态酚酸可以使用碱或酸水解将其释放出来。石榴、苹果、生菜等果蔬，大米、玉米、小麦等谷物及果汁、茶、低度发酵酒、醋等饮品中都含有丰富的酚酸类化合物。常见的酚酸类化合物结构见图9-1。

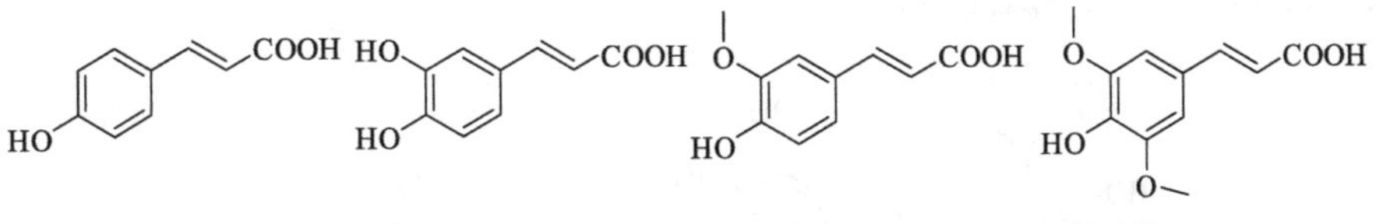

对羟基桂皮酸　　咖啡酸　　阿魏酸　　芥子酸

图9-1　常见的酚酸类化合物结构

9.1.2　黄酮类化合物

黄酮类化合物（flavonoid）是一种广泛存在于高等植物内的次生代谢产物，是常见中草药黄芩、银杏叶、满山红、陈皮、槐米的主要药效成分。迄今为止，发现与研究了超过1万种的黄酮类化合物。黄酮类化合物具有复杂多样的化学结构，但其基本骨架结构为2-苯基色原酮（2-phenyl chromone），是一类由15个碳原子组成的化合物（C_6-C_3-C_6）。黄酮类化合物依据中间C环的碳链氧化程度及是否成环和连接B环的位置（2-位或3-位）等特点，主要可分为黄酮类、黄酮醇类、异黄酮类、查耳酮类以及花色素类等（图9-2）。黄酮类化合物广泛分布于植物界中，多以糖苷的形式存在，包括C-糖苷和O-糖苷，花青素可与各种单糖结合

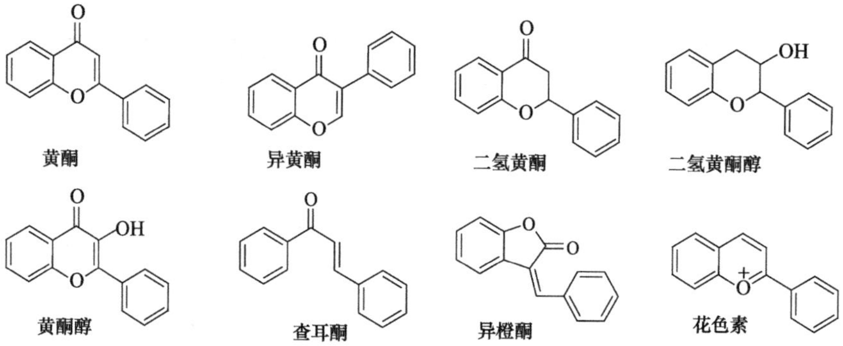

黄酮　异黄酮　二氢黄酮　二氢黄酮醇

黄酮醇　查耳酮　异橙酮　花色素

图9-2　常见黄酮类化合物骨架

生成花色苷。

9.1.3　复杂多酚

复杂多酚是由一种或多种单多酚化合物聚合而成的复杂多酚物质，主要指单宁。从化学结构看，单宁可分为水解单宁和缩合单宁。水解单宁是一类由酚酸或其衍生物通过酯键与葡萄糖或多元醇连接而形成的化合物，是由棓酸或是棓酸衍生的酚羧酸与多元醇缩合而成的酯在酸、碱和酶的作用下产生的多元醇和酚羧酸。根据水解后产生多元酚羟酸的不同，水解单宁可分为：

（1）棓单宁（gallotannin），主要是由β-D-葡萄糖与棓酰基G或缩酚酰基连接成的酯，水解后产生没食子酸。其中，五棓子单宁是一种典型的水解单宁，又名单宁酸，是由8个组分所组成的一种混合物（图9-3）。所有组分的化学结构都是以1,2,3,4,5,6-五-*O*-棓酰-β-D-葡萄糖为核心，在2,3,4-位上由更多的没食子酰基以缩酚酸的形式连接形成的。它具有多种生物活性与经济价值。目前在食品加工、果蔬加工贮藏、医药、水处理以及化妆品生产中取得重大突破，成为世界各国的研究热点。

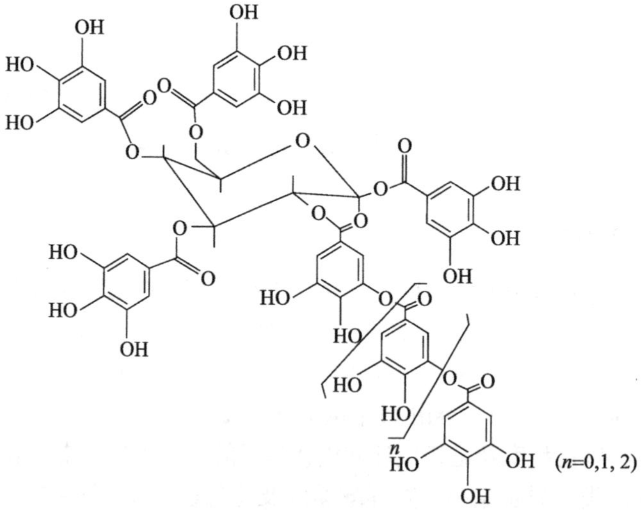

(n=0,1, 2)

图9-3　五棓子单宁的结构

（2）鞣花单宁（ellagitannin），水解后产生鞣花酸或其他与六羟基联苯二酸有生源关系的物质如黄棓酚、脱氢二鞣花酸等。鞣花单宁结构复杂，在自然界中广泛分布。鞣花单宁糖环上常见的连接基团有六羟基联苯二甲酰基（HHDP）、脱氢二没食子酰基（DHDG）、橡椀酰基等，因此这类单宁水解时能产生相应的酚羟酸。其中含HHDP的鞣花单宁最为典型，如特里马素Ⅱ（tellimagrandin Ⅱ）（图9-4）。

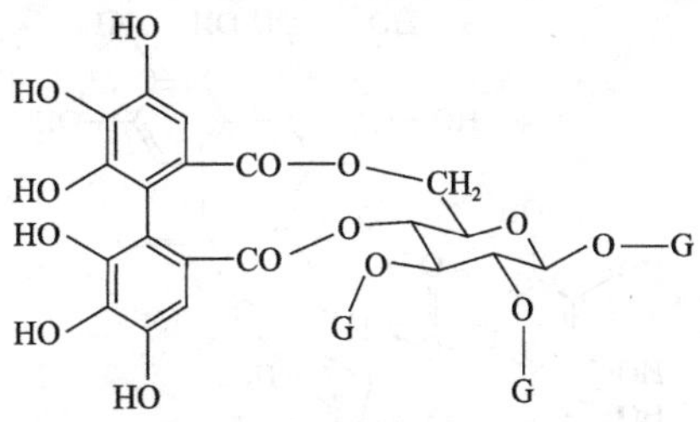

图9-4　特里马素Ⅱ的结构

缩合单宁又叫原花色素，是一类由黄烷-3-醇结构缩合而成的化合物，分子量为500～3000，将分子量更大的聚合体称为红粉和酚酸，其主要是黄烷-3-醇和黄烷-3,4-二醇通过C_4-C_6或C_4-C_8进行非氧化缩合形成共价键，经过反复聚合而形成的黄橙色多聚体，分子量较大，结构较稳定。黄烷-3,4-二醇常被列为原花色素的一部分，在热酸下产生花色素。二聚原花色素仍然具有亲电中心，可继续与黄烷-3,4-二醇发生缩合，生成聚合原花色素。聚合原花色素按照组成单元排列形式不同，可分为支链型、直链型两种（图9-5）。

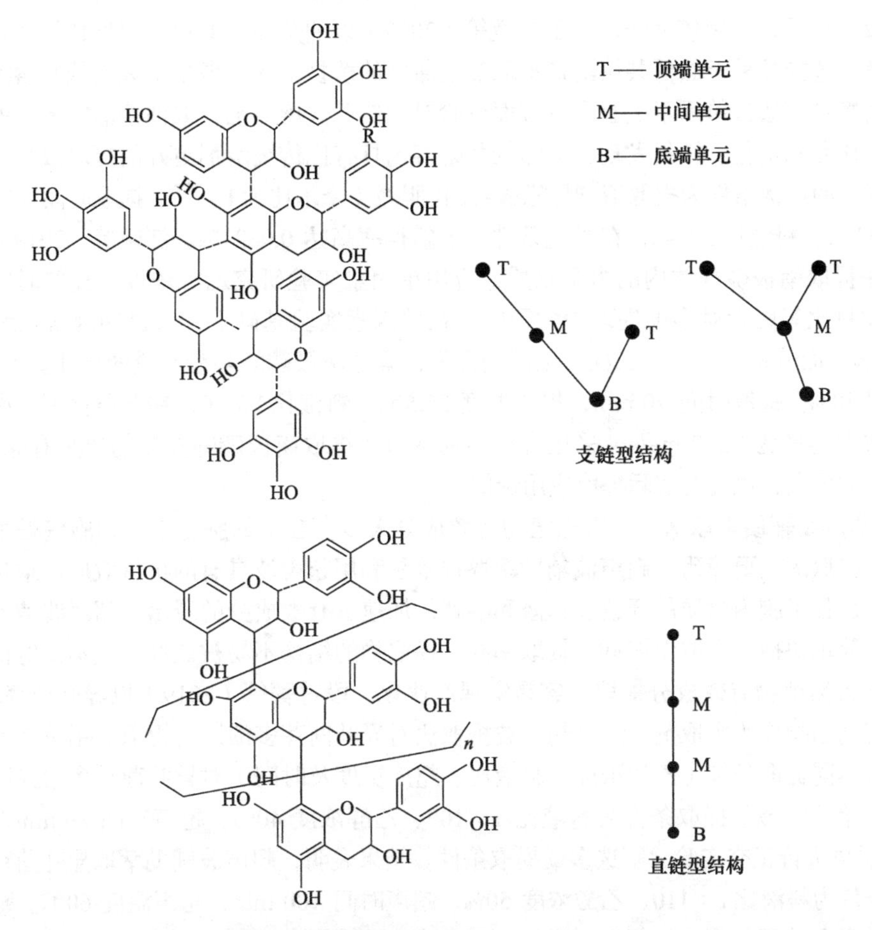

图9-5　聚合原花色素支链型、直链型结构

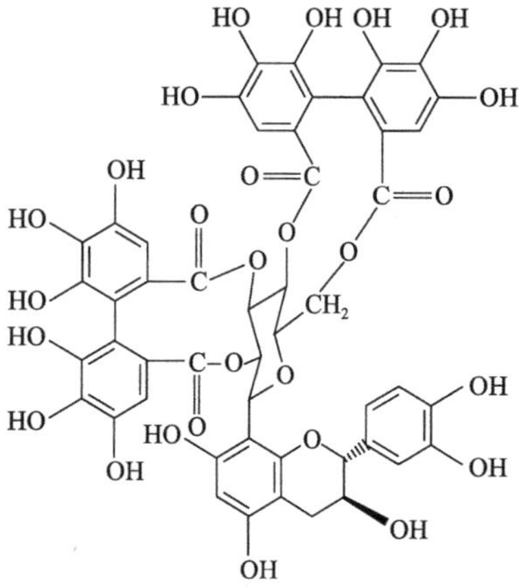

最新发现一批含黄烷基的鞣花单宁，这类多酚分子同时含有水解类多酚和缩合类多酚两种类型的结构单元（C_6-C_1与C_6-C_3-C_6杂合），具有两类多酚的特征（图9-6）。

图9-6 C_6-C_1与C_6-C_3-C_6杂合多酚结构

9.2 多酚类化合物提取、纯化方法

9.2.1 多酚类化合物提取方法

多酚类化合物提取方法多种多样，广泛使用的方法有有机溶剂萃取法、超声波辅助萃取法、微波辅助萃取法、生物酶解萃取法和超临界流体萃取法等。

1. 有机溶剂萃取法 多酚物质的结构特点决定了多酚是一类易溶或可溶于水、醇类、醚类、酮类、酯类等有机溶剂的多羟基化合物。有机溶剂萃取法就是利用多酚在不同溶剂中溶解度不同的特点，根据“相似相溶原则”，将溶有多酚的提取溶剂进行回流使其完全或部分分离的一种方法。这种方法不需要特殊的仪器且操作简单成本较低，应用较为普遍。丁泽敏等（2019）以油茶蒲为原料，对照传统的水和60%乙醇溶液，选择几种天然低共熔溶剂提取油茶蒲中的植物多酚，考察了天然低共熔溶剂对多酚得率的影响。通过单因素试验和响应面试验对天然低共熔溶剂提取油茶蒲中多酚的工艺条件进行了研究和优化。结果发现：天然低共熔溶剂具有比传统溶剂更好的提取效果；油茶蒲中多酚提取的最优条件为提取溶剂柠檬酸-氯化胆碱（摩尔比为1∶3）、提取时间37 min、提取温度 81℃、料液比1∶42，在最优条件下多酚得率高达 0.9321%。江晓等（2019）采用乙醇浸提法提取南极磷虾体内的多酚物质，应用单因素实验研究乙醇浓度、提取时间、提取温度、物料比等因素对多酚提取率的影响。在单因素实验基础上，通过四因素三水平Box-Benken 响应面分析法，建立二次多项回归方程，确立南极磷虾多酚物质的最佳提取条件为：乙醇浓度80%，提取时间 70 min，提取温度 35.5℃，料液比1∶10，在此条件下，南极磷虾多酚的提取得率为1.227 mg/g，采用有机溶剂萃取法提取南极磷虾多酚物质具有绿色简便、高效经济的优点，也具有实际提取应用价值。

2. 超声波辅助萃取法 天然植物有效成分大多存在于细胞壁中，细胞壁是植物细胞有效成分提取的主要障碍。超声波辅助萃取技术是利用超声波具有的机械效应、空化效应及热效应，加强了胞内物质的释放、扩散和溶解，加速了有效成分的浸出。超声波辅助萃取法以其操作简单快捷、提取温度低、提取率高、提取物的结构不易被破坏、成本低等优点，广泛被用于天然植物有效成分提取，容易实现产业化。段菁菁等（2019）以异叶茴芹为材料，用有机溶剂乙醇作为提取剂、结合超声波提取法对异叶茴芹多酚进行提取。用单因素实验法分别考察不同提取条件（乙醇浓度、料液比、超声温度及时间）对异叶茴芹多酚提取量的影响，得出单因素最佳提取条件为料液比 1∶100、乙醇浓度 40%、超声时间 80 min、超声温度 60℃。再进行正交实验，筛选多酚提取条件。结果表明，超声波辅助萃取异叶茴芹多酚最佳提取条件为料液比1∶110、乙醇浓度 50%、超声时间 100 min、超声温度 60℃。范金波等对牛蒡总酚和黄酮的超声波提取工艺进行了研究，在单因素实验基础上，用 Box-Benken 试

验设计，采用3因素3水平的响应面分析法优化牛蒡多酚提取工艺参数。通过分析软件，依据数据进行模型拟合和回归分析，建立了数学模型，确定乙醇浓度和料液比是影响总酚和黄酮得率的重要因素，并最终获得超声辅助提取牛蒡总酚和黄酮的最佳工艺参数为：超声功率200 W、乙醇体积分数61%、料液比1：21、提取时间30 min、超声温度为室温，在此条件下总酚得率为47.12 mg/g，黄酮得率为20.69 mg/g，结果表明超声辅助萃取有效优化了提取工艺参数，为牛蒡的开发利用提供了理论支持（江晓等，2019）。

3. 微波辅助萃取法 微波是指频率为300 MHz至3 GHz、波长在0.1 mm至1 m的电磁波。微波辅助萃取是采用适合的溶剂在微波反应器中利用微波能提取天然植物、矿物或动物组织中的各种化学成分的一种新技术。微波辅助萃取过程中，微波辐射导致植物细胞内的极性物质吸收微波能，产生大量热量，使细胞内温度迅速上升，液态水汽化所产生的压力在细胞膜和细胞壁上形成微小孔洞，使胞外溶剂容易进入细胞内，溶解并释放出胞内物质（董科等，2019）。褚福红等（2010）以野菊花花蕾为材料，研究其提取物的抗氧化活性。在乙醇体积分数、提取时间、料液比等单因素实验的基础上，根据中心组合试验设计原理，应用响应面分析法研究各因素的显著性和交互作用的强弱，对野菊花微波提取工艺进行优化。结果表明，微波提取野菊花清除DPPH自由基物质的优化工艺条件为：乙醇体积分数50%，料液比1：27，提取时间51 s。提取物质量浓度为0.6 mg/ml时，DPPH自由基实际清除率达到83.23%，与理论预测值83.10%的绝对误差为0.13%。Khan等（2014）研究了微波辅助提取（MAE）方法从胡萝卜粗粒中回收酚类化合物，并用响应面法进行了验证。研究参数为微波功率（170～900 W）、乙醇浓度（30%～90%）和料液比1：（10～30），以总酚含量（TPC）和缩合单宁表示。在优化参数（340 W、45%、30 ml/g）中，微波功率和乙醇浓度对收率影响较大。与传统的溶剂萃取法相比，微波辅助萃取法具有选择性强、效率高、对环境无污染、质量稳定等优势，是一种可推广应用的技术。

4. 生物酶解萃取法 植物细胞壁主要是由纤维素、半纤维素和果胶等物质组成，生物酶解萃取法就是利用酶催化反应具有高度专一性的特点，根据植物细胞壁的组成物质选择相对应的酶将细胞壁中的成分进行降解或水解，破坏细胞壁的结构，从而使得细胞内的成分溶解、混悬或胶溶于溶剂中，然后提取出来。生物酶解萃取法采用常规萃取设备即可完成提取，操作简单、成本低，常用于提取天然食品中的多酚类化合物（董科等，2019）。付晓茜（2019）研究了微波-酶辅助两相盐析萃取万寿菊花中的叶黄素和多酚。考察了微波作用下两相盐析萃取的影响因素以及酶解条件的影响因素。结果表明，微波-酶辅助双水相萃取万寿菊花中叶黄素与多酚的最佳工艺为：28%乙醇/20%硫酸铵、粉碎目数160目、料液比1：45、果胶酶用量为4.5 U/g、pH 5、45℃时酶解150 min、微波功率270 W、微波时间120 s，该方法叶黄素和多酚得率均高于微波辅助双水相、酶辅助双水相和索氏提取法。屈文秀等（2018）以响应面优化水酶法提取米糠多酚，该法以脱脂米糠为原料，通过控制所加入的木糖酶量以及酶解温度等参数和通过单因素实验考察提取温度、提取时间、溶剂体积分数、料液比和提取液的pH对多酚提取量进行把控，以此得到多酚提取最大量时的最适条件。该法能推进米糠资源的开发及利用。

5. 超临界流体萃取法 超临界流体萃取（SFE）法是一种新型的萃取分离技术。该技术是利用流体（溶剂）在临界点附近某一区域（超临界区）内，它与待分离混合物中的溶质具有异常相平衡行为和传递性能，且它对溶质溶解能力随压力和温度改变而在相当宽的范围内变动这一特性达到溶质分离的一项技术。因 CO_2 具有无毒、无污染、无致癌性、无燃性、无化学反应等优点，所以常用 CO_2 作为萃取剂，超临界 CO_2 萃取技术作为一种新型分离技术，具有工艺简单、选择性好、无溶剂残留等优点，特别适合于热敏性和易氧化物质等的提取，在植物多酚类物质的提取分离中得到了广泛的应用（Ghafoor et al.，2012）。刘杰超等（2013）用超临界 CO_2 萃取枣核中的多酚物质，并对得到的枣核提取物的 DPPH 自由基清除能力和α-淀粉酶、葡糖苷酶及透明质酸酶的抑制活性等进行分析测定。结果表明：以提取率为考察指标，超临界 CO_2 萃取枣核多酚类物质的最佳提取工艺条件为：萃取时间 2.5 h、萃取压力 35 MPa、萃取温度 50℃、萃取次数两次，在此条件下，枣核中多酚的提取率可达 441.57 mg/100 g。

6．其他提取方法　膜分离法是利用膜的选择透过性，以外界能量或化学位差为推动力，使不同的组分得以分离的方法。根据膜的孔径大小分为微滤（MF）、超滤（UF）、纳滤（NF）和反渗透（RO）。其中超滤、微滤和纳滤已被广泛应用于天然多酚的分离提取。Arend 等采用纳滤技术分别对自然压榨草莓汁和微滤处理草莓汁中的多酚类化合物进行浓缩提取，结果发现自然压榨草莓汁和微滤处理草莓汁在经过纳滤浓缩后，总酚含量分别由（6.05±0.17）mg/ml、（13.8±0.3）mg/ml 提高至（7.68 ±0.53）mg/ml、（16.6 ±0.3）mg/ml。

结合多酚多以共价化合物的形式存在，与游离多酚相比，较难直接被提取出来。目前食品中结合多酚的提取方法主要有碱法、酸法、酶解法等。酶解法在提取结合多酚时，与碱法和酸法相比较，提取条件更为温和，能够更有效地将结合多酚提取出来，目前广泛应用于结合多酚的提取。Alves 等对水稻中游离多酚和结合多酚的提取方法进行了研究，结果表明体积分数为 70% 的丙酮为提取水稻中游离多酚的最佳提取条件，并在 37℃时选用α-淀粉酶对残余物酶解后再碱性水解，比单用碱性水解时提取的结合多酚含量显著提高（夏婷等，2019）。

9.2.2　多酚类化合物纯化方法

1．柱层析分离法　柱层析分离法是多酚类物质分离纯化实验中应用最为广泛的一种方法。它包括硅胶柱层析、大孔吸附树脂、离子交换柱法等分离方法。其主要分离原理都是先利用固定相将粗提物样品吸附，利用各组分分子量和极性的区别，选用不同极性和体系的洗脱剂，按先后顺序将不同组分依次洗脱下来并收集分组，以达到分离纯化的目的。其优点有操作简单、分离效果好、易于控制和安全环保等。刘晓丽等以海带为研究对象，通过实验得出 XDA-1 大孔吸附树脂对海带多酚进行分离纯化的最佳条件为：进样浓度 5 mg/ml、洗脱剂为 80% 乙醇溶液、洗脱速度为 1.0 ml/min、进样流速为 1.0 ml/min，用该条件进行分离纯化后得到的多酚含量高达 80.5%（金莹和孙爱东，2007）。罗超华和李俊（2015）以葡聚糖凝胶为填料，研究中压柱层析分离纯化茶多酚中表没食子儿茶素没食子酸酯（EGCG）的效果，经 HPLC 法检测 EGCG 的纯度达 90% 以上。Pedan 等（2016）采用 Sephadex LH-20 凝胶柱成功地从可可豆中分离出可可碱、咖啡因、黄酮-3-醇和黄酮醇。

2．液相色谱法　液相色谱法是多酚类物质分离与分析的常用方法。其中制备型液相色谱可对天然有机化合物进行分离纯化，具有分离效果显著、分离速度快、样品需求量少等优点。而高效液相色谱（HPLC）可对化合物的分离结果进行定性或定量分析，其分析可信度和精确度都很高，是目前成分分析类实验中使用的最主要的检测手段，被广泛应用于多酚类化合物成分的分离与鉴定。欧阳乐等（2013）运用 HPLC 测定了樟子松树皮中的几种多酚类物质，如肉桂酸、芦丁、儿茶素、对香豆酸等，并通过实验得出了最佳色谱洗脱条件。刘晓丽（2007）运用HPLC对余甘子多酚提取物的乙酸乙酯萃取相进行分离，分析得到3个纯度均接近100%的组分峰。闫亚美（2014）以黑果枸杞为原料，选用XAD-8树脂、Sephadex LH-20凝胶柱分离纯化黑果枸杞花色苷，纯度为HPLC级89.66%，由半制备高效液相色谱对其进一步纯化，得到黑果枸杞花色苷的单体矮牵牛素-3-*O*-芸香糖（顺式-*p*-香豆酰）-5-*O*-葡糖苷。Gong等（2017）以甲醇-水、乙腈-水为流动相，采用半制备色谱法纯化鲜茶中7种儿茶素类化合物，纯度均达到90%以上。

9.3　多酚类化合物定量、结构鉴定

9.3.1　多酚类化合物定量方法

植物多酚的定量方法与其性质密切相关，传统测定方法有蛋白质结合法和物理测定法，因多酚含有多个酚羟基，具有较强的还原性，现多采用化学分析法进行含量测定，如可见分光光度法、高效液相色谱法、干酪素法等。常用方法如下。

1. 福林酚比色法　福林酚（Folin-Ciocalteu，FC）比色法因具有显色明显、误差小、回收率高等特点，广泛用于多酚类化合物的测定。它的测定原理是在碱性条件下，酚类物质中的酚羟基能将FC试剂中的钨钼酸还原，生成蓝色配合物，颜色的深浅与多酚的含量正相关。汪佳丹等（2017）以没食子酸为对照品，对Folin-Ciocalteu比色法测定金针菇多酚的显色单因素进行考察，在此基础上采用二次正交旋转组合设计进行条件优化，得到最佳显色参数为：福林酚试剂2.0 ml、15% Na_2CO_3溶液2.4 ml、时间70 min、温度45℃，该条件优化结果拟合度高，可大大提高测定灵敏度。罗堃等（2013）采用FC比色法测定了安化黑茶中茶多酚含量，首先将黑茶磨碎过4号筛，过筛后的茶叶用水为溶剂在90℃水浴上浸提得待测浸提液，在待测样品溶液中加入0.2 mo1/L的FC试剂5 ml、7.5% Na_2CO_3溶液4 ml，在25℃反应1 h后测定吸光度，发现没食子酸浓度在0.49～4.9 μg/ml与吸光度的线性关系良好，平均回收率为98.0%，RSD为1.4%，测得3批安化黑茶茶多酚的平均含量为2.49%，RSD为1.3%。FC比色法操作简单、成本低廉、显色反应稳定可靠，方便采用。

2. 酒石酸亚铁比色法　酒石酸亚铁比色法是目前测定多酚含量应用最为普遍的一种方法。它的测定原理是：过量的酒石酸亚铁与提取液中多酚反应生成稳定的紫褐色络合物，溶液颜色的深浅与溶液中多酚含量成正比。颜慧等（2017）采用三氯乙酸-盐溶液乙醇法，以酒石酸亚铁为显色剂，有效测定奶茶中茶多酚的含量。该法平均回收率为98.3%～100.0%，相对标准偏差RSD为0.30%，在60 min内，茶多酚显色稳定、精密度高、准确度好、实验操作简单快速，适用于奶茶饮料中茶多酚含量的测定。

3. 铁氰化钾-氯化铁比色法　$K_3[Fe(CN)_6]$-$FeCl_3$比色法是基于多酚所具有的多酚羟基结构有很强的还原性，能将Fe^{3+}还原为Fe^{2+}，被还原生成的Fe^{2+}可与$K_3[Fe(CN)_6]$反应生成普鲁士蓝$KFe^{3+}[Fe^{2+}(CN)_6]$沉淀，该沉淀在强酸性溶液中溶解，根据可溶性普鲁士蓝$KFe^{3+}[Fe^{2+}(CN)_6]$溶液的吸光度可间接获得总多酚的含量。高林晓等（2019）以没食子酸为对照品，用铁氰化钾-氯化铁，即$K_3[Fe(CN)_6]$-$FeCl_3$显色体系分光光度法测定了星宿菜中总多酚的含量，并优化出了最佳显色条件。结果为：在室温下，当加入适量$K_3[Fe(CN)_6]$-

$FeCl_3$溶液和HCl溶液，反应时间为70 min时，没食子酸浓度在0.10～1.43 μg/ml与吸光度呈良好的线性关系（r=0.9996）。检出限为0.006 mg/L，平均回收率为99.65%（RSD=1.27%，n=6）。该方法操作简便、重复性好且准确度高，适合测定星宿菜中总多酚的含量，并可为其质量控制提供依据。

4. 高锰酸钾滴定法 高锰酸钾滴定法是传统的测定方法，具有一定的代表性。它是利用多酚类化合物中酚羟基的还原性，以0.1%靛红溶液为指示剂，使用高锰酸钾滴定法测定食品中的多酚类物质含量。其优点是高锰酸钾氧化能力强，能与许多物质发生反应，应用范围广。在硫酸介质中，茶多酚可与高锰酸钾发生氧化还原反应，使高锰酸钾溶液褪色，其吸光度减少值与茶多酚的浓度服从比尔定律，因而通过测定吸光度减少值可间接测定茶多酚含量。温欣荣和涂常青建立高锰酸钾褪色光度法测定茶多酚含量。通过试验确定了测定茶多酚含量的最佳条件。褪色体系的最大吸收波长为525 nm，茶多酚质量浓度在0.001236～0.006180 mg/ml与吸光度减小值呈良好线性关系，线性回归方程$\Delta A=-0.0026+22.843C$，线性相关系数为0.9993，方法检测限为0.00005 mg/ml。用该法分别测定绿茶、普洱茶中茶多酚的含量，结果与国标方法（GB/T 31740.2—2015）相符，精密度（相对标准偏差）均为0.6%。

5. 高效液相色谱法 HPLC是重要的色谱方法，是在经典液相色谱法和气相色谱法的基础上加以改进而发展起来的一种新型高效分离技术，具有分离效果好、准确性高、分离速度快及仪器自动化程度高等特点。孙崇臻等（2012）利用高效液相色谱-二极管阵列检测技术（HPLC-DAD）测定我国不同产地的10种枇杷蜜中的脱落酸、没食子酸、原儿茶酸、山柰酚等13种酚类物质含量。制定的枇杷蜜标准指纹图谱可以有效用于单花蜜的品种鉴别及掺假检测，对于枇杷蜜的功能性分析及质量控制有重要的借鉴。吴帅等（2016）用高效液相色谱法测定白兰地中多酚物质含量，实验结果表明，在一定范围内，标准物质呈现良好的线性关系，检出限能够满足定量要求。余小芬等（2013）利用改进的反相高效液相色谱法测定烟草中绿原酸、芸香苷和莨菪亭3种多酚含量，并优化色谱条件，其中最佳色谱条件为：SunFire C18（4.6 mm×250 mm，5 μm）色谱柱、柱温35℃、流速1 ml/min、进样体积10 μl、甲醇/乙酸水溶液梯度洗脱、检测波长340 nm，该方法具有样品制备简单、分析时间短、重复性好、精密度高等优点。

6. 干酪素法 实验中干酪素作为多酚的吸附剂，可以选择性地吸附有活性的多酚。干酪素法原理为：在碱性溶液中，钨钼酸通过多酚类化合物被还原，生成了蓝色的化合物，而多酚含量直接决定着蓝色化合物的颜色深浅，并且在大约760 nm波长处有最大吸收峰。干酪素的优点在于其样品价格低廉并且用量少，而缺点是在760 nm处时干酪素中含有某些干扰杂质，需要增加一个干酪素的空白对照实验，使实验操作变得复杂。郭明里等（2017）采用磷钼钨酸-干酪素比色法，优化实验参数建立分析方法，对3批肉桂提取物进行测定。最优参数为：干酪素加入量为400 mg，Na_2CO_3浓度为20%，显色后30 min测定。结果发现，没食子酸在0.0020～0.0120 mg/ml浓度内与吸光度呈良好的线性关系，R^2=0.9997，表明该方法简单、灵敏、稳定，为肉桂提取物的质量控制提供了有效的方法。朱林燕等（2014）以干酪素作为吸附剂，碱性条件下显色，以磷钼钨酸为氧化剂，用紫外可见分光光度法测定鞣质含量。结果表明，以没食子酸计的鞣质含量在0.5～5 μg内线性关系良好（r=0.9991），平均回收率为95.77%，RSD为0.70%（n=6），该方法准确、可靠简便，具有较强专属性。

7. 气相色谱-质谱联用法 气相色谱-质谱联用（GC-MS）法是以气体为流动相，利用物质的沸点、极性及吸附性质的差异来实现多酚类化合物的分离，使多酚类化合物逐个进入质谱仪中进一步检测。由于食品中的多酚类化合物不易挥发，需要提前对其进行衍生化处理。Wang和Zuo（2011）采用GC- MS法分析了蔓越莓浆果、果汁和果酱中的多酚类化合物，结果共检测出羟基苯甲酸、香草酸、对香豆酸、阿魏酸、咖啡酸、芥子酸、反式白藜芦醇、儿茶素和槲皮素等20种多酚类化合物。其中槲皮素的含量较高，在蔓越莓浆果、果汁和果酱中的含量分别为（3445.8±108.6）μg/g、（2983.5±187.3）μg/g、（3675.8±387.9）μg/g。Marsol-Vall等（2016）采用GC- MS法对苹果及其加工产品中的多酚类化合物进行检测。结果从苹果中检测出10种多酚类化合物，从苹果汁中检测出5种多酚类化合物，苹果和苹果汁中咖啡酰奎宁酸的含量均较高，分别为（4350.4±130.5）μg/g、（868.7±29.5）μg/g。Plessi等（2006）采用GC-MS法对传统香脂醋中的酚酸类化合物进行检测，结果共检测出羟基苯甲酸、原儿茶酸、香草酸、丁香酸、异阿魏酸、对香豆酸、没食子酸、阿魏酸和咖啡酸 9 种酚酸，其中原儿茶酸、没食子酸和对香豆酸为主要的酚酸类化合物，含量分别为18.8 μg/ml、18.0 μg/ml和17.1 μg/ml。GC-MS法与 HPLC 法相比，拥有较为全面的数据库，为多酚类化合物的定性工作带来便利。但GC-MS法在检测多酚类化合物时需要对提取物进行复杂的衍生化处理，处理的过程中会使多酚类化合物的结构发生一定改变，引入一些杂质，给实验带来一定干扰（夏婷等，2019）。

8. 液相色谱-串联质谱联用法 液相色谱-串联质谱联用（LC-MS/MS）法是以 LC 为分离系统，MS/MS为检测系统。食品中的多酚类化合物在 LC 部分和流动相分离，被离子化后经MS/MS的质量分析器将离子碎片按质量数分开，过检测器后最终得到质谱图。近年来，质谱技术逐渐由单级质谱向串联质谱发展，质谱串联后选择性增强，可将食品中的多酚类化合物在上级质谱产生的离子进一步裂解，通过次级质谱的碎片信息来精确得到多酚类化合物的结构。常用的有三重四极杆串联质谱（triple quadrupole-mass spectrometry，QQQ-MS）、三重四极杆离子阱串联质谱（triple quadrupole-iron trap-mass spectrometry，QQQ-IT-MS）和四极杆飞行时间串联质谱（quadrupole-time of flight-mass spectrometry，Q-TOF-MS）等。目前LC-MS/MS 法已经普遍运用于食品中的多酚类化合物分析。Ilarov等采用快速 HPLC-QQQ-IT-MS 法检测了绿茶提取液中的多酚类化合物，结果测得 24种多酚类化合物，同时发现绿茶用热水浸泡 6 h 后表没食子儿茶素没食子酸酯和表没食子儿茶素的含量明显降低，而没食子酸的含量显著增多，提示儿茶素的降解会造成没食子酸的增加（Silarova et al.，2017）。Lee等（2017）采用UPLC-Q-TOF-MS法对苹果的果肉和果皮中的多酚类化合物进行分析，结果共检测出25种多酚类化合物，其中没食子酸甲酯、羟基苯乙酸、没食子酸乙酯、3种苯乙酸异构体、3-（4- 羟基苯基）丙酸和牛磺酸首次从苹果中检测出来。Cendrowski等（2017）采用 UPLC-Q-TOF-MS 法检测玫瑰利口酒中的多酚类化合物，结果显示检测出 17 种多酚类化合物，总酚含量为2175.43 mg/100 g，其中鞣花单宁的含量为 1517.01 mg/100 g。与HPLC法和GC-MS法相比，LC-MS/MS联用技术检测出多酚类化合物的种类明显增多，但质谱数据库的欠缺是目前亟需解决的问题。数据库的缺失使研究者只能借助参考文献和网络数据库来逐个查找多酚类化合物的质谱图和特征离子以确定其身份，这造成了工作量的剧增。同时，LC-MS/MS法对食品中复杂多酚的分析还存在一定的局限，如缩合单宁聚合物还不能够按聚合度大小得到理想分离。

9. 核磁共振 核磁共振（NMR）通过检测食品中多酚分子的原子核在外界环境影响下的跃迁规律来获得反映核相关性质的参数，这些参数包含了食品中多酚类化合物的组成和分子结构信息。该技术可以结合HPLC和LC-MS技术来综合评价食品中的多酚类化合物。如Tian等（2017）采用HPLC法和UPLC-MS法检测浆果中的多酚类化合物，并通过NMR技术鉴定结果中的未知化合物。结果显示有熊果苷、咖啡酰甘油酸、野黑樱苷、酪胺、槲皮素糖苷和苯酰6种未知化合物通过NMR法鉴定出来，3种方法结合共检测出160种多酚类化合物。但NMR要求纯化合物且富集足够的量。

10. 其他方法 除上面介绍的测定法外，还有一些方法可用于多酚定量分析，如锌离子结合滴定法（单宁）、香草醛-盐酸法（间苯三酚）、正丁醇-盐酸法（花色素）、亚硝酸法（六羟基联苯二酸酯）、皮粉法（单宁）、BSA沉淀法（单宁）。

9.3.2 多酚类化合物结构测定及表征

前面详细叙述了多酚类化合物的定量方法，由此可以获得某个生物样品中总多酚的信息及部分已知多酚的结构信息，但这些对于多酚的认识显然是不够的。两个样品中的多酚含量相同时，并不意味着它们在各方面的性质也完全相同，有时相差甚远。这是由于植物多酚的性质主要取决于其分子结构。实际上，常常出现两个结构式相同但构型不同的植物多酚化合物，其性质上（如生物活性）也有很大差别。因此，通过适当的测试方法，了解样品中植物多酚主要成分的化学结构或结构特征，是认识和利用这类天然产物的必不可少的途径。多酚的分离纯化和结构鉴定国内外已有大量文献报道，已经确定了数以千计的植物多酚类化合物的分子结构。本书将用1个具体例子详细介绍NMR和MS技术在多酚新结构鉴定中的应用。以羟基肉桂酸衍生物1，5-anhydro-［6-*O*-caffeoyl］-glucitol结构（图9-7）鉴定为例（Masike et al.，2020）。

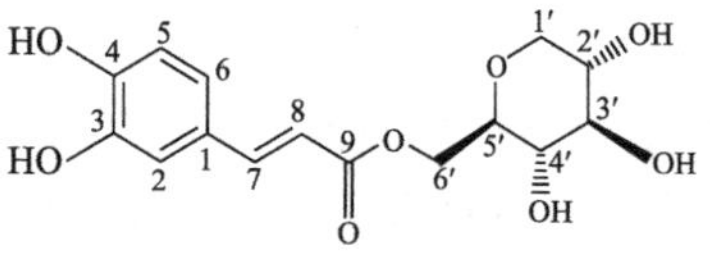

图9-7 1，5-anhydro-［6-*O*-caffeoyl］-glucitol 结构图

该化合物分离自海神花属，高分辨质谱推断分子式为$C_{15}H_{18}O_8$（*m/z* 325.0934［M］$^+$）。碎片离子为*m/z* 179.0350、161.0247、135.0451、133.0299。碎片离子179.0350、135.0451为咖啡酸的信号，可推断该化合物中含有咖啡酸片段（图9-8）。

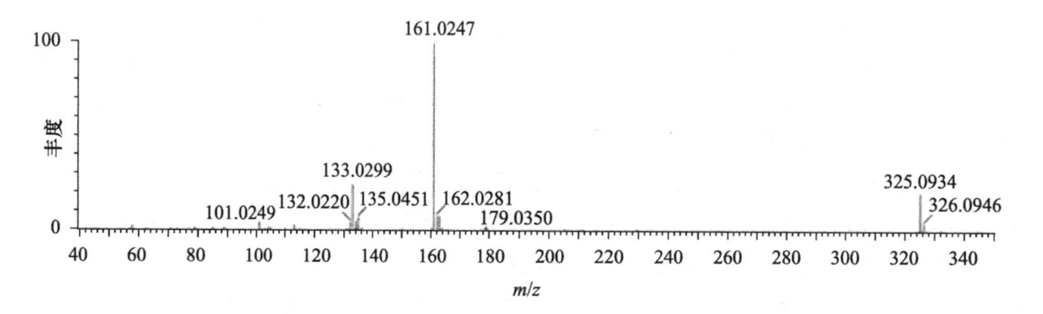

图9-8 1，5-anhydro-［6-*O*-caffeoyl］-glucitol 质谱图

然而这些质谱数据不能明晰该化合物的结构，需要运用NMR解析其结构。制备色谱手段纯化得到1.4 mg，用DMSO-d_6为溶剂测试其一维NMR（^{1}HNMR，^{13}CNMR）、二维NMR（HSQC，TOCSY，HMBC，图9-9～图9-11）。氢谱（表9-2）可以看出该化合物结构中含

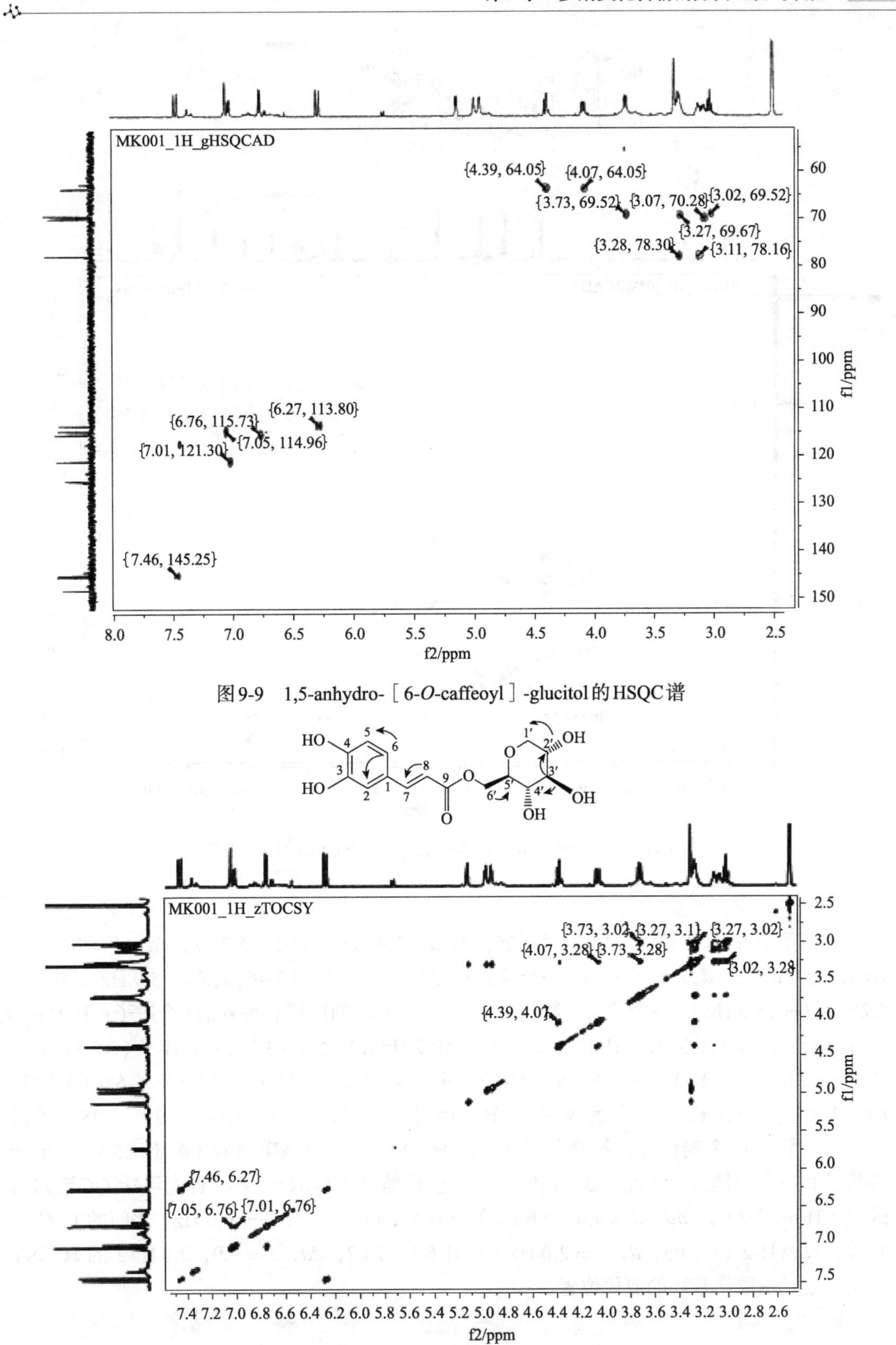

图9-9　1,5-anhydro-［6-*O*-caffeoyl］-glucitol的HSQC谱

图9-10　1,5-anhydro-［6-*O*-caffeoyl］-glucitol的TOCSY谱

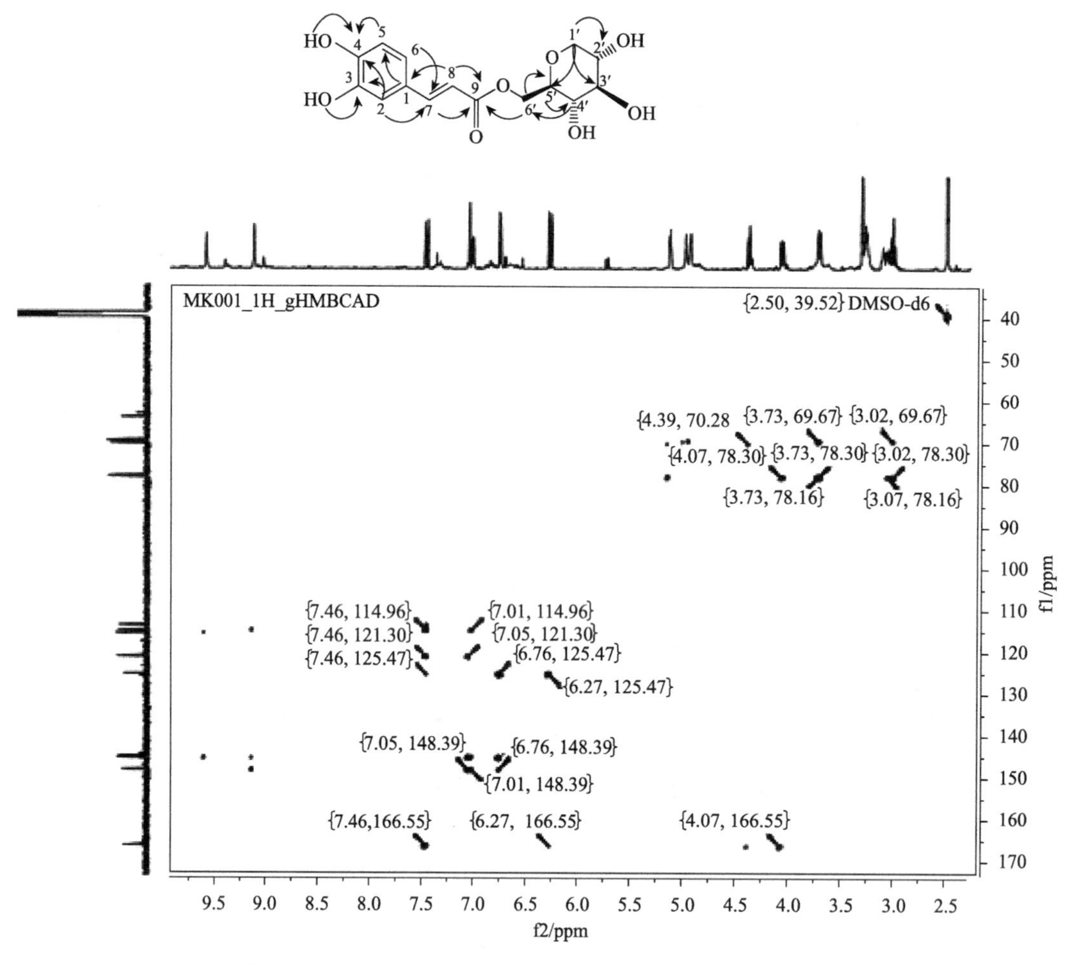

图9-11 1，5-anhydro-［6-*O*-caffeoyl］-glucitol的HMBC谱

有一个三取代的苯环信号：H-2（δ 7.05，*d*，*J*=2.0 Hz），H-6（δ 7.02，*dd*，*J*=9.0，2.0 Hz），H-5（δ 6.76，*d*，*J*=9.0 Hz）；一个反式双键信号：H-7（δ 7.46，*d*，*J*= 15.9 Hz），H-8（δ 6.28，*d*，*J*= 15.9 Hz）；一个经典的糖信号，在3～5 ppm的区域有另外的8个质子：H-1′a（δ 3.73，*dd*，*J*= 10.9，5.3 Hz），H-1′b（δ 3.02，*t*，10.7 Hz），H-2′（δ 3.27，*m*），H-3′（δ 3.11，*m*），H-4′（δ 3.07，*m*），H-5′（δ 3.38，*m*），H-6′a（δ 4.39，*dd*，*J* =11.7，1.3 Hz），H-6′b（δ 4.07，*dd*，*J* =11.9，6.7 Hz），5个活泼氢（OH）信号：δ 9.59，9.11，5.14，4.99，4.95。碳谱（表9-2）显示15个碳信号，符合分子式：$C_{15}H_{18}O_8$。一个羰基碳信号（δ_C 166.5），一个苯环信号和一个双键信号（δ_C 113～149），一个已糖信号（δ_C 64～79）。首先用HSQC谱归属碳氢，H-6（δ 7.02，*dd*，*J*=9.0，2.0 Hz）与H-5（δ 6.76，*d*，*J*=9.0 Hz）之间的TOCSY相关，以及H-2（δ 7.05，*d*，*J*=2.0 Hz）与H-6（δ 7.02，*dd*，*J*=9.0，2.0 Hz）的TOCSY相关确定了三取代苯环的取代位置。

表9-2　1，5-anhydro-［6-*O*-caffeoyl］-glucitol 的[1]H，^{13}C NMR数据（δ at 600 MHz，DMSO-d_6）

位置	δ_H	δ_C	OH
1	7.05 *d*（2.0）	125.47	
2		114.96	
3		145.53	9.59 s
4		149～39	9.11 s
5	6.76 *d*（9～0）	115.73	
6	7.02 *dd*（9～0，2.0）	121.30	
7	7.46 *d*（15.9）	145.25	
8	6.28 *d*（15.9）	113.80	
9		166.55	
1′a	3.73 *dd*（10.9，5.3）	69.52	
1′b	3.02 *t*（10.7）		
2′	3.27 *m*	69.67	4.94 *d*（4.6）
3′	3.11 *m*	79～16	5.13 *d*（5.4）
4′	3.07 *m*	70.28	4.99 *d*（4.2）
5′	3.38 *m*	79～30	
6′a	4.39 *dd*（11.7，1.3）	64.50	
6′b	4.07 *dd*（11.9，6.7）		

运用HMBC谱的相关数据建立起整个化合物的骨架，H-7（δ 7.46，*d*，*J*= 15.9 Hz）与C-6（δ 121.30）和 C-2（δ 114.96）相关，H-8（δ 6.28，*d*，*J*=15.9 Hz）与C-1（δ 125.47 ppm）和C-9（δ 166.55）相关确定了咖啡酸的结构；H-6′b（δ 4.07，*dd*，*J*= 11.9，6.7 Hz）和C-5′（δ 79-3）相关，H-6′a（δ 4.39，*dd*，*J*=11.7，1.3 Hz）和C-4′（δ 70.28 ppm）相关，H-1′a（δ 3.73，*dd*，*J*=10.9，5.3 Hz）与C-2′（δ 69.67 ppm）、C-3′（δ 79-16）相关，H-1′a（δ 3.73，*dd*，*J*=10.9，5.3 Hz），H-1′b（δ 3.02，*t*，*J*=10.7 Hz），与C-5′（δ 79-30）建立起杂环1，5-脱水葡萄糖醇的结构。H-6′a（δ 4.39，*dd*，*J*=11.7，1.3 Hz）与H-6′b（δ 4.07，*dd*，*J*=11.9，6.7 Hz）和 C-9（δ 166.55）相关，将咖啡酸与1，5-脱水葡萄糖醇连接起来。

在解析完整个结构后，又推测了该结构的质谱片段形成的机理：*m/z* 179.0350处的片段（咖啡酸，$C_9H_8O_4$）是由化合物脱掉水聚半乳糖醇部分的中性损失引起的，*m/z* 161.0247处的离子是由咖啡酰部分（*m/z* 179.0350）脱水引起的，*m/z* 135.0451和133.0299处的二级片段是由咖啡酰部分（*m/z* 179.0350）的脱羧作用和羰基的损失而产生的（图9-12）。

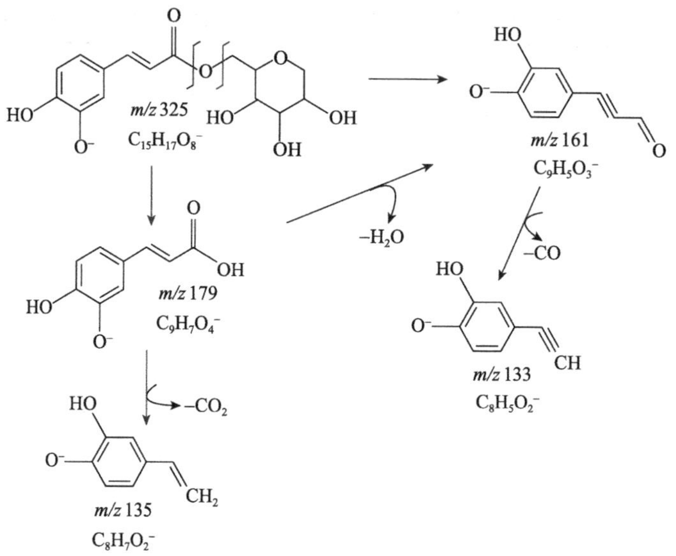

图9-12　1，5-anhydro-［6-*O*-caffeoyl］-glucitol在质谱中可能的裂解方式

9.4　多酚类化合物药理活性

多酚结构的独特性使其具有抗氧化、抑菌消炎、抗癌、降糖以及抑制心血管疾病等多种生理功能，在食品、医药行业、化妆品以及保健品等方面得到了广泛的应用。

9.4.1　抗氧化活性

目前研究发现，自由基除参与三大疾病（心血管疾病、肿瘤、神经兴奋及损伤）的发病过程外，与应激、缺氧等生理急剧反应也密切相关。因此，寻找清除自由基或阻断自由基产生的方法或手段一直是科研工作者孜孜以求的事。植物多酚特殊的苯环以及多酚羟基结构使其具有较强的抗氧化以及清除自由基的能力。酚羟基结构特别是邻苯二酚或邻苯三酚中的邻位酚羟基很容易被氧化成醌类结构，其对活性氧等自由基具有很强的捕捉能力，如能与氧化反应产生的脂质自由基等结合，减少或阻止组织中氧化反应的进行。另外，儿茶酚型（邻苯二酚）和焦棓酚型（邻苯三酚）多酚，通过脱氢氧化生成的邻苯二醌或α-羟基邻苯二醌，可作为亲电或亲核试剂参与Diels-Alder环加成反应（宋立江等，2000）。张瑞（2013）在探究葡萄籽多酚的抗氧化性能时发现，与对照组相比，添加葡萄籽多酚的猪油，其POV值（过氧化值）明显降低。在0～72 h内，样品的POV值上升缓慢。72～168 h内，样品的POV值上升迅速。其中样品的POV增加值明显呈0.01%多酚＞0.02%多酚＞0.04%多酚，葡萄籽多酚对猪油有较强的抗氧化作用，并且其抗氧化能力呈现出明显的剂量效应关系，即葡萄籽多酚添加量增加，猪油的POV值下降，这也反映出葡萄籽多酚含量增加相对应抗氧化能力增强。此外，与天然抗氧化剂维生素C、维生素E相比，0～96 h内，相同添加量的多酚与维生素E、维生素C在70℃强化保温下其抗氧化能力为0.02%多酚＞0.02%维生素E＞0.02%维生素C，保温120 h后抗氧化能力为0.02%多酚＞0.02%维生素C＞0.02%维生素E。总体而言，多酚的POV值始终最低，由此得出结论，在单独使用条件下葡萄籽多酚的抗氧化性要好于维生素E、维生素C。Lu等（2018）研究了长柄扁桃种皮中多酚的生物活性，多酚的鉴定表征表明，长柄扁桃种皮中的多酚具有高抗氧化活性，这是由于其具有减少Fe^{3+}和清除ABTS、DPPH和H_2O_2、·OH、·O_2^-自由基的能力。如图9-13所示，与对照组抗坏血酸相比，扁桃种皮中的多酚对Fe^{3+}的还原能力和清除ABTS自由基、H_2O_2的能力显著增强，但清除DPPH、·OH、·O_2^-自由基的能力要弱于维生素C。Dou等研究了在明胶和海藻酸钠中加入茶多酚制备活性可食性膜，评价了0.4%～2.0%茶多酚（*m*/*m*，TP/明胶）对明胶-海藻酸钠膜的物理、抗氧化和形态性能的影响。研究发现，随着薄膜中茶多酚浓度的增加，膜的拉伸强度（Ts）、接触角（CA）和交联度均呈上升趋势，而断裂伸长率（EAB）和水蒸气透过率

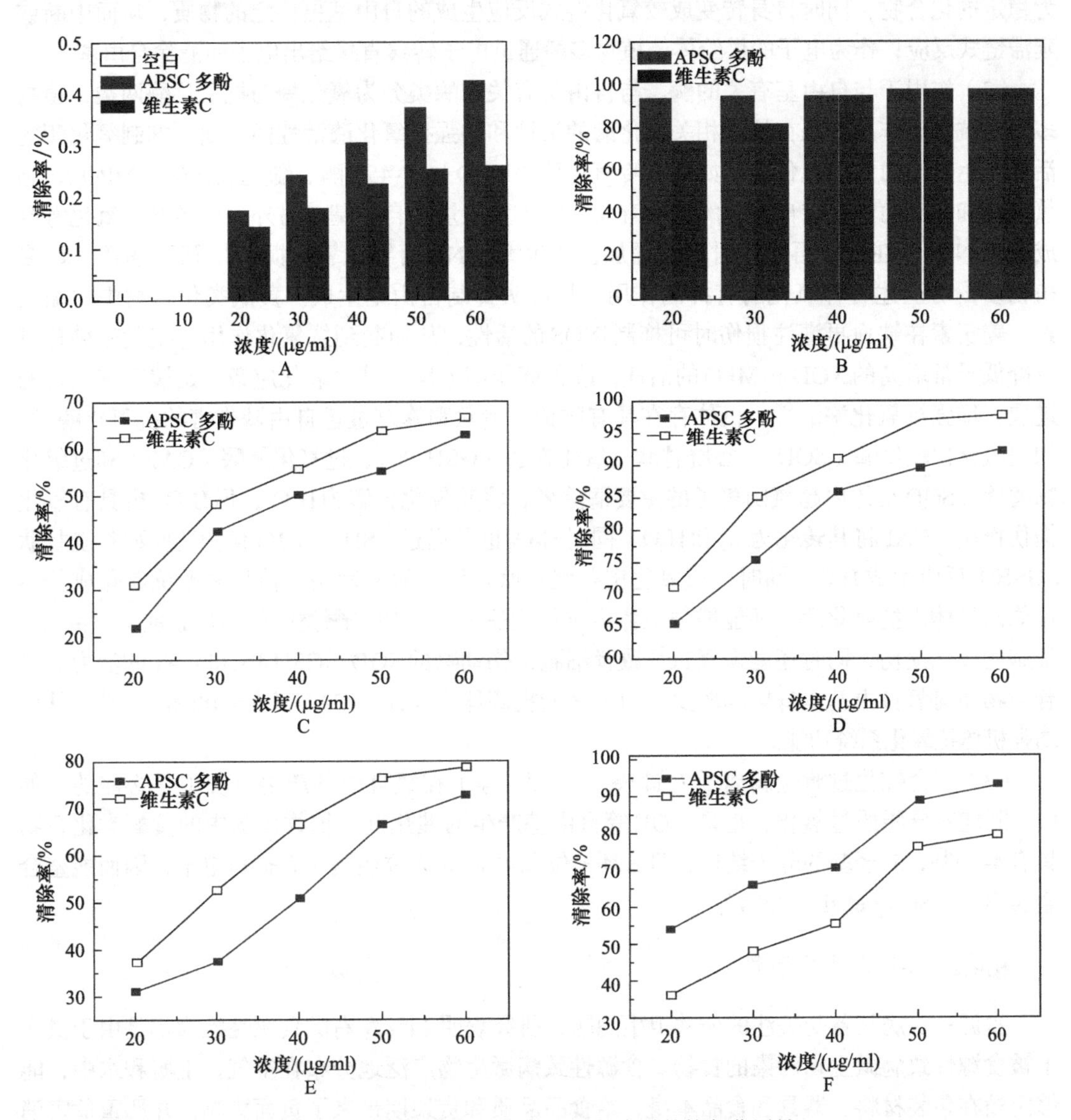

图9-13　长柄扁桃种皮（APSC）多酚的抗氧化活性

A. 铁还原能力；B. ABTS自由基清除活性；C. ·OH自由基清除活性；D. DPPH自由基清除活性；E. ·O_2^-清除活性；F. H_2O_2自由基清除活性

（WVP）呈下降趋势，此外膜的抗氧化能力显著增强。对于DPPH和ABTS自由基，当TP含量为2.0%时，膜对DPPH和ABTS自由基的清除率达到最高，分别为90.62%±2.48%和53.36%±1.06%。为充分利用单性木兰植物资源，郑燕菲等（2016）对单性木兰叶中多酚的抗氧化性进行了研究，结果表明，在浓度0.01～0.05 μg/L内，单性木兰叶多酚对NO和·OH具有很强的清除作用，并有量效关系。

多酚的抗氧化机制主要有以下三方面。

（1）直接清除或抑制自由基。植物提取物能够作为氢质子或电子的供给体，直接淬灭或抑制自由基，终止自由基的连锁反应，发挥抗氧化功能。作为氢质子供给体，植物多酚可以释放出体积小、亲和性很强的氢质子，捕捉高势能的极活泼的自由基使之转变为非活性或较为稳定的化合物，同时自身转变成较氧化链式反应生成的自由基更稳定的物质，从而中断或延滞链式反应；作为电子的供给体，植物多酚通过电子转移直接给出电子而清除自由基。

（2）作用于与自由基有关的酶。与自由基有关的酶类分为氧化酶与抗氧化酶两类，植物多酚的抗氧化作用体现在抑制相关氧化酶的活性和增强抗氧化酶活性两方面。抑制氧化酶的活性：生物体内许多氧化酶，如黄嘌呤氧化酶（XOD）、P-450酶、髓过氧化酶（MPO）、脂氧化酶和环氧酶等，与自由基的生成有关，能诱发大量的自由基。另外，诱导型一氧化氮合成酶（iNOS）在缺血再灌注时活性增加，产生大量NO而导致氧化损伤。研究表明，许多植物多酚对上述各种氧化酶有抑制作用，从源头抑制自由基生成。黄酮类化合物中的槲皮素、姜黄素在缺血再灌注损伤时可抑制iNOS的活性，从而起到抗氧化作用。绞股蓝皂苷可以降低异常增高的XOD和MPO的活性，改善糖尿病大鼠肾脏的氧化应激，延缓肾脏损害的进展。增强抗氧化酶活性：机体存在具有防护、清除和修复过量自由基伤害的抗氧化酶类，如超氧化物歧化酶（SOD）、谷胱甘肽过氧化物酶（GSH-Px）、过氧化氢酶（CAT）和过氧化物酶等。SOD是体内超氧阴离子的主要清除者，将其催化分解为H_2O_2，但H_2O_2也具有氧化损伤作用，CAT将其转化为O_2和H_2O。同时H_2O_2也可通过GSH-Px的催化和还原型谷胱甘肽（GSH）反应生成H_2O，同时生成氧化型谷胱甘肽。许多研究表明，植物多酚抗氧化成分不仅能防护体内抗氧化酶，还能增强机体内抗氧化酶活性，如黄酮类中的槲皮素能减少胰岛β细胞的氧化损伤，同时还能恢复Fe^{2+}致肾细胞损伤动物的SOD、GSH-Px和CAT的活力。皂苷类物质对氧自由基本身影响较少，但大多能提高体内SOD、CAT等抗氧化酶的活性，从而增强机体抗氧化系统功能。

（3）螯合钝化过渡金属离子（如Fe^{2+}、Cu^{2+}等）在氧自由基产生过程中是必需的，如Fe^{2+}既能介导脂质过氧化，也是·OH等自由基产生的催化剂。植物多酚中的黄酮类化合物具有4-酮基，5-羟基的分子结构，且B环3′位和4′位的连位羟基含有孤对电子，因而能螯合金属离子（Sparg et al.，2004）。

9.4.2 抑菌消炎活性

食源性疾病是备受关注的公共卫生问题，研究表明44%左右的食源性疾病都是由于摄入了被食源性致病微生物污染的食物。食源性致病微生物广泛地分布在空气、土壤和水中，能够定植在包装材料、器具和食品本身，给食品品质和货架期带来了负面影响，并严重危害消费者的健康。目前，化学合成的防腐剂仍然被认为是控制食源性致病菌污染的最有效的方法，如苯甲酸钠、山梨酸钾、对羟基苯甲酸盐、丙酸盐和亚硝酸盐等食品中常用的防腐剂可以有效地抑制病原微生物的繁殖，延长食品的货架期。然而，一些研究表明长期使用化学合成防腐剂会增加人体发生恶心、癫痫、瘫痪、智力低下、高血压和癌症等疾病的风险，因此，越来越多的消费者更愿意接受天然的防腐剂。近年来，由于植物多酚的天然性和抑菌的广谱性，越来越多的研究者致力于植物多酚抑菌的研究，并取得了一定的进展。植物多酚是一种天然的抑菌剂，对多种细菌、真菌、酵母菌都有明显的抑制作用，尤其对霍乱弧菌、金黄色葡萄球菌和大肠杆菌等常见致病细菌有很强的抑制能力，并且不影响生物体本身的生长发育。不同来源植物多酚的抑菌活性也大不相同，如表9-3所示。

表9-3　不同来源植物多酚的抑菌活性

植物多酚种类	食源性致病微生物	最低抑菌浓度
大黄多酚	葡萄球菌属	125～250 μg/ml
香柏木多酚	粪肠球菌和枯草芽孢杆菌	0.625 mg/ml
石榴皮多酚	金黄色葡萄球菌	3.9 mg/ml
	大肠杆菌	15.6 mg/ml
	志贺氏杆菌	100 mg/ml
	大肠杆菌	100 mg/ml
紫檀多酚	粪肠球菌	12.5 mg/ml
	奇异变形杆菌	12.5 mg/ml
	伤寒沙门氏菌	25 mg/ml
枣椰树花粉多酚	单增李斯特菌	0.98 mg/ml
	金黄色葡萄球菌	1.95 mg/ml
	大肠杆菌和沙门氏菌	6.25 mg/ml
牛蒡多酚	黑曲霉	12.50%
	枯草芽孢杆菌	12.50%
	根霉	25.00%
秦冠叶多酚	大肠杆菌、金黄色葡萄球菌和鼠伤寒沙门氏菌	25 μg/ml
	志贺氏菌和阪崎肠杆菌	50 μg/ml
蓝莓叶多酚	金黄色葡萄球菌、大肠杆菌、单增李斯特菌和鲍氏志贺氏菌	＜4.65 mg/ml
	肠炎沙门氏菌、枯草芽孢杆菌	＜9.3 mg/ml
茶多酚	革兰氏阴性杆菌	313～625 mg/L
	革兰氏阳性杆菌	156～5000 mg/L
	金黄色葡萄球菌	6.25 mg/ml
	蜡样芽孢杆菌	3.13 mg/ml
菱茎多酚	大肠杆菌	0.2 mg/ml
	腐败希瓦氏菌	0.39 mg/ml
	青霉	1.56 mg/ml
橄榄多酚	阪崎克罗诺杆菌	0.625～1.250 mg/ml
	蜡样芽孢杆菌	0.625 mg/ml

李桐楠（2014）对金钱薄荷多酚做了抗菌谱的测定，结果表明其具有较宽的抗菌谱，金钱薄荷多酚对大肠杆菌和金黄色葡萄球菌的最低抑菌浓度（MIC）为1.57%，对根霉、金黄色葡萄球菌的MIC为3.13%，对枯草芽孢杆菌、啤酒酵母的MIC为6.25%。王彩云（2013）通过二甲苯致小鼠耳肿胀炎症模型和角叉菜胶致小鼠足肿胀炎症模型实验发现，石榴叶多酚提取物具有较好的抗炎作用，当多酚提取物给药剂量达0.4 g/kg时，其对小鼠耳肿胀与足肿胀的抑制效果与20 mg/kg的阳性药吲哚美辛相当。昝鹏等（2016）在探究山桐子果实中多酚的药理活性试验中，利用LSP诱导RAW264.7 细胞产生炎症，经不同浓度给药后对 MTT 细胞产生NO量进行测定；选取粪肠球菌、枯草芽孢杆菌、鼠伤寒沙门氏菌进行抗菌实验，判断抑菌效果。结果表明：山桐子果实中总多酚含量为 6.6 mg/g；给药组浓度依次为 50 μg/ml、100 μg/ml和 200 μg/ml，随着给药浓度的增加 RAW264.7细胞活力值也在增大。NO释放量随着给药浓度的升高而降低，山桐子果实多酚对选取的3种细菌抑菌能力由强到弱为：枯草芽孢杆菌＞鼠伤寒沙门氏菌＞粪肠球菌。刘开华等研究了3种不同植物多酚（茶多酚、苹果多酚、葡萄籽多酚）抑菌作用，实验发现3种植物多酚对5种试验菌均具有不同程度的抑制作用。3种植物多酚均在浓度上升到10 mg/ml时开始显示其抑菌作用，浓度越高，抑制作用越明显。3种植物多酚对细菌（尤其是大肠杆菌和金黄色葡萄球菌）的抑菌效力比对酵母菌、青霉更为显著。如表9-4所示，茶多酚供试菌株的抑制作用较其他两种多酚好，100 mg/ml的茶多酚是同浓度的葡萄籽提取物及苹果多酚的抑菌圈直径的近2倍，同浓度的葡萄籽提取物及苹果多酚的抑制作用无显著差异，如表9-4所示。几个世纪以来石榴被用作治疗剂来治疗炎症疾病。根据最近的报道，石榴是富含多酚的水果，在不同的实验模型中显示潜在的消炎、抗氧化和抗癌功能。石榴中的4个水解单宁酸：安石榴苷、石榴皮鞣质、木麻黄素和石榴皮亭B能够作为炎症的抑制剂。植物多酚抗病毒的性质与抑菌性有一定相似之处，在抗艾滋病的研究方面，低分子量的水解单宁，尤其是二聚鞣花单宁，可做成口服剂来抑制艾滋病，延长潜伏期；仙鹤草素在质量浓度为1～10 μg/ml时，能最有效地抑制艾滋病病毒HIV的生长。

表9-4　不同植物多酚抑菌效力比较（抑菌圈直径/mm）

不同浓度的植物多酚/（μg/ml）		实验菌种				
		大肠杆菌	金黄色葡萄球菌	鼠伤寒沙门氏菌	酿酒酵母	青霉菌
茶多酚	0.1	—	—	—	—	—
	1	—	—	—	—	—
	10	9.5	9.0	8.5	5.2	5.4
	100	11.3	10.9	10.4	7.6	7.8
	1000	13.6	15.2	11.7	8.7	9.0
苹果多酚	0.1	—	—	—	—	—
	1	—	—	—	—	—
	10	5.4	5.0	4.0	—	—
	100	6.1	6.4	5.9	—	—
	1000	7.6	8.9	6.5	5.0	4.8
葡萄籽多酚	0.1	—	—	—	—	—
	1	—	—	—	—	—
	10	5.1	5.2	4.2	—	—
	100	6.3	6.1	5.8	—	—
	1000	8.1	9.3	6.3	4.9	4.6

植物多酚抑菌机理一直是研究的热点，由于植物多酚成分和受试菌株的不同，很难从某一方面阐明植物多酚的抑菌机理。目前，对植物多酚抑菌机理的研究主要涵盖以下几个方面。

（1）对微生物细胞形态的破坏。细胞壁和细胞膜对细菌维持其细胞形态起着至关重要的作用，而植物多酚可以破坏细胞壁的完整性和细胞膜的通透性，从而破坏微生物的细胞形态。Nohynek等（2006）发现多酚类物质可以与细菌外膜的二价阳离子结合使得细胞壁出现气泡、凹陷、坍塌等现象，导致细胞壁的完整性被破坏。同时，研究发现植物多酚能够改变细胞膜中脂肪酸的构成，并抑制麦角甾醇的合成，从而降低细胞膜的流动性，提高细胞膜的通透性。植物多酚对细胞壁和细胞膜的破坏使得胞内对生理具有重要意义的碱性磷酸酶、ATP、蛋白质及其他营养物质泄漏，导致细胞形态不可逆的损伤。

（2）对微生物膜电位的影响。膜电位异常会导致微生物生理活动紊乱，正常情况下，细胞膜的钠离子和钾离子通道关闭，使得细胞膜的电位处于极化状态。植物多酚能够影响受试菌株的膜电位，造成膜电位的去极化或者超极化，从而起到抑制微生物生长繁殖的作用。

（3）影响微生物的能量代谢。胞内ATP的含量直接影响微生物正常的能量代谢，研究表明植物多酚可以通过降低胞内ATP的含量抑制微生物的生长。植物多酚对胞内ATP的影响主要体现在两个方面：第一，植物多酚能够增加细胞膜的通透性，从而使胞内ATP外泄，扰乱微生物正常的能量代谢；第二，植物多酚可以通过抑制ATP的合成达到降低胞内ATP含量的目的。

（4）抑制生物分子合成。蛋白质、DNA和RNA等生物分子是微生物维持其生命活动的基础，研究表明，植物多酚可以通过抑制生物分子的合成发挥其抑菌作用。

9.4.3　抗癌活性

癌症是对人类最具威胁和死亡率最高的一种疾病。据报告，目前全世界每年因癌症而死亡的人数约900万人。癌症具有快速增殖、转移的特点，现在常用于癌症治疗的方法为放疗和化疗，这两种方法虽然都能有效抑制癌症，但会产生严重的副反应，造成对正常细胞的损伤。研究发现多酚化合物具有抗癌活性，能抑制癌细胞增殖、转移，促使癌细胞凋亡。

张啸怡（2019）进行了红汁乳菇多酚的体外抗癌实验，结果显示，红汁乳菇多酚在较低的浓度时就能有非常理想的结直肠癌细胞HCT116抑制活性，并能极大地促进结直肠癌细胞的细胞凋亡。黄雨洋（2014）研究了红松多酚对 MFC-7、BGC-823、Hela以及 HT-29癌细胞的增殖抑制活性，结果显示，红松多酚对这4种癌细胞均有很强的抑制活性，其中对HT29癌细胞的抑制活性最强。同时用流式细胞仪检测红松多酚对 HT29 癌细胞周期和细胞凋亡的影响，结果显示，不同浓度红松多酚（PKB）对HT29癌细胞具有促进凋亡的作用，且随着红松多酚浓度的增大，凋亡越加显著，由4.0%升高到56.4%；坏死细胞仅由1.3%升高到5.9%，如表9-5所示。由此可以得出红松多酚是通过HT29癌细胞正常凋亡途径来抑制其生长增殖，而非细胞毒性导致细胞死亡。此外，红松多酚对HT29细胞周期也有一定的影响，与空白对照组相比，G_0/G_1期细胞变化不明显，S期细胞减少变化不明显。同时发现G_2期HT29细胞比例显著增高，将周期分布阻滞于G_2期，如表9-6所示。陆彩瑞（2018）在探究山杏种皮多酚、长柄扁桃种皮多酚抗肝癌活性时发现山杏种皮多酚（ASSCP）、长柄扁桃种皮多酚（APSCP）、没食子酸（GA）和槲皮素（QC）对HepG2 细胞增殖抑制率均随着浓度的增大而增加。槲皮素对HepG2细胞的增殖抑制率在所有实验浓度范围内是最大的。没食子酸对HepG2细胞增殖抑制率虽然在测量浓度范围内低于槲皮素，但是高于山杏和长柄扁桃种皮总多酚。两种种皮在对HepG2细胞增殖抑制率中，山杏种皮多酚在整个浓度范围内高于长柄扁桃种皮多酚对HepG2细胞增殖的抑制率（陆彩瑞，2018）。

表9-5　流式细胞仪检测PKB对HT29癌细胞凋亡的影响

组别	活细胞/%	早期凋亡/%	凋亡细胞/%	晚期凋亡细胞/%
空白	81.9	12.9	4.0	1.3
PKB（100 μg/ml）	65.1	0.9	29.1	5.9
PKB（300 μg/ml）	51.9	6.3	40.0	1.8
PKB（500 μg/ml）	33.5	6.3	56.4	3.8

表9-6　流式细胞术检测HT29癌细胞周期分布

组别	G_0/G_1期	S期	G_2/M期
空白	64.22±0.92	30.32±1.20	5.47±0.54
PKB（100 μg/ml）	60.63±1.21	26.55±1.77	12.82±1.21
PKB（300 μg/ml）	55.55±0.52	26.81±2.31	17.63±0.87
PKB（500 μg/ml）	49.44±1.74	29.13±1.58	22.43±2.56
顺铂（60 μg/ml）	42.73±1.05	35.34±1.46	21.92±0.88

多酚类化合物抑制肿瘤生长的作用机理有以下几个方面。

（1）改变肿瘤细胞周期。肿瘤发生与G_1/G_S期、G_2/G_M期调控密切相关，细胞在周期中运行的过程中，只要受到一点损伤，就会发生基因异常引起细胞增殖紊乱，过度增生引发肿瘤。这时P53会通过调整表达量及时发挥作用，当P53过度表达时发挥了和Rb关闭时一样的效应，会使细胞阻滞在G_1期不能顺利进入S期完成细胞DNA复制，这种阻滞留给了细胞修复的时间。Park等采用茶多酚处理正常细胞和癌细胞，发现茶多酚能剂量（0.1 μmol/L、1 μmol/L、10 μmol/L和100 μmol/L 处理24 h）依赖方式阻滞细胞于G_0/G_1期和诱导骨肉瘤细胞凋亡，而对正常成骨细胞没有影响。

（2）诱导肿瘤细胞凋亡。Sliva等研究发现灵芝通过抑制NF-κB信号途径，发挥其抑制乳腺癌细胞迁移作用。Kang等用DNA微阵法、定量PCR和免疫组化印迹法定量分析验证了黄连提取物的抑制作用。Lau等发现鸦胆子水提物（BJE）通过线粒体途径伴随Caspase-3激活而APO-1/Fas受体途径无活化的基础上光差到较弱的Caspase-8表达，而Caspase-3活性提高了5倍，从而加速诱导肿瘤细胞的凋亡。Lang等研究茶多酚壳聚糖纳米颗粒对HepG2细胞增殖活性的抑制研究，通过对细胞毒性比较、细胞形态学分析、细胞凋亡和细胞周期检测来评估此颗粒对HepG2细胞抗肿瘤效果的影响。结果表明，此茶多酚纳米颗粒能呈剂量依赖性抑制HepG2细胞的增殖，透射电子显微镜图像显示HepG2细胞出现典型的凋亡特征，研究结果得出结论：茶多酚纳米粒子主要是通过诱导细胞凋亡表现出抗肿瘤的效应。Chen等总结了多酚化合物——山柰酚，对人类健康和癌症有化学防御作用，认为山柰酚一方面能抑制癌细胞增殖和转移并诱导癌细胞凋亡，另一方面保护正常细胞活性。

（3）免疫调节杀伤肿瘤细胞。细胞免疫是宿主抗肿瘤免疫的一个重要调节途径，是一个多种免疫细胞和免疫因子参与的复杂过程。肿瘤的发生与转移与机体免疫效应较弱有着直接关系，使机体不能针对肿瘤细胞产生正常的免疫应答而引起肿瘤发生和恶化。Nouak等综述了多酚类物质预防癌症的途径，并对可能的抗癌作用机制进行阐述，如多酚抗癌与免疫调节的关系，多酚通过激活机体免疫细胞的表达，使自身完成外来细胞的清除进而起到抑制肿瘤生长的作用。

（4）增强体内抗氧化酶活性。人体中活性氧（ROS）产生过多时，会使机体自身自动打开抗氧化防御系统，抗氧化防御系统发挥功效是由系统中一些关键的酶发挥作用。现有研究表明来自饮食中的一些酚类物质具有很好的抗氧化作用，另外，多酚类物质和一些慢性疾病的预防有关，如心血管疾病、癌症、代谢疾病等的预防和治疗与体内抗氧化酶系活力的提高有很直接的关系。Lambert等研究绿茶抗肿瘤作用时发现，绿茶中主要抗肿瘤物质为EGCG，研究表明绿茶中儿茶素是通过抗氧化途径来完成促进肿瘤细胞的凋亡，为癌症的预防和治疗提供了新思路。

9.4.4　抑制心血管疾病

心血管疾病，包括冠状动脉疾病、中风、心力衰竭和高血压。心血管疾病危险因素流行趋势明显，导致心血管疾病的发病人数持续增加，植物多酚能影响心血管疾病发生和发展，降低其发病率、患病率及死亡率。 植物多酚广泛存在于蔬菜、水果等植物性食物中，来源丰富、便于获取，从植物性食物中提取植物多酚有望成为预防和治疗心血管疾病的新策略。

Ahmet等（2017）发现白藜芦醇对改善冠心病患者心肌缺血等具有积极作用，长期低剂量膳食白藜芦醇补充剂可改善慢性心力衰竭大鼠的心血管结构和功能恶化情况。因此白藜芦醇具有心脏保护特性，可适用于治疗冠心病等心血管疾病。Tian等（2018）从苹果皮和苹果肉中提取多酚，研究其对血压、血管内皮功能的影响，研究发现，每天给予250 mg/kg苹果多酚提取物的小鼠与高脂高果糖饲喂的小鼠相比，血压显著降低。此外，用高脂高果糖饲喂小鼠会导致其血清甘油三酯、总胆固醇、低密度脂蛋白水平显著升高，并明显降低血清高密度脂蛋白水平。与模型小鼠相比，苹果肉多酚（PAF）和苹果皮多酚（PAP）显著降低了升高的血清甘油三酯、总胆固醇、低密度脂蛋白水平，并增加了降低的血清高密度脂蛋白水平，内皮功能得到显著改善。值得注意的是，与PAF相比，PAP对上述生物标志物的血清浓度显示出更强的作用。这表明苹果皮多酚提取物比苹果肉多酚提取物表现出更强的心脏保护作用。因此，苹果多酚具有心脏保护作用，尤其是苹果皮，可能是预防心血管疾病的优秀来源。Tressera-Rimbau等（2017）研究试验表明，鱼油多酚能降低血清低密度脂蛋白浓度，改善高密度脂蛋白的功能，调节脂质分布、氧化应激反应、血压以及血管内皮功能，还可通过抑制细胞因子抵抗炎症。此外，鱼油多酚可刺激机体合成一氧化氮，舒张血管，降低收缩压。这是因为饮食中的多酚通过与分子信号通路的相互作用促进其健康特性。如图9-14所示，多酚靶向转录网络的能力有利于NO产生、抗炎介质和能量消耗，基因表达提供了治疗心血管和代谢疾病的有吸引力的药理学方法。Messina（2014）通过Meta分析（包括9项涉及绝经后妇女的临床试验）发现异黄酮显著改善血流介导的血管扩张，可通过增加循环内皮祖细胞数量来改善内皮细胞的功能以取代受损内皮细胞。此外，富含异黄酮的大豆蛋白能降低进展性亚临床动脉粥样硬化颈动脉内膜厚度，其作用机制主要为大豆异黄酮能抗炎、减少血栓形成，从而抑制动脉粥样硬化进展。

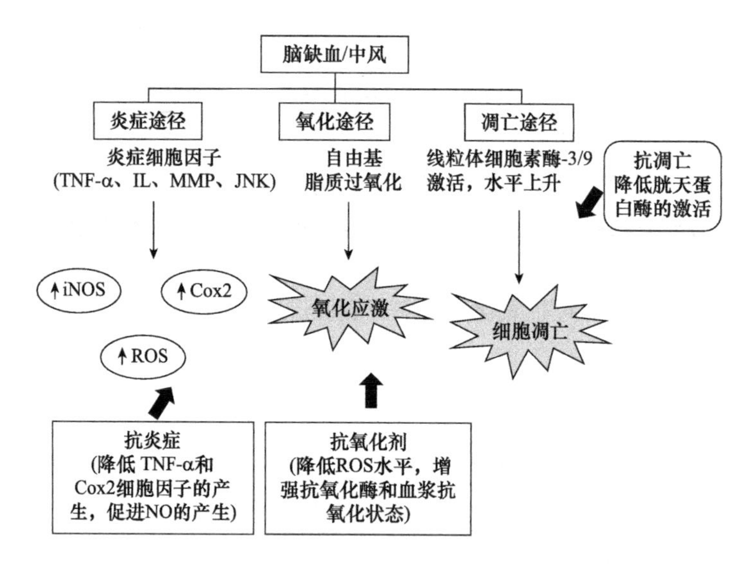

图9-14　神经系统疾病中多酚调节的分子信号通路和分子危险因素

9.4.5　调节糖脂代谢

众所周知，细胞内的糖脂代谢平衡对于维持细胞或生物体的基本生命活动起着至关重要的作用。糖脂稳态的破坏将导致各种代谢疾病的发生，如肥胖、糖尿病、脂肪肝、心血管疾病和癌症（Meng et al.，2013）。药物治疗不仅效果有限，而且有一定的副作用。如西布曲明（一种去甲肾上腺素和5-羟色胺再摄取抑制剂）能引起饱腹感，减少食物摄入和增加能量消耗（Halford et al.，2010），但一些患者服用西布曲明后，出现血压升高、脉搏频率增加的现象（Florentin et al.，2008）。越来越多的研究表明，多酚类化合物可以通过调节酶的活性、刺激胰岛素分泌、调节胰岛素敏感性、加强组织中葡萄糖的摄取和肠道激素的分泌等机制来调节糖代谢（彭冰洁等，2015）。α-葡糖苷酶作为一种人体内常见的消化酶，其主要作用是分解人体摄入的无法直接吸收利用的淀粉类大分子物质，将其水解成可被人体直接吸收利用的单糖进入血液循环。抑制α-淀粉酶、α-葡糖苷酶的活性可以降低餐后血糖水平，从而预防和减缓2型糖尿病的发生和发展。目前已有许多抑制α-淀粉酶和α-葡糖苷酶活性的药物用于治疗2型糖尿病，如阿卡波糖、伏格列波糖、米格列醇，然而，这些合成的抑制剂已被证实有副作用，如引起腹泻和腹部绞痛（Chakrabarti and Rajagopalan，2002）。因此，开发天然的α-淀粉酶和α-葡糖苷酶活性抑制剂可减少药物给人带来的毒副作用。

Tadera等（2006）比较了6组黄酮类化合物对酵母α-葡糖苷酶和猪胰腺α-淀粉酶的活性抑制，其中花青素、异黄酮和黄酮醇对酵母α-葡糖苷酶有显著抑制效果，且IC_{50}低于15 mol/L。木犀草素、杨梅素和槲皮素能有效抑制猪胰腺α-淀粉酶活性，其IC_{50}均低于500 mol/L。Ademiluyi和Oboh（2013）从大豆中提取了游离型和结合型的多酚，比较了它们对α-葡糖苷酶和α-淀粉酶的抑制作用。通过比较IC_{50}发现，游离型的大豆多酚提取物对α-葡糖苷酶的抑制能力超过结合型大豆多酚提取物，而对α-淀粉酶的抑制作用较小。这对解决目前用于2型糖尿病药物过分抑制α-淀粉酶引起的副作用，如腹胀、胃胀气、腹泻，导致未消化的糖类在结肠细菌的作用下异常发酵等问题有重要的药理学意义（Kwon et al., 2006）。大豆多酚提取物对这两种酶的抑制作用使糖类缓慢水解成葡萄糖，从而减缓小肠对葡萄糖的吸收。因此，研究者提出，高血糖症可通过天然多酚抑制α-葡糖苷酶的活性来控制（Kwon et al., 2007）。刺激胰岛素分泌，改善胰岛素抵抗，增加肌肉和脂肪对葡萄糖的摄取，并抑制肝脏合成葡萄糖，是血糖浓度的主要调节因子（Saltiel and Kahn, 2001）。现阶段，关于多酚刺激胰岛素分泌的研究有很多。研究发现绿原酸能促进INS-1E细胞系和大鼠胰岛分泌胰岛素。临床实验也表明，咖啡中的绿原酸能够调节人体对葡萄糖的吸收和胰岛素的分泌（Johnston et al., 2003）。Vetterli等（2011）用白藜芦醇对INS-1E细胞处理24 h，发现其显著增强了葡萄糖刺激下的胰岛素分泌。胰岛素抵抗是糖尿病治疗的主要障碍，肥胖引起的2型糖尿病患者常伴随有高血糖、高胰岛素和高血脂，是引发肾病、心肌梗死等并发症的主要因素。梁秀慈等发现绿原酸能增加高脂乳饲喂的小鼠对胰岛素的敏感性，下调肝脏中的葡萄糖-6-磷酸酶（G-6-pase）mRNA表达量，下调骨骼肌中的葡萄糖转运蛋白-2（GLUT-4）mRNA表达量，改善小鼠的降糖能力，从而减缓胰岛素抵抗发生的进程。Hsu等（2000）也发现绿原酸能改善肥胖Zucker（fa/fa）大鼠胰岛素抵抗，认为绿原酸有发展为抗糖尿病药物的潜力。Pérez等（2007）用富含多酚的芦荟提取物350 mg/（kg・d），以体质量计，给雄性ICR小鼠灌胃4周，空白对照组的胰岛素抵抗指数由5.70±0.70升高到7.70±0.78（$P<0.05$），芦荟提取物灌胃组的小鼠相应的指标却基本没有变化［5.50±0.50（$P>0.05$）］，可能是芦荟提取物中的多酚类化合物能保护胰岛β细胞所致。调节肠道激素的分泌胰高血糖素样肽-1（gluca gon-like peptide-1, GLP-1）是由肠道L细胞分泌的一种既能促进胰岛素分泌同时又能减少胰高血糖素分泌的激素。GLP-1还能间接降低肝脏合成葡萄糖的量、延迟胃排空、抑制2型糖尿病患者的食欲，这些功能使GLP-1可能成为2型糖尿病患者有效和安全的降糖剂。葡萄糖依赖性促胰岛素激素（glucose-dependent insulinotropic polypeptide, GIP）是哺乳动物近端小肠K细胞产生的42含氨基酸的肽，是在高血糖状态下刺激胰岛素分泌的强效激动剂。已有大量实验证明GIP和GLP-1对生理健康的重要性。GIP和GLP-1受体基因敲除小鼠的胰岛素释放受到损害。多酚类化合物能调节GLP-1和GIP的分泌。将9名健康的禁食志愿者分为3组，对照组饮用400 ml葡萄糖溶液（含2.5 g葡萄糖），另两组分别饮用400 ml含咖啡因咖啡和去咖啡因咖啡（相当于浓度为2.5 mmol/L的绿原酸），之后的3 h内间隔抽血检测血糖和胰岛素、GIP和GLP-1水平。与对照组相比，饮用去咖啡因咖啡实验组志愿者餐后2 h内GLP-1水平上升（Tseng et al., 1996）。Dao等用高脂饲料喂养野生型糖尿病小鼠，并辅以一定剂量的白藜芦醇［60 mg/（kg・d）］。5周后，小鼠葡萄糖不耐症的发展减缓，门静脉血中GLP-1和胰岛素的浓度增加，小肠内活性GLP-1的含量也上升了（Hlebowicz et al., 2007）。肉桂中原花青素含量很高，14名健康受试者摄入米饭和6 g肉桂，餐后（15 min、30 min、45 min）血糖值显著降低（Hlebowicz et al., 2009）。

参考文献

褚福红，陆宁，于新，等. 2010. 响应面法优化微波提取野菊花抗氧化物质. 食品科学，31（24）: 90-94.
丁泽敏，吴俊锋，刘文婷，等. 2019. 天然低共熔溶剂提取油茶蒲中植物多酚的研究. 中国油脂，44（6）: 111-115.

董科，冷云，何方婷，等. 2019. 植物多酚及其提取方法的研究进展. 食品工业科技，40（2）: 326-330.
段菁菁，王志新，董琼. 2019. 超声辅助提取异叶茴芹多酚的工艺优化. 农村经济与科技，30（21）: 56-58.
付晓茜. 2019. 酶辅助盐析萃取万寿菊花中的叶黄素和酚类物质. 石河子: 石河子大学硕士学位论文.
高林晓，郭蒙，王珏，等. 2019. 铁氰化钾-氯化铁显色体系分光光度法测定星宿菜中总多酚. 中国药师，22（2）: 170-173.
郭明里，普俊学，李宁，等. 2017. 磷钼钨酸-干酪素法测定肉桂提取物中鞣质的含量. 中国民族民间医药，（3）: 45-47.
黄雨洋. 2014. 红松多酚分离鉴定及抗氧化抗癌功能研究. 哈尔滨: 东北林业大学博士学位论文.
江晓，周猛，刘婷，等. 2019. 乙醇浸提法提取南极磷虾多酚物质研究. 中国食品添加剂，30（12）: 61-66.
金莹，孙爱东. 2007. 大孔树脂纯化苹果多酚的研究. 食品科学，（4）: 160-163.
李桐楠. 2014. 金钱薄荷多酚的提取及其抑菌性研究. 食品工业，（7）: 163-166.
梁秀慈. 绿原酸对高脂乳诱导小鼠胰岛素抵抗形成的影响. 中国药理学通报，（5）: 654-658.
刘杰超，张春岭，刘慧，等. 2013. 超临界CO_2萃取枣核多酚工艺优化及其生物活性. 食品科学，34（22）: 64-69.
刘晓丽. 2007. 余甘子多酚的分离、鉴定与生理活性研究. 广州: 华南理工大学博士学位论文.
陆彩瑞. 2018. 长柄扁桃和山杏种皮多酚的提取、成分鉴定及生物活性研究. 西安: 西北大学硕士学位论文.
罗超华，李俊. 2015. 凝胶柱分离纯化茶多酚中表没食子儿茶素没食子酸酯的工艺优化. 中国药物经济学，10（1）: 17-19.
罗堃，何群，葛云鹏，等. 2013. Folin-Ciocalteu比色法测定安化黑茶中茶多酚的含量. 湖南中医药大学学报，（5）: 67-68，76.
欧阳乐，王振宇，刘冉，等. 2013. HPLC法分离鉴定樟子松树皮多酚研究. 食品工业科技，34（13）: 276-279，288.
彭冰洁，宋卓，刘云龙，等. 2015. 多酚类化合物对糖脂代谢影响的研究进展. 食品科学，36（17）: 270-275.
郄雪娇，程亚，曾茂茂，等. 2019. 食品多酚与蛋白相互作用及其对多酚生物可利用性影响的研究进展. 食品与发酵工业，45（8）: 232-237.
屈文秀，刁小琴，汪春玲，等. 2018. 响应面优化酶法提取马铃薯皮渣中多酚的工艺. 保鲜与加工，18（1）: 59-63，70.
石碧，狄莹. 2000. 植物多酚. 北京: 科学出版社.
宋立江，狄莹，石碧. 2000. 植物多酚研究与利用的意义及发展趋势. 化学进展，（2）: 161-170.
孙崇臻，吴希阳，黄才欢. 2012. 枇杷蜜中脱落酸、多酚的测定及其指纹图谱的研究. 天然产物研究与开发，24（12）: 1797-1803.
汪佳丹，徐婷，韩伟. 2017. 金针菇中总多酚含量测定方法的优选. 南京工业大学学报（自科版），（2）: 56-63.
王彩云. 2013. 石榴叶多酚的提取富集工艺及其药理作用研究. 北京: 北京林业大学博士学位论文.
温欣荣，涂常青. 2019. 高锰酸钾褪色光度法测定茶多酚. 食品工业，（8）: 34-40.
吴帅，王锟，由菊，等. 2016. 高效液相色谱法测定白兰地中的多酚类物质. 食品研究与开发，37（23）: 157-160.
夏婷，赵超亚，杜鹏，等. 2019. 食品中多酚类化合物种类、提取方法和检测技术研究进展. 食品与发酵工业，45（5）: 231-238.

闫亚美．2014．黑果枸杞多酚的组成、抗氧化活性及指纹图谱研究．南京：南京农业大学博士学位论文．
颜慧，张鹏，邹勇平，等．2017．奶茶饮料中茶多酚含量测定的方法改进．食品安全导刊，(36)：154-156．
余小芬，谢燕，郑波，等．2013．高效液相色谱法测定烟草中多酚类物质．西南农业学报，26(2)：157-160．
昝鹏，张琳，祖元刚，等．2016．山桐子(*Idesia polycarpa* Maxim)果实多酚的抗炎、抗菌活性研究．植物研究，36(6)：955-960．
张瑞．2013．植物多酚的提取与性能研究．石家庄：河北科技大学硕士学位论文．
张啸怡．2019．红汁乳菇多酚物质提取纯化及其抗癌活性的研究．长沙：中南林业科技大学硕士学位论文．
郑燕菲，许建本，黄秋萍，等．2016．单性木兰叶多酚的稳定性及抗氧化性研究．食品工业科技，41(14)：41-45，51-52．
朱林燕，孔子铭，谢建峰，等．2014．Determination of total tannins，gallic acid and ellagic acid in Ershiyiwei Hanshuishi pill．西南民族大学学报(自然科学版)，40(3)：388-393．
Ademiluyi A O, Oboh G. 2013. Soybean phenolic-rich extracts inhibit key-enzymes linked to type 2 diabetes(alpha-amylase and alpha-glucosidase)and hypertension(angiotensin I converting enzyme)in vitro. Exp Toxicol Pathol, 65(3): 305-309.
Ahmet I, Tae H J, Lakatta E G, et al. 2017. Long-term low dose dietary resveratrol supplement reduces cardiovascular structural and functional deterioration in chronic heart failure in rats. Can J Physiol Pharmacol, 95(3): 268-274.
Cañete N G, Agüero S D. 2014. Soya isoflavones and evidences on cardiovascular protection. Nutricion Hospitalaria, 29(6):1271.
Cendrowski A, Scibisz I, Kieliszek M, et al. 2017. UPLC-PDA-Q/TOF-MS profile of polyphenolic compounds of liqueurs from rose petals (rosa rugosa). Molecules, 22(11): 1832.
Chakrabarti R, Rajagopalan R. 2002. Diabetes and insulin resistance associated disorders: disease and the therapy. Current Science, 83(12): 1533-1538.
Florentin M, Liberopoulos E N, Elisaf M S. 2008. Sibutramine-associated adverse effects: a practical guide for its safe use. Obesity Reviews, 9(4): 378-387.
Ghafoor K, AL-Juhaimi F Y, Choi Y H. 2012. Supercritical fluid extraction of phenolic compounds and antioxidants from grape(Vitis labrusca B.)seeds. Plant Foods for Human Nutrition, 67(4): 407-414.
Gong Z, Si C, Gao J, et al. 2017. Isolation and purification of seven catechin compounds from fresh tea leaves by semi-preparative liquid chromatography. Chinese Journal of Chromatography, 35(11):1192-1197.
Guo M, Ding G B, Guo S, et al. 2015. Isolation and antitumor efficacy evaluation of a polysaccharide from Nostoc commune Vauch. Food Funct, 6(9): 3035-3044.
Halford J C, Boyland E J, Cooper S J, et al. 2010. The effects of sibutramine on the microstructure of eating behaviour and energy expenditure in obese women. J Psychopharmacol, 24(1): 99-109.
Hlebowicz J, Darwiche G, Bjorgell O, et al. 2007. Effect of cinnamon on postprandial blood glucose, gastric emptying, and satiety in healthy subjects. American Journal of Clinical Nutrition, 85(6): 1552-1556.
Hlebowicz J, Hlebowicz A, Lindstedt S, et al. 2009. Effects of 1 and 3 g cinnamon on gastric emptying, satiety, and postprandial blood glucose, insulin, glucose-dependent insulinotropic polypeptide, glucagon-like peptide 1, and ghrelin concentrations in healthy subjects. American Journal of Clinical Nutrition, 89(3): 815-821.
Hsu F L, Chen Y C, Cheng J T. 2000. Caffeic acid as active principle from the fruit of Xanthium strumarium to lower plasma glucose in diabetic rats. Planta Medica, 66(3): 228-230.

Johnston K L, Clifford M N, Morgan L M. 2003. Coffee acutely modifies gastrointestinal hormone secretion and glucose tolerance in humans: glycemic effects of chlorogenic acid and caffeine. American Journal of Clinical Nutrition, 78(4): 728-733.

Karabegović IT, Veljković VB, Lazić ML, 2011. Ultrasound-assisted extraction of total phenols and flavonoids from dry tobacco(Nicotiana tabacum)leaves. Natural Product Communications, 6(12): 1855-1856.

Khan M K, Zill-E-Huma, Dangles O. 2014. A comprehensive review on flavanones, the major citrus polyphenols. Journal of Food Composition and Analysis, 33(1): 85-104.

Kwon Y I, Apostolidis E, Kim Y C, et al. 2007. Health benefits of traditional corn, beans, and pumpkin: in vitro studies for hyperglycemia and hypertension management. J Med Food, 10(2): 266-275.

Kwon Y I, Vattem D A, Shetty K. 2006. Evaluation of clonal herbs of Lamiaceae species for management of diabetes and hypertension. Asia Pac J Clin Nutr, 15(1): 107-118.

Le Bourvellec C, Renard C M G C. 2012. Interactions between polyphenols and macromolecules: quantification methods and mechanisms. Critical Reviews in Food Science and Nutrition, 52(1-3): 213-248.

Lee D S, Woo J Y, Ahn C B, et al. 2014. Chitosan-hydroxycinnamic acid conjugates: preparation, antioxidant and antimicrobial activity. Food Chemistry, 148: 97-104.

Lee J, Chan B L S, Mitchell A E. 2017. Identification/quantification of free and bound phenolic acids in peel and pulp of apples(Malus domestica)using high resolution mass spectrometry(HRMS). Food Chemistry, 215: 301-310.

Lu C R, Li C, Chen B, et al. 2018. Composition and antioxidant, antibacterial, and anti-HepG2 cell activities of polyphenols from seed coat of Amygdalus pedunculata Pall. Food Chemistry, 265: 111-119.

Lu Y, Shan S, Li H, et al. 2018. Reversal effects of bound polyphenol from foxtail millet bran on multidrug resistance in human HCT-8/Fu colorectal cancer cell. J Agric Food Chem, 66(20): 5190-5199.

Marsol-Vall A, Balcells M, Eras J, et al. 2016. Injection-port derivatization coupled to GC-MS/MS for the analysis of glycosylated and non-glycosylated polyphenols in fruit samples. Food Chem, 204: 210-217.

Masike K, de Villiers A, Hoffman E W, et al. 2020. Detailed phenolic characterization of protea pure and hybrid cultivars by liquid chromatography-ion mobility-high resolution mass spectrometry(LC-IM-HR-MS). J Agric Food Chem, 68(2): 485-502.

Meng S X, Cao J M, Feng Q, et al. 2013. Roles of chlorogenic acid on regulating glucose and lipids metabolism: a review. Evidence-Based Complementary and Alternative Medicine, 2013: 801457.

Messina M. 2014. Soy foods, isoflavones, and the health of postmenopausal women. American Journal of Clinical Nutrition, 100(Suppl 1): 423S-430S.

Nohynek L J, Alakomi H L, Kahkonen M P, et al. 2006. Berry phenolics: antimicrobial properties and mechanisms of action against severe human pathogens. Nutr Cancer, 54(1): 18-32.

O'Connell J E, Fox P F. 2001. Significance and applications of phenolic compounds in the production and quality of milk and dairy products: a review. International Dairy Journal, 11(3): 103-120.

Pedan V, Fischer N, Rohn S. 2016. Extraction of cocoa proanthocyanidins and their fractionation by sequential centrifugal partition chromatography and gel permeation chromatography. Springer Berlin Heidelberg, 408(21): 5905-5914.

Pérez Y Y, Jimenez-Ferrer E, Zamilpa A, et al. 2007. Effect of a polyphenol-rich extract from Aloe vera gel on experimentally induced insulin resistance in mice. American Journal of Chinese Medicine, 35(6): 1037-1046.

Plessi M, Bertelli D, Miglietta F. 2006. Extraction and identification by GC-MS of phenolic acids in traditional balsamic vinegar from Modena. Journal of Food Composition and Analysis, 19(1): 49-54.

Quideau S, Deffieux D, Douat-Casassus C, et al. 2011. Plant polyphenols: chemical properties, biological activities, and synthesis. Angewandte Chemie-International Edition, 50(3):586-621.

Saltiel A R, Kahn C R. 2001. Insulin signalling and the regulation of glucose and lipid metabolism. Nature, 414(6865): 799-806.

Silarova P, Ceslova L, Meloun M. 2017. Fast gradient HPLC/MS separation of phenolics in green tea to monitor their degradation. Food Chemistry, 237: 471-480.

Sparg S G, Light M E, van Staden J. 2004. Biological activities and distribution of plant saponins. Journal of Ethnopharmacology, 94(2-3): 219-243.

Tadera K, Minami Y, Takamatsu K, et al. 2006. Inhibition of alpha-glucosidase and alpha-amylase by flavonoids. Journal of Nutritional Science and Vitaminology, 52(2): 149-153.

Tian J, Wu X, Zhang M, et al. 2018. Comparative study on the effects of apple peel polyphenols and apple flesh polyphenols on cardiovascular risk factors in mice. Clin Exp Hypertens, 40(1): 65-72.

Tian Y, Liimatainen J, Alanne A L, et al. 2017. Phenolic compounds extracted by acidic aqueous ethanol from berries and leaves of different berry plants. Food Chem, 220: 266-281.

Tressera-Rimbau A, Arranz S, Eder M, et al. 2017. Dietary polyphenols in the prevention of stroke. Oxid Med Cell Longev, 2017: 7467962.

Tseng C C, Kieffer T J, Jarboe L A, et al. 1996. Postprandial stimulation of insulin release by glucose-dependent insulinotropic polypeptide(GIP)-effect of a specific glucose-dependent insulinotropic polypeptide receptor antagonist in the rat. Journal of Clinical Investigation, 98(11): 2440-2445.

Vetterli L, Brun T, Giovannoni L, et al. 2011. Resveratrol potentiates glucose-stimulated insulin secretion in INS-1E beta-cells and human islets through a SIRT1-dependent mechanism. Journal of Biological Chemistry, 286(8): 6049-6060.

Visioli F, De La Lastra C A, Andres-Lacueva C, et al. 2011. Polyphenols and human health: a prospectus. Critical Reviews in Food Science and Nutrition, 51(6): 524-546.

Wang C, Zuo Y. 2011. Ultrasound-assisted hydrolysis and gas chromatography-mass spectrometric determination of phenolic compounds in cranberry products. Food Chem, 128(2): 562-568.

Zheng Y, Bai L, Zhou Y, et al. 2019. Polysaccharides from Chinese herbal medicine for anti-diabetes recent advances. International Journal of Biological Macromolecules, 121: 1240-1253.

附 录

中英文缩略词

英文缩写	英文全称	中文全称
ATPE	aqueous two-phase extraction	双水相萃取
ATPS	aqueous two-phase system	双水相系统
AA，AM	actylamide	丙烯酰胺
AC	affinity chromatography	亲和层析
AFM	atomic force microscope	原子力显微镜
ACE2	angiotensin-converting enzyme 2	细胞表面血管紧张素转换酶2
AuNCs	Au nanoclusters	金纳米簇
ABTS	2,2′-azino-bis（3-ethylbenzothiazoline-6-sulfonic acid）	2,2′-联氮-双-3-乙基苯并噻唑啉-6-磺酸
AHMC	annular-flow hollow-fiber membrane chromatography	环形流中空纤维膜色谱
ACE	angiotensin converting enzyme	血管紧张素转化酶
AIDS	acquired immunodeficiency syndrome	艾滋病
APCI	atmospheric pressure chemical ionization	大气压化学电离
BSA	bovine serum albumin	牛血清白蛋白
Bis	*N,N′*-methylenebisacrylamide	*N,N′*-甲叉双丙烯酰胺
BCA	butyleyanoacrylate	二喹啉甲酸
CE	capillary electrophoresis	毛细管电泳
CZE	capillary zone electrophoresis	毛细管区带电泳
CLA	conjugated linoleic acid	共轭亚油酸
CAT	catalase	过氧化氢酶
CLIA	chemiluminescence immunoassay	化学发光免疫分析
CTAB	hexadecyl trimethyl ammonium bromide	十六烷基三甲基溴化铵
C-dots	carbon nanodots	碳点
CRISPR	clustered regularly interspaced short palindromic repeat sequences	规律成簇的间隔短回文重复序列
cccDNA	covalently closed circμlar DNA	共价闭合环状DNA
cDNA	complementary DNA	互补脱氧核糖核酸
CBQCA	3-（4-carboxybenzoyl）quinoline-2-carboxaldehyde	3-（4-羧基苯甲酰）喹啉-2-甲醛
CFEMF	cross-flow electro-membrane filtration	错流电膜过滤
CS	chondroition sulfate	硫酸软骨素

续表

英文缩写	英文全称	中文全称
COX-2	cyclooxygenase-2	环氧合酶-2
CIEF	capillary isoelectric focusing	毛细管等电聚焦
CITP	capillary isotachophoresis	毛细管等速电泳
CEC	capillary electroosmostic chromatography	毛细管电色谱
CGE	capillary gel electrophoresis	毛细管凝胶电泳
DNase	deoxyribonuclease	DNA酶
DNA	deoxyribonucleic acid	脱氧核糖核酸
DEPC	diethyl pyrocarbonate	焦碳酸二乙酯
DTT	dithiothreitol	二硫苏糖醇
DNP	deoxyribonucleoprotein	脱氧核糖核蛋白
DNS	dansyl chloride	二甲基氨基萘磺酰氯
DPPH	1，1-diphenyl-2-picrylhydrazyl	1，1-二苯基-2-三硝基苯肼
DESs	deep eutectic solvents	低共熔溶剂
dsDNA	double stranded DNA	双链脱氧核糖核酸
DGGE	denaturing gradient gel electrophoresis	变性梯度凝胶电泳
2-DE	two-dimensional electrophoresis	双向电泳
dPCR	digital PCR	数字PCR
ddPCR	doplet digital PCR	液滴数字PCR
DSC	differential scanning calorimetry	差示扫描量热
DHA	docosahexaenoic acid	二十二碳六烯酸
DMC	dimethyl carbonate-organic	碳酸二甲酯
DDA	data dependent analysis	数据依赖采集模式
DIA	data independent analysis	数据非依赖采集模式
EOF	electroendosmotic flow	电渗流
EGTA	ethylenebis（oxyethylenenitrilo）tetraacetic acid	乙二醇双（2-氨基乙基醚）四乙酸
ELISA	enzyme linked immunosorbent assay	酶联免疫吸附试验
EB	ethidium bromide	溴化乙锭
EDTA	ethylenediamine tetraacetic acid	乙二胺四乙酸
ESI	electrospray ionization	电喷雾电离
EGCG	epigallocatechin gallate	表没食子儿茶素没食子酸酯
EPA	eicosapentaenoic acid	二十碳五烯酸
ECD	electron capture dissociation	电子捕获解离
FTIR	fourier transform infrared spectroscopy	傅里叶变换红外光谱
FQ	fluorophore quencher	淬灭剂
FCM	flow cytometry	流式细胞术

续表

英文缩写	英文全称	中文全称
FAME	fatty acid methyl ester	脂肪酸甲酯
FID	flame lonization detector	火焰离子化检测器
F_c	fragment crystallizable	可结晶段
F_{ab}	fragment of antigen binding	抗原结合片段
FID	free induced decay	自由感应衰减
FAB	fast atomic bombardment	快原子轰击源
GC- MS	gas chromatography - mass spectrometry	气相色谱-质谱联用法
GSH-Px	glutathione peroxidase	谷胱甘肽过氧化物酶
GLP-1	gluca gon-like peptide-1	胰高血糖素样肽-1
GIP	glucosedependent insulinotropic polypeptide	葡萄糖依赖性促胰岛素激素
GA	gallic acid	没食子酸
GC	gas chromatography	气相色谱
GC-FID	gas chromatography/flame lonization detector	气相色谱-火焰离子化检测器
GC-FIMS	gas chromatography-field ionization mass spectrometer	气相色谱-场解析电离质谱
GPC	gel permeation chromatography	凝胶渗透色谱
HPAE-PAD	high performance anion exchange-pulsed amperometric detection	高效阴离子交换-脉冲安培检测
HPISC	high-performance ion suppression chromatography	高效离子抑制色谱
HPIEC	high-performance ion exchange chromatography	高效离子交换色谱
HPLC	high-performance liquid chromatography	高效液相色谱
HSV	herpes simplex virus	单纯疱疹病毒
HSQC	heteronculear single quantum coherence	异核单量子相干谱
HMBC	1H detected heteronuclear multiple bond correlation	1H的异核多碳相关谱
HDL-C	high density lipoprotein cholesterol	高密度脂蛋白胆固醇
HILIC	hydrophilic interaction liquid chromatography	亲水相互作用液相色谱
HPTLC	high performance thin layer chromatography	高效薄层层析法
HS-GC	headspace-gas chromatography	顶空-气相色谱法
HIC	hydrophobic interaction chromatography	疏水作用色谱法
HG	homogalacturonan	同聚半乳糖醛酸
IL	interleukin	白介素
IEF	isoelectric focusing	等电聚焦
iTRAQ	isobaric tags for relative and absolute quantitation	等重同位素标记相对和绝对定量
iNOS	inducible nitric oxide synthase	诱导型一氧化氮合成酶
IEX	ion exchange chromatography	离子交换色谱
IEF	isoelectro focusing	等电聚焦

续表

英文缩写	英文全称	中文全称
IMAC	immobilized metal affinity chromatography	固定化金属亲和层析
LC-MS	liquid chromatography-mass spectrometer	液相色谱-质谱联用
LLE	liquid-liquid extraction	液液萃取法
LPS	lipopolysaccharide	脂多糖
LAMP	loop-mediated isothermal amplification	环介导等温扩增检测
LDL-C	low density lipoprotein cholesterol	低密度脂蛋白胆固醇
LSCM	laser scanning confocal microscopy	激光共聚焦显微镜
MAE	microwave-assisted extraction	微波辅助提取法
MALDI	matrix-assisted laser desorption ionization	基质辅助激光解吸电离
MCC	micellar casein concentrate	酪蛋白胶束浓缩物
MDA	malondialdehyde	丙二醛
MTT	3-（4,5-dimethyl-2-thiazolyl）-2,5-diphenyl-2-h-tetrazolium bromide，thiazolyl blue tetrazolium bromide	3-（4，5-二甲基噻唑-2）-2，5-二苯基四氮唑溴盐
MRM	multiple reaction monitoring	多重反应监测
MUFA	monounsaturated fatty acid	单不饱和脂肪酸
NASBA	nucleic acid sequence-based amplification	依赖核酸序列扩增
NMR	nuclear magnetic resonance	核磁共振
NP40	nonidet p40	乙基苯基聚乙二醇
ORF	open reading frame	开放阅读框
PAGE	polyacrylamide gel electrophoresis	聚丙烯酰胺凝胶电泳
pI	isoelectric point	等电点
PVP	polyvinyl pyrrolidone	聚乙烯吡咯烷酮
PVPP	polyvinylpolypyrrolidone	聚乙烯聚吡咯烷酮
PDMS	dimethylpolysiloxane	聚二甲基硅氧烷
POV	peroxide value	过氧化值
PCR	polymerase chain reaction	聚合酶链反应
PAN	polyacrylonitrile	聚丙烯腈
PANI	polyaniline	聚苯胺
PDMS	polydimethylsiloxane	聚二甲基硅氧烷
PUFA	polyunsaturated fatty acid	多不饱和脂肪酸
PEG	polyethylene glycol	聚乙二醇
PITC	phenyl isothiocyanate	苯异硫氰酸酯
PRM	parallel reaction monitoring	平行反应监测
PMAA	partially methylated glycolyl acetate	部分甲基化糖醇乙酸酯
PMF	peptide mass fingerprint	肽质量指纹谱

续表

英文缩写	英文全称	中文全称
PLOT	porous-layer open tubular column	多孔层开管柱
QQQ-MS	triple quadrupole-mass spectrometry	三重四极杆串联质谱
QQQ-IT-MS	triple quadrupole-iron trap-mass spectrometry	三重四极杆离子阱串联质谱
Q-TOF-MS	quadrupole- time of flight- mass spectrometry	四极杆飞行时间串联质谱
QC	quercetin	槲皮素
RNase	ribonuclease	RNA酶
RT-PCR	real-time fluorescent quantitative PCR	实时荧光定量PCR
RNA	ribonucleic acid	核糖核酸
RLS	resonance light-scattering	共振光散射
RRS	resonance rayleigh scattering	共振瑞利散射
RPA	recombinase polymerase amplification	重组酶聚合酶扩增
ROS	reactive oxygen species	活性氧簇
RP	reversed phase chromatography	反相色谱
RPLC-ELSD	reversed phase liquid chromatography-evaporative light scattering detector	反相液相色谱-蒸发光散射检测法
RPLC-MS	reversed phase chromatography-mass spectrometer	反相色谱-质谱联用
RG-Ⅰ	rhamngalacturonan Ⅰ	Ⅰ型鼠李半乳糖醛酸聚糖
RG-Ⅱ	rhamngalacturonan Ⅱ	Ⅱ型鼠李半乳糖醛酸聚糖
SEM	scanning electron microscopy	扫描电镜
SCF/SF	supercritical fluid	超临界流体
SSC	sodium chloride sodium citrate	柠檬酸三钠
STM	scanning tunnel microscope	扫描隧道显微镜
SDS	sodium dodecylsulfate	十二烷基硫酸钠
ssDNA	single stranded deoxyribonucleic acid	单链脱氧核糖核酸
SiNP	silica nanoparticle	荧光硅量子点
SFA	saturated fatty acid	饱和脂肪酸
SFC	supercritical fluid chromatography	超临界流体色谱
$SFCO_2$	supercritical carbon dioxide	超临界二氧化碳
SFE	supercritical fluid extraction	超临界流体萃取
SPE	solid phase extraction	固相萃取法
SPME	solid-phase microextraction	固相微萃取
SILAC	stable isotope labeling by amino acids in cell culture	稳定同位素氨基酸细胞培养
SEC	size exclusion chromatography	尺寸排阻色谱法
STZ	streptozotocin	链脲佐菌素
SAXS	small angle X-ray scattering	小角X射线衍射
Tris	trishydroxymethylami-nomethane	氨基丁三醇

续表

英文缩写	英文全称	中文全称
T_m	melting temperature	熔解温度
TCA	trichloroacetic acid	三氯乙酸
TNF-α	umor necrosis factor-α	肿瘤坏死因子α
TAG	triglyceride	甘油三酯
TLC	thin layer chromatography	薄层色谱法
TOF-MS	time of flight-mass spectrometer	飞行时间质谱
Triton X-100	triton X-100	聚乙二醇辛基苯基醚
TPP	three-phase partitioning	三相分离法
TMT	tandem mass tags	串联质量标签
TBA	thiobarbituric acid	硫代巴比妥酸
UV-Vis	ultraviolet-visible absorption spectrometry	紫外-可见吸收光谱法
UAE	ultrasonic-assisted extraction	超声辅助提取法
UHPLC	ultra-high performance liquid chromatography	超高效液相色谱法
VFA	volatile fatty acid	挥发性脂肪酸
WB	Western blotting	蛋白质印迹法
WAXS	wide-angle X-ray scattering	广角X射线散射
XGA	xylogalacturonan	木糖半乳糖醛酸聚糖
XRF	X-ray fluorescence	X射线荧光